石油石化职业技能培训教程

供水工

中国石油天然气集团有限公司人事部　编

石油工业出版社

内 容 提 要

本书是由中国石油天然气集团有限公司人事部统一组织编写的《石油石化职业技能培训教程》中的一本。本书包括供水工应掌握的基础知识、初级工操作技能及相关知识、中级工操作技能及相关知识、高级工操作技能及相关知识，并配套了相应等级的理论知识练习题，以便于员工对知识点的理解和掌握。

本书既可用于职业技能鉴定前培训，也可用于员工岗位技术培训和自学提高。

图书在版编目(CIP)数据

供水工/中国石油天然气集团有限公司人事部编.

—北京:石油工业出版社,2019.12

石油石化职业技能培训教程

ISBN 978-7-5183-3547-3

Ⅰ.①供… Ⅱ.①中… Ⅲ.①石油工程-给水-技术培训-教材 Ⅳ.①TE685

中国版本图书馆 CIP 数据核字(2019)第 183454 号

出版发行:石油工业出版社

(北京安定门外安华里 2 区 1 号 100011)

网　　址:www.petropub.com

编辑部:(010)64252978

图书营销中心:(010)64523633

经　　销:全国新华书店

印　　刷:北京中石油彩色印刷有限责任公司

2019 年 12 月第 1 版　2019 年 12 月第 1 次印刷

787×1092 毫米　开本:1/16　印张:33.75

字数:800 千字

定价:98.00 元

(如出现印装质量问题,我社图书营销中心负责调换)

《石油石化职业技能培训教程》

编　委　会

主　任：黄　革

副主任：王子云

委　员（按姓氏笔画排序）：

《供水工》编审组

主　　编：狄　茂

参编人员（按姓氏笔画排序）：

　　　　李守波　赵朝阳　慈芹秀　滕庆荣

参审人员（按姓氏笔画排序）：

　　　　王　军　邓月平　张志梅　杨炳林

　　　　郑开予　郭云飞　韩　娟

随着企业产业升级、装备技术更新改造步伐不断加快,对从业人员的素质和技能提出了新的更高要求。为适应经济发展方式转变和"四新"技术变化要求,提高石油石化企业员工队伍素质,满足职工鉴定、培训、学习需要,中国石油天然气集团有限公司人事部根据《中华人民共和国职业分类大典(2015年版)》对工种目录的调整情况,修订了石油石化职业技能等级标准。在新标准的指导下,组织对"十五""十一五""十二五"期间编写的职业技能鉴定试题库和职业技能培训教程进行了全面修订,并新开发了炼油、化工专业部分工种的试题库和教程。

教程的开发修订坚持以职业活动为导向,以职业技能提升为核心,以统一规范、充实完善为原则,注重内容的先进性与通用性。教程编写紧扣职业技能等级标准和鉴定要素细目表,采取理实一体化编写模式,基础知识统一编写,操作技能及相关知识按等级编写,内容范围与鉴定试题库基本保持一致。特别需要说明的是,本套教程在相应内容处标注了理论知识鉴定点的代码和名称,同时配套了相应等级的理论知识练习题,以便于员工对知识点的理解和掌握,加强了学习的针对性。此外,为了提高学习效率,检验学习成果,本套教程为员工免费提供学习增值服务,员工通过手机登录注册后即可进行移动练习。本套教程既可用于职业技能鉴定前培训,也可用于员工岗位技术培训和自学提高。

本教程包括基础知识,初级工操作技能及相关知识,中级工操作技能及相关知识,高级工操作技能及相关知识。

本教程由大庆油田有限责任公司任主编单位,参与审核的单位有辽河油田分公司、玉门油田分公司、锦州石化分公司、抚顺石化分公司、乌鲁木齐石化分公司等。在此表示衷心感谢。

由于编者水平有限,书中不妥之处在所难免,请广大读者提出宝贵意见。

编者

CONTENTS 目录

第三部分　中级工操作技能及相关知识

第四部分　高级工操作技能及相关知识

理论知识练习题

附　录

第一部分

基础知识

模块一 计量基础知识

项目一 法定计量单位

一、法定计量单位的定义

法定计量单位是强制性的,各行业、各组织都必须遵照执行,以确保单位的一致。我国的法定计量单位是以国际单位制(SI)为基础并选用少数其他单位制的计量单位来组成的,包括国际单位制的基本单位、辅助单位、导出单位等。法定单位的定义、使用办法等,由国家计量局另行规定。

CAA001 法定计量单位的定义

(1)国际单位制(SI),包括国际单位制的基本单位,国际单位制的辅助单位,国际单位制中具有专门名称的导出单位以及用于构成十进倍数和分数单位的词头。

(2)我国选定的非国际单位制单位。

二、基本单位的分类与定义

CAA002 基本单位的分类

(一)基本单位分类

根据国际单位制(SI),七个基本量的单位分别是:

长度——米(metre);

质量——千克(kilogram);

时间——秒(second);

热力学温度——开尔文(kelvin);

电流——安培(ampere);

发光强度——坎德拉(candela);

物质的量——摩尔(mol)。

对应代号为:m,kg,s,K,A,cd,mol。

(二)基本单位定义

CAA003 基本单位的定义

国际单位制(SI)的基本单位定义为:

米(m)是光在真空中,在 1/299792458s 的时间间隔内所经路程的长度。

秒(s)是铯-133 原子基态的两个超精细能级间跃迁对应辐射 9192631770 个周期的持续时间。

摩尔(mol)是一个系统的物质的量,该系统中所包含的基本单元数与 0.012kg 碳-12 的原子数目相等。在使用摩尔时,基本单元可以是原子、分子、离子、电子及其他粒子,或是这些粒子的特定组合。

千克(kg)是质量单位,等于国际千克原器的质量。

安培(A)是电流单位。在真空中,截面积可忽略的两根相距 1m 的无限长平行圆直导线内通过等量恒定电流时,若导线间相互作用力在每米长度上为 2×10^{-7}N,则每根导线中的电流为 1A。

开尔文(K)是热力学温度单位,等于水的三相点热力学温度的 1/273.16。

坎德拉(cd)是一个光源在给定方向上的发光强度,该光源发出的频率为 540×10^{12}Hz 的单色辐射,且在此方向上的辐射强度为(1/683)W/sr。

三、辅助单位的定义

CAA004 辅助单位的定义

在国际单位制中,平面角的单位——弧度和立体角的单位——球面度未归入基本单位或导出单位,而称之为 SI 辅助单位。它们的定义如下:

弧度(rad)是一个圆内两条半径在圆周上所截取的弧长与半径相等时,它们所夹的平面角大小。

球面度(sr)是一个立体角,其顶点位于球心,而它在球面上所截取的面积等于以球半径为边长的正方形体积。

基本单位在量纲上彼此独立。导出单位有很多,都是由基本单位组合起来而构成的。辅助单位目前只有两个,纯系几何单位。当然,辅助单位也可以再构成导出单位。

四、常用国际单位制中量和单位

CAA005 常用国际单位制中量和单位的内容

量是指现象物体和物质可定性区别并定量测量的一种属性。它可分为计数的量,例如,几支笔、几本书;可测量的量,例如,长度、质量、时间等。

单位是用以定量表示同种量值而约定采用的特定量。例如,可测量的量:长度、质量、时间为基本量,相应的 m、kg、s 作为基本单位。而数量单位就是数字,例如,一个苹果,一个就是苹果的数量单位。复数也是一种单位。

按照国家规定,工程计量单位采用公制或国际单位制。

国际单位制中,体积、容积的单位符号用 m^3 表示;力、重力的单位名称用牛顿表示;电流的单位名称是安培,用符号 A 表示。

国家选定的非国际单位制中,液体和气体的体积单位用升,单位符号是 L。

五、常用量的单位及换算

CAA006 长度单位的换算

(一)长度的单位及换算
国际单位制中,长度单位符号用 m 表示;1m = 10cm,1cm = 10mm。在公制与英制换算中,1 英寸(in) = 25.4mm,1 英尺(ft) = 12 英寸(in),1mm = 0.03937 英寸(in)。

(二)面积的单位及换算

CAA007 面积单位的换算

面积单位是指测量物体表面大小的单位,常使用的面积单位为 cm^2(平方厘米)和 m^2(平方米)等。面积的符号是 S。

国际单位制中,面积单位符号用 m^2 表示。在公制面积单位换算中,$1mm^2 = 10^{-6}m^2$,$1mm^2 = 10^{-4}dm^2$,$1cm^2 = 10^{-4}m^2$,$1mm^2 = 10^{-2}cm^2$,$1dm^2 = 10^{-2}m^2$。

（三）体积的单位及换算

CAA008　体积单位的换算

常用的体积单位有 m^3（立方米）、dm^3（立方分米）、cm^3（立方厘米）等。计算容积一般用容积单位，如 L（升）和 mL（毫升），但有时候也与体积单位通用。计算较大物体的容积时，通用的体积单位是 m^3。

在公制体积单位换算中，$1dm^3 = 10^{-3}m^3$，$1m^3 = 10^6 cm^3$，$1cm^3 = 10^3 mm^3$，$1cm^3 = 10^{-6}m^3$，$1dm^3 = 10^3 cm^3$。

（四）质量的单位及换算

CAA009　质量单位的换算

国际单位制中，质量的单位符号用 kg 表示，$1kg = 1000g$，$1g = 1000mg$，$1kg = 10^6 mg$，$1g = 10^{-3}kg$。

（五）压强的单位及表示方法

CAA010　压强的表示方法

压强是表示压力作用效果（形变效果）的物理量。在国际单位制中，单位面积上所受的压力称为压强，其单位是帕斯卡（Pa），简称帕，即牛顿/平方米（N/m^2）。压强的常用单位还有巴（bar）、千帕（kPa）、兆帕（MPa）等。单位换算：$1MPa = 10^6 Pa$；$1MPa = 10bar$。

用工程大气压表示压力时，其单位符号用 at 表示。用液柱高度表示压力时，其单位名称用水银柱高度或水柱高度表示。在压力单位换算中 $1N/m^2 = 1Pa$，$1kgf/cm^2 = 9.8 \times 10^4 Pa$。

CAA011　温度的表示方法

（六）温度的单位及表示方法

摄氏温标是温度的一种表示方法，其单位符号用℃表示。

华氏温标是温度的一种表示方法，其单位符号用℉表示。

热力学温标是温度的一种表示方法，其单位符号用 K 表示。

兰氏温度是温度的一种表示方法，其单位符号用 ^0R 表示。

温度的换算公式：$t(℃) = T(K) - 273(℃)$ 中 t 代表摄氏温度值，T 代表热力学温度值。

（七）功率的单位及表示方法

CAA012　功率的表示方法

按照国际单位制，力的单位为牛顿（N）、长度的单位为米（m）、时间的单位为秒（s）。那么 1 瓦特就是 1 牛顿·米/秒。1 瓦特也就是 1 焦耳/秒，因为 1 焦耳 = 1 牛顿·米，即 $1J = 1N·m$，焦耳是能量单位，瓦特是功率单位。

国际单位制中，功率的单位为千瓦、瓦，单位符号是 kW、W。马力和千瓦都是常用的功率单位，电动机铭牌上的功率有马力和千瓦两种表示方法。在功率的单位换算中，$1kW = 10^3 W$，1 马力 $= 0.735kW$。除马力（米制马力）外，还有英马力（hp），$1hp = 745.7W$。

CAA013　电流、电压、电阻的单位及表示方法

（八）电流、电压、电阻的单位及表示方法

电荷有规则的定向移动称为电流。电流的大小称为电流强度（简称电流，符号为 I），是指单位时间内通过导线某一截面的电荷量，每秒通过 1 库仑的电量称为 1 安培（A）。电路中，任意两点之间的电位差称为电压。电压用符号 U 表示。电压的高低，一般用单位伏特表示，简称伏，用符号 V 表示。电流通过导体时，导体对电流的阻碍作用称为电阻。

导体的电阻和导体的电压与通过的电流都没有关系。换句话说，在导体两端接 12V 的电压和接 220V 的电压，电阻是固定不变的。回路中的电流大小和回路的电动势之和（即电压）成正比，和回路总电阻成反比。电源内部将单位正电荷从电源的负极移动到正极做的功称为电动势。电压的参考方向可以任意选取，当电压参考方向与实际方向一致时，电压为正值，反之为负值。电势的实际方向与端电压的实际方向是相同的。

项目二 误差理论与计量基准

一、误差

(一)误差概念

物理实验离不开对物理量的测量,测量有直接的,也有间接的。由于仪器、实验条件、环境等因素的限制,测量不可能无限精确。测量值与真值之差称为误差。

误差分绝对误差与相对误差。绝对误差是测量结果与真实值之差。相对误差,是绝对误差与测量值真值的比值。

统计误差是指由于某些不可控制因素的影响而造成的偏离标准值或规定值的误差。误差与错误不同,错误是可以避免的,而误差不可能避免。

(二)误差的基本性质

根据误差产生的原因及分类对误差基本性质进行介绍。

(1)系统误差是在同一条件下,多次测量同一测量值时,误差的绝对值和符号保持不变,或者在条件改变时,误差按一定的规律变化。

(2)随机误差是在实际相同条件下,多次测量同一量值时,其绝对值和符号无法预计的测量误差,具有随机性,产生在测量过程中,与测量次数有关。

(3)粗大误差是在一定条件下,测量结果明显偏离真值时所对应的误差。产生原因有读错数、测量方法错误、测量仪器有缺陷等,其中人身误差是主要的,这可通过提高测量者的责任心和加强测量者的培训等方法来解决。

(4)测量误差等于测量结果减去被测量的真值。测量误差与测量结果有关。

(5)测量误差客观存在,但无法准确得到。

(6)测量误差是唯一的,测量不确定度可以有多种表达方式。

(7)测量是求被测量的真值,经过测量后,要把真值代换为测得值与误差范围。

(8)对给定的测量仪器,规范规程等所允许的误差极限值为最大允许误差。

(9)不确定度与测量程序有关,不同程序评定结果不一样。

(三)误差的来源与处理方法

误差的来源包括标准器及测量仪器的误差、测量方法的误差、操作者的误差、测量环境引起的误差。

系统误差是在重复性条件下,对同一被测量进行无限多次测量所得结果的平均值与被测量的真值之差,来源有仪器误差、使用误差、影响误差、方法和理论误差。消除系统误差主要应从消除产生误差的来源着手,多用零示法、替代法等,用修正值也是减小系统误差的一种好方法。当系统误差可以掌握时,应尽量保持相同的实验条件以便修正系统误差;当系统误差未能掌握时,可以均匀改变实验条件,故意使之随机化,以便获得抵偿。处理系统误差的问题,一般都是方法和操作技术方面的问题。

随机误差大抵来源于影响量的变化,这种变化在时间上和空间上是不可预知的或随机的,它会引起被测量重复观测值的变化。系统误差和随机误差性质不同,处理方法也不同,但经常同时存在,有时难以分清。需要先分离误差,对误差加以分类,然后分别计算误差和各个误差之间的相关性,然后再进行合成,算出均方根。当对某些系统误差的复杂规律掌握不好时,往往把它们当作随机误差来处理,而且有些系统误差本身又带有随机性,因此有时二者可以互相转化。

二、计量基准与器具

(一)计量基准的概念

ZAA004 计量基准的概念

计量基准是我国及国际上一部分国家,对用于统一量值并作为最高依据的测量标准器赋予的专有名称,也称为国家计量基准。计量基准用于定义、实现、保存、复现量的单位或者一个或多个量值,保证一个国家的量值统一和准确。各国都非常重视计量基准的建立和管理,不少都纳入法制化管理。计量基准是用作有关量的测量标准定值依据的实物量具、测量仪器、标准物质或者测量系统。国家计量基准是指经国家决定承认的测量标准,必须执行计量检定规程。

(二)计量标准器的概念

ZAA005 计量标准器的概念

计量标准器是指准确度低于计量基准的,用于检定其他计量标准或工作的计量器具,分为基准器、次级标准器、参考标准器、工作标准器、国际标准器。

基准器(原级标准):指定或被广泛承认的具有最高计量学特性的标准器,其值无须参考同类量的其他标准器即可采用。

次级标准器(副标准):通过与基准器直接或间接比较确定其值和不确定度的标准器。

参考标准器:在指定区域或机构里具有最高计量学特性的标准器,该地区或机构的测量源于该标准。

工作标准器:经参考标准器校准的标准器,用于日常校准或检验实物量具、测量仪器仪表和参考物质。

国际标准器:经国际协定承认的标准器,作为国际上确定给定量的所有其他标准器的值和不确定度的基础。一般在一个国家内,国家标准器也就是基准器。

(三)计量器具的概念

ZAA003 计量器具的概念

计量器具是指能用以直接或间接测出被测对象量值的装置、仪器仪表、量具和用于统一量值的标准物质。计量是实现单位统一、量值准确可靠的活动。计量器具是单独地或连同辅助设备一起用以进行测量的器具。计量器具主要分三大类:强制检定计量器具、非强制检定计量器具、专用计量器具。检定具有法制性,其对象是法制管理范围内的计量器具。强制检定计量器具的管理必须按要求登记造册,向法定计量检定测试机构申请周期检定。

(四)仪表用具的计量检定要求

ZAA006 仪表用具的计量检定要求

《中华人民共和国产品计量法》规定,计量检定必须按照国家计量检定系统表进行,计量检定必须执行计量检定规程。计量器具经检定合格的,由检定单位按照计量检定规程的规定,出具检定证书、检定合格证或加盖检定合格印。检定证书、检定结果通知书必须字迹清楚、数据无误,有检定、核验、主管人员签字,并加盖检定单位印章。

计量检定包括检查、加标记和(或)出具检定证书。法制计量范畴属于检定。检定对象应该是强制检定的计量器具。检定的依据必须是检定规程。检定要对所检的测量器具做出合格与否的结论。

（1）定期检定。计量器具使用部门按照周期检定制度的规定将需校正的仪器仪表送检定部门进行校正，以保证仪器仪表功能的准确性、一致性、可靠性。

（2）临时校正。使用人员在使用时发现，或计量管理人员在巡回检验时发现检验仪器、仪表不精准时，应立即予以校正。

因功能失效或损坏，但经修复后的仪器仪表，必须先校正合格后才能使用。仪器仪表经校正后，若其精密度或准确度仍不符合标准严禁使用，立即送请专门技术人员修复。

（五）仪表用具的强制检定规定

> ZAA007 仪表用具的强制检定规定

由政府计量行政部门所属的法定计量检定机构或授权的计量检定机构，实行定点周期的一种检定称为强制检定。凡列入《中华人民共和国强制检定的工作计量器具目录》并直接用于贸易结算、安全防护、医疗卫生、环境监测方面的工作计量器具，以及涉及上述四个方面用于执法监督的工作计量器具必须实行强制检定。计量器具的强制检定机构由县级以上人民政府计量行政部门授权的计量检定机构。

计量检定人员要首先取得计量检定员证才可以从事计量检定工作。国家计量检定系统表简称国家计量检定系统。计量检定规程是为评定计量器具的计量性能，作为检定依据的具有国家法定性的技术文件。

计量检定规程有三种：国家计量检定规程，部门计量检定规程，地方计量检定规程。

（六）测量、计量、测试的关系

> ZAA008 测量、计量、测试的关系

测量：以确定量值为目的的一组操作。

测试：具有试验研究性质的测量。

计量：实现单位统一和量值准确可靠的活动。

测量是操作，这种操作可以是自动进行的，也可以是手动或半自动的。计量与其他测量一样，是人们理论联系实际，认识自然、改造自然的方法和手段。它是科技、经济和社会发展中必不可少的一项重要的技术基础。计量与测试是含义完全不同的两个概念。测试是具有试验性质的测量，也可理解为测量和试验的综合。它具有探索、分析、研究和试验的特征。

项目三　量值传递及溯源

一、量值传递的概念

> ZAA009 量值传递的概念

各种计量的目的不同，所要求的计量准确度也不一样。量值传递就是通过对计量器具的检定或校准，将国家基准（标准）所复现的计量单位量值，通过计量标准逐级传递到工作计量器具。量值传递最终用国家基准统一为数不多的接近于最高准确度的计量标准。统一量值工作必须建立和保存具有现代科学技术所能达到的最高准确度的计量标准——国家基准。统一量值工作还应考虑如何将大量具有不同准确度等级的计量器具，在规定的准确度范围内与国家基准保持一致。量值传递是统一计量器具量值的重要手段，是保证计量结果

准确可靠的基础。实现量值传递,需要各级计量部门根据有关技术文件的规定,对所属范围的各级计量器具的计量性能进行评定,并确定是否符合规定的技术要求。

二、量值传递的方式

ZAA010　量值传递的方式

各种量值的传递一般都是阶梯式的,即量值传递一般是自上而下,由高等级向低等级传递,它体现了一种政府的意志,有强制性的特点。但是,随着科学技术和工业生产的迅速发展,这种传递方式已越来越不能满足保证量值准确与统一的需要。

量值传递由国家法制计量部门以及其他法定授权的计量组织或实验室执行。中国执行量值传递的最高法制计量部门为中国计量科学研究院,由国家计量局领导。国防系统根据其特点建立了计量传递网,其基本参数的最高标准由国家计量基准进行传递。使用计量器具的部门要对所使用的各种计量器具进行周期检定,并在规定的误差范围内与国家基准保持一致。为了保证工程现场条件下量值的准确和统一,经常采取计量测试技术人员深入工程现场进行指导、操作和处理各种测量技术问题的办法。

模块二 流体力学基础知识

项目一 流体

流体包括液体与气体,在给排水工程里流体力学和水力学研究内容相同,都是关于液体流动的,在有些领域流体力学有一小部分涉及气体等可压缩流体,包含范围更广一点。

水力学研究液体平衡和运动规律,以及这些规律在工程中的应用,分为水静力学和水动力学两部分。许多给水工程实际问题都与水流现象有着密切的联系。

在正常情况下,人们的生活用水和工业用水,一般都是通过净水厂集中供应的。水厂通过水泵将江、河、湖水或地下水抽到地面上来,然后通过水厂内的各种净水构筑物将原水进行净化处理和消毒,使水质达到合格标准,最后再用水泵通过供水管道系统输送到各个用水点供用户使用。上述的一系列给水工程实际问题,都需要应用液体流动的基本理论加以分析、解决。例如,为了输送一定的水量,如何确定管、渠的断面尺寸问题;水泵选型的问题;水塔位置的选择以及高度的计算问题等。

CAD001 液体的流动类型分类

一、液体的流动类型分类

液体的流动类型根据流速的大小分为两种。

当液体在管道中,流速很小时,质点始终沿着与管轴平行的方向做直线运动,质点之间互不混合。因此,充满整个管的流体就如一层一层的同心圆筒在平行地流动,这种流动状态称为层流或滞流。

当液体在管道中流速较大时,流体质点除了沿着管道向前流动外,各质点的运动速度在大小和方向上都发生变化,于是质点间彼此碰撞并互相混合,这种流动状态称为湍流或紊流。当流速增加到很大时,流线不再清楚可辨,流场中有许多小旋涡。

CAD002 流体的主要物理性质

二、液体的主要物理性质

液体中分子之间的聚合力比固体小,因此液体的抗拉、抗剪能力是很小的,但具有相当大的抗压能力。由于液体具有流动性,所以它没有固定的形状,但具有固定的体积,并能自由形成自由表面。下面分别介绍液体的几个主要物理性质。

(一)密度和重度

液体和固体一样具有质量。质量越大,其惯性就越大。对于均质液体,单位体积所具有的质量称为密度,用符号 ρ 表示,即:

$$\rho = M/V \tag{1-2-1}$$

式中　ρ——液体的密度,kg/m^3;

　　　M——液体的质量,kg;

V——液体的体积，m^3。

对于均质液体，单位体积所具有的重量称为重度，用符号 γ 表示，即：

$$\gamma = G/V \tag{1-2-2}$$

式中　γ——液体的重度，N/m^3；

　　　G——液体的重量，N；

　　　V——液体的体积，m^3。

由于液体的重量 G 等于质量 M 与重力加速度 g 的乘积，所以密度 ρ 和重度 γ 之间的关系为：

$$\gamma = \rho \cdot g \tag{1-2-3}$$

式中　g——重力加速度，$g = 9.81 m/s^2$。

以上关系式表明：液体的重度等于液体的密度与重力加速度的乘积。

液体的密度和重度受外界压力和温度的影响。因此，当表示某种液体的密度或重度值时，必须指出所处外界压力和温度条件。

水在标准大气压条件下，温度为4℃时，其密度和重度是：

$$\rho = 1000 kg/m^3$$

$$\gamma = 9810 N/m^3$$

【例1-2-1】　某巨型水箱，尺寸为长×宽×高=2m×1.5m×2m。当水箱充满水时，试求水箱内水的重量是多少？设外界为标准大气压，水温为4℃。

解：水的体积 $V = 2 \times 1.5 \times 2 = 6(m^3)$

　　水的重量 $G = \gamma V = 9810 \times 6 = 58860 N = 58.86(kN)$

答：水箱内水的重量是58.86kN。

（二）液体的压缩性与膨胀性

当液体的温度不变，而外界的压力增大时，液体的体积减小，这种物理性质称为液体的压缩性。

当液体的外界压强不变，而温度升高时，液体的体积增大，这种物理性质称为液体的膨胀性。

液体的压缩性是指当温度条件不变时，外界压力增加1atm，液体体积的相对减小量。通过实验证明：在外界压强小于10atm范围内，每增加1atm，水的体积相对减小量仅为 5.44×10^{-5}，即体积相对减小量仅为十万分之五左右。这说明在外界压强增大时，水的压缩性是很微小的，所以在实际工程中，可以不考虑压缩比的影响，将水视为不可压缩液体看待。

液体的膨胀性是指当外界压强条件不变时，每升高1℃，液体体积的相对增加量。通过实验证明：在1atm下，温度在10~20℃，温度每增加1℃，水的体积相对增加量约为万分之一点五；当温度在70~95℃，温度每增加1℃，水的体积相对增加量也只有万分之六。这种增加量也是很微小的。

根据以上分析，在实际给水工程问题中，水的压缩性和膨胀性一般均不考虑，也就是将水的密度、重度视为常数。

（三）液体的黏滞性

在管、渠中的水流，通过实验可以证实：在过流断面上各质点流速不相同。如图1-2-1

所示,在明渠中做无压流动的水流,自由表面的液体质点流速最大,渠底水质点的流速为零;在圆管中做压力流动的水流,管中心水质点的流速最大,管内壁处的水质点流速为零。

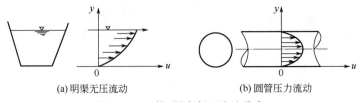

(a) 明渠无压流动　　　　　(b) 圆管压力流动

图 1-2-1　管、渠中断面流速分布

由于水流中各流层的流速不同,相邻两流层存在相对运动,这种相对运动使各流层的接触面上产生一种相互作用的剪切力。速度快的薄层对速度慢的薄层产生一种拖力;而速度慢的薄层对速度快的薄层产生一种反拖力(即阻力)。这种拖力与反拖力的剪切力是成对出现的,是作用力与反作用力的具体表现,这种剪切力称为液体内摩擦力或称黏滞力。液体具有黏滞力的性质,就称为液体的黏滞性。必须指出,当液体处于静止状态时,黏滞力不存在,黏滞性显示不出来。

液体黏滞性的大小,可用黏度来表达。实验证明:外界压强条件对液体的黏度影响甚小,而温度条件对液体黏度的影响明显。对于某种液体,温度升高,黏度减小;温度降低,黏度增大。

水力学中经常使用运动黏度,即动力黏度与密度的比值。动力黏度的单位为 Pa·s,运动黏度的单位为 m^2/s。

项目二　水静力学

CAD003 静水压强的概念

一、静水压强及其特性

水静力学是研究水在静止状态下的力学规律,以及这些规律在工程上的应用。静止状态是指对地球不做相对运动的状态。

水几乎不能承受拉力,在静止状态下也不存在剪切力,所以只能承受压力。水在静止状态下的力学规律,也就是水在静止状态下压强在空间的分布规律。

CAD004 静水压强的表示方法

(一)静水压强

一个盛水的容器,如果在容器的侧面或底面开有小孔,水立即从小孔流出,这种现象说明静止液体有压力存在,这种压力为静压力。

作用在整个容器表面积上的静水压力,称为静水总压力,用符号 F 表示;作用在单位面积上的静水压力,称为静水压强,用符号 p 表示。

两者的关系为:

$$p = F/S \tag{1-2-4}$$

式中　p——静水压强,Pa 或 kPa;

　　　F——静水总压力,N 或 kN;

　　　S——受力面积,m^2 或 cm^2。

（二）静水压强的特性

静水压强有两个基本特性：

（1）静水压强的方向垂直于作用面，并指向作用面。

（2）任意一点各方向的静水压强均相等。

二、静水力学基本方程式及静水压强的分布规律

（一）自由表面和表面压强

所谓自由表面是指水体与气体的交界面。在重力作用下静止液体的自由表面是水平面，如水箱、水池、江河的水面。液体的自由表面受上部气体压强的作用，此压强称为表面压强，用符号 p_0 表示；当自由表面上的压强为当地大气压，用符号 p_a 表示，则 $p_0 = p_a$。自由表面所处的海拔高度不同，其大气压强值也就不同，当 $p_a = 101325\text{Pa}$ 时，称为 1 个标准大气压。工程上为了计算方便，一般取用 $1\text{atm} = 98100\text{Pa} = 98.1\text{kPa}$，称为 1 个工程大气压。

（二）静水压强分布规律的数学表达式

从实验可以得出静水压强是随水深的增加而增大的，根据静力学平衡方程可以得到静水压强基本方程式：

$$p = p_0 + \gamma h \tag{1-2-5}$$

式中　p——静水中任意一点的静水压强，Pa；

　　　p_0——表面压强，Pa；

　　　γ——水的重度，N/m^3；

　　　h——任意一点在自由表面下的深度，m。

此公式就是在重力作用下，静止液体内部静水压强分布规律的数学表达式，称为静水力学基本方程。根据此公式，就可以求出静水中任意一点的压强值。方程式反映了静水压强与水深成正比的分布规律。

方程式的意义是：静水中任意一点的静水压强值等于表面压强和该点所处的水深与重度乘积之和。

（三）静水压强的分布规律

（1）若以某种方式使表面压强 p_0 增大，则此压强可不变大小地传至液体中的各个部分。

（2）在重力作用下的静止均质液体中，自由表面下深度 h 相等的各点，压强相等。压强相等的各点组成的面称为等压面。自由表面是水深等于零的各点所组成的等压面，重力作用下静止液体中的等压面都是水平面。同样，两种不相混杂液体的分界面也是水平面。

（3）重度不同，产生的压强也不同。一个容器，装满清水（重度为 1000kgf/m^3）或装满汞（重度为 13600kgf/m^3）或装满海水（重度为 $1020 \sim 1030\text{kgf/m}^3$），对于容器底部的压强不相同。

三、静水压强的表示方法及测量

CAD005　静水压强的测量

（一）两种计算基准

压强的大小，可以采用不同的计算基准（或称起量点）和量度单位。

以完全没有气体存在的绝对真空为零点起算的压强称为绝对压强,用符号 p_j 表示。根据此定义,公式(1-2-5)可写成:

$$p_j = p_{0j} + \gamma h \tag{1-2-6}$$

式中 p_{0j} 表示以绝对真空为零点起算的表面压强。

以大气压强 p_a 为零点起算的压强称为相对压强,用符号 p_x 表示。绝对压强与相对压强之间的关系为:

$$p_x = p_j - p_a = p_{0j} + \gamma h - p_a \tag{1-2-7}$$

当液体自由表面的压强等于大气压强时,即 $p_{0j} = p_a$,式(1-2-7)可写成:

$$p_x = \gamma h \tag{1-2-8}$$

图1-2-2表示了绝对压强与相对压强的关系。

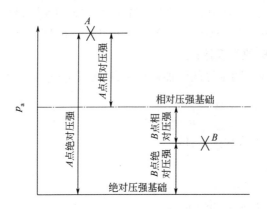

图1-2-2 压强关系图

当液体中某质点的绝对压强值小于大气压强 p_a 时,该质点就处于真空状态。处于真空状态的静止液体质点,其真空程度的大小用真空度或真空压强来量度,符号为 p_v。所谓真空度是指处于真空状态某点的绝对压强值 p_j 小于大气压强值 p_a 的部分,可用下式表示:

$$p_v = p_a - p_j \tag{1-2-9}$$

从图1-2-2可以看出,绝对压强值只能是正值,但是,当与大气压强相比较,绝对压强值可以大于大气压强,也可以小于大气压强。当绝对压强值小于大气压强时,相对压强则为负压,称为负压;反之,相对压强为正值,称为正压。出现负压的状态就是真空状态,真空度(真空压强)p_v 等于相对压强 p_x 的绝对值。则在真空状态时:

$$p_v = |p_x| \tag{1-2-10}$$

(二)压强的量度单位

1. 用单位面积上所受的压力表示

工程单位制中以 kgf/cm^2 表示,国际单位制中以 Pa 或 kPa 表示。

2. 以大气压表示

物理学中规定:以海平面的平均大气压,即 760mm 高的水银柱的压强为1标准大气压(符号 atm),$1atm = 1.033kgf/cm^2$。

工程中,为计算简便采取工程大气压(符号 at),$1at = 1.0kgf/cm^2$。

3. 用液柱的高度表示

常用的单位是米水柱(mH_2O)、毫米水柱(mmH_2O)或毫米汞柱($mmHg$)。

根据公式 $p=\gamma h$，所以 $h=p/\gamma$。该式说明，只要已知某液体的重度 γ，压强 p 与该液柱的高度 h 有一定的比例关系，所以可用液柱的高度来表示压强值。

1 个工程大气压强相应的汞柱高度为：$1at=0.7358mHg=736mmHg$。

压强三种单位的关系为：$1kgf/cm^2=10mH_2O=1at$。

（三）静水压强的测量

（1）测压管。测压管是最简单的液压计，将两端开口的玻璃管，一端接在和被测点同一水平面的容器壁孔上，读出的测压管高度就是和该点压强相应的液柱高度，或按 $p=\gamma h$ 计算出其相对压强。

（2）U 形汞压强计。压强较大的，可用 U 形汞压强计测量。

（3）压差计。工程实际中有很多情况需要两点压强之差，就可采用压差计。

（4）金属压强表（即压力表）。测量较大压强，可用金属压强表，其装置简单。

（5）真空计。真空计有液体真空计和金属真空计两种，水泵吸水管可用金属真空计测量真空值。

项目三　水动力学

水动力学研究液体在管道中、河渠中以及流经各种水工建筑物时的运动规律。

一、基本概念

ZAD001　水动力学的几个基本概念

（一）压力流及无压流

当液体流动时，流体整个周界和固体壁面相接触，没有自由表面，并对接触壁面均具有压力，这种流动称为压力流。例如，液体在管道中做压力流动，其特点是流体充满整个管道，当管道顶部连接测压管时，测压管的水面就会升高，如图 1-2-3（a）所示。给水管道一般都是压力流。

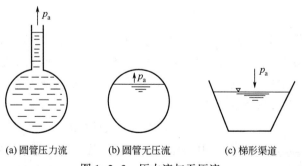

(a) 圆管压力流　　(b) 圆管无压流　　(c) 梯形渠道

图 1-2-3　压力流与无压流

当液体流动时，液体部分周界和固体壁面相接触，而部分周界与大气相接触，并具有自由表面，这种流动称为无压流，如图 1-2-3（b）、图 1-2-3（c）所示。无压流是借助于流体本身的重力作用而产生流动的,所以又称重力流。各种排水管、渠一般都是无压流。

(二)恒定流与非恒定流

当液体流动时,对于任意空间点,在不同时刻所通过的液流质点的流速、压强等运动要素不变的流动称为恒定流,如图1-2-4(a)所示。

当液体流动时,对于任意空间点,在不同时刻所通过的液流质点的流速、压强等运动要素是变化的,这种流动称为非恒定流,如图1-2-4(b)所示。

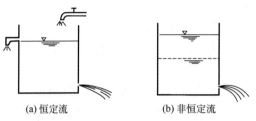

(a) 恒定流　　　　　　　(b) 非恒定流

图1-2-4　恒定流与非恒定流

在给水工程设计计算时,一般可以将水流运动视为恒定流。

(三)管道过流断面、流量、断面平均流速

> CAD006 管道过流断面的概念

1. 过流断面

> CAD009 流量、流速、过流断面的关系

与液流运动方向垂直的液体横断面积称为过流断面,如图1-2-5所示。过流断面面积用符号 A 表示,单位为 m^2 或 cm^2。

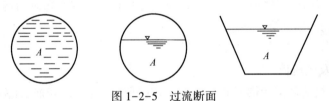

图1-2-5　过流断面

2. 流量

水流在单位时间内通过某过流断面的体积称为体积流量,用符号 Q 表示,单位为 m^3/s 或 L/s。

3. 断面平均流速

水流质点在单位时间内所流经的流程长度称为点流速,用符号 u 表示,单位为 m/s 或 cm/s。由于液体具有黏滞性,所以在过流断面上,各液流质点的流速并不相等。如水在管道内流动,靠近管壁的水质点流速较小,在管中心处的水流质点流速最大。图1-2-6所示为管流中过流断面上流速分布规律。

采用点流速来计算流量显然是不方便的,在实际工程中,通常引用断面平均流速的概念。断面平均流速是一种设想的流速,它的定义是:假设过流断面上各水流质点以相同的平均流速 v 流动,所通过的流量等于过流断面上各水流质点以实际点流速 u 流动所通过的流量。这样就可以简化为采用平均流速 v 来计算流量。

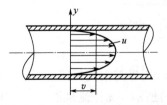

图1-2-6　点流速和断面平均流速

（四）流量、平均流速和过流断面面积三者之间的关系

流量、平均流速和过流断面面积三者之间的关系为：

$$Q = vA \qquad (1-2-11)$$

式中　Q——体积流量，m^3/s 或 L/s；

　　　v——断面平均流速（简称平均流速），m/s；

　　　A——过流断面面积，m^2 或 cm^2。

CAD007　管道过流断面水力半径的计算方法

（五）过流断面的水力要素

液体流动时，产生沿程摩擦阻力的大小与水流和管渠内表面的接触面积有直接关系，而在流量相同的条件下，接触面积的大小又与过流断面的几何形状有关。因此，在分析沿程水头损失时，需要了解过流断面的几何条件。这类直接影响流动阻力的过流断面几何条件称为过流断面的水力要素。它包括过流面积、湿周和水力半径三个方面。

1. 过流面积

如前所述，过流断面面积以符号 A 表示，$A = Q/v$。它说明过流面积的大小与流量成正比、与断面平均流速成反比。也就是说，在流量 Q 一定的条件下，断面平均流速越大，过流面积越小；在断面平均流速 v 一定的条件下，输送的流量越大，所需的过流面积就越大。

2. 湿周

湿周是指流体过流断面与管渠内壁面相接触的那部分周界长度，湿周用符号 X 表示，单位为 m。

湿周反映了管渠内壁面对液流边界的影响长度。在过流面积 A 相同的条件下，湿周越小，其影响长度越小，产生的流动阻力也就越小（图 1-2-7）。所以，湿周是直接关系到流动阻力大小的一项重要水力要素。

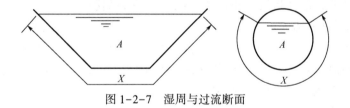

图 1-2-7　湿周与过流断面

3. 水力半径

水力半径是指过流面积与湿周的比值，用符号 R 表示，单位为 m，即：

$$R = A/X \qquad (1-2-12)$$

如前所述，在过流面积一定的条件下，湿周越小，流动阻力也越小。在湿周一定的条件下，过流面积越大，如果输送的水流流量不变，流动阻力也就越小。以上分析说明了过流面积 A 和湿周 X 共同体现了对流动阻力大小的影响特征，而这些特征可以用水力半径 R 来综合反映，即由于流动阻力产生的沿程水头损失随着水力半径 R 的增大而减小。因此，水力半径 R 是一项重要的综合性水力要素。

在圆管满流条件下，水力半径是几何直径的四分之一，也就是等于几何半径的二分之一。

CAD008 水泵进出水管路直径的设计原则

二、水泵进出水管路直径的设计原则

在泵站中,管道的直径主要由水泵的流量大小来确定。管道两点间的压力差决定着管道的流速。泵站中吸水管即进水管直径大于水泵吸水口的直径。在水流动的时候,管道上的压力沿着水流方向是逐渐变小的。

水泵进水管路一定要有支撑,以避免把进水首路的重量加到泵体上。进水管直径大于水泵进水口时,应安装偏心变径管,而且斜面部分必须向下,平面部分必须向上。

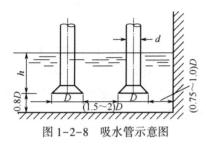

图1-2-8 吸水管示意图

为使吸水管进口有较好水力条件、互不干扰,防止水面产生旋涡吸入空气,吸水管进口在水池中的位置如图1-2-8所示。具体尺寸如下:

(1)吸水管进口应低于水池最低水位,即 $h \geqslant 0.5 \sim 1.0\text{m}$。

(2)吸水管的进口高于池底 $0.8D$,D 为吸水管喇叭口(或底阀)扩大部分的直径,通常,D 为吸水管直径的 $1.3 \sim 1.5$ 倍。

(3)吸水管的进口边缘距池壁不小于 $(0.75 \sim 1.0)D$。

(4)在同一水池中装有几条吸水管时,其进口边缘之间的距离不小于 $(1.5 \sim 2.0)D$。吸水管中设计流速可采用下列数值:

管径小于250mm时,$v = 1.0 \sim 1.2\text{m/s}$;管径不小于250mm时,$v = 1.2 \sim 1.6\text{m/s}$。

在给水泵站设计中,压水管路的布置也非常重要。当管径 $D \geqslant 400\text{mm}$ 时,压水管路上的闸阀多采用电动或水力操作。

泵站内压水管路采用的设计流速可比吸水管路大,因为压水管路上附件较多,减小附件的口径,就可减小它们的外形尺寸和重量,缩小泵房建筑面积。

压水管路的设计流速为:

管径小于250mm时,$v = 1.5 \sim 2.0\text{m/s}$;管径不小于250mm时,$v = 2.0 \sim 2.5\text{m/s}$。

上述设计流速取值较给水管网中的流速要大,因为泵站内管路较短,流速取大一点,水头损失增大不多,但减小了管径和附件口径。

三、流动阻力与水头损失

GAC008 流动阻力计算方法

(一)流动阻力

在壁面附近,紊流边界层的流速梯度比相应层流边界层的流速梯度小,所以它比层流边界层不易分离。为了减少压差阻力必须把物体做成流线型。所谓流线型就是指流体流过物体时其流线会自动地变弯,以适合物体的形状,使流体能顺利地绕着物体流过。

水流在管道直径、水温、沿程阻力系数都一定时,随着流量的增加,边界层的厚度就减小。水流在弯管、变径管道流过时,会由于过流断面变化而产生流速大小和方向变化。测量管道中流量可以采用文丘里管、超声流量计、电磁流量计等仪器或方法。

新钢管的摩阻系数小于旧钢管的摩阻系数。管道锈蚀后管壁粗糙度增加,摩阻系数会变大。同一种液体,黏度的大小与温度和压强有关。DN300mm铸铁管标准弯头的局部阻力系数为 0.52,离心泵入口的局部阻力系数为 1,45° 钢管的局部阻力系数小于 90° 钢管的局部阻力系数,$DN1000mm$ 微阻消声球形止回阀的局部阻力系数为 0.2。

在应用能量方程式解决实际工程问题中,必然会涉及水头损失的问题。下面介绍在恒定流条件下水头损失的基本概念。

> CAD010 水头损失的概念

(二)水头损失

> GAC007 流动阻力影响因素

由于水的黏滞性,使水流在固定壁面的影响下具有一定的流速分布形式,各流层的流速不同,因而在流层间就发生内摩擦力,即水流阻力。阻力做功使一部分机械能转化为热能而散失,形成水头损失,也就是说,水流在运动过程中单位质量液体的机械能的损失称为水头损失。液体的黏滞性是产生水头损失的主要内因。外界对水流的阻力是产生水头损失的主要外因。

水在 $DN100mm$ 钢管中的流速比在 $DN100mm$ 铸铁管中的流速大 10% 左右。水在管道中流动,管道的阻力和它的长度成正比。

四、流量计算

> ZAD004 管道的流速

(一)管道的流速

在设计流量确定的情况下,设置合理的流速就决定了管径,在有关设计规范中规定了流速的取值范围(表 1-2-1)。在设计供水管道的管径时,使供水的总成本(包括铺设管路的建安费、水泵站的建安费及水泵抽水的经营费之总和)最低的流速为经济流速。根据选取管径的截面积=流量/流速,可以得到选取管径。

表 1-2-1 管道内流速常用值

流体种类	应用场合	管道种类		平均流速,m/s	备注
水	一般给水	主压力管道		2~3	
		低压管道		0.5~1	
	泵进口			0.5~2.0	
	泵出口			1.0~3.0	
	工业用水	离心泵压力管		3~4	
		离心泵吸水管	$<DN250mm$	1~2	
			$\geqslant DN250mm$	1.5~2.5	
		往复泵压力管		1.5~2	
		往复泵吸水管		<1	
		给水总管		1.5~3	
		排水管		0.5~1.0	
	冷却	冷水管		1.5~2.5	
		热水管		1~1.5	
	凝结	凝结水泵吸水管		0.5~1	
		凝结水泵出水管		1~2	
		自流凝结水管		0.1~0.3	

续表

流体种类	应用场合	管道种类	平均流速,m/s	备注
一般液体	低黏度		1.5~3.0	
高黏度液体	黏度 50mPa·s	DN25mm	0.5~0.9	
		DN50mm	0.7~1.0	
		DN100mm	1.0~1.6	
	黏度 100mPa·s	DN25mm	0.3~0.6	
		DN50mm	0.5~0.7	
		DN100mm	0.7~1.0	
		DN200mm	1.2~1.6	
	黏度 1000mPa·s	DN25mm	0.1~0.2	
		DN50mm	0.16~0.25	
		DN100mm	0.25~0.35	
		DN200mm	0.35~0.55	
气体	低压		10~20	
	高压		8~15	20~30MPa
	排气	烟道	2~7	
压缩空气	压气机	压气机进气管	<10	
		压气机输气管	<20	
	一般情况	DN<50mm	<8	
		DN>70mm	<15	
饱和蒸汽	锅炉、汽轮机	DN<100mm	15~30	
		DN=100~200mm	25~35	
		DN>200mm	30~40	
过热蒸汽	锅炉、汽轮机	DN<100mm	20~40	
		DN=100~200mm	30~50	
		DN>200mm	40~60	

（二）管道流量的计算方法

ZAD002 管道流量的计算方法

ZAD003 不同管径的流量计算

流体力学的基础是牛顿运动定律和质量守恒定律。管道流量的表示方法有体积流量（单位 L/s、m^3/h）和质量流量。质量流量用符号 G 表示,常用的单位有 kg/s、t/s、t/h 等。体积流量 Q 和质量流量 G 换算关系是：

$$G = \rho Q \tag{1-2-13}$$

式中 ρ 表示液体的密度,$\rho_水 = 1$kg/L。

在给排水工程设计中,流量＝流速×过水面积。

【例1-2-2】 已知管径为 50mm,流速为 0.8m/s,求每小时输送多少清水？

解：$S = \pi R^2 = \pi (D/2)^2 = 3.14 \times (0.05/2)^2 = 0.0019625 (m^2)$

$Q = vS = 0.8 \times 0.0019625 \times 3600 = 5.652 \approx 6 (m^3/h)$

答：每小时输送清水约 $6m^3$。

ZAD005 用水量的计算原则

（三）用水量的计算原则

城市生活用水主要包括居民生活用水、公共设施用水、工业企业生活用水。在设计年限内达到的用水水平，是确定供水规模和设计用水量的主要依据，也是用水量定额。

设计年限是指所设计的系统能够在符合设计要求的条件下正常使用的年限。给水工程的设计应在服从城市总体规划的前提下，近远期结合，以近期为主，近期设计年限宜采用 5~10 年。远期规划年限宜采用 10~20 年。设计中，厂区和居住区消防用水量按同时发生火灾次数和一次灭火用水量确定，仅用于校核管网计算，不属于正常用水。不同的用水对象在设计年限内达到的用水水平称为用水能力。

随着生活水平的提高，越来越多的建筑物内设置热水管道。建筑物的热水用水量可通过人数和其热水用水量定额计算法计算。

五、水头损失计算

ZAD006 管道水头损失的计算

（一）管道水头损失的计算

管道系统的总水头损失为各分段的沿程水头损失与沿程各种局部水头损失的总和。在重力沿流动方向的分量与阻力平衡时，明渠水流能形成均匀流。只有在正坡、棱柱体、粗糙不变的长直明渠中才能产生均匀流。在给定管径及流量的情况下，可从水力计算表中查得流速和阻力。管道水头损失的计算公式如下：

$$h_w = h_f + h_s \qquad (1-2-14)$$

式中 h_w——管道的总水头损失，m；

h_f——管道沿程水头损失，m；

h_s——管道局部水头损失，m。

GAC003 管道的沿程摩阻影响因素

（二）沿程水头损失的计算

由于沿程阻力做功而引起的水头损失称为沿程水头损失。沿程水头损失 h_f 是沿程都有的，随沿程长度而增加，是在固体边界平直的水道中，单位重量的液体自一断面 GAC005 沿程水头损失的计算 流至另一断面所产生的水头损失。明渠水运动时，在任一过水断面上任一点的运动要 ZAD007 沿程水头损失的概念 素不随时间变化，称为明渠恒定流。对于圆管有压流，一般用达西—韦斯巴赫公式进行计算：

$$h_f = \lambda \frac{l}{d} \frac{v^2}{2g} \qquad (1-2-15)$$

式中 h_f——液流流段的沿程水头损失，m；

l——液流流段的长度，m；

d——管道的直径，m；

v——断面平均流速，m/s；

λ——沿程阻力系数。

它说明了沿程水头损失与流速水头 $v^2/2g$、流动长度 l 成正比，与管径 d 成反比；沿程阻力系数 λ 为比例系数。

UPVC（硬聚氯乙烯）管材的沿程水头损失计算常采用谢才公式：

$$h_f = (L/c^2 R)v^2 \qquad (1-2-16)$$

式中　L——管道的长度,m;

　　　c——谢才系数;

　　　R——管道的水力半径,m。

管道的水力半径是液流的过流断面面积与湿周之比。从公式(1-2-16)可以看出,管道内的阻力与管道的长度成正比,与水流速的平方成正比,与该管道的直径成反比。

以上公式均是基于普通流体,即不可压缩流体,不可压缩的水流经过粗糙管道时,阻力系数与管壁的相对粗糙度、雷诺数相关。可压缩的水流经过粗糙管道时,阻力系数与管壁的相对粗糙度、马赫数、雷诺数相关。

（三）局部水头损失的概念及计算

ZAD008　局部水头损失的概念

1. 局部水头损失的概念

GAC004　管道附件局部阻力系数

由于局部阻力做功而引起的水头损失称为局部水头损失。局部水头损失是指水流通过管道所设阀门、弯管等装置时水流流经的过水断面或方向发生变化使水流形成旋涡区和断面流速的急剧变化,造成水流在局部地区受到比较集中的阻力损失。局部水头损失通常发生在管路弯曲、管径变化和阀门安装等位置,它导致水头损耗增加,减弱管道的输水能力并改变水头的沿程分布。

局部水头损失的产生主要是由于流体经局部阻碍时,因惯性作用,主流与壁面脱离,其间形成旋涡区,旋涡区流体质点强烈紊动,消耗大量能量;此时旋涡区质点不断被主流带向下游,加剧下游一定范围内主流的紊动,从而加大能量损失;局部阻碍附近,流速分布不断调整,也将造成能量损失。

2. 局部水头损失的计算

根据有关的理论分析和实验分析,局部水头损失的计算公式为:

$$h_s = \zeta \frac{v^2}{2g} \qquad (1-2-17)$$

式中　h_s——液流流段的局部水头损失,m;

　　　v——断面平均流速,m/s;

　　　ζ——局部阻力系数;

　　　g——重力加速度,$g = 9.8 \text{m/s}^2$。

式(1-2-17)说明了局部水头损失与流速水头 $v^2/2g$ 成正比,局部阻力系数 ζ 为比例系数。同等直径下,闸阀的局部阻力系数小于旋启式止回阀的阻力系数。

减小弯管局部水头损失的方法有避免采用弯转角过大的死弯,对于直径较小的热力设备管道,可适当加大管道曲率半径、在弯管内安装导流叶片。

局部水头损失产生的外因是水流脱离管道边壁而形成旋涡区,局部水头损失产生的内因是液体流动具有的黏滞性和惯性。

六、恒定流能量守恒的意义

GAC001　恒定流能量方程的应用

恒定流能量守恒是物理学能量守恒定律在水力学中的具体应用。根据物理学概念,能量既不能消灭,也不能创造,只能从一种形式转变为另一种形式。液体的流动过程也完全遵循能量守恒。因此,能量方程式应用十分广泛。

所有力对物体做功的总和等于该物体动能的变化量,即:

$$\sum U = 1/2mv_2^2 - 1/2mv_1^2 \qquad (1-2-18)$$

式中　$\sum U$——所有作用力对物体做功的总和,J;

　　　m——物体的质量,kg;

　　　v_1——物体处于起始位置的速度,m/s;

　　　v_2——在力的作用下,物体由起始位置运动至另一位置处的速度,m/s。

如图1-2-9所示,在恒定液流中取出某一流段作为研究对象,并选取断面1-1和断面2-2作为起端和终端断面,其过流断面积分别为A_1和A_2;平均流速分别为v_1和v_2;压强分别为p_1和p_2。任取水平基准面0-0,两断面中心离基准面的高度分别为Z_1和Z_2。

如图1-2-9所示,在时间Δt内,液流从原来位置移动到另一位置。原处于过流断面A_1上各液体质点流过一段微小距离$v_1\Delta t$,移至1′-1′位置;原处于过流断面A_2上各液体质点流过一段微小距离$v_2\Delta t$,移至2′-2′位置。流段在所有外力作用下,动能也发生了变化。根据功能原理:所有外力对流段做功的总和等于该流段动能的变化量。

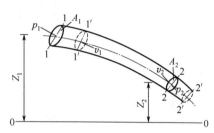

图1-2-9　能量方程式的推导

推导得出恒定流能量方程式为:

$$Z_1 + p_1/\gamma + v_1^2/2g = Z_2 + p_2/\gamma + v_2^2/2g + h_w \qquad (1-2-19)$$

以下从两方面简要地说明能量方程式的意义。

(一)物理意义

恒定流能量方程式中各项分别表示单位重量液体不同的能量形式。

Z项:Z表示单位重量液体的位能,又称位置水头或位置高度。

p/γ项:p/γ表示单位重量液体的压能,又称压强水头。如图1-2-10所示,在液流某断面连接一根测压管,若该断面的相对压强为p,则测压管内液柱上升的高度$h=p/\gamma$。压强体现了液柱上升一定的高度,这就是压强水头的具体体现。

$v^2/2g$项:$v^2/2g$表示单位重量液体的动能,又称流速水头。如图1-2-11所示,在液流某断面处插入一根90°的弯管,弯管顶端开有小孔,对准来流方向。在水流的作用下,弯管内的液面将上升,上升的高度比同一断面上测压管的上升高度大h_u。实验还证明,水流速度越大,则h_u也就越高。

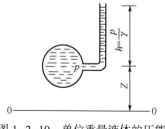

图1-2-10　单位重量液体的压能

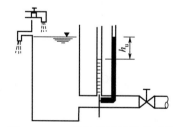

图1-2-11　单位重量液体的动能

$Z+p/\gamma$项:表示单位重量液体的两种势能之和,又称测压管水头。

$Z+p/\gamma+v^2/2g$ 项:表示单位重量液体所具有的总机械能,又称总水头。

h_w 项:表示液体流动过程中,任意两过流断面之间因克服各种流动阻力而造成的单位重量液体的能量损失,称为水头损失。

(二)几何意义——水头线

如图 1-2-12 所示,如果将各断面处总水头线段的顶点 E、F 连接起来,这条连线称为总水头线;将各断面处的测压管水头线段顶点 C、D 连接起来,这条连线称为测压管水头线。从总水头线和测压管水头线的坡向就可以说明各水头沿流程的变化规律。

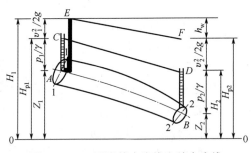

图 1-2-12　测压管水头线和总水头线

由于液流随流程沿途消耗能量,所以总水头线只能是沿途下降的斜线,如图 1-2-12 中 E-F。对于一定的流程,总水头线的下降值(即水头损失值 h_w)与流程长度 l 的比值,称为水力坡度,以符号 J 表示,即:

$$J=h_w/l \qquad\qquad (1\text{-}2\text{-}20)$$

或
$$J=[(Z_1+p_1/\gamma+v_1^2/2g)-(Z_2+p_2/\gamma+v_2^2/2g)]/l \qquad (1\text{-}2\text{-}21)$$

模块三　给水系统基础知识

项目一　给水系统类别

一、给水系统构成

CAE001　给水系统的组成

给水系统是由保证城市用水的各项构筑物和输配水管网组成的系统。给水系统是城市基础建设的重要设施,必须保证足够的水量、合格的水质、充裕的水压供应生活用水、生产用水、消防用水及市政用水和其他用水。

给水系统是由相互联系的一系列构筑物和输配水管网组成。给水系统的任务是从水源取水,按用户对水质的要求进行处理,然后将水输送到用水区,并向用户配水,以满足用户对水质、水量、水压的要求。

(1)取水构筑物,用以从水源(地表水和地下水)取水,并送往水厂。它包括取水头部和一级泵站。取水构筑物一般位于给水系统的首部。

(2)水处理构筑物,用以处理从取水构筑物输送来的原水,以满足用户对水质的要求。它包括水处理厂、管网二次消毒设施。这些构筑物常集中布置在水厂范围内。

(3)泵站,用以将所需水量提升到要求的高度,可分为抽取原水的一级泵站、输送清水的二级泵站和设于管网中的增压泵站等。

(4)输水管渠和配水管网,用以连接取水构筑物、水处理构筑物、用户,输送和分配水。它包括从一级泵站到水厂的原水输水管渠、二级泵站、从二级泵站到用水区的清水输水管和用水区配水管网。输配水工程主要由二级泵站和输配水管网组成。

(5)调节构筑物,用以储存和调节供水量与用水量在时间上的分布不均,当供水量大于用水量时储存多余的水,当用水量大于供水量时补充供水量的不足。它包括清水池、高地水池、水塔。高地水池、水塔还有保证水压的作用。

收集、储备和调节供水量的构筑物称为储水构筑物。

二、给水系统分类

CAE002　给水系统的分类

根据系统性质,给水系统可分类如下:

(1)按水源种类,分为地表水和地下水给水系统。

(2)按供水方式,分为自流系统(重力供水)、水泵供水系统(压力供水)和混合供水系统。

(3)按使用目的,分为生活饮用给水、生产给水和消防给水系统。

(4)按服务对象,分为城镇给水和工业给水系统。

为了保障人民的身体健康,供水的水质必须达到一定的质量标准。

CAE003 给水系统的布置形式

三、给水系统的布置形式

CAE005 给水系统的选择

给水系统各构筑物的布置受到水源、地形、城市规划、用户组成和分布等条件的影响,系统布置时,既要保证所有用户对水质、水量、水压的要求,又要使投资省、运行费用少、系统安全可靠。给水系统一般有如下布置形式。

(一)统一给水系统

全区域采用统一的水质、水压标准,用同一个配水管网向所有的用户供水,即采用同一系统供应生活、生产和消防等各种用水的给水系统,称为统一给水系统。统一给水系统适用于大部分用户对水质、水压的要求基本相同,地形比较平坦,建筑物层数相差不大的情况。统一给水系统的水质一般按生活饮用水的要求供应,少数用户对水质、水压有特殊要求时,可自建供水系统或取用自来水再行处理。统一给水系统管理简单,但有时会造成一定的浪费。

(二)分系统给水系统

由于用户对水质、水压要求不同,或地形高差大、建筑物层数悬殊,而且同类型的用户分布相对集中,可采用相互独立的管网向不同的用水区供水,称为分系统给水系统。分系统给水系统又分为分质给水系统和分压给水系统。

(1)分质给水系统。对于用水量大、水质要求较低的工业用水,一般采用分质供水系统供水。将不同水质的水通过不同的管网分配给不同的用户,如水质要求高于生活饮用水标准的给水系统,或水质要求低于生活饮用水标准的给水系统。不同水质的水可以是水处理不同阶段的出水,也可以是取自不同的水源、经不同的水处理工艺的出水。

(2)分压给水系统。根据用户对水压要求的不同,可采用分压供水系统供水,即采用不同的供水压力及管网向不同的区域供水,如向高层建筑群供水的高压给水系统、常高压的消防给水系统、沿山坡建设的城市中不同高程区域的给水系统。采用分压给水系统能减小低压区的供水压力,从而降低能量消耗,减少爆管和管网漏水及用户的用水量。分压供水可采用并联式和串联式。

由低扬程水泵和高扬程水泵分别向低压区和高压区供水,称为并联分区。高、低压区可以由同一水厂供水,也可以由不同的水厂供水。并联分区供水安全可靠,两区间没有相互干扰。

高、低压两区用水均由低压区水泵供给,高压区用水量穿过低压区后再由高压区泵站加压,称为串联分区。串联分区中,高压区的用水量需经由低压区转输,供水安全性差。

(三)区域供水系统

一定区域范围内的城镇群,采用同一个供水系统,称为区域供水系统。区域供水常有两种情形,一种是当区域内无可靠的水源,需要从区域边缘或远距离取水,输水管沿途向各城镇供应原水;另一种是城镇群相对集中,区域内有合格的水源,为了提高供水效益和可靠性,将整个城市群给水系统连成一个整体。

对于前一种情况,解决了水量、水质问题,水量、水质有保证,但输水管路长,供水方式安全性较差,因此,应特别注意取水构筑物和输水管的运行安全和可靠性,输水管的数量不得少于两条,每隔一定长度设置连接管连接各输水管,有条件时几条输水管之间可有较大的间隔。

对于后一种情况,由于统筹规划了整个区域的总用水量、供水量、水源、取水点、水厂等,解决了重复建设、不合理建设问题,节省了投资。区域供水将一个个小系统连成了大系统,使运行调度灵活可靠;技术力量得到加强,管理集中,提高了管理水平;形成了规模效应,增加了经济效益。随着我国城市化进程的加快,这种区域供水方式必将成为供水系统的发展方向之一。采用分水源供水,可以是同一水源,也可以是不同水源。

以地表水为水源的给水系统,取水构筑物从江河取水,经一级泵站送往水处理构筑物。构筑物水塔能够调节水泵供水和用水量间的流量差。无水塔的管网,按照最高日最高时确定输水管网和配水管网的管径。

四、给水系统识图知识

(一)图纸

机械制图中图纸幅面代号用 $B×L$ 表示。机械制图优先采用 A 类标准图纸,A 类标准图纸主要有 A0(1189mm×841mm)、A1(594mm×841mm)、A2(594mm×420mm)、A3(420mm×297mm)、A4(297mm×210mm)、A5(210mm×148mm)等 11 种规格。图纸幅面规格单位为mm。必要时允许选用所规定的加长幅面的 B 类和 C 类图纸,加长幅面的尺寸由基本幅面的短边成整数倍增加后得出。给水排水专业制图,除应遵守给水排水专业制图标准外,还应符合房屋建筑制图统一标准以及国家现行的有关强制性标准。给水排水专业制图标准适用于计算机制图方式绘制的图样。

比例是图中图形与实物相应要素的线性尺寸之比。需要按比例绘制图样时,应从规定的系列中选取适当的比例。为了能从图样上得到实物大小的真实感,应尽量采用原值比例(1:1)。建筑给排水平面图宜与建筑专业其他图纸比例一致。

(二)投影的分类及其图例

1. 投影的概念及分类

三维空间的形体都有长度、宽度、高度,如果想在二维空间的图纸上,准确、全面地表达出形体的形状和大小,就必须用投影的方法。在落影面上产生的影子称为投影。对形体做出投影,在投影面上产生图像的方法称为投影法。工程上常用投影法来绘制图样。

形成投影应具备三要素:

(1)光线——投影线。

(2)形体——只表示物体的形状和大小,而不反映物体的物理性质。

(3)投影面——影子所在的平面。

根据投影线的夹角可以把投影分为中心投影和平行投影。

1)中心投影

投射线由一点发出所产生的投影称为中心投影。投射中线距离投影面有限远时,所有投射线汇交于投射中心,这种投射方法称为中心投影法。在中心投影中,形体离投射线越远,影子就越小,反之就越大。就像照相一样,照相机离物体越远,取景越宽,照相机离物体越近,取景越窄。中心投影与人的眼睛看自然一样,具有透视效果。中心投影(也称透视)

CBB001 图纸幅面的规格

CBB002 图纸比例的规定

CBB003 投影的基本常识

ZBB008 投影的概念及分类

一般作为建筑上的辅助用图。

2）平行投影

平行投射线照射到形体上，在落影面上产生的影子称为平行投影。投射中心距离投影面无限远时，所投射线互相平行，这种投影法称为平行投影法。由于平行投影的投射线互相平行，形体的影子的大小就不会因形体离投射线光源的远近而改变。只有改变形体与落影面之间的夹角或改变形体与投射线之间的夹角，形体的影子才会改变。

平行投影又可分为以下两类：

（1）正投影。投射方向与投影面倾斜。

（2）斜投影。投射方向与投影面垂直。

平行投射线垂直于落影面，所形成的投影称为斜轴测绘制。给水施工图中管道的轴测图一般采用斜投影。投射线及落影面均是假想的，是为了得到形体的投影而人为设置的。

CBB004 总平面图的使用要求

2. 给水系统总平面图与图例

确定比例后，应用水平投影法绘制总平面图。我国把青岛市外的黄海海平面作为零点所测定的高度尺寸，称为绝对标高（又称之为黄海高程）。在总平面图中，用绝对标高表示高度数值，单位为 m。总平面图主要表示整个建筑基地的总体布局，具体表达新建房屋的位置、朝向以及周围环境原有建筑、交通道路、绿化、地形等基本情况。总图中用一条粗虚线来表示用地红线，所有新建拟建房屋不得超出此红线并满足消防、日照等规范。原有建筑用细实线框表示，并在线框内，也用数字表示建筑层数。拟建建筑物用虚线表示。拆除建筑物用细实线表示，并在其细实线上打叉。

例如，☒☒☒在总平面图中表示拆除构筑物。——J—— 在给排水总平面图中表示生活给水管。

CBB007 工程图样的尺寸标注要求

3. 给水系统工程图

1）工程图尺寸标注基本规则

（1）机件的真实大小应以图样上所注的尺寸数值为依据，与图形的大小及绘图的准确度无关。

（2）图样中包括技术要求和其他说明的尺寸，在工程图中尺寸标准以毫米为单位。以毫米为单位时，不注计量单位的代号或名称，如采用其他单位，则必须注明相应的计量单位的代号或名称。

（3）图样中所标注的尺寸，为该图样所表示机件的最后完工尺寸，否则应另加说明。

（4）机件的每一个尺寸，一般只标注一次，并应标注在反映该结构最清晰的图形上。

2）标注尺寸的三要素

尺寸标注通常由以下几种基本元素构成：

（1）尺寸界线，用来限定所注尺寸的范围，用细实线绘制。一般由轮廓线、轴线、对称线引出作尺寸界线，也可直接用以上线型为尺寸界线。尺寸界线应超出尺寸线终端 2~3mm。

（2）尺寸线（含有箭头），用细实线绘制，要与所注线段平行。

（3）尺寸数字。

3）给水系统施工图的标注要求

CBB008 给水工程的图样规定

给排水总平面图上应该注明各类管道的管径、坐标或定位尺寸。给水工程图示中，焊接钢管、无缝钢管、铜管、不锈钢管等管材的规格用"外径×壁厚"标注，尺寸的符号直径用"ϕ"表示、半径用"R"表示，方形结构用"□"表示，参考尺寸数字加注"( )"，球用"$S\phi$""SR"表示。例如，外径为108mm，壁厚为4mm，表示为$\phi 108mm \times 4mm$。

钢筋混凝土管、陶土管、耐酸陶瓷管、缸瓦管等管材，管径用内径d表示。相对标高起始点应表示为±0.000。

设计应用图样表示，不得用文字代替绘图。如必须对某部分进行说明时，说明文字应通俗易懂、简明清晰。

除详图外，平面图、系统图上各种管路用图线表示，而各种管件、阀门、附件、器具设备及仪表一般都是用图例表示。所以，给水工程施工人员及泵站工作人员必须了解和掌握给水工程施工图中常用的图例和符号。

CBB010 三视图的概念

4. 三视图

CBB011 三视图的读法

视图主要用于表达机件的外部形状。给排水建筑投影常采用三视图表示（图1-3-1）。常用视图分为主视图、俯视图、左视图等（另有后视图、仰视图、右视图，但不常用）。由前往后投影，在V面上得到主视图。建筑的高度可以从建筑左视图中读取。由上往下的投影，在H面上得到俯视图。由左向右的投影，在W面上得到左视图。主视图与俯视图之间应保持长相等关系。在三视图中，正投影面用符号"V"表示，水平投影面用符号"H"表示，侧投影面用符号"W"表示。在三视图的投影规律中，主视图与左视图高平齐。

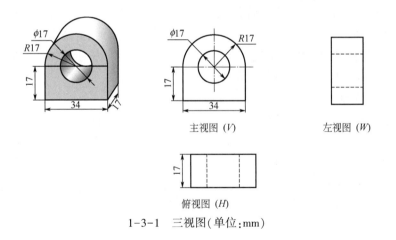

主视图（V）　　左视图（W）

俯视图（H）

1-3-1　三视图（单位：mm）

视图中看不见的轮廓线用虚线表示。机件向投影面投影时，观察者、机件与投影面三者间有两种相对位置。用正投影法时把立体正面投影读作主视图，用正投影法时把立体水平投影读作俯视图，用正投影法时把立体侧面投影读作左视图。在三视图中，俯视图与左视图对应关系读作宽相等。在三视图的投影规律中，主视图与俯视图长对正。

CAE004 水源的种类

五、水源的种类与特点

水源按其存在形式可分为地表水源和地下水源两大类。简单地说，暴露于地表面的水，称为地表水,而埋藏在地面以下的水,称为地下水。

(一)地表水源

地表水源包括江河、湖泊、水库和海水。江河水是地表水的主要水源。由于江河水主要来源于雨雪,受地理位置、季节的影响很大。南方降雨频繁,河水水量充沛,北方雨水少,河水流量冬夏相差很大,旱季许多河流断流,严寒地带,冬季河流封冻,输水和取水困难。水质方面与地下水有截然不同的特点,水中杂质含量较高,浊度高于地下水。河水的卫生条件受环境的影响很大。未经处理的生活污水和工业废水的排放,各种有机物、微生物、有害细菌、病毒以及无机矿物质、重金属、酸碱性物质等大量存在,常使河流受到不同程度的污染。一般来讲,河流上游水质较好,下游水质较差,流量大时,污染物得到稀释,水质稍好,流量越小,水质越差。水的温度季节性变化很大。用地表水作为水源,一般都需经过混凝、沉淀、过滤等处理,污染严重的还要进行深度处理。但地表水的矿化度、硬度以及铁锰的含量一般较低。另外,地表水易受工业废水、生活污水、农药等污染,水中细菌、有毒物质、有机物含量高于地下水。水源保护难度大。

湖泊和水库水体大,水量充足,流动性小,停留时间长,水中营养成分高,浮游生物和藻类多,不利于水质处理。蒸发量大,使水体浓缩,因而含盐量高于江河水。沉淀作用明显,浊度较江河水低,水质、水量稳定,但在冬季易发生低温低浊水现象,这是水处理的一个难点。

海水含盐量高,水量大,除了淡水资源特别缺乏的海岛、船舶等外,一般不以海水为生活饮用水源。在沿海地区,海水可作为某些工业用水的水源。

(二)地下水源

地下水存在于土壤和岩层中。各种土层和岩层有不同的透水性能。如卵石层、砂层和石灰岩等,组织松散,孔隙度高,透水性好,称为透水层。而黏土、坚硬岩石如花岗岩,孔隙度小,透水性差,甚至不透水,称为不透水层。透水层中存着水,称为含水层。在含水层中,有时中间夹着一层黏土层,称为不透水层,也称为隔水层。

地下水源包括潜水、承压水、裂隙熔岩水、上层滞水和泉水。

潜水位于地面以下第一个连续分布的隔水层之上,水体表面通过土层孔隙与大气相通。潜水分布范围广,埋藏浅,易开采,浊度低,硬度较高。潜水受地表降雨的直接补给,水位受降雨和季节的影响较大,还易受到地表水入渗的污染。

承压水存在于两个隔水层之间,并有一定的压力,其存水区域和补给区域不一致,补给区的地下水位决定了承压水头的大小。承压水不易受到污染,水质好,水量稳定,一般硬度较高。

裂隙熔岩水储存在基岩的裂隙和可溶性岩层的溶蚀洞穴中。裂隙水主要分布在裂隙发育、补给和汇集条件好的山区;熔岩水主要分布在具有喀斯特地貌的石灰岩山区,我国的广西、云南、贵州等地有丰富的熔岩水。裂隙熔岩水的水质好,水量稳定。

上层滞水是滞留于具有锅底形局部隔水层上的地下水,它具有与潜水相似的性质,但分布范围小,水量不稳定,不宜作为可靠的供水水源。

地下水涌出地表就成了泉。来源于承压水的泉为上升泉,它具有承压水的性质;其他地下水形成的泉为下降泉,根据其来源而具有不同的性质。

总体上讲,地表水水量大,更新补给快,浊度高,硬度低,易受污染,受季节变化影响大;

地下水浊度低，硬度高，不易受污染，分布面广，受季节变化影响小，补给慢，可开采量有限。

（三）水源的布置

在城市的建设中，给水工程规划的任务之一是确定城市用水标准，预测城市用水量。所以给水水源选址要有充沛的水量，能满足城市近期及远期发展的需要，综合考虑工农、生活用水的总量及分配，结合城市总体规划的布局，与城区的距离要适当，既防止远距离供水，也要便于水源地防护。给水水源可以用一个水源，也可以用多个水源，城市布局分散，可用多个水源。要有较好的水质，处理过程可简化，即可降低成本。

ZAE009　水源的布置

CAE006　地表水取水构筑物的形式

六、取水构筑物

取水工程是给水系统的重要组成部分之一，它的任务是从水源取水并输送至水厂或用户。由于水源不同，取水工程设施对整个供水系统的组成、布局、投资及维护运行等的经济性和可靠性产生重大的影响。

（一）地表水取水构筑物的形式

由于地表水源的种类、性质和取水条件各不相同，因而地表水取水构筑物有多种形式。按水源分，则有江河、湖泊、水库、海水取水构筑物；按取水构筑物的构造形式分，有固定式和活动式两种。

1. 固定式取水构筑物

固定式取水构筑物建在地基上，一旦建成就不能移动。固定式取水构筑物与活动式取水构筑物相比具有取水可靠、维护管理简单、适用范围广等优点。一般情况下，取水量大，供水安全可靠性要求高时采用固定式取水构筑物。固定式取水构筑物按其进水口所在的位置不同可分为岸边式和河床式两种。

1）岸边式取水构筑物

直接从江河岸边吸水的取水构筑物，称为岸边式取水构筑物。适用于河道岸边较陡，主流近岸，水位变幅不大，岸边常年有足够的水深，岸边水质地质条件较好的场合。岸边取水构筑物由进水间和泵房组成。泵房用以安装水泵及其辅助设备，进水间用以安装水泵吸水管，为水泵提供良好的吸水条件。按进水间与泵房合建或分建，岸边取水构筑物分为合建式和分建式。

2）河床式取水构筑物

当河岸平坦或有较宽的河漫滩，枯水期主流离岸边较远，岸边水深不够或水质不好，而河中具有足够的水深和较好的水质时，取水构筑物从河中吸水，称为河床式取水构筑物。集水间和泵房直接建在河中吸水，也可以将集水间和泵房建在岸边，用引水管伸入河中吸水。

2. 活动式取水构筑物

活动式取水构筑物建在浮船或岸坡轨道上，能随着水位的变化上下移动。按水泵安装位置不同，活动式取水构筑物可分为浮船式和缆车式。水泵安装在浮船上，浮船随水位一起涨落，称为浮船式；水泵安装在缆车上，缆车能沿岸坡上的轨道上下移动以适应水位的变化，称为缆车式。

1）浮船式取水构筑物

浮船式取水构筑物由安装有水泵的浮船、敷设在岸坡上的输水管及连接输水管与浮船的联络管组成。

2）缆车式取水构筑物

缆车式取水构筑物由泵车、坡道、输水管、牵引设备组成。与浮船式相比,缆车受风浪影响小,稳定性好。适用于水位变幅大、涨落速度不大、无冰凌或漂浮物较少的河段上。

CAE008　地表水厂主要构筑物

（二）地表水厂主要构筑物

（1）以地表水为水源的给水系统,取水构筑物从江河取水,经一级泵站送往水处理构筑物。

（2）以地表水为水源的给水系统,处理后的清水储存在清水池中。

（3）以地表水为水源的给水系统,二级泵站从清水池取水,经输水管送往管网供应用户。

CAE007　地下水取水构筑物的形式

（三）地下水取水构筑物

从含水层（透水层）中集取地下水的构筑物,称为地下取水构筑物。不同类型、不同埋深、不同的含水层厚度和性质的地下水,其开采和集取的方法不同。常用的地下水取水构筑物有管井、大口井、辐射井、渗渠等。

1. 管井

管井又称机井和深井,一般是用钻机开凿的,用井管保护井壁的直井（图1-3-2）。管井是一种细而长的具有管状特征的水井,适用于开采埋深较大的地下水。井深一般为20～1000m,管井井深最深可达1000m以上。管井的井径是指井管的内径,用符号"D"表示,井径为150～600mm。由于管井深度范围大,占地面积小,适用于各种含水层,建造方便,使用灵活,是使用最为广泛的一种地下水取水构筑物。当水井穿过整个含水层抵达不透水底板时称为完整井,否则称为不完整井。

管井不抽水时,井内的自然水面到地面的垂直高度称为静水位。管井井内抽水时,降低了的稳定水面到地面的垂直高度称为动水位。管井静水位与井底之间的距离称为水深。管井稳定状态下,动水位到静水位之间的距离称为降深。水位每降1m时的稳定出水量,称为管井的单位涌水量。与降深相对应的稳定出水量称为管井涌水量。

2. 大口井

大口井因口径大而得名,其直径一般为5～8m,深度在15m以内,适用于从埋深小于12m、厚度5～20m的含水层取水。大口井广泛用于开采补给条件良好的浅层地下水。

3. 辐射井

辐射井由集水井和向四周辐射状伸出的水平或倾斜集水管组成。辐射井比大口井更适合于开采浅层地下水,一般适用于开采埋深不大于12m、含水层厚度小于10m、补给条件好的含水层。常将辐射管沿河岸平行布置,拦截河流地下补给水;或垂直伸入河床下,集取河床潜流水和河流下渗水。

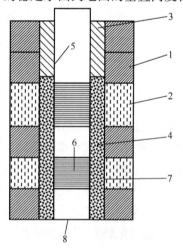

图1-3-2　管井

1—非含水层;2—含水层;3—人工封闭物;

4—人工填料;5—井壁管;6—过滤器;

7—沉砂管;8—井底

4.渗渠

渗渠是水平敷设在含水层中的穿孔渗水管渠。渗渠主要依靠较大的长度增加出水量，因而埋深不大，一般为4～7m，很少超过10m。它适宜于开采埋深小于2m、含水层厚度小于6m的浅层地下水。常平行埋设于河岸或河漫滩，用以集取河流下渗水或河床潜流水。由于渗渠集取的是表层地下水或河流下渗水，其补给途径短，净化效果差，受地表污染大，水质具有地表水的特点。

渗渠由渗水管渠、集水井和检查井组成。

七、给水泵站

给水泵站是装设机组（水泵和原动机）管路和辅助设备的构筑物。在泵站中除了机组以外，尚有各种闸阀、辅助泵、起重设备、计量仪表及电气设备等。给水泵站的作用是给机组及运行人员提供良好的工作条件，保证机组正常运行，满足用户对水量、水质及水压的要求。

泵站分类方法如下：

（1）按照水泵机组设置的位置与地面相对标高关系，泵站可分为地面式泵站、地下式泵站和半地下式泵站。

（2）按照操作条件及方式，泵站可分为人工手动控制、半自动化控制、全自动化控制和遥控泵站四种。

（3）按照水泵间是否浸在水中可分为干室式泵站和湿室式泵站。干室式泵站是指水泵与水池隔离，水泵间内无水侵入。湿室式泵站是指水泵与水池相通，水泵间内有水侵入。

（4）按照泵站在给水系统中的作用，可分为一级泵站、二级泵站、加压泵站及循环泵站四种。

① 一级泵站：一级泵站又称为取水泵站。一级泵站的特点是靠江临水。一级泵站的结构一般有半地下式和地下式两种。

以地表水为水源时，一级泵站的作用是把水吸上来转输至所需净水构筑物，以供进一步处理后使用。在地表水源中，一级泵站一般由吸水井、泵房及闸阀三部分组成。

采用地下水作为生活饮用水水源而水质又符合饮用水标准时，取井水的泵站可直接将水送到用户。

取水构筑物、一级泵站和水厂是按最高日平均时计算流量的。在计算一级泵站流量时，水厂本身用水量系数一般取5%～10%。

② 二级泵站：二级泵站又称送水泵站，通常是建在水厂内，它抽送的是清净水，所以又称为清水泵站。二级泵站的作用是把经过净化后流入清水池的清水，经抽吸和升压后通过出厂管网（干管）送出水厂输配至用户（支管）。二级泵站的水泵从吸水井中吸水，通过输水干管将水输往管网。

二级泵站的供水情况直接受用户用水情况的影响。二级泵站的出水流量和水压在一天内各个时段中是不断变化的。二级泵站的吸水井既有利于水泵吸水管道的布置，也有利于清水池的维修。

CAE010　给水泵站的分类

CAE011　一级泵站的概念

CAE012　二级泵站的概念

CAE013　加压泵站的概念

③ 加压泵站:加压泵站又称中途泵站,一般设于输水干线中途,用来提高管网末端的水压与水量,或在某些地区需水量较大,水压要求较高时设置,以提高局部给水系统的压力,更有利于采用远距离低压输水,达到供水的经济合理性。加压泵站运行时,若传输流量超过正常值时,进水侧管网供水范围的压力将较大。

④ 循环泵站:循环泵站的工艺特点是使供水对象所要求的水压保持相对稳定。

八、给水管网

CAE014 给水
管网的范围

给水管网由埋在地下的各种管道组成,其范围通常是指取水点到水厂再到用户间的输配水管道系统。它是保证输水到给水区内并且配水到所有用户的全部设施,包括输水管渠、配水管网、泵站、水塔和水池。

在输水过程中基本没有流量分出的管渠称为输水管渠,它主要是指从水源到水厂的输水管渠、从水厂到用水区或从用水区到远距离大用户的清水输水管。

配水管网分布于整个用水区,其任务是将输水管送来的水分配给用户。

(一)管网在给水系统中的作用

输配水管网是城市给水系统的重要组成部分,担负着向用户输送、分配水的任务,以满足用户对水量、水压的要求。由于给水管网的分布面广、距离长、材质要求高,因此它在给水系统中所占的投资比例较高,占总投资的 60%~80%,在总投资中有着举足轻重的作用。在输配水过程中需要消耗大量的能量,供水企业的能耗有 90% 用于一级、二级泵站的水力提升,这部分能耗占制水成本的 30%~40%。同时,配水管网运行状态的好坏直接影响到供水压力和水量,影响到服务质量。因此,输配水管网在给水系统中占有重要的地位。

(二)管网布置

CAE015 给水
管网的布置形式

CAE016 输水
管渠的布置形式

CAE017 配水
管网的布置形式

管网的布置形式是与城镇总体规划相呼应的,其关系非常密切。在设计给水管网时,应符合以下几个原则:管网必须分布在整个给水区内,在水量、水质和水压方面能满足用户的要求,保证供水安全可靠;当个别管线发生故障时,断水的范围应减到最少;在布置管网时应考虑城镇建设规划,为管网分期发展留有余地;布置管网时应尽量使管线最短而达到相同的目的;选用管材要适当,以施工简便、造价低为原则。

1. 输水管渠的布置

输水管渠管线单一,构成简单,输水距离长,管径大,对供水安全有重要的影响。输水管渠的输水方式有重力输水和压力输水两种。当水源位置低于给水区,或高于给水区但其间高差不足以提供输水所需的能量时,采用泵站加压供水;输水距离长时,还可以在输水途中设置加压泵站;当水源位置高于用水区时,采用重力自流输水。较长的输水管,在管线的最高处安装有排气阀,在最低处安装有放水阀。

2. 配水管网的布置

配水管网分布于整个用水区,其任务是将输水管送来的水分配给用户。管网布置指的是干管和连接管的布置。

3. 管网组成

按照在管网中所起作用不同,可将配水管道分为干管、连接管、分配管、接户管。

干管的作用是将水输送给各用水区域,同时也向沿途用户供水。干管对各用水区的用水起着控制作用。

连接管用于连接各干管,以均衡各干管的水量和水压。当某一干管发生故障时,用阀门隔离故障点,通过连接管重新分配各干管流量,保证事故点下游的用水。

分配管的作用是从干管取水分配到各用水区域,大中城市的分配管管径一般不小于150mm,小城镇分配管管径一般不小于100mm,以防消防时管网水压太低。

接户管是从分配管或直接从干管、连接管引水到用户去的管线,用户可以是一个企事业单位,也可以是一座独立的建筑。

4. 管网形式

管网有树状、环状、树状和环状结合三种布置形式。

树状网管道从供水点向用户呈树枝状延伸,各管道间只有唯一的通道相连。树状网供水直接,构造简单,管道总长度短,但当管线发生故障时,故障点以后的管线均要停水,供水安全性差。当管网末端用户用水量小或停止用水时,水流在管道中停留的时间长,会引起水质恶化。树状网一般用于小城镇和小型企业。

环状网的各干管间设置有连接管,形成了闭合环,管道间的连接有多条通路,某一点的用水可以从多条途径获得,因而供水的安全可靠性高(图1-3-3)。

配水管网往往采用环状和树状相结合的布置形式,即在城市的中心区采用环状网,提高供水安全性,而采用树状网向周边供水,或采用近期树状网远期环状网的建设形式(图1-3-3)。

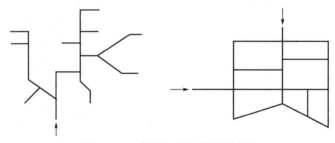

图1-3-3　树状与环状管网示意图

CAE018　管网调节构筑物的范围

九、调节构筑物

在给水系统中,一级泵站均匀输水,二级泵站分级供水,用户的用水情况是多变的,因此,在这三者之间存在着水量不平衡问题。给水系统中水量的不平衡是通过建造清水池和水塔来进行调节的。清水池用于调节一级泵站和二级泵站的不平衡,水塔用于调节二级泵站和用户之间的矛盾。因此,清水池和水塔这类构筑物就称为调节构筑物。其作用在于调节水量,同时还能储存一定数量的消防用水和其他用途的储备水。

管网内的水塔建于高处,它除了能起调节水量的作用之外,还能起保证供水压力的作用。建于高地的水池,也能起着与水塔相同的作用,这种水池称为高位水池。

CAE022　清水池的构造特点

(一)清水池的构造

清水池一般呈圆形和矩形。常用钢筋混凝土、预应力钢筋混凝土或砖石等材料建造,其中钢筋混凝土水池应用最广。当池容积小于2500m³时,以圆形水池最为经济。钢筋混凝土水池容积大于 2500m³ 时,以矩形最为经济。

清水池设有进水管、出水管、溢水管、放空管、通风孔和必要的阀门。水池的进水管和出水管都是单独设立的。进水管和出水管分别布置在清水池的两侧,以利于池中水的循环。清水池还设有人孔和水位标尺,以利于检修和水位观测。容积为 1000m³ 的水池至少应有两个检修孔。

溢流管管径一般和进水管管径相同,管上端呈喇叭口形并装有阀门。放空管设在集水坑内,管径一般不得小于 100mm。

（二）水塔的构造和作用

CAE020　水塔构造的特点

1. 水塔的构造

水塔主要由基础、塔身、水箱(水柜)和管道四部分组成。常用钢筋混凝土、砖石、钢等材料修筑(图 1-3-4)。采用较多的是钢筋混凝土水塔和砖塔身配钢筋混凝土水柜的水塔。

图 1-3-4　水塔

它与清水池一样,设有进水管、出水管、溢流管和放空管等。水塔的进、出水管与配水管网连接(网前水塔系统),两者分别设置,也可以联合设置。进水管应在水柜上部进水,管上安装有逆止阀,以防止管网压力较低时,水柜内的水倒回管网。柜底安装有出水管,以保证水柜内水流循环。溢流管和放空管一般合用一根立管,其管径大小与进出水管相同。与清水池一样,溢流管上端呈喇叭口形,管上装有阀门。放空管(排水管)安装在柜底,管上装有阀门,并与溢流管接通。为了掌握水柜内的水位变化情况,设有浮标水位尺或电气水位计。

水塔的水箱通常做成圆形,其高度和直径之比为 0.5~1.0。水塔水箱主要是储存用水,它的容积包括调节容量和消防储量。水塔水箱的高度不宜过高,因为水位变化幅度大会增加水泵扬程,多耗动力,且影响水泵效率。水塔塔体主要用以支撑水箱,其形式有筒壁式和构架式两种。容器类水塔有塑料水塔和不锈钢水塔两种。

CAE019　水塔的作用

2. 水塔的作用

水塔是用于储水和配水的高耸结构。高地水池和水塔既能调节流量,又可保证用户所需的水压。大中城市的用水量比较均匀,管网中一般可不设水塔,通常用水泵调节流量。中小城镇和工业企业设置水塔的目的之一是保证管网内有恒定的水压。

3. 水塔管道的布置

CAE021　水塔管道的布置

水塔立管上伸缩接头的作用是减少因温度变化或水塔下沉时作用在立管上的轴向力。水塔进水管一般设在水箱中心并伸到水箱的高水位附近。水塔的出水管可设在箱底,以保证水箱内的水流循环。为了防止水塔水箱溢水和将水箱内存水放空,水塔设有溢水管和排水管。水塔溢水管上不设阀门,排水管从箱底接出,管上设阀门,并接到溢水管上。

ZAE001　管网附属构筑物的布置原则

(三)管网附属构筑物的布置原则

井体、井盖及井座荷载等级与道路设计荷载等级一致;所有阀门井、检查井、排气井、排泥井等根据其在道路上所处位置和几何尺寸大小,分别采用砖砌或钢筋混凝土。

管网中的附件一般应安装在阀门井内。阀门井分地面操作和井内操作两种方式。为了便于检修和施工,阀门井的井底到水管承口或法兰盘底的距离至少为 0.1m,阀门井的井壁和法兰盘的距离应大于 0.15m。干管上的阀门通常 1000m 设置一个。

十、水资源的利用与保护

ZAE008　水源的类型

(一)水资源类型

水源关系到人体健康,必须选用水质良好、水量充沛、便于保护的水源。为了适应各用水部门以及社会经济各方面的需要,常常将水资源进行分类。

(1)地表水资源和地下水资源。地表水源包括江河、湖泊、水库、海洋。地下水源中的潜水也称为无压地下水。地下水源中的自流水也称为承压地下水。

(2)天然水资源和调节水资源。

(3)消耗性水资源和非消耗性水资源。

CAE026　生活饮用水水源的水质标准

(二)地表水资源的利用与保护

1. 地表水资源的评价

CAD019　地表水资源量评价的内容

水资源评价是对某一流域或某一行政区划内的水资源总量、可利用水资源量及其水质做出评价。水资源评价包括水量评价和水质评价。

1)地表水资源量评价

地表水资源量评价是对区内地表水可利用量做出评价。所谓可利用量,是指在当前的技术经济条件下能开发利用的那部分地表水资源量。地表水资源量扣除蒸发、渗漏、流出本区的水量后得到最大可利用水量,采用拦蓄调节等蓄水措施可增大可利用水量。水资源量评价内容包括:现状供水量、现状可供水量、可利用水量、扩大地表水供水量的措施等。

2)地表水质评价

地表水体容易受到人类活动的污染,因而某些水体的水质会下降,不适合于某些用户使用。地表水质评价就是依据一定的使用要求及其水质标准对水体水质做出评定。为贯彻《中华人民共和国环境保护法》和《中华人民共和国水污染防治法》,防治水污染,保护地表水水质,保障人体健康,维护良好的生态系统,制定《地表水环境质量标准》(GB 3838—2002)。

依据地表水水域环境功能和保护目标,按功能高低依次划分为以下五类:

Ⅰ类主要适用于源头水、国家自然保护区。

Ⅱ类主要适用于集中式生活饮用水地表水源地一级保护区、珍稀水生生物栖息地、鱼虾类产卵场、仔稚幼鱼的索饵场等。

Ⅲ类主要适用于集中式生活饮用水地表水源地二级保护区、鱼虾类越冬场、洄游通道、水产养殖区等渔业水域及游泳区。

Ⅳ类主要适用于一般工业用水区及人体非直接接触的娱乐用水区。

Ⅴ类主要适用于农业用水区及一般景观要求水域。

对应地表水上述五类水域功能,将地表水环境质量标准基本项目标准分为五类,不同功能类别分别执行相应类别的标准值。水域功能类别高的标准值严于水域功能类别低的标准值。同一水域兼有多类使用功能的,执行最高功能类别对应的标准值。实现水域功能与达标功能类别标准为同一含义。

2. 地表水资源开发利用规划

水资源开发利用规划的基本任务是:根据国家的建设方针和发展目标,针对有关地区和部门对水资源的要求,结合规划区内水资源条件以及社会经济发展状况,提出一定时期内开发利用、保护水资源和防治水害的方针、任务、对策及主要措施,实施建议和切实可行的管理意见,作为指导供水工程设计、安排建设计划和进行各项水事活动的依据。

水资源开发利用规划应遵循以下原则:

(1)尊重客观事实,量入为出,保证供需平衡。

(2)增大水资源可利用量、防治水害、保护水环境的工程规划应量力而行。

(3)应有全局观念,考虑其他地区和部门的利益,顾全大局,发挥水资源的最大效益。

(4)综合利用和综合治理同时并举。

(5)要立足本域,因地制宜。

各种水资源开发利用规划应优先、充分考虑城市用水的要求,城市供水部门应积极配合水行政主管部门做好相关的规划,提供准确的用水规划资料。同时城市供水项目建设应符合各水资源开发利用规划的要求。

3. 地表水资源的保护

人类活动及各种自然因素的影响会恶化水体水质、破坏正常的水体循环,造成水质型缺水和水量型缺水。例如,向水体排放大量未经处理或处理不完全的污水,在流域面上长期使用农药、化肥,造成水质恶化;自然条件的恶化及人为因素对流域面上植被的破坏,对水源的过量开采,都会造成水量衰减枯竭。一旦发生整个流域的水质恶化和水量衰减,就难以在短期内恢复,而且恢复的代价较大。因此,水源保护应采取预防为主的方针。

1)加强整个流域面上的水源保护工作

整个流域面上的水源保护工作涉及的范围很广,需要各地区、多部门的共同努力。从总体上讲,需要采取以下几方面的措施。

(1)实行污染物总量控制,确保水体各功能区满足环境质量标准要求。

(2)合理规划城镇居住区和工业区,减轻对水源的污染。尽可能将重污染源规划在流域的下游或环境容量大、自净能力强的区域。

(3)加强水源水质监测和水污染调查研究,建立水体污染监测网,及时掌握水体污染现状,及早采取相应对策,提高决策的科学性。

(4)制定水源开发利用计划,实行取水量总量控制,防止水源水量衰减和枯竭。特别对缺水地区,应合理规划大用水户的分布,采取节水措施,合理分配流域上下游的用水量,保证生活用水。

(5)加强水源监测管理,及早发现水源衰减现象,采取相应对策。对地表水源要进行水文观测和预报。

(6)加强流域面水土保持工作,提高流域面涵水能力,减少水土流失。

2)加强取水点周围的卫生防护措施

取水点附近的人类活动和污染源会对水源水质造成直接的污染,由于距离近,一旦造成污染容易造成严重的后果。因此必须在取水点周围设置卫生防护地带,其范围和防护措施应按现行《生活饮用水卫生标准》执行。具体要求如下:

(1)取水点周围半径100m的水域内严禁捕捞、停靠船只、游泳和从事可能污染水源的任何活动,并应设有明显的范围标志和严禁事项的告示牌。

(2)河流取水点上游1000m至下游100m的水域内,不得排入工业废水和生活污水;其沿岸防护范围内不得堆放废渣,不得设立有害化学物品的仓库、堆栈或装卸垃圾、粪便和有毒物品的码头;不得使用工业废水或生活污水灌溉及使用有持久毒性或剧毒的农药,并不得从事放牧等有可能污染该段水域水质的活动。

作为饮用水水源的水库和湖泊,应根据不同情况将取水点周围部分水域或整个水域及其沿岸列入保护范围,执行上述保护措施。

受潮汐影响的河流取水点上下游的防护范围,由供水部门会同当地卫生防疫站、环境卫生监测站根据具体情况研究确定。

(3)水厂生产区范围应明确划定并设立明显标志,在生产区外围不小于10m的范围内,不得设置生活居住区和修建禽畜饲养场、渗水厕所、渗水坑;不得堆放垃圾、粪便、废渣或敷设污水渠道;应保持良好的卫生状况和绿化。单独设立的泵站、沉淀池和清水池的外围不小于10m的区域内,其卫生要求与水厂生产区相同。

(三)地下水资源的利用与保护

地下水资源来源于降雨和地表水入渗,其补给和径流速度慢,在局部区域容易引起过量开采,特别在人口稠密的城市,地面入渗条件差,而开采量大,常出现过量开采现象;过量开采会引起地下水位逐年下降,地面下沉,海水或其他不良水质入侵,破坏地下水环境等不良后果。因此,地下水资源利用的合理规划与保护就显得尤为重要。

1.地下水资源评价

地下水资源评价是对一定范围内的地下水资源量、可开采量及水质做出评价。评价的地区范围称为评价区,评价区划分为三个等级:一级区是按地形地貌特征,将评价区分为平原区、山丘区、沙漠区和内陆闭合盆地平原区;二级区是按水文地质条件将一级区划分成的若干个水文地质区;三级区是按地下水埋深、包气带岩性的不同,将二级区划分成的若干个均衡计算区。均衡区是各项资源量的最小计算单元。地下水资源汇总往往按水系流域或行政区划进行。

1)地下水资源量

地下水资源量包括补给量和储存量。补给量是指从评价区外补给进来的水量,储存量是指存储在最高动水位和最低动水位之间土层孔隙中的水量。储存量在丰水年得到补充,在枯水年被开采,因此储存量实际是补给量的一种转化形式,它来源于补给量。补给量是地下水资源的主要部分。

地下水补给形式和补给量包括以下几种:

(1)地下水径流流入。从相邻的区划流入该评价区,又称为侧向补给量。

(2)降雨入渗补给量。

(3)地表水入渗补给量,主要是河渠渗漏补给量。

(4)灌溉入渗补给量,又称回归水量。

(5)越流补给量,又称越层补给量,是从含水层的上下隔水层外渗透过来的水。

(6)人工补给量。

分别计算上述各补给量,其和即为地下水总补给量。

2)可开采量

可开采量是指经济上合理、技术上可行,并不造成地下水位持续下降、水质恶化等不良后果的开采量。由于存在着蒸发、地下水流出等损失,因此可开采量必定小于总补给量。可开采量是评价区内最大允许的开采量,实际开采量不宜持久地大于可开采量。

ZAE020 地下水质量的评价标准

3)地下水水质评价

可按不同的使用要求对地下水水质做出评价,一般可按《地下水质量标准》(GB/T 14848—2017)进行,该标准将地下水质量划分为五类,见表1-3-1。

Ⅰ类主要反映地下水化学组分的天然低背景含量,适用于各种用途。

Ⅱ类主要反映地下水化学组分的天然背景含量,适用于各种用途。

Ⅲ类以人体健康基准值为依据,主要适用于集中式生活饮用水水源及工业、农业用水。

Ⅳ类以农业和工业用水要求为依据,除适用于农业和部分工业用水外,适当处理后可做生活饮用水。

Ⅴ类不宜饮用,其他用水可根据使用目的选用。

Ⅰ类、Ⅱ类、Ⅲ类地下水开采后,只需消毒处理就能使用,Ⅳ类水还需经过除浊处理才能使用。

表1-3-1 地下水质量分类指标

项目序号	类别标准值项目	Ⅰ类	Ⅱ类	Ⅲ类	Ⅳ类	Ⅴ类
1	色,度	≤5	≤5	≤15	≤25	>25
2	臭和味	无	无	无	无	有
3	浑浊度,度	≤3	≤3	≤3	≤10	>10
4	肉眼可见物	无	无	无	无	有
5	pH		6.5~8.5		5.5~6.5 8.5~9	<5.5,>9
6	总硬度(以$CaCO_3$计),mg/L	≤150	≤300	≤450	≤550	>550
7	溶解性总固体,mg/L	≤300	≤500	≤1000	≤2000	>2000
8	硫酸盐,mg/L	≤50	≤150	≤250	≤350	>350
9	氯化物,mg/L	≤50	≤150	≤250	≤350	>350

项目序号	类别标准值项目	Ⅰ类	Ⅱ类	Ⅲ类	Ⅳ类	Ⅴ类
10	铁(Fe),mg/L	≤0.1	≤0.2	≤0.3	≤1.5	>1.5
11	锰(Mn),mg/L	≤0.05	≤0.05	≤0.1	≤1.0	>1.0
12	铜(Cu),mg/L	≤0.01	≤0.05	≤1.0	≤1.5	>1.5
13	锌(Zn),mg/L	≤0.05	≤0.5	≤1.0	≤5.0	>5.0
14	钼(Mo),mg/L	≤0.001	≤0.01	≤0.1	≤0.5	>0.5
15	钴(Co),mg/L	≤0.005	≤0.05	≤0.05	≤1.0	>1.0
16	挥发性酚类(以苯酚计),mg/L	≤0.001	≤0.001	≤0.002	≤0.01	>0.01
17	阴离子合成洗涤剂,mg/L	不得检出	≤0.1	≤0.3	≤0.3	>0.3
18	高锰酸盐指数,mg/L	≤1.0	≤2.0	≤3.0	≤10	>10
19	硝酸盐(以N计),mg/L	≤2.0	≤5.0	≤20	≤30	>30
20	亚硝酸盐(以N计),mg/L	≤0.001	≤0.01	≤0.02	≤0.1	>0.1
21	氨氮(NH_4),mg/L	≤0.02	≤0.02	≤0.2	≤0.5	>0.5
22	氟化物,mg/L	≤1.0	≤1.0	≤1.0	≤2.0	>2.0
23	碘化物,mg/L	≤0.1	≤0.1	≤0.2	≤1.0	>1.0
24	氰化物,mg/L	≤0.001	≤0.01	≤0.05	≤0.1	>0.1
25	汞(Hg),mg/L	≤0.00005	≤0.0005	≤0.001	≤0.001	>0.001
26	砷(As),mg/L	≤0.005	≤0.01	≤0.05	≤0.05	>0.05
27	硒(Se),mg/L	≤0.01	≤0.01	≤0.01	≤0.1	>0.1
28	镉(Cd),mg/L	≤0.0001	≤0.001	≤0.01	≤0.01	>0.01
29	铬(六价),mg/L	≤0.005	≤0.01	≤0.05	≤0.1	>0.1
30	铅(Pb),mg/L	≤0.005	≤0.01	≤0.05	≤0.1	>0.1
31	铍(Be),mg/L	≤0.00002	≤0.0001	≤0.0002	≤0.001	>0.001
32	钡(Ba),mg/L	≤0.01	≤0.1	≤1.0	≤4.0	>4.0
33	镍(Ni),mg/L	≤0.005	≤0.05	≤0.05	≤0.1	>0.1
34	滴滴滴,μg/L	不得检出	≤0.005	≤1.0	≤1.0	>1.0
35	六六六,μg/L	≤0.005	≤0.05	≤5.0	≤5.0	>5.0
36	总大肠菌群,个/L	≤3.0	≤3.0	≤3.0	≤100	>100
37	细菌总数,个/mL	≤100	≤100	≤100	≤1000	>1000
38	总σ放射性,Bq/L	≤0.1	≤0.1	≤0.1	>0.1	>0.1
39	总β放射性,Bq/L	≤0.1	≤1.0	≤1.0	>1.0	>1.0

2.地下水资源的开发利用规划

地下水开发利用规划的任务是,对地下水的开采量、开采方式、开采点分布、补给措施、水环境保护等做出安排。规划应遵循以下原则。

（1）充分利用地表水,合理开采与涵养地下水。地下水补给慢,水资源量有限,不适宜大面积开采。

> CAE009　地下水资源的利用原则

（2）应以开采浅层潜水为主，严格控制开采深层承压水。因为承压水的补给区不在开采区，其补给距离长，补给速度慢。

（3）在有良好的含水层构造和有充分的补给来源的条件下，可采用集中开采方式；在含水层分布广阔，但补给有限的条件下，宜采用分散开采的方式。

（4）应保证供需平衡，规划开采量不应大于可开采量，若确需开采时，需规划实施回灌等人工补给措施。

（5）应保护好地下水环境，防止有毒污水入渗污染地下水，对滨海平原区，应严防海水入侵。

（6）应规划布设地下水位、水质监测网。

3. 地下水资源的保护

地下水资源保护包含水量保护和水质保护两方面的含义。水量保护要做的工作主要有：探明可开采储量，严格控制开采，防止超量开采，严密监测地下水位。如发现年枯水位连续下降，应分析原因，并采取人工补给、控制开采等措施，使地下水储量得以恢复。对生活饮用水水源的卫生防护按以下要求进行。

（1）取水构筑物的防护范围应根据水文地质条件、取水构筑物形式和附近地区的卫生状况确定，其防护措施应按地面水厂生产区要求执行。

（2）在单井或井群影响半径范围内，不得使用工业废水或生活污水灌溉和施用有持久毒性或剧毒的农药，不得修建渗水厕所、渗水坑、堆放废渣或铺设污水渠道，并不得从事破坏深层土层的活动。如取水层在水井影响半径范围内不露出地面或取水层与地面水没有互相补充关系时，可根据具体情况设置较小的防护范围。

（3）地下水水厂生产区范围内，其保护措施应按地面水水厂生产区执行。

为了保护饮用水安全，水源保护时除了执行上述保护措施外，还应认真执行《中华人民共和国水污染防治法》和《中华人民共和国水法》的有关规定。

项目二　给水系统水处理

一、给水系统水压、水量要求

ZAE002　用水量的标准

（一）用水量的标准

用水量标准是由国家统一发布规定的单位用水对象单位时间的用水量，是确定给水工程和相应设施规模的主要依据之一。在确定给水工程和相应设施规模时，用水量标准是一个平均值。

用水量标准根据用水类型可分：生活饮用水标准、生产用水标准和消防用水标准。生活饮用水标准中包括居民家庭、浴室、学校、影剧院、医院等的生活及饮用水量，与地区、设备水平、生活习惯、供水方式等有关，一般按每人每日所需生活用水量确定。生产用水标准主要由生产工艺和设备的不同，以生产单位产品或单台设备所需水量确定。消防用水标准主要由居民人数确定的同时发生火灾次数和一次灭火用水量确定。生活用水量标准在城市是指每人每日平均生活用水量。在城市给水中工业生产用水量通常占整个用水量的 50% 左右。

（二）用水量变化的表示方法

ZAE003　用水量变化系数的概念

用水量变化可以用用水量变化系数来表示，是指一个单位的用水量在不断变化中的系数，例如，城镇用水量在一日内是逐时变化的。通常采用时变化系数 K 来表示这种变化的特征，并把 K 值作为给水工程设计的基本参数之一。

城镇供水最高日用水量与平均日用水量的比值称为日变化系数，这一系数的一般取值为 1.1~2.0。在设计给水系统时，一般以最高日平均时用水量来确定系统中各构筑物和一级泵站的规模。城镇供水最高日最高 1h 用水量与平均时用水量的比值称为时变化系数，其值一般在 1.3~2.5。当城市用水量比较均匀时，时变化系数的取值较小。在设计给水系统时，一般以最高日最高时用水量设计给水管网和二级泵站。1 年中用水量最多 1 天的用水量称为最高日用水量。

（三）供水能力的概念

ZAE004　供水能力的概念

供水能力是指供水系统在单位时间内所能达到的最大供水量，是反映水资源开发利用程度的重要概念和体现水利服务民生水平的关键指标，是制定水利政策乃至经济社会发展政策的重要依据。水厂的供水能力与取水、净水、储水和输配水等构筑物的规模和性能有关。供水能力可分为设计供水能力和实际供水能力。供水系统的实际供水能力是可以变化的，不一定等于设计供水能力。设计一个日供水能力为 $10000m^3$ 的水厂，那么该水厂的取水、净水构筑物及输配水管网的能力均应满足 $10000m^3/d$ 要求。

（四）二级泵站、水塔、管网供水量的关系

ZAE005　二级泵站、水塔、管网供水量的关系

水厂的输水管和管网一般应按二级泵站最高日最高时用水量计算。二级泵站的计算流量与管网中是否设置水塔有关。

当管网中不设置水塔时，任何小时二级泵站供水量应等于用水量。泵站到管网的输水管和配水管网都应以最高日最高时设计用水量作为设计流量。

管网内设有水塔时，二级泵站每小时的供水量可以不等于用水量。送水泵房的任务是要满足管网中用户对水量、水压的要求。

管网起端设水塔时（网前水塔），泵站到水塔的输水管直径应按泵站分级工作的最大一级供水流量计算，水塔到管网的输水管和配水管网仍按最高时用水量计算。

管网末端设水塔时（对置水塔或网后水塔），因最高时用水量必须从二级泵站和水塔同时向管网供水，泵站到管网的输水管以泵站分级工作的最大一级供水流量作为设计流量，水塔到管网的输水管流量按照水塔输入管网的流量进行计算。

（五）清水池调节容积的设计原则

ZAE006　清水池调节容积的设计原则

由于一级、二级泵站每小时供水量并不相等，为了调节两泵站供水量差额，所以需在一级、二级泵站之间建造清水池，清水池中除了储存调节用水以外，还存放消防用水和水厂生产用水。清水池的调节容积，由一级、二级泵站供水量曲线确定；水塔容积由二级泵站供水线和用水量曲线确定。如果二级泵站每小时供水量等于用水量，即流量无须调节时，管网中可不设水塔，成为无水塔的管网系统。大中城市用水量比较均匀，通常用水泵调节流量，多数可不设水塔。当一级泵站和二级泵站每小时供水量相接近时，清水池的调节容积可以减小，但是为了调节二级泵站供水量和用水量之间的差额，水塔的容积将会增大。如果二级泵站每小时供水量越接近用水量，水塔的容积越小，但清水池的容积将增加。清水池的溢流管

一般与进水管管径相同。

ZAE007 给水系统的水压要求

（六）给水系统的水压要求

测定管网的压力和流量是管网技术管理的一个主要内容，以便了解供水情况和提高改进措施。供水压力与管网压力需求密切相关。为了经济合理供水，常常在管网中选择一些点，计算其压力需求，作为管网压力控制点。控制点是指管网中控制水压的点，这一点往往位于离二级泵站最远或地形最高处。当管网控制点的压力在最高用水量时可以达到最小服务水头，整个管网就不会存在压力不足现象。

管网中某点的压力需求还与其服务的建筑高度、取水用途等因素有关。建筑内部给水系统所需的水压，应保证建筑物内部最不利用水点的水压的需要，克服管路及水表等水头损失，还需要有足够的流出水头或富余水头。

管网水压主要由泵站提供。一级泵站吸水井最低水位和水处理构筑物最高水位的高程差为一级泵站静扬程。无水塔的管网直接输水到用户，这时，二级泵站的静扬程等于清水池最低水位与管网控制点所需服务水头标高的高程差。水泵扬程等于静扬程和水头损失之和。

CAE023 地表水的常规净化工艺

二、水处理工艺

CBF017 工艺流程的附属构筑物

（一）地表水厂常规处理流程

常规净化工艺适用于净化原水浑浊度长期不超过 500 度，瞬时不超过 1000 度的地表水。

高浊度原水净化工艺适用于净化原水浑浊度经常超过 500 度的地表水。浊度过高或过低都不利于混凝，浊度不同，所需的混凝剂用量也不同。

低浊度原水净化工艺适用于净化原水浑浊度不超过 20 度，瞬时不应超过 60 度的地表水。

为了达到预期的混凝沉淀效果，减少混凝剂投加量，应增设预沉池或沉砂池。原水采用双层滤料或多层滤料滤池直接过滤，也可以过滤前设一个微絮凝池，称微絮凝过滤。

原水经过加药、混凝后进入沉淀这一过程。按沉淀的水流方向可把沉淀池分为平流沉淀池、斜板与斜管沉淀池、径流式等多种形式。平流沉淀池可分为进水区、沉淀区、存泥区和出水区四个部分。斜板、斜管沉淀池由一系列倾斜的薄板组成，斜板斜管沉淀池按水流方向分为上向流、平向流、下向流三种。

原水经过混凝和沉淀，最终达到泥水分离，然后在沉淀池内下沉。澄清池则是将混合、反应、沉淀三个工艺结合在一起的净水构筑物。澄清池澄清的原理，就是利用池中已经生成的悬浮状态的高浓度大颗粒絮凝作为接触物质，在一定的水力条件下，与新进入池内经加药脱稳的微小颗粒接触，从而使小的颗粒吸附在大的颗粒上，提高了颗粒的沉降速度。"接触絮凝"的原理是原水中脱稳的胶体与新鲜泥渣碰撞（图 1-3-5）。

在水处理过程中，过滤一般是指以石英砂、无烟煤等粒状滤料层截留水中悬浮杂质，去除水中的悬浮或胶态杂质，特别是能有效地去除沉淀技术不能去除的微小粒子和细菌等，从而使水获得澄清的工艺过程。多介质过滤器，在工业循环水处理系统中，用以去除污水中杂质、吸附油等，使水质符合循环使用的要求。

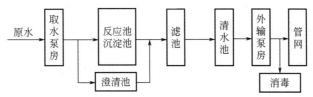

图 1-3-5 地表水厂常规处理工艺流程图

工艺流程中还包括管网附件。为了降低造价,配件和附件应布置紧凑。阀门井的平面尺寸,取决于水管直径以及附件的种类和数量,但应满足阀门操作和安装拆卸各种附件所需的最小尺寸。井的深度由水管埋设深度确定。但是,从承口外缘到井壁的距离,应在 0.3m 以上,以便于接口施工。阀门井一般用砖砌,也可用钢筋混凝土建造。支墩承插式接口的管线,在弯管处、三通处、水管末端的盖板上以及缩管处,都会产生拉力,接口可能因此松动脱节而使管道漏水,因此在这些部位需设置支墩以承受拉力和防止事故。但当管径小于 300mm 或转弯角度小于 10°,且水压力不超过 980kPa 时,因接口本身足以承受拉力,可不设支墩。

CAE024 地下水的常规净化工艺

(二)地下水厂常规处理流程

地下水常规净化工艺包括混合、絮凝、沉淀或澄清、过滤及消毒(图 1-3-6)。管井的抽水设备主要有深井泵和潜水泵两种。潜水泵是将水泵和电动机制成一体,电动机在下部,水泵在上部,共同浸入水中运行。

图 1-3-6 地下水厂常规处理工艺流程图

ZAE010 地下水除铁的原理

(三)地下水除铁的原理

铁和锰是生物体必需的微量元素,但铁锰过量会对人类的生产和生活带来严重的危害。

地下水中二价铁离子经空气中氧气氧化成三价铁形成沉淀使水体浑浊。水的总碱度高时,Fe^{2+} 主要以碳酸氢盐的形式存在。水中含铁浓度大于 0.3mg/L 时,水变浑浊,水中含铁高时水具有铁腥味,影响饮用口味。特别是水中含有过量的铁质,作为洗涤用水时,能在纺织品上生成锈色斑点。染色时,能与染料结合,影响色调的鲜艳性。造纸工业中,使纸浆变黄,染色效果降低。生活中,在光洁的卫生用具上,与水接触的墙壁和地板上,都能染上黄褐色斑,难以清除。铁在人体内累积会损害胰腺(导致糖尿病)、肝脏(肝硬化)、皮肤,体内过多的铁质也会增加传染病的感染。人体内含铁量超过正常的 10~20 倍,就会出现慢性中毒症状,导致的疾病主要有肝硬化、软骨钙化、糖尿病。因此《生活饮用水卫生标准》(GB 5749—2006)规定,水中铁的含量不超过 0.3mg/L,水的色度不超过 15 度。

地下水除铁是一个氧化还原反应过程。利用氧化方法将水中低价铁离子和低价锰离子氧化成高价铁离子和高价锰离子,再经过吸附过滤去除,达到降低水中铁锰含量的目的。滤料采用精制石英砂或锰砂。地下水除铁可采用曝气装置,曝气的作用是向水中充氧和散除少量水中 CO_2 以提高 pH 值。

在地下水除铁中,一般用两步法。第一步向含铁水中溶氧,将二价铁氧化成几乎不溶于水的三价铁。第二步是过滤除去三价铁的沉淀物,使水得到净化。可分为地上溶氧滤池过滤法和地下溶氧地层过滤法。所谓地上溶解氧是将水抽至地面后,人为地将空气和水接触,使空气中的氧溶解于水中,再经过滤除铁。所谓地下溶解氧地层过滤法,是将溶有大量氧气的水注入回灌井内,溶于水中的氧与水中的二价铁生成三价铁,然后,经天然地下岩层过滤后,再从水源井将水抽至地面,送至各用户。

ZAE011 地下水除锰的要求

(四)地下水除锰的要求

饮用含锰地下水对人体健康,目前认为尚无影响,但也不能超过一定含量,据医学上讲,长期饮用含锰量较高的水,可给一些人生理上造成一定的影响,会导致慢性中毒而引发地方病。长期接触锰还会引起中枢神经系统、呼吸系统方面的疾病。含锰的水可使白色织物变黄,给水管道堵塞,给人们日常生活带来许多不便。生产中,锰可使锅炉结垢,使离子交换树脂中毒失败,含锰量高的水会使家用器具污染成棕色或黑色,在纺织品上产生锈斑,使酿造的饮料变色变味等,尤其是锰可使水产生更大的色变。因此 GB 5749—2006 规定,生活用水中锰的含量不得超过 0.1mg/L。对水质的臭和异味的要求是不得有异臭、异味。

接触氧化除锰常采用曝气—反应沉淀—过滤处理工艺流程。含 Mn^{2+} 地下水曝气后进入滤层中过滤,能使高价锰的氢氧化物逐渐附着在滤料表面,形成锰质滤膜,这种自然形成的活性滤膜具有接触催化作用,pH 值在 7.5 左右时,Mn^{2+} 就能被滤膜吸附,然后再被溶解氧氧化,又生成新的活性滤膜物质参与反应,所以锰质活性滤膜的除锰过程也是一个自催化反应过程。除锰滤池的滤料可用石英砂或锰砂,除锰滤池成熟后,滤料上有催化活性的滤膜,外观为黑褐色。

ZAE012 地下水除氟的方法

(五)地下水除氟的方法

我国高氟水分布广泛,范围遍及全国各省、市和自治区。氟中毒严重地损害着广大群众的身体健康,是我国一种主要地方病。目前国内外除氟的方法主要有:化学法、吸附法、离子交换法、电化学法和反渗透法等。为了保障人民的身体健康,改善饮用水水质,我国已进行了大量的除氟试验,目前已掌握了活性氧化铝、电渗析、电凝聚、絮凝沉淀、骨炭等方法,饮用水除氟的方法中,应用最多的是吸附过滤法,作为滤料的吸附剂主要是活性氧化铝,用以去除氟的吸附过滤法主要是利用吸附剂的吸附和离子交换作用。

ZAE013 微污染水源水处理的常识

(六)微污染水源水处理的常识

微污染水体一般是指所含有的污染物种类较多、性质较复杂,但浓度比较低微的水体。那些难以降解、易于生物积累和具有三致作用的有毒有机污染物对人体健康危害很大。微污染水体其微污染物主要包括石油烃、挥发酚、氨氮、农药、COD、重金属、砷、氰化物、铁、锰等。GB 5749—2006 将感官性状指标作为强制性指标。对原水进行净化处理,使其符合水质标准要求的构筑物称为净水构筑物。

ZAE014 水的软化

(七)水的软化

硬水是指含有较多可以溶解的钙盐、镁盐的水,和硬水不同,软水是只含少量或不含可溶性钙盐、镁盐的水,煮沸时不发生明显的变化。人们把水的软、硬程度分为许多"度",统称为硬度,水中钙镁离子构成水的硬度,可以分类为 0~30 度(德国分类法),0~4 度为很软的水,26~30 度为很硬的水。天然水中硬度为 1Meq/l,相当于 2.8 德国度。降低水硬度的方法称为软化。目前水的软化处理方法常用的有药剂软化法和离子交换软化法等方法。

（1）离子交换法：采用特定的阳离子交换树脂，以钠离子将水中的钙镁离子置换出来，由于钠盐的溶解度很高，所以就避免了随温度的升高而造成水垢生成的情况。这种方法是目前最常用的标准方式，家用净水器多采用这种方法。

（2）膜分离法：纳滤膜（NF）及反渗透膜（RO）均可以拦截水中的钙镁离子，从而从根本上降低水的硬度。

（3）石灰法：在水中同时投加石灰和苏打，石灰用以降低水中碳酸盐硬度，苏打用于降低非碳酸盐硬度，该法适用于硬度大于碱度的水。主要是用于处理大流量的高硬水，只能将硬度降到一定的范围。

（4）加药法：向水中加入专用的阻垢剂，可以改变钙镁离子与碳酸根离子结合的特性，从而使水垢不能析出、沉积。

（5）电磁法：在水中加上一定的电场或磁场来改变离子的特性，从而改变碳酸钙（碳酸镁）沉积的速度及沉积时的物理特性来阻止硬水垢的形成。

（6）加热法：含有较多可以溶解的钙盐、镁盐的水，其中含碳酸氢钙、碳酸氢镁较多的水称为暂时硬水，这种水被煮沸后，可溶性钙、镁盐就变成碳酸盐，大部分析出。碳酸盐硬度在煮沸时易沉淀析出称为水的暂时硬度。

（八）水的絮凝

ZAE015 水的絮凝

使水或液体中悬浮微粒集聚变大，或形成絮团，从而加快粒子的聚沉，达到固—液分离的目的，这一现象或操作称为絮凝。絮凝是在药剂和水快速混合以后的重要净水工艺过程。

通常絮凝的实施靠添加适当的絮凝剂，其作用是吸附微粒，在微粒间"架桥"，从而促进集聚。胶乳工业中，絮凝是胶乳凝固的第一阶段，是一种不可逆的聚集。絮凝剂通常为铵盐一类电解质或有吸附作用的胶质化学品。聚合体絮凝剂的效果根据被处理原水的状态而有所不同。需要使用的高分子质量絮凝聚合体将因絮凝沉淀、加压气浮、污泥脱水及其他处理目的而有所不同。水处理用的离子交换剂有离子交换树脂和氢氧化铝两类。为使水中胶体颗粒絮凝生成絮体下降，关键是要胶体颗粒失去稳定性。胶体的稳定性分为：

（1）动力学稳定性：布朗运动对抗重力。胶体颗粒在水中做无规则的高速运动并趋于均匀分散状态，这种运动称为布朗运动，由于水分子的布朗运动，使水中脱稳颗粒可以相互接触而聚凝。

（2）聚集稳定性：胶体带电相斥（憎水性胶体）、水化膜的阻碍（亲水性胶体）两者之中，聚集稳定性对胶体稳定性的影响起关键作用。当颗粒粒径大于 $1\mu m$ 时，依靠水流的紊动和流速梯度使颗粒进行碰撞而凝聚结成矾花的现象，称为同向凝聚。

（九）水的混凝

ZAE016 水的混凝

混凝可去除的颗粒是胶体及部分细小的悬浮物，是一种化学方法，混凝的目的是投加混凝剂使胶体脱稳，相互凝聚生长成大矾花。混凝剂可以降低水中胶粒的静电斥力。在混凝过程中，采用的混凝剂必须对人体健康无害。混凝剂和助凝剂大部分为固体物质。明矾属于无机盐类混凝剂。聚合硫酸铁混凝剂属于高分子无机盐类混凝剂。

（十）水的澄清

ZAE017 水的澄清

澄清的处理对象主要是造成水的浊度的悬浮物及胶体杂质。澄清的处理方法主要有混凝、沉淀和过滤。澄清池是将反应和沉淀综合于一体的构筑物，是利用池中积聚的泥渣与原水中新生成的沉淀物颗粒相互接触、吸附,以使泥渣较快分离的澄清装置。澄清池的种类很多,加速澄清池属于泥渣循环型。GB 5749—2006 规定总大肠菌群不得超过 3 个/L。机械加速澄清池出水浊度(指生活饮用水)一般不应大于 10mg/L。

ZAE018 水的过滤

(十一)水的过滤

水的过滤就是对水中一小部分的悬浮杂质做进一步处理,除掉水中存在的一小部分细小的悬浮杂质。水的过滤要依据水所处的主客位置而定义。水作为主体时,水过滤是一种过滤、处理其他杂质的介质,是通过水的溶解来有效分离固体和气体的一种过滤方式。水作为客体时,水过滤是专门针对水进行处理的一种方法,是利用过滤介质将水中悬浮固体除去,从而获得清水的方法。一般采用的过滤法都是使水通过装有颗粒材料的滤池进行的。快滤池就是利用具有孔隙的粒状滤料截留水中细小杂质使水净化,它常置于混凝、沉淀工艺之后。普通快滤池的滤料多采用无烟煤和石英质黄砂组成双层滤料。

ZAE019 水的消毒

(十二)水的消毒

消毒是杀灭细菌和病毒的手段。水的消毒就是用化学和物理方法杀灭水中的病原体,以防止疾病传染,维护人群健康。物理消毒法有加热法、γ 辐射法和紫外线照射法等;化学消毒法有投加重金属离子(如银和铜)、投加碱或酸、投加表面活性化学剂、投加氧化剂(氯及其化合物、溴、碘、臭氧)等的消毒法。对水作氯化消毒时,常用的氯为液氯和漂白粉。

在这些方法中以氧化剂消毒应用最广,其中以氯及其化合物消毒尤为通用,其次是臭氧消毒。紫外线照射法和投加溴、碘及其化合物的方法用于小规模水厂或特殊设施(如游泳池)用水的消毒。水厂消毒并不是要求杀灭水中全部微生物,而是去除对人体有害的微生物。对于地面水源来说,经过混凝沉淀和过滤后,水中的细菌和致病微生物的去除率一般可达 90%以上。

GB 5749—2006 规定,水中氟化物的含量不得超过 1mg/L。当氟化物含量大于 1.0mg/L 时应进行除氟处理。管网末梢水质余氯为不低于 0.05mg/L。出厂水中余氯不低于 0.3mg/L。用以去除氟的吸附过滤法主要是利用吸附剂的吸附和离子交换作用。在 37℃时培养 24h 的水样中,细菌总数不超过 100 个/mL。《城市污水再生利用城市杂用水水质》(DB141T 1103—2015)规定管网末梢的游离余氯含量为不小于 0.2mg/L。

GAD009 饮用水深度处理技术的分类

(十三)饮用水深度处理技术的分类

当饮用水的水源受到一定程度的污染,又无适当的替代水源时,为了达到生活饮用水的水质标准,在常规处理的基础上,需要增设深度处理工艺。应用较广泛的深度处理技术有活性炭吸附、臭氧氧化、生物活性炭、膜分离技术等。采用光氧化法净水器将自来水进行深度净化,以去除有害健康的优先污染物。污染物的光氧化速率依赖于多种化学和环境的因素。光化学氧化法是在化学氧化和光辐射的共同作用下,使氧化反应在速率和氧化能力上比单独的化学氧化、辐射有明显提高的一种水处理技术。光氧化法均以紫外线为辐射源,同时水中需预先投入一定量氧化剂(如过氧化氢、臭氧)或一些催化剂,(如染料、腐殖质等)。它对难降解而具有毒性的小分子有机物去除效果极佳,光氧化反应使水中产生许多活性极高的自由基,这些自由基很容易破坏有机物结构。属于光化学氧化法的如光敏化氧化、光激发氧化、光催化氧化等。臭氧—生物活性炭饮用水深度处理工艺是活性炭物理化学吸附、臭氧化学氧化、生物氧化降解和臭氧消毒杀菌等几种技术合为一体的工艺,即在传统水处理工艺的基础上,以臭氧氧化代替预氯化,在快滤池后设置生物活性炭滤池,具有可处理水量大、工艺成熟、可去除有害物质多等特点。饮用水深度处理解决方案对氨氮、有机物,特别是敌敌畏、林丹、滴滴涕等有机污染物都有明显的去除效果,不产生二次污染,是国际饮用水给水行业的标准技术,也是我国十二五期间重点推广和建议采用的饮用水深度处理工艺。

(十四)活性炭的吸附原理

GAD010 活性炭的吸附原理

活性炭具有强烈的"物理吸附"和"化学吸附"作用,可将某些有机化合物吸附而达到去除效果,利用这个原理,能很快而有效地去除水族箱水中的有害物质、臭味以及色素等,使水质获得直接而迅速的改善。活性炭吸附是去除水中溶解性有机物的最有效方法之一。它具有发达的微孔结构,巨大的比表面积,可以明显改善自来水的色度、臭味和各项有机物指标。试验结果表明,活性炭对相对分子质量在 500~3000 的有机物有十分明显的去除效果,而对相对分子质量小于 500 和大于 3000 的有机物则达不到有效去除的效果。此外,活性炭吸附还存在出水细菌总数明显升高、亚硝酸盐浓度升高等问题,因此活性炭不宜单独用于饮用水处理,应与其他方法结合使用。活性炭虽然可用于去除水质中的悬浮物,但它的孔隙很快就会被悬浮物堵塞,而失去原来的功效。所以应该把它放置在过滤棉的下面,让过滤棉先处理掉水质中的悬浮物后,过滤棉无法处理的可溶性有害物质再交由活性炭来处理,但为防止颗粒太小的活性炭随着滤水的尾程流入水族箱内,也为了以后能方便地更换,最好是将它作为第二层过滤材料来放置,而将其他的过滤材料,例如,生物过滤球、陶瓷圈等放置其下。

(十五)臭氧的应用

GAD011 臭氧的特性

1. 臭氧的物理化学性质

由于大量且多种多样的化学物质进入水环境中,使得水体不同程度地表现出致突变性、致癌性、致畸性。臭氧预氧化中臭氧处理单元对材质有特殊要求。常规的臭氧应用技术操作费用比较高。臭氧是氧的一种同素异形体。臭氧与氧有显著不同的特征,氧气是无色、无臭、无味、无毒的,而臭氧却是蓝色,且具有特殊的"新鲜"气味。在低浓度下嗅了使人感到清爽,当浓度稍高时,具有特殊的臭味,而且是有毒的。臭氧在水中的氧化性能较强,而在氨中的氧化能力较弱。臭氧的氧化还原电位仅次于氟。其特性如下:

(1)臭氧是有腥臭味的,在浓度很低的情况下,人也会感觉到。

(2)在标准压力和温度下,臭氧在水中的溶解度是氧气的 13 倍。

(3)臭氧比空气重,是空气的 1.658 倍。所以冷库中利用臭氧,应从顶部的风道中随空气吹出,利用臭氧比空气重的特点,使臭氧到达所储存货物,但目前我国冷库中的风道大多是用镀锌皮制作,臭氧通过风道,会使锌、铁氧化生锈,而使臭氧消耗,但消耗多少,目前尚无数据。为了不使臭氧消耗,目前通常把臭氧发生器安装在冷库内,而不通过风道。臭氧具有很强的氧化能力。利用这一能力可进行杀菌、消毒、除臭、保鲜。

(4)臭氧是不稳定的,容易分解变为氧气。在水中分解的半衰期取决于水质和温度。20℃时,臭氧在蒸馏水中的半衰期约为 25min,在低硬度地下水中约为 20min。而水温降到 0℃时,臭氧就变得相当稳定了。

（5）臭氧在常温空气中的半衰期一般为 30min 左右。温度越高、湿度越大,分解越快。在干燥低温的空气中,其半衰期可达数小时。由于臭氧的不稳定性,把它用于冷库很有利,它最终能分解为无毒的氧气,不产生有害残留物。

GAD12 臭氧
生物活性炭工
艺的特点

2. 臭氧生物活性炭工艺的特点

臭氧直接氧化的反应速率常数差异很大,臭氧生物活性炭共用不具有广谱杀菌效果特点。在溶液中,臭氧与污染物以两种途径进行反应:

（1）臭氧分子与有机物的直接反应。

（2）部分臭氧分子分解后产生的自由基和有机物的间接反应。臭氧活性炭工艺利用臭氧的氧化作用,初步氧化分解水中的一部分简单的有机物及其他还原性物质,以降低生物活性炭滤池的有机负荷。同时,臭氧氧化能使水中难以生物降解的有机物,如天然有机物断链、开环,氧化成短链的小分子物质或分子的某些基团被改变,从而使原来不能被生物降解的有机物转化成可生物降解的有机物,减少大分子极性污染物,BOD 浓度得到提高,所以提高了处理水的可生化性。臭氧氧化作为单独的深度处理手段,通常设在过滤之后,但由于其与污染物反应有微絮凝作用,有时也设在过滤之前以提高过滤处理效果。臭氧可以将有机大分子氧化为小分子,为活性炭进一步氧化分解小分子有机物创造条件,臭氧—生物活性炭共用工艺有机物的去除率较常规工艺提高 15% ～20%。

GAD013 膜分
离技术的特点

（十六）膜分离技术的特点

膜分离技术是目前饮用水深度净化领域中最有发展潜力的技术之一。膜分离技术可适用于从无机物到有机物,从病毒、细菌到微粒甚至特殊溶液体系的广泛分离,可充分确保水质,且处理效果基本不受原水水质、运行条件等因素的影响。膜分离过程为物理过程,不需加入化学药剂,是一种"绿色"技术。作为一种新兴的净水技术,膜技术既可解决传统工艺难于解决的诸多问题,又具有使用中的优势,已被大规模应用于饮用水处理系统。但膜分离技术同样存在局限,如反渗透和纳滤操作压力较大,能耗高且出水过纯不宜长期饮用;单独使用超滤和微滤不能有效去除有机物,需与其他工艺联用。微滤的应用主要作为反渗透、纳滤或超滤的预处理。经过两个多世纪的探索研究,膜技术得到了迅猛的发展。在水处理方面,微滤、超滤、纳滤、反渗透等已获得广泛应用,特别是超滤已被大规模投入到供水生产中。过滤膜根据微孔孔径的大小分为微滤膜（MF）、超滤膜（UF）、纳滤膜（NF）和反渗透膜（RO）四种形式。在实际的水处理中,一般来说工业污水如果作为要求较高的循环水利用的话,则需要用石英砂、炭缸进行预处理,再加上两种以上的膜处理才能达到回用水水质标准。

GAD014 微滤
技术的特点

（十七）微滤技术的特点

微滤膜的结构为筛网型,孔径范围在 $0.05～5\mu m$,因而微滤过程满足筛分机理,可去除 $0.1～10\mu m$ 尺寸大小的杂质,如细菌、藻类等。微滤的过滤原理有三种:筛分、滤饼层过滤、深层过滤。一般认为微滤的分离机理为筛分机理,膜的物理结构起决定作用。此外,吸附和电性能等因素对截留率也有影响。其有效分离范围为 $0.1～10\mu m$ 的粒子,操作静压差为 $0.01～0.2MPa$。微滤膜允许大分子和溶解性固体（无机盐）等通过,但会截留悬浮物、细菌,及大相对分子质量胶体等物质。微滤膜的运行压力一般为 $0.3～7bar$。微滤膜过滤是世界上开发应用最早的膜技术,以天然或人工合成的高分子化合物作为膜材料。对微滤膜而言,其分离机理主要是筛分截留。

分离效率是微滤膜最重要的性能特性,该特性受控于膜的孔径和孔径分布。由于微滤膜可以做到孔径较为均一,所以微滤膜的过滤精度较高,可靠性较高。表面孔隙率高,一般可以达到70%,比同等截留能力的滤纸至少快40倍。微滤膜的厚度小,液体被过滤介质吸附造成的损失非常少。高分子类微滤膜为均匀的连续体,过滤时没有介质脱落,不会造成二次污染,从而得到高纯度的滤液。微滤对部分病毒和细菌不能有效去除。超滤在将水中的胶体微粒、不溶性的铁和锰以及细菌、病毒、贾第虫等微生物去除的同时,保留了人体必需的微量元素。

(十八)超滤技术的特点

GAD015 超滤技术的特点

采用超滤膜以压力差为推动力的膜过滤方法为超滤膜过滤。超滤膜大多由醋酯纤维或与其性能类似的高分子材料制得。该技术最适于处理溶液中溶质的分离和增浓,也常用于其他分离技术难以完成的胶状悬浮液的分离,其应用领域在不断扩大。

以压力差为推动力的膜过滤可区分为超滤膜过滤、微滤膜过滤和反渗透膜过滤三类。它们的区分是根据膜层所能截留的最小粒子尺寸或相对分子质量的大小。以膜的额定孔径范围作为区分标准时,则微滤膜(MF)的额定孔径范围为 $0.02 \sim 10\mu m$;超滤膜(UF)为 $0.001 \sim 0.02\mu m$;反渗透膜(RO)为 $0.0001 \sim 0.001\mu m$。由此可知,超滤膜最适于处理溶液中溶质的分离和增浓,或采用其他分离技术所难以完成的胶状悬浮液的分离。超滤膜的制膜技术,即获得预期尺寸和窄分布微孔的技术是极其重要的。孔的控制因素较多,如根据制膜时溶液的种类和浓度、蒸发及凝聚条件等不同可得到不同孔径及孔径分布的超滤膜。超滤膜一般为高分子分离膜,用作超滤膜的高分子材料主要有纤维素衍生物、聚砜、聚丙烯腈、聚酰胺及聚碳酸酯等。超滤在将水中的胶体微粒、不溶性的铁和锰以及细菌、病毒、贾第虫等微生物去除的同时,保留了人体必需的微量元素,既确保水质安全又保证水质健康。

超滤膜是一个压力驱动过程,其介于微滤和纳滤之间,且三者之间无明显分界线。一般来说,超滤膜的截留相对分子质量在 $1000 \sim 300000$,而相对的孔径在 $5 \sim 100nm$,操作压力一般为 $0.05 \sim 0.5MPa$,主要用于截留去除水中的悬浮物、胶体、微粒、大分子有机物、细菌和病毒等大分子物质。超滤膜的物理结构具有不对称性,实际上可分为两层,一层是超薄活化层,约 $0.25\mu m$,孔径为 $5.0 \sim 20.0nm$,对溶液的分离起主要作用;另一层是多孔层,约 $75 \sim 25\mu m$,孔径约 $0.4\mu m$,具有很高的透水性,只起支撑作用。

(十九)纳滤技术的特点

GAD016 纳滤技术的特点

纳滤膜的孔径在 1nm 以上,一般为 $1 \sim 2nm$,是允许溶剂分子或某些低相对分子质量溶质或低价离子透过的一种功能性的半透膜。它是一种特殊而又很有前途的分离膜品种,它因能截留物质的大小约为纳米而得名,它截留有机物的相对分子质量为 $150 \sim 500$,截留溶解性盐的能力为 $2\% \sim 98\%$,对单价阴离子盐溶液的脱盐低于高价阴离子盐溶液。它被用于去除地表水的有机物和色度,脱除地下水的硬度,部分去除溶解性盐,浓缩果汁以及分离药品中的有用物质等。

纳滤技术的工程应用纳滤膜的孔径范围介于反渗透膜和超滤膜之间,其对二价和多价离子及相对分子质量在 $200 \sim 1000$ 的有机物有较高的脱除性能,而对单价离子和小分子的脱除率则较低。而且,与反渗透过程相比,纳滤过程的操作压力更低(一般在 1.0MPa 左右）；同时由于纳滤膜对单价离子和小分子的脱除率低，过程渗透压较小，所以，在相同条件下，纳滤与反渗透相比可节能15%左右。因而在水处理中，纳滤被广泛应用于饮用水的浓度净化、水软化、有机物和生物活性物质的除盐和浓缩、水中三卤代物前驱物的去除、不同相对分子质量有机物的分级和浓缩、废水脱色等领域。由于反渗透膜几乎将水中盐类全部去除，处理后的水甚至纯于蒸馏水，这样的水不能作为饮用水长期使用。纳滤膜对盐类的去除仅次于反渗透，去除率也很高，一般作为软化水使用，且纳滤膜目前在我国尚需要进口，成本很高，还不能大规模推广。超滤在将水中的胶体微粒、不溶性的铁和锰以及细菌、病毒、贾第虫等微生物去除的同时，保留了人体必需的微量元素，既确保水质安全又保证水质健康。因此，选择超滤膜提高饮用水水质安全性和健康性是可行的。

GAD017 反渗透技术的特点

（二十）反渗透技术的特点

反渗透是在浓液一边加上比自然渗透压更高的压力，扭转自然渗透方向，把浓溶液中的水压到半透膜的另一边，这和自然界正常渗透过程相反，因而称为反渗透。由于反渗透膜几乎将水中盐类全部去除，处理后的水甚至纯于蒸馏水，这样的水不能作为饮用水长期使用。

反渗透所分离的物质，一般为相对分子质量在500以下的糖、盐类等低分子，此时溶液的渗透压较高。为了克服渗透压，因而必须采用较高的压力，一般操作压力为2~10MPa，所用膜为非对称膜或复合膜，膜的水透过率为$0.1~2.5m^3/(m^2 \cdot d)$。微孔过滤所分离的组分直径为$0.03~15\mu m$，主要去除微粒和细粒物质，所用膜一般为对称膜，操作压力为$0.01~0.2MPa$。

反渗透膜是实现反渗透的核心元件，是一种模拟生物半透膜制成的具有一定特性的人工半透膜。一般用高分子材料制成，如醋酸纤维素膜、芳香族聚酰肼膜、芳香族聚酰胺膜。表面微孔的直径一般为$0.5~10\mu m$，透过性的大小与膜本身的化学结构有关。有的高分子材料对盐的排斥性好，而水的透过速度并不好。有的高分子材料化学结构具有较多亲水基团，因而水的透过速度相对较快。因此一种满意的反渗透膜应具有适当的渗透量或脱盐率。

反渗透技术的原理是在高于溶液渗透压的作用下，依据其他物质不能透过半透膜而将这些物质和水分离开来。反渗透膜的膜孔径非常小，因此能够有效地去除水中的溶解盐类、胶体、微生物、有机物等。系统具有水质好、耗能低、无污染、工艺简单、操作简便等优点。

项目三　给水系统水质

CAE025 生活饮用水的卫生标准

一、生活饮用水卫生标准

不同的用水对象水质标准也不同。目前国际饮用水水质标准发展总的趋势是：更加重视微生物指标、对消毒剂与消毒副产物越来越重视、对有毒有害物质指标制订更为严格等。《生活饮用水卫生标准》（GB 5749—2006）中pH值的规定范围是6.5~8.5，要求锌的含量小于1.0mg/L，氯化物的含量不得超过250mg/L，砷的含量不超过0.01mg/L，对游离余氯的规定是在接触30min后应不低于0.3mg/L，浊度特殊情况不超过3NTU（表1-3-2）。

表 1-3-2　生活饮用水卫生标准水质主要指标要求

指标	限　值	备　注
1.感官性状和一般化学指标		
色度	10 度	
浑浊度	不超过 1NTU	水源与净水条件限制时为 3NTU
臭和味	无异臭、异味	
肉眼可见物	无	
铁,mg/L	0.30	
锰,mg/L	0.10	
COD_{Mn},mg/L	3	水源限制,原水耗氧量>6mg/L 时为 5mg/L
pH 值	不小于 6.5,且不大于 8.5	
2.微生物指标		
总大肠菌群,CFU/100mL	不得检出	
耐热大肠菌群,CFU/100mL	不得检出	
菌落总数,CFU/mL	100	
3.消毒剂		
二氧化氯,mg/L	0.8	与水接触不小于 30min,检测出厂水限值
余氯,mg/L	0.3	出厂水限值
	0.02	管网末梢检测限值

二、生活杂用水的相关规定

GAD018 生活杂用水的相关规定

　　生活杂用水管道、水箱等设备不得与自来水管道、水箱直接相连。生活杂用水管道、水箱等设备外部应涂浅绿色标志,以免误饮、误用。生活杂用水供水单位,应不断加强对杂用水的水处理、集水、供水以及计量、检测等设施的管理,建立行之有效的放水、清洗、消毒和检修等制度及操作规程,以保证供水的水质。水质的检验方法,应按标准检验法执行,具体标准见表 1-3-3。生活杂用水集中式供水单位,必须建立水质检验室,负责检验污水再生设施的进水和出水以及出厂水和管网水的水质。分散式或单独式供水,应由主管部门责成有关单位或报请上级指定有关单位负责水质检验工作。以上水质检验的结果,应定期报送主管部门审查、存档。

表 1-3-3　《城市污水再生利用　城市杂用水水质》(GB/T 18920—2002)规定

项目	厕所便器冲洗,城市绿化	洗车,扫除
浊度,度	10	5
溶解性固体,mg/L	1200	1000
悬浮性固体,mg/L	10	5
色度,度	30	30
臭	无不快感觉	无不快感觉
pH 值	6.5~9.0	6.5~9.0

续表

项目	厕所便器冲洗,城市绿化	洗车,扫除
BOD5,mg/L	10	10
CODcr,mg/L	50	50
氨氮(以 N 计),mg/L	20	10
总硬度(以 CaCO₃ 计),mg/L	450	450
氯化物,mg/L	350	300
阴离子合成洗涤剂,mg/L	1.0	0.5
铁,mg/L	0.4	0.4
锰,mg/L	0.1	0.1
游离余氯,mg/L	管网末端水不小于 0.2	
总大肠菌群,个/L	3	3

三、管网中的水质变化

GAD001 管网中的水质变化原因

原水在长距离的输送过程中会发生复杂的物理反应、化学反应以及微生物反应,造成原水水质不断变化。研究原水在输送管道中的水质变化规律,并提出相应的控制措施,对改善原水水质、指导自来水厂的运行管理具有重要的现实意义。管网中结垢层形成的原因很多,管网中如有空气侵入,可使水嘴放出来的水呈白浊色。输送环节的管道老化、管壁存在锈蚀,水质会受到影响。水在管道内流动过程中,由于腐蚀等原因生成各类沉积物,使管网水质变差。管道内生成的结垢层是细菌滋生的场所,形成"生物膜"。沿途原水管道均为钢管,防腐技术相同,均为内衬水泥砂浆,埋地管道外做环氧煤沥青特加强级防腐层。

(一)产生红水、黑水的原因

GAD002 产生红水、黑水的原因

随着生活水平的提高,人们对水质的要求也越来越高。从水源取水开始,经过自来水厂的净化处理,再输入管网进入屋顶水箱或直接进入用户家中。在这个过程中,水会发生复杂的物理化学变化,水龙头水有时并不如预期的那么清澈。一些水质感官性状的异常虽然不像病毒理学指标异常那样对人们的生活、生产带来那样大的危害,却往往更易引起用户的抱怨。红水是最常见的异色水。当管网中铁锈沉积严重时,一旦改变水的流速或方向时,易将这些沉积物冲起形成红水。出厂水中含有铁较高时,易使管网水产生红水现象。如果出厂水中含锰较高,由于余氯的作用生成二氧化锰,所析出的微粒附着在管壁上,剥离下来形成黑水。由于红水和黑水常常同时发生,水的颜色呈现褐色或棕黄色。洁净的自来水应是无任何颜色的。常见的颜色异常包括红水、黑水,也偶尔会有蓝水和白水,更多的时候颜色是混合的,辨不出明显的哪一种颜色,表现为棕黄色,灰黑色等。

(二)管网腐蚀结垢后对水质的影响

GAD003 管网腐蚀结垢后对水质的影响

对于旧的管道,制定合理的冲洗、清洗、维修计划。机械刮管、涂衬和化学清洗是普遍使用的方法,这对于去除管内壁的腐蚀物和污染物起重要的作用,对颜色、异味和异物的消除都比较明显。管网中结垢层的厚度和管道使用的年数有关。管网中结垢严重时对管网的输水能力有很大影响。布置管网时应尽量使管线最短而达到相同的目的。在操作设备设施时,应避免频繁地改变水流方向或开启、关闭阀门过快,造成水流急速波动影响水质。铁细菌在生存期间能排出超过其本身体积数百倍的氢氧化铁,致使管网过水面积严重减少。管网中存在硫酸盐还原菌,能把硫酸盐还原呈硫化物,加快管网腐蚀速度。

(三)管网水浊度增高的原因

GAD004 管网水浊度增高的原因

1. 出厂水水质的影响

当出水厂水中含铁、锰较高,在管网中一经氧化则易形成红水。当出厂水带有腐蚀性时,使无内衬金属管材内产生铁锈沉积,特别是在流速偏低或滞留水的管网末梢,一旦管内水流改向或突然加快时会引起红水或黑水现象。余氯的降低会导致管网内细菌和病毒生长繁殖形成生物膜,从而影响水质。水的不稳定性也会导致其他微生物的生长繁殖,造成管网中的生物性污染,引起浊度增高。

2. 管道影响

新铺设的管道清洗不干净,水池水位太低。并管网运行时,一旦水流方向改变、流速突增时使沉泥冲起而导致管网水浊度升高。管网抢修或管网闸阀调整时,引起水流状态的改变以及管网施工、维修时开关阀门造成的管网压力、流向的变化,引起的管网水浊度升高,已成为影响管网水质的主要原因之一。由于水压升降及负压的影响,空气潜入管内,使放出的水流带气暂时变成白浊水。自来水出厂水浊度低,而管网末梢水浊度高的原因是管网老化,造成供水过程中二度污染。

(四)微生物、有机物及藻类对水质的影响

GAD005 微生物、有机物及藻类对水质的影响

水中微生物一般停留在支管的末梢或管内流动性差的管段,引起余氯消失,甚至使水有异味。绝大多数情况下给水管网中影响异养细菌生长的营养因素是有机物的含量。饮用水通常是用氯消毒,但管道内容易繁殖耐氯的藻类,这些藻类是由凝胶状薄膜包着的细菌,能抵抗氯的消毒。造成水体污染的因素有:向水体排放未经过妥善处理的城市污水、工业废水、施用的化肥、施用的农药及城市地面的污染物,被雨水冲刷,随地面径流进入水体;随大气扩散的有毒物质通过重力沉降或降水过程进入水体等。目前用微生物修复水污染已经取得了重要进展,这主要体现在生物监测、有毒物质去除、重金属富集、富营养水体的元素去除等方面。管网中微生物的存在与增减,受水中所含营养成分、水温、余氯以及水压等因素的影响。饮用水用氯消毒后,许多耐氯的细菌及藻类仍可以成活与繁殖。

(五)管道及附属设备受到的污染分析

GAD006 管道及附属设备受到的污染分析

管内壁会发生腐蚀,形成腐蚀坑;同时腐蚀产物沉淀,黏结于管道内壁形成管垢。管道的腐蚀会使管壁变薄降低管道强度、腐蚀产物的溶解污染了管内饮用水影响水质,又影响输水能力。管腐蚀结垢所带来的水质污染问题、管网安全问题及供水保障问题已经严重威胁到了每一个用水者的切身利益。管线上的放空排水阀打开后应及时关闭,以免引起污水倒灌而污染管道。管道抢修或维修时,停水作业造成管道渗漏未能及时发现,使水的浊度增高。有些阀门、水表、管件长期浸泡在水中,一旦损坏,就可能使污水进入管道中,也可以对管网水造成不同程度的污染。安装在阀井内管道上的自动排气阀,被污染的地下水浸泡,一旦管内失压或停水,自动排气阀就可能将脏水吸入管内而造成管道水的污染。由于管道埋于地下,被受污染的地下水或污水浸泡,若是管道穿孔、阀门渗漏、接口漏水等未得到及时修复,一旦失压或停水,污水就有可能被吸入,引起管内污染;管道爆裂漏水,关闭阀门后形成

负压,脏水吸入管内,管道破裂修复后,必须对管线进行冲洗,排走倒灌的污水,才能避免管道污染。

GAD007 管道分质供水的概念

GAD008 分质供水系统相互连通出现的二次污染

四、管道分质供水的概念

由于高层建筑物较高,室外给水管网的水压通常无法满足建筑物内层数较高楼层用水点的水压要求。因此,必须设升压设备和高位水箱,以满足较高楼层的水量和水压要求。另外,由于建筑物高度较高,从而带来一系列问题,高层建筑的层顶水箱产生的回流污染,属于用水端的二次污染。

给水管网布置应该满足城市规划平面图布置管网,布置时应考虑给水系统分期建设的可能,并留有充分的发展余地;管网布置必须保证供水安全可靠,当局部管网发生事故时,断水范围应减到最小;管网遍布在整个给水区,保证用户有足够的水量和水压;力求以最短距离铺设管线,以降低管网造价和供水能量费用。

管道分质供水是指在一套供水系统里,除了设有正常供水的自来水和热水管道外,还有一条独立的专门供应居住人群直接饮用水的管道。这条管道系统采用先进的水净化工艺,对小区内的市政自来水(包括地下水和地表径流水)引出部分进行深层净化,达到 2000 年 3 月 1 日开始实施的由建设部制定颁发的《饮用净水水质标准》(CJ94—1999)的要求。再通过食用卫生级管道,管道构建材料全部通过北京市卫生防疫站检测并符合《生活饮用水输配水设备及防护材料的安全性评价标准》(GB/T 17219—1998)要求,管道安装工艺均按国家医药监督管理局《药用纯净水制造及输配管线技术规范》所列细则执行。运用独特的双路循环供水再生灭菌的保鲜措施,使管道形成一个全封闭循环系统,从根本上排除了净化水被二次污染的可能,保证居住者可以从入户净水龙头上随时无限量地饮用到纯净水。同时,市政自来水管线依旧供水,保障居住者日常生活用水。管道分质供水的优点在于无须对所有的水进行深度净化,因为供居住者直接饮用的水只占总用量的 5%,因而处理过程整体费用大大降低,从而能有效保证饮用水的质量。

管道腐蚀、结垢对水质造成二次污染。水在流经未经涂衬的金属管道、配件、水箱的过程中,由于 pH 值、溶解氧等作用,会对管道内壁造成较严重的腐蚀,产生大量的金属锈蚀物。其次,生活饮用水中含有一定浓度的金属离子,如钙、镁、铁离子等,这些金属离子在供水管网内达到一定浓度后,随着水的 pH 值、余氯量等因素的变化,沉积在管道内壁上,造成管道内壁结垢。管道内壁的锈蚀、结垢必将导致水中余氯量迅速减少,色度、浊度等指标明显增大。

生产用水和饮用水系统分质供水时,两套系统的管网可以连通,但需有空气隔离措施。两套不同水质的供水管网互连时,若管理不善或阀门关闭不严,将引起窜水。

第二部分

初级工操作技能及相关知识

模块一　操作水泵站设备

项目一　进行离心泵启动前的检查

一、相关知识

(一)水泵的定义

> CBA003　水泵的定义

泵是一种能够进行能量传递的机械,它把动力机的机械能传递给被输送的液体,使液体的能量增加,从而达到提升或输送液体的目的。泵是一种通用机械,广泛用于各行业,泵的主要用途是抽水,故习惯上称为水泵。需要指出的是:现代泵除了抽水以外,还可以抽送其他各种液体,甚至抽送带有固体粒块的浆状物,如泥浆、煤浆、灰渣、混凝土、纸浆、化妆品等。

(二)水泵的分类

> CBA004　水泵的分类

水泵品种繁多,机构各异,按其工作原理可分为以下三大类。

1. 叶片泵

它是利用泵内工作体的高速旋转使液体的能量增加。由于其工作体是由若干弯曲状叶片组成的一个叶轮,故称叶片泵。按叶轮旋转时对液体产生的力的不同,又可分为离心泵、轴流泵和混流泵三种。离心泵是利用叶轮旋转时,使液体产生离心力来工作的;轴流泵是利用叶轮旋转时叶片对水产生推力来工作的;混流泵是利用叶轮旋转时使液体产生离心力和叶片对液体产生推力这双重作用来工作的。

2. 容积泵

它是靠工作室容积周期性变化输送液体的。容积泵根据工作室容积改变的方式又分为往复泵和回转泵两种。往复泵利用栓塞在泵缸内做往复运动来改变工作室容积而输送液体。回转泵利用转子做回转运动来输送液体。

> CBA006　水泵站常用的其他类型泵

3. 其他类型泵

其他类型泵是指除叶片泵和容积泵以外的泵,主要有射流泵、气升泵、水锤泵等。这类泵利用工作流体传递能量来输送液体。

水泵站常用的其他类型水泵有射流泵、往复泵、气升泵、螺旋泵、水锤泵等。射流泵的高压水由喷嘴高速射出时,在吸入室内造成不同程度的真空。气升泵是以压缩空气为动力来升水、升液或提升矿浆的一种气举装置。

分类是人为设定的,除上述对泵的分类外,也可以有其他不同的分类方法。例如:根据被抽送液体所增加能量性质的不同进行分类,根据泵所利用的能量不同进行分类,根据泵的用途不同进行分类,以及按抽送液体性质不同进行分类等,在此不一一列举。

在上述三类泵中,叶片泵具有范围广、运转性能可靠、效率高、成本低等优点,被广泛用于生产与生活的各个方面,尤其是水利和城乡及工矿企业供、排水,绝大多数采用的是叶片泵。因此,本教程将着重讲解叶片泵。

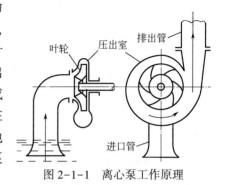

图 2-1-1 离心泵工作原理

CBA005 离心泵的工作原理

(三)离心泵的工作原理

离心泵是利用叶轮旋转时,使液体产生的离心力来工作的。当动力机通过泵轴带动叶轮高速旋转时,叶轮中的水随之旋转,在离心力的作用下被甩出叶轮,汇集到泵壳内,流经扩散锥管减速增压后流入出水管道。在水流被甩出叶轮的同时,叶轮进口处形成真空,与进水池水面形成压力差,进水池中的水便在大气压力的作用下,沿进水管流入叶轮。叶轮不停地旋转,水流就源源不断地被吸入和甩出,形成离心泵的连续抽水(图 2-1-1)。

CBA013 离心泵的引水方式

(四)离心泵的引水方式

离心泵的引水方式有自灌式和吸入式两种。吸入式就是在启动前不需要灌水(安装后第一次启动仍然需要灌水),经过短时间运转,靠泵本身的作用,即可以把水吸上来,投入正常工作。对于负压进水的离心泵,常用的充水方法有人工灌水、真空水箱充水和水环式真空泵抽气充水。人工灌水是自灌式,其他都属于吸入式。采用自灌式工作的离心泵,泵壳顶点低于吸水池(井)的最低水位。当泵站中离心泵吸水管口径较大、水泵安装高度较高时,常采用真空引水方式。离心泵用真空泵引水时,引水时间短。

CBA001 设备操作人员的四懂、三会

CBA002 设备操作的常识

(五)设备操作知识

设备操作人员应掌握的"四懂、三会、五定、十字作业方针"具体包括:

(1)"四懂"是指设备操作人员对自己操作的设备要做到:懂原理、懂结构、懂性能、懂用途。

(2)"三会"是指设备操作人员必须达到本级别三会要求:会操作、会保养、会排除故障。

(3)设备"五定"是指定人员、定时间、定部位、定数量、定油品。

(4)设备日常维护"十字作业方针"是清洁、润滑、紧固、调整、防腐。

需要注意的是,备用泵在北方严寒地区且冬季保暖性差的环境中使用,要特殊考虑其防冻要求,可以依靠打开备用泵冷却水进出口阀门,依靠冷却水循环实现防冻;另外,由于屏蔽泵采用滑动轴承,且用被输送的介质来润滑,故润滑性差的介质不宜采用屏蔽泵输送。

二、技能要求

(一)准备工作

1. 设备

离心泵机组 1 套。

2. 材料、工具

200mm×24mm 活动扳手 2 把,梅花扳手 1 组。

3. 人员

1 人操作,持证上岗,劳动保护用品穿戴齐全。

（二）操作规程

（1）检查电源电压是否符合 380V±10%。

（2）检查水位、压力表、真空表、电流表是否完好。

（3）打开护罩，盘车检查水泵转动是否灵活，盘车时应盘 3~5 圈，盖好护罩。

（4）检查各部螺栓是否紧固。

（5）检查填料压盖松紧程度是否适当。

（6）检查润滑油位是否正常，应不低于观测孔 1/2 处。

（7）检查进水管路上阀门是否全开，出水阀门是否关闭。

（8）打开排气阀，排出泵体内的空气。

（9）检查机组周围有无妨碍运转的物品。

（10）启动电动机前示意机组附近人员注意安全。

（11）负压进水要向泵内灌水直到空气完全排出（有真空泵开启真空泵）。

（12）点试检查水泵转向是否正确。

（三）技术要求

（1）采用自灌式工作的水泵，泵壳顶点低于吸水池（井）的最低水位。

（2）润滑油位不能超过观测孔 2/3 处。

（四）注意事项

（1）禁止触碰带电体，与带电体保持安全距离。

（2）盘车时严禁缠绕。

（3）离心泵旋转方向要正确。

项目二　检查运行中的离心泵

一、相关知识

（一）叶片泵的类型

叶片泵的种类很多，划分的方法也不同。

1. 按叶轮数目的多少划分

（1）单级泵，即只有一个叶轮，如 BA 型、SH 型、SA 型水泵。

（2）多级泵，即有两个或两个以上叶轮的泵。有两个叶轮的称为二级泵，有三个叶轮的称为三级泵，依次类推。

2. 按进水方式划分

（1）单吸泵，即叶轮一侧进水，如 IS 型离心泵。

（2）双吸泵，即叶轮两侧均可进水，如 SH 型、SA 型离心泵。

3. 按泵轴放置的方向划分

（1）卧式泵，即泵轴处于水平位置。

（2）立式泵，即泵轴处于垂直位置。

CBA007　叶片泵的分类方法

4.按压水室形式划分

(1)蜗壳泵,即水从叶轮出来后,直接进入具有螺旋线形状的泵壳。

(2)导叶泵,即水从叶轮出来后,进入它外面设置的导叶,然后进入下一级或流入出口管。

5.按泵壳结合缝形式划分

(1)水平中开式泵,即在通过轴心线的水平面上开有结合缝。

(2)垂直分段式泵,即结合面与轴心线垂直。

6.按工作压力划分

(1)低压泵,即压力低于 100mH$_2$O。

(2)中压泵,即压力为 100~650mH$_2$O。

(3)高压泵,即压力高于 650mH$_2$O。

7.按叶片调节的可能性划分

有固定式泵、半调节式泵和全调节式泵。

(二)叶片泵的型号意义

CBA008 叶片泵的型号意义

叶片泵的种类很多,每一种又有多种规格。为订购、选用方便,有关部门对不同类型的水泵,根据尺寸、扬程、流量、转速和结构等不同情况,分别编制了不同的型号。所以,知道了一台水泵的型号,就可以从泵类产品样本或使用说明书中查到该泵的规格性能。离心泵型号是由符号(汉语拼音)及其前后的一些数据组成的。符号表示泵的类别,数字则分别表示水泵进出口直径或最小井管内径、比转数、扬程、流量、叶轮个数等。现将常用的叶片泵型号意义说明如下。

1.离心泵

1)单级单吸离心泵

型号 6BA-8A 中:6 表示泵进水口直径为 6in;BA 表示单级单吸悬臂式离心泵;8 表示该泵的比转数为 80;A 表示叶轮外径已切削一次。

型号 IS65-50-160A 中:IS 表示国际标准的单级单吸离心泵;65 表示泵进口直径为 65mm;50 表示泵出口直径为 50mm;160 表示叶轮名义直径为 160mm;A 表示叶轮外径第一次切削。

2)单级双吸离心泵

型号 10SH-13A 中:10 表示泵进口直径为 10in;SH 表示单级双吸卧式离心泵;13 表示该泵的比转数为 130;A 表示叶轮外径已切削一次。

型号 250S-39 中:250 表示泵进口直径为 250mm;S 表示单级双吸卧式离心泵;39 表示额定扬程为 39m。

3)多级离心泵

型号 D25-30×10 中:D 表示多级单吸分段式离心泵;25 表示流量为 25m^3/h;30 表示单级扬程为 30m;10 表示泵的级数为 10 级。

型号 150D-30×10 中:150 表示泵进口直径为 150mm;D 表示多级单吸分段式离心泵;30 表示单级扬程为 30m;10 表示泵的级数为 10 级。

型号 8JD-8019 中:8 表示适用的最小井径为 8in(200mm);JD 表示多级深井泵;80 表示

泵的额定流量为 80m³/h;19 表示叶轮的级数为 19 级。

型号 200QJ50×9 中:200 表示适用最小井径为 200mm(8in);QJ 表示深井潜水泵;50 表示水泵额定流量为 50m³/h;9 表示叶轮级数为 9 级。

2. 混流泵

1) 蜗壳式混流泵

型号 16HB-50 中:16 表示泵进、出水口直径均为 16in;HB 表示蜗壳式混流泵;50 表示比转数为 500。

型号 400HW-5 中:400 表示泵进口直径为 400mm;HW 表示蜗壳式混流泵;5 表示额定扬程为 5m。

2) 导叶式混流泵

型号 250HD-16 中:250 表示泵出口直径为 250mm;HD 表示导叶式混流泵;16 表示扬程为 16m。

3. 轴流泵

1) 中小型轴流泵

(1) 型号 14ZLD-70、14ZLB-70、14ZXB-70 中:14 表示泵出口直径为 14in;ZLD 表示立式固定叶片轴流泵;ZLB 表示立式半调节叶片轴流泵;ZXB 表示斜式半调节轴流泵;70 表示比转数为 700。

(2) 型号 350ZLB-4、350ZWB-4 中:350 表示泵出口直径为 350mm;ZLB 表示立式半调节叶片轴流泵;ZWB 表示卧式半调节叶片轴流泵;4 表示设计扬程为 4m。

(3) 型号 700ZLQ-6 中:700 表示泵出口直径为 700mm;ZLQ 表示立式全调节叶片轴流泵;6 表示设计扬程为 6m。

2) 特大型轴流泵

(1) 型号 1.6CJ-8 中:1.6 表示叶轮直径为 1.6m;CJ 表示长江牌;8 表示额定扬程为 8m。

(2) 型号 ZL30-7 中:ZL 表示立式轴流泵。

3) 贯流泵

型号 23ZGQ-42 中:23 表示叶轮直径为 2.3m;ZGQ 表示贯流全调节叶片轴流泵;42 表示设计扬程为 4.2m。

(三) 离心泵的分类

离心泵的分类方法很多,根据常用的分类方法可将离心泵分为如下类型:根据泵轴的装置方式可分为卧式泵和立式泵;根据水流进入叶轮的方式可分为单吸泵和双吸泵;根据轴上安装叶轮的个数可分为单级泵和多级泵。

1. IS 单级单吸卧式离心泵

IS 系列泵是我国水泵行业首批采用国际标准设计的单级单吸清水离心泵,其性能和规格均有较大扩展和改进(图 2-1-2)。该系列泵共有 29 种基本型号,51 个规格,6 种口径。一般用在中、小型泵站,此类泵的性能特点是扬程从几米到几十米,流量为 6~400m³/h。口径一般为 50~200mm,泵的效率为 30%~80%。

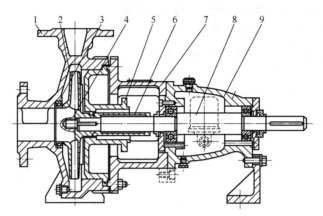

图 2-1-2　IS 离心泵结构剖面图

1—泵壳;2—叶轮;3—密封环;4—叶轮螺母;5—泵盖;6—密封部件;7—中间支撑;8—轴;9—悬架部件

2. SH 单级双吸卧式离心泵

SH 单级双吸卧式离心泵结构特点是:

(1)水从叶轮的两侧吸入,即叶轮有两个进水口,故称双吸。

(2)叶轮及泵轴由两端的轴承支撑,故其受力和支撑对称,应有较高的抗弯和抗拉强度,以免因轴的挠度增大,导致运行时发生振动,增大振幅,甚至断轴。

(3)泵壳为水平中开式,即泵壳分为上部泵盖、下部泵体两部分,上、下两部分用双头螺栓连接成一体,检修时只要松开螺栓,揭开泵盖即可对泵内部进行检修。

(4)水泵进出口均垂直于泵轴且在泵轴线下方,有利于进出水管路的布置与安装。

(5)有两个减漏环(密封环)和两个填料函,此处填料函作用主要是防止漏气。

单级双吸卧式离心泵的流量及扬程均较单级单吸卧式离心泵大。常用的单级双吸卧式离心泵型号有 SH、SA 和 S 等几种。其中 SH 型为最常用泵型,共有 30 个品种、61 种规格(图 2-1-3)。性能特点是水量大、效率高,是水厂使用最多的一种,可用于取水加压。其扬程一般从十几米到几十米,流量为 $160 \sim 19000 \text{m}^3/\text{h}$。口径一般为 150~1400mm,泵的效率为 70%~90%。

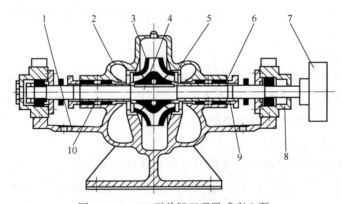

图 2-1-3　SH 型单级双吸卧式离心泵

1—泵体;2—泵盖;3—叶轮;4—轴;5—密封环;6—轴套;7—联轴器;8—轴承体;9—填料压盖;10—填料

3. 多级卧式离心泵

其结构特点是多个叶轮被安装于同一泵轴上串联工作,轴上叶轮的个数代表泵的级数,泵的总扬程为各级叶轮扬程之和,级数越多,扬程越高。根据泵壳连接方式可分为分段式(D 型)和水平中开式(DK 型)两种泵型。常见的分段式多级离心泵为 D 型,其结构如图 2-1-4 所示。它由进水段、中段和出水段组成,各段由长螺栓连成一体。叶轮为单吸式,吸入口朝向一边排列,水流从前一级叶轮经导叶进入后一级叶轮,使能量逐级增加。在进出水段端部装有填料函和轴承,中段安装叶轮,每个叶轮前后均装有密封环。一般用在中、小型高扬程的供水泵站,扬程从几米到几十米,流量为 $18 \sim 420 \mathrm{m}^3/\mathrm{h}$。口径一般为 $50 \sim 250 \mathrm{mm}$,泵的效率为 $64\% \sim 73\%$。

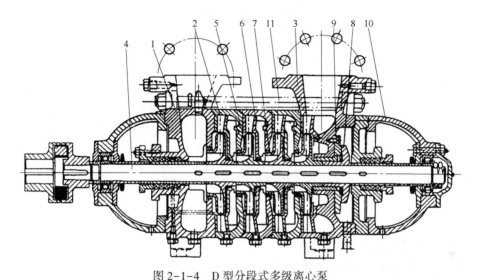

图 2-1-4　D 型分段式多级离心泵

1—进水段;2—中段;3—出水段;4—泵轴;5—叶轮;6—导叶;7—密封环;8—平衡盘;
9—平衡环;10—轴承部件;11—穿杠螺栓

(四)离心泵的基本性能参数

离心泵的性能是用性能参数来表示的,一般有流量、扬程、功率、转速、允许吸上真空高度或必需汽蚀余量等。

1. 流量

流量又称出水量,是指水泵在单位时间内输送液体的体积或质量。体积流量用符号 Q 表示,单位是 $\mathrm{L/S}$、m^3/s、m^3/h 等。质量流量用符号 G 表示,常用的单位有 $\mathrm{kg/s}$、$\mathrm{t/s}$、$\mathrm{t/h}$ 等。体积流量 Q 和质量流量 G 换算关系是:$G=\rho Q$,式中 ρ 表示液体的密度,$\rho_{水}=1\mathrm{kg/m}^3$。

水泵铭牌上标出的流量为额定流量,水泵的尺寸及形状是根据这一特定流量而设计的,为此,额定流量又称设计流量。

2. 扬程

扬程又称为"水头",是指单位重量的水通过水泵后能量增加的数值,用符号 H 表示,单位为 m。工程中也常用 $\mathrm{kgf/cm}^2$ 或国际压力单位帕斯卡(Pa)表示。

在泵站设计时,泵站的扬程是由净扬程 $H_净$ 和损失扬程 $h_损$ 相加而得。净扬程是指水泵

CBA010　叶片泵的允许吸上真空高度

CBA011　叶片泵的汽蚀余量的概念

CBC002　水泵能量损失的分类

CBA009　叶片泵的基本性能参数

工作时,进水池水面到出水池水面的高差,如图2-1-5所示。净扬程又可分为净吸水扬程$H_{净吸}$和净压水扬程$H_{净压}$。损失扬程是指水流流经管路时,为克服管路中阻力所损失的扬程。它又可分为吸水损失扬程$h_{吸损}$和压水损失扬程$h_{压损}$。

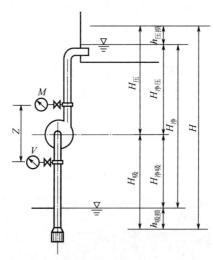

图2-1-5 水泵扬程示意图

由图2-1-5可知,泵站设计时的扬程可表示为:

$$H=H_{净}+h_{损} \tag{2-1-1}$$

$$h_{损}=h_{吸损}+h_{压损} \tag{2-1-2}$$

式中　H——水泵的扬程,m;

　　　$H_{净}$——水泵工作时的净扬程,m;

　　　$h_{损}$——管路水头损失,m;

　　　$h_{吸损}$——吸水管路水头损失,m;

　　　$h_{压损}$——压水管路水头损失,m。

水泵铭牌上的扬程为通过设计流量时的扬程,又称额定扬程。

3. 功率

功率是指水泵在动力机带动下,单位时间内所做功的大小。水泵的功率分为有效功率、轴功率和配套功率三种。

(1)有效功率又称水泵的输出功率,是指通过水泵的水流所得到的功率,用符号$N_{效}$表示,单位为kW。可用式(2-1-3)计算。水泵在运行过程中,存在各种能量损失,轴功率不可能完全传给液体,所以,有效功率始终小于轴功率,即$N_{效}<N$。

$$N_{效}=\frac{\gamma QH}{1000} \tag{2-1-3}$$

式中　γ——水的重度($\gamma=9800\text{N/m}^3$);

　　　Q——水泵体积流量,m^3/s;

　　　H——水泵扬程,m。

(2)轴功率又称水泵的输入功率,是指动力机传给水泵轴的功率,用符号N表示,单位为 kW。轴功率等于有效功率加上水泵内的损失功率。

水泵铭牌上的轴功率是指通过设计流量时的轴功率,又称额定轴功率。

(3)配套功率是指水泵应选配的动力机功率,用符号 $N_配$ 表示,单位为 kW。配套功率等于轴功率(N)和传动损失功率之和。

4. 效率

(1)效率是水泵在提水过程中对动力利用的一项技术经济指标,用符号 η 表示。水泵在运转时,存在着机械损失、容积损失和水力损失。因此,水泵效率就是有效功率和轴功率的比值,用百分数表示。

$$\eta = \frac{N_效}{N} \times 100\% \tag{2-1-4}$$

式中　η——水泵效率,%;

　　　N——轴功率,kW;

　　　$N_效$——有效功率,kW。

(2)机械损失功率是指泵轴转动时轴封填料、轴承及叶轮表面与水体间等摩擦所消耗的功率,用符号 N_m 表示。轴功率和机械损失功率的差与轴功率之比称为机械效率,用符号 η_m 表示。

$$\eta_m = \frac{N - N_m}{N} \times 100\% \tag{2-1-5}$$

(3)容积损失功率是指泵内水流从高压处经缝隙向低压处的内漏和从轴封装置等处的外漏所造成的损失功率,用符号 N_V 表示。水泵出口流出的流量 Q 与进口流量(出口流量 Q+损失流量 q)之比称为容积效率,用符号 η_V 表示。

$$\eta_V = \frac{Q}{Q + q} \times 100\% \tag{2-1-6}$$

(4)水力损失是指水流进入泵体后经吸水室、叶轮流道及泵壳蜗道等全部流程中的沿程损失和局部损失造成的功率损失及水体本身在整个流程中相互挤压、碰撞等造成的功率损失,用符号 N_h 表示。设泵内没有损失时的扬程为理论扬程 H_t,则水泵扬程 H 与理论扬程 H_t 之比称为水力效率,用符号 η_h 表示。

$$\eta_h = \frac{H}{H_t} \times 100\% \tag{2-1-7}$$

要提高水泵的效率,必须减少泵内各种损失。泵内各种损失越小,水泵的效率越高。水泵铭牌上标出的效率是指通过额定流量时的效率,它是水泵可能达到的最高效率。一般水泵的效率为 60%~85%,有的大型水泵可超过 85%。由此可见,要达到经济运行的目的,提高水泵的效率意义重大。所以,除在设计、制造等方面加以改善外,使用单位也要注意合理选配、正确运行,并加强对水泵的维护和检修,使水泵经常在高效率状态下工作。

(5)转速是指水泵叶轮每分钟的转数,用符号 n 表示,单位为 r/min。转速是影响水泵性能的一个重要因素,当转速变化时,水泵其他性能参数都随之改变。水泵是按一定转速设计的,此转速称为额定转速。水泵铭牌上标出的是额定转速。小型水泵的转速为 2900r/min,中型水泵的转速一般为 1450r/min,大型水泵多采用 970r/min、730r/min 或 485r/min 等。

（6）允许吸上真空高度和允许汽蚀余量是叶轮泵汽蚀性能参数，分别用符号 H_s 或 h 表示，单位是米水柱。

允许吸上真空高度是指在水泵不发生汽蚀的情况下，水泵进口所允许的最低压力，该压力低于大气压，用真空高度表示，符号为 H_s，单位为 mH₂O。

汽蚀余量是指水泵进口处单位质量液体所具有的超过汽化压力的富余能量，也就是保证水泵在运行时不发生汽蚀所必须储备的能量，符号为 h，单位符号用 mH₂O 表示。

水泵的损失主要有三种，即机械损失、容积损失和水力损失。

① 水泵的机械损失主要是水泵填料、轴承和泵轴间的摩擦损失，叶轮前后盖板和水的摩擦损失等。

② 水泵的容积损失是指水在流经水泵时所漏损的流量，包括从密封环间隙、水泵填料密封和叶轮平衡孔等处所流失的流量等损失。

③ 水泵的水力损失主要是水流经过泵的过流部件（如叶轮、泵壳进出水口等）产生的水力摩擦、涡流和水力撞击等损失。

CBA012 叶片泵的比转数意义

（五）比转数

1. 比转数的概念

水泵比转数又称比速。为便于对水泵进行分类，需要有一个能反映水泵共性的、综合性的参数，作为比较的标准，这个参数值就是水泵的比转数，用符号 n_s 表示。其计算公式为：

$$n_s = \frac{3.65n\sqrt{Q}}{H^{3/4}} \tag{2-1-8}$$

式中　　n——水泵的额定转速，r/min；

　　　　H——水泵额定扬程，m；

　　　　Q——水泵额定体积流量，m³/s。

比转数的公式是根据相似定律推导出来的，两台几何相似的水泵，n_s 相等；但 n_s 相等的水泵，其叶轮和出水流道不一定相似，所以 n_s 相等不是水泵相似的充分条件。在理解比转数的概念时还应注意以下几点。

（1）同一台水泵在不同的转速下运行时，其比转数 n_s 保持不变。

（2）水泵的比转数是以设计工况（即最高效率点）的流量、扬程和额定转速值计算的，且是指一个叶轮的流量和扬程。

（3）对于双吸水泵，应将水泵流量 Q 除以 2，对于多级泵，应将水泵扬程 H 除以叶轮级数 Z。其公式分别为：

$$n_s = \frac{3.65n\sqrt{Q/2}}{H^{3/4}} \tag{2-1-9}$$

$$n_s = \frac{3.65n\sqrt{Q}}{\left(\dfrac{H}{Z}\right)^{3/4}} \tag{2-1-10}$$

近年来,国内外开始使用无量纲的系数 K,其计算公式为:

$$K = \frac{2\pi n \sqrt{Q}}{60(gH)^{3/4}} \qquad (2-1-11)$$

式中　g——重力加速度,m/s^2。

系数 K 实质上是比转数 n_s 的无量纲表达式,具有通用性,两者之间的关系为:

$$K = 0.005176 n_s \qquad (2-1-12)$$

2. 比转数的应用

(1)水泵分类。比转数是相似准数,不同的比转数代表了不同水泵叶轮的构造和水力性能。因此,可用比转数对水泵进行分类。从比转数公式可以看出,高扬程、小流量的水泵 n_s 值小;低扬程、大流量的水泵 n_s 值大。根据比转数的大小,可将水泵分为离心泵、混流泵和轴流泵三类,见表2-1-1。

表 2-1-1　叶片泵按比转数分类表

离心泵			混流泵	轴流泵
低比转数	中比转数	高比转数		
$n_s = 50 \sim 100$	$n_s = 100 \sim 200$	$n_s = 200 \sim 350$	$n_s = 350 \sim 500$	$n_s = 500 \sim 1200$

(2)分析水泵性能。水泵的性能随比转数而变。因此,比转数不同,水泵性能曲线的形状也不相同,通过比转数可以分析水泵的性能。

(3)编制水泵系列。一般把同类结构的水泵,以比转数为基础编制成一个系列,可大大减少水力模型的数量,同时有利于国家组织水泵的设计和生产。比转数也是水泵设计的重要依据。在相似设计中,可根据给定的设计参数计算出比转数值,并以比转数来选择优秀的水力模型,再根据选定的模型和给定的参数,换算出设计水泵的尺寸并计算出其性能。

3. 比转数的作用

比转数 n_s 在水泵的理论研究、设计计算和使用中是个很重要的概念,它的用处有以下几个方面:

(1)用比转数对泵进行分类。由比转数公式可以看出:比转数 n_s 与转速 n 成正比,与流量 Q 的平方根成正比,与扬程的四分之三次方成反比。在一定转速下,H 越高,Q 越小,n_s 就越低;反之,H 越低,Q 越大,n_s 就越高。根据比转数的大小,可将叶片泵分为离心泵、混流泵和轴流泵三大类,其中离心泵又可分为低比转数、中比转数和高比转数三种。

(2)用比转数对泵型进行初步选择。可以用比转数来选用泵的大致类型。如所选泵的流量 Q、扬程 H 已经确定,当选定动力机后,转速 n 已知,即可算出比转数 n_s,就可以初步确定所选泵型,以便进一步使用水泵性能表,来确定水泵的具体型号。

(3)用比转数进行泵的相似设计。这种相似设计方法就是根据给定的设计参数计算出比转数值,然后可选择现有水泵中 n_s 值相同、效率高、抗汽蚀性能好、运行可靠的模型泵。这样再根据选定的模型泵和给定的参数,利用相似理论,求出所设计泵的尺寸和特征。

二、技能要求

(一)准备工作

1. 设备

离心泵机组 1 套。

2. 材料、工具

150mm×18mm 活动扳手 1 把,200mm 螺丝刀 1 把,测温仪 1 个,测振仪 1 个。

3. 人员

1 人操作,持证上岗,劳动保护用品穿戴齐全。

CBA016 离心泵运行时检查内容

(二)操作规程

1. 检查电源

检查电源电压、电流在规定范围内。

2. 检查机组及泵压

检查机组的振动情况,用测振仪测振动值范围,检查泵压。

3. 检查填料及轴承

(1)检查填料,滴水是否正常(30~60 滴/min)。

(2)用测温仪检查泵轴承温度。测量周围的环境温度值,检查温升是否超过允许值。通过油窗检查润滑油位是否在 1/2~2/3。

4. 检查电动机

(1)用测温仪检查电动机温度是否正常,测量周围的环境温度值,检查温升是否超过允许值。

(2)检查泵房内有无异味,发现有异味必须查看电动机及电气设备,必要时,应停机检查。

5. 检查水位

检查水池或水罐的水位情况,防止泵抽空,水位应在最高线和最低线之间。

(三)技术要求

(1)机组振动在标准范围内。

(2)泵轴承部位的温度不能超过 75℃,温升一般不超过 35℃。电动机运行温度一般不超过 75℃,温升不超过 65℃。

(3)量具用完后擦洗干净,放入盒内。

(4)做好检测,并填写好记录。

(四)注意事项

(1)禁止触碰带电体,与带电体保持安全距离。

(2)机组声响及振动超过标准范围,必要时,应停机检查。

(3)要经常检查水池或水罐的水位情况,水位过低,容易引起泵抽空。

项目三　检查运行中的 QJ 型潜水泵机组

一、相关知识

(一)潜水泵的构造

CBA026 潜水泵的构造

潜水泵机组是将泵和电动机制成一体,浸入水井进行提升和输送水的一种泵。潜水泵由电动机、泵工作部分和扬水管三部分组成,工作部分包括泵壳、叶轮、导流壳等零件。泵的工作部分一般为立式单吸多级导流式离心泵,根据不同的扬程可选用不同的级数,基本结构和普通深井泵相似。

(二)潜水泵机组的分类

CBA025 潜水泵的分类

根据电动机防水措施的不同,可把潜水泵机组分为三大类:干式潜水泵机组、充水式(湿式)潜水泵机组、充油式潜水泵机组。

干式潜水泵机组是指电动机内部不允许进水,保持干燥状态,其定子用一般漆包线绕制。电动机轴伸端有严格的防潮、防水措施。

充水式(湿式)潜水泵机组的电动机定子用外包尼龙护套的防水绝缘导线绕制,电动机内部充满清水,转子浸在水中旋转。因此不需要严格的防潮、防水措施,轴伸端密封主要用于防沙。

充油式潜水泵机组是电动机内充满绝缘油,以阻止水和潮气进入电动机绕组,并起到绝缘、防锈、冷却和润滑作用。为防止机油外泄和水的浸入,轴伸端仍需要严格密封。

目前在我国充水式(湿式)潜水泵机组和充油式潜水泵机组应用较多。

(三)潜水泵机组的安装要求

CBC006 潜水泵的安装要求

潜水泵机组安装质量应满足如下基本要求:

(1)稳定性。

(2)整体性。

(3)位置与标高要准确。

(4)对中与整平。

确认潜水泵和电动机各零部件完好后,组装前应涂刷防锈漆才可将潜水泵和电动机重新装配。用兆欧表测电缆线的绝缘电阻,低压电缆要求不低于 $5M\Omega$,高压 6000V 电缆不低于 $20M\Omega$。

(四)潜水泵机组的运行注意事项

CBA028 潜水泵的运行主要事项

潜水泵机组运行中应注意:

(1)随时观察电泵的振动和噪声情况。

(2)注意流量是否正常。

(3)随时观察电源电压、工作电流是否正常。

(4)电泵运行中,其电动机绝缘强度不低于 $0.5M\Omega$。

(5)随时检查电气设备的完好性。

(6)水泵应在允许工作范围(0.75~1.2倍额定流量、扬程)运行,因为在这种条件下,水泵效率较高,运行可靠,轴向力适中。

(五)潜水泵的型号意义

潜水泵的型号很多,为订购、选用方便,根据尺寸、扬程、流量等不同情况,对不同类型的水泵分别编制了不同的型号。所以,知道了一台水泵的型号,就可以从泵类产品样本或使用说明书中查到该泵的规格性能。潜水泵的型号是由符号(汉语拼音)及其前后的一些数据组成的。符号表示泵的类别,数字则分别表示水泵进出口直径或最小井管内径、扬程、流量等。

200QJ50-130/10 型潜水泵:200——适用最小井径为 200mm;

QJ——深井潜水泵;

50——水泵额定流量为 50m³/h;

130——水泵扬程;

10——叶轮个数。

200QJ33×10 型潜水泵:200——适用最小井径为 200mm;

QJ——深井潜水泵;

33——水泵额定流量为 33m³/h;

10——叶轮个数。

二、技能要求

(一)准备工作

1. 设备

潜水电泵 1 台。

2. 材料、工具

500~1000V 兆欧表 1 块,200mm 螺丝刀 1 把。

3. 人员

1 人操作,持证上岗,劳动保护用品穿戴齐全。

(二)操作规程

(1)检查电源电压是否符合 380V±10%,不符合应停泵。

(2)检查工作电流是否超过额定电流,如超过应停泵。

(3)检查水泵出水流量是否正常,水泵应在允许工作范围内(0.75~1.2 倍额定流量)运行。

(4)检查水泵出水泵压是否正常。

(5)检查水泵的噪声情况,如噪声过大应停泵。

(6)水泵长期运转时应检查其电动机绝缘强度。

(三)技术要求

(1)检查电动机绝缘强度不得低于 0.5MΩ。

(2)检查潜水泵出水流量,当出水量不匀或间断出水时应立即停泵。

（四）注意事项

（1）测量绝缘电阻前必须切断电源，兆欧表做开路、短路试验。

（2）水泵运行出现异常应立即停泵。

项目四　启动、停运离心泵

一、相关知识

CBA014　离心泵的启动过程

（一）离心泵启动前应检查内容

（1）离心泵启动前应检查一下各处螺栓连接的完好程度。

（2）检查轴承中润滑油油量是否正常，油质是否干净，检查出水阀、压力表和真空表上的旋塞阀是否处于合适位置，供配电设备是否完好，进一步盘车检查，然后进行离心泵引水。

（3）对于新安装的离心泵或检修后首次启动的离心泵机组应进行转向检查。

（二）离心泵启动过程

启动前准备工作完成后，即可启动离心泵。启动时，工作人员与机组不能靠得太近；待转速稳定后，应立即打开真空表与压力表上的旋塞阀，这时，压力表上读数应上升至离心泵零流量时的空扬程，表示已经上压，可逐渐打开压力阀门，此时，真空表读数逐渐增加，压力表读数应逐渐下降，配电屏上的电流表读数应逐渐增大，待闸阀全开时，离心泵启动过程宣告完成。离心泵在闭闸情况下运行时间一般不超过 2～3min。

CBA015　离心泵停泵过程

（三）离心泵停泵过程

（1）离心泵停车前，对离心泵应先关闭真空表和压力表阀，再慢慢关闭压水管上的闸阀。然后再切断电动机电源。

（2）停泵后，注意惰走时间，如果时间过短，就要检查泵内是否有磨、卡现象。

CBG001　真空表的使用方法

（四）真空表的使用方法

真空表安装在负压进水的离心泵进口处。真空表指针摆动过大，可能是在入口发生汽化；真空表读数过高，可能是进水管路堵塞、吸水池水位降低等。

水泵进水口上的真空值，反映水泵吸水情况。离心泵进水口真空表指示水泵的吸水真空值，也称为吸水扬程。水泵的真空表用于衡量泵的实际吸程。真空表的量值单位符号用 MPa 表示。

二、技能要求

（一）准备工作

1. 设备

离心泵 1 台。

2. 材料、工具

试电笔 1 支，150mm×18mm 活动扳手 1 把，200mm 螺丝刀 1 把，梅花扳手 1 组，测温仪 1 个，测振仪 1 个。

3.人员

1 人操作,持证上岗,劳动保护用品穿戴齐全。

(二)操作规程

1.启泵操作

(1)检查水位是否符合要求。

(2)检查电源电压是否符合 380V±10%的范围。

(3)盘车检查水泵转动是否灵活。

(4)检查各部螺栓是否紧固及填料压盖的松紧程度。

(5)检查各部油位是否正常及油(脂)是否合格,检查压力表、真空表是否合格。

(6)检查水泵进水阀门是否打开,出水阀门是否关闭。

(7)向泵内灌水直至空气完全排出(若正压进水可直接打开进水阀门)。

(8)检查机组周围有无妨碍运转的物品。

(9)点动启动按钮检查水泵转向是否正确。

(10)按启动按钮启动离心泵。

(11)缓慢打开出水阀门到合适开启度,使泵在最佳工况区运行。

(12)检查电流、泵压及流量情况,检查机组的振动、声音、温度等情况。

2.停泵操作

(1)停泵时先关闭出水阀门。

(2)按停车按钮后,关闭进水阀门。

(3)停车后注意惰走时间,如果时间过短,就需检查泵内是否有磨卡现象。

(三)技术要求

(1)准确判断水泵运转方向。

(2)盘车检查机组无磨卡现象。

(3)开启离心泵时,将泵空气排空。

(4)缓慢打开或关闭出水阀门到合适开启度,达到最佳工况运行。

(四)注意事项

(1)正确使用工具检查各部螺栓紧固状态及填料压盖的松紧程度。

(2)检查机组周围有无妨碍运转的物品。

(3)禁止触碰带电体,与带电体保持安全距离。

项目五　根据水泵站流程图识读图例

一、相关知识

CBB005 给排水管件的图例

(一)给排水管件图例

一根笔直的管道,其投影具有积聚性时,用小圆圈中心加点的方式示意,从管道的正投影可知,弯管的直管在上,横管在下,其单线图水平投影横管线自小圆圈周边缘引出,以示横管的水平投影拐弯点被直管遮挡。当管道与阀门相连时,弯管积聚的单、双线图的投影表示方法与上述弯管表示法类似。所谓管件就是与管道相连的各种连接件或控制设备，如三通、弯头、四通、大小头、阀门等。

管道上除了管线以外还有许多不同作用的管件，由于比例的原因，管道及管件必须画得很小，若再示意管道的壁厚，这时将会有许多虚线、各种管件的真实形状，这将为制图带来诸多不便。因此，人们开始设想用更简单的图形来表示：在给排水图中，表示方形伸缩器。在给排水图中，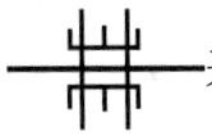表示防水套管。在给排水图中，表示清扫口。在泵站流程图上，表示螺纹阀门。

在给排水图中，管道交叉不连接，在下方和后面的管道应变细。在泵站中，止回阀一般安装在水泵出口和出水闸阀之间。

CBB006　设备仪表的图例

（二）给排水工程图常用设备仪表图例

表示离心泵。表示管道泵。

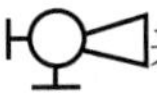表示射流泵。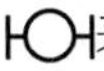表示真空泵。

表示流量仪表。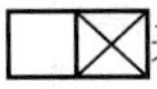表示水泵机组。

（三）给排水工程图部分标注图例

在泵站流程图上，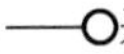表示水平管向上转弯。

在泵站流程图上，表示水平管向下转弯。

在泵站流程图上，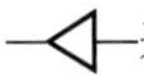表示异径连接头。

在泵站流程图上，表示法兰阀门。

在泵站流程图上，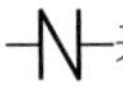表示逆止阀。

在泵站流程图上，表示标高。

CBB009　泵站流程图的识读方法

（四）泵站流程图的识读方法

流程图是对一个生产系统整个工艺变化过程的表示。泵站流程图是反映水从进入泵站到供出，站内全部工艺过程的图样，从流程图上可以对站内所用设备、构筑物、主要控制阀门、监测计量仪表和管道进行全面了解。

首先应在图样上找出主要给水构筑物的位置（如净水构筑物、清水池、泵房等），其次要从水进站开始按照水流方向和次序，顺着管线的走向逐次弄清主要给水设施，设备的相互关系；然后再仔细分析每个给水设施、设备上进、出管线的条数、规格，阀门和仪表的位置、规格及其在系统中所起的作用。

二、技能要求

（一）准备工作

1. 材料、工具

笔 1 支，纸 1 张，水站流程图 1 张。

2. 人员

1 人操作，持证上岗，劳动保护用品穿戴齐全。

（二）操作规程

识读图 2-1-6 中内容：1 为地上水池（罐）；2 为地上水池（罐）；3 为地下水池（罐）；4 为法兰阀门；5 为交叉管；6 为真空表；7 为进水阀门；8 为水泵机组；9 为单流阀；10 为压力表；11 为出水阀门；12 为真空泵；13 为出水母管；14 为管线流向；15 为流量计（表）；16 为地漏。

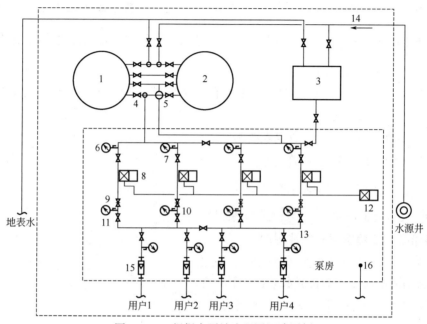

图 2-1-6　根据水泵站流程图识读图例

（三）技术要求

能够识别流程图中各个图标表示什么，并能画出流程图。

（四）注意事项

根据水站流程图识读图例，并与泵房设施相符。

项目六　检查运行中的三相异步电动机

一、相关知识

（一）电动机的原理、分类与选用

CBB013 电动机的种类

1. 电动机工作原理与种类

电动机是将电能转换成机械能的设备，广泛地应用于机械、冶金、石油、煤炭、化学、航空、交通、农业以及其他各种工业中。电动机根据电源性质分为直流电动机、交流电动机和三相交流电动机；根据工作原理分为同步电动机和异步电动机；根据转子结构分为笼式电动机和绕线式电动机；直流电动机根据励磁方式可分为他励电动机、并励电动机、复励电动机、串励电动机。

2. 水泵配套电动机的特性

离心水泵配用笼式电动机时，因为离心泵是靠叶轮在泵壳中转动产生真空后才可以上水，所以在由非真空到真空这一过程中电动机做功最大，它的启动电流较大，所以电流瞬间升高，以后的过程为维持真空度，电流平稳。由于笼式电动机结构简单、价格低，控制电动机运行也相对简单，所以得到广泛采用。

绕线式电动机结构复杂，价格高，控制电动机运行也相对复杂一些，其应用相对较少。但绕线式电动机因为其启动、运行的力矩较大，功率较大，水泵配用绕线式电动机时，一般用在重载负荷中。

给水工程、水厂（水泵站）的动力设备多采用三相笼式异步电动机。

3. 离心泵选用电动机原则

离心泵的转速与流量、扬程和效率密切相关。

小功率离心泵设计时，都尽量和电动机转速保持一致，配用电动机的额定功率应大于离心泵的轴功率。离心泵轴功率是设计点上原电动机传给泵的功率，在实际工作时其工况点会变化，另外电动机输出功率因功率因数不同会有变化。因此，原电动机传给泵的功率应有一定余量，经验做法是电动机配备功率大于泵轴功率。

大功率离心泵依据性能参数选择适用转速，可以选用联轴器连接以提高效率。一般离心泵生产厂家都把效率较高工况的参数标定为额定参数。

水泵启动的阻转矩主要由水的静压、惯性、管道阻力、水泵的机械惯性和静动摩擦等构成。由笼式感应电动机拖动的离心泵，启动时也要求水泵所配电动机的启动转矩大于水泵的启动转矩，且配电系统的电压降不超过允许值。

对于异步电动机来说，电动机的启动方式分为：

（1）全压直接启动。

（2）降低电压启动：自耦变压器降压启动；星—三角降压启动；延边三角形换接开关降压启动；定子回路串电抗器开关降压启动。

CBB012　水泵配套电动机的特性

（二）电动机能耗

电动机耗能主要表现在以下几方面：

（1）电动机负载率低。

由于电动机选择不当，富余量过大或生产工艺变化，使得电动机的实际工作负荷远小于额定负荷，占装机容量30%~40%的电动机在30%~50%的额定负荷下运行，运行效率过低。

（2）电源电压不对称或电压过低。

由于三相四线制低压供电系统单相负荷的不平衡，使得电动机的三相电压不对称，电动机产生负序转矩，增大电动机运行中的损耗。另外电网电压长期偏低，使得正常工作的电动机电流偏大，因而损耗增大，三相电压不对称度越大，电压越低，则损耗越大。

（3）老、旧（淘汰）型电动机的仍在使用。

这些电动机采用E级绝缘，体积较大，启动性能差，效率低。虽经历年改造，但仍有许多地方在使用。

（4）维修管理不善。

有些单位对电动机及设备没有按照要求进行维修保养，任其长期运行，使得损耗不断

CBB014　电动机的用途

增大。

（三）电动机型号

CBB015 三相异步电动机的型号表示方法

1. 三相异步电动机产品型号表示方法

三相异步电动机产品型号由产品代号、规格代号、特殊环境代号和补充代号等四个部分组成。它们的排列顺序为：产品代号—规格代号—特殊环境代号—补充代号。

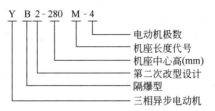

1）产品代号

产品代号由电动机类型代号、特点代号、设计序号和励磁方式代号四个小节顺序组成。

类型代号是表示电动机的各种类型而采用的汉语拼音字母。例如，Y 表示异步电动机，T 表示同步电动机，TF 表示同步发电机，Z 表示直流电动机，ZF 表示直流发电机。

特点代号表征电动机的性能、结构或用途，用汉语拼音字母表示。例如，B 或 YB 表示隔爆型，YT 表示轴流通风机，YEJ 表示电磁制动式，YVP 表示变频调速式，YD 表示变极多速式，YZD 表示起重机用。

设计序号是指电动机产品设计的顺序，用阿拉伯数字表示。对于第一次设计的产品不标注设计序号，对系列产品所派生的产品按设计的顺序标注。例如，Y2 或 YB2。

励磁方式代号用字母表示，S 表示三次谐波，J 表示晶闸管，X 表示相复励。

2）规格代号

规格代号主要用中心高、机座长度、铁芯长度、极数表示。

中心高是指由电动机轴中心到机座底角面的高度。根据中心高的不同可以将电动机分为大型、中型、小型和微型四种，其中中心高 H 在 $45\sim71$mm 的属于微型电动机；中心高 H 在 $355\sim630$mm 的属于中型电动机；中心高 H 在 630mm 以上属于大型电动机。

机座长度用国际通用字母表示，例如，S 表示短机座，M 表示中机座，L 表示长机座。

采用铁芯长度代号是为了在相同电动机中心高或同一机座号下制造出不同功率的电动机，采用不同的铁芯长度并对其规范编号。常用 1、2、3、4 对同一类型机座代号电动机区分铁芯长度。

三相异步电动机的极数是指每相线圈在定子圆周内均匀分布的磁极数。磁极都是成对出现的，所以最少是两级。电动机极数分 2 极、4 极、6 极、8 极等。极数越多，转速越低，极数越少，转速越高。

例如，产品型号为 Y2-160M2-8 的电动机，其中 Y 代表机型，表示异步电动机；2 代表设计序号，表示在第一次基础上改进设计的产品；160 代表中心高，是轴中心到机座平面高度；M_2 代表机座长度规格，M 是中型（其中脚注 2 是 M 型铁芯的第二种规格，2 型比 1 型铁芯长）；8 代表极数，是指 8 极电动机。

3）特殊环境代号规定

特殊环境代号中：G 表示高原；H 表示船（海）；W 表示户外；F 表示化工防腐；T 表示热带，TH 表示湿热带，TA 表示干热带。

例如，产品型号为 YB2-132S-4H 的电动机，其中 Y 代表产品类型代号，表示异步电动机；B 代表产品特点代号，表示隔爆型；2 代表产品设计序号，表示第二次设计；132 代表电动机中心高，表示轴中心到地面的距离为 132mm；S 代表电动机机座长度，表示为短机座；4 代表极数，表示 4 极电动机；H 代表特殊环境代号，表示船用电动机。

2. 三相异步电动机的铭牌参数

CBB016 三相异步电动机的铭牌参数

三相异步电动机的额定值刻印在每台电动机的铭牌上，一般包括下面几种：

（1）型号：为了适应不同用途和不同工作环境的需要，电动机制成不同的系列，每种系列用各种型号表示。

（2）额定功率：P_N 是指电动机在制造厂所规定的额定情况下运行时，其输出端的机械功率，单位一般为千瓦（kW）。对于三相异步电动机，其额定功率为 $P_N = U_N I_N \eta \cos\theta$，式中 η 和 $\cos\theta$ 分别为额定情况下的效率和功率因数。

（3）额定电压：U_N 是指电动机额定运行时，外加于定子绕组上的线电压，单位为伏（V）。三相异步电动机的额定电压有 220V、380V、3000V 和 6000V 等多种。一般规定电动机的电源电压不应高于或低于额定值的 ±10%。按照国家标准，三相电源电压之间的差值不应大于额定值的 ±5%。

（4）额定电流：I_N 是指电动机在额定电压和额定输出功率时，定子绕组的线电流值，单位为安（A）。

（5）额定频率：（f_N）：我国电力网的频率为 50Hz，因此除外销产品外，国内用的异步电动机的额定频率为 50Hz。

（6）额定转速：n_N 是指电动机在额定电压、额定频率下，输出端有额定功率输出时，转子的转速，单位为转/分（r/min）。由于生产机械对转速的要求不同，需要生产不同磁极数的异步电动机，因此有不同的转速等级。最常用的是四个极的异步电动机（$n_0 = 1500$r/min）。

（7）额定效率：η 是指电动机在额定情况下运行时的效率，是额定输出功率与额定输入功率的比值。

（8）额定功率因数（$\cos\theta$）：因为电动机是电感性负载，定子相电流比相电压滞后一个角 θ，$\cos\theta$ 就是异步电动机的功率因数。

（9）绝缘等级：绝缘等级是按电动机绕组所用的绝缘材料在使用时容许的极限温度来分级的。极限温度是指电动机绝缘结构中最热点的最高容许温度，如电动机绕组的绝缘材料等级为 B 级，其极限温度为 130℃。

（10）工作方式：反映异步电动机的运行情况，可分为三种基本方式，即连续运行、短时运行和断续运行。

CBB017 三相异步电动机的启动方式

（四）常用电动机启动方式及特点

（1）自耦变压器降压启动，电动机的启动电流及启动转矩与其端电压的平方成比例降低，相同的启动电流的情况下能获得较大的启动转矩，特点是启动转矩和启动电流降低的倍数相同。自耦变压器降压启动的优点是可以直接人工操作控制，也可以用交流接触器自动控制,经久耐用,维护成本低,自耦变压器降压启动适合于电动机轻载或空载启动,在生产实践中得到广泛应用。

(2)转子串电阻或频敏变阻器虽然启动性能好,可以重载启动,由于只适合于价格昂贵、结构复杂的绕线式三相异步电动机,所以只是在启动控制、速度控制要求高的各种升降机、输送机、桁车等行业使用。

(3)定子绕组为△连接的电动机,启动时接成Y,速度接近额定转速时转为△运行,采用这种方式启动时,每相定子绕组上的启动电压是正常工作电压的$1/\sqrt{3}$倍,降低到电源电压的58%,启动电流为直接启动时的33%,启动转矩为直接启动时的33%,即启动电流小,启动转矩小。Y-△降压启动的优点是不需要添置启动设备,有启动开关或交流接触器等控制设备就可以实现,缺点是只适用于在正常运行时定子绕组作三角形连接的电动机,大型异步电动机不能重载启动。

(4)直接启动的优点是所需设备少,启动方式简单,成本低。小容量的电动机绝大部分都是直接启动的,不需要降压启动。对于大容量的电动机来说,一方面提供电源的线路和变压器容量很难满足电动机直接启动的条件,另一方面强大的启动电流冲击电网和电动机,影响电动机的使用寿命,对电网不利,所以启动多台电动机时,应按容量从大到小一台一台启动,不能同时启动或要采用降压启动。

（五）三相电动机运行中的监控与维护

CBB018 三相异步电动机运行中的监控与维护

三相电动机在运行中应进行监视和维护,及时了解电动机的工作状态,及时发现异常现象,将事故消除在萌芽之中。通常应监视以下几点:

(1)检查电动机的接地保护是否可靠,检查电动机外壳有无裂纹,检查电动机的地脚螺钉、端盖螺栓是否松动。

(2)检查电动机通风和环境的情况。应保持电动机及端罩的干净卫生,保证冷却风扇的正常运行,保证通风口通畅,保证外部环境不影响电动机的正常运行。外部环境温度不宜超过40℃。

(3)检查电动机的工作电流是否超过额定电流。如笼式转子断条或绕线转子线圈接头松脱,电动机运行时电流表指针来回摆动。

(4)监听电动机的噪声有无异常情况。

(5)监听电动机轴承有无异常的声响。轴承损坏或磨损过大等,使定子和转子相碰擦,可检查轴承是否有松动,定子和转子是否装配不良。

(6)检查电动机有无过热情况。异步电动机温升过高的原因是过载、电压过低、定子、转子摩擦。绕组接线有错,三角形接法的三相笼式异步电动机,若接成星形,在额定负载转矩下运行时,其能耗和温升将会增大,会使电动机过热。

(7)检查电动机有无异常振动情况。

(8)应注意电动机的声音和气味,不得有异常声响和绕组散发出的焦煳气味。

(9)检查电动机轴承部位是否挥发油脂气味。

(10)检查电源电压,电源电压太低会导致电动机运转不正常。当电压超过电动机额定电压10%以上,或低于电动机额定电压5%以上时,电动机在额定负载下容易发热,温升增高,电动机运行时线路电压波动应在±10%范围内。三相电源电压相间不平衡度超过5%,

引起三相电流不平衡,使电动机额外发热,应调整电压。

(六)三相电源的连接方式

CBB019　三相电源的连接方式

为提高供电的可靠性,我国10kV电网和部分35kV电网,首选中性点不接地的运行方式。在多数用电设备容量不很大且无特殊要求的低压配电线路上,宜采用树干式接线。树干式接线系统灵活性好,使用的开关设备少,消耗的有色金属少,但干线发生故障时影响范围大,供电可靠性较低。环形接线供电可靠性较高,任一段线路的故障和检修都不致造成供电中断,并且可减少电能损耗和电压损失。

在低压220V/380V配电系统中,通常都是采用放射式和树干式相组合的混合式线路。

供配电电压的选择,主要取决于用电负荷的大小和供电距离的长短,线路电压损失必须考虑。

(七)转速表的原理及使用方法

CBG002　转速表的使用方法

转速是旋转体转数与时间之比的物理量,工程上通常表示为转速=旋转次数/时间,是描述物体旋转运动的一个重要参数。电工中常需要测量电动机及其拖动设备的转速。

转速表是用来测量电动机转速和线速度的仪表。常用的是便携式转速表。转速表种类较多,便携式一般有机械离心式转速表和数字电子式转速表。转速表按工作原理分为离心式转速表、定时式转速表、振动式转速表、电动式转速表、磁电式转速表、接触式转速表、频闪式转速表。

离心式转速表利用离心力与拉力的平衡来指示转速,它是最传统的转速测量工具。它在测量机械设备的转速时,转轴会随着被测对象转动。其弹簧会对受离心力作用的重物施加反作用力,当离心力和拉力达到平衡时,指针停止移动,其稳定后所指示的刻度值就是转速值。离心式转速表的测量精度一般在1~2级,一般就地安装。优良的离心式转速表不但有准确直观的特点,还具备可靠耐用的优点,但结构比较复杂。

磁电式转速表是根据非电量测量的原理制成的。按所使用的传感器分为直流发电式、交流发电式、光电式、脉冲式等形式。手持离心转速表基本误差为测量上限值的±1%。磁电式转速表利用旋转磁场,在金属罩帽上产生旋转力,利用旋转力与游丝力的平衡来指示转速。磁电式转速表,是成功利用磁力的一个典范,是利用磁力原理的机械式转速仪,一般就地安装,用软轴可以短距离异地安装,异地安装时软轴易损坏。

(八)电气测量仪表

CBG003　电气测量仪表的分类

1. 电气测量仪表分类

电气测量仪表分为磁电式、整流式、电磁式和电动式。

按测量方法可分为比较式和直读式。比较式仪表需将被测量与标准量进行比较后才能得出被测量的数量,常用的比较式仪表有电桥、电位差计等。直读式仪表将被测量的数量由仪表指针在刻度盘上直接指示出来,按仪表的准确度有0.1、0.2、0.5、1.0、1.5、2.5和5共七个等级。

根据使用方式可分为开关板式和可携式,可携式电气测量仪表一般误差较小,准确度高。

2. 常用电工测量仪表类型

在电工测量中,测量各种电量、磁量及电路参数的仪器仪表统称为电工仪表。电工仪表种类很多,按结构和用途主要分为指示仪表、比较仪表、数字仪表和智能仪表四大类。开关板用电气测量仪表是指水厂(站)变、配电和水泵机组的开关柜及配电盘上装置的仪表。

CBG006 常用
电气仪表的特性 1)指示仪表

指示仪表的特点是能将被测量转换为仪表可动部分的机械偏转角,并通过指示器直接指示出被测量的大小,故又称为直读式仪表。

指示仪表按工作原理可分为磁电系仪表、电磁系仪表、电动系仪表和感应系仪表。此外,还有整流系仪表、铁磁电动系仪表等。磁电式仪表是用来测量直流电压、直流电流的,电磁式仪表既能测量交流电压和交流电流,也能测量直流电压和直流电流。

指示仪表按测量对象可分为电流表、电压表、功率表、电度表、欧姆表、相位表等。

指示仪表按电工仪表工作电流的性质可分为直流仪表、交流仪表和交直流两用仪表。

指示仪表按电工仪表的使用方式可分为安装式仪表(或称为面板式仪表)和可携式仪表等。

2)比较仪表

比较仪表的特点是在测量过程中,通过被测量与同类标准量进行比较,然后根据比较结果才能确定被测量的大小。

比较仪表可分为直流比较仪表和交流比较仪表。直流电桥和电位差计属于直流比较仪表,交流电桥属于交流比较仪表,测量时需要与相应的标准量进行比较读出二者的比值。比较仪表的主要特点是测量精度高,往往作为精确测量一些电学量以及检验其他仪器或仪表用。

3)数字仪表

数字仪表的特点是采用数字测量技术,并以数码的形式直接显示出被测量的大小。

数字仪表常用的有数字式电压表、数字式万用表、数字式频率表等。在数字仪表中数字式万用表是最典型的仪表,是将被测的模拟量转换成为数字量,直接读出。

4)智能仪表

智能仪表的特点是利用微处理器的控制和计算功能,可实现程控、记忆、自动校正、自诊断故障、数据处理和分析运算等功能。

智能仪表一般分为两大类:一类是带微处理器的智能仪器;另一类是自动测试系统。在智能仪表中,数字式存储示波器是最典型的一种仪表,在示波器中以数字编码的形式来储存信号。

CBG004 常用
开关板电气测量
仪表符号含义 3. 仪表的型号表示方法

安装式仪表(也称面板式仪表)型号的表示方法如下:第一位代号按仪表的面板形状最大尺寸编制,第二位代号按仪表的外壳尺寸编制。系列代号按仪表工作原理的系列编制,例如,磁电系代号为 C、电磁系代号为 T、电动系代号为 D、感应系代号为 G、整流系代号为 L、静电系代号为 Q、电子系代号为 Z 等。

用途代号:按被测量项目编制,V 表示电压表,A 表示电流表,W 表示功率表。例如,44C2-V 型电压表,其中 44 代表形状代号;C 代表磁电系仪表;2 代表设计序号;V 代表用于电压测量。

便携式指示仪表不用形状代号,仪表的型号由系列代号(组别号)和设计代号及用途代号组成。便携式指示仪表第一位代号为系列代号,用来表示仪表的各类系列,其他部分则与安装式仪表相同。另外,有些指示仪表的型号,采用在组别号前加一个汉语拼音字母表示类别号,例如,Q 表示电桥,P 表示数字式,Z 表示电阻,D 表示电能表,Ω 表示的是欧姆表。例如,T62-A 型电流表,其中 T 为系列代号,代表电磁系仪表;62 代表设计代号;A 是用途代号,表示用于电流测量。

4.给排水工程图纸中电气元件符号

给排水工程图纸中电气元件符号见表 2-1-2。

> CBG005 常用电气测量仪表标度盘的符号意义

表 2-1-2　给排水工程图纸中电气元件符号

名称	符号	名称	符号
磁电系仪表		电动系比率表	
磁电系比率表		铁磁电动系仪表	
电磁系仪表		铁磁电动系比率表	
电磁系比率表		感应系仪表	
电动系仪表		静电系仪表	
整流系仪表(带半导体整流器和磁电系测量机构)		C-6　绝缘强度的符号	
热电系仪表(带接触式热变换器和磁电系测量机构)		名称	符号
		不进行绝缘强度试验	
		绝缘强度试验电压为2kV	
C-3　电流种类的符号		C-7　端钮、调零器的符号	
名称	符号	名称	符号
直流	—	负端钮	—
交流(单相)	∼	正端钮	+
直流和交流	≂	公共端钮(多量限仪表和复用电表)	✕
具有单元件的三相平衡负载交流	≋	接地用的端钮(螺钉或螺杆)	
C-4　准确度等级的符号		与外壳相连接的端钮	
名称	符号	与屏蔽相连接的端钮	
以标度尺量限百分数表示的准确度等级,例如1.5级	1.5	调零器	

续表

名称	符号	名称	符号
以标度尺长度百分数表示的准确度等级,例如1.5级	⩗1.5	C-8 按外界条件分组的符号	
		名称	符号
以指示值的百分数表示的准确度等级,例如1.5级	①.5	Ⅰ级防外磁场(例如磁电系)	⌒
C-5 工作位置的符号		Ⅰ级防外磁场(例如静电系)	⊥
名称	符号		
标度尺位置为垂直的	⊥	Ⅱ级防外磁场及电场	Ⅱ ⸤Ⅱ⸥
标度尺位置为水平的	⌐	Ⅲ级防外磁场及电场	Ⅲ ⸤Ⅲ⸥
标度尺位置与水平面倾斜成一角度,例如60°	∠60°	Ⅳ级防外磁场及电场	Ⅳ ⸤Ⅳ⸥

CBG007 电能表的分类

(九) 电能表

1. 电能表分类

为满足不同的电能测量需要,有多种类型的电能表,其类别可按不同情况划分。测量用电能表按其结构可分为机械式、电子式和混合式。

按电能表工作原理的不同分为感应式、静止式和机电一体式。

按电能表准确度等级一般分为 3.0、2.0、1.0、0.5、0.5S、0.2S 级。

电能表接线分为单相、三相三线、三相四线电能表,以这三项接线方式为基础,又分为直接接入式和间接接入式。

按电能表用途分为:(1)有功电能表,用于测量有功电量。(2)无功电能表,用来计量发、供、用电的无功电能。(3)最大需量表,是一种既积算用户耗电量的数量,还指示用户在一个电费结算周期中,指定时间间隔内平均最大功率的电能表。(4)标准电能表、费率电能表、多功能电能表。

根据电能表接入电源的性质可分为交流电能表和直流电能表。

在计算电气设备运行电量时,各型号的电能表计算方法一样,当电能表直接与电路相接,实际用电数就等于电能表前后读数的差值。当通过互感器与电路相接,实际用电数等于表面用电数乘以电压互感器变压比。

CBG008 电能表的型号

2. 电能表的组成及型号意义

电能表用来测量电路中用电量的多少。电能表由 2 个电磁铁,2 个粗细不同的导线圈和铝盘组成。三相交流电路中,三相负载不对称,不可采用一表法测量。电能的质量是以频率质量、电压质量、谐波质量为衡量标准的。

我国电能表型号一般由文字符号和数字组成,第一部分字母为类别代号,例如,D 代表电能表;第二部分字母为组别代号,表示相线(即按相线分为单项、三相三线、三相四线),例如,D 代表单相,S 代表三相三线,T 代表三相四线;第三部分为设计序号,用阿拉伯数字表示。

例如,DD-单相感应式有功电能表,它的子类有 DD28 型、DD862 型等;DS-三相三线有功电能表,它的子类有 DS8 型、DS864 型等。

有些电能表在末尾还有其他字母代号,表示用途及工作原理,例如,X 代表无功,B 代表标准,A 代表安培小时计,Z 代表最大需量,J 代表直流,F 代表复费率,H 代表总耗,L 代表长寿命,S 代表全电子式,Y 代表预付费,M 代表脉冲,D 代表多功能。

依据使用环境不同,产生一些派生号,例如,T 代表湿热、干热两用,TH 代表湿热用,TA 代表干热用,G 代表高原用,H 代表船用,F 代表化工防腐用。

二、技能要求

(一)准备工作

1. 设备

三相异步电动机 1 台。

2. 材料、工具

150mm×18mm 活动扳手 1 把,200mm×24mm 活动扳手 1 把,测温仪 1 个,棉纱适量,润滑脂(油)适量,测振仪 1 个。

3. 人员

1 人操作,持证上岗,劳动保护用品穿戴齐全。

(二)操作规程

1. 外观检查

检查是否有水滴、油污和灰尘落入电动机内部(保持电动机清洁)。

2. 检查电流、电压

(1)监视负载电流是否超过规定的额定值。

(2)监视电源电压是否超过规定的范围。

3. 检查气味

注意电动机是否有异常气味。

4. 检查温度和振动

检查电动机各部分的温度和振动是否正常。

5. 检查轴承

检查轴承发热、漏油情况。

6. 检查电路接触、发热及保护情况

(1)检查配电盘各电气元件有无接触不良及发热现象,电动机电缆有无发热。

(2)检查机壳接地或接零是否完好。

(三)技术要求

(1)准确读出电流、电压数值。

(2)电动机的振动与温度在标准范围内。

(3)检查程序全部完成,并填写好记录。

(四)注意事项

(1)禁止碰带电体,与带电体保持安全距离。

（2）注意电动机是否有异常气味。

（3）注意电动机外壳接地或接零是否松动。

项目七　录取生产运行数据

一、相关知识

（一）电路中的常用概念

> CBB020 电压等级的分类

1. 电压等级的分类

电力系统一般是由发电厂、输电线路、变电所、配电线路及用电设备构成的。通常将35kV 及 35kV 以上的电压线路称为送电线路。10kV 及其以下的电压线路称为配电线路。在我国电力系统中，将标称电压 1kV 及以下的交流电压等级定义为低压，将标称电压 1kV 以上、330kV 以下的交流电压等级定义为高压，将标称电压 330kV 及以上、1000kV 以下的交流电压等级定义为超高压，将标称电压 1000kV 及以上的交流电压等级定义为特高压。将标称电压 ±800kV 以下的直流电压等级定义为低压直流，将标称电压 ±800kV 及以上的直流电压等级定义为特高压直流。

我国国家电网公司（SG）规定 1kV 以上至 20kV 的电压等级为中压。

我国常用电压等级有 220V、380V、6kV、10kV、35kV、110kV、220kV、330kV、500kV。为了保证用电安全，不致使人直接致死或致残，根据生产和作业场所的特点，《特低电压（ELV）限值》（GB/T 3805—2008）规定 2 类环境状况的安全电压等级有 42V、36V、24V、12V、6V 几种。

> CBB022 电能的基本概念

2. 电能计算

由电源、负载、连接导线和开关组成的回路称为电路。电动势是指外力将单位正电荷从电源负极移到正极所做的功。电流在一段时间内所做的功称为电能。电流在单位时间内所做的功称为电功率。1 度电是指功率为 1kW 的电气设备工作 1h 所耗用的电能。电能计算公式为：

$$W = UIt = Pt \qquad (2-1-13)$$

电能，在物理学中，更常用的能量单位（即主单位，有时也称国际单位）是焦耳，简称焦，符号为 J。

电能被广泛应用在动力、照明、化学、纺织、通信、广播等各个领域，是科学技术发展、人民经济飞跃的主要动力。电能在生活中起到重大的作用。日常生活中使用的电能，主要来自其他形式能量的转换，包括水能（水力发电）、热能（火力发电）、原子能（核电）、风能（风力发电）、化学能（电池）及光能（光电池、太阳能电池等）等。电能也可转换成其他所需能量形式，如热能、光能、动能等。电能可以靠有线或无线的形式远距离传输。电能的单位是"度"，即千瓦时，符号为 kW·h，1kW·h=3.6×10⁶J。

> CBB023 功率因数的概念

3. 功率因数

在交流电路中，电压与电流之间的相位差（φ）的余弦称为功率因数，用符号 cosφ 表示，在数值上，功率因数是有功功率和视在功率的比值，即 cosφ=P/S。功率因数表示电源功率被利用的程度。当电源电压和负载有功功率一定时,功率因数越低,电源提供的电流越大,线路的压降越大。功率因数是衡量电气设备效率高低的一个系数。交流电路中,功率因数的大小与电路的负荷性质有关。如白炽灯泡、电阻炉等电阻负荷的功率因数为1,一般具有电感或电容性负载的电路功率因数都小于1。功率因数低,说明电路用于交变磁场转换的无功功率大,从而降低了设备的利用率,增加了线路供电损失。所以,供电部门对用电单位的功率因数有一定的标准要求。

CBB024 交流电的基本概念

4. 交流电、直流电

电流的方向和大小均随时间变化而变化的电流称为交流电流。发电厂的发电机利用动力使发电机中的线圈运转,每转180°发电机输出电流的方向就会变换一次,因此电流的大小也会随时间做规律性的变化,这种变化对于电的传输,特别是远距离传输有着特别的意义。一般,发电厂供应的交流电是按正弦规律变化的,它的三要素有频率、初相角及最大值。使用交流电可以将电压方便地升高,进行远距离传输,传输过程中电能损耗小。交流电流变化一周所需要的时间,称为周期,我国规定交流电的周期为0.02s。在交流电路中,电气设备的电流、电压、功率等电气参数均用最大值来表示。

CBB025 直流电的基本概念

电流的方向和大小都不随时间改变的电流称为直流电,因此,直流电的频率是0,直流电的功率因数是1。许多用电器,如收音机、扬声器等许多不含电感元件的电器都用直流电驱动。

5. 电气设备的选择原则

电气设备的选择应遵循以下3项原则:

CBB026 电气设备的选择要求

(1)按工作环境及正常工作条件选择电气设备。

① 根据电气装置所处的位置、使用环境和工作条件,选择电气设备型号。在选择电气设备时,还应考虑电气设备安装地点的环境条件,当气温、风速、温度、污秽等级、海拔高度、地震烈度和覆冰厚度等条件超过一般电气设备使用条件时,应采取措施。

② 按工作电压选择电气设备的额定电压。所选电气设备允许最高工作电压不得低于所接电网的最高运行电压,一般按照电气设备的额定电压不低于装置地点电网额定电压的条件选择。

③ 按最大负荷电流选择电气设备和额定电流。电气设备的额定电流是指在额定周围环境温度下,电气设备的长期允许电流应不小于该回路在各种合理运行方式下的最大持续工作电流。

(2)按短路条件校验电气设备的热稳定和动稳定。

① 短路动稳定校验:校验短路电流的冲击电流不应超过设备允许的峰值。

② 短路热稳定校验:当短路电流通过所选的电气设备时,其热效应不应该超过允许值。

(3)开关电气断流能力校验。

高压断路器、低压断路器和熔断器等设备,应当具备在最严重的短路状态下切断故障电流的能力。制造厂一般在产品目录中提供其在额定电压下允许切断的短路电流 I_{zk} 和允许切断的短路容量 S_{zk}。I_{zk} 又称开断电流,S_{zk} 又称开断容量。为了能使开关电气安全可靠切断短路电流,必须使 I_{zk} 和 S_{zk} 大于开关电气必须切断的最大短路电流和短路容量,即:

$$I_{zk} \geq I_{dt} \ 和 \ S_{zk} \geq S_{dt} \tag{2-1-4}$$

式中 I_{zk}——开关的最大开断电流,kA;

S_{zk}——开关最大开断容量,MV·A;

I_{dt}——电力系统在 t 秒时(电气断开的时间)的三相短路电流,kA;

S_{dt}——电力系统在 t 秒时(电气断开的时间)的三相短路容量,MV·A。

CBB021 触电
事故的预防

6. 触电事故的预防

1)触电事故的种类和规律

触电事故的发生多数是由于人直接碰到了带电体或者接触到因绝缘损坏而漏电的设备,人站在接地故障点的周围,也可能造成触电事故。

触电可分为以下几种:

(1)人直接与带电体接触的触电事故。按照人体触及带电体的方式和电流通过人体的途径,此类事故可分为单相触电和两相触电。单相触电是指人体在地面或其他接地导体上,人体某一部分触及一相带电体而发生的事故。两相触电是指人体两处同时触及两带电体而发生的事故,其危险性较大。

(2)与绝缘损坏电气设备接触的触电事故。正常情况下,电气设备的金属外壳是不带电的,当绝缘损坏而漏电时,触及这些外壳,就会发生触电事故,触电情况和接触带电体一样。

(3)跨步电压触电事故。当电气设备发生接地故障时,带电体接地有电流流入地下,电流在接地点周围产生电压降,在接地点周围人两脚之间出现电压降,称为跨步电压,即造成跨步电压触电。当发现跨步电压时,应立即把双脚并在一起或赶快用一条腿跳着离开危险区。

由于触电事故的发生都很突然,并在相当短的时间内造成严重后果,死亡率较高。

根据对触电事故的统计分析,其规律具有明显的季节性,每年的 6~9 月是触电事故的多发季。

2)电击和电伤

(1)电击是最危险的触电事故,大多数触电死亡事故都是电击造成的。当人直接接触了带电体,电流通过人体,使肌肉发生麻木、抽动,如不能立刻脱离电源,将使人体神经中枢受到伤害,引起呼吸困难,心脏停搏,以致死亡。

(2)电伤是电流的热效应、化学效应或机械效应对人体造成的伤害。电伤多见于人体外部表面,且在人体表面留下伤痕。其中电弧烧伤最为常见,也最为严重,可使人致残或致命。此外还有电烙印、烫伤、皮肤金属化等。

3)触电防护措施

有效防止触电事故,既要有技术措施,又要有组织管理措施。

(1)建立安全用电保证体系,实行全面安全管理。

(2)提高电气工作人员的技术水平,加强职业道德教育。

(3)提高企业员工的技术素质,普及电气安全常识,防止接触带电部件。如绝缘、屏护和安全间距是最为常见的安全措施。

(4)建立健全用电安全操作规程,并遵守安全操作规程。

(5)杜绝假冒伪劣电器产品进入企业单位,防止电气设备漏电伤人。保护接地和保护接零,是防止间接触电的基本技术措施。所以水泵站的电气设备和电气装置的金属外壳和柜架应有可靠的接地装置。

（二）水泵站常用变压器

1. 变压器的用途

将电压升高或降低的设备称为变压器。变压器既能改变线路电压和电流,又能同时输出各种不同电压数值。变压器不但能改变电压,同时也能改变电流。水厂（站）所有的主变压器大多采用三相电力变压器。变压器是传递电的电气设备。能将高压变成低压的变压器称为降压变压器。

2. 变压器的原理、分类

1) 变压器的原理

变压器是一种静止的电气设备。变压器是利用电磁感应原理,把某一种频率、电压、电流的电能转换成频率相同但电压、电流不同的电能的装置,是用来满足电力的经济输送、分配与安全使用中升高或降低电压要求的一种电气设备。变压器除可以变换电压、变换电流外,还可以变换阻抗和相位。变压器不能进行电能与机械能转换。变压器铁芯采用相互绝缘的薄硅钢片叠成,主要目的是为了降低涡流损耗。绕组是变压器的电路部分,分为高压、低压绕组,即一次、二次绕组。变压器具有变压、变流、变换阻抗的功能。在构成闭合回路的铁芯上绕有一次绕组、二次绕组,当一次绕组加上交流电压时,铁芯中产生交变磁通,交变磁通在一次、二次绕组中产生感应电动势,因为一次、二次侧绕组的匝数不同,所以一次、二次侧感应电动势的大小就不同,从而实现了变压的目的。一次、二次侧感应电动势之比等于一次、二次侧匝数之比。当二次侧接上负载时,二次侧电流也产生磁动势,而主磁通由于外加电压不变而趋于不变,随之在一次侧增加电流,使磁动势达到平衡,这样,一次侧和二次侧通过电磁感应而实现了能量的传递。

2) 变压器的分类

通常按变压器的用途、容量、绕组个数、相数、调压方式、冷却介质、冷却方式、铁芯形式等对变压器进行分类,以满足不同行业对变压器的需求。

变压器按用途可分为电力变压器、仪用互感器、试验变压器和特殊变压器。

变压器按冷却方式分为油浸自冷式、油浸风冷式、强迫油循环风冷三种。变压器运行时,在电源电压一定的情况下,当负载阻抗增加时主磁通基本不变。

3. 变压器的构造

铁芯和绕组线圈是变压器最基本的组成部分,适用于变压器铁芯的材料是软磁材料,由它们组成变压器的器身。变压器的绕组线圈都绕在铁芯上,铁芯既作为变压器的磁路,又作为变压器的机械骨架。绕组是变压器的电路部分,用来传输电能,一般分为高压绕组和低压绕组,接在较高电压上的绕组称为高压绕组,接在较低电压上的绕组称为低压绕组。为了保证变压器能够安全可靠地运行以及有足够的使用寿命,对绕组的电气性能、耐热性能和机械强度都有一定的要求。

变压器在运行中绕组和铁芯会产生热量,为了迅速将热量散发到周围空气中去,可采用增加散热面积的方法。变压器由高、低压绕组套装在铁芯上总称为器身,器身放在油箱中,油箱中充以变压器油。变压器油箱内的变压器油起一定的散热作用。对大容量变压器,还可采用强迫冷却的方法,如用风扇吹冷变压器等以提高散热效果。

CBD002 变压器油的使用要求

4. 变压器油的使用要求

(1)变压器油外观应是清澈透明,无悬浮物和底部沉淀物,一般是淡黄色。如果变压器油中水分过多,在气温低时会在电极上冰结晶。变压器油除了起绝缘作用外,还起着散热的作用。因此,要求油的黏度适当,黏度过小工作安全性降低,黏度过大影响传热。尤其在寒冷地区较低温度下,油的黏度不能过大,仍然具有循环对流和传热能力,才能使设备正常运行,或停止运行后在启用时能顺利安全启动。

(2)变压器油主要起绝缘、灭弧和冷却作用。变压器油的凝点越低越好。变压器油分25号和45号两种。变压器用25号油的凝点为−25℃,变压器用45号油的凝点为−45℃。变压器的上层油温最高不得超过95℃。

(3)凝点在一定程度上反映变压器油的低温性,闪点是保证变压器油在储存和使用过程中安全的一项指标,同时,对运行油闪点的监督是必不可少的项目。闪点降低表示油中有挥发性可燃气体产生;这些可燃气体往往是由于电气设备局部过热、电弧放电造成变压器油在高温下热裂解而产生的。

(4)要求变压器油有优异的氧化安定性。对水分进行严格监督,是保证设备安全运行必不可少的一个试验项目。

CBD003 变压器的接地方式

5. 变压器的接地方式

变压器中性点接地方式有三种:(1)不接地;(2)直接接地;(3)经电抗器接地。其中直接接地可分为部分接地(有效接地)和全部接地(极有效接地)两种;经电抗器接地可分为经消弧线圈接地和经小电抗接地两种。

变压器中性点接地方式不同,在其中性点上出现的过电压幅值也不同,所以过电压保护方案也不同。一般变压器中性点不接地时中性点绝缘水平为全绝缘(与线端相同),不需要安装避雷器,但在多雷区且单进线装有消弧线圈的变压器应在中性点加装避雷器,其额定电压与线端相同。一般变压器部分接地时中性点绝缘水平为半绝缘,仅为线端的一半,中性点按其绝缘水平的不同,应安装相应保护装置。电力变压器绕组所用绝缘材料的绝缘等级为A级,其最高允许温度是105℃。规程规定变压器的允许短路电流不应超过绕组额定电流的25倍。若发现变压器油温比平时相同负载及散热条件下高10℃时,应考虑变压器内部发生了故障。变压器通电后,由于励磁电流及磁通的变化,在正常情况下,铁芯和绕组会振动并发出均匀的"嗡嗡"声。变压器内部音响很大且不均匀,甚至有爆裂声,应立即停运检修。变压器长期运行的工作温度超过规定的标准温度越多,其寿命就越短。

CBD004 变压器的监视要求

6. 变压器的监视要求

(1)设备必须有良好的电气绝缘性,以保证设备安全可靠并防止由于电流直接作用所造成的危险。

(2)巡回检查运行中的变压器,油位一般应在油位计的1/4~3/4之间。当环境温度明显变化,而油位无变化时,应检查油位计是否失灵。运行人员应按时巡视设备,及时发现设备缺陷和异常。

(3)大雾天气时,对电气设备进行特殊巡回检查的重点是套管有无放电、闪络现象,重点应监视瓷质部分。大风天气时应对运行中的电气设备进行特殊巡回检查,重点应检查室外导线有无摆动和有无搭挂物体。

(4)充油设备严重渗油,属于重大缺陷。

(5)正常巡回检查中,充油设备油温、油位应符合规定,瓷套管应清洁完整,无放电,无裂纹,运行声音正常,冷却装置完好,散热片温度均匀。

(三)电气设备

1.低压配电装置的组成

CBB031 低压配电装置的组成

水厂(站)中按使用电压不同分为低压配电装置和高压配电装置两种。在低压电力网中,用来接收电力和分配电力的电气设备的总称称为低压配电装置。将电力系统中从降压配电变电站(高压配电变电站)出口到用户端的这一段系统称为配电系统。配电系统是由多种配电设备(或元件)和配电设施所组成的变换电压和直接向终端用户分配电能的一个电力网络系统。低压配电装置的运行额定电压为380V/220V。低压配电系统内应设有与实际相符的操作系统接线图,低压配电装置前、后固定照明灯应齐全、完好,设备要做重复接地。低压配电装置包括低压控制进线柜、双电源互投、总控柜、电容补偿柜、计量柜、馈线柜及保护控制柜等。如 JKC-3 型低压配电柜保护性能包括过压、过流、断相、堵转、漏电保护、停电自启等。

2.高压配电装置的组成

CBB032 高压配电装置的组成

高压配电装置是指电压在 1kV 及以上的电气装置,包括开关设备(隔离开关、油断路器)、测量仪器、连接母线、保护设施以及其他附属设备。高、低压配电装置称为配电屏。高压配电装置的额定电压为 3kV、6kV、10kV 三种。高压断路器可分为多油断路器和少油断路器两种。高压断路器在正常运行情况下,根据电网需要接通或断开电路,起控制作用。断路器的操作机构按其做功源分为手动操作和动力操作两类。高压断路器手动操作机构简单,不能自动重合闸,只能就地操作。

3.电气原理图

CBB033 电气原理图的识读方法

电气工作原理图是用来表明电气设备的工作原理及各电气元件的作用、相互之间的关系的一种表示方式,是用电气图形符号、文字符号及带注释的围框或简化外形表示电气系统或设备中各组成部分之间相互关系及其连接关系的一种原理图。

(1)要识读电气工作原理图,必须首先明确电气线路图中常用的图形符号和文字符号所代表的含义。

图形符号例如"—/—"表示开关,"—▭—"表示熔断器,"~"表示交流等。

文字符号分为基本文字符号和辅助文字符号,基本文字符号又分单字母文字符号和双字母文字符号两种。单字母符号的表示,如"K"表示继电器、接触器类,"R"表示电阻器类,"A"表示电流类。双字母符号的表示,如"F"表示保护器件类,"FU"表示熔断器,"QF"表示断路器,"TA"表示电流互感器。辅助文字符号用来表示电气设备、装置、元器件及线路的功能、状态和特征,如"DC"表示直流,"AC"表示交流。辅助文字符号也可放在表示类别的单字母符号后面组成双字母符号,如"KT"表示时间继电器等。辅助文字符号也可单独使用,如"ON"表示接通,"N"表示中性线等。

(2)电气原理图的识读方法一般遵循下面的规则。

① 原理图一般由主电路、控制电路和辅助电路三部分组成。

② 原理图中,各电气元件不画实际的外形图,都应按国家标准规定的图形符号和文字符号来表示。

③ 原理图中,同一电气设备的不同部件,常常不绘在一起,而是绘在它们各自完成作用的地方。

④ 原理图中,所有电气触点都按没有通电或没有外力作用时的常态绘出。

4. 刀开关

CBB034 刀开关的分类

刀开关又称闸刀开关或隔离开关。刀开关是最简单的手动控制设备。刀开关又可分为开启式负荷开关和封闭式负荷开关两种。

① 开启式负荷开关(俗称瓷底胶盖刀开关)。开启式负荷开关是最常见的低压开关设备,其优点是价格低廉,有安装熔断丝的接线端子。其缺点是没有灭弧装置,安全性较差,一般只能控制较小的电流,例如一般照明负荷等。一般很少用来控制电动机,如使用不当很容易造成电气事故。

② 封闭式负荷开关(俗称铁壳开关)。封闭式负荷开关由刀开关、瓷插式熔断器或封闭管式熔断器、灭弧罩、操作手柄和铁质外壳等构成。操作手柄和铁壳间有联锁装置,当铁壳打开时不能合闸,合闸时壳盖不能打开,以保证操作人员的安全。此外,操作机构还有储能弹簧,闸刀的闭合与分断速度不受操作者操作速度的影响,有利于迅速切断电弧。因此,铁壳开关的安全性能比瓷底胶盖刀开关高得多,在负荷较大的低压电路里,一般使用铁壳开关,而不使用瓷底胶盖刀开关。

5. 空气开关

CBB035 空气开关的分类

需要注意的是刀开关在电路中不能带负荷操作,而空气开关能带负荷操作。空气开关以空气作为灭弧介质,是断路器的一种。电气设备中一般家用空气开关是指小型断路器,常用的塑料外壳式空气开关可分为单极、二极、三极三种。自动空气开关广泛用于电压 500V 以下的交直流电路。自动空气开关装有灭弧装置,它可以安全地带负荷拉合闸。自动空气开关的额定电压应不小于被控电路的额定电压。在低压电路中,自动空气开关起线路或单台用电设备的控制和过载、短路及失压保护作用。自动空气开关工作时不能将灭弧罩取下。高压电路的断路器有油开关、真空开关等。刀开关与空气开关是两种不同的设备,不能混为一谈。

6. 接触器

CBB036 接触器的概念

在低压电路作为负荷开关使用的还有接触器,灭弧性能和负荷开关类似。接触器用以接通和分断负载。它与热过载继电器组合,保护运行中的电气设备。它与继电控制回路组合,远控或联锁相关电气设备,以达到控制负载的目的。它主要用于频繁接通或者断开的交直流主电路、大容量控制电路等电路的自动切换电路。接触器是用来对电压在 500V 以下的配电装置或其他电气设备进行远距离操纵或自动控制的开关。接通与分断能力是接触器控制能力的一项重要指标。在水厂(站)中,接触器主要控制电动机,也可以用来控制电路和大容量的控制电路。交流接触器的吸引线圈在电源电压为线圈额定电压值的 85% ~ 105%时,能可靠工作。接触器可分为交流接触器和直流接触器两大类,其结构和工作原理基本相同,但也有不同之处。接触器具有动作迅速、操作安全、能频繁操作和远距离操作等优点。

7. 磁力启动器

CBB037 磁力启动器的用途

磁力启动器是由交流接触器和热继电器等组成的电动机控制电气设备。磁力启动器一般安装在专用的远方操作台或适当位置,做远距离操作三相异步电动机之用。磁力启动器可用来断开负载电流。磁力启动器对三相异步电动机具有过载、断相和失压保护功能。磁力启动器带有防护外壳和可逆型电气设备及机械连锁装置。磁力启动器一般由交流电磁接触器、热继电器、控制按钮等标准元件组合而成。当电压过低保护或过负荷时能自动跳闸,但不能起短路保护作用。实际工程中磁力启动器必须与熔断器串联使用,由熔断器消除短路故障。

8. 熔断器

CBB038 熔断器的使用要求

熔断器的工作原理是一个简单的 I^2R 与时间的关系。电流越大,熔断或开路时间越短。如果产生的热量超过散发的热量,熔断器的温度就会增加,当温度升到熔断器的熔丝熔点时,熔断器就发生熔断即断开电路起到保护作用。低压配电装置中熔断器主要作为短路保护使用。熔断器的额定电压应与线路电压吻合,一般不宜低于它的电压。熔断器熔体的额定电流不可大于熔管的额定电流。熔断器中熔体熔断后,可用相同材料替换。熔断器的极限分断能力应高于被保护线路上的最大短路电流。熔断器其实就是一种短路保护器,广泛用于配电系统和控制系统,主要进行短路保护或严重过载保护。

熔断器在实际使用中要注意以下几个方面的事项:

(1)熔断器的保护特性应与被保护对象的过载特性相适应,考虑到可能出现的短路电流,选用相应分断能力的熔断器。

(2)熔断器的额定电压要适应线路电压等级,熔断器的额定电流要不小于熔体额定电流。

(3)线路中各级熔断器熔体额定电流要相互匹配,保持前一级熔体额定电流必须大于下一级熔体额定电流。

(4)熔断器的熔体要按要求使用相匹配的熔体,不允许随意加大熔体或用其他导体代替熔体。

(四)水泵站自动控制

CBB039 泵站自动控制的特点

1. 泵站自动控制的特点

(1)程序控制方案应根据机组结构、流道形式、辅助设备、运行方式等情况确定。实现给水泵站自动控制是提高科学管理水平、减轻劳动强度、保证供水质量、节约能耗的重要技术措施。

(2)泵站自动控制通常采用限位控制方式,并依次调整水泵的控制台数,以达到供水量和需水量之间的平衡。

(3)泵站自动控制装置的投资占整个工程基建投资的比例较少,而投入运行后,若符合技术要求,不仅可以减少管理人员,同时还可以节约电耗。

(4)在水泵运行组合方式上有不同容量相互的编组,此编组多用于送水泵站,其优点是选择更合理的组合方式,而达到经济运行的目的。

2. 泵站自动控制的程序

CBB040 泵站自动控制的程度

泵站主机组及辅助设备按照预先规定的程序,利用一系列自动化元件、自动装置或计算机进行信息处理和自动控制的过程即为泵站自动化。泵站自动化程序的控制取决于输入信号,而与动作结果无关的,称为开环程序控制,如泵站机组的开、停机程序控制。程序的控制输出不仅受程序本身的制约,而且还受到被控参量检测信号的控制,称为闭环程序控制,如同步电动机可控硅励磁控制系统。采用具有遥控、遥测、遥调及遥信功能的远动装置,就能在调度所内通过传送信息的(远动通道),及时掌握和控制系统的运行情况。

自动化泵站中,程序控制方案应根据机组结构、流道形式、辅助设备、运行方式等情况确定。微型计算机用于泵站自动化,不但要求计算机具有完善的中断系统,完善的外部设备和反映机组运行规律的数学模型,还需要配备完善的操作系统和应用软件。测量方式除能进行自动巡回测量外,还可进行选点测量、定点测量以及通过接口转计算机测量。巡回检测装置较弱电选线测量自动化程度要高得多。

> CBD005 水表
> 的分类

(五)水表

1. 水表的类型

> CBD006 水表
> 的类型

水表按计量方式可以分为以下类型:

(1)容积式水表。安装在管道中,由一些被逐次充满和排放流体的已知容积的容室和凭借流体驱动的机构组成的水表称为容积式水表。

(2)速度式水表。以水流速度为测量依据,凡流经水表的水,以一定的速度驱动翼轮,再通过计数机构累计翼轮旋转的转数,计算出通过水表的水量。

速度式水表按翼轮的类型可以划分为旋翼式水表、螺翼式水表。螺翼式水表常用于较大流量的测量($100\sim600\,\mathrm{m}^3/\mathrm{h}$)。

旋翼式水表又可分为单流束水表和多流束水表两种,我国现在多使用多流束水表。

螺翼式水表又可分为垂直螺翼式和水平螺翼式两种。水平螺翼式水表大部分为湿式水表(水表计数器浸没在被测水中)。水表计数器与被测水隔离开,这种水表称为干式水表。水表工作温度在 $0\sim40\,℃$,这种水表称为冷水水表。

合理地选用水表,关系到计量的准确性、使用期限、水头损失和工程造价等。水平螺翼式水表用符号"LXL"表示。例如:"LXL-200"型水平螺翼式水表,其中第一位字母"L"表示流量仪表,第二位字母"X"表示水表,第三位字母"L"表示螺翼,其中"200"表示水表的公称口径。

旋翼式水表用符号"LXS"表示。例如:"LXS-100"型旋翼式水表,其中第一位字母"L"表示流量仪表,第二位字母"X"表示水表,第三位字母"S"表示旋翼。

水表按计数器的指示形式可分为指针式、字轮式和字轮指针组合式等。水流通过水表时产生摩阻所形成的压力差称为水表的水头损失。水表若长期在最小流量下工作,水量误差将会很大。水表只能短时间在最大流量工作,否则水表零部件将会很快磨损。普通水表的公称压力一般均为 1MPa。计数示值全部由若干个指针在标度盘上指示出来的是指针式水表。

> CBD007 水表
> 的技术参数

2. 水表的技术参数

水表的技术参数包括:

(1)特性流量:水流通过水表,产生 10m 水头损失时的流量值。

(2)最大流量:水表流量测定上限。在此数值下水表只能短期使用(每昼夜不得超过 1h）。

（3）额定流量：水表长期运行下允许的流量值，此值约为最大流量的 2/3。

（4）最小流量：水表计量精度在 ±5% 的允许误差范围内，水表开始计量的最小流量值。

（5）灵敏度：不计误差水表开始连续、均匀指示的最小流量值。

（6）流通能力：水通过水表，产生 1mm 水头损失的流量。

二、技能要求

（一）准备工作

1. 设备

运行中泵站 1 座计量设施齐全。

2. 材料、工具

笔 1 支，计算器 1 个，泵站运行记录表 1 张（表 2-1-3）。

3. 人员

1 人操作，持证上岗，劳动保护用品穿戴齐全。

表 2-1-3　某泵站运行记录表

年　　月　　日　　　　　　　　　　　　　　　　　　　　　　　天气：

项目／时间	电源	水池(罐)	1#外输泵		...#外输泵		输水母管
	电压,V	水位,m	电流,A	泵压,MPa	电流,A	泵压,MPa	压力,MPa
8:00							
...							
0:00							
...							
8:00							
泵站供水量,m³		运行时间,h					平均压力 MPa
配水电耗 kW·h/km³MPa		千立方米兆帕 km³MPa		外输泵电量 kW·h	昨日抄表		差值
					今日抄表		
用户 1 用水量,m³		用户 2 用水量,m³			用户...用水量,m³		
昨日抄表		昨日抄表			昨日抄表		
今日抄表		今日抄表			今日抄表		
差值		差值			差值		

（二）操作规程

1. 录取各项生产数据

（1）录取电源电压。

（2）录取水池（罐）水位。

（3）录取外输泵配套电动机运行电流、泵压等参数。

（4）录取输水管压力。

（5）录取各用户流量计读数。

（6）录取外输泵耗电量。

2. 计算其他项目

计算泵站供水量、用电量、平均压力、配水电耗等项目。

（三）技术要求

（1）依据泵站运行记录表录取各项生产运行数据。

（2）依据各表计量精度取舍有效数字。

（3）计算并填写泵站运行记录表中其他项目。

（四）注意事项

（1）录取数据时无涂改。

（2）计算准确无误。

模块二　维护水泵站设备

项目一　识别离心泵主要部件

一、相关知识

（一）离心泵泵体部分的组成

CBE004　离心泵泵体部分的组成

卧式离心泵的吸水口、出水口是水泵的泵壳部分,泵壳的进、出水接管法兰处各有一钻孔,用以安装量测泵进口和出口压力的真空表和压力表。卧式离心泵在泵的进口、出口管路上安装调节阀,在泵出口附近安装压力表,压力表的螺孔设在水泵出水锥管的法兰,卧式离心泵安装真空表的螺孔设在水泵吸水锥管的法兰上。一般在泵体顶部设有放气或加水的螺孔,以便在水泵启动前抽真空或灌水。泵壳底部设有与基础固定用的螺栓孔。除固定水泵的螺栓孔外,其他螺栓孔在水泵运行中暂时不用时,需用带螺纹的丝堵堵住。离心泵的泵壳通常铸成蜗壳形。蜗壳形流道沿流出的方向不断增大,可使其中水流的速度保持不变,以减少由于流速的变化而产生的能量损失。泵的出水口处有一段扩散形的锥形管,水流随着断面的增大,速度逐渐减小,而压力逐渐增大,水的动能转化为势能。

叶轮和泵轴是离心泵的转动部件,泵壳是固定部件。叶轮和泵轴两者之间有三个交接处:泵轴与泵壳之间的轴封装置、叶轮与泵壳内壁接缝处的减漏环、泵轴与泵座之间转动连接处的轴承。叶轮按结构可分为单吸和双吸两种。单吸指水流只能从叶轮的一面进入,即只有一个吸入口。单吸叶轮单侧吸水,叶轮的前后盖板不对称。双吸叶轮两侧吸水,叶轮盖板对称,这种泵的流量较大,能自动平衡轴向力。双吸离心泵用双吸叶轮。

（二）离心泵转动部分的组成

CBE005　离心泵转动部分的组成

离心泵的主要组成部分有转子和定子两部分。转子包括叶轮、轴、轴套、键和联轴器等。定子包括泵壳、密封设备填料筒、水封环、密封圈轴承、机座、轴向推力平衡设备等。泵轴给叶轮传递扭矩使之旋转。

（三）离心泵密封部分的组成

CBE006　离心泵密封部分的组成

机械损失主要是指水泵填料、轴承和泵轴间的摩擦损失及叶轮前后轮盘旋转和水的摩擦损失等。叶轮进口与泵壳间的间隙过大会造成泵内高压区的水经此间隙流向低压区,影响泵的出水量,效率降低;间隙过小会造成叶轮与泵壳摩擦产生磨损。为了增加回流阻力减少内漏,延缓叶轮和泵壳的使用寿命,该环为金属圆环,镶装在叶轮进口外缘或该处的泵壳上,有时叶轮及泵壳上各装一个。密封的间隙保持在 0.25~1.10mm 为宜。泵轴伸出泵壳处的密封采用填料套、填料环、填料、填料压盖和水封管等密封装置。

离心泵轴封装置的形式有填料密封装置和机械密封装置两种。填料（盘根）在轴封装置中起着阻水和阻气的密封作用。常用的填料有浸油、浸石墨的石棉绳填料。近年来，随着工业发展，出现了各种耐高温、耐磨损以及耐强腐蚀的填料，如用碳素纤维、不锈钢纤维及合成树脂纤维编织成的填料等。

CBE003 离心泵的基本结构

（四）离心泵的结构

常用离心泵可分为单级单吸离心泵、单级双吸离心泵。虽然离心泵的类型很多、型号各异，但其主要零部件组成基本相同。离心泵的基本构造可分为三部分，即转动部分、泵壳部分和密封部分。离心泵的主要零部件有泵体、叶轮、密封环、叶轮螺母、泵盖、密封部件、中间支撑、泵轴、悬架部件等，如图2-2-1、图2-2-2所示。

CBE007 单级单吸离心泵的结构

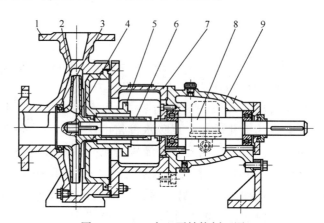

图 2-2-1　IS 离心泵结构剖面图

1—泵体；2—叶轮；3—密封环；4—叶轮螺母；5—泵盖；6—密封部件；7—中间支撑；8—泵轴；9—悬架部件

CBE008 单级双吸离心泵的结构

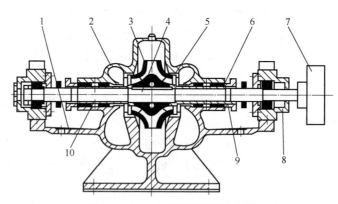

图 2-2-2　SH 型双吸中开卧式泵

1—泵体；2—泵盖；3—叶轮；4—泵轴；5—密封环；6—轴套；7—联轴器；8—轴承座；9—填料压盖；10—填料

1. 泵体

泵体由进水接管、壳体和出水接管三部分组成。进水接管是一段渐缩管，其作用是把水流平顺、均匀地引向叶轮。壳体为一断面逐渐增大的螺旋形流道，外形像蜗牛壳，故又称蜗壳。其作用是汇集从叶轮甩出的水流并借助其过水断面的逐渐增大保持蜗壳中水流速度基本不变。出水接管为一扩散锥管，其作用是使水流流速逐渐减小，从而将水流的部分动能转化为压能。泵壳的进出水接管上各有一螺孔,用以安装测量水泵进出口压力的真空表和压力表。泵壳顶部设有灌水(或抽气)孔,以便在水泵启动前向泵中充水、排气。泵壳底部设有放水孔,用以停泵后或检修时放空泵中积水。

2. 叶轮

叶轮的主要作用是将动力机的机械能传递给液体,使液体的能量增加。叶轮的构造在很大程度上决定了水泵的类型和性能。根据水流进入叶轮的方式,可将叶轮分为单吸式叶轮和双吸式叶轮。单吸式叶轮单边进水,其叶轮形式又可分为封闭式、半开式和敞开式三种。具有前后两个轮盘的叶轮称为封闭式叶轮,叶轮上有 6~8 个叶片。只有后盖板而无前盖板的叶轮称为半开式叶轮。既无前盖板也无后盖板的叶轮称为敞开式叶轮,其叶片数较少,一般仅有 2~5 个叶片,槽道较宽,多用于抽取污水或浆粒状液体。双吸式叶轮两边进水,其形状好似两个无后轮盘的单吸式叶轮背靠背组合而成。

叶轮应具有高强度、抗腐蚀、抗冲刷的能力,因此制造叶轮的材料一般为铸铁、铸钢、青铜或黄铜。目前在低扬程水泵中也有用高强度塑料制造的叶轮。

3. 密封环

密封环又称减漏环、承磨环、口环,几个名称共同表明了密封环的作用。该环为金属圆环,镶装在叶轮进口外缘或该处的泵壳上,有时叶轮及泵壳上各装一个,用以减少高压水流经叶轮进口与泵壳之间间隙的漏水量,同时又可避免因间隙过小而引起叶轮与泵壳的直接磨损。当该环磨损过量、间隙增大后便予以更换。

单吸式叶轮因单边进水,只有一个密封环;而双吸式叶轮因两侧进水,故有两个密封环。对口径大、扬程高的 IS 型泵,特别是对叶轮后盖板上开有平衡孔的泵,在后轮盘和泵壳之间还装有一个密封环;对多级分段式离心泵,在每个叶轮前后也均装有密封环,其目的是为了减少水量的漏失。

密封环的形式有单环式、双环式和迷宫式三种。在最常用的单环式密封环中,又可分为平直式和端面式两种。同时密封环与泵体之间采用过渡配合,轴向间隙可调整。当因磨蚀引起间隙增大后,可将密封环向叶轮进口移动以减少泄漏水量。

从减少泄漏量和改善叶轮入口流态来看,密封环间隙越小越好,但其间隙也不宜过小,否则将产生机械磨损,降低泵的机械效率,严重时甚至会发生磨损,使密封环与叶轮咬死。

4. 泵轴

泵轴用于传递扭矩给叶轮以使之旋转。泵轴常用优质碳素钢制造。叶轮用平键连在泵轴上,因这种键只能传递扭矩,而不能固定叶轮的轴向位置,所以一般用轴套和反向螺母来定位,轴套还可以起保护泵轴的作用。采用反向螺母的目的,在于泵轴转动时不会自行松动,而是越转越紧。

5. 轴承

轴承用以支撑转动部分的重量并承受泵运行时的径向力和轴向力。水泵中常用的轴承为滚动轴承和滑动轴承。滚动轴承常用于中小型水泵,依其形状又可分为滚珠轴承和滚柱轴承,一般荷载小的采用滚珠轴承,荷载大的采用滚柱轴承。

6. 轴封装置

在泵轴穿出泵壳处,轴与泵壳之间存在着间隙,当间隙处泵内液体压力大于大气压力时(如单吸式离心泵,此处正对叶片背面),泵内的高压水将通过此间隙向外泄漏;当间隙处泵内液体压力为真空时(如双吸离心泵,此处正对叶轮进口),空气就会从此处透入泵内,从而降低泵的吸水性能。为此需在泵轴与泵壳间隙处设置密封装置,称为轴封。单级单吸离心泵的轴封装置只有一个,单级双吸离心泵和多级离心泵的轴封装置均有两个。

7. 联轴器

联轴器又称"靠背轮",用以将电动机的动力传递给水泵。联轴器有刚性联轴器与弹性联轴器之分,刚性联轴器对于泵轴与电动机轴的不同心度,在连接中无调节余地,故对安装精度要求较高,常用于小型水泵机组和立式泵机组的连接。弹性联轴器内带有弹性橡胶圈,可减少传动时因泵轴有少量偏心而引起的轴周期性弯曲应力和振动。一般大型卧式泵机组常采用弹性联轴器。

二、技术要求

(一)准备工作

1. 材料、工具

泵壳1件,叶轮1个,密封环1套,泵轴1件,轴套1套,轴套锁母1套,轴承1套,水封环1套,填料压盖1套,联轴器1件。

2. 人员

1人操作,持证上岗,劳动保护用品穿戴齐全。

(二)操作规程

(1)泵壳:引水,导流,支撑转子,提高水压。

(2)叶轮:把能量传递给水,使能量增加。

(3)密封环:封隔水泵高、低压室的作用。

(4)泵轴:把输入功率传递给叶轮。

(5)轴套:保护轴不被磨损和腐蚀,固定叶轮装置。

(6)轴套锁母:固定轴套。

(7)轴承:支撑轴的作用。

(8)水封环:传递高压室的来水及润滑填料的作用。

(9)填料压盖:填料压盖用于压紧填料密封装置中的填料,使轴封装置不至于漏水漏气。离心泵轴封装置的形式有填料密封装置和机械密封装置两种。

(10)联轴器:将电动机力矩传递给水泵。

(三)技术要求

能够识别各个配件名称,知道其部件作用。

(四)注意事项

了解零部件的相互关系,其各个配合的间隙值。

项目二　判断水泵的旋转方向

一、相关知识

(一)轴流泵

1. 分类

CBA017　轴流泵的分类

轴流泵根据泵轴安装位置,可分为立式轴流泵、卧式轴流泵以及斜式轴流泵三种。轴流泵的主要工作部件是叶轮,液体在推力作用下沿轴向流出叶轮的叶片泵。轴流泵按叶片安装形式分为固定叶片式、半调节叶片式、全调节叶片式。

CBA020　轴流泵的叶轮调节方式

固定式轴流泵的叶片是和轮毂体铸成一体的,因此叶片的安装角度不能调节。半调式轴流泵的叶片是用螺母拴紧在轮毂上的。全调式轴流泵是通过一套油压调节机构改变叶片的安装角度,从而改变其性能,达到使用要求。轴流泵 ZLB 型号意义中"L"代表立式。

CBA018　轴流泵的构造

比转数和水泵性能有密切关系,比转数越小,水泵的流量越小而扬程越高。轴流泵是叶片水泵中比转数较高的一种泵。轴流泵的特点是流量大、扬程低、结构简单、质量小。轴流泵的扬程一般在 $4\sim15\mathrm{m}$。在水泵样本中,轴流泵的吸水性能,一般是用汽蚀余量来表示的。

CBA019　轴流泵的工作原理

2. 工作原理

轴流泵的工作是以空气动力学中机翼的升力理论为基础的。轴流泵的叶轮浸没在水中,当叶轮在水中旋转时,翼形叶片对水就产生了推压力;不断将叶片前面的水推向后面,使叶轮后面的压力增加,水就不断从出水管流出。立式轴流泵的喇叭管进入部分呈圆弧形,进口直径约为叶轮直径的 1.5 倍左右。轴流泵导叶的作用是把叶轮中向上流出的水流旋转运动变为轴向运动。

轴流泵的导轴承主要是用来承受径向力振动,起到径向定位作用(图 2-2-3)。

CBA021　混流泵的工作原理及特点

(二)混流泵

混流泵是介于离心泵和轴流泵之间的一种过渡形式。混流泵是靠叶轮旋转产生的离心力和叶片对水产生的推力的双重作用来工作。混流泵根据结构形式的不同通常可分为蜗壳式和导叶式两种。混流泵从外形上看,蜗壳式与单级单吸泵相似(图 2-2-4)。

混流泵流量比离心泵大,但较轴流泵小;扬程比离心泵低,但较轴流泵高;泵的高效率区范围较轴流泵宽广;流量变化时,轴功率变化较小,有利于动力配套;汽蚀性能好,能适应水位的变化;结构简单,使用、维修方便。

(三)深井泵

1. 深井泵的工作原理

由电动机传来的动力,通过传动轴,驱动水泵叶轮旋转,在叶轮进口处形成真空,吸入井水并使水的压力和速度同时增加,然后经过导水壳流入下一级叶轮入口,这样逐次经过所有的叶轮和导水壳,水流的压力也逐级增加,并经扬水管把水引到地面。

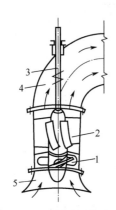 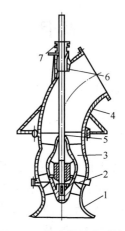

图 2-2-3　立式轴流泵抽水示意图　　　　图 2-2-4　导叶式混流泵结构图

1—叶轮;2—导叶;3—泵轴;　　　　1—进水喇叭;2—叶轮;3—导叶体;4—出水弯头;

4—出水弯管;5—喇叭管　　　　　　5—泵轴;6—橡胶轴承;7—填料函

CBA023 深井泵的构造

2. 深井泵的构造

(1)滤网吸水管和泵体部分,它是泵的工作部分,起吸水、提水作用。

(2)扬水管和传动轴部分,起输水和传递动力作用。

(3)泵座和动力机部分,起提供动力,承受水泵轴向力和支撑全部井下部分重量作用。前两部分位于井下,后一部分位于井上。

3. 深井泵的主要特点

叶轮装于动水位以下,电动机安装在井上,提水深度不受允许吸上真空高度的限制,结构紧凑,使用比较可靠。但由于采用长转动轴,耗用钢材多,造价贵,安装精度高,检修困难。

CBA022 深井泵的型号表示方法

4. 深井泵的型号表示方法

深井泵种类较多,为了选购方便,根据尺寸、扬程、流量等不同情况,分别编制泵的不同型号。知道了一台水泵型号就可以查到该泵的规格性能。型号由符号及其相关数据组成。

例如,8JD-80×19 型深井泵:8——适用最小径井为 8in;

JD——多级深井泵;

80——泵的额定流量为 80m³/h;

19——19 级叶轮。

CBA024 深井泵的运行注意事项

5. 深井泵运行的注意事项

(1)检查运转电流是否正常,电动机温度是否正常,电动机轴承油位是否正常。

(2)检查填料松紧是否适度,运转声音是否正常,有无振动。

(3)检查泵压是否稳定、正常。

(4)有条件的井站应进行井动水位观测,最低动水位至少应在泵进口以上 0.5m。

二、技能要求

(一)准备工作

1. 设备

SH 型离心泵 1 台(型号自定),IS 型离心泵 1 台(型号自定),QJ 型潜水电泵 1 台(型号自定),立式轴流泵 1 台(型号自定)。

2. 材料准备

水少许。

3. 人员

1 人操作,持证上岗,劳动保护用品穿戴齐全。

(二)操作规程

1. 卧式离心泵旋转方向判断方法

(1)启动水泵,取清水少许滴在联轴器上,水飞溅方向即为泵的旋转方向。

(2)可用点试启动方法,观察停车后的惯性。

(3)若出水口在左边,则泵的叶轮上沿往右转,否则向左转。

(4)水泵的转向和叶轮的叶片弯曲方向相反。

(5)IS 型水泵从电动机方向看是顺时针旋转。

2. 轴流泵旋转方向判断方法

立式轴流泵叶轮转向从上往下看为顺时针旋转。

3. QJ 型潜水电泵旋转方向判断方法

在地面测试时,从上往下看为顺时针旋转。工作时根据出水量和出水压力依据额定值判断。

4. 深井泵旋转方向判断方法

根据出水量依据额定值判断,正转出水量大,反转出水量小。

(三)技术要求

(1)通过点试方法观察泵运转时的旋转方向。

(2)按用途明确各个泵使用范围。

(四)注意事项

严禁泵长期反转运行,损坏泵配件。

项目三　进行离心泵一保

一、相关知识

(一)离心泵修保周期规定

(1)单级单吸型、单级双吸型离心泵修保周期规定:

一保:累计运行不超过 1000h 应进行一保。

> CBC003 离心泵的修保周期规定

二保:累计运行不超过 5000h 应进行二保。

大修:累计运行不超过 10000h 应进行大修。

(2)IS 型离心泵修保周期规定:IS 型离心泵在运转的第一个月内,运转 500h 左右后,应更换悬架油室内的润滑油。

IS 型离心泵每运转 1000h 左右,应更换一次润滑油。

CBC005 离心泵的一保内容

(二)离心泵的一保内容

1. 单级单吸离心泵一保内容

(1)停运后打扫离心泵外壳及电动机内外部(包括电动机转子通风孔)卫生。

(2)检查离心泵和电动机轴承运行情况,润滑脂(油)的质量和润滑脂(油)量,必要时清洗轴承并更换润滑脂(油)。

(3)检查填料磨损情况。

(4)检查联轴器和各部位螺栓是否松动,如螺栓松动及时扭紧。

(5)观察各仪表是否灵敏准确,如有问题应及时更换。

(6)检查填料压盖是否移动自如。

(7)测量电动机绝缘电阻。

2. 单级双吸离心泵一保内容

(1)打扫泵壳及电动机污垢,做到清洁卫生,无灰尘、无油污。

(2)检查泵壳体有无裂纹、防腐漆是否完好,发现裂纹及时大修,防腐漆脱落及时涂漆。

(3)检查、紧固、调整电动机及水泵地脚螺栓和其他各部位螺栓,做到紧固无松动。

(4)观察各仪表是否灵敏准确,如有问题应及时更换。

(5)更换润滑脂检查润滑脂(油)时,轴承箱内润滑脂(油)容积少于 1/3 时应添加,多于 2/3 时应清除;检查、更换不合格的填料更换填料时,填料接口成 45°斜接,最外圈接头应向下。

(6)检查填料压盖是否移动自如。

(7)测量电动机绝缘电阻。

CBC004 离心泵机组检修场地布置

(三)离心泵机组检修场地布置

(1)机组运行一定时间应进行解体检查,泵房内应设有机组检修位置。

(2)检修位置一般靠近泵房大门,其平面尺寸要求能够放下泵站内的最大设备,其周围通道宽度不得小于 0.7m。如机组较小或机组间距较大,机组附近能够放下设备检修时,可以就地检修,不设专用检修场地。

(3)泵房内进行机组、管路及辅助设备布置时,同时考虑工作人员经常检查和维修时交通通道。通道宽度,一般主通道不小于 1.2m,靠近设备各通道不小于 0.7m。主通道一般布置在出水侧。管路布置位置应以便于通行为原则。

CBC001 设备维修保养的常识

(四)设备维护保养的常识

在设备修理过程中应实现"两不见天",即油料、清洗过的机件不见天;"三不落地",即油料、机件、工具不落地。

二、技能要求

(一)准备工作

1. 设备

离心泵机组 1 套。

2. 材料、工具

12mm 填料适量,锂基脂适量,棉纱或棉布适量,200mm 开口扳手 2 把,剪刀或 200mm 壁纸刀 1 把,自制铁钩 1 把,500V 兆欧表 1 块,2500V 兆欧表 1 块,0~1MPa 压力表 2 块。

3. 人员

1 人操作,持证上岗,劳动保护用品穿戴齐全。

(二)操作规程

1. 清洁机泵

用抹布蘸稀释洗洁精水打扫离心泵外壳及电动机外部卫生。电动机转子通风孔用干抹布进行清扫,做到清洁卫生,无灰尘、无油污。

2. 检查润滑脂

检查润滑脂(油)的质和量,变质应更换,少于轴承箱容积 1/3 的应添加,多于轴承箱容积 2/3 的部分应清除。

3. 检查螺栓

用开口扳手检查螺栓的松紧情况。

4. 检查轴承

清洗干净水泵内、外侧轴承旧润滑脂,看滚珠、滚道表面是否有裂纹及坑点,检查水泵内、外侧轴承游离间隙,不符合标准进行更换。更换润滑脂,加入量是轴承盒的三分之二。

5. 检查密封填料

检查滴水情况,若超过 60 滴/min 应更换填料,检查填料压盖是否移动自如,若磨损严重应更换。

6. 测试绝缘

测量电动机绝缘电阻,500V 以下低压电动机允许最低绝缘电阻值不低于 0.5MΩ;6000V 高压电动机允许最低绝缘电阻值不低于 1MΩ。

(三)技术要求

(1)正确选用润滑脂(油),添加润滑脂(油)不超过轴承箱容积 2/3。

(2)正确使用兆欧表。

(四)注意事项

测量绝缘电阻前必须切断电源,兆欧表做开路、短路试验。

项目四　检查润滑脂

一、相关知识

（一）润滑脂的分类

_{CBC007 润滑脂的分类}

润滑脂是一种具有塑性的润滑剂，它由润滑液体、稠化剂和添加剂三部分组成，其润滑性质取决于润滑液体的性质。润滑脂是由基础油液、植物油脂和添加剂在高温下合成的。

润滑脂按稠化剂的类别，可分为皂基润滑脂、烃基润滑脂、无机润滑脂、有机润滑脂等。

润滑脂按其物理状态可分为液体润滑脂、半固体润滑脂、固体润滑脂、气体润滑脂等四大类。液体润滑剂包括矿物润滑油、合成润滑油、动植物油和水基液体等。

（二）钙基润滑脂的特点

_{CBC008 钙基润滑脂的特点}

目前使用最广泛、最普遍是皂基润滑脂中的钙基润滑脂和锂基润滑脂。合成钙基润滑脂是由合成脂肪酸的钙皂稠化中等黏度的矿物油制成的，它具有抗水性好、机械安定性好、易于泵送等优点，但同时又有使用温度低、寿命短等缺点。

（三）润滑脂的应用

_{CBC009 润滑脂的应用}

（1）钙基润滑脂适用于工业、农业及交通运输等较高负荷的机械设备的润滑。

（2）适用于工农业等机械设备中不接触水而温度较高，中低负荷的摩擦部位的润滑脂是铝基润滑脂。铝基润滑脂有良好的抗水性、机械安定性、防锈性和氧化安定性、多用途、长寿命、宽使用温度等特点。

（3）目前市场上广泛使用的锂基润滑脂有 3 个牌号，具有适用温度高特点，可长期在 120℃下使用，短期在 150℃下使用，与其他润滑脂相比有用量少但寿命长、使用范围广泛的特点。

（四）润滑脂老化的危害

_{CBC010 润滑脂老化的危害}

由于机械润滑部件密封条件不好，导致润滑脂中混入灰土、杂质和水分，会使润滑脂质量变差。轴承中填充过量的润滑脂会使轴承摩擦转矩增大，引起轴承温度升高，并导致润滑脂的漏失。润滑脂长期使用后，其组分因受光、热和空气的作用，可能发生氧化变质，产生酸性物导致被润滑的部件腐蚀，甚至锈蚀，有时因混入外界杂质更加恶化而失去润滑防护作用，或在工作过程中逐渐消耗。润滑脂在使用中质量发生的变化不包括稠度下降。

二、技能要求

（一）准备工作

1. 材料、工具

93 号汽油少许，钙基润滑脂少许，钠基质润滑脂少许，锂基润滑脂少许，玻璃试管 1 支，平玻璃 1 块。

2. 人员

1 人操作，持证上岗，劳动保护用品穿戴齐全。

（二）操作规程

1. 汽油法鉴别

将润滑脂放入试管内，用汽油溶解，无分离现象说明润滑脂良好。

2. 玻璃块测试

将润滑脂均匀地涂抹在玻璃上，若无团块、乳化现象，颜色一致，说明润滑脂良好。

3. 感官检查

（1）检查润滑脂有无变稀.

（2）嗅闻润滑脂有无臭味。

（三）技术要求

（1）工作温度较高的电动机可选择耐高温的锂基润滑脂、钠基润滑脂等。

（2）工作温度较低或使用环境气温较低时可选钙基润滑脂、低温锂基润滑脂等。

（3）同温度、负荷下，转速越高应选择牌号较小的钙基润滑脂或锂基润滑脂。

（四）注意事项

使用玻璃器皿要注意安全，轻拿轻放，避免碰撞。

项目五　更换压力表

一、相关知识

（一）压力表的概念

以大气压力为基准，用于测量小于或大于大气压力的仪表称为压力表。

（二）取压点的选取

压力取源部件是指直接安装在取压点的附件，就是为测量管道的压力而安装在压力仪表与管道之间的仪表管、仪表接头、压力表弯、阀门等。

（1）压力取源部件的安装位置应选在介质流速稳定的地方。

（2）测量带有灰尘、固体颗粒或沉淀物等混浊介质的压力时，取源部件应倾斜向上安装。在水平的工艺管道上宜顺流束成锐角安装。

（3）压力取源部件在水平和倾斜的工艺管道上安装时，取压点的方位应符合下列规定：

测量气体压力时，在工艺管道的上半部。

测量液体压力时，在工艺管道的下半部与工艺管道的水平中心线成 0~45° 夹角的范围内。

测量蒸汽压力时，在工艺管道的上半部及下半部与工艺管道水平中心线成 0~45° 夹角的范围内。

CBD008　更换
压力表的要求

（三）更换压力表的要求

（1）离心泵装置中一般均安装压力计，以便观察离心泵运行情况，水泵站中常用的压力计是压力表。

（2）压力表的压力传递管接自离心泵压水口法兰预留螺孔上，传递管一般用 6mm 直径的紫铜管，为防止水流直接冲击压力表，减轻指针摆动，影响读数，传递管应绕成防振弹性圈,接至压力表旋塞上。压力表的表面最大刻度值宜为水泵额定扬程的 1.5 倍左右。如配得过大,指示数值不易看清;太小容易损坏压力表指针。

(3)压力表应安装在离心泵出水口和泵出水阀之间的管道上,离心泵出口压力表指示离心泵的出水压力,离心泵出口压力表的量值单位符号应用 MPa 表示。

(4)选择压力表时必须检查外观有无破损,查验合格证、量程范围与铅封等。

(5)更换离心泵压力表时应选择合适量程的压力表,一般选择 0~6MPa 低压表。压力表按其测量精确度,可分为精密压力表、一般压力表。

二、技能要求

(一)准备工作

1. 设备

离心泵机组 1 套。

2. 材料、工具

生料带 1 盘,压力表 1 块,250mm 管钳 2 把,200mm×24mm 活动扳手 2 把,ϕ1mm×100mm 通针 1 根,锯条 1 根。

3. 人员

1 人操作,持证上岗,劳动保护用品穿戴齐全。

(二)操作规程

1. 选择压力表

(1)选择量程合适的压力表:即管压应在压力表量程的 1/2~1/3。

(2)压力表要有检验合格证和铅封,表壳、表盘完好,指针归零。

2. 卸压力表

(1)关掉控制压力表的阀门。

(2)待泄压后表针落零,用活动扳手卸下压力表。

(3)清理阀门内螺纹,用通针通上下孔。

3. 更换压力表

(1)在新压力表螺纹上按顺时针缠生料带 3~5 圈。

(2)用活动扳手将选好的压力表面向巡检方向安装好。

(3)缓缓打开压力表阀门,看有无渗漏。

(三)技术要求

(1)正确选择压力表,检查压力表有无损坏。

(2)清除阀门内的杂质与螺纹。

(3)生料带缠绕方向要正确。

(四)注意事项

(1)关掉控制压力表的进水阀门,拧下压力表。

(2)慢慢打开控制压力表的进水阀门,传递压力避免冲击过大损坏压力表。

模块三　检修水泵站设备

项目一　清洗离心泵零部件

一、相关知识

(1)清洗是离心泵修理工作中的一个重要环节,清洗质量对机械的修理质量影响很大。采用正确的清洗方法来提高清洗质量和降低成本,是修理工作必须考虑的问题之一。离心泵修理工作中的清洗包括机械外部清洗和零件清洗。零件清洗又因目的的不同可分为鉴定前清洗、装配前清洗和零件镀盖或黏结前准备工作的清洗。

水泵的零件清洗中,镀面和黏结零件的清洗要求最高。清洗质量不高常常是引起镀层或黏结失败的原因,而零件装配的清洗质量,对机械的使用寿命很大。由于清洗严重不合格,在重要的摩擦中渗入大量磨料或因脏物堵塞润滑油道而导致机械的早期磨损和事故性破坏,必须予以注意。

① 刮去叶轮内外表面及密封环和轴承等处所积存的水垢及铁锈等物或油垢和铁锈。

② 清洗水泵壳体各结合表面上积存的油垢和铁锈。

③ 清洗水封环并检查管内是否畅通。

④ 清洗轴瓦及轴承,除去油垢,再清洗油圈及油面计等,滚珠轴承应用汽油清洗。

⑤ 暂时不进行装配的零部件,在清洗后都应涂油保护。

(2)离心泵清洗的基本原则为一切清洗方法,都必须充分考虑以下几项基本要求。

① 保证满足对零件清洁程度的要求,在修理水泵中,各种不同的机件对清洁的要求程度是不相同的。在装配中,配合件的清理要求高于非配合件,动配合件高于静配合件,精密配合件高于非精密配合件。对于喷、镀、黏结的工件表面,其清洁要求都是很高的。清洗时必须根据不同的要求,采用不同的清洗剂和清洗方法,保证所要求的清洗质量。

② 防止零件的腐蚀,对精密零件不允许有任何程度的腐蚀。当水泵零件清洗后需停放一段时间,应考虑清洗液的防锈能力或考虑其他防锈措施。

③ 确保操作安全,防止引起火灾或毒害人体以及造成对环境的污染。

二、技能要求

(一)准备工作

1. 材料、工具

离心泵零部件 1 套,棉纱或棉布 1 块,汽油、柴油适量,油盆 1 个,50mm 毛刷子 1 个,75mm 毛刷子 1 个。

2.人员

1人操作,持证上岗,劳动保护用品穿戴齐全。

(二)操作规程

1.按顺序摆放零件

清洗的零部件要按顺序摆放整齐:轴承箱体、轴承、轴承锁母(挡套)、填料压盖、水封环、轴套锁母、轴套、密封环、叶轮、泵轴。

2.清洗

可用汽油、柴油清洗泵的零部件。

3.擦拭

清洗零部件表面时,可使用干净的棉布、棉纱或其他软物。

4.清洗要求

清洗后的零部件,表面应无油(脂)和其他杂物。

5.清洗轴承

清洗轴承时,可使用汽油冲洗滚珠,用干净白布或其他软物清洗内外圈,清洗后应转动自如。

6.检查轴承箱体

检查轴承箱体有无裂纹(方法是往轴承箱体中装入适当汽油,观察箱体是否有渗漏现象)。

7.其他要求

清洗设备零部件时,室内保持一定的通风条件(窗户、门打开),并应有相应的安全防火措施(有灭火器材)。

(三)技术要求

(1)拆卸下的零部件按顺序摆放整齐,便于安装。

(2)清洗过的零部件不落地。

(四)注意事项

(1)严禁附近使用烟火。

(2)使用汽油、柴油清洗零件时,保持室内通风良好。

(3)要有安全防火措施,将灭火器材放到相应的区域。

项目二　更换水泵填料

一、相关知识

CBE001 填料的种类及特点

(一)填料的种类及特点

阀门用的密封填料种类有压缩填料、碳纤维填料、V形填料、O形密封圈、编织石棉以及石墨基法等。各种填料的特点如下:

(1)压缩填料是通过填料压盖的压紧产生弹性变形,与填料函内壁和阀杆紧密吻合,并产生一层油膜与阀杆接触,阻止介质的泄漏。按其结构不同可分棉状、模压、卷制、叠制、扭制、编织等成型填料。按其材料不同分软质填料、半金属填料和金属填料等。

（2）碳纤维填料是一种新式填料。其具有优良的自润滑功能、耐高、低温功能和耐化学品功能，并且作为紧缩填料的弹性和柔软性也极为杰出，其缺陷仅在于有浸透走漏，但浸渍聚四氟乙烯或其他黏合剂之后可以避免。

（3）应用最广泛的填料是聚四氟乙烯，因为它有极好的化学惰性和优良的润滑性。聚四氟乙烯可以整体压制，也可以车制成形（V形环），也可以作为石棉填料的润滑剂，特别是温度低于2480℃时效果更佳，整体的 V 形环要加弹簧力使它对阀杆具有起码的预紧力。聚四氟乙烯的缺点是热膨胀系数高，特别是接近室温时，并要求特别好的表面光洁度。聚四氟乙烯可以是悬溶胶体，也可以是包着石棉芯的编织套，后者更好，因为它综合了石棉的弹性、可变性和聚四氟乙烯的润滑性，也就是说，聚四氟乙烯和阀杆接触面的摩擦系数低。

（4）把纤维或石墨（或云母）、金属粉（或鳞片）、油脂和弹性黏合剂相混合而成的是塑性填料，填入填料腔经压盖压紧使用。塑性填料没有固定尺寸，装填不好往往影响密封性能。为此将它模压成圈形，再在外层编结一层石棉纱（根据需要也可用金属丝）。根据工作条件可以调节混合料的种类和配比，例如，高压蒸汽可以加入铜粉；耐酸用的可以加入铅粒或铅片；轴有振动时可加添较多的弹性良好的黏合剂等。由于这种填料不含润滑剂，在高压下其体积减小甚微，可用于高速泵类和高压阀门，如填充固体润滑剂，则可以保证良好的自润滑性能，且结构致密，密封性好，它有塑性流动，故宜与金属填料组合使用。

（5）编织石棉仍然是常用的填料，因为它可以做成分离圈，它能围住阀杆，在阀门安装之后便于维修。这种类型的填料常常有添加剂作润滑之用，如云母和石墨，特别是在高温场合下。石棉最高的温度极限接近55538℃，采用散热的上阀盖可以显著地降低填料温度，使它在流体温度高于55538℃时仍可以使用。

（6）石墨垫片是最近才迅速使用的填料。它是一种全石墨产品，有挠性，有各向异性，类似热解石墨。它有重要的化学惰性，除了强氧化剂外都是这样。它的摩擦系数低而且填料可用于相当高的温度（升华点是36650℃）。调整这种填料时应该注意，由于它的密度高，因此过紧可能卡住阀杆。

（二）常用填料的规格及使用要求

CBE002　填料的规格

（1）石墨填料又称柔性石墨填料，采用柔性石墨线经穿心编织而成。膨胀石墨填料具有良好的自润滑性及导热性，摩擦系数小，通用性强，柔软性好，强度高，对轴杆有保护作用等优点。根据不同的要求，可采用碳纤维、铜丝、304、316L、茵苛镍合金丝等材料加强。

油浸石棉填料适用于回转轴、往复活塞或阀门杆上作为密封材料。油浸石棉填料按适用范围分两个牌号：YS 350 适用于蒸汽温度为350℃，压力为 45kgf/cm² 的环境；YS 250 适用于蒸汽温度为250℃，压力为 45kgf/cm² 的环境。

油浸石棉填料分为方形、圆形和圆形扭制产品三种（根据用户需要可夹金属丝）：

F——方形（穿心或一至多层编织）；

Y——圆形（中间是扭制芯子，外边是一至多层编织）；

N——圆形扭制（扭制的）。

油浸石棉填料表面花纹应匀称。不应有外露线头，弯曲，跳线，石墨应涂得均匀，不符合以上要求的缺陷 10m 内不得超过 2 处。油浸石棉填料应在温度为 0~35℃ 室内储存,严禁烘烤、曝晒、受潮、雨淋,保管期限从生产日期起,不应超过二年。

(2)聚四氟乙烯的缺点是热膨胀系数高,特别是接近室温时,容易膨胀变形,所以用其作为内衬,对阀杆、填料函的表面光洁度有特别的要求。阀杆的表面光洁度是 8 均方根值(以微英寸表示粗糙度),而填料函内表面为 16 均方根值,这种规定一般能防止 V 形环的摩擦和损耗。阀门一旦安装了执行机构之后,整体的聚四氟乙烯就不能再替换了。

(3)用氯丁橡胶或丁腈橡胶一类弹性物制成的 O 形环或 V 形环可以用于某些低压阀。这种类型的填料在某些专用阀门中可以见到,如空调设备的温度控制阀。

二、技术要求

(一)准备工作

1. 设备

SH 离心泵 1 台。

2. 材料、工具

12mm 填料适量,棉纱 1 块,70 号汽油 1kg,200mm×24mm 活动扳手 2 把,剪刀或 200mm 壁纸刀 1 把,自制铁钩 1 把,200mm 平口螺丝刀 1 只。

3. 人员

1 人操作,持证上岗,劳动保护用品穿戴齐全。

(二)操作规程

1. 取出填料

取出填料室内的全部填料。

2. 清洗轴套

清洗填料室及轴套。

3. 选择填料

将选好的填料绕在装填料处的轴套上,量好长度切断。

4. 加装新填料

(1)将填料一圈一圈地压入填料室内,每装一圈即用工具将其压紧;每个接口应错开 90°~120°,接口的斜边在侧面;最外一圈接口宜朝下。

(2)水封环装在填料盒中间,并使水封环对准水封管或水封沟槽。

(3)装满填料后,将压盖均匀压紧,先拧紧再稍放松些,使压盖与填料盒端面距离不超过 5mm。

(三)技术要求

(1)水封环对准水封管,降低填料温度。

(2)正确选用填料,填料量好长度平行斜切 30°~45°,切口应齐整、无松散的线头。

(3)每个接口应错开 90°~120°,接口的斜边在侧面,最外一圈接口宜朝下。

(4)密封填料加入时,在与轴套接触面上涂润滑脂。

(四)注意事项

(1)填料压盖端面与泵壳面平行,松紧适当。

（2）填料压入填料函内，接口错开方向不能在一侧，易造成轴向窜水，密封不严。

（3）切口不能垂直于轴向，易窜水。

项目三　制作管路橡胶法兰垫片

一、相关知识

（一）管路法兰垫片

1. 垫片材料的选择

垫片材料的选择主要取决于三种因素：温度、压力、介质。

1）碳钢垫片

碳钢垫片推荐最大工作温度不超过 425℃，特别当介质具有氧化性时。优质薄碳钢板不适合应用于制造储存无机酸、中性或酸性盐溶液的设备，如果碳钢受到应力，用于热水工况条件下的设备事故率非常高。碳钢垫片通常用于高浓度的酸和许多碱溶液。

2）304 不锈钢垫片

304 不锈钢垫片推荐最大工作温度不超过 760℃。

3）304L 不锈钢垫片

304L 不锈钢垫片其含碳量不超过 0.03%，推荐最大工作温度不超过 760℃。耐腐蚀性能类似 304 不锈钢。低的含碳量减少了碳从晶格的析出，耐晶界腐蚀性能高于 304 不锈钢。

4）316 不锈钢垫片

316 不锈钢垫片是在 304 不锈钢中增加约 2% 钼，当温度升高，其强度和耐腐蚀性能也会提高，当温度升高时，316 不锈钢垫片是比其他普通不锈钢具有更高抗蠕变性能。推荐最大工作温度不超过 760℃。

5）聚四氟乙烯垫片

聚四氟乙烯垫片集中了大多数塑料垫片材料的优点，耐温范围为 -95℃ ~232℃。除游离氟和碱金属外，对化学物品、溶剂、氢氧化物和酸具有优异的耐蚀性能。PTFE 材料能充填玻璃，其目的是降低 PTFE 的冷流性和蠕变性。聚四氟乙烯垫片适用于温度大于 100℃、中高压、有酸性腐蚀的环境。

6）硅橡胶垫片

硅橡胶具有突出的耐高低温，可在 150℃ 下超长期使用而无性能变化；可在 200℃ 下连续使用 10000h，在 -70℃ ~260℃ 的工作温度范围内能保持其特有的使用弹性及耐臭氧、耐天候等优点，适宜制作热机构中所需的密封垫，如密封衬圈、阀垫、油封（适用于水介质）等，特种硅橡胶可制作油封。

2. 垫片材料的密封性要求

任何一种类型的垫片，在恶劣的使用环境中，要保证长时间的有效密封，都必须具备以下八个重要特性：

（1）垫片的气密性，对于密封系统的介质，垫片在推荐的温度和压力工作一定时间内不发生泄露。

(2)垫片的可压缩性,垫片和法兰的接触面在连接螺栓紧固后,应能很好吻合,以保证密封。

(3)垫片的抗蠕变性,垫片在压力负荷和使用温度的影响下,抗蠕变性应较好,否则会造成螺栓扭矩损失,导致垫片的表面应力减小,从而引起系统泄漏。

(4)垫片的抗化学腐蚀性,所选用的垫片应不受化学介质的腐蚀,而且不能污染介质。

(5)垫片的回弹性,即使在系统稳定的状况下,相连接的两个法兰由于温度和压力的影响肯定会存在微小位移,垫片的弹性功能应能弥补此位移,以保证系统的密封性。

(6)垫片的抗黏接性,垫片在使用后应能方便地从法兰上拆除,不黏接。

(7)垫片的无腐蚀性,垫片应对连接的法兰表面无腐蚀性。

(8)垫片的耐温性,所选用的垫片应保证在系统的最低温度和最高温度下正常使用。

3. 手工制作垫片

| CBF010 管路法兰垫片的手工制作方法 |

(1)选择适合密封规格尺寸的垫片,测量密封部位尺寸,尺寸要准确。

(2)在密封板上画线。

(3)用专用工具和剪刀沿画线加工制作,加工件周围无锯齿、裂口等。

(4)手柄留出超过法兰片 10~20mm 的距离。

(5)手柄有一定弧度。

(6)内外圆同心度误差不大于 2mm。

(7)更换法兰垫片应注意:不准带压更换法兰垫片,两法兰平面无残留物;法兰螺栓对称紧固,防止紧偏发生泄漏。

4. 垫片的安装

保证系统的密封除了要有好的密封材料外,还要按照以下正确的安装方式:

(1)垫片必须安装在法兰的正中心,在突面法兰上尤为重要。

(2)保证密封面的平整度和加工精度。

(3)必须均匀对称的紧固连接螺栓。

(4)必须使用弹簧垫圈以保证负荷均匀。

(5)在系统运行一天后,检查和重新校正连接螺栓的扭矩。

(6)为保证垫片使用寿命,请不要使用液体或金属基体的防黏剂或润滑剂。

（二）法兰的选用与规格

| CBF009 法兰的规格 |

法兰是管道中起连接作用的重要部分,种类多,标准繁杂。由于其主要起连接作用,因此,法兰的主要特性就是连接方式及密封形式。管道中选用法兰时主要影响参数是管道压力(介质不同影响材质选定),在管件 90°弯头处或在低压系统(小于 2.5MPa)中采用平焊或板式法兰,普通突面(RF)密封;中压系统(2.5~6.4MPa)采用对焊法兰,RF 或凹凸面(FM/M)密封;高压系统(10.0MPa 以上),通常采用对焊法兰,梯形槽(RJ)密封。在低压不锈钢系统中,有时为节约成本及检修方便,可采用松套法兰或活套环法兰。

1. 法兰标准

法兰标准比较多,国内有 GB(国家标准),JB(机械部标准),HG(化工部标准)等,国外有 ANSI(美标),JIS(日标),DIN(德标)等。但目前使用较多的标准分为两大类别:

(1)以 DIN 标准为主的欧洲体系(包括 DIN,GB,JB,HG20592)。

（2）以 ANSI 标准为主的美洲体系（包括 ANSI，GB，HG20615）。

此两大类法兰标准可通过表示法兰压力等级的标识来区分。

2. 法兰的规格型号

法兰的规格型号有 DN50、DN80、DN100、DN125、DN150、DN200、DN400 等。

1）法兰型号字母含义

现用 DN100 PN1.6RF 法兰型号讲解各字母含义：DN100 表示法兰的公称通径是 100mm，PN1.6 表示公称压力为 1.6MPa，RF 表示密封面是凸面的。

2）法兰类型

法兰类型见表 2-2-1。

表 2-2-1　法兰类型

缩写	中文名称
SO	平焊法兰
WN	对焊法兰
PL	板式法兰
PJ/PR（或 PJ/RJ）	活套环法兰　不锈钢焊环+碳钢法兰
LP	松套法兰　不锈钢翻边+碳钢法兰
TH	螺纹法兰
RF	普通突面密封
M	凸面密封　配对使用
FM	凹面密封
T	榫面密封　配对使用
TG	槽面密封
RJ	梯形槽密封
FF	全平面密封

（三）水泵站工艺流程的附属设备

工艺流程的附属设备有喷射泵、往复泵、真空泵、电磁流量计等。

CBD001　水泵工艺流程的附属设备

1. 喷射泵

利用高速的流体来抽升另一种流体的泵称为喷射泵。喷射泵中的流体动力泵没有机械传动和机械工作构件，它借助另一种工作流体的能量作为动力源来输送低能量液体，用来抽吸易燃易爆的物料时具有良好安全性。喷射式真空泵是利用通过喷嘴的高速射流来抽除容器中的气体以获得真空的设备，又称射流真空泵。

2. 往复泵

往复泵是依靠活塞、柱塞或隔膜在泵缸内往复运动使缸内工作容积交替增大和缩小来输送液体或使之增压的容积式泵。往复泵按往复元件不同可分为活塞泵、柱塞泵和隔膜泵 3 种类型。

离心泵的实际扬程主要取决于实际压水扬程,而实际压水扬程又由于动力设备的扬程要求很高,流量很小且无合适小流量高扬程离心泵可选用时,可选用往复泵,往复泵适用于输送小流量、高扬程、高黏度的液体,一般流量可小到 4.5m³/h,扬程可高达 15~60MPa,黏度可高达 5000SSU(SSU 黏度单位,是一定量的试样在规定温度下从赛氏黏度计流出 60mL 所需的秒数),如沥青等。往复泵的特性和离心泵有较大的差异。离心泵的扬程、压力由叶片直径、叶片角转速、流量等决定,扬程和流量组成一个流量扬程特性,泵制成后,运行流量则由泵特性和管路特性共同决定。

3. 真空泵

当自控自吸清水泵的安装高程高于进水池水位时,在启动自控自吸清水泵前吸水管路和水泵内必须充满水。水泵充水的方法较多,根据吸水管路进口是否有底阀,可分为人工充水和真空泵充水等;水管路进口安装底阀的小型水泵装置,一般用人工充水;不带底阀时,采用真空泵或真空水箱充水。水环式真空泵常用于负压进水的水泵充水,原理是在离心泵内部形成真空;此外,负压进水泵还可以采用人工灌水、真空水箱充水等启动方式。

4. 电磁流量计和超声波流量计

用于水厂(站)中的流量计种类较多,如文氏、孔板、弯头、毕托管等。近年来国内开始采用电磁流量计和超声波流量计。它们的优点是计量范围大,水头损失小。

(1)电磁流量计是利用电磁感应原理来进行流量测量的,它是由发送器和指示仪表两部分组成。在发送器内,导电流体(如水)流过一段弯磁场,由于液体在磁场中与磁力线成垂直方向运动而产生感应电势信号,当管径和磁场强度恒定时,感应电势与流量成正比,把感应电势信号传给指示仪表,经过适当放大后能直接在指示仪表上读出流量。

电磁流量计的特点是:① 无机械惯性,反应灵敏,测量范围广,输出信号与流量呈线性关系,水头损失小;② 计量精度约为±15%;③ 重量轻、体积小,安装方便,但价格较高。

(2)超声波流量计由探头和主机组成。由于超声波在管道中传播时,顺流和逆流的时间不同,因而频率也不同,如果顺流和逆流两个换能器(即探头)交替以相同的时间发射超声波,则可求出顺、逆流的频率差,其频率差与管内流速大小有关。因而可以求出水管的流量。超声波流量计安装在管外,安装、调试、检修都不需中断供水,探测部分不与被测流体接触,没有水头损失,因而是一种节能型流量计,但是造价较高,适用于大管径流量的测量。

(四)管道的支墩

承插式接口的管线,在弯管处,水管尽端的盖板上以及缩管处,须设置支墩以承受拉力和防止事故。当管线管径小于 300mm 或转弯角度小于 10°,且水压力不超过 980kPa 时,因接口本身足以承受拉力,管线可不设支墩。给水管承插接口的管线在弯头、三通及管端盖板处,均能产生向外推力,当管径等于或大于 400mm,且试验压力大于 980kPa 或管道转弯角度大于 5°~10°时,必须设置支墩,以防推力较大而引起接头松动甚至脱节造成漏水。

为抵抗流体转弯时对管道的侧压力,在管道水平转弯处设侧向支墩;在垂直向上转弯处设垂直向上弯管支墩;在垂直向下转弯处用拉筋将弯管和支墩连成一体。

（五）水泵站管路材质及其性能指标

1. 水泵站管路材质

CBF018　工艺管材的分类

管材按制作材料可分金属管和非金属管两大类，其中金属管包括钢管、铜管、铸铁管等；非金属管包括塑料管、复合管、钢筋混凝土管、石棉水泥管等。

CBF019　工艺管材的性能要求

UPVC 代表硬聚氯乙烯，U 是指 Un-plasticised，非塑性，高强度或硬度的意思，表示添加塑化剂，管道中的氯不会释放出来，还有一定力度；但是耐冲击力较小，多用于生活用水工程。

CBF020　工艺管材的附件规格

管道和管件在使用过程中会受到介质温度和压力的共同作用，同一材料的管道和管件在不同温度下机械强度是不同的，一般规律是温度升高，强度降低。

管件是将管道连接成管路的零件。根据连接方法可分为承插式管件、螺纹管件、法兰管件和焊接管件四类。多用与管道相同的材料制成。

法兰是使管道与管道相互连接的零件，连接于管端。法兰又称法兰盘或凸缘盘。法兰连接或法兰接头，是指由法兰、垫片及螺栓三者相互连接作为一组组合密封结构的可拆连接，管道法兰是指管道装置中配管用的法兰，用在设备上系指设备的进出口法兰。

2. 水泵站管路性能指标

工程上以基准温度下制件所允许承受的工作压力作为该制件的耐压强度标准，称为公称压力。用符号 PN 表示，后面的数字表示公称压力数值。公称压力以外，工程上还有两个重要的压力指标，即试验压力和工作压力。工作压力用符号 p 表示，后面的数字表示工作压力数值。试验压力是管道、管件或管道工程竣工验收时，根据设计试验压力标准进行的压力试验所确定的压力值，用符号 p_s 表示，后面的数字表示试验压力数值。试验压力、公称压力和工作压力之间的关系是：$p_s > PN \geq p$，这是保证系统安全运行的重要条件。

公称直径又称平均外径，指标准化以后的标准直径、内径与外径的均值，常用以表示镀锌钢管，以 DN 表示，作为标志符号，符号后面注明单位为 mm 的尺寸。公称通径是铸铁管、有缝钢管、混凝土管等管道的标称，但无硅钢管不用此表示法。例如，$DN150mm$，即公称直径为 150mm 的镀锌钢管。

（六）给水金属管

1. 管材类型

CBF001　给水金属管的种类

1）铸铁管种类

根据铸铁管制造过程中采用的材料和工艺，分为灰口铸铁管和球墨铸铁管。连续铸造的铸铁管称为灰口铸铁管，有较强的耐腐蚀性，以往使用最广；缺点是质地较脆，抗冲击和抗振能力较差，质量较大，并且经常发生接口漏水，水管断裂和保管事故，给生产带来较大的损失。灰口铸铁管虽然性能相对较差，但是价格低廉，可用于直径较小的管道上，同时采用柔性接口，可选用较大一级的壁厚，以保证安全供水。

球墨铸铁管主要成分石墨为球状结构，较石墨为片状结构的灰口铸铁管的强度高，故其管壁较薄，质量较轻，同样管径比灰口铸铁管省材 30%~40%。球墨铸铁管既具有灰口铸铁管的很多优点，而且力学性能又有很大提高，其耐压力高达 3.0MPa 以上，抗腐蚀性远高于钢管，使用寿命是灰口铸铁管的 3~4 倍。很少发生爆管、渗水和漏水现象。球墨铸铁管质量和价格比灰口铸铁管高很多。

球墨铸铁管的生产工艺是将镁或稀土镁土合金球化剂加入铸造的铁水中。使之石墨化,这样集中应力降低,使管材具有更高的强度及延展性。该种管材具有抗接强度大、抗弯强度大、延伸率大、耐腐蚀性强等优点,即兼有钢管的强度大、韧性及普遍铸铁管的特点,并且管材内壁附有水泥砂浆衬里。该管材可以克服刚性接口所引起的管道爆漏,并减少管道附近城市建设工程对管道的损坏及避免管道本身对水的污染,改善供水水质,并可减少水流阻力系数,提高管道的输水能力,因而是一种很有前景的管材。在国内其价格比同规格的钢管低。现已经普遍应用于城市供水管网中。接口一般为推入式胶圈柔性接口,施工简单。

2)钢管种类

钢管又可分为无缝钢管和焊接钢管两种。一般无缝钢管由普通碳素钢、优质碳素钢、普通低合金钢和合金结构钢制造,用于制作输送液体管道或制作结构、零件。焊接钢管的工作压力一般可达到1.5MPa。在给水管网中,通常只在管径大和水压高处,以及因地质、地形条件限制或穿越铁路、河谷和地震地区时使用。钢管用焊接或法兰接口,由钢板卷焊而成,也可直接用标准铸铁配件连接。

2. 给水金属管分类

(1)给水金属管按接口形式可分为承插式、法兰式。其中承插式是常用的给水金属管。

(2)给水金属管按压力可分为高压给水铸铁管(工作压力为1MPa)、中压给水铸铁管(工作压力为0.75MPa)、低压给水铸铁管(工作压力为0.45MPa)。其中高压给水铸铁管使用较多。

CBF002 给水金属管的特点

(七)给水金属管的特点

1. 铸铁管的特点

铸铁管是给水管网中最常用的材料。它抗腐蚀性好,经久耐用,价格比钢管便宜。但铸铁管质脆,不耐振动和弯折,工作压力较钢管低,抗冲击和抗振能力较差,重量较大,且经常发生接口漏水,水管断裂的爆管事故,给生产带来很大的损失。灰铸铁管的性能虽相对较差,但可用在直径较小的管道上,同时采用柔性接口,必要时可选用较大一级的壁厚,以保证供水安全。球墨铸铁管既具有灰铸铁管的许多优点,机械性能又有很大提高,其强度是灰铸铁管的数倍,抗腐蚀性能远高于钢管,因此是理想的管材。

2. 钢管的特点

钢管能耐高压、耐振动、重量较轻、单管的长度大和接口方便,但承受外荷载的稳定性差、耐腐蚀性差,管壁内外都需有防腐措施,并且造价较高。另外无缝钢管有耐高压,韧性强,管段长而接口少的优点。缺点是价格高,易锈蚀,因而使用寿命短,一般埋地钢管均应采取防腐措施。如果无缝钢管的内径为92mm,壁厚为4mm,根据其内外径及壁厚比例外径为100mm。

CBF003 给水金属管的配件

(八)给水金属管连接配件

(1)连接法兰式和承接式铸铁管处采用承盘短管。

(2)在管线变换管径处采用的连接配件是渐缩管。铸铁管在变换管径处采用承插渐缩管连接。

(3)承接分支管用丁字管和十字管。

(4)管线转弯处采用各种角度的弯管。

(5)变换管径处采用渐缩管。

（6）改变接口形式处采用短管。水管接头应紧密不漏水且稍带柔性，特别是沿管线的土质不均匀而有可能发生沉陷时。承插式接口适用于埋地管线，安装时将插口插入承口内，两口之间的环形空隙用接头材料填实，接口时施工复杂，劳动强度大。接口材料一般可用橡胶网、膨胀性水泥或石棉水泥，特殊情况下也可用青铅接口，目前不少单位采用膨胀性填料接口，利用材料的膨胀减轻了劳动强度，并加快施工进度。法兰接口的优点是接头严密，检修方便，常用来连接泵站或水塔的进、出水管。为使接口不漏水，在两法兰盘之间嵌以 3～5mm 厚的橡胶垫片。

（7）在管线转弯、分支、直径变化以及连接其他附属设备处，须采用各种标准铸铁水管配件。

（九）给水非金属管的种类

CBF004　给水非金属管的种类

与铸铁管相比，非金属管的水利性能较好，由于管壁光滑，在相同流量和水头损失的情况下，管径可比铸铁管小。尤其是塑料管，塑料管已成为城市供水中小口径管道的一种主要管材。

常用的非金属管有预应力和自应力钢筋混凝土管、石棉水泥管以及塑料管。

1. 塑料管

塑料管分为热塑性塑料管和热固性塑料管两大类。热塑性塑料管有多种，现简要介绍给水管道中常用的塑料管。

（1）硬聚氯乙烯（PVC-U）管是未增塑聚氯乙烯，属于热塑性塑料。

（2）聚乙烯（PE）管是一种烯烃类热塑性树脂。聚乙烯树脂又分为高密度聚乙烯（HDPE）、中密度聚乙烯（MDPE）和低密度聚乙烯（LDPE）。

高密度聚乙烯（HDPE）的管材规格用 de（公称外径）$\times e$（公称壁厚）表示。

（3）聚丙烯（PP）塑料管属于热塑性塑料。

2. 玻璃纤维增强环氧树脂管玻璃钢管

玻璃钢管属于热固性塑料管。其特点是强度较高，重量轻，耐腐蚀，不结垢，内壁光滑阻力小，在相同管径、相同流量条件下比其他材质管道水头损失小、节省能耗。

3. 钢筋混凝土管

混凝土管分为素混凝土管、普通钢筋混凝土管、自应力钢筋混凝土管和预应力混凝土管四类。按混凝土管内径的不同，可分为小直径管（内径 400mm 以下）、中直径管（400～1400mm）和大直径管（1400mm 以上）。按管道承受水压能力的不同，可分为低压管和压力管，压力管的工作压力一般有 0.4MPa、0.6MPa、0.8MPa、1.0MPa、1.2MPa 等。混凝土管按管道接头形式的不同，又可分为平口式管、承插式管和企口式管。混凝土管接口形式有水泥砂浆抹带接口、钢丝网水泥砂浆抹带接口、水泥砂浆承插和橡胶圈承插等。

4. 石棉水泥管

石棉水泥管是采用石棉纤维和水泥配置而成、耐高压、表面光滑、水利性能好、质轻价廉。缺点是质脆、抗冲击及动荷载性能较差。石棉水泥管道安装与混凝土管道相同，接头用套箍法连接，但使用管箍作接口时，可填水泥砂浆。用套箍接口的排水管道下管时，稳好一根管子，立即套上一个个预制钢筋混凝土套箍。接口一般采用石棉水泥作填充材料，接口缝隙处填塞一圈油麻，接口时，先检查管子的安装标高和中心位置是否符合设计要求，管道是否稳定,然后调整套箍,管子接口处于套箍正中。套箍与管外壁间的环形间隙应均匀,套箍和管子的接合面要用水冲刷干净,将油麻填入套箍中心,再把和好的石棉水泥用捻口凿自下而上填入套箍环缝内。

CBF005 给水非金属管的特点

(十)给水非金属管的特点

1. 塑料管的特点

(1)硬聚氯乙烯(PVC-U)管具有较高的硬度,给水工程中常用的硬聚氯乙烯管(PVC-U)常用承插黏接、承插焊接两种方式连接。《埋地硬聚氯乙烯给水管道工程技术规程》(CECS 17—2000)要求,硬聚氯乙烯(PVC-U)给水管材是当前国家重点应用于城市埋地给水管道工程的化学管材,聚氯乙烯给水管道的设计使用寿命不小于50年。

(2)聚乙烯(PE)管且有优良的耐大多数生活和工业用化学品的特性。

(3)高密度聚乙烯(HDPE)管属于热塑性塑料管,是一种结晶度高、非极性的热塑白色塑料管,原态HDPE的外表呈乳白色,一定程度的半透明状。

(4)聚丙烯PP-R管除了具有一般塑料管重量轻、耐腐蚀、不结垢、使用寿命长等特点外,还具有以下主要特点:

① 无毒、卫生。PP-R的原料分子只有碳元素、氢元素,无有害毒的元素存在,卫生可靠,不仅用于冷热水管道,还可用于纯净饮用水系统。

② 保温节能。PP-R管导热系数为0.21W/(m·K),仅为钢管的1/200。

③ 较好的耐热性。PP-R管的维卡软化点为131.5℃。最高工作温度可达95℃,可满足建筑给排水规范中热水系统的使用要求。

④ 使用寿命长。PP-R管在工作温度为70℃,工作压力为1.0MPa条件下,使用寿命可达50年以上(前提是管材必须是S3.2和S2.5系列以上);常温下(20℃)使用寿命可达100年以上。

⑤ 安装方便,连接可靠。PP-R具有良好的焊接性能,管材、管件可采用热熔和电熔连接,安装方便,接头可靠,其连接部位的强度大于管材本身的强度。

⑥ 物料可回收利用。PP-R废料经清洁、破碎后回收利用于管材、管件生产。回收料用量不超过总量10%,不影响产品质量。PP-R管又称三型聚丙烯管,采用无规共聚聚丙烯经挤出成为管材,注塑成为管件。它具有较好的抗冲击性能和长期蠕变性能。

PP-R管较金属管硬度低、刚性差,在搬运、施工中应加以保护,避免不适当外力造成机械损伤。在暗敷后要标出管道位置,以免二次装修破坏管道。PP-R管5℃以下存在一定低温脆性,冬季施工应注意,切管时要用锋利刀具缓慢切割。对已安装的管道不能重压、敲击,必要时对易受外力部位覆盖保护物。

PP-R管长期受紫外线照射易老化降解,安装在户外或阳光直射处必须包扎深色防护层。

PP-R管除了与金属管或用水器连接使用带螺纹嵌件或法兰等机械连接方式外,其余均应采用热熔连接,使管道一体化,无渗漏。

PP-R管的线膨胀系数较大(0.15mm/m),在明敷或非直埋暗敷布管时必须采取防止管道膨胀变形的技术措施。

管道安装后在封管(直埋)及覆盖装饰层(非直埋暗敷)前必须试压。冷水管试压压力为系统工作压力的1.5倍,但不得小于10MPa;热水管试验压力为工作压力的2倍,但不得小于 1.5MPa。PP-R 管明敷或非直埋暗敷布管时,必须按规定安装支、吊架。

2. 玻璃纤维增强环氧树脂管玻璃钢管的特点

玻璃钢管属于热固性塑料管。其特点是强度较高,重量轻,耐腐蚀,不结垢,内壁光滑阻力小,在相同管径、相同流量条件下比其他材质管道水头损失小、节省能耗。

3. 钢筋混凝土管适用于低压输水管道的特点

预应力钢筋混凝土管造价低,抗振性能强,管壁光滑,水力条件好,耐腐蚀,爆管率低,但重量大,不便于运输和安装。自应力混凝土管价格比钢管便宜,接口为承插式。预应力和自应力钢筋混凝土管具有防腐能力强,不需要防腐处理。

> CBF006 给水金属管腐蚀的概念

(十一)给水金属管腐蚀的概念

腐蚀使珍贵的材料变为废物,如铁变成铁锈,铁生锈是铁与空气中的氧气和水接触发生化学反应,是一种化学腐蚀;使生产和生活设施过早报废,引起生产停顿,甚至着火爆炸,诱发出多种环境灾害,危及人类的健康和安全。腐蚀具有普遍性、隐蔽性、渐进性和突发性的特点。

金属管道腐蚀的现象与机理比较复杂,常用的分类方法如下:

(1)按腐蚀的环境分类,可分为化学介质腐蚀、大气腐蚀、海水腐蚀和土壤腐蚀等。

(2)按腐蚀过程的特点和机理分类,可分为化学腐蚀(包括气体腐蚀和非电解质溶液中的腐蚀)、电化学腐蚀、物理腐蚀等。

金属管道腐蚀有均匀腐蚀和局部腐蚀两大类破坏形式。均匀腐蚀是在整个金属管道表面均匀地发生腐蚀,均匀腐蚀一般危险性较小。局部腐蚀是整个金属管道局限于一定的区域腐蚀;不包括海水腐蚀,包括电偶腐蚀、应力腐蚀破裂、晶间腐蚀、磨损腐蚀、氢脆等。

金属的电化学腐蚀是指不纯的金属或合金与电解质溶液接触,氧化还原电位较高金属失电子被氧化的腐蚀,金属最常见的腐蚀形式就是电化学腐蚀。在电化学腐蚀过程中,整个腐蚀反应分成两个既是互相联系又是相对独立的半反应分别同时进行的。金属接地极和周围的气体或液体等介质接触时,所发生的化学破坏过程称为金属接地极的腐蚀,其腐蚀可分为化学腐蚀和电化学腐蚀。电化学腐蚀虽然氧化过程和还原过程是必须同时进行的,但氧化剂的粒子不必直接同被氧化的那个金属原子碰撞,而可以在金属表面上的其他部分得到电子。

> CBF007 给水金属管的腐蚀因素

(十二)给水金属管防腐措施及设计要点

1. 腐蚀电流与防护

金属在电解质中受自身材质、电解液种类、电解液浓度、温度、pH 值等影响,其电极电位不相同。当这些金属在电解液中作为腐蚀电池的阴、阳极时会产生电位差,引起腐蚀电池中的电流流动,即腐蚀电流。

涂层的用意是要在金属表面上形成一层绝缘材料的连续覆盖层,将金属与其直接接触的电解质之间进行绝缘(防止电解质直接接触到金属),即设置一个高电阻使得电化学反应无法正常发生。现实中,所有的涂层,不论总体质量如何都存在空洞(通常称为不连续点),即漏点,这些漏点一般是在涂敷、运输或者安装过程中产生的。使用过程中,涂层漏点一般是由于涂层老化、土壤应力或是管道在土壤中移动而产生的,有时也可能来自未被及时发现的第三方破坏。

2. 管道外防腐设计

石油沥青防腐层是最古老的防腐层,在大多数干燥地带使用效果良好。随着技术的发展,环氧煤沥青、富锌涂料等已取代石油沥青成为钢质输水管道的防腐涂料,由于环氧煤沥青系列涂料防腐性能优异,价格较低,一直是钢质输水管道的首选防腐涂料。

环氧煤沥青防腐层一般适用输送介质温度不超过110℃,为适应不同腐蚀环境对防腐层的要求,分为普通级、加强级和特加强级3个等级。普通级的结构为一底漆三面漆,干膜厚度≥0.3mm;加强级的结构为底漆—面漆—面漆、玻璃布、面漆—面漆,干膜厚度≥0.4mm;特加强级的结构为底漆—面漆—面漆、玻璃布、面漆—面漆、玻璃布、面漆—面漆,干膜厚度≥0.6mm。面漆、玻璃布、面漆应连续涂缴。

埋地管道的外腐蚀,即钢管在土壤中的腐蚀属于电化学腐蚀。由于钢管的材质不同;土壤环境中的透气性、含水量、酸度、含盐量、电阻率、氧气浓度等不同,使得管道在土壤中的电位不同,从而在管道表面形成阴极、阳极,驱动腐蚀的发生,管道是金属回路,土壤是电解质。

CBF008 金属管道的防腐方法

(十三)金属管道的防腐方法

外腐蚀主要由土壤腐蚀、防腐绝缘涂层失效和外防腐失效环境土壤中的含盐量、pH值、含水率等造成防腐层的破坏以及防腐层的自然老化等因素引起的,尤其在阴极保护效果差时更严重。采用外涂层和施加阴极保护是管道外腐蚀防护的主要手段,阴极保护包括牺牲阳极阴极保护和外加电流阴极保护。尽管管道的绝大多数表面都被涂层有效地保护着,但是在管道防腐涂层漏点处或是剥离区中会产生较高的腐蚀速率,很可能导致穿孔或开裂,所以埋地管线的涂层系统少有不与阴极保护共同使用的。

1. 防腐保温层

埋地钢管泡沫塑料防腐保温层(以下简称防腐保温层)是由防腐层、保温层、防护层组成的复合结构。防腐层指防腐涂料或具有防腐性能的热熔胶层。保温层指泡沫塑料层。防护层指聚乙烯塑料层。

防腐层材料及厚度由设计确定,但厚度不应小于80μm。保温层厚度应采用经济厚度计算法确定,但不应小于25mm。防腐保温层端面必须用防水帽密封防水。防护层厚度应根据管径及施工工艺确定,但不应小于1.2mm。

2. 阴极保护

阴极保护属于电化学保护,是利用外部电流使金属腐蚀电位发生改变以降低其腐蚀速率的防腐蚀技术。埋地钢质管道阴极保护分为强制电流阴极保护和牺牲阳极阴极保护两种。强制电流阴极保护主要适用于郊区等地下管网单一地区的燃气主管道或城镇燃气环网。其优点是输出电流大而且可调,不受土壤电阻率限制,保护半径较大;系统运行寿命长,保护效果好;保护系统输出电流的变化可反映出管道涂层的性能改变。其缺点是需设专人维护管理,要求有外部电源长期供电,易产生屏蔽和干扰,特别是地下金属构筑物较复杂的地方。

牺牲阳极阴极保护主要适用于人口稠密地区和城镇内各种压力级制燃气管道。其优点是不需外加电源,施工方便,不需进行经常性专门管理,不会生屏蔽,对其他构筑物也不会产生干扰,保护电流分布均匀、利用率高。其缺点是输出电流小,保护范围有限;需定期更换,不能实时监测输出电流的变化,也不能反映管道涂层的状况。金属管道阴极保护需要定期进行测量和检测管道与地之间的电位,以便及时发现管道阴极保护状况的变化。

二、技术要求

(一)准备工作

1. 材料、工具

150mm×150mm×3mm 橡胶板 1 块,剪刀 1 把,DN100mm 法兰 2 片,0.9kg 手锤 1 把。

2. 人员

1 人操作,持证上岗,劳动保护用品穿戴齐全。

(二)操作规程

1. 外观检查

将法兰端面旧垫片或其他杂物清除干净。

2. 固定橡胶板

(1)将橡胶板蒙在法兰端面上,均匀覆盖。

(2)固定橡胶板与法兰,使其不能相对偏移。

3. 拓印法兰内孔

用手锤圆头在橡胶板与法兰各内孔周围用力敲打。

4. 拓印法兰水线

用手锤圆头在法兰水线处用力敲打橡胶板。

5. 检查拓印

在橡胶板上留下法兰端面清晰的拓印。

6. 裁剪法兰垫片

取下橡胶板,使用剪刀沿着拓印将不需要的地方剪去,制作成法兰垫片。

(三)技术要求

(1)法兰端面的旧垫片一定要清除干净,把法兰上的水线露出来。

(2)将橡胶板与法兰固定,使其不能相对偏移。

(四)注意事项

用手锤圆头在法兰水线处用力敲打橡胶板清晰的拓印。

项目四　更换闸阀密封填料

一、相关知识

(一)闸阀的特点与作用

1. 闸阀的特点

闸阀用在管网中调节流量或水压,还可起到切断作用。闸阀按密封面配置可分为楔式闸板式闸阀和平行闸板式闸阀。楔式闸板式闸阀可分为单闸板式、双闸板式和弹性闸板式。平行闸板式闸阀可分为单闸板式和双闸板式。

CBF011 闸阀的作用

1）平行式闸阀

密封面与垂直中心线平行，即两个密封面互相平行的闸阀。在平行式闸阀中，以带推力楔块的结构最常为常见，即在两闸板中间有双面推力楔块，这种闸阀适用于低压中小口径（DN40mm~DN300mm）闸阀。也有在两闸板间带有弹簧的，弹簧能产生预紧力，有利于闸板的密封。

2）楔式闸板式闸阀

密封面与垂直中心线成某种角度，即两个密封面成楔形的闸阀。密封面的倾斜角度一般有2°、3°、5°、8°、10°等，角度的大小主要取决于介质温度的高低。一般工作温度越高，所取角度应越大，以减小温度变化时发生楔住的可能性。

在楔式闸阀中，又有单闸板，双闸板和弹性闸板之分。

单闸板楔式闸阀，结构简单，使用可靠，但对密封面角度的精度要求较高，加工和维修较困难，温度变化时楔住的可能性很大。

双闸板楔式闸阀在水和蒸汽介质管路中使用较多。它的优点是：对密封面角度的精度要求较低，温度变化不易引起楔住的现象，密封面磨损时，可以加垫片补偿。但这种结构零件较多，在黏性介质中易黏结，影响密封。更主要是上、下挡板长期使用易产生锈蚀，闸板容易脱落。

弹性闸板楔式闸阀，它具有单闸板楔式闸阀结构简单，使用方便的优点，又能产生微量的弹性变形弥补密封面角度加工过程中产生的偏差，改善工艺性，现已被大量采用。

3）橡胶闸阀

橡胶闸板胶质为乙丙橡胶，具有一定抗腐蚀性，用于介质为海水、污水的管路中。

2. 闸阀的作用

闸阀适用于给排水、供热和蒸汽管道系统作调流、切断和截流之用。闸阀是作为截止介质使用，在全开时整个流道直通，此时介质运行的压力损失最小。闸阀通常适用于不需要经常启闭，而且保持闸板全开或全闭的工况，不适用于作为调节或节流使用。

对于高速流动的介质，闸板在局部开启状况下可以引起阀门的振动，而振动又可能损伤闸板和阀座的密封面，而节流会使闸板遭受介质的冲蚀。

CBF012 阀门的种类

（二）阀门的种类

阀门按阀杆结构和运动方式分为明杆和暗杆。明杆的阀杆带动阀板一起升降，阀杆上的传动内螺纹在壳体外部，因此，可根据阀杆的运动方向和位置直观地判断阀板的启闭和位置，而且传动内螺纹便于润滑和不受流体腐蚀，但它要求有较大的安装空间。暗杆的传动内螺纹位于壳体内部，在启闭过程中，阀杆只做旋转运动，阀板在壳体内升降。因此，运行的高度尺寸小。暗杆闸阀通常在上盖上方装设启闭位置指示器，以运用于船舶、管沟等空间较小和粉尘含量大的环境。

阀门还可按阀板的结构不同分为楔式和平行式两类。给排水工程中常用的阀门按阀体结构形式和功能可分为闸阀、蝶阀、截止阀、球阀、旋塞阀、止回阀、减压阀、安全阀、疏水阀、平衡阀等。

阀门按照驱动方式分为手动、电动、液动、气动等四种方式。

阀门按照公称压力分高压、中压、低压、真空四类，给排水工程常用大都为低压和中压阀门。

（1）真空阀：绝对压力<0.1MPa 即 760mm 汞柱高的阀门,通常用 mm 汞柱或 mm 水柱表示压力。

（2）低压阀：公称压力 $p_N \leq 1.6$MPa 的阀门。

（3）中压阀：公称压力 p_N 为 2.5~6.4MPa 的阀门。

（4）高压阀：公称压力 p_N 为 80~100MPa 的阀门。

(三)阀门型号的意义

CBF014　阀门型号的意义

1. 阀门型号中各单元代号意义

阀门型号中各单元代号意义见表 2-3-2 至表 2-3-17。

表 2-3-2　阀门类型代号

类型	蝶阀	安全阀	隔膜阀	球阀	闸阀	止回阀	旋塞阀	减压阀	截止阀	过滤器	放料阀	安全阀
代号	D	A	G	Q	Z	H	X	Y	J	GL	FL	A

表 2-3-3　阀门传动方式代号

传动方式	电磁动	电磁-液动	电-液动	涡轮	正齿轮	伞齿轮	气动	液动	气-液动	电动	手柄-手轮
代号	0	1	2	3	4	5	6	7	8	9	无代号

表 2-3-4　阀门连接方式代号

连接方式	内螺纹	外螺纹	两不同连接	法兰	焊接	对夹	卡箍	卡套
代号	1	2	3	4	6	7	8	9

表 2-3-5　蝶阀结构形式代号

蝶阀结构形式		蝶阀代号	蝶阀结构形式		蝶阀代号
密封型	单偏心	0	非密封型	单偏心	5
	中心垂直板	1		中心垂直板	6
	双偏心	2		双偏心	7
	三偏心	3		三偏心	8
	连杆机构	4		连杆机构	9

表 2-3-6　闸阀结构形式代号

闸阀结构形式				闸阀代号
阀杆升降式		弹性闸板		0
（明杆）	楔式闸板	刚性闸板	单闸板	1
			双闸板	2
	平行式闸板		单闸板	3
			双闸板	4

续表

闸阀结构形式			闸阀代号
阀杆非升降式(暗杆)	楔式闸板	单闸板	5
		双闸板	6
	平行式闸板	刚性闸板 单闸板	7
		双闸板	8

表 2-3-7　球阀结构形式代号

球阀结构形式		球阀代号	球阀结构形式		球阀代号
浮动球	直通流道	1	固定球	直通流道	7
	Y形三通流道	2		四通流道	6
	L形三通流道	4		T形三通流道	8
	T形三通流道	5		L形三通流道	9
	—	—		半球直通	0

表 2-3-8　止回阀结构形式代号

止回阀结构形式		止回阀代号	止回阀结构形式		止回阀代号
升降式阀瓣	直通流道	1	旋启式阀瓣	单瓣结构	4
	立式结构	2		多瓣结构	5
	角式流道	3		双瓣结构	6
—	—	—	蝶形止回式		7

表 2-3-9　截止阀、节流阀和柱塞阀结构形式代号

截止阀结构形式		截止阀代号	截止阀结构形式		截止阀代号
阀瓣非平衡式	直通流道	1	阀瓣平衡式	直通流道	6
	Z形流道	2		角式流道	7
	三通流道	3		—	—
	角式流道	4		—	—
	直流流道	5		—	—

表 2-3-10　隔膜阀结构形式代号

隔膜阀结构形式	隔膜阀代号	隔膜阀结构形式	隔膜阀代号
屋脊流道	1	直通流道	6
直流流道	5	Y形角式流道	8

表 2-3-11　旋塞阀结构形式代号

旋塞阀结构形式		旋塞阀代号	旋塞阀结构形式		旋塞阀代号
填料密封	直通流道	3	油密封	直通流道	7
	T形三通流道	4		T形三通流道	8
	四通流道	5		—	—

表 2-3-12 安全阀结构形式代号

安全阀结构形式		安全阀代号	安全阀结构形式		安全阀代号
弹簧荷载弹簧密封结构	带散热片全启式	0	弹簧荷载弹簧不封闭且带扳手结构	微启式、双联阀	3
	微启式	1		微启式	7
	全启式	2		全启式	8
	带扳手全启式	4		—	—
杠杆式	单杠杆	2	带控制机构全启式脉冲式		6
	双杠杆	4			9

表 2-3-13 减压阀结构形式代号

减压阀结构形式	减压阀代号	减压阀结构形式	减压阀代号
薄膜式	1	波纹管式	4
弹簧薄膜式	2	杠杆式	5
活塞式	3	—	—

表 2-3-14 疏水阀结构形式代号

疏水阀结构形式	疏水阀代号	疏水阀结构形式	疏水阀代号
浮球式	1	蒸汽压力式或膜盒式	6
浮桶式	3	金属片式	7
液体或固体膨胀式	4	脉冲式	8
钟形浮子式	5	圆盘热动力式	9

表 2-3-15 排污阀结构形式代号

排污阀结构形式		排污阀代号	排污阀结构形式		排污阀代号
液面连接排放	截止型直通式	1	液底间断排放	截止型直流式	5
	截止型角式	2		截止型直通式	6
	—	—		截止型角式	7
	—	—		浮动闸板型直通式	8

表 2-3-16 阀门密封材质代号

材料	巴氏合金	搪瓷	渗氮钢	18-8 系不锈钢	氟塑料	玻璃	Cr13 不锈钢	衬胶	蒙乃尔合金
代号	B	C	D	E	F	G	H	J	M
材料	尼龙塑料	渗硼钢	衬铅	Mo2Ti 不锈钢	塑料	铜合金	橡胶	硬质合金	阀体直接加工
代号	N	P	Q	R	S	T	X	Y	W

表 2-3-17　阀门阀体材料代号

阀体材料	钛及钛合金	碳钢	Cr13 系不锈钢	铬钼钢	可锻铸铁	铝合金
代号	A	C	H	I	K	L
阀体材料	球墨铸铁	Mo2Ti 系不锈钢	塑料	铜及铜合金	18-8 系不锈钢	灰铸铁
代号	Q	R	S	T	P	Z

注:Pg≤16kgf/cm² 的灰铸铁阀,Pg≥25kgf/cm² 的碳钢阀,省略本代号。

阀门公称压力的数值用阿拉伯数字直接表示,其数值为设计给定压力的 10 倍。

CBF013 阀门型号的表示方法

(四)阀门型号的组成

阀门的型号表示方法包括阀门种类、驱动方式、连接形式、阀体结构、密封及衬里材料、公称压力、阀体材料等信息。

(1)第一单元用汉语拼音字母表示阀件类别代号。

(2)第二单元用一位阿拉伯数字表示传动方式代号,但有时要注意阿拉伯数字的脚标。对手轮、手柄和扳手驱动的闸阀及安全阀、减压阀、疏水阀,则省略本单元。对于气动或液动的阀门,常闭式用 6B、7B 表示,常开式用 6K、7K 表示,气动兼手动的用 6S 表示,电动防爆的用 9B 表示。

(3)第三单元用一位阿拉伯数字表示阀件的连接形式代号。

(4)第四单元用一位阿拉伯数字表示阀件的结构形式代号。

(5)第五单元用汉语拼音字母表示阀座密封面或衬里材料。由阀体上直接加工出来的密封面材料用 W 表示,当阀座和阀瓣的密封材料不同时,用低硬质材料代号表示(隔膜阀除外)。

(6)第六单元用阿拉伯数字表示阀件的公称压力数值,并以横线"-"与第五单元隔开。

(7)第七单元用汉语拼音字母表示阀体材料代号。对于低温阀、带加热套的保温阀、带波纹管的阀件和杠杆安全阀,在代号前分别加汉语拼音字母 D、B、W 和 G。

CBF015 阀门的选择

(五)阀门的选择

阀门是控制水流、调节管道内的流量和水压以及管网检修的重要设备。阀门通常安装在管网节点及分支管处、穿越障碍物和过长的管线上。配水干管上装设阀门的距离一般为 400~1000m,并不应超过三条配水支管。主要管线和次要管线交接处的阀门通常设在此条管线上。承接消火栓的水管上要安装阀门,配水支管上的阀门不应隔断 5 个以上消火栓。阀门的口径一般和水管的直径相同,但当水管管径大于 500mm 时,可以安装口径为 0.8 倍水管直径的阀门,以降低造价。

(1)泵站内为了直观掌握阀门的启闭程度,一般多采用明杆阀门。

明杆即阀杆头在启闭阀门时会升降。也就是能看到阀杆运动。明杆闸阀的阀杆螺母在阀盖或支架上,开闭闸板时,用旋转阀杆螺母来实现阀杆的升降。这种结构对阀杆的润滑有利,开闭程度明显,因此被广泛采用。

(2)在输配水管道和安装操作受限制的地方一般采用暗杆阀门。

暗杆闸阀的阀杆螺母在阀体内,与介质直接接触。开闭闸板时,用旋转阀杆来实现。这种结构的优点是:闸阀的高度总保持不变,因此安装空间小,适用于大口径或对安装空间受限制的闸阀。此种结构要装有开闭指示器,以指示开闭程度。这种结构的缺点是:阀杆螺纹不仅无法润滑,而且直接接受介质侵蚀,容易损坏。

(3)水泵出口处为了防止水击伤害水泵一般安装止回阀。

止回阀又称逆止阀、单向阀、逆流阀和背压阀。止回阀适用于有压管路系统,在管道连接限制压力,防止介质逆流以及容器介质的泄放。止回阀是指依靠介质本身流动而自动开、闭阀瓣,在一个方向流动的流体压力作用下,阀瓣打开,流体反方向流动时,由流体压力和阀瓣的自重合阀瓣作用于阀座,从而切断流动。水泵装有止回阀,当停泵时,吸水管内的水不会倒流。如若出水口没有安装止回阀,当停泵时,水回漏,出水管的水锤作用力会对泵产生冲击力,这个力量会造成较大的机械损失。

二、技术要求

(一)准备工作

1. 设备

闸阀1个。

2. 材料、工具

阀门密封填料适量,150mm×18mm活动扳手1把,剪刀1把,梅花扳手1套,150mm螺丝刀1把,500mm撬杠1根,自制铁钩1个。

3. 人员

1人操作,持证上岗,劳动保护用品穿戴齐全。

(二)操作规程

1. 取出填料

系统停止运行泄压后,拆下填料压盖。

2. 清洗填料室

用铁钩把旧填料撬出并清理填料室。

3. 选择填料

选择同规格的填料品种,量好长度,切口应成30°~45°,两切口要平行。

4. 加新填料

(1)将填料一圈一圈地压入填料室,每装一圈,将其压紧,相邻接口处错开90°~120°,直至填料室加满。

(2)压盖螺栓拧紧程度要均匀且不能歪斜,压盖压进填料函内不超过5mm,试转几圈阀杆。

5. 通水试验

进行通水试验,检查有无漏水现象。

(三)技术要求

(1)更换填料时需用游标卡尺测量阀门填料函间隙。

(2)用剪刀或裁纸刀切下填料,两切口要平行,密封填料涂抹黄油后加入密封填料盒。

(3)上压盖,对称紧固压盖螺栓。

(4)关闭放空阀,打开阀门试压,检查有无渗漏;开上阀门,倒回原流程,阀门打开后要

> CBF016　阀门填料的更换

再回关半圈;关闭旁通阀。

（四）注意事项

(1)压入填料松紧要适中,不能压偏,使阀门阀门过紧,影响阀门动作。

(2)压盖松紧要合适,过紧会使阀门开关不灵活,过松会渗漏。

(3)切口不垂直于阀杆方向,易窜水。

模块四 使用仪表、工用具

项目一 正确选用水泵站压力表

一、相关知识

（一）压力表

1. 压力表的分类

（1）压力表按其测量精确度，可分为精密压力表、一般压力表。

（2）压力表按其指示压力的基准不同，可分为一般压力表、绝对压力表、差压表。

（3）压力表按其测量范围，可分为真空表、压力真空表、微压表、低压表、中压表及高压表。

（4）压力表按其组成，可分为液柱式，电子式和机械式。本部分就以机械式做介绍。

2. 机械式压力表

在工业过程控制与技术测量过程中，由于机械式压力表的弹性敏感元件具有很高的机械强度以及生产方便等特性，使得机械式压力表得到越来越广泛的应用。

1）组成

机械式压力表由弹性敏感元件、齿轮传动机构、指针、外壳等组成。

2）原理

压力表通过表内的敏感原件的弹性形变，再由表内机械转换机构将压力变形传导至指针，引起指针转动来显示压力。

3）弹性敏感元件的种类

弹性敏感元件的种类有弹簧管（波登管）、膜片、膜盒、波纹管。

4）弹簧管式压力表

弹簧管式压力表是机械式压力表的一种。弹簧管（波登管）分为 C 型管、盘簧管、螺旋管等形式。

弹簧管式压力表的原理是当被测介质通过接口部件进入弹性敏感元件（弹簧管）内腔时，弹性敏感元件在被测介质压力的作用下其自由端会产生相应的位移，相应的位移则通过齿轮传动放大机构和杆机构转换为对应的转角位移，与转角位移同步的仪表指针就会在示数装置的度盘刻线上指示出被测介质的压力。

弹簧管在内腔压力作用下，利用其所具有的弹性特性，可以方便地将压力转变为弹簧管自由端的弹性位移。弹簧管的测量范围一般在 0.1～250MPa。

目前，国内各生产厂家的压力表结构大同小异，主要由接口支撑部件、测量机构、传动放

CBG011 压力表的分类

大机构和示数装置组成。

3. 压力表型号表示

目前我国压力表没有统一的型号命名规范,但一些通用规格的仪表型号基本相近。但耐振、隔膜、不锈钢等特殊仪表的型号差别很大。

4. 压力表技术参数关键名词介绍

1) 精确度等级

压力表的精度等级是以它的允许误差占表盘刻度值的百分数来划分的,其精度等级数越大允许误差占表盘刻度极限值越大。压力表的量程越大,同样精度等级的压力表,它测得压力值的绝对值允许误差越大。

经常使用的压力表的精度为 2.5 级、1.5 级,如果是 1.0 级和 0.5 级则属于高精度压力表,现有的数字压力表已经达到 0.25 级。

2) 外径

表盘所指示的整个盘面。一般分大、中、小。大的表盘为 150mm 以上,中等的表盘为 60~150mm,小的一般为 60mm 以下。通过盘面玻璃或其他透明材料的表盘可以看到指针的示数,便于观测和记录。

5. 压力表选型

1) 按照使用环境和测量介质的性质选择

在大气腐蚀性较强、粉尘较多和易喷淋液体等环境恶劣的场合,应根据环境条件,选择合适的压力表外壳材料及防护等级。

2) 精确度等级的选择

一般测量用压力表、膜盒压力表和膜片压力表,应选用 1.5 级或 2.5 级。精密测量用压力表,应选用 0.4 级、0.25 级。

3) 外形尺寸的选择

在管道和设备上安装的压力表,表盘直径为 100mm 或 150mm。在仪表气动管路及其辅助设备上安装的压力表,表盘直径为小于 60mm。安装在照度较低、位置较高或示值不易观测场合的压力表,表盘直径为大于 150mm 或 200mm。

4) 测量范围的选择

测量稳定的压力时,正常操作压力值应在仪表测量范围上限值的 1/3~2/3。测量脉动压力(如泵、压缩机和风机等出口处压力)时,正常操作压力值应在仪表测量范围上限值的 1/3~1/2,测量高、中压力时,正常操作压力值不应超过仪表测量范围上限值的 1/2。

CBG012 水泵站常用液位计类型

(二)水泵站常用液位计分类

水泵站常用的液位计有磁翻板液位计、射频导纳液位计、电容液位计、玻璃管式液位计等,清水池中常用的液位计是磁翻板液位计。

玻璃管式液位计是基于连通器原理设计的,由玻璃管构成液体通路,透过玻璃管可观察到的液面与容器内液面相同。连通器是用法兰或锥管螺纹与被测容器连接构成。

电容式液位计的测量原理是物位改变引起系统电容的变化,进而改变振荡电路的振荡频率。振荡电路的振荡频率会影响电容值,振荡电路位于传感器中,传感器可以把电容量改变转换为频率变化从而传送给电子模块。

射频导纳液位计、电容液位计是利用介质电参数原理进行工作的;雷达液位计、超声波液位计是利用波形反射原理进行工作的。浮筒式液位计属于变浮力式液位计,浮球式液位计属于恒浮力式液位计。

二、技能要求

(一)准备工作

1. 材料、工具

压力表若干块。

2. 人员

1 人操作,持证上岗,劳动保护用品穿戴齐全。

(二)操作规程

(1)准确迅速判定压力表所安装位置,测定压力情况,正确选用压力表。

① 根据压力表安装位置正确选用压力表,若压力表距观察点距离小于 2m 时,表盘直径不小于 100mm;若压力表距观察点距离在 3~5m 时,表盘直径不小于 150mm。

② 根据所测压力稳定情况选用压力表。

若测稳定压力时,测量值不得超过测量上限(即满刻度)的 2/3。

若测波动压力时,测量值不得超过测量上限(即满刻度)的 1/2。

(2)根据现场情况,说明所选压力表精度等级。

(三)技术要求

(1)知道常用压力表精度等级。例如,1.0 级、1.5 级、2.5 级等,并且知道压力表数值越大,精度越低。

(2)知道精度等级代表什么意思。例如,精度 1.0 级压力表,代表允许误差为 1%。

(3)知道在测量时,所选用的压力表要用何种精度等级。若测量压力小于 2.2MPa 时,压力表精度等级不得低于 1.5 级,管道试压时用压力表等级不得低于 0.5 级。

(四)注意事项

(1)注意任何情况下测量值不得低于测量上限的 1/3。

(2)所选用压力表,必须检查合格且有铅封方可使用。

项目二 使用兆欧表测电动机对地绝缘

CBG010 兆欧表的使用方法

CBG009 兆欧表的选用原则

一、相关知识

用于测量电气设备绝缘电阻的电气仪表称为兆欧表,俗称摇表,是直读式仪表。绝缘电阻的计量单位是兆欧,用符号"MΩ"表示。

通常额定电压在 35kV 以上的电气设备,使用 5000MΩ;额定电压为 1000V 以上的电气设备,使用 2500MΩ;额定电压在 1000V 以下的电气设备,使用 1000MΩ;额定电压不足 500V(例如,380V)的电气设备,使用 500MΩ;额定电压为 220V 以下的电气设备,可选用 250MΩ。

使用兆欧表测量低压电气设备绝缘电阻时,一般选用量程在 0~500MΩ 的表。兆欧表有 3 个接线柱。标有"线路"或"L"的端子,接被测设备的相线,标有"接地"或"E"的端子,接被测设备的地线。标有"屏蔽"或"G"的端子测量电缆时接在电缆的钢铠上。用兆欧表测量电气设备的绝缘电阻时,摇动手柄转速应达到 120r/min 左右。兆欧表长期不用时,应该取出内装电池。

二、技能要求

(一)准备工作

1. 设备

电动机 1 台。

2. 材料、工具

兆欧表 1 块,150mm×18mm 活动扳手 1 把,螺丝刀 1 把,试电笔 1 支,克丝钳 1 把。

3. 人员

1 人操作,持证上岗,劳动保护用品穿戴齐全。

(二)操作规程

1. 测量要求

(1)说明兆欧表用途,并选择适当的兆欧表进行测量(根据被测电动机铭牌所示)。

(2)检查兆欧表性能,进行开路、短路试验,摇动兆欧表时,兆欧表两根测线不接触,仪表指针应指"∞",即开路试验,短路试验是将两根测线瞬间接触,仪表指针应指"0"位置。

(3)被测电动机必须与电源断开,并做短路放电。

2. 测量过程与结果

(1)接线应正确:兆欧表"L"端子接被测电动机的相线,"E"端子接被测电动机的地线。

(2)测量时兆欧表应水平放置,远离磁场顺时针摇动,转速满足 120r/min。

(3)读取 1min 后的稳定值,且读值准确,并说明电动机的绝缘情况。

3. 操作结束

测量结束后立即放电,保证安全。

(三)技术要求

(1)兆欧表应定期校验,测量前要对兆欧表进行开路和短路试验。

(2)只有在设备不带电的情况下才可进行测量。

(3)读取兆欧表 1min 后指针稳定数值。

(四)注意事项

(1)测量完毕,应对设备充分放电,否则容易引起触电事故。

(2)兆欧表未停止转动之前,切勿用手去触及设备的测量部分或兆欧表接线柱。

项目三 识别水泵站常用工具

一、相关知识

（一）常用的钳子

钳子用于弯曲小的金属材料，夹持扁形或圆形零件，切断软的金属丝等。常用的钳子类型有钢丝钳、鲤鱼钳、尖嘴钳、斜嘴钳、水泵钳、卡簧钳、大力钳、管钳等。钢丝钳有铁柄和绝缘柄两种。钢丝钳常用的规格有 200mm、175mm 和 150mm 三种。尖嘴钳有铁柄和绝缘柄两种。管钳常用于紧固或拆卸各种管子、管路附件或圆形零件，以及管路的安装和修理。绝缘柄钢丝钳是电工用钢丝钳。

1. 钢丝钳

钢丝钳是最常见的一种钳子，结构如图 2-4-1 所示，它可以用来切断金属丝和夹持零件。使用钢丝钳时，用手握住钳柄后端，使钳口开闭，钳口前端主要用于夹持各种零件，根部的刃口可用来切割细导线。

2. 尖嘴钳

尖嘴钳的结构如图 2-4-2 所示，钳口长而细，特别适合在狭窄空间使用。在狭窄的空间中，钢丝钳无法满足工作条件时，可用尖嘴钳代替。严禁对尖嘴钳的钳头部施加过大的压力，这样会使尖嘴钳的钳口尖部扩张成 U 形。

图 2-4-1 钢丝钳使用图

图 2-4-2 尖嘴钳

3. 钢丝钳及尖嘴钳使用注意事项

（1）严禁钳子代替扳手来拧紧或拧松螺母、螺栓，以免损坏螺母、螺栓的棱角。

（2）严禁把钳子当作锤子来使用，这样使用会造成钳子本身的损坏。

（3）严禁拿钳柄当作撬棒来使用，以防钳柄弯曲、折断或损坏。

（二）常用的刀具

刀具的分类有多种方法。按加工方法可分为车刀、铣刀、钻头等；按切削刃可分为单刃刀具、多刃刀具、成形刀具；按刀具材料可分为高速钢刀具、硬质合金刀具、陶瓷刀具等；按结构可分为整体刀具、镶片刀具、复合刀具等；按是否标准化可分为标准刀具和非标准刀具。金属切削刀具有多种形式和结构，车刀是金属切削加工中应用最多的一种刀具。反映刀具材料在高温下保持硬度、耐磨性、强度、抗氧化、抗黏结和抗扩散的能力是其耐热性。

CBH003 常用的量具

(三)常用的量具

量具按其用途可分为三大类：

(1)标准量具。指用作测量或检定标准的量具。如量块、多面棱体、表面粗糙度比较样块等。

(2)通用量具(或称万能量具)。一般指由量具厂统一制造的通用性量具。如直尺、钢板尺、角尺、平板尺、角度块、卡尺等。

(3)专用量具(或称非标量具)。指专门为检测工件某一技术参数而设计制造的量具。如内外沟槽卡尺、钢丝绳卡尺、步距规等。

钢板尺一般最小的尺寸刻度线为 0.5mm,钢板尺常用的规格是 100mm。钢板尺测量误差较大,它用在测量精度要求不高的物体上。角尺是测量直角的量具。千分尺外套筒副尺每格为 0.01mm。测量精度要求不高的物体时,可用卷尺来测量。

CBH004 常用紧固工具的使用方法

(四)常用的紧固工具的使用方法

在常用工具中,开口扳手、梅花扳手和套筒扳手常用大小不同的数件配成一套。常用紧固工具中,一字形的螺丝刀常用规格有 200mm、150mm、100mm 和 50mm 等。常用紧固工具中,螺丝刀按握柄材料的不同可分为塑料柄和木柄两种。常用紧固工具中,活动扳手"150×18"规格,其中"150"表示活动扳手的长度为 150mm;活动扳手"200×24"规格,其中"24"表示活动扳手的最大开口宽度为 24mm。钳子的选用及使用应根据在检修中所要达到的不同目的来选用不同种类的钳子,并且还要考虑工作空间的大小因素。

管钳适用于拆卸和安装管线连接的接口,根据不同的管子大小选择不同大小的管钳,管钳的使用,只能顺时针紧固或逆时针拆卸。活动头是用来卡紧,如果反转拆卸和安装则会打滑,甚至打到工作人员,管钳的活动行程则标志着它的工作范围。

图 2-4-3 管钳

管钳的零部件包含手柄、活动钳口、调节轮、反力弹片、固定销等,如图 2-4-3 所示。

CBH005 验电笔的使用方法

(五)验电笔的使用方法

验电器分为低压验电器和高压验电器。高压验电器又称高压测电器。6kV 验电器手持部分交流耐压实验的标准是 40kV。泵站常用工具中,验电笔属于低压验电器。验电笔一般有钢笔式和螺丝刀式两种。用试电笔验电时,手应触及试电笔尾部的金属部位。

验电笔是用来检验对地电压在 250V 及以下的低压电气设备,也是家庭中常用的电工安全工具。它是利用电流通过验电器、人体、大地形成回路,其漏电电流使氖泡起辉发光而工作的。只要带电体与大地之间电位差超过一定数值(36V 以下),验电器就会发出辉光,从而来判断低压电气设备是否带有电压。在使用前,首先应检查一下验电笔的完好性,四大组成部分是否缺少,氖泡是否损坏,然后在有电的地方验证一下,只有确认验电笔完好后,才可进行验电。在使用时,一定要手握笔帽端金属挂钩或尾部螺栓,笔尖金属探头接触带电设备,湿手不可以验电,不要用手接触笔尖金属探头。低压验电笔除主要用来检查低压电气设备和线路外,它还可区分相线与零线,交流电与直流电以及电压的高低。通常氖泡发光者为火线,不亮者为零线;但中性点发生位移时要注意,此时,零线同样也会使氖泡发光;对于交流电通过氖泡时,氖泡两极均发光,直流电通过的,仅有一个电极附近发亮;当用来判断电压高低时,氖泡暗红轻微亮时,电压低;氖泡发黄红色,亮度强时电压高。

高压验电器主要用来检验设备对地电压在 250V 以上的高压电气设备。目前,广泛采用的有发光型、声光型、风车式三种类型。它们一般都是由检测部分(指示器部分或风车)、绝缘部分、握手部分三大部分组成。绝缘部分系指自指示器下部金属衔接螺栓起至罩护环止的部分,握手部分系指罩护环以下的部分。其中绝缘部分、握手部分根据电压等级的不同其长度也不相同。

在使用高压验电器进行验电时,首先必须认真执行操作监护制,一人操作,一人监护。操作者在前,监护人在后。使用验电器时,必须注意其额定电压要和被测电气设备的电压等级相适应,否则可能会危及操作人员的人身安全或造成错误判断。进行高压验电时,操作人员一定要戴绝缘手套,穿绝缘靴,防止跨步电压或接触电压对人体的伤害。操作者应手握罩护环以下的握手部分,先在有电设备上进行检验。检验时,应渐渐地移近带电设备至发光或发声止,以验证验电器的完好性。然后再在需要进行验电的设备上检测。同杆架设的多层线路验电时,应先验低压,后验高压,先验下层,后验上层。需要特别说明的是,在使用高压验电笔验电前,一定要认真阅读使用说明书,检查一下试验是否超周期、外表是否损坏、破伤。注意,高压验电器不能检测直流电压。

二、技能要求

(一)准备工作

1. 材料、工具

双头固定扳手 1 套,双头梅花扳手 1 套,勾扳手 1 把,150mm×18mm 活动扳手 1 把,一字或十字螺丝刀 1 把,管钳 1 把,100mm 塞尺 1 把,验电笔 1 支,钳子 1 把。

2. 人员

1 人操作,持证上岗,劳动保护用品穿戴齐全。

(二)操作规程

(1)双头固定扳手:用于紧固或拆卸具有两种规格的六角头或方头的螺栓、螺母。

(2)双头梅花扳手:与双头固定扳手相似,但只适用于六角头螺栓、螺母。

(3)活动扳手:开口宽度可以调节,用于扳拧一定尺寸范围的六角头或方头的螺栓、螺母。

(4)勾形扳手:用于紧固或拆卸机床、车辆、机械设备上的圆螺母。

(5)一字或十字螺丝刀:用于紧固或拆卸一字槽或十字槽螺钉、木螺钉。

(6)管钳:用于紧固或拆卸金属管和其他圆柱形零件,为管路安装和修理工作常用工具。

(7)塞尺:用来测量物体与物体之间间隙尺寸的量具。

(8)钳子:用于弯曲小的金属材料,夹持扁形或圆形零件,切断软的金属丝等。

(9)验电笔:判断低压电气设备是否带有电压。

(三)技术要求

(1)能识别各种工具。

(2)会使用各类工具。

(3)懂各类工具用途。

（四）注意事项

(1)严禁把扳手代替锤子来使用,这样使用会造成工具本身的损坏。

(2)严禁拿工具手柄当作撬棒来使用,以防手柄弯曲、折断或损坏。

项目四　使用游标卡尺测量工件

一、相关知识

游标卡尺是一种比较精密的量具,在测量中用得最多。通常用来测量精度较高的工件,它可测量工件的外直线尺寸、宽度和高度,有的还可用来测量槽的深度。如果按游标的刻度值来分,游标卡尺又分 0.1mm、0.05mm、0.02mm 三种。

（一）游标卡尺测量方法

(1)将被测物擦干净,使用时轻拿轻放。

(2)松开固紧螺钉,校测零刻度位,合格后再进行测量。将移动外测量爪,使两个外测量爪之间距离略大于被测物体。

(3)一只手拿住游标卡尺的尺架,将待测物置于两个外测量爪之间,另一手向前推动活动外测量尺至活动外测量尺与被测物接触为止。

注意:测量内孔尺寸时,量爪应在孔的直径方向上测量。游标卡尺测量深度尺寸时,应使深度尺杆与被测工件底面相垂直。

（二）游标卡尺的刻线原理与读数方法

CBH006　游标卡尺的使用方法

以刻度值 0.02mm 的精密游标卡尺为例,这种游标卡尺由带固定卡脚的主尺和带活动卡脚的副尺(游标)组成。在副尺上有副尺固定螺钉。主尺上的刻度以 mm 为单位,每 10 格分别标以 1、2、3……,以表示 10mm、20mm、30mm……。这种游标卡尺的副尺刻度是把主尺刻度 49mm 的长度,分为 50 等份,即每格为:$49/50 = 0.98mm$。主尺和副尺的刻度每格相差:$1 - 0.98 = 0.02mm$,即测量精度为 0.02mm。如果用这种游标卡尺测量工件,测量前,主尺与副尺的 0 线是对齐的,测量时,副尺相对主尺向右移动,若副尺的第 1 格正好与主尺的第 1 格对齐,则工件的厚度为 0.02mm。

二、技能要求

（一）准备工作

1. 设备

待测物体。

2. 材料、工具

200mm 游标卡尺 1 支,棉纱少许。

3. 人员

1 人操作,持证上岗,劳动保护用品穿戴齐全。

(二)操作规程

1. 测量方法

(1)擦净量爪测量面。

(2)检查游标卡尺的主尺与副尺的零刻度线应对齐。

(3)将游标卡尺的两量爪张开到略大于被测尺寸(测量内尺寸应略小)。

(4)将固定量爪的测量面紧靠工件。

(5)轻轻移动副尺,使活动量爪的测量面紧靠工件。

(6)卡尺测量的连线要垂直于被测面。

(7)拧紧制动螺钉,固定副尺。

2. 读取数值

(1)读数时视线应垂直于刻度线表面。

(2)读出在副尺游标零线左面的主尺整数毫米值。

(3)在副尺游标上找出哪条刻线与主尺刻线对齐,读出尺寸的毫米小数值。

(4)将主尺上读出的整数和副尺上读出的小数值相加即得游标卡尺对工件的测量值。

3. 测量结束

游标卡尺用完后,仔细擦净,平放在盒内,以防生锈或弯曲。

(三)技术要求

(1)使用前,应先擦干净两卡脚测量面,合拢两卡脚,检查副尺 0 线与主尺 0 线是否对齐,若未对齐,应根据原始误差修正测量读数。

(2)测量工件时,卡脚测量面必须与工件的表面平行或垂直,不得歪斜。且用力不能过大,以免卡脚变形或磨损,影响测量精度。

(3)测量内径尺寸时,应轻轻摆动,以便找出最大值。

(四)注意事项

读数时,视线要垂直于尺面,避免因斜视角造成误差,否则测量值不准确。

第三部分

中级工操作技能及相关知识

模块一　操作水泵站设备

项目一　启动和调节并联水泵

一、相关知识

在水泵站中,除了单台泵工作外,往往采用两台或两台以上的泵联合工作,泵联合工作可以分为并联和串联两种形式。

(一)水泵的并联工作

两台或两台以上的水泵向同一条压水管路输水,称为水泵并联工作。

1. 并联工作的目的

(1)并联工作可以增加供水量,输水干管中的流量等于各台并联水泵的出水量之总和。

(2)并联工作可以通过开停水泵的台数来调节泵站流量,以适应城市管网中用水量的变化。

(3)并联工作可以提高泵站供水的安全性,一台水泵损坏时,其他几台水泵仍可继续供水。

水泵并联工作提高了泵站运行调度的灵活性和供水的可靠性,是泵站中最常见的一种运行方式。水泵并联运行时,其工作点相应发生改变。

> ZBA008　水泵并联的条件

2. 水泵并联的条件

并联运行的几台水泵的扬程应基本相等,至少是关闭点(即 $Q=0$)的扬程基本相等,并且扬程曲线是下降的,否则低扬程的水泵有可能不发挥作用,甚至水从低扬程的那台水泵倒流,并联就失去了意义。

> ZBA009　水泵并联运行的特性

3. 水泵并联运行的特性

两台泵并联运行的工作点,是水泵并联后的性能曲线与管道性能曲线的交点,当两台相同性能水泵并联时,把同一扬程下(纵坐标)的流量(横坐标)加倍,再把各点连接起来即为并联曲线。简单地说,就是扬程不变,流量相加。并联水泵总流量为两台泵并联时的流量之和,它大于一台泵单独工作时的流量,但小于两台泵单独工作时的流量之和,就是说增开一台水泵,流量并没有增加一倍。

> ZBA010　水泵串联的条件

(二)水泵的串联工作

将一台泵的压水管路作为另一台泵的吸水管,水由一台泵流入另一台泵,这种装置系统称为水泵的串联运行。串联工作的目的是在流量相同时提高扬程,提高供水压力。

1. 水泵串联工作的条件

两台水泵的流量应基本相等,否则流量较小的一台水泵有可能在某些工况时发挥不了作用,甚至还可能起节流作用,成为一种阻力。另外,两台扬程不同的水泵串联,应将扬程高的那一台放在后面,后一台水泵应能承受两台压力之和。

ZBA011 水泵
串联运行的特性

2. 水泵串联运行的特性

两台性能相同的水泵串联运行时,其流量不变,扬程相加。即串联后的扬程是一台水泵扬程的两倍,但总扬程小于水泵单独工作时扬程的两倍。其总流量等于水泵单独运行时的流量。

如果需要水泵串联运行时,必须注意以下几点:

(1)串联水泵的设计流量应接近,否则会使容量较小的泵产生超负荷或者容量大的泵不能充分发挥作用。

(2)串联在后面的水泵构造必须坚固,否则会遭到损坏。

(3)对串联运行在第一级的水泵,要校核流量增加时泵的抗汽蚀性能。

二、技能要求

(一)准备工作

1. 设备

离心泵机组 2 套(并联、配套)。

2. 材料、工具

200mm 活动扳手 2 把,200mm 螺丝刀 1 把,F 扳手 1 把(开关阀门用)。

3. 人员

1 人操作,持证上岗,劳动保护用品穿戴齐全。

(二)操作规程

启动及运行调节步骤如下:

(1)做好启动前的准备工作,检查电压,盘车检查水泵机组转动灵活,检查机组润滑情况。

(2)检查进水阀打开、出口阀门关闭、泵四周无异物。

(3)先启动大功率水泵,后启动小功率水泵。

(4)第一台泵电流稳定后方可启动第二台泵。

(5)注意泵压变化,并联水泵泵压应大致相同。

(6)变化大时应采用阀门控制方法调节。

(7)检查并联水泵运转情况(水泵回水或倒转)。

(三)技术要求

(1)用万用表检查电源电压时,电源电压应在(380V±10%)的范围内。

(2)盘车检查水泵转动时应按照水泵的旋转方向。

(3)必须按照操作顺序启动,第一台泵电流稳定后方可启动第二台泵。

(4)并联运行水泵至少是关闭点($Q=0$ 时),扬程应基本相符。

(5)并联运行水泵要注意观察两台水泵的扬程差要小于 0.2MPa。

(四)注意事项

(1)禁止碰触带电体,与带电体保持安全距离,戴绝缘手套。

(2)盘车时防止物品缠绕。

(3)检查并联安装未运转的水泵是否回水或倒转。

项目二 进行离心泵充水操作

一、相关知识

(一)离心泵在启动前充水的原因

离心泵在启动前都要将泵内和进水管内充满水,以排出泵壳内的空气,否则离心泵是无法扬水工作的。由离心泵的工作原理可知,叶轮旋转时,水受离心力作用而被甩向叶轮外缘,叶轮中心处形成真空,水被吸入,形成离心泵的连续工作过程。如果启动时泵体内不是充满水,而是充满空气,由于空气密度远远小于水的密度,在叶轮以同样的速度旋转时,空气产生的离心力将远小于水的离心力。这样就会集聚在叶轮中心,使叶轮中心不能形成足够的真空,妨碍水的吸入,影响离心泵连续工作过程的形成。因此,离心泵在启动前,必须首先充满水,排净泵体内的空气,才能维持正常工作。

离心泵启动后不出水,往往是由于泵中空气没有被排净、水没有被充满所致。操作中应根据水泵的进水方式确定水泵的充水方法。

ZBA006 离心泵的正压进水

(二)离心泵的正压进水

离心泵安装轴线始终处于被吸水池液面以下,水被吸入泵内或水泵吸水端处于正压状态情况下,将水吸入泵内,称为离心泵的正压进水。对于正压进水的水泵,只要打开泵的进水阀门,并打开泵体上部的放气孔螺栓放气,泵体内就会充满水。

ZBA007 离心泵的负压进水

(三)离心泵的负压进水

离心泵安装轴线在被吸水池液面以上,水被吸入泵内或吸水端处于负压(真空)状况下,将水吸入泵内,称为离心泵的负压进水。

对于负压进水的水泵,常用以下几种方法充水:人工灌水、真空水箱充水、水环式真空泵抽气充水。

二、技能要求

(一)准备工作

1. 设备

给水泵站 1 座。

2. 材料、工具

200mm×24mm 活动扳手 1 把,450mm 管钳 1 把,水桶 1 个。

3. 人员

1 人操作,持证上岗,劳动保护用品穿戴齐全。

(二)操作规程

1. 正压进水

(1)正确指出水泵是否处于正压进水状态(进水池水位高于水泵)。

(2)关闭出水阀门,打开进水阀门并打开泵体上的放气螺栓(丝堵)放气。

2. 负压进水

(1)正确指出水泵是否处于负压进水状态(进水池水位低于水泵)。

(2)人工引水方法:将水从泵顶的引水孔灌入泵内同时打开排气阀(适用于小型或临时使用的水泵)。

(3)如压水管内经常有水且水压不大而无止回阀时,直接打开压水管上的阀门将水倒灌入泵内。

(4)如压水管内水压较大且泵后装有单流阀时,需在送水阀门后装设一旁通管引水入泵壳内(旁通管上设有阀门),引水时开启阀门,水满后关闭旁通管上的阀门。

(5)真空水箱引水方法:先打开水箱顶部阀门将水灌入水箱直至水位与水箱的进水管上口平行为止,关闭水箱顶部阀门(适用于小型水泵引水)。

(6)水环式真空泵抽气充水方法:开泵前先由真空泵工作,通过抽气管将水泵和吸水管路内的空气排出,真空泵不断抽气,使水泵内形成负压。

(三)技术要求

(1)正压进水操作时,一定要把泵内的空气排空,否则会引起泵内汽蚀。

(2)负压进水操作时,一定要把泵内和吸水管路内的空气排空,否则水泵内难以形成负压。

(四)注意事项

操作时注意机械伤害。

项目三　绘制泵站流程图

一、相关知识

ZBB001 常用绘图工具的使用方法

(一)绘图及识读图

1. 常用绘图工具

常见的图纸是将建筑物等一些物体的形状根据实际需要按照一定比例尺将实物图形缩小并用规定的图形符号绘制在图纸上。常用绘图工具包括铅笔、三角板、丁字尺、圆规、分规等。

(1)铅笔:根据铅芯硬度不同有不同标号,标号 B、2B、3B…6B,表示软铅芯,数字越大表示铅芯越软;标号 H、2H、3H…6H,表示硬铅芯,数字越大表示铅芯越硬。HB 表示不软不硬,制图常用 H、2H 或 HB。铅笔的铅芯削成锥形用来画底稿和写字,削成楔形用来加深粗线。

(2)三角板:每副三角板有两块,均有一角为直角,其中一块有一角为 30°;另一块两角均为 45°。两块配合使用可画平行线,垂线,直线等。

(3)丁字尺和一字尺:画长水平线时一般用丁字尺和一字尺。画较复杂的装配图时,丁字尺与三角板配合使用。用丁字尺和三角板配合画竖线,绘图时图板与丁字尺配合画水平线。

(4)圆规:用来画圆、画弧用的。画图时,图规应按顺时针方向旋转并稍向前倾斜。

(5)分规有两种用途,一是用来等分线段或圆弧;二是用来定出一系列相等的距离,即分规是用来量取线段和等分线段的工具。

2. 识读泵站流程图

ZBB002 绘制泵站流程图的方法

流程图是对一个生产系统整个工艺变化过程的表示。泵站流程图是反映水从进入泵站到供出,站内全部工艺过程的图样,从流程图上可以对站内所用设备、构筑物、主要控制阀门、监测计量仪表和管道有一个全面了解。

识读泵站流程图首先应在图样上找出主要给水构筑物的位置(如净水构筑物、清水池、泵房等)。其次要从水进站开始按照水流方向和次序,顺着管线的走向逐次明确主要给水设施,设备的相互关系。然后再仔细分析每个给水设施,设备上进、出管线的条数,规格,阀门和仪表的位置,规格及其在系统中所起的作用。

ZBB003 机械制图的尺寸标注要求

3. 流程图绘制要求

泵站平面布置图应绘制出各种连接管道及设备,管道上须注明管径。绘制泵站剖面图应标出各水泵的顶、底标高及水面标高等。泵站流程图中文字、图例的表示方法应符合一般规定和制图标准,图纸应注明图标栏及图名,所绘制的图形的大小及准确度比图纸大得多时,画图不可能按实际尺寸画,图形中所标注的尺寸应与实物的真实尺寸相一致。对于管线的标注通常标注其规格、长度。

ZBB004 识读机械零件图的方法

4. 识读离心泵零件图

识读离心泵装配图时应首先分析零件的形状结构、尺寸大小和要求等。装配图标题栏中包括零部件名称、比例、规格等信息。零件图的内容包括能标准写出制造和检验零件的必须技术要求。零件图选择的基本要求是用一组视图,完整、清晰地表达出零件的结构形状并力求制图简便。

ZBB005 识读离心泵装配图的方法

5. 零件图绘制要求

(1)一般来说,绘制同一机件的各个视图应采用相同的比例,并在标题栏中填写。

(2)无论图样是否装订,均应在图幅内画出图框,图框用粗实线绘制。在图样中,细线均为粗线宽度的1/3。在图样中,一个完整的尺寸由尺寸数字、尺寸线、尺寸界线、尺寸线的终端及符号等组成。图样中汉字应写成长仿宋字。图样中的汉字,字体的宽度约等于字体高度的三分之二。

(3)在零件图中,机件的同一部位尺寸一般只标注一次。

(4)零件图的识读方法有一般了解、视图分析、分析尺寸、了解技术要求和总结5个步骤。一般了解是由标题栏了解零件名称、材料、比例等,并大致了解零件的用途和形状。

(5)设计时,确定零件表面在机器中位置的一些面、线和点,称为设计基准。在零件图上可以看到,在有些尺寸后面带有正负小数及"0"等,其中的小数和零称为尺寸偏差。

(6)零件图上一般标注以下三种尺寸:定形尺寸,定位尺寸和总体尺寸。

ZBB007 地形图的概念

6. 地形图的概念

地形图是表示地物、地貌的图纸。地形的控制是通过地貌上各点和某一基准水平面的相对高度来实现的。我国大型工程建设中使用的相对高度是以黄海平均海平面为基准的。地形图中各点高出大地水准面的高度又称绝对高程。小型工程中,自定一基准点为零的,用此测出的高程称为相对高程。高程相同的各点连接起来的曲线称为等高线。地形图的比例是图上距离比实际距离。地形图中常用的比例有 1∶500、1∶1000、1∶5000 等,式中分母越大,比例尺越小。

ZBB006 管道
图纸类别

（二）管道图

1. 管道的图纸类别

管道的图纸类别包括管网现状图、管网规划图、配水支管设计施工图、配水支管设计施工图、用户进水管施工图等。

1）管网现状图

管网现状图是城市给水系统规划的组成部分，按照城市总体规划的要求，经过管网水力计算拟定的管网图能充分反映管网实际状况，逐月、逐季、逐年根据管道增添、变更的竣工图纸而增补、修改的管网图即为管网现状图。管网现状图上应标注管材的种类、口径、节点坐标、管顶高程、用户支线的户号等信息。

2）管网规划图

管网规划图是城市给水系统规划的组成部分。在规划年限内，管网规划图是指导管网建设的重要依据。

3）单项输配水干管设计施工图

单项输配水干管设计施工图在平坦而变化不大的街道，配水支管只注明节点挖深，可以不做纵断面图。

ZBB009 管道
设计图的比例
选择原则

2. 管道设计图的比例选择原则

管道设计图中带状平面图是截取地形图的一部分，在上面标注管线现状或设计施工位置，是正式的设计图纸。管道设计中，带状平面图的比例在城区一般为 1：500，郊区一般为 1：1000。其宽度以能标明管道相对位置的需要而定，各种管道在管廊中的平面布置图根据需要放大时采用较大的比例。管道断面图一般包括纵断与横断面图两种。管道设计中，纵断面图的横轴采取与带状平面图一样的比例，纵轴比例要比横轴大，一般为 1：100。管道设计中，纵断面图以水平距离为横轴，高程为纵轴。在管道设计中若不能用带状平面图及纵断面图充分标注时，则以大样图的形式加以补充。

ZBB010 管道
施工图的表示
方法

3. 管道施工图的表示方法

用一根粗线表示管道及管件的方法称为单线表示法，用其制成的图样称为单线图。仅用两根线表示管道的外形而不表示其壁厚的方法称为双线表示法，用其制成的图样称为双线图。在管道施工图中常用于标注排水管道的规定代号为"P"。

4. 管道轴测图的表示方法

管道轴测图中有三根轴测线，它们在空间关系上互相垂直。当两根采用单线图绘制的管道交叉时，在交叉处把位于下方或后方的管道单线断开，位于上方或前方首先看到的管道连续直接画出。

二、技能要求

（一）准备工作

1. 设备

供水泵站 1 座。

2. 材料、工具

绘图板、绘图仪各 1 套，丁字尺 1 件，三角板 1 件，绘图笔 1 套，铅笔 1 支、橡皮 1 块、墨水 1 瓶,绘图纸 1 张,胶带各 1 件,5m 卷尺 1 把,计算器 1 个,草纸 1 本。

3. 人员

1 人操作,持证上岗,劳动保护用品穿戴齐全。

(二)操作规程

1. 绘图

(1)选图纸、选比例、定轮廓。

(2)定轴线,居中绘制流程图。

(3)交叉管线要分开。

(4)线条字迹清楚。

(5)标注比例、图例、绘制人、年、月、日等。

(6)设备、仪器、仪表代表符号绘制正确。

(7)标注管线及设备用途、规格、型号。

(8)局部放大适当。

2. 校对

做好校对。

(三)技术要求

(1)标注的信息要完整、清晰、准确。

(2)流程图中文字、图例的表示方法应符合国家的制图标准。

(四)注意事项

(1)绘图中不得有涂抹、修改。

(2)图形中所标注的尺寸应与实物的真实尺寸相一致。

项目四 根据水泵站流程图操作泵站流程

一、相关知识

(一)管网及其附属设备在给水系统中的作用

ZBB011 管网在给水系统中的作用

1. 管网在给水系统中的作用

城市供水管网是连接供水系统各构筑物及用户的唯一通道,给水管网具有分布面广、距离长、材质要求高等特点。给水管网是城市给水系统的重要组成部分,占有重要地位,也是投资最多的部分,给水管网在给水系统中一般约占总投资 60%~80%。在一座现代化的城市里,输配水管道纵横交错长达数千公里,担负着向用户输送、分配水的任务,满足用户对水量、水压要求的给水系统输配水管网,管道口径也日益增大。另外,在日常运行中,管网的经营管理费用(主要是电费)在整个供水系统中比例较大。供水企业的能耗一般有 90% 用于一级、二级泵站水力提升。

ZBB012 管网附属设备的作用

2. 管网附属设备在给水系统中的作用

管网附属设备是指在管网系统中安装的一些部件,它包括闸阀、排气阀、放水阀、消火栓(地上、地下)、逆止阀、水锤消除器以及连接支管用的水卡子。这些都是管网中不可缺少的设备。为了便于停水检修,在支管与干管相接处一般在支管上设置阀门。管道冲洗或检修时,为了排除管内存水或杂质,需要在低点安装放水阀,另外排气阀的位置要安装在每段管道的最高点。管网系统中安装逆止阀可以防止停水倒流损坏供水设备。当发生火灾时为了便于灭火,还需要在沿配水干管上布设消火栓。

（二）泵站吸水管路、压水管路的布置

ZBB013 泵站吸水管路的布置原则

ZBB014 泵站压水管路的布置原则

吸水管路是泵站中重要部分,如果布置不当会影响到水泵的正常运行甚至停止出水。泵站中通常每台水泵应有单独的吸水管路,这样便于水泵迅速启动和安全运行。吸水管路应采用不透气材料,接头最好用焊接,也可用法兰接头,并应尽量减少吸水管路中水头损失,所以在布置吸水管路时应力求减少配件,一般采用钢管或铸铁管,并应注意避免接口漏气。吸水管路入口浸入深度不够,使入口处水流形成旋涡而吸入空气。泵站内吸水管路布置时,要做到"三不":不漏气、不积气、不吸气。

（1）不漏气:吸水管路不允许漏气,否则会使水泵的工作发生严重故障。

（2）不积气:如吸水管路内出现积气,会影响过水能力,严重时会破坏真空吸水。

（3）不吸气:如吸水管口或吸水管路内吸水时带进大量空气,严重时将破坏水泵正常吸水。

在给水泵站设计中,压水管路的布置和敷设也非常重要。

（1）压水管路经常承受较高压力,所以要求坚固耐压,一般采用钢管。

（2）尽量采用焊接接口,压水管路在与闸阀和止回阀连接处可以采用法兰接头。

（3）为了承受管路中的内压力所产生的推力,在三通、弯头处可设支墩。

（4）压水管路管径小于 250mm 时设计流速为 1.5~2.0m/s。

（5）在不允许水倒流的给水系统中,应在水泵压力管道上设置止回阀。止回阀一般装在水泵和闸阀之间,这样有利于止回阀的检修,水泵每次启动时,阀板两边受力均衡,便于闸阀开启。

（6）为了安装、维修方便和避免管路上的应力传至水泵,一般应在吸水、压水管路上设置伸缩节或可曲挠的橡胶接头。

（三）泵房尺寸的影响因素及内部设备布置原则

ZBB015 泵房内设备的布置原则

ZBB016 泵房尺寸确定的影响因素

给水泵站的设计除了要合理布置吸水管路和压水管路外,还要进行其他设备的布置,然后确定泵房工艺上的各部尺寸,满足设备运行和维护管理要求。泵房里的主要设备包括:水泵、电动机、起重机、管道,以及水泵机组运行所需的其他附件。在选定泵房结构形式后,要满足机组安装、检修、运行要求。泵站内设备的布置应保证工作可靠,运行安全,泵房内消防设施应符合国家标准,泵房的耐火等级不低于二级。应尽可能使管路短、管件少、水头损失小,并考虑泵站有扩建余地。安装在主泵房机组周围的辅助设备、电气设备及管道缆道,其布置应避免交叉干扰。电气设备布置在泵房内时,主机组与电气设备之间的距离不小于 2.0~2.5m。水源 SH 型水泵宜采用（平行排列式）。

泵房的尺寸主要是确定泵房长度、宽度和房高,这些尺寸应根据机组外形尺寸,机组台数和间距大小而定。泵房高度,指泵房室内地面与屋顶梁下皮净空高度。泵房长度根据主机组台数、布置形式、机组间距、边机组段长度和安装检修间距的布置等因素确定。在确定泵房长度时还应当考虑下列因素:

（1）泵房开间尺寸尽量采用标准模数，以利选用标准构件，减少设计工作量。

（2）每台水泵进、出管路穿墙位置应错开泵房柱子。泵房的宽度根据主机组及辅助设备、电气设备布置要求，进、出水流道（或管道）的尺寸，工作通道宽度，进、出水侧必需的设备吊运要求等因素。泵房高度根据主机组及辅助设备、电气设备的布置，机组的安装、运行、检修，设备吊运以及泵房内通风、采暖和采光要求等因素确定。

分散式配电柜在两台机组之间的空地上，泵房的宽度一般不需要增加。相邻两机组突出部分的净距以及机组突出部分与墙的间距，应保证泵轴或电动机转子检修时可以拆卸，主泵房分为多层时，各层应设 1～2 道楼梯。主楼梯宽度不宜小于 1.0m，坡度不宜大于 40°。楼梯的垂直净空不宜小于 2.0m。吊运设备时，被吊设备与固定物的距离应有 0.3～0.4m 的余量。

二、技能要求

(一)准备工作

1. 设备

水泵站流程 1 套。

2. 材料、工具

200mm 管钳 2 把，水泵站流程图 1 张。

3. 人员

1 人操作，持证上岗，劳动保护用品穿戴齐全。

(二)操作规程

管网流程如图 3-1-1 所示。

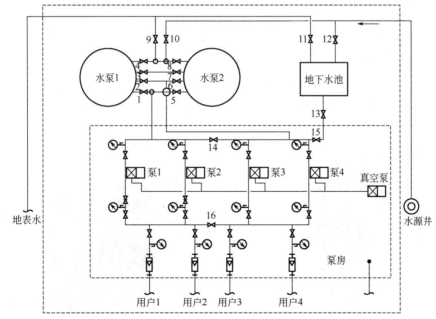

图 3-1-1　水泵站流程图

(1)地表水进入水罐1步骤(开启阀门9、阀门4)。

(2)水罐2水流向地下水池步骤(开启阀门6、阀门15、阀门13)。

(3)水罐2水经泵2向用户4供水步骤(开启阀门6、阀门14、泵2进水阀门;启动泵2机组;开启泵2出水阀门;开启阀门16;开启用户4控制阀门)。

(4)地下水池经泵1向用户2供水步骤(开启阀门13、阀门15、阀门14、泵1进水阀门;启动真空泵对泵1抽真空;启动泵1机组;开启泵1出水阀门;开启用户2控制阀门)。

(三)技术要求

(1)根据水泵站流程图结合泵站设备合理操作管网流程。

(2)所有阀门均为关闭状态,每项操作完毕后要关闭所有阀门再进行下一项操作。

(四)注意事项

正确识读水泵站流程图。

项目五　识别配电装置及控制电气设备名称

一、相关知识

ZBB017 组合开关的特点

(一)组合开关

组合开关(图3-1-2)是一种结构紧凑,体积小,使用方便的低压电气设备。组合开关用动触片代替闸刀,以左右旋转操作代替刀开关的上下分合操作。通常组合开关是不带负载操作的,但也可能用来接通和分断小电流的电路。

常见组合开关规格有:HZ10系列的组合开关的额定电压为直流220V,交流380V,额定电流有10A、25A、60A和100A;DW10系列自动开关的整定电流值,根据需要可调至脱扣器额定电流的1倍、1.5倍、3倍三个级别。

ZBB018 自动断路器的特点

(二)自动断路器

自动空气断路器又称自动开关(图3-1-3),是能对负荷电路作接通、分断和承载额定工作电流和短路、过载等故障电流,并能在线路和负载发生过载、短路、失压等情况下,迅速分断电路,进行可靠的自动保护的低压电器,不可用作频繁启动电动机。在自动开关内装有双金属片的热脱扣器,作为过载保护之用,可对电动机实行无熔丝保护,因而能避免电动机因熔丝烧断而引起的事故。

图3-1-2　组合开关

图3-1-3　自动空气断路器

（三）电缆

ZBB019 电缆型号中常用各种字母代表的含义

1. 电缆型号中常用各种字母代表的含义

电缆(图3-1-4)型号由字母和数字组成,其中字母用汉语拼音的大写表示绝缘种类、导体材料、内护层材料和结构特点,有两位数字表示外护层的构成,前一位表示铠装材料,后一位表示外护层材料,外护层型号的规定中,"2"表示双钢带聚氯乙烯护套。无数字代表无铠装层,无外被层。

电缆通用符号表示的含义:

(1)ZR—阻燃,NH—耐火。

(2)用途。电力电缆缺省表示,K—控制电缆,P—信号电缆,DJ—计算机电缆。

(3)绝缘层。V—聚氯乙烯,Y—聚乙烯,YJ—交联聚乙烯,X—橡皮,Z—纸。

(4)导体。T—铜芯(缺省表示),L—铝芯。

(5)内护层(护套)。V—聚氯乙烯,Y—聚乙烯,Q—铅包,L—铝包,H—橡胶,HF—非燃性橡胶,LW—皱纹铝套,F—氯丁胶,N—丁晴橡皮护套。

图 3-1-4　电缆

(6)特征。统包型不用表示,F—分相铅包分相护套,D—不滴油,CY—充油,P—屏蔽,C—滤尘器用,Z—直流。

(7)铠装层。0—无,2—双钢带(24—钢带、粗圆钢丝),3—细圆钢丝,4—粗圆钢丝(44—双粗圆钢丝)。

(8)外护层。0—无,1—纤维层,2—聚氯乙烯护套,3—聚乙烯护套。

(9)额定电压。以数字表示,kV。

常用电缆型号举例如下:

VV—铜芯聚氯乙烯绝缘聚氯乙烯护套电力电缆;

VV22—铜芯聚氯乙烯绝缘聚氯乙烯铠装护套电力电缆;

BX—橡胶绝缘电线;

BLX—铝橡胶绝缘电线;

BV—聚氯乙烯绝缘电线;

BLV—铝聚氯乙烯绝缘电线;

BVR—聚氯乙烯绝缘软电线;

RV—单芯铜芯氯乙烯绝缘绝缘软线。

2. 电缆的分类

电缆通常分为电力电缆和控制电缆两种,此外还有补偿电缆、屏蔽电缆、高温电缆、计算机电缆、信号电缆、同轴电缆、耐火电缆、船用电缆等。它们都是由多股导线组成的,用来连接电路、电器。

ZBB020 电缆的使用范围

3. 电缆的使用范围

电力电缆在电力系统中用于传输和分配电能。不同型号的电缆在不同的环境、用途下使用的范围、要求也不同(表3-1-1)。例如,在化学腐蚀或杂散电流腐蚀的土壤范围内,不得采用直埋铺设方式。有防爆、防火要求的明敷电缆,应采用埋砂敷设的电缆沟铺设方式。油浸纸绝缘电力电缆不适用于水平高差较大的场所敷设。氯丁橡皮绝缘电缆适用在室外敷设,橡皮绝缘电力电缆的特点是允许运行温度低,耐油性能差等。

表 3-1-1　常用电线电缆的型号分类及使用范围表

规格型号	名称	使用范围
VV、VLV	聚氯乙烯绝缘聚氯乙烯	敷设在室内、隧道及管道中,电缆不能承受机械外力作用
VY、VLY	聚乙烯护套电力电缆 聚氯乙烯绝缘聚氯乙烯聚乙	
VV22、VLV22、VV23、VLV23	烯护套钢带铠装电力电缆 聚乙烯护套钢丝铠装电力电缆	敷设在室内、隧道内直埋土壤,电缆能承受机械外力作用
KVV、KVVR	聚氯乙烯绝缘聚氯乙烯	
KVY、KVYR	聚乙烯护套控制电缆	敷设在室内、电缆沟、管道内及地下
JKV、JKLV	聚氯乙烯	
JKY、JKLY	聚乙烯	用于架空电力传输等场所
JKYJ、JKLYJ	交联聚乙烯绝缘架空电缆	
JKTRYJ	软铜芯交联聚乙烯绝缘架空电缆	用于变压器引下线。
JKLYJ/Q	交联聚乙烯绝缘轻型架空电缆	用于架空电力传输等场所
BX、BLX	橡胶绝缘电线	
BXF、BLXF	氯丁橡胶绝缘电线	耐气候好,适用于室外
BXR	橡胶绝缘软电线	

ZBB022　低压配电装置的使用要求

(四)低压配电装置

1. 低压配电装置组成

在低压电力网中,低压配电装置是用来接受电力和分配电力的电气设备的总称(图 3-1-5),包括五个部分。

图 3-1-5　低压配电装置

(1)一次电路控制设备。一次设备是指直接发、输、变、配、供,电能主系统上的所用设备,包括各种手动、自动开关。低压供电系统中常用的一次设备有刀开关、低压熔断器、低压开关板和自动空气断路器等。

(2)测量仪器仪表。其中指示仪表有:电流表、电压表、功率表、功率因数表等。计量仪表有:有功电度表、无功电度表以及与仪表相配套的电流互感器、电压互感器等。

(3)母线以及二次线。母线包括:配电变压器低压侧出口至配电室(箱)的电源线和配电盘上汇流排(线)。二次线包括:测量、信号、保护、控制回路的连接线。二次回路的作用是反映一次系统的工作状态,并进行控制和调整。由二次设备相互连接构成对一次设备进行监测、控制、调节以及为运行、维护人员提供运行情况或生产指挥信号所需的电气设备。

（4）保护设备。保护设备包括熔断器、继电器、触电保安器等。在停电的低压装置上工作时，应采取有效措施遮蔽有电部分，若无法采取遮蔽措施时，则将影响作业的有电设备停电。

（5）配电盘。配电盘包括配电箱、配电柜、配电屏等，是集中安装开关、仪表等设备的成套装置。

2. 低压配电装置一般规定

（1）各种显示、测量表计应工作正常。

（2）设备（含母线）的各部位连接点应无过热、锈蚀、烧伤、熔接等痕迹。

（3）各种设备的套管、瓷件外部无破损、裂纹、放电痕迹。

（4）低压电气设备的灭弧装置，例如，灭弧栅、灭弧触头、灭弧罩、灭弧用绝缘板应完好无损。

（5）连接到发热元件（如管形电阻）上的绝缘导线，应采取隔热措施。

（6）绝缘导线穿越金属构件时应有保护措施。

（7）敷设于隔离用的挡板或隔板应无破损。

（8）电缆终端头应无过热和放电现象。

3. 低压配电装置系统的日常检查

ZBD006　接触器的维护保养方法

（1）日常检查中应检查低压配电装置电气设备的所有操作手柄、按钮、控制开关等部位所指示的合上、断开等字样，应与设备的实际运行状态相对应。

（2）外壳、漆层、手柄、应无损伤和变形。内部仪表、灭弧罩、瓷件、胶木电器应无裂纹和伤痕。螺栓应拧紧。

（3）低压配电装置的前、后固定照明灯应齐全完好，设备要做好重复接地，确保安全。低压配电盘、配电箱和电源干线上的主要维护工作要求有指示灯、按钮开关标志清晰，牢固转动灵活，电气设备触点完好、无过热，仪表清洁、显示正常、固定可靠，配电盘接地良好牢固可靠。

（4）具有主触头的低压电器、触头的接触应紧密，采用 0.05mm 的塞尺检查，接触两侧的压力应均衡。附件应齐全、完好。低压配电装置的绝缘电阻应不低于 0.5MΩ。

（5）低压配电装置的试验应符合国家《电力设备交接和预防性试验规程》的有关规定。操作系统接线图要求设备铭牌、型号、规格应与被控制线路或设计相符，配电柜号，应前后一致，所有主控电气均应按操作编号原则统一编号。

（6）在低压配电盘定期进行维护时，应戴绝缘手套、穿绝缘靴、专人监护、与带电体保持安全距离。

4. 低压配电装置的运行监控

1）接触器的维护保养方法

经常或定期检查接触器的运行情况，进行必要的维护是保证其运行可靠、延长其寿命的重要措施。

选择交流接触器时，标明额定电压应大于或等于线路额定电压。按短路时的动热稳定值选择交流接触器时，线路的三相短路电流不应超过接触器允许的动、热稳定值检查、维护时应先断开电源，按下列步骤进行：

（1）外观检查。清除灰尘，可用棉布蘸少量汽油擦去油污，然后用布擦干；拧紧所有压接导线的螺栓,防止松动脱落、引起连接部分发热。

（2）触点系统检查。辅助触点的确定,应按连锁触点的数目和所需要的遮断电流的大小确定辅助触点。

（3）检查动静触点是否对准,三相是否同一时间闭合,并调节触点弹簧使三相一致。

（4）摇测相间绝缘电阻值。使用500V兆欧表,其相间阻值不应低于$10M\Omega$。

（5）触点磨损厚度超过1mm,或严重烧损、开焊脱落时应更换新件。轻微烧损或接触面发毛、变黑不影响使用,可不予处理。若影响接触,可用小锉磨平打光。

（6）经维修或更换触点后应注意触点开距,超行程。触点超行程会影响触点的终压力。

（7）检查辅助触点动作是否灵活,静触点是否有松动或脱落现象,触点开距和行程要符合要求,可用万用表测量接触的电阻,发现接触不良且不易修复时,要更换新触点。

2）灭弧罩检修

（1）取下灭弧罩,用毛刷清除罩内脱落物或金属颗粒。如发现灭弧罩有裂损,应及时予以更换。

（2）对于栅片灭弧罩,应注意栅片是否完整或烧损变形、严重松脱、位置变化等,若不易修复则应更换。

3）电磁线圈的检修

（1）交流接触器的吸引线圈在电源电压为线圈额定电压的85～105V时,应能可靠工作。在选择交流接触器时,要根据控制电源的要求选择吸引线圈的电压等级。如交流接触器标明额定电压为220V,则当线路的额定电压为220V时,接触器可以使用。

（2）检查电磁线圈有无过热,线圈过热反映在外表层老化、变色,线圈过热一般是由于匝间短路造成的,此时可测其阻值和同类线圈比较,不能修复则应更换。

（3）引线和接件有无开焊或将断开的情况。

（4）线圈骨架有无裂纹、磨损或固定不正常的情况。发现问题应及早固定或更换。

4）交流接触器铁芯的维护

交流接触器是广泛用作电力的开断和控制电路。它利用主接点来开闭电路,用辅助接点来执行控制指令。主接点一般只有常开接点,而辅助接点常有两对具有常开和常闭功能的接点,小型的接触器也经常作为中间继电器配合主电路使用。

（1）用棉纱蘸汽油擦拭端面,除去油污或灰尘等。

（2）检查各缓冲件是否齐全,位置是否正确。

（3）铆钉有无断裂,导致铁芯端面松散的情况。

（4）短路环有无脱落或断裂,特别要注意隐裂。如有断裂或造成严重噪声,应更换短路环或铁芯。

（5）检查电磁铁吸合是否良好,有无错位现象。

ZBD007 磁力启动器的维护保养方法 5）磁力启动器结构与选用要求

磁力启动器由钢质冲压外壳、钢质底板、交流接触器、热继电器和相应配线构成,使用时应配用启动停止按钮开关,并正确连接手控信号电缆。当按下启动按钮时,磁力启动器内装的交流接触器线圈得电,衔铁带动触点组闭合,接通用电器(一般为电动机)电源,同时通过辅助触点自锁。按下停止按钮时,内部交流接触器线圈失电,触点断开,切断用电器电源并解锁。磁力启动器属于全压直接启动，在电网容量和负载两方面都允许全压直接启动的情况下使用。优点是操纵控制方便，维护简单，比较经济。主要用于小功率电动机的启动，大于 11kW 的电动机不宜用此方法。

选择磁力启动器应使交流接触器和热元件的额定电压大于或等于线路额定电压。磁力启动器安装前应将热继电器调整到被保护电动机的额定电流值。

磁力启动器的日常维护中要定期调试接触器触头的压力、行程、复位弹簧压力。运行一段时间后，应对触头的压力进行调整，若触头不平整、有污物则需修整。磁力启动器当触头严重磨损后，行程应该及时调整，当厚度只剩下 1/3 时，应该及时调换触头。灭弧罩如果发生碎裂缺损会使其灭弧能力下降，所以应及时更换。

ZBB023 高压配电装置的使用要求

（五）高压配电装置的使用要求

（1）高压配电装置（图 3-1-6）的装设和导体、电气设备及构架的选择应满足正常运行、短路和过电压情况下的要求，且不能危及人身和周围设备安全。电气元件的工作电压应不小于回路的工作电压。性能应满足使用场所的要求，其中热稳定电流应满足在规定条件下能承受工作场所出现时间为 $t(s)$ 的短路电流有效值。按工作电流选择高压配电装置时，电气元件额定电流应不小于回路最大长期工作电流。对避雷器、电力电容器、充石英砂有限流作用的熔断器等电气元件，其额定电压应与回路的工作电压相等。

图 3-1-6　高压配电装置

（2）配电装置的整体结构尺寸应综合考虑设备外形尺寸，各种距离，空气中不同相的带电部分之间或带电部分对地间的最小安全净距，以保证满足设备检修，运输等安全要求。

（3）保证电气设备在发生故障或火灾事故时，能将其限制在一定范围内，并便于迅速消除。

（4）配电装置各回路的相序排列应尽量一致，硬母线应涂漆，软母线应标明相别。

（5）在配电装置间隔内的硬母线及接地线上，应留出未涂漆的接触面和连接端子，用以装设临时接地线。

（6）隔离开关和相应的断路器之间应加装机械或电磁联锁装置，以防隔离开关的误动作。

（7）在空气污秽地区，户外配电装置中的电气设备和绝缘子等应有防尘、防腐和加强外绝缘的措施，并应便于清扫。

（8）在高温或高寒地区,应考虑采取降温及保温措施。高压配电装置产品样本上给出的额定电流是在规定环境温度下的允许值,国产电气元件环境温度规定为40℃。当环境温度低于最高环境温度时,按公式 $I_{xu} \leq 1.2I_e$（I_{xu} 为允许电流;I_e 为额定电流）确定电气元件的允许工作电流。

（9）一些地区还应考虑防振要求。

ZBB024 低压电气元件的选择方法

（六）低压电气元件的选择

低压电气元件选择的原则是安全性、耐用性、经济性。

（1）按正常工作条件选择低压电气元件时,额定电压应不低于所在网络的工作电压,额定电流应大于所在回路的负荷计算电流。可能通过短路电流的电气设备,应尽量满足在短路条件下的动稳定性和热稳定性。

（2）按环境特征选择电气元件形式时,在特潮湿的环境里应选用密闭式电气元件,在有爆炸危险的环境里应选择防爆式电气元件。

ZBD005 熔断器的选择要求

1. 低压熔断器的选择要求

熔断器选用的一般原则是:

（1）应根据使用条件确定熔断器的类型。

（2）选择熔断器的规格时应首先选定熔体的规格,然后再根据熔体去选择熔断器的规格。

（3）熔断器的保护特性应与被保护对象的过载特性有良好的配合。

（4）在配电系统中,各级熔断器应相互匹配,一般上一级熔体的额定电流要比下一级熔体的额定电流大2~3倍。

（5）对于保护电动机的熔断器,应注意电动机启动电流的影响。熔断器一般只作为电动机的短路保护,过载保护应采用热继电器。

（6）熔体的额定电流应不大于熔断器的额定电流,额定分断能力应大于电路中可能出现的最大短路电流。

常用电气设备的熔断器保护选择要求:

照明电气设备:干线熔丝容量等于或稍大于个分支线熔丝容量之和;各分支线熔丝容量（额定电流）应等于或稍大于各盏照明电气设备工作电流之和。

变压器:对容量在100kV·A及以下的配电变压器,其高压侧熔断器额定电流应按变压器高压侧额定电流的2~3倍选取,在100kV·A以上的配电变压器,其高压侧熔断器额定电流应按变压器高压侧额定电流的1.5~2倍选取,低压侧熔断器额定电流可按变压器低压侧额定电流的1.2倍选取。

电动机:单台交流电动机线路上熔体的额定电流等于该电动机额定电流的1.5~2.5倍。多台交流电动机线路上总体的额定电流等于线路上功率最大一台电动机额定电流的1.5~2.5倍,再加上其他电动机额定电流的总和。

三相四线制线路的零线若采用重复接地,不可以在零线上安装熔断器和开关。

ZBD008 热继电器的选用原则

2. 热继电器的选用原则

热继电器（图3-1-7）是利用双金属片受热后发生弯曲变形的特性来断开触点的。主要用于保护电动机的过载,因此选用时必须了解电动机的情况,如工作环境、启动电流、负载性质、工作制、允许过载能力等。热继电器按保护形式可分为：电磁脱扣器式、热脱扣器式、复合脱扣器式(常用)和无脱扣器式。热继电器按结构可分为：塑壳式、框架式、限流式、直流快速式、灭磁式和漏电保护式。

(1)原则上应使热继电器的安秒特性尽可能接近甚至重合电动机的过载特性，或者在电动机的过载特性之下，同时在电动机短时过载和启动的瞬间，热继电器应不受影响(不动作)。

(2)当热继电器用于保护长期工作制或间断长期工作制的电动机时，一般按电动机的额定电流来选用，整定值可等于 0.95~1.05 倍的电动机的额定电流值，或者取热继电器整定电流的中值等于电动机的额定电流值，然后进行调整。

图 3-1-7　热继电器

(3)当热继电器用于保护反复短时工作制的电动机时，热继电器应有一定范围的适应性。如果短时间内操作次数很多，就要选用带速饱和电流互感器的热继电器。

(4)对于正反转和通断频繁的特殊工作制电动机，不宜采用热继电器作为过载保护装置，而应使用埋入电动机绕组的温度继电器或热敏电阻来保护。

(5)热继电器热元件调节范围应为热元件额定电流的 60%~100%。当热继电器负荷出现短路或电流过大时，会使热元件烧毁。工作环境温度与被保护设备的环境温度的差别不应超出 15~25℃。

3.导线材料的选用

导线材料一般根据电路的要求和环境的要求为选择原则。在导体材料的选择中，移动设备线路及操作、保护二次回路一般采用铜芯电线电缆。海边及有严重盐雾地区的架空线路可采用防腐型钢芯铅铜镀线。在剧烈振动或对铝有腐蚀的场所及有爆炸危险的场所宜采用铜芯电线电缆。临时接地装置的下引线不宜使用钢导线作导体。一般电力配套用电线电缆应采用铜芯铝绞线，裸导线主要有铜绞线、铝绞线、钢芯铝绞线。

ZBB025　导线材料的选择原则

(七)电磁感应

(1)电磁感应现象是指放在变化磁通量中的导体，会产生电动势，此电动势称为感应电动势或感生电动势，若将此导体闭合成一回路，则该电动势会驱使电子流动，形成感应电流。因为磁通量变化产生感应电动势，所以产生电磁感应的条件是穿过线圈回路的磁通必须发生变化。而线圈中磁通变化而产生的感应电动势的大小正比于磁通变化率。当导体沿磁力线方向运行时，导体中产生的感应电动势将为零。当铁芯线圈断电的瞬间，线圈中产生感应电动势的方向与原来电流方向相同。具有互感的两个不同电感量的线圈反接时，其等值电感量应减少。

ZBB026　电磁感应的概念

(2)磁场对电流、对磁体的作用力或力矩皆源于磁动势。与电场相仿，磁场是在一定空间区域内连续分布的矢量场，描述磁场的基本物理量是磁感应强度矢量，也可以用磁力线形象地图示。然而，作为一个矢量场，磁场的性质与电场颇为不同。运动电荷或变化电场产生的磁场，或两者之和的总磁场，都是无源有旋的矢量场，磁力线是互不交叉的闭合曲线，

ZBB027　磁场的特点

不中断,不交叉。换言之,在磁场中不存在发出磁力线的源头,也不存在会聚磁力线的尾闾,磁力线闭合表明沿磁力线的环路积分不为零,即磁场是有旋场而不是势场(保守场),不存在类似于电势那样的标量函数。有电流必有磁场,有磁场不一定有电流。磁场中磁力线越密的地方,说明了该区域磁场越强,磁极则是磁体中磁性最强的地方。放入磁场中的矩形通电线圈,磁场只对垂直于磁力线的边产生作用力。

(八)电能的计算

ZBB028 电能的计算

1. 电功率计算公式

在纯直流电路中:

$$P = UI = I^2R = U^2/R \qquad (3-1-1)$$

式中　P——电功率,W;

　　　U——电压,V;

　　　I——电流,A;

　　　R——电阻,Ω。

在单相交流电路中:

$$P = UI\cos\phi \qquad (3-1-2)$$

式中　$\cos\phi$——功率因数,如白炽灯、电炉、电烙铁等可视为电阻性负载,其 $\cos\phi = 1$ 则 $P = UI$;

　　　U、I——分别为相电压、电流,V、A。

在对称三相交流电路中,不论负载的连接是哪种形式,对称三相负载的平均功率都是:

$$P = \sqrt{3}\,UI\cos\phi \qquad (3-1-3)$$

式中　U、I——分别为线电压、线电流,V、A;

　　$\cos\phi$——功率因数,若为三相阻性负载,如三相电炉,$\cos\phi = 1$ 则 $P = \sqrt{3}\,UI$。

1)串联电路

电流处处相等:

$$I_1 = I_2 = I \qquad (3-1-4)$$

总电压等于各用电器两端电压之和:

$$U = U_1 + U_2 \qquad (3-1-5)$$

总电阻等于各电阻之和:

$$R = R_1 + R_2 \qquad (3-1-6)$$

总电功等于各电功之和:

$$W = W_1 + W_2 \qquad (3-1-7)$$

式中　W——电功,$kW\cdot h$。

即:

$$W_1 : W_2 = R_1 : R_2 = U_1 : U_2 \qquad (3-1-8)$$

$$P_1 : P_2 = R_1 : R_2 = U_1 : U_2 \qquad (3-1-9)$$

总功率等于各功率之和:

$$P = P_1 + P_2 \qquad (3-1-10)$$

2）并联电路

总电流等于各处电流之和：
$$I = I_1 + I_2 \tag{3-1-11}$$

各处电压相等：
$$U_1 = U_2 = U \tag{3-1-12}$$

总电阻等于各电阻之积除以各电阻之和：
$$R = R_1 R_2 / (R_1 + R_2) \tag{3-1-13}$$

总电功等于各电功之和：
$$W = W_1 + W_2 \tag{3-1-14}$$

即：
$$I_1 : I_2 = R_2 : R_1 \tag{3-1-15}$$
$$W_1 : W_2 = I_1 : I_2 = R_2 : R_1 \tag{3-1-16}$$
$$P_1 : P_2 = R_2 : R_1 = I_1 : I_2 \tag{3-1-17}$$

总功率等于各功率之和：
$$P = P_1 + P_2 \tag{3-1-18}$$

3）同一用电器的电功率

额定功率比实际功率等于额定电压比实际电压的平方：
$$P_e / P_s = (U_e / U_s)^2 \tag{3-1-19}$$

2. 有关电路的公式

1）电阻 R

电阻等于电阻率乘以长度除以横截面积：
$$R = \rho \times (L/S) \tag{3-1-20}$$

式中　ρ——电阻率，$\Omega \cdot m$；

　　　L——电阻长度，m；

　　　S——电阻模截面积，m^2。

电阻等于电压除以电流：
$$R = U/I \tag{3-1-21}$$

电阻等于电压平方除以电功率：
$$R = U^2 / P \tag{3-1-22}$$

2）电功 W

电功等于电流乘电压乘时间：
$$W = UIT \tag{3-1-23}$$

式中　T——时间，h。

电功等于电功率乘以时间：
$$W = PT \tag{3-1-24}$$

电功等于电流平方乘以电阻乘以时间（纯电阻电路）：
$$W = I^2 RT \tag{3-1-25}$$

电功等于电压平方除以电阻再乘以时间（纯电阻电路）：
$$W = U^2 / RT \tag{3-1-26}$$

3)电功率 P

电功率等于电压乘以电流:

$$P = UI \qquad (3-1-27)$$

电功率等于电流平方乘以电阻(纯电阻电路):

$$P = IIR \qquad (3-1-28)$$

电功率等于电压平方除以电阻(纯电阻电路):

$$P = U^2/R \qquad (3-1-29)$$

电功率等于电功除以时间:

$$P = W/T \qquad (3-1-30)$$

4)电热 Q

电热等于电流平方乘以电阻乘以时间:

$$Q = I^2Rt \qquad (3-1-31)$$

电热等于电流乘以电压乘以时间(纯电阻电路):

$$Q = UIT = W \qquad (3-1-32)$$

ZBB029 功率因数的计算

(九)功率因数的计算

功率因数是电力系统的一个重要技术数据,是衡量电气设备效率高低的一个系数。功率因数低,说明电路用于交变磁场转换的无功功率大,增加了线路供电损失,因此供电部门对用电单位的功率因数有一定的标准要求。在交流电路中,电压与电流之间的相位差(ϕ)的余弦称为功率因数,用符号 $\cos\phi$ 表示,在数值上,功率因数是有功功率和视在功率的比值,即:

$$\cos\phi = P/S \qquad (3-1-33)$$

提高功率因数可以在输出相同的有功功率的情况下,减小无功电流,减小无功电流在线路电阻上产生的功率损耗,还可以提高发电机的容量利用率,通常采用并联电容器的人工补偿的方法。

如果已知电感性负载的功率因数 $\cos\phi_1$,希望将功率因数提高到 $\cos\phi_2$,则应并联的电容值为:

$$C = \frac{P}{\omega U^2}(\tan\phi_1 - \tan\phi_2) \qquad (3-1-34)$$

式中　U——电源或负载电压,V;

　　　P——功率,W;

　　　$\tan\phi_1$——负载 1 两端电压与电流之间的相位差(ϕ_1)的正切值;

　　　$\tan\phi_2$——增加电容后,负载 1 两端电压与电流之间的相位差(ϕ_2)的正切值;

　　　ω——$\omega = 2\pi f$,f 为电源频率。

纯电阻负载的功率因数 $\cos\phi = 1$,纯电抗负载 $\cos\phi = 0$,一般负载 $\cos\phi$ 为 0~1,且多为感性负载。

ZBB034 变压器的巡视内容

(十)变压器

1. 变压器巡视检查项目

根据实际情况对运行中变压器的正常巡视检查,对于容量较大的变压器应做如下项目的巡视检查：

（1）检查变压器的符合电流、运行电压是否正常。

（2）检查变压器的油位、油色、油温是否超过允许值，变压器有无惨漏油的现象。对 A 级绝缘的电力变压器，上层油温的极限温度为 95℃。

（3）检查变压器高、低压瓷套管是否清洁，有无裂纹、破损及闪络放电痕迹。

（4）检查变压器接线端子有无接触不良、过热现象：运行中的变压器，如果分接开关的导电部分接触不良，则会发生过热，甚至烧坏整个变压器的现象。

（5）检查变压器运行声音是否正常：变压器中发出高而沉重的"嗡嗡"声时，说明变压器过负荷运行。

（6）检查变压器的吸湿性是否达到饱和状态。

（7）检查变压器油截门是否正常，通向气体继电器的截门和散热器的截门是否处于打开状态。

（8）检查变压器防爆管隔膜是否完整，隔膜玻璃是否刻有"十"字。

（9）检查变压器的冷却装置是否运行正常，散热管温度是否均匀，有无油管堵塞现象。

（10）检查变压器外壳接地是否良好。

（11）对室内外边变压器，重点检查门窗是否完好，检查百叶窗铁丝纱是否完整。

（12）对室外变压器，重点检查基础是否良好，有无基础下沉，对变台杆，检查电感是否牢固，木杆，杆根有无腐朽现象。变压器容量在 630kVA 以上且无人值班时，应每周巡视一次。变压器负载试验时，其二次绕组短路，一次绕组分接头应放在额定位置。

ZBB035　变压器的并列运行条件

2. 变压器并列运行

变压器是电力网中的重要电气设备，由于连续运行的时间长，为了使变压器安全经济运行及提高供电的可靠性和灵活性，在运行中通常将两台或以上变压器并列运行。变压器并列运行的主要条件为变压比相等、连接组别相同、短路电压相同。

变压器并列运行，是指将其一次、二次侧分别连接的运行方式，就是将两台或以上变压器的一次绕组并联在同一电压的母线上，二次绕组并联在另一电压的母线上运行。若将两台以上变压器投入并联运行，必须要满足一定的条件，而首要条件是各变压器应为相同连接组标号。并列运行的变压器变比必须相等，相差最大不能超过 ±5%，其短路电压的差异不得超过 ±10%。

当并列运行变压器的变比和短路电压相同，而接线组不同时，变压器并列运行的回路中会产生环流。在 ΔU 的作用下，并列运行变压器的二次绕组内虽然没有接负载，但在回路中也会出现几倍于额定电流的环流，这个环流会烧坏变压器。因此接线组别不同的变压器绝对不能并列运行。

当并列运行变压器的接线组别相同、短路电压相等，而变压比不同时，则并列运行变压器的二次电压也不等。当两台变压器空载时，二次回路就会有电压差，因此而产生环流 I_C。

环流的大小决定两台变压器变比差异的大小，根据磁势平衡关系，虽然两台变压器原边接同一电源，但由于副边产生的均压环流，两台变压器一次也将同时比小的变压器电压降低；变压比大的变压器，输出电压低，由于内部充电，电压会升高，变压比小的变压器，输出电压高，由于要向电压低的港灌流，所以会有压降，这会影响变压器容量的合理利用，所以并列变压器变压比相差必须限制在±0.5%之内。环流大小决定并列运行变压器二次电压的差值。

当并列运行变压器的接线组别和变压比都相同,而短路电压不等时,变压器二次回路不会有环流,但影响两台变压器间的负荷分配。由于负荷分配与短路电压成反比,也就是短路电流小的变压器分配的负荷大,如果这台变压器的容量小,则将首先达到满载,而另一台变压器容量没有充分利用。

（十一）安全防护用具分类及管理规定

ZBB021 绝缘防护用具的使用要求

1. 电工安全防护用具分类

电工安全用具是指在电气作业中,为了保证作业人员的安全,防止触电、坠落、灼伤等工伤事故所必须使用的各种电工专用工具或用具。电工安全用具可分为绝缘安全用具和非绝缘安全用具。绝缘安全用具是防止作业人员直接接触带电体用的,又可分为基本安全用具和辅助安全用具两种;非绝缘安全用具是保证电气维修安全用的,一般不具备绝缘性能,所以不能直接与带电体接触。

1)基本安全用具

凡是可以直接接触带电部分,能够长时间可靠地承受设备工作电压的绝缘安全用具,都称为基本安全用具。基本安全用具主要用来操作隔离开关、更换高压熔断器和装拆携带型接地线等。使用基本安全用具时,其电压等级必须与所接触的电气设备的电压等级相符合,因此这些用具都必须经过耐压试验。

基本安全用具有以下几种:绝缘杆、绝缘夹钳、电工测量钳、电压和电流指示器、检修用的绝缘装置和设备等。

绝缘杆是被用于带电作业,带电检修以及带电维护作业,用于短时间对带电设备进行操作的绝缘工具,如接通或断开高压隔离开关、跌落熔丝具等。绝缘杆按长度可分为:3m、4m、5m、6m、8m、10m。按电压等级可分为:10kV、35kV、110kV、220kV、330kV、500kV。绝缘杆的材质一般采用玻璃钢环氧树脂杆手工卷制成型杆和机械拉挤成型杆2种。

使用绝缘杆时人体应与带电设备应保持足够的安全距离,并注意防止绝缘杆被人体或设备短接,以保持有效的绝缘长度。如使用10kV绝缘操作杆的有效绝缘长度不应小于0.7m。用绝缘拉杆时,应戴绝缘手套、穿绝缘靴;手握部分应限制在允许范围内,不得超出防护罩或防护环。

2)辅助安全用具

辅助安全用具就是用来进一步加强基本安全用具保证安全作用的工具,一般须与基本安全用具配合使用。辅助安全用具主要有绝缘手套、绝缘靴、绝缘垫、绝缘台(板)和个人使用的全套防护用具等。如果仅仅使用辅助安全用具直接在高压带电设备上进行工作或操作,由于其绝缘强度较低,不能保证安全。但配合基本安全用具使用,就能防止工作人员遭受接触电压或跨步电压的危险。辅助安全用具应用于低压设备,一般可以保证安全。因此,有些辅助安全工具,如绝缘手套,在低压设备上可以作为基本安全用具使用,可直接接触低压带电体。而高压绝缘手套只能作为辅助安全用具,不能直接接触高压带电体。绝缘靴可作为防护跨步电压的基本安全用具,但在高压系统中只能作为辅助安全用具,不能直接接触高压带电体。

绝缘手套和绝缘靴是用天然橡胶制成,主要用于电工作业,是电力运行维护和检修试验中常用的安全工器具和重要的绝缘防护装备,绝缘手套和绝缘靴必须用特种橡胶制造,要求薄、柔软、绝缘强度高和耐磨性能好,且其接缝应尽可能少。此外,手套和绝缘靴还应有足够的长度。绝缘防护用具(绝缘靴,鞋,绝缘手套等)穿戴的目的是防止触电伤害,造成触电伤害主要是人体通过电流造成的,因此绝缘体的防护性能的好坏主要看在一定的电压通过前提下,所产生的泄漏电流大小,如果泄漏电流是在安全电流数值范围之内是安全的,反之是不安全的。因此按规定应穿绝缘鞋靴进行绝缘保护,但是有时劳动强度加大或天气温度高,不慎肢体部分碰到墙壁或接地设备,遇到漏电时同样会造成电击伤,所以尽管穿了绝缘鞋靴,在工作时必须防止肢体的其他部分接地。在阴雨天气尽管穿了绝缘靴鞋或者带了绝缘手套,但也必须配备必要的雨具。防止绝缘护具因潮湿导电造成肢体电击伤。

3)非绝缘安全用具

(1)检修安全用具:在停电检修作业中用以保证人身安全的用具,包括验电器、临时接地线、标示牌、临时遮拦等。

(2)登高安全用具:用以保证在高处作业时防止坠落的用具,如电工安全带、安全绳等。

(3)护目镜:防止电弧或其他异物伤眼的用具。

4)电工安全用具使用注意事项

(1)绝缘安全用具本身必须具备合格的绝缘性能和机械强度。

(2)只能在与其绝缘性能相适应的电压等级的电气设备上使用。

(3)使用前应该检查外观完好、无破损,在试验有效期内。

2. 安全防护用具管理规定

安全防护用具有预警、预防、保护和良好的监护作用,但这些作用和效能的发挥必须以正确使用为前提和基础,如果违章操作、违规使用,不但会威胁人身安全,造成安全防护用具的损坏,而且会导致设备和电网事故的发生。因此,在日常生产工作中必须严格按照规程规定、操作流程和使用方法正确使用安全防护用具,以确保安全生产。

(1)安全防护用具宜存放温度为 $-150 \sim 350$ ℃、相对湿度为 80% 以下、干燥通风的安全工器具室内。

(2)安全防护用具使用前的外观检查应包括绝缘部分有无裂纹、老化、绝缘层脱落、严重伤痕,固定连接部分有无松动、锈蚀、断裂等现象。

(3)橡胶绝缘用具应放在避光的柜内,并撒上滑石粉。

(4)绝缘鞋必须在规定的电压范围内使用,绝缘鞋(靴)胶料部分无破损,且每半年做一次预防性试验,在浸水、油酸、碱等条件下不得作为辅助安全用具使用。

(5)带电作业用绝缘手套,要根据电压选择适当的手套,检查表面有无裂痕、裂缝、发黏、发脆等缺陷,如有异常禁止使用。

(6)绝缘拉杆应存放在干燥通风处,悬挂在支架上,避免与墙或地面接触或斜放,防止碰撞划伤,并不得挪作他用,禁止与其他杂物存放在一起而影响绝缘工具绝缘性能。

(7)各类安全防护用具应经过国家规定的形式试验、出厂试验和使用中的周期性试验,并做好记录。安全防护用具经试验合格后,应在不妨碍使用性能且醒目的部位粘贴

ZBD009　绝缘防护用具的维护要求

合格证。

二、技能要求

(一)准备工作

1. 设备

配电屏 1 台。

2. 材料、工具

万能空气断路器 1 个,交流接触器 1 个,中间继电器 1 个,时间继电器 1 个,热继电器 1 个,熔断器 1 个。

3. 人员

1 人操作,持证上岗,劳动保护用品穿戴齐全。

(二)操作规程

1. 控制电器名称和位置

(1)说明配电屏的名称及所处位置。

(2)说明万能空气断路器的名称及所处位置。

(3)说明交流接触器的名称及所处位置。

(4)说明中间继电器的名称及所处位置。

(5)说明时间继电器的名称及所处位置。

(6)说明热继电器的名称及所处位置。

(7)说明熔断器的名称及所处位置。

2. 控制电器作用

(1)配电屏:接受和分配电能。

(2)万能空气断路器:保护电气设备,具有断路、过载和施压保护。

(3)交流接触器:接通和断开电动机或其他设备的主电路。

(4)中间继电器:传递信号和同时控制多个电路,也可直接控制小容量电动机或其他电气执行元件。

(5)热继电器:保护电动机使之免受长期过载的危害。

(6)熔断器:短路和严重过载时对电气设备进行保护。

(三)技术要求

(1)要准确描述电气设备的名称和位置。

(2)要准确描述电气设备的用途。

(四)注意事项

(1)严格按照操作规程执行。

(2)非专业电工人员不得随意拆装配电箱中的电气元件。

(3)注意与带电体保持安全距离。

模块二　　维护水泵站设备

项目一　排除离心泵停泵后自动反转的故障

一、管道阀件

(一)闸阀

闸阀(图3-2-1)的主要结构特征是阀杆转动,阀板上下滑动从而实现闸阀的开启。阀门全开时,过水面积和闸阀口径相同,阻力损失很小。另外,在关闭时楔形阀板压入阀座内,水封性好。其缺点是因为是靠阀板上下来开启,从而增大了阀门的整体高度,阀门的操作力大,启闭速度慢,阀门整体重量大等。

(二)蝶阀

蝶阀(图3-2-2)是在阀室中使阀板转动来实现开启或关闭的。与闸阀相比,闸室更小,启闭速度更快,操作力更小。同时,蝶阀的流量调节特性较好,在部分开度时也能使用,故也可作为调节流量的控制阀使用。但因为阀门全开时阀板仍在闸室中,故阻力损失比闸阀大。

图3-2-1　闸阀

图3-2-2　蝶阀

按蝶阀的阀杆安放方向有立式和卧式两种形式。立式蝶阀的启闭装置在阀体的顶部,平面安装空间较小,但轴承在下部,泥沙容易进入。故含沙量较大的泵站最好选用卧式蝶阀。

蝶阀也有手动和电动之分。手动蝶阀多采用在涡轮蜗杆减速机上安装圆形手柄进行启闭的方式。电动蝶阀多为重叠使用二级涡轮蜗杆,和闸阀一样,也配备有限位开关、制动装置、扭矩开关、开度计、手柄等,启闭速度一般为30s(小口径)至120s(大口径)。

ZBF010 止回阀的特性

ZBF012 逆止阀的维修内容

（三）逆止阀（止回阀或单流阀）

止回阀（图3-2-3）是指依靠介质本身流动而自动开、闭阀瓣，用来防止介质倒流的阀门，又称逆止阀、单向阀、逆流阀、和背压阀。为了满足水泵机组启动、停机以及正常工作时的安全和经济运行要求，在出水管道上需要安装截流阀、逆止阀等。止回阀属于

图3-2-3　止回阀

一种自动阀门，其主要作用是防止介质倒流、防止泵及驱动电动机反转，以及容器介质的泄放。

止回阀的种类可分为盖板式、蝶式和缓冲式，阀瓣呈圆盘状，绕阀座通道的转轴做旋转运动的是碟式止回阀。止回阀按阀板运动方式分为摆动式和升降式，升降式止回阀是安装于水平管路上的一种，一般均在小口径管道上使用。通过升降式止回阀的压力降大于旋启式止回阀的压力降。摆动式有普通式、缓闭式和急闭式，缓闭式又有旁通式和子母式。

二、逆止阀的维修

（一）逆止阀作用

在安装闸阀作为截流阀的情况下，通常需要安装逆止阀，以便在管内水流出现倒流时，逆止阀的阀板受管内反向水流的冲击和本身自重作用，在短时间内能自行关闭，从而隔断水流，以防止水泵机组倒转，也可以防止进水池出现溢流危险。另外，如果多台并联的各台水泵未安装逆止阀，任何一台水泵机组出现事故停机，其余机组也不能工作，否则将会使事故停机的机组倒转，减少泵站的出水量，影响泵站的经济和安全运行。蝶式止回阀只能安装在水平管道上，密封性较差。缓闭式止回阀是阀杆上连一个液压缸，通过控制液压油的流道通径来控制止回阀关闭速度。压紧式止回阀是作为锅炉给水和蒸汽切断用阀，具有升降式止回阀和截止阀的综合机能。卧式升降式逆止阀安装在水平管道上。立式升降式逆止阀安装在高压给水泵的出口管路上，防止给水倒流。

（二）逆止阀解体步骤

（1）松开盖板螺母，取下盖板，取出六合环挡圈。

（2）用专用工具将阀盖吊出阀体，取下填料压圈。

（3）将六合环分块取出。

（4）用专用工具将阀盖吊出阀体，取下填料压圈。对升降阀瓣可直接取出，检查阀芯与阀座接合面情况，确定修理方法。对旋起式阀瓣，可将其连接架之固定销轴取下，然后将阀瓣从连接架上取下，检查接触面情况。

（三）检查修理步骤

（1）检查阀体部分应无砂眼、裂纹及冲刷腐蚀等缺陷，发现后应进行补焊处理。

（2）阀座密封面应用手工或机械的方法研磨，消除其表面沟槽、坑点，使密封面达到规定的质量要求。

（3）阀瓣密封面的缺陷可用平板研磨，砂布研磨等方法消除，若缺陷较严重的阀瓣可送车床车光后，进行对研。

（4）对阀盖进行清理,去掉其体上的密封填料,将填料压环及各处打磨干净,检查阀盖密封体间隙符合要求,提升螺母应保证螺纹部分完好,螺母灵活好用。

（5）修理六合环,表面平整与卡槽间隙符合要求,否则应进行加工。

（6）对于阀瓣升降式阀门,阀瓣与定位套应全部打磨干净,除去锈垢,试验是否灵活。对于旋启式逆止阀,其固定销轴应完整、平直;与固定端连接可靠,垂直方向范围内自由抬起和下落,轴端不应有卡涩现象。

（四）逆止阀的组装

（1）将阀瓣置于阀体内,对旋启式逆止阀则将阀瓣与连接架用销轴连接可靠,然后将连接架与阀体内固定端用轴连接。

（2）将阀盖放入阀体内,按要求添加密封压好,填料压环套在阀盖密封部位,将填料压好。

（3）六合环分段装复各部间隙均匀,然后用挡圈防脱。

（4）将盖板装复压在六合环上,旋紧盖板上螺母,使自密封填料压紧。

（5）阀门及周围场地清扫干净。

ZBF008　安装法兰的注意事项

三、安装法兰的注意事项

（1）法兰密封面的形式有三种:平面密封面,适用于压力不高、介质无毒的场合;凹凸密封面,适用于压力稍高的场合;榫槽密封面,适用于易燃、易爆、有毒介质及压力较高的场合。

（2）阀门及配管的法兰面应无损伤、划痕等,并保持清洁。

（3）连接两个法兰时,首先要使法兰密封面与垫片压紧,由此保证靠同等的螺栓均匀应力对法兰进行连接。

（4）法兰的紧固要避免用力不匀,应按照对称、交叉的方向顺序旋紧。

ZBF009　安装阀门的注意事项

四、安装阀门的注意事项

阀门安装前,管道内部要清洗,除去铁屑等杂质,防止阀门密封座夹杂异物。

在安装阀门时,要确认介质流向、安装形式及手轮位置是否符合规定。阀门应是关闭状态。阀门安装还应该注意:

（1）减压阀要直立安装在水平管道上,各个方向都不要倾斜。

（2）升降式止回阀,安装时要保证其阀瓣垂直,以便升降灵活。

（3）旋启式止回阀,安装时要保证其销轴水平,以便旋启灵活。

（4）明杆闸阀,不要安装在地下,否则会由于潮湿而腐蚀外露的阀杆。

五、离心泵停泵后自动反转的原因及处理方法

（一）故障现象

离心泵停泵后,泵轴反转,泵压力表读数不归零。

（二）故障原因

（1）离心泵切断电源后,出现短时间反转后静止是正常的,这时泵前后压力已平衡。

（2）阀瓣与阀座密封面损坏。

（3）销轴磨损严重。

（4）阀瓣与摇臂变形。

（三）处理方法

（1）缓慢打开出口阀门，检查泵出口压力表是否有回压，判断止回阀是否失灵。

（2）对阀瓣与阀座密封面进行检修或更换止回阀。

（3）更换销轴。

（4）更换阀瓣与摇臂。

（四）技术要求

（1）选择与原止回阀型号相同的止回阀。

（2）关闭进出口阀门，切断水源，卸开法兰螺栓，取下止回阀。更换新的止回阀规格型号必须与原型号相同。

（3）用撬杠撬开法兰，在两法兰接口处加装石棉垫，更换的新止回阀安装方向要正确，不能装反。

（4）安装法兰螺栓，用双扳手对角紧固法兰螺栓。

（5）打开进口阀门做通水试验。

（五）注意事项

（1）更换止回阀必须进行通水试验。

（2）拆卸时防止机械伤害。

（3）止回阀安装时箭头应指向出口。

项目二　排除 SH 型离心泵轴承发热的故障

ZBC019　滚动
轴承的种类

一、滚动轴承

（一）滚动轴承的表示方法

轴承是当代机械设备中一种重要零部件，主要功能是支撑机械旋转体，降低其运动过程中的摩擦系数，保证其回转精度。轴承可分为滚动轴承和滑动轴承两大类，水泵站常用的是滚动轴承，滚动轴承结构一般由内圈、外圈、滚动体和保持架组成。滚动轴承的分类主要按滚动体形状、承载受力和结构分类，各个滚动轴承生产厂家其型号有较大差异。

代号代表象征滚动轴承的结构、尺寸、类型、精度等，代号的构成如下：前置代号，表示轴承的分部件；基本代号，表示轴承的类型与尺寸等主要特征；后置代号，表示轴承的精度与材料的特征；轴承内径用基本代号右起第一位、第二位数字表示。轴承内径一般为 5 的倍数，这两位数字表示轴承内径尺寸被 5 除得的商数。例如，轴承 312 中 3 表示滚动轴承，12 表示倍数，轴承内径为 12×5＝60mm。一般来说，常用数字代号表示轴承类型，这一数字常常是从右数第四位数字，具体数字代表的类型含义如下：0 代表深沟球轴承；1 代表调心球轴承；2 代表圆柱滚子轴承；3 代表调心滚子轴承；4 代表滚针轴承；5 代表螺旋滚子轴承；6 代表角接触球轴承；7 代表圆锥滚子轴承；8 代表推力球轴承；9 代表推力圆柱滚子轴承。

例如，某滚动轴承型号为 6201ZZCMR NS7S5，各字符含义如下：6 代表角接触球轴承；2 代表轻系列；01 代表轴承内圈内径为 12mm；R 代表静音等级；ZZ 代表轴承双侧附带铁质防尘盖;CM 代表电动机用径向内部游隙;NS7 代表轴承内部油脂标号;S 代表轴承内部油脂的填充量;5 代表轴承的包装是商业包装。

（二）滚动轴承的精度等级

《滚动轴承的通用技术规则》（GB/T 307.3—2017）规定,向心轴承（圆锥滚子轴承除外）精度分为 0 级、6 级、5 级、4 级、2 级,精度依次升高,相当于《滚动轴承一般技术要求》（GB/T 307.3—1984）规定 G 级、E 级、D 级、C 级、B 级。0 级精度最低,2 级精度最高。《滚动轴承的通用技术规则》规定,圆锥滚子轴承和推力轴承精度都分为 0 级、6 级、5 级、4 级。

实际工作中,常常沿用 G、E、D、C、B 等字母选用精度等级,一般 G 表示标准级或普通级,E 表示高级,D 表示精密级,C 表示超精密级。

二、滚动轴承的特性

ZBC018 滚动轴承的特性

滚动轴承（图 3-2-4）的优点如下：

（1）摩擦阻力小,灵敏,效率高,发热量小,启动阻力小,启动灵敏,润滑简单,耗油量少,维护保养方便。

（2）轴承径向间隙小,并且可用预紧的方法调整间隙,以提高旋转精度。

（3）轴向尺寸小,某些滚动轴承可同时承受径向荷载与轴向荷载。

（4）滚动轴承是标准件,可由专门工厂大批生产供应,使用、更换方便。

图 3-2-4　滚动轴承

滚动轴承的主要缺点如下：抗冲击性能差,高速时噪声大,工作寿命较短,结构不能剖分。

三、轴承发热的现象、原因及处理

ZBC020 轴承发热的原因

（一）故障现象

轴承温度超过允许值,轴承处有杂音或明显振动,具体检查项目及检测工具见表 3-2-1。

表 3-2-1　轴承发热原因检查表

序号	检查项目	标准	检测工具
1	轴承温度	<70℃	测温仪器
2	轴承或泵有无杂音	无异常响声	借助金属棒或螺丝刀用耳听
3	泵的振动	0.18~0.71cm/s	测振仪
4	轴封处泄漏	只允许滴状泄漏	秒表
5	联轴器同心度	0.06mm	塞尺和直尺

（二）故障原因

（1）轴承损坏,转动不灵活或轴承安装不当。

（2）轴承润滑不良。如润滑脂过多或太少,油环带油不正常、油质不合格。

（3）水泵平衡装置失灵,轴向力多由轴承承受。

（4）泵轴弯曲。

（5）机、泵不同心。

（三）处理方法

（1）前者需要更换轴承，后者需重新加工安装。

（2）彻底清洗轴承，换上适量合格的润滑油。

（3）检修平衡装置。

（4）检修、校正或更换泵轴。

（5）调整机泵联轴器同心度。

（四）技术要求

（1）检查联轴器的同心度应在规定范围内（端面间隙在 2~4mm 以内，径向偏差在 0.06mm 以内，轴向偏差 0.06mm 以内）。

（2）正确选用润滑脂，应更换同型号润滑脂，加注量为容积的 2/3，不能过多或过少。

（3）轴承方向不要装反，型号字母向外。

（4）轴承安装禁止歪斜或位置不当，会造成轴承发热。

（五）注意事项

（1）更换时不要进入杂质。

（2）拆卸轴承时，要使用专用工具（拉爪器）。

（3）安装轴承时要用专用套筒配合，严禁使用手锤直接敲打。

（4）拆卸时防止机械伤害。

（5）禁止明火。

项目三　潜水泵机组不出水或出水量不足的处理方法

ZBC021 潜水泵的适用条件

一、潜水泵的适用条件

QJ 型井用潜水泵（见图 3-2-5）运行使用条件：

（1）额定频率为 50Hz，额定电压为 380V 的三相交流电源。

（2）水泵进水口安装于动水位以下 10m 左右，但安装深度不宜过大，电动机下端距井底水深一般在 1m 以上，防止吸入沉沙。

（3）水温一般不高于 20℃。

（4）水质要求：水中含砂量不大于 0.01%（重量比）；pH 值为 6.5~8.5；氯离子含量不大于 400mg/L。

（5）要求井正直，井壁光滑，不得有井管错开。

ZBC022 潜水泵机组的保养要求

二、潜水泵机组的保养要求

（一）潜水泵机组的检查保养内容

（1）在不具备遥控、遥测条件下，应每天巡回检查一次，记录电压电流出口压力等数据，观察有无振动现象。

（2）各种状态下测量电动机绝缘电阻不低于 0.5MΩ。

（3）经常停用的泵每半月启动一次，每次 15min。

图 3-2-5 潜水泵

（二）潜水泵机组绝缘电阻下降的故障原因

1. 原因

（1）电缆外接头进水。

（2）绕组线绝缘损坏。

（3）充油式电动机贫油进水或信号线绝缘电阻下降。

（4）引出电缆损坏。

（5）定子屏蔽套损坏。

（6）引出电缆处静密封失效。

2. 排除方法

（1）重新处理电缆外接头。

（2）重新下线。

（3）重新干燥绕组或更换绝缘漆。

（4）检查损坏处并加以密封。

（5）修复屏蔽套。

（6）更换静密封零件。

ZBE014 潜水泵机组的检修要求

三、潜水泵机组的检修

（一）潜水泵机组的使用环境要求

（1）电源频率为 50Hz，额定电压为允差 ±5% 的三相交流电源。

（2）固体物含量（按质量计）不大于 0.01%。

（3）水泵进水口必须在水位 1m 以下，但潜水深度不超过静水位以下 70m，泵下端距井底水深至少 1m。

（4）要求井竖直，井壁光滑，井管不得错开。

(5)检查低压电动机定子、转子绕组各相之间和绕组对地的绝缘电阻,用 500V 兆欧表测量时,其数值不应低于 0.5MΩ,否则应进行干燥处理。

(二)潜水泵机组构造

潜水泵每级导流壳中装有一个橡胶轴承,叶轮用锥形套固定在泵轴上,导流壳采用螺纹或螺栓联成一体。潜水电动机轴上部装有迷宫式防砂器和两个反向装配的骨架油封,防止流砂进入电动机。潜水泵上部装有止回阀,避免停机水锤造成机组破坏。

(三)潜水泵机组检修的内容

定期检查潜水电泵对地的热态绝缘电阻。在正常连续运行 4~6h 后,停机用兆欧表测量电动机绕组对地绝缘电阻应>0.5MΩ。对于长时间停用的潜水电泵,使用前也应做这样的检查。

四、潜水泵常见故障原因及处理方法

(一)潜水泵电动机不转或电流过大

1. 故障原因

(1)电压过低;输电线过细或电源线过长,导致线路电压降过大。

(2)电动机定子与转子相擦,致使轴承磨损主轴下降,使叶轮与泵壳摩擦。

(3)电缆接头进水而短路,电动机进水而短路,保险丝烧断等。

(4)有水泵零件发生严重磨损、外来杂物卡住叶轮、轴有弯曲、单边磨损、止推轴承损坏、导轴承损坏等。

2. 处理方法

(1)调整电压到 360~420V,更换较粗的电缆线或调整电源线长度。

(2)检查电动机定子与转子,消除摩擦部位。

(3)检查电动机电气设备部分及电缆接头,消除短路隐患。

(4)检查水泵更换磨损零件。

(二)潜水泵不能启动

1. 故障原因

(1)电源电压过低。

(2)电缆线电压降过大。

(3)电源缺相。

(4)电动机定子绕组烧坏。

(5)水泵叶轮卡住。

(6)电动机定子与转子相擦。

2. 处理方法

(1)调整电压到 360~420V。

(2)更换较粗的电缆线。

(3)更换熔断的熔断丝、断裂的导线或损坏的铜铝过渡件等。

(4)更换绕组。

(5)拆开导向件,清除杂物。

(6)调整电动机轴平衡或转子车削。

(三)潜水泵突然停转

1.故障原因

(1)开关跳闸或熔断丝烧断。

(2)接线盒进水相线烧断。

(3)定子绕组损坏。

(4)叶轮卡住。

2.处理方法

(1)查出短路、过载等导致电流过大的原因,消除故障。

(2)重新装配接线盒,拧紧螺母。

(3)更换绕组。

(4)清除杂物。

(四)潜水泵机组不出水或水量不足

1.故障原因

(1)电压偏低。

(2)叶轮气隙太小。

(3)叶轮损坏或叶轮内有杂物更换叶轮或清除杂物。

(4)扬程太小。

(5)出水管损坏。

(6)转子与轴承之间松动,转子下移。

2.处理方法

(1)适当调高电压。

(2)减少垫片。

(3)更换叶轮或清除杂物。

(4)调整水泵的扬程范围。

(5)更换出水管。

(6)转子与轴承之间加上适当的垫片,使转子上移。

(五)潜水泵声音不正常

1.故障原因

(1)电泵入水太浅。

(2)叶轮与导向件响。

(3)甩水器与尼龙轴承座相摩擦。

(4)轴承损坏。

(5)缺相运转。

2.处理方法

(1)把电泵重新放入水下1~3m深处。

(2)调整位置或重新加工。

(3)更换甩水器垫片或尼龙轴承座。

> ZBC023 处理
> 潜水泵不出水
> 或水量不足故
> 障的方法

（4）更换轴承。

（5）检查线路，予以修复。

（六）潜水泵机组振动大

1. 故障原因

（1）电气设备方面。电动机内部磁力不平衡和其他电气系统的失调，常引起振动和噪声。如异步电动机在运行中，由定转子齿谐波磁通相互作用而产生的定转子间径向交变磁拉力，或大型同步电动机在运行中，定转子磁力中心不一致或各个方向上气隙差超过允许偏差值等，都可能引起电动机周期性振动并发出噪声。

（2）机械方面。潜水泵和电动机轴承磨损过大，转动部件质量不平衡、粗制滥造、安装质量不良、机组轴线不对称、摆度超过允许值，零部件的机械强度和刚度较差、轴承和密封部件磨损破坏，以及潜水泵临界转速出现与机组固有频率一直引起的共振等，都会产生强烈的振动和噪声。

（3）水力方面。潜水泵进口流速和压力分布不均匀，泵进出口工作液体的压力脉动、液体绕流、偏流和脱流，非定额工况以及各种原因引起的汽蚀等，都是常见的引起泵机组振动的原因。潜水泵启动和停机、阀门启闭、工况改变以及事故紧急停机等动态过渡过程造成的输水管道内压力急剧变化和水锤作用等，也常常导致泵房和机组产生振动。

（4）水工及其他方面。机组进水流道设计不合理或与机组不配套、潜水泵淹没深度不当，以及机组启动和停机顺序不合理等，都会使进水条件恶化，产生旋涡，诱发汽蚀或加重机组及泵房振动。采用破坏虹吸真空断流的机组在启动时，若驼峰段空气挟带困难，形成虹吸时间过长；拍门断流的机组拍门设计不合理，时开时闭，不断撞击拍门座；支撑水泵和电动机的基础发生不均匀沉陷或基础的刚性较差等原因，也都会导致机组发生振动。

2. 处理方法

（1）水泵安装高度过高，使得叶轮浸没深度不够，导致水泵出水量下降。

（2）电动机反转。

（3）出水阀门不能打开。

（4）叶轮或滤水网被杂物堵塞。

（5）水泵下端耐磨圈磨损严重或被杂物堵塞。

（6）抽送液体密度过大或黏度过高。

（7）叶轮脱落或损坏。

（8）水井涌水量不足，动水位下降过深。

（9）扬水管脱扣或破裂。

（10）水泵扬程低。

（11）多台水泵共用管路输出时，没有安装单向阀门或单向阀门密封不严。

五、深井泵吸水管的结构特点

ZBC024 深井泵吸水管的结构

深井泵泵壳由上导流壳、中导流壳与下导流壳三部分组成。导流壳是深井泵的重要过流部件，上、下导流壳各有一个，中导流壳数目比叶轮级数少一个。上导流壳用来连接中壳与扬水管，并把叶轮甩出的水引入扬水管中。叶轮位于中导流壳内，下导流壳用来连接中壳与吸水管,把水流导向叶轮。此外,在上、中、下导流完中心座孔内都装有用水润滑的橡胶轴承,以支撑泵轴并防止摆动和摩擦。吸水管下端连有滤水网,用来防止砂石及其他杂物进入水泵。水泵运行时,水从滤网经下导流壳流道进入叶轮,以逐级增加压力,最后通向扬水管至泵底座弯管排出。工作部分在井内至少要让 2~3 个叶轮浸入动水位以下,而滤水网一方面至少要比最低动水位低 0.5~1m;另一方面要离开井底不小于 2m 距离。

泵体部分主要由滤网吸水管、叶轮、导流壳、泵轴和核胶轴承等组成,是泵的工作部分,起吸水提水作用。叶轮可以有多个,开封无塔供水设备固定于同一根竖直的传动轴上。

六、深井泵电动机的制动方法

深井泵电动机的制动方法有机械制动和电气制动两种。

(一)机械制动

利用机械装置使电动机断开电源后迅速停转的方法称为机械制动。机械制动分为通电制动型和断电制动型两种。

(二)电气制动

电动机产生一个和转子转速方向相反的电磁转矩,使电动机的转速迅速下降的方法称为电气制动。三相交流异步电动机常用的电气制动方法有回馈制动、反接制动和能耗制动。

(1)反接制动。异步电动机反接制动有两种方法,一种方法是在负载转矩作用下使电动机反转的倒拉反转反接制动,这种方法不能准确停车。其优点是:制动力强,制动迅速。缺点是:制动准确性差,制动过。另一种方法是依靠改变三相异步电动机定子绕组中三相电源的相序产生制动力矩,迫使电动机迅速停转。

(2)能耗制动。当电动机切断交流电源后,立即在定子绕组的任意两相中通入直流电,迫使电动机迅速停转的方法称为能耗制动。当电动机切断交流电源后,仍惯性运转,立即在电动机定子绕组的任意两相中通入直流电,使定子中产生一个恒定的静止磁场,惯性运转的电动机转子切割磁力线,在转子绕组中产生感生电流,可用右手定则判断其方向。该感生电流又受到静止磁场的作用,从而产生电磁转矩,可用左手定则判断其方向正好与电动机原转向相反,使电动机受制动而迅速停转。由于这种制动方法是在定子绕组中通入直流电以消耗转子惯性运转的动能来进行制动的,所以称为能耗制动。能耗制动时,产生的制动力矩的大小与通入定子绕组中的直流电流的大小、电动机的转速及转子电路中的电阻有关。能耗制动具有制动准确、平稳,且能量消耗较小等优点。缺点是需附加直流电源装置、制动力较弱,低速时制动力矩小。因此能耗制动一般用于要求制动平稳、准确的场合,如磨床等精度较高的机床的制动。

七、深井泵配套机组的结构特点

长轴深井泵电动机有两种形式,一种为空心轴专用电动机;另一种为实心轴一般立式电动机。深井泵的空心轴电动机和实心轴电动机的轴承箱上均装有防逆转装置。电动机上部装有承受电动机重量和下部扬水管、泵体以及运行产生的轴向力平衡装置。泵座出水弯头上方装有填料函,其作用是防止压力水大量流出泵外。泵座和动力机部分,承受深井泵轴向力及全部井下部分质量,提供动力。泵座上的预润水管是深井泵启动前加预润水,润滑橡胶轴用的。

ZBC025 深井泵电动机的制动方法

ZBB030 深井泵配套机组的结构特点

ZBC026 深井泵的保养要求

八、深井泵的使用要求及常见故障处理

(一)深井泵使用要求

安装试车过程中,如未加引水,水泵出水前会产生振动。只要从泵座的润滑水孔通入清水(引水),保证轴与支架轴承预润,水泵的振动就会明显减弱。为保证深井泵的正常运转,叶轮与泵体间的轴向间隙可通过电动机上端的调整螺母来进行调整,避免由于泵轴伸长、轴向间隙减小而造成摩擦振动。例如,8JD 型长轴深井泵的轴向间隙一般为 6~12mm。叶轮与叶壳产生摩擦,造成水泵振动,需重新调整轴向间隙。深井泵电动机经常性检修三个月一次,清除内外积垢,用摇表测量绝缘电阻不低于 5MΩ;长期停用的深井泵每半月启动一次,每次运行 15min。

(二)深井泵机组振动原因及处理方法

(1)井弯。一般发生在水泵安装后初试车阶段。应及时安排修井。

(2)传动轴弯曲。此时可将水泵传动轴抽出,对其进行校直或更换。

(3)传动装置装配不正确。拆开传动装置重新装配,保证传动轴与传动装置中心线同心,即可消除振动现象。

(三)深井泵运行时电流大的原因及处理方法

1. 故障原因

(1)使用的流量超出使用范围会使深井泵过载。

(2)电动机的导轴承磨损、水泵的橡胶轴承磨损、密封环磨损、电动机或水泵的轴承磨损等因素,会使深井泵在机械上处于不正常工作状态,严重的会损坏水泵,使定子绕组烧坏。

(3)深井泵电动机的止推轴承磨损、水泵的叶轮和下盖板磨损,同样会使水泵在机械上处于不正常工作状态,严重的也会损坏水泵。

(4)转轴弯曲、轴承不同心。

2. 处理方法

(1)适当调整阀门,使其流量出在正常的使用范围内。

(2)修理或更换损坏的轴承和轴套。深井泵叶轮轴与橡胶轴承间隙应保持在 0.2~0.4mm。

(3)检查止推轴承磨损的原因,是否因轴伸出端机械密封损坏,造成砂粒、杂质等进入电动机内腔而造成止推轴承的过度磨损。如果是机械密封造成的原因,在修理或更换磨损的止推轴承、推力盘和叶轮、下盖板等零部件的同时,应更换轴伸出端机械密封。

(4)转轴弯曲、轴承不同心是一种严重的情况,应立即进行检修:校直弯曲的转轴、更换不合格的轴承,重新装配潜水泵,深井泵叶轮轴弯曲超过 0.5mm 时,应校直或更换。

项目四 根据水泵仪表读数判断离心泵的运转情况

ZBG001 压力表的选用方法

一、相关知识

(一)压力表的选用方法

水泵装置中一般均安装压力计,离心泵出口上的压力表(图 3-2-6)作用是观察离心泵

在工作中的运行情况。在机械振动较强的场合,应选用耐振压力表。在稀盐酸、盐酸气等具有较强腐蚀性、含固体颗粒、黏稠液介质等场合,应选用膜片或隔膜压力表。压力在-100~2400kPa时,应选用真空压力表。在易燃、易爆的场合,如需电接点信号时,应选用防爆电接点压力表。为防止水流直接冲击压力表,减轻指针摆动,影响读数,传递管应绕成防震弹性圈,接至压力表旋塞上。

ZBB036　压力变送器的使用条件

（二）压力变送器

压力是重要的工业参数之一,正确测量和控制压力对保证生产工艺过程的安全性和

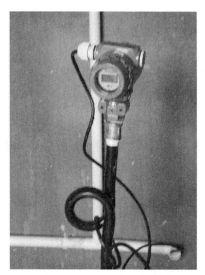

图3-2-6　压力变送器

经济性有重要意义。压力变送器(图3-2-6)本质上是惠斯顿电桥,是将检测出来的非电量(物理量)大小转换为相应的电信号,传输到显示仪表中进行监视和控制,并适用于各介质压力测量的场合。力学传感器的种类繁多,如电阻应变片压力传感器、半导体应变片压力传感器、压阻式压力传感器、电感式压力传感器、振弦式变送器、谐振式压力传感器及电容式加速度传感器等。但应用最为广泛的是压阻式压力传感器,它具有极低的价格和较高的精度以及较好的线性特性。

压力变送器的安装位置,应尽可能靠近取源部件并安装在光线充足操作和维护方便的地方。测量液体压力时,取压点应在工艺管道的下半部与工艺管道的水平中心线成0°~45°夹角。对于测量精度要求高、环境条件恶劣时宜选用智能式变送器。

ZBD018　根据水泵仪表读数判断离心泵机组运转情况的方法

（三）依据水泵仪表读数判断离心泵的运转情况

1. 真空表

真空表安装在负压进水的离心泵进水口处。

(1)真空表指针摆动过大,可能是入口处发生了汽化。

(2)真空表读数过高,可能是进水管路堵塞、吸水池水位降低等。

2. 压力表

压力表安装在单级离心泵出口和泵出水阀之间的管道上。

(1)压力表读数过低,可能是泵内部件工作不良,密封环严重磨损或泵进水系统不正常(如泵进水管部分堵塞,叶轮流道内有异物等),若外部用水量过大时,压力也会降低,对于新安装的水泵(或电动机),还应检查泵是否反转。

(2)压力表读数过高,多数情况是外部用水量减少所致(此时供水母管上的压力表读数也同时升高),但有时出水阀门损坏、闸板脱落,部分或全部堵塞泵出水管路,也会造成泵压力过高(此时供水母管上的压力表读数会下降)。

3. 电流表

(1)电流表读数过高。可能是因供水量大、泵内发生摩擦、电动机发生故障造成。

(2)电流表读数过低。水泵抽空不上水导致电流表读数过低,注意检查水池水位情况,

防止泵抽空。

二、技能要求

(一)准备工作

1. 设备

6SH 水泵机组 1 套。

2. 材料、工具

150mm×18mm 活动扳手 1 把,双头固定扳手 1 组,真空压力表 1 块,压力表 1 块。

3. 人员

1 人操作,持证上岗,劳动保护用品穿戴齐全。

(二)操作规程

1. 由真空压力表读数判断

(1)正确指出真空压力表的安装位置。

(2)真空压力表读数过高。正确判断是否因进水管路被堵塞或吸水池水位降低所致。

(3)真空压力表读数摆动过大。正确判断入口处是否发生汽化。

2. 由压力表读数判断

(1)正确指出压力表的安装位置。

(2)压力表读数过低。

① 正确判断泵内是否工作不良(密封环严重磨损)。

② 正确判断泵的进水系统是否正常(泵进水管部分堵塞,叶轮流道内有异物)。

③ 正确判断是否外部用水量过大。

④ 对于新安装的水泵应检查泵是否反转。

(3)压力表读数过高。

① 正确判断外部用水量减少(此时供水母管上的压力表读数也同时升高)。

② 正确判断出水阀门是否损坏、闸板是否脱落、出水管路是否部分或全部堵塞(此时供水母管上的压力表读数会下降)。

3. 由电流表读数判断

(1)电流表读数过高。正确判断是否因供水量大、泵内发生摩擦、电动机发生故障造成。

(2)电流表读数过低。正确判断是否因水泵抽空不上水所致。

(三)技术要求

(1)观察压力表计读数要准确并要熟知设备正常运转时的数值。

(2)根据压力表读数正确判断水泵运转情况。

(四)注意事项

(1)观察电气仪表时应与带电体保持安全距离。

(2)观察机组仪表时防止机械伤害。

项目五　处理闸阀关不严的故障

一、闸阀的维护与检修要求

ZBD001　闸阀
的维护要求

(一)闸阀的维护

对闸阀的维护可分两种情况,一种是保管维护,另一种是使用维护。

1. 闸阀的保管维护

闸阀保管维护的目的是避免闸阀在保管中损坏或降低质量。而实际上,保管不当是闸阀损坏的重要原因之一。

(1)闸阀保管应该井井有条,小闸阀放在货架上,大闸阀可在库房地面上整齐排列,严禁乱堆乱垛,避免法兰连接面接触地面。应避免由于保管和搬运不当,手轮打碎,阀杆碰歪,手轮与阀杆的固定螺母松脱丢失等不必要的损失。

(2)对短期内暂不使用的闸阀,应取出石棉填料,以免发生电化学腐蚀,损坏阀杆。

(3)对刚进库的闸阀,要进行检查,如在运输过程中进了雨水或污物,要擦拭干净,再进行存放。

(4)闸阀进出口要用蜡纸或塑料片封住,以防混入杂质。

(5)对能在大气中生锈的闸阀加工面要涂防锈油,加以保护。

(6)放置室外的闸阀,必须盖上油毡或苫布之类防雨、防尘物品。

(7)存放闸阀的仓库要保持清洁干燥。

2. 闸阀的使用维护

闸阀使用维护的目的,在于延长闸阀寿命和保证启闭可靠。

(1)阀杆螺纹经常与阀杆螺母摩擦,应涂抹黄甘油、二硫化钼或石墨粉,起润滑作用。不经常启闭的闸阀,也要定期转动手轮,对阀杆螺纹添加润滑剂,以防咬住。

(2)室外闸阀,要对阀杆加保护套,以防雨、雪、尘土锈污。如闸阀系机械待动,要按时对变速箱添加润滑油。

(3)要经常保持闸阀的清洁。要经常检查并保持闸阀零部件完整性。如手轮的固定螺母脱落,要配齐、不能凑合使用,否则会磨损阀杆上部的四方,逐渐失去配合可靠性,甚至不能开动。

(4)不要依靠闸阀支持其他重物,不要在闸阀上站立。

(5)阀杆,特别是螺纹部分,要经常擦拭,对已经被尘土弄脏的润滑剂要换成新的,因为尘土中含有硬杂物,容易磨损螺纹和阀杆表面,影响使用寿命。

(6)闸阀在养护时则需要处于关闭状态,确保润滑脂沿密封圈充满密封槽沟。

(二)闸阀的检修内容

ZBF011　闸阀
的检修内容

(1)清除阀内积垢,检查阀壳如有腐蚀、穿孔、裂纹应修补。

(2)检查阀杆和螺纹牙,螺纹锈蚀超过牙深的50%应更换,阀杆弯曲者需更换。

(3)更换硬化的填料。闸阀在开关过程中,原加入的润滑油不断流失。

检修保养时,需要更换阀杆上被尘土弄脏的润滑剂。焊接连接闸阀时,闸阀应处于微开的状态下进行。

二、闸阀的故障处理

(一)闸阀闸板脱落

导致闸板脱落的原因有 3 个：

(1)闸阀在关闭过程中用力过猛,闸阀过度关闭,造成阀板卡住,开阀时导致阀板脱落。

(2)阀杆与阀板连接失灵。即 T 形槽断裂或阀杆长方头断裂。闸阀采用阀杆长方头与闸板 T 形槽连接的形式,T 形槽内有时不加工,因此使阀杆长方头磨损较快。T 形槽加工时应去除棱角,两侧保留充分的结合面,以保证闸板严重偏移也不会从槽内脱离。

(3)闸阀阀杆水平安装,增加了闸板卡住的可能性。

ZBD002 闸阀掉板的判断方法

(二)闸阀掉板

(1)用管钳轻带阀杆转动,如一起转动说明阀板脱落。

(2)转动手轮,感觉闸阀开不到头或关不到底,可判断闸阀掉板。

闸阀掉板后,旋转手轮时扭矩变大,离心泵的运行电流变小,离心泵出口压力表读数变大,管线中的流量变小。

ZBD003 闸阀开不动的处理方法

(三)闸阀开关不动

1. 故障原因

(1)冷态下关的过紧,受热后胀住。

(2)填料压得过紧或压偏。

(3)阀杆与填料压盖的间隙过小而胀住。

(4)阀杆螺母螺纹损坏。

(5)阀杆弯曲。

(6)通过高温介质时润滑不良,阀杆严重锈蚀。

(7)闸阀的传动部位缺少润滑剂会造成传动系统卡壳。闸阀电动头及其传动机构中渗入雨水会使传动系统锈蚀。

2. 处理方法

(1)用力缓慢试开或开足时再关 0.5~1 圈。

(2)稍松填料压盖试开。

(3)适当扩大阀杆和填料压盖之间的间隙。

(4)更换阀杆与螺母。

(5)阀杆校直。

(6)高温介质通过的闸阀,采用纯净石墨粉作润滑剂。

(7)闸阀开不动时,可在阀杆(明杆)填料处及螺母处涂上柴油或润滑油,用锤子轻敲阀杆顶部。目的是使阀杆与盖母或法兰之间产生微小间隙。闸阀开不动时,也可用扳手或管钳对称轻带手轮,但用力不可过猛。

ZBD004 闸阀关不严的处理方法

(四)闸阀关不严

1. 故障原因

(1)有杂质卡在密封面。

（2）阀板顶楔脱落。

（3）阀杆螺纹生锈。

（4）闸阀密封面被破坏。

2. 处理方法

（1）反复开关闸阀，增大流速，冲走异物。若不见效，可将连接管割开，取出异物。

（2）松开阀体与阀盖连接螺栓，更换新阀板或装好脱落的阀板顶楔。

（3）反复开关几次闸阀，同时用小锤敲击阀体底部。

（4）密封面损坏多次开关仍然关不紧的情况，应报修。

3. 注意事项

（1）阀板下面有异物不应用力强行关闭以免损坏支架。

（2）驱动手轮阀杆，要用管钳。

（3）更换新阀板或装好脱落的阀板顶楔时要对角螺栓紧固。

项目六　排除离心泵运行时发生振动和噪声的故障

一、离心泵发生振动的处理方法

离心泵的故障通常是由于产品质量问题，选型与安装不正确，操作维护不当，或长期使用后水泵零件的磨损或损坏等所引起。以下为离心泵常见的故障及其排除方法。

（一）离心泵运行时发生振动和噪声

水泵振动，往往是事故的先兆，如果机组振动较大伴有噪声，应立即停机，查找原因，消除隐患。

1. 故障现象

机组振动较大并伴有噪声，泵压力表指针摆动大。

2. 故障原因

（1）地脚螺栓松动或没填实。

（2）安装不良，联轴器不同心或泵轴弯曲。

（3）水泵产生汽蚀。

（4）轴承损坏或润滑不良。

（5）叶轮损坏或不平衡。

（6）叶轮清除堵塞。

（7）叶轮安装方向错误。

（8）泵内有严重摩擦。

（9）基础松软。

3. 处理方法

（1）停机后拧紧并填实地脚螺栓。

（2）停机后找正联轴器校直或换轴。

（3）水泵应降低吸水高度，减少水头损失。

（4）停泵后修理或更换轴承，或加注润滑油。

（5）停泵后修理或更换叶轮，或对叶轮进行静平衡试验。

（6）清除堵塞物。

（7）更正叶轮安装方向。

（8）停泵后检查摩擦部位。

（9）停泵后加固基础。

4. 技术要求

（1）检查联轴器的同心度，应在规定的范围内（端面间隙在 2~4mm 以内，径向偏差在 0.06mm 以内，轴向偏差 0.06mm 以内）。

（2）检查叶轮静平衡，应在规定的范围内（偏重不大于 6g）。

（3）检查泵轴弯曲沿轴向测量，应在规定的范围内（径向跳动量中间不大于 0.05mm，两端不大于 0.02mm）。

5. 注意事项

（1）应正确使用游标卡尺和百分表，防止量具损坏。

（2）测量后的量具应妥善保存。

（3）操作时防止机械伤害。

（4）机泵不同心造成机组振动和噪声时应采用以水泵轴线为标准，调整电动机方法排除。

ZBC016 离心泵泵耗功率大的原因及处理方法

（二）离心泵泵耗功率过大

1. 故障原因

（1）机泵匹配不合理，改造后的泵或更换的泵，其压力和排量比原泵都有所提高，而电动机的配用功率太小或叶轮外径尺寸过大会使离心泵扬程高，耗功率过大。

（2）泵出口阀门开得过大，泵压过低，泵排量超过铭牌规定值太多，偏离工作点太多。

（3）填料压得过紧。

（4）电源电压过低，电流超过额定值。

（5）电动机或泵严重不同心，振动严重。

（6）泵内转子和定子部件摩擦严重。

（7）电动机转子窜动，位置不正，轴颈台阶与轴瓦端面或联轴器与油封盖相磨。

（8）联轴器缓冲减震胶圈过紧，泵前窜推动电动机联轴器与轴承封盖相磨。

（9）泵平衡盘没打开，发生严重研磨，平衡回水管发烫。

（10）泄压套或平衡盘径向间隙过小，偏摆过大，运转中磨损。

（11）泵启动时，内部出现严重故障，如口环、衬套脱落或配合间隙过小。

（12）泵轴刚性太差，弯曲变形。

另外，泵转速过高以及输送液体相对密度超过原设计值时，都会使离心泵泵耗功率过大。

2. 处理方法

（1）依据现场情况，及时采取相应措施予以处理：

① 与供电单位取得联系，将供电电压调整到规定范围内。

② 调整出口阀门开启度,使之运行在正常工况点。

③ 适当控制泵压和排量,减少电动机运行电流。

④ 调整填料压盖松紧度。

(2)如采取以上措施仍不能消除的,应停泵进行检查处理:

① 重新放空,排净泵内空气。

② 检查调整润滑油路压力,检修或更换轴瓦。

③ 更换联轴器减震胶圈。

④ 检修或更换平衡盘。

⑤ 进行大修作业,检修更换损坏的零部件。

⑥ 配合专业队伍处理电动机故障。

(3)向上级生产管理部门和设计单位,提出改进泵机组不匹配的意见和建议:

① 更换电动机。

② 叶轮减级或切削叶轮。

(三)离心泵不能启动或启动后轴功率过大

水泵不能启动或启动后轴功率过大的原因和排除方法如下:

(1)填料压得太紧,泵轴弯曲,轴承磨损,排除方法是松一点填料压盖,校直泵轴和更换轴承。

(2)平衡孔堵死或多级泵平衡室上的回水管堵死,排除的方法是消除堵塞平衡孔的杂物和疏通回水管。

(3)泵、机联轴器间隙太小,运行时两轴相顶,排除方法是调整两联轴器之间的间隙。

(4)电压太低,造成启动困难,排除方法是检查电压低的原因,提高电压。

(5)流量过大,超出使用范围时,排除方法是关小出口阀门,减少流量。

二、水击

(一)水击(锤)的概念

在压力管道中,流速由于外界原因(如关闸、停泵)突然变化,将引起水流动量的急剧变化,管内水流将产生一个相应的冲击力,该力作用在管壁和部件上,急剧的压力交替升降有如锤击,故称水击(锤)。

水泵站中水锤包括启动水锤、关闸水锤和停泵水锤。正常情况下,前两种水锤不会引起事故。而突然停电等原因引起停泵水锤往往压力较大,严重时可使得水管破裂漏水造成事故。研究水锤的目的是求出最高和最低水锤压力,校核管路和设备的强度,合理地选择防护措施,防止水锤事故的发生。

(二)水泵站产生水击的原因

ZBD019　水击产生的原因

1. 启泵、停泵

用启闭阀门改变水泵转速或改变叶片角度调节流量时,尤其在迅速操作使水流速发生急剧变化的情况下,可产生水击现象。

(1)单管向高处输水,当供水地形高差超过 20m 时,就要注意防止停泵水击事故。

(2)水泵总扬程(或工作压力)大,容易发生停泵水击事故。

(3)输水管道内流速过大,容易发生停泵水击事故。

(4)输水管道过长,且地形变化大,容易发生停泵水击事故。

(5)在自动化泵站中阀门关闭太快,容易发生停泵水击事故。

2. 事故停泵

在运行中的水泵动力突然中断时停泵,较为多见的是配电系统故障、误操作、雷击等情况下的突然停泵,这种情况产生的水击危害性较大。

(1)由于电力系统或电气设备突然发生故障,人为误操作等致使电力供应突然中断。

(2)雨天雷电引起突然断电。

(3)水泵机组突然发生机械故障,如联轴器断开,水泵密封环被咬住,致使水泵转动发生困难,而使电动机过载,由于保护装置的作用而将电动机电源切断。

(4)在自动化泵站中,由于维护管理不善,也可能导致机组突然停电。

（三）停泵水击产生的过程

ZBD020 停泵水击产生的过程

在水泵压水管上有设止回阀和不设止回阀之分,因此停泵水击变化过程也不相同。前者压水管中的水不倒泄,水泵不反转;后者水倒泄,水泵反转。

1. 压水管上不设止回阀的情况

当突然停泵,其水锤过程可分三个阶段:

(1)水泵工况(水泵正转,水正流):水泵突然失电,水泵转数降低,流量减少,管内压力迅速下降,直至流量由 Q 变为零止。这一阶段称为水泵工况。

(2)制动工况(水泵正转,水倒流):当管中流量停止正向流动,瞬时静态的水,由于受重力和静水头的作用开始倒流。倒流的水体对仍在正转的水泵叶轮起制动作用,使水泵转数继续下降,直至为零。由于水流受到正转叶轮的阻碍,管中压力开始升高。这一阶段称为制动工况。如果机组惯性很小,在反向水流到达水泵前,水泵已停止转动,这时,就不存在制动工况。

(3)水泵机组工况(水泵反转、水倒流):在倒泄流量的作用下,水泵开始反转并逐渐加快,由于静水头作用力的恢复,泵内水压也不断升高,泵内压力迅速达到最大值,相应的转数也达到最大值,然后在出水池静水头作用下达到稳定,机组以恒定的反转数和倒流量下运行。

2. 压水管上设有止回阀的情况

水泵出口处设有止回阀的抽水系统。停泵后,止回阀很快关闭,因而引起很大的压力变化。止回阀处的最高水击压力为190%,其增加90%;最大降压也为90%。这种带有冲击性的压力突然升高能击毁管路或设备,造成停泵水击事故。

3. 拉断水柱水击的情况

发生水击时,当水击压力的负压低于该温度下水的汽化压力时,会产生汽化,水柱被拉断。当水击正压波到来时两侧水柱同时倒流而相碰,瞬间压力骤然上升到几十个大气压,可能破坏管道或设备,造成不同程度的水击事故。

（四）停泵水击可造成的危害

ZBD021 停泵水击的危害

水击引起的压强升高值可达到正常工作压强的十几倍甚至上百倍,因而具有很大的破坏性。可使阀门破损,管道接头断开,甚至管道爆裂,造成"跑水";严重时,可造成泵房被淹,有的还会引起次生灾害,如冲坏铁路、中断运输;还有设备被打坏,伤及操作人员,甚至造成人身死亡的事故。在水泵出口处无止回阀产生停泵水击时,倒回的水流会冲击水泵倒转,有可能导致轴套退螺纹(为螺纹连接时)。

(五)水击的防护措施

ZBD022　停泵水击的预防措施

1. 防止拉断水柱的措施

(1)进行泵站压水管路设计时,应尽可能降低管中流速。

(2)敷设管路时应尽量避免局部突起,以防出现负压过大而引起水柱分离。

(3)在管路可能产生水柱分离处设置充水箱,当产生停泵水锤时管内压力降低,从充水箱中补水,避免管中压降过大而形成水柱分离。

2. 防止增压过高的措施

(1)设置水锤消除器。水锤消除器是具有一定泄水能力的安全阀,安装在止回阀出水侧。当停泵水锤发生时,管内压力先开始降低,水锤消除器上的阀板在重锤的作用下打开,当升压时,将管路内一部分水泄出,从而减弱增压过大,达到保护管路的目的。

它的工作过程如下:当管路工作正常时,管内水流作用在阀板上的压力大于阀体自重和重锤的下压力,阀板与阀体密合,消除器处于关闭状态。突然停电时,管内水流压力下降,在重锤的作用下,阀板迅速下落到分水锥内,消除器打开,当回冲水流到达时,部分水流从消除器排水口放出,减少了水锤压力。这种消除器结构简单,动作可靠,开启迅速,其缺点是消除器打开后不能自动复位,浪费部分水量,若操作不当消除器可能不动作或者产生二次水锤。选择消除器可近似用下式估算:

$$d = 0.25D$$

式中　d——消除器进口直径,mm;

　　　　D——管路直径,mm。

(2)在管道上设置自动排气阀或设置空气缸。管路上装置空气缸,利用气体体积与压力成反比的原理,当发生水锤时,管内压力升高,空气被压缩,起气垫作用;当管内形成负压,甚至发生水柱分离时,它又可以向管内补水,可以有效地消除停泵水锤的危害。

(3)设缓闭止回阀。一般由止回阀和缓闭机构组成,其形式较多。当突然停泵时,通过传动机构让止回阀逐渐关闭。这样即可允许部分水通过水泵倒流,相当于水锤消除器作用,减弱了水锤强度。

3. 运用延长阀门关闭时间来防止水击

从水击的产生过程中得知,水流的截止时间越长,压降波的消耗作用越大,水击压强就越小,所以在停泵前或在正常运行中要缓慢关闭门,以便消除水击造成的危害。

启动时先排气,阀门微闭或半闭时停泵。

4. 运用限制管中流速的方法防止水击

流速越小,水击压强值就越小,因此减小管中流速值可减小水击压强值,在流量一定的情况下,管径选择较大一些,相比流速就小,从而减小水击压强值。

三、轴向力平衡装置

(一)轴向力平衡

单吸式离心泵由于其叶轮不对称,叶轮后盖板承受的水压力较前盖板大,因此产生一个指向进水侧的轴向推力。此轴向推力随着泵的增大和扬程的增高而增大。该轴向推力作用在叶轮上,可能导致泵轴的轴向窜动或叶轮紧固螺母松动,引起前轮盘和泵壳产生摩擦。为平衡此轴向力,一般扬程较高的单吸式离心泵在后轮盘上开有 6 个平衡小孔,并在后盖板上加装减漏环。压力水经此减漏环时压力下降,并经平衡孔流回叶轮,使叶轮前后轮盘上的压力达到平衡。此法构造简单,方便易行,但叶轮槽道中的水流受到平衡孔回流水的冲击,使水力条件变差,水泵效率降低。所以一般小型低扬程泵因其产生的轴向推力不大,均不开平衡孔。

(二)水泵运行时轴向力的产生及危害

ZBE004 单级单吸离心泵的轴向力

因为水泵运行时叶轮两侧承受压力不平衡,所以会产生轴向力。轴向力会使叶轮和轴发生窜动。叶轮与泵壳发生摩擦,造成零件损坏。

ZBE005 分段式多级离心泵的轴向力

(1)单级泵平衡轴向力的方法有平衡孔、平衡管和采用双吸式叶轮三种。前两种方法的目的是使叶轮后的压力等于叶轮前的压力,从而使轴力平衡,为了把叶轮后的压力降下来,叶轮后盖板还设有密封环,其直径与前盖板密封环相等;后一种方法是自身达到平衡,尽管如此,轴向力并不能完全平衡,所以部分轴向力由止推轴承承担。

(2)对于分段式多级离心泵,其轴向推力将随叶轮个数的增加而增大。为了消除轴向力,在末级叶轮后面的泵轴上装有平衡轴向力的平衡盘。用键固定在泵轴上,随轴一起转动。最后一级叶轮出口的部分高压水经缝隙进入空室,再经缝隙进入减压室,最后经水管流回第一级叶轮的进水侧。由于平衡盘后的水与进水侧相通,所以盘后的水压与叶轮进口水压基本相等,这样使轴向推力自动得到了平衡。

分段式多级离心泵的平衡盘用键固定在泵轴上。为了平衡轴向力,分段式多级离心泵的平衡盘装在末级叶轮后面。在水泵运行中,由于水泵的出水压力是变化的,因此轴向力也是变化的,分段式多级离心泵各级叶轮均为单侧进水,且吸入口朝向一边,其轴向力将随叶轮个数的增加而增大。当轴向力大于平衡力时,叶轮就会向左移动,轴向间隙减小,但因径向间隙是始终不变的,这样,水流流过径向间隙的速度减小,从而提高了平衡盘前面的压力,使平衡力增加,叶轮不断向左移动,平衡力就不断增加,直至与轴向力平衡时,叶轮就不再向左移动。反之,当轴向力小于平衡力时,叶轮向右移动,轴向间隙增大,平衡力减小,直至与轴向力平衡时,叶轮不再向右移动,由此可见,平衡盘装置可自动地平衡轴向力。分段式多级离心泵运行中,平衡盘始终处于一种动态平衡之中。对于水平中开式多级离心泵,因其叶轮为两两对称布置,其轴向力可自行平衡,故不必再设轴向力平衡装置。

ZBE003 深井泵的检修要求

四、深井泵的检修要求

从井中提水的水泵称为井用水泵。井用水泵类型很多,下面主要介绍长轴深井泵和潜水电泵。长轴深井泵一般为立式单吸多级离心泵,其上部的管接头与输水管相连,其叶轮装在井中动水位以下,动力机设置在井上,通过传动长轴驱动叶轮在导流壳内旋转,水流沿导流壳与叶轮之间的流道,经输水管向上提升到地面。而潜水泵机组是机泵合一潜入水中运行的一种水泵,它由四部分组成:水泵(上部)、进水口(中部)、电动机(下部)和密封装置,与长轴井泵相比省去了长的传动轴和轴承支架,因此可节省大量钢材,结构紧凑,安装、维修方便,效率较高。

(一)长轴深井泵结构

深井泵是用来抽升深井地下水的。JD 型深井泵由三大部分组成,即滤网吸水管和泵体部分、扬水管和传动轴部分、泵座和电动机部分。前两部分位于井下,后一部分位于井上。

(1)滤网吸水管和泵体部分:主要由滤网吸水管、叶轮、导流壳、泵轴和橡胶轴承等组成,是泵的工作部分,起吸水、提水作用。

(2)扬水管和传动轴部分:主要由扬水管、传动轴、支架、橡胶轴承、联轴器等组成,起输水和传递动力作用。扬水管是由多节管段组成,管段与管段之间可用法兰盘或螺纹连接。传动轴通过扬水管中心并由橡胶轴承支撑。整个泵轴是由许多单个短轴,采用联轴器将它们连为一整体。

(3)泵座和电动机部分:主要由泵座、电动机等组成,起提供动力,承受水泵轴向力和支撑全部井下部分重量等作用。泵座上设有出水弯管,泵座中部轴穿出处设有填料密封装置,泵座四周用地脚螺栓将其固定于基础上,电动机或传动装置安装于泵座之上。

(二)深井泵维护

为了保障深井泵的正常可靠运行,延长使用寿命,减少在使用中发生事故,平时必须加强对深井泵的维修维护,定期对深井泵及其控制系统进行全面的维护保养,每年至少做一次全面的预防性检修。

机械方面的日常维护包括以下几方面:

(1)经常检查深井泵的机械密封情况,对各种密封件,如密封圈、加油螺钉、密封盒等都要进行检查,对已磨损的部件和密封性能差的部件,要及时维修或更换,发现松动的要及时拧紧,密封不牢的要及时更换新件,以确保使用安全。

(2)防止发生深井泵锈蚀,如泵的表面受损脱漆,应及时清除锈迹,涂抹防锈漆加以保护。

(3)定期检查深井泵的轴承情况,看轴承有无磨损、是否缺油、是否有跑内圈或跑外圈的情况、是否要更换。

(4)深井泵一般每使用两年就要进行一次全面检查养护,可通过机械运转发出的声音来初步检查深井泵各部件是否正常。检查叶轮有无磨损或汽蚀、轴是否生锈变形或磨损、电动机内外紧固螺栓有无松脱、泵口及周围有无泥砂沉积或堵塞等。

(三)深井泵检修

检修深井泵的目的是为了及时查出深井泵各部件存在的毛病及缺陷,并加以修理和更换以保证下井后深井泵能正常生产。

深井泵检修的内容包括:

(1)清洗深井泵各零件、部件。

(2)检查深井泵游动阀和固定阀严密程度,并且研磨阀球和阀座。

(3)检查工作筒的同心度,检查活塞表面光滑程度和尺寸垂直度,检查衬套尺寸,表面光滑程度及两者相互配合的严密程度。

(4)组装衬套及各部件。

(5)做泵的耐压试验并检查漏失量。

(6)经上述工作后,达到下井要求者,填写合格证。

模块三　检修水泵站设备

项目一　加注水泵、电动机轴承润滑油(脂)

一、相关知识

ZBE001 离心泵二保的内容

(一)离心泵二保的内容

离心泵运转时间累计达到5000h时需进行二级保养,保养时必须停泵检查,时间相差不能超过24h。

(1)二保的内容包括一保的全部内容。

(2)清扫,检查或更换叶轮导叶等。

(3)更换平衡盘,平衡环(多级泵)。

(4)更换密封。

(5)检查或更换轴承。

(6)检查轴承和机座。

(7)更换其他不能保持到下次二保的零件。

ZBE002 离心泵大修的内容

(二)离心泵大修的内容

(1)离心泵连续运转10000h时进行大修。大修内容中包括一保、二保的全部保养内容。

(2)解体泵,详细检查所有的零部件,检查磨损腐蚀情况:

① 检查叶轮腐蚀及磨损情况,测量叶轮静平衡。

a. 目测叶轮腐蚀情况,叶轮内外壁有麻坑、腐蚀严重或有汽蚀现象应更换叶轮。

b. 目测叶轮有无磨损变薄现象,用游标卡尺测量磨损量超过原尺寸的20%应更换叶轮。

② 检查泵轴腐蚀磨损情况,检查泵轴挠度、泵轴弯曲变形程度、静配合表面磨损情况、轴的表面腐蚀磨损情况、动配合轴颈磨损情况。

a. 目测泵轴腐蚀情况,泵轴外径有麻坑、腐蚀严重应更换泵轴。

b. 将泵轴放在泵轴校直机上,用百分表测量泵轴中间位置,挠度超过0.1mm应使用校直机校正,直到合格为止。

③ 检查滚动轴承的内圈与泵轴的配合是否符合标准。应使用内径百分表和外径千分尺测量,内圈与泵轴的配合过盈量应符合规定,否则应更换轴承或轴。

④ 检查泵体及泵盖内部水道腐蚀磨损情况。测量测量密封环与导翼或泵段的配合,要求其过盈为0.03~0.1mm 有固定螺栓的应无松动。

⑤ 检查前后轴套,表面应无严重磨损,磨损严重应进行更换。

(3)安装后检查泵的振动不应大于 0.06mm。机泵同心度径向偏差不大于 0.06mm,端面间隙为 4~6mm,端面偏差不大于 0.06mm。

二、技能要求

(一)准备工作

1. 设备

水泵机组 2 套。

2. 材料、工具

钙基润滑油(脂)适量,钠基润滑油(脂)适量,30 号机油若干,200mm 活动扳手 1 把,拉爪器 1 副,150mm 螺丝刀 1 把。

3. 人员

1 人操作,持证上岗,劳动保护用品穿戴齐全。

(二)操作规程

1. 选择水泵、电动机轴润滑油(脂)

(1)电动机轴承加钠基脂。

(2)水泵轴承加钙基脂。

(3)钙基脂不溶于水、不耐高温。

(4)钠基脂溶于水、耐高温。

(5)钙钠基脂耐水、耐高温。

2. SH 型水泵及电动机加润滑油(脂)

(1)打开水泵轴承盒在注油孔加装钙基脂。

(2)打开电动机轴承压盖加装钠基脂。

3. IS 型水泵及电动机加润滑油(脂)

(1)选择润滑油(脂):水泵选择 30 号机油,电动机选择钠基脂。

(2)加装润滑油(脂):打开水泵加油孔,将油加入轴承箱,加至观测孔刻度以下或容积 2/3;打开电动机轴承压盖加装润滑脂,加装量为容积的 2/3。

(三)技术要求

(1)正确选择润滑油(脂)型号。

(2)水泵轴承盒在注油孔加装钙基脂的量应为容积的 1/2~2/3。

(3)电动机轴承盒加装钠基脂的量应为容积的 1/2~2/3。

(四)注意事项

(1)水泵加入钙基脂润滑油(脂),电动机加入钠基油(脂),不能加混乱。

(2)更换时不应进入杂质。

(3)拆卸时防止机械伤害。

项目二　拆卸 IS 型离心泵

一、相关知识

ZBA001 容积泵的工作原理

(一) 容积泵的工作原理

水泵按其作用和工作原理可分为叶片泵、容积泵和其他水泵。叶片泵是利用回转叶片与水的相互作用来传递能量,有离心泵、轴流泵和混流泵等类型,离心泵的工作原理就是利用离心力甩水,使液体获得动能和势能。容积泵是靠工作室容积周期性变化输送液体的。容积泵是通过改变腔室容积从而提供能量供给液体。往复泵是容积泵的一种,是依靠在泵缸内作往复运行的活塞来改变工作室的容积,从而达到吸入和排出液体的目的。它在启动时与离心泵不同的是,往复泵在启动前必须打开出口阀,而离心泵在启动时必须关闭出口阀,且离心泵在启动时必须向泵内注水和排气。这些水泵在运行时都需要注意汽化造成的汽蚀。汽化与输水压力和温度有关,当水泵输送水的压力一定时,输送水的温度越高,对应的汽化压力越高,水就越容易汽化。

ZBA002 容积泵的分类

(二) 容积泵的分类及作用

1. 容积泵的分类

容积泵分为往复泵和回转式容积泵两大类。回转式容积泵又分为齿轮泵、旋转活塞泵、螺杆泵和滑片泵等。回转式容积泵具有转数低、效率高、自吸能力强、运转平稳、部分泵可预热等特点,广泛用于高黏介质的输送。

回转式容积泵与往复泵相比,回转式容积泵没有吸、排液阀,由于高黏度液体对阀门的正常工作有影响,因此泵效随黏度提高而快速降低,而且在输送液体黏度提高时,泵转数的下降比往复泵小,因而,在输送高黏度液体或液体黏度变化较大时,采用回转式容积泵比采用往复泵更为适宜。

ZBA003 容积泵的作用

2. 容积泵的作用

水泵是输送和提升液体的机器,是转换能量的机械设备,它把原动机的机械能转换为被输送液体的能量,使液体获得动能和势能。往复泵在启动时与离心泵不同点是,往复泵有自吸能力,不论泵内是否有空气,只要将泵启动,泵就能吸入液体和排出液体。所以启动往复泵时必须先打开出口阀,否则会因憋压发生事故,而离心泵在启动时必须关闭出口阀。

ZBA004 其他类型水泵的工作原理

3. 其他类型水泵的工作原理

轴流泵是利用叶轮旋转时叶片对水产生的推力来工作的。混流泵是利用叶轮旋转时使液体产生的离心力和叶片对液体产生的推力这双重作用来工作的。轴流泵和混流泵的适用范围侧重于低扬程、大流量。

ZBA005 分段式多级离心泵的分类

(三) 分段式多级离心泵

1. 分类

离心泵根据泵壳结合缝形式可分为垂直接缝(分段式)和水平接缝(中开式)两种泵型。

ZBC003　分段式多级离心泵的使用范围

2. 使用范围

分段式多级离心泵的扬程一般为 100~650m,流量一般为 5~720m³/h,口径一般为 50~250mm。分段式多级离心泵一般使用在中、小型高扬程的供水泵站。分段式多级离心泵的特点是流量小、扬程高,但结构较复杂,拆装较困难。

ZBC006　分段多级离心泵的结构

3. 结构

分段式多级离心泵安装时,第一级叶轮出口与导叶轮间隙大于第二级的,这是考虑到运行时的转子和静止部件相对热膨胀。分段式多级离心泵是一种垂直剖分多级泵,它由一个前段、一个后段和若干个中段组成,并用螺栓连接为一体(图 3-3-1)。

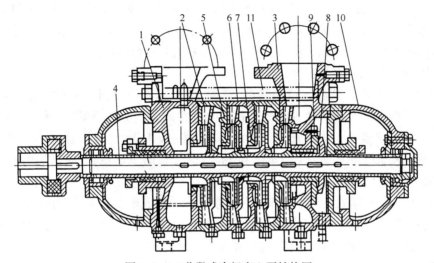

图 3-3-1　分段式多级离心泵结构图

1—进水段;2—中段;3—出水段;4—泵轴;5—叶轮;6—导叶;
7—密封环;8—平衡盘;9—平衡环;10—轴承部件;11—穿杠螺栓

ZBC001　单级单吸离心泵的使用范围

(四)单级单吸离心泵的使用范围和特点

叶片泵是利用工作叶轮的旋转运动来输送液体的。叶片泵中,只有一个叶轮且叶轮一侧进水,这种泵称为单级单吸离心泵。IS 型单级单吸离心泵采用最先进的水力模型,根据 IS 型离心泵的性能参数和立式泵的独特结构组合设计,并严格按照国际 ISO2858 进行制造。IS 型单级单吸离心泵,供输送清水或物理化学性质类似于水的其他液体之用,温度不高于 80℃。单级单吸离心泵一般使用在中、小型泵站,此类泵的扬程从几米到几十米,流量为 6~400m³/h,口径一般为 50~200mm,泵的效率为 30%~80%。

ZBC004　单级单吸离心泵的组成

(五)单级单吸离心泵的组成

离心泵由六部分组成,分别是叶轮,泵体,泵轴,轴承,密封环,填料函。

(1)叶轮是离心泵的核心部分,它转速高、出力大,叶轮上的叶片又起到主要作用,叶轮在装配前要通过静平衡实验。叶轮上的内外表面要求光滑,以减少水流的摩擦损失。

(2)泵体也称泵壳,它是水泵的主体。起到支撑固定作用,并与安装轴承的托架相连接。

(3)泵轴的作用是借联轴器和电动机相连接,将电动机的转矩传给叶轮,所以它是传递机械能的主要部件。

（4）轴承是单级单吸离心泵支撑转动部分的重量以及承受泵运行时的轴向力和径向力的部件。滑动轴承使用透明油作润滑剂,加油应注意油位线,太多油会沿泵轴渗出,太少油轴承又会过热烧坏造成事故。在水泵运行过程中轴承的温度最高为85℃,一般运行温度为60℃左右。

（5）密封环又称减漏环、承磨环。

（6）填料函是一种轴封装置。填料函主要由填料、水封环、填料筒、填料压盖、水封管组成。填料函的作用主要是为了封闭泵壳与泵轴之间的空隙,不让泵内的水流流到外面来,也不让外面的空气进入到泵内。始终保持水泵内的真空,当泵轴与填料摩擦产生热量就要靠水封管注水到水封圈内使填料冷却,保持水泵的正常运行。所以在水泵的运行巡回检查过程中对填料函的检查特别要注意,在运行600h左右就要对填料进行更换。

（六）单级单吸离心泵各部件的作用

ZBC005 单级单吸离心泵各部件的作用

ZBE008 填料压盖与泵轴的间隙

IS型单级单吸离心泵具有结构简单、维修方便、体积小、质量小、成本低等特点。IS型单级单吸泵的泵体和泵盖的部分是从叶轮背面处剖分的,即通常所说的后开门结构形式。其优点是检修方便,检修时不动泵体、吸入管路、排出管路,退出转子部件即可进行检修。泵的壳体(即泵体和泵盖)构成泵的工作室,叶轮、轴和滚动轴承等为轴的转子。

（1）泵体为铸铁制成,内部为逐渐扩散至泵的吐出口成蜗形的流道,出口法兰上钻有安装压力表的管螺孔。泵体的作用是用以收集从叶轮中排出的液体并在扩散段把液体的一部分动能转化为压力能,把液体引向泵的出水口。

（2）泵盖为铸铁制成,流道为收缩形,与泵体间垫有纸垫,进水口法兰上钻有安装真空表的管螺孔。

（3）叶轮固定在泵轴的一端,悬架轴承部件支撑着泵的转子部件。

（4）滚动轴承承受泵的径向力和轴向力。轴承为单列向心球轴承,采用润滑油润滑。

（5）泵的轴封采用软填料密封。离心泵的填料函的作用是防止空气进入泵壳和泵内液体大量漏出。

（6）过流部件材质一般为普通灰铸铁,用户若对材质有特殊要求,可协商定制。

（七）离心泵运转声音异常的原因分析及处理方法

1. 离心泵运转声音异常的原因分析

（1）异物进入泵壳。

（2）叶轮与泵壳摩擦动态。

（3）填料压盖与泵轴或轴套摩擦。

（4）泵的地脚螺栓松动。

（5）滚动轴承损坏。

2. 离心泵运转声音异常的处理方法

（1）异物进入泵壳时清除泵壳异物。

（2）叶轮与泵壳发生摩擦需检查配合间隙或车削叶轮。

（3）填料压盖与泵轴或轴套摩擦。处理方法如下：

① 对称均匀拧紧填料压盖。

② 车削填料压盖内径。

③ 更换直径较小的泵轴。

④ 调换新轴套或轴套表面上镀铬。

⑤ 泵轴弯曲校正。

⑥ 仔细清洗填料函。

(4)泵的地脚螺栓松动时需紧固地脚螺栓。

(5)滚动轴承损坏需更换损坏的轴承。

(八)引水泵

1. 引水泵的安装

ZBD023　泵站引水泵的使用注意事项

引水泵在安装前应仔细检查泵体流道内有无硬质物,以免运行时损坏叶轮和泵体。安装管路时力量不允许加在泵上,以免使泵变形,影响正常运行。安装时将地脚螺栓拧紧,以免启动时振动对泵性能产生影响。引水泵的进、出口管路上要安装调节阀,以控制泵在额定工况内运行。

2. 引水泵使用步骤

(1)打开进口阀门,使液体充满整个泵腔。

(2)接通电源,当泵达到正常转速后,再逐渐打开出口管道上的阀门,并调节到所需的工况。

(3)检查电动机、轴承处温升≤70℃。

(4)发现异常及时处理。

3. 引水泵使用注意事项

(1)泵的排出管路如装逆止阀,应装在闸阀的外面。

(2)泵的安装方式分为硬性连接安装和柔性连接安装。

(3)在泵出口附近安装压力表,确保水泵的正常使用。安装压力表前应核对型号、规格、精度等级是否符合仪表使用要求。压力表应垂直安装,倾斜度一般不大于30°,并力求与测量点保持同一水平,以免带来指示误差。

(九)泵房内排水设备使用要求

ZBD026　泵房内排水设备使用要求

应根据水泵站地质条件和水泵站扬程等因素,结合泵房、两岸连接结构和进、出水建筑物的布置,设置完整的防渗排水系统。

水泵房内应设排水设施,尽量考虑能直接靠重力排至室外排水管网。若地下室水泵房或室外排水管网标高低于水泵房排出管标高时,应设置污水提升设备。水泵房内常用的排水设施是排水沟加集水井,经潜污泵提升排至室外排水管网。

水泵房内排水沟应设于经常易溢水、滴水、溅水的地方,且排水沟上应说明铺设可过水格栅。集水井中潜污泵的选择应该根据水池溢流量、泄流量与排入集水井的其他排水量中最大者。潜污泵应该设置一用一备,并设置两台泵同时启动的信号水位,以防止水池进水阀损坏时溢流量远大于设计的溢流量,造成水泵房被淹。集水井的有效容积应按最大一台潜污泵的5min的出水量计算,且潜水泵每小时启动次数不宜大于6次。

（十）泵站内天吊的使用注意事项

泵房对天吊的标准,在停止备用状态时,吊钩必须离地面 2m 以上。启动天吊时,应进行前后左右的空载运行以及制动器、限位装置的安全性能试验,如设备有故障,应排除后才能正式工作。天吊必须在停电后,并在电门上挂有停电作业的标志时,方可做检查或进行维修工作。

水泵站内小型天吊(电动葫芦)使用注意事项:

(1)起吊前应检查设备的机械部分,钢丝绳、吊钩、限位器等应完好,检查电气设备部分应无漏电,接地装置应良好。每次吊重物时,在吊离地面 10cm 应停车检查制动情况,确认完好后方可进行工作。露天作业应设置防雨棚,钢丝绳不符合安全使用系数要求应停止使用。

(2)禁止超载起吊,起吊时手禁止握在绳索与物体之间,吊物上升时,严防冲撞。

(3)起吊物体要捆扎牢固,并在重心。吊重行走时,重物离地不要太高,严禁重物从人头上越过,工作间隙不得将重物悬在空中。

(4)天吊在起吊过程中发生异味、高温,应立即停车检查,找出原因,处理后方可继续工作。

(5)天吊钢丝绳在卷筒上要缠绕整齐,当吊钩放在最低位置,卷筒上的钢丝绳应不得少于 3 圈。

(6)使用悬挂电缆电气开关启动,绝缘必须良好,滑动必须自如,并正确操作电钮和注意人站立位置。

(7)在起吊中,由于故障造成重物下滑时,必须采取紧急措施,向无人处下放重物。

(8)起吊重物必须做到垂直起升,不许斜拉重物,起吊物重量不清的不吊。

(9)在工作完毕后,天吊应停在指定位置,吊钩升起,并切断电源。

二、技术要求

（一）准备工作要求

1. 设备

IS 型离心泵 1 台。

2. 材料、工具

200mm 活动扳手 1 把,拉爪器 1 副,ϕ30mm×200mm 紫铜棒 1 根,M24 管筒扳手 1 套,ϕ50mm×200mm 套管 1 根,开口扳手 1 套。

3. 人员

1 人操作,持证上岗,劳动保护用品穿戴齐全。

（二）操作规程

拆卸步骤如下:

(1)松开支架与泵连接螺栓,取下支架。

(2)用三爪拉爪器取下联轴器。

(3)松开泵体与泵盖连接螺栓,取下泵盖,悬架,同时从泵体上取出口环。

(4)用套筒扳手松开叶轮锁紧螺母,取下叶轮。

（5）松开悬架与泵盖连接螺栓，取下悬架。

（6）取下水封环、填料压盖、轴套、O形密封圈、键、挡水圈。

（7）松开悬架两端轴承压盖螺栓，取下轴承压盖。

（8）用套管顶住轴承，用铜棒击打套管，从悬架中取出带轴承的轴。

（9）用拉爪器取下轴两端的轴承。

（10）将零件进行清洗、摆放。

（三）技术要求

（1）熟知IS型离心泵的构造，按正确的顺序拆卸。

（2）拆卸下来的零部件，按顺序摆放好，防止安装时装错。

（四）注意事项

（1）拆卸锁紧螺母时，应注意正螺纹、反螺纹。

（2）拆卸时防止机械伤害。

项目三　拆卸SH型离心泵

一、相关知识

（一）单级双吸离心泵的特点和结构

1. 单级双吸离心泵的特点

（1）单级双吸离心泵的特点是流量较大，扬程较高。

（2）泵体是水平中开的，所以安装检修比较方便，检修时不需拆卸电动机及管路，只要揭开泵盖即可进行检查和维修。

（3）叶轮的轴向力基本达到平衡，故运转较平稳。

（4）由于泵体比较笨重，占地面积大，故适宜于固定使用。

（5）单级双吸离心泵目前有S型、SH型两个系列。S型系列泵是SH型系列泵的更新产品，S型系列泵的性能指标比SH型系列泵更先进，其参数范围：进口直径为150～1400mm，转速为360～2900r/min，效率一般为70%～90%，流量为900～20000m³/h，扬程为10～100m。广泛用于丘陵山区较大面积的农田灌溉。

> ZBC002　单级双吸离心泵的结构

2. 单级双吸离心泵的结构

单级双吸离心泵的主要零件与单级单吸离心泵基本相似，不同的是单级双吸离心泵的叶轮是对称的，由两个相同的单吸式叶轮背靠背地连接在一起，水从两面进入叶轮。叶轮用键、轴套和两侧的轴套螺母固定，其轴向位置可通过轴套螺母进行调整。

泵的吸入口和出水口均铸在泵体上，呈水平方向，与泵轴垂直。水从吸入口流入后，沿着半螺旋形吸入室从两面流入叶轮，故该泵称为单级双吸离心泵；泵盖与泵体的接缝是水平中开的，故又称水平中开式泵。

单级双吸离心泵在泵体与叶轮进口外缘配合处装有两只减漏环，称为双吸减漏环。在减漏环上有突起的半圆环，嵌在泵体凹槽内，起定位作用。单级双吸离心泵在泵轴穿出泵体的两端共装有两套填料密封装置，水泵运行时，少量高压水通过泵盖中开面上的凹槽及水封环流入填料室中,起水封作用。单级双吸离心泵从进水口方向看,在轴的右端安装联轴器,根据需要也可在轴左端安装联轴器,泵轴两端用轴承支撑。

（二）单级双吸离心泵各部件的作用及维护保养要求

ZBC007 联轴器的作用及保养要求

1. 联轴器的作用及维护保养

1）联轴器的作用

联轴器的种类繁多,一般而言,联轴器都要经过强度计算,然后根据设备类型性质和工况选择合适的联轴器,并不是越坚固越好,为了保护减速器,则可设置专门的保护机构,联轴器一般是用铸铁经机械加工而成。

联轴器的作用是通过泵轴与原动机相连接,将原动机的转矩传给叶轮。部分联轴器还有缓冲、减振和提高轴系动态性能的作用。

2）联轴器的维护保养

两联轴器端面开口间隙以 3~5mm 为宜,其端面上下左右间隙差不得大于 0.3mm;两联轴器轴线不同心度偏差不得大于 0.1mm;通过调整电动机底座的方法消除偏差,调整后的联轴器轴线不得倾斜;拆卸联轴器只能用拉力器而不能用锤子敲击,安装时可用铜棒击打,以免损伤联轴器。

ZBC008 单级单吸离心泵填料函的特点

2. 填料函的作用及维护保养

1）填料函的作用

填料函的作用主要是为了封闭泵壳与泵轴之间的空隙,防止泵内的水流流出,也防止外面的空气进入到泵内。始终保持水泵内的真空。

2）填料函的维护保养

离心泵的填料函主要由填料,水封环,填料套,填料压盖,水封管组成。填料函在泵轴穿出泵壳处,在转动的轴与固定的泵壳之间存在着间隙,为了防止高压水通过此间隙向外大量流出和空气进入泵内,必须设置轴封装置。填料函就是常用的一种轴封装置。当泵轴与填料摩擦产生热量就要靠水封管注水到水封圈内使填料冷却。在维修装配时,离心泵的水封环,应对准水封管,只有这样才能起到冷却和润滑作用。

填料又称盘根,常用的材料是浸油、浸石墨的石棉绳,外表涂黑铅粉。底衬环和填料压盖通常用铸铁制造,套在轴上填料的两端,用来阻挡和压紧填料。填料松紧的程度,用压盖上的螺栓来调节。如压得过紧,虽能减少泄漏,但填料与轴套间的摩擦损失增加,会缩短其使用寿命,严重时造成发热、冒烟,甚至烧毁。压得过松,则会大量漏水,降低效率。水封环利用高压水进行水封,同时还起冷却、润滑泵轴的作用。

ZBC009 叶轮的作用

3. 叶轮的作用及维护保养

1）叶轮的作用

叶轮是水泵传递和转换能量的重要部件,通过它把电动机的机械能转化为压力能和动能。离心泵的叶轮是对液体做功的部件。叶轮在泵体内由泵轴的带动下高速旋转,使流过离心泵的液体获得能量。也就是说通过叶轮的高速旋转把机械能传给液体,使液体才能获得很高的动压能。叶轮是通过平键和泵轴连接的,起着把能量传递给水的作用。

2）叶轮的维护保养

叶轮由前后盖板（轮盘）及弯曲的叶片所组成,按是否有前后轮盘分为封闭式、半开式和开式三种,一般清水泵均采用封闭式叶轮,输送含杂物的泵采用开式叶轮。

单级双吸离心泵又称单级双吸中开泵,与其他泵相比较,最明显的特征是有两个吸液口,所以一般大流量、高扬程的单级离心泵采用双吸式叶轮。离心泵的叶轮要有足够的机械强度和耐蚀性能。一般清水泵的泵体、叶轮、泵盖、悬架等均采用灰口铸铁材料。

叶轮保养时要做到清除叶轮积垢,加涂防锈漆;检查叶轮,如有损伤如气孔、锈蚀砂眼应修补或更换,经修补更换后的叶轮要做静平衡试验,其不平衡量不超过 6g;测定叶轮的晃度,一般叶轮装在主轴上相对密封环的径向跳动量不超过 0.08mm。

4. 泵轴的作用及维护保养

1)泵轴的作用

ZBC010　泵轴的作用

泵轴的作用是借助联轴器与原动机相连接,将原动机的转矩传给叶轮,使叶轮能在泵壳内以额定的转速旋转。泵轴是将原动机的机械能传给叶轮的重要零件。

2)泵轴的维护保养

ZBC011　泵轴的维护保养

(1)泵轴具有承受转动力矩,承受转动部件重量的作用。故要有足够的抗扭、抗弯强度及刚度,其挠度不得超过允许值。

(2)泵轴一般用高碳钢经加工制作而成的。

(3)泵轴弯曲后,会引起转子的不平衡和动静部分的磨损,把小型泵轴放在 V 形铁上,大型泵轴放在滚轮支架上,V 形铁或支架要放稳固,再将千分表放在上面,表杆指向轴心,然后缓慢盘动泵轴,如有弯曲,每转一圈千分表有一个最大和最小的读数,两读数之差说明轴弯曲的最大径向跳动量,也称晃度。轴弯曲度是晃度的 1/2。一般轴的径向跳动是中间不超过 0.05mm,两端不超过 0.02mm。

(4)测定主轴磨损及锈蚀情况,不得超过直径的 1%。根据轴弯曲的测量结果,绘制某一方位、几个断面的测量点晃动值曲线,构成一条真实的轴弯曲曲线,由该曲线可以找出同一方位的最大弯曲点位置及弯曲度的大小。测量泵轴的磨损及锈蚀情况,不超过原直径的 1%为合格。

(5)捻打轴时,从弯曲凹点中心向两边、左右相间、交替锤打的范围为圆周的 1/3(即120°),此范围应预先在轴上标出。捻打时的轴向长度可根据轴弯曲的大小、轴的材质及轴的表面硬化程度来决定,一般控制在 50~100mm。

5. 轴套的作用及维护保养

1)轴套的作用

ZBC012　轴套的作用

轴套的作用是用来保护轴不被磨损和腐蚀,并可用它来固定叶轮装置。

2)轴套的维护保养

ZBC013　轴套的维护保养

轴套位于泵轴穿过填料盒的部分,离心泵的轴套是易损件,一般采用的是钢或灰口铸铁。它主要是与密封件配合使用,密封件静止,轴套(密封套)旋转。一般情况下,密封套采用 45 号钢调质处理,布氏硬度达到 240 以上,也可以采用不锈钢材质,要求耐磨性高。还可以采用 Q235 材质,外观进行电镀处理提高表面硬度和耐磨性。

轴套检修的主要内容包括:测定轴套与轴的同心度时,其跳动量不超过 0.04mm;测定轴套的外圆磨损情况,一般不得超过原直径的 2%;清洗检查清除轴套积垢,发现磨损、裂纹轴套进行更换。

ZBC017 离心泵轴封装置的作用

（三）轴封装置

轴封装置分为填料密封装置和机械密封装置两种。供水泵站所用的离心泵多为填料密封装置,填料密封在离心泵、潜水泵应用广泛,种类繁多。

离心泵轴封装置的作用:离心泵叶轮与泵壳接缝口处装有密封环,其作用是防止水泵叶轮和泵壳之间发生磨蚀,改善水泵进口处的水流状态,提高水泵效率。在泵轴穿出泵壳处,轴与泵壳之间存在着间隙,当间隙处泵内液体压力大于大气压力时(如单吸式离心泵,此处正对叶片背面),泵内的高压水将通过此间隙向外泄漏;当间隙处泵内液体压力为真空时(如双吸式离心泵,此处正对叶轮进口),空气就会从此处透入泵内,从而降低泵的吸水性能。为此需在泵轴与泵壳间隙处设置密封装置,称为轴封。单级单吸离心泵的轴封装置只有一个,单级双吸离心泵和多级离心泵的轴封装置均有两个。

ZBC014 离心泵轴封装置的形式

1. 填料密封

填料密封装置又称填料函(或填料盒),它由填料、压盖、水封环、水封管和底衬环组成。

填料被缠绕在填料环两侧的轴上,再用填料压盖压紧,其作用是填充泵轴穿出泵壳处的间隙,进行密封。常用的填料用石棉绳编制并用黄油浸透,再压成截面为矩形的条状,外表涂以石墨粉,具有耐磨、耐高温和略有弹性等特点。近年来,又出现了各种耐高温、耐磨损及耐强腐蚀的填料,如用碳素纤维、不锈钢纤维及合成树脂纤维等编织的填料。

水封环套装于泵轴上,位于填料中部。环上开有若干小孔,泵内的高压水通过水封管进入这些小孔并渗入填料,起着水封、冷却和润滑的作用。对叶轮上无平衡孔的单吸式离心泵不必设水封环及水封管,因叶轮背面的高压水可自行压入填料中。

填料压盖用来压紧填料。填料的压紧程度用压盖上的螺钉来调节,填料压得过紧,虽然可减少水、气的泄漏,但却使填料与轴套的摩擦力增大,缩短填料和轴套的使用寿命,使填料和轴套发热甚至烧毁;相反,填料压得过松,则会增加漏水量或进气量,降低泵的效率,影响泵的吸水性能。一般比较适宜的压紧程度是每分钟水从填料中渗出 30~60 滴。

ZBE006 机械密封的概念

2. 机械密封

ZBE007 机械密封的特点

如图 3-3-2 所示,机械密封是由两个和轴垂直相对运动的密封端面进行的密封,所以也称端面密封。机械密封端面与轴不垂直、产生位移会造成液体泄漏并带杂质。机械密封由动环、静环、压紧弹簧和密封胶圈组成。动环固定在轴上随轴一起旋转并能做轴向运动。靠弹簧和水的压紧力,动环与静环的端面贴合在一起并保持极薄的一层液体膜而达到密封的目的。而动环与轴之间的间隙和静环与压盖之间的间隙均由密封胶圈来密封。

机械密封的特点是机械密封装置结构紧凑,机械摩擦小,密封性能可靠。但制造工艺要求高,在浑水中,动、静环贴合面易被磨蚀而使密封失效,故适合于清水中使用。

图 3-3-2 机械密封结构图

安装机械密封时,要求轴的表面粗糙度不低于 Ra1.6μm,动环和静环的表面粗糙度不低于 Ra0.2μm,泵轴转动时机械密封与其腔体端面的轴向位移量不超过 0.5mm。由于泵转子轴向窜动,动环来不及补偿位移时会使机械密封有周期性泄漏。由于泵严重抽空,破坏了其机械性能可造成机械密封出现突然性漏失。

动环和静环所用的材料硬度不同,一个材料的硬度低,一个材料的硬度高,另外用橡胶或塑料制成的不同形状的密封环,既可密封(因有弹性),又可吸收振动,运行时该动环密封圈和轴一起转动。动环和静环是由弹簧的弹力使两环紧密接触的,运行中,两环间形成一层很薄的液体膜,这层液体膜起到平衡压力、润滑和冷却端面的作用。液体膜不仅可以冲洗摩擦副改善机械密封工作环境,还可以作为一级密封面是否失效的重要检测手段。

3. 离心泵填料磨损的原因

ZBC015　离心
泵填料磨损原因

(1)泵轴弯曲。

(2)密封填料盒里面的衬垫磨损严重与轴套间隙过大。

(3)泵转子不平衡,磨损振动大。

(4)轴套端面密封不好,高压水从轴套内径与轴之间刺出,成雾状。

(5)轴套表面严重磨损,出现沟槽。

(6)密封填料质量差,规格不合适,或加法不对,对接口搭接不吻合。

(四)水泵变径调节与切削定律

ZBE010　水泵
切削定律的内容

1. 水泵的切削定律

将水泵叶轮外径切削,可以改变水泵的性能,扩大水泵的使用范围,这种调节方法称为变径调节,又称切削调节。叶轮切削后,水泵的流量、扬程、功率都相应降低。如果叶轮切削量控制在一定限度内时,则水泵切削前后相应的效率可视为不变,此切削量与水泵的比转数有关。当运行工作点长期大于需要工作点时,采用切削叶轮方法是一种简单而又经济的水泵节能措施。

当水泵的直径切削后,其流量、扬程和轴功率都随之发生变化。

(1)水泵的流量与叶轮直径成正比,即:

$$Q_1/Q_2 = D_1/D_2 \qquad\qquad (3-3-1)$$

式中　Q——水泵流量,m^3/h;

　　　D——叶轮直径,mm

(2)水泵的扬程与叶轮直径的平方成正比,即:

$$H_1/H_2 = (D_1/D_2)^2 \qquad\qquad (3-3-2)$$

式中　H——水泵扬程,m;

　　　D——叶轮直径,mm。

(3)水泵的轴功率与叶轮直径的立方成正比,即:

$$N_1/N_2 = (D_1/D_2)^3 \qquad\qquad (3-3-3)$$

式中　N——功率,kW;

　　　D——叶轮直径,mm。

ZBE011　水泵
的变径调节

2. 对比转数的讨论

(1)比转数 n_s 反映实际水泵的主要性能。当转速 n 一定时,n_s 越大,水泵的流量越大,扬程越低;n_s 越小,水泵的流量越小,扬程越高。

(2)叶片泵叶轮的形状、尺寸、性能和效率都随比转数的改变而改变。因此可以用比转数 n_s 对叶片泵进行分类。要形成不同比转数 n_s,在构造上可改变叶轮的外径(D_2)和减小内径(D_0)与叶槽宽度。

3. 切削叶轮与比转数的关系

切削叶轮通常只适用于比转数不超过 350 的离心泵和混流泵,对于轴流泵来说,切削叶轮就需要更换泵壳,所以不宜进行切削。叶轮的切削量不能超过某一范围,否则会破坏水泵设计性能,效率会下降,叶轮切削程度和切削后的效率下降情况,与水泵的比转数有密切关系

4. 叶轮切削后水泵型号表示方法

离心泵中型号 12Sh-28 为标准型号,当叶轮切削后水泵型号变为 12Sh-28A,离心泵中型号 12Sh-28A 各数值意义如下:

12——吸水口径被 25 除(即该泵吸水口径为 300mm);

Sh——单级双吸式离心泵;

28——比转数被 10 除(即该泵的比转数为 280);

A——叶轮外径经第一次车削。

ZBE012 离心泵叶轮检修的要求

(五)离心泵叶轮检修的要求

离心泵的叶轮一般都是铸铁铸造而成,叶轮应有足够的强度和刚度,流道形状为符合液体流动规律的流线型,液流速度分布均匀,流道阻力尽可能小,流道表面粗糙度较小,材料应具有较好的耐磨性,叶轮应具有良好的静平衡和动平衡,结构简单,制造工艺性好。

检修离心泵时,其叶轮应符合下列要求:

(1)轴套外圆、平衡盘轮毂跳动不得大于 0.08mm。

(2)叶轮密封环、轮毂、轴套端面、平衡盘轮毂轴向跳动应小于 0.10mm。

(3)叶轮密封环间隙见表 3-3-1。

(4)叶轮与轴的配合采用 H7/h6。

(5)必要时叶轮应找静平衡,叶轮应用去重法进行平衡,但切去的厚度不得大于壁厚,叶轮应无砂眼、穿孔、裂纹或无因腐蚀、冲蚀壁厚严重减薄的现象。

(6)渗透探伤合格。

ZBE013 离心泵检修的注意事项

(六)离心泵检修

1. 离心泵检修质量要求

离心泵检修时,各部件配合间隙见表 3-3-1。

表 3-3-1　离心泵各部件间隙要求

叶轮、轴套、平衡盘孔径,mm	叶轮密封环、轮毂、轴套外圆、平衡盘轮毂径向跳动,mm	叶轮密封环、轮毂、轴套端面、平衡盘轮毂轴向跳动,mm
≤6	0.03	0.016
>6~18	0.04	0.025
>18~50	0.05	0.04
>50~120	0.06	0.06
>120~260	0.08	0.10

D 型多级泵检修叶轮时要求做静平衡试验;一般离心泵叶轮的静平衡允差见表 3-3-2。

表 3-3-2　一般离心泵叶轮静平衡允差

叶轮外径,mm	叶轮最大直径上的平允许,g
<200	3
201~300	5
301~400	8
401~500	10
501~700	15
701~900	20
901~1200	30

2. 多级泵叶轮静平衡检验规程

合格的多级泵静平衡叶轮可以重复使用,其叶轮静平衡的检验规程如下:

(1)将待检叶轮清理打磨干净,如有需要烧焊补平的缺陷,必须在做静平衡之前处理好。

(2)将平衡架放置在平稳的位置上,用水平仪或水平尺校平,使该装置纵向、横向均处于水平位置。

(3)将作静平衡合格的叶轮进行涂底漆和防锈油。

3. 多级泵拆卸步骤及检修、维护注意事项

拆卸多级离心泵叶轮中段时,要逐一做好标记号,以便泵组装。应测量转子叶轮、轴套、叶轮密封环、平衡盘、轴颈等主要部位的径向和端面跳动值以及转子部件与壳体部件之间的径向总间隙。

1)转子的拆卸

(1)将泵侧联轴器拆下,妥善保管连接键。

(2)松开两侧轴承体端盖并把轴承体取下,然后依次拆下轴承紧固螺母、轴承、轴承端盖及挡水圈。

(3)检查叶轮磨损和汽蚀的情况,若能继续使用,则不必将其拆下。如确需卸下时,要用专门的拉力工具边加热边拆卸,以免损伤泵轴。

2)维护安全注意事项

(1)设备上禁止放置检修工具或任何物体。

(2)在泵运转中,不在靠近转动部位擦抹设备,不松紧带压部分螺栓。

(3)保持电动机接地线完好,清扫场地注意不要将水喷洒在电动机上。

3)检修安全注意事项

(1)检修前必须按规定办理有关安全检修手续。

(2)切断电源,并挂上"禁动合闸,有人工作"标示牌。

(3)关闭进、出口阀门或加堵盲板与系统隔绝,放空剩液。

(4)设备的拆卸、清洗,更换的零部件以及检修工具要整齐摆放,做到文明检修。

(5)检修人员必须遵守本工种的安全操作规程和本企业的安全检修规定。

4)试车安全注意事项

(1)试车应有组织地进行,并有专人负责试车中的安全检查工作。

（2）开停泵由专人操作。

（3）严格按照泵的启动、停止程序开停。

（4）试车中如发现不正常的声响或其他异常情况时，应停车检查原因并消除后再试。

4. 卧式多级离心泵安装顺序

（1）机组运到现场，附带底座者已装好电动机，找平底座时可不卸下水泵和电动机。

（2）将底座放在地基上，在地脚螺钉附近垫楔形垫铁，将底座垫高 20～40mm，准备找平后填充水泥浆之用。

（3）用水平仪检查底座的水平度，找平后扳紧地脚螺母用水泥浆填充底座，待水泥干涸后应再次检查水平度。多级离心泵底座平面不水平度不超过 1/1000。

（4）当机组功率较大时，为了方便运输可能会将泵、电动机及底座分开包装，这时即需要用户自行安装，校正水泵机组，其方法如下：

① 将底座的支持平面、水泵脚、电动机脚的平面上的污物洗清除净，并把水泵和电动机放到底座上。

② 调整泵轴水平，找平后适当上紧螺母，以防移动。

③ 吊起电动机，使泵联轴器和电动机联轴器配合，放下电动机到底做上相应位置。

④ 调整两联轴器间隙为 5mm 左右，并校正电动机轴与泵轴的轴心线是否重合，其方法是将平尺放在联轴器上，两联轴器外圆与平尺相平，若不重合，应调整电动机或泵的相对位置，或垫以薄片来调整。

⑤ 为了检查安装的精度，要在联轴器圆周上几个不同位置上用塞尺测量两联轴器平面的间隙，联轴器平面一周上最大和最小间隙差数不得越过 0.3mm。两端中心线上下或左右的差数不得越过 0.1mm。

（5）当机组不带底座时，则需在基础上直接安装，其方法与④ 相似，但应更加注意校正。

（七）SH 型离心泵的检修工序、工艺

ZBE009 SH离心泵的检修工艺

离心泵的检修按顺序可分为拆卸，检查、组装三步。由于泵的结构不同，具体程序内容就不同。拆下的水泵零部件、螺栓等用煤油或汽油清洗干净，检查各零部件磨损或损坏程度，零部件按损坏程度可分为：合格零部件、需要修理的零部件和需要更换的零部件 3 种。

1. 检修工序

拆卸泵与电动机联轴器销子，先松开泵体两边的填料压盖螺栓，把填料盖向两边拉开，旋松泵盖结合面螺栓，吊出泵盖，拆除轴承上架与蜗壳连接螺栓，吊出泵转子，拆卸轴承端盖，旋松轴承锁母，将滚动轴承连同轴承托架从轴上拆下，拆下挡水圈、填料压盖、水封环，旋松两侧轴套背帽，取下轴套，拆下叶轮。

2. 检修工艺

（1）拆卸工艺方法。

先拆开端盖，松开泵体两边的填料压盖螺栓，把填料盖向两边拉开。然后拆下泵盖与泵体的连接螺母取下泵盖。拆下泵轴两端的轴承体的压盖，即可将整个转子拆下。拆下泵轴两端的轴承体与轴承盖的连接螺母，将两个轴承体卸下，用钩头扳手松开轴头坟向轴承的两个圆螺母。用拉子拉下两端滚动轴承，拆滚动轴承后，将轴承端盖，轴承挡套、填料压盖、水封环、填料套等零件依次从泵轴的左右方向退下，然后用钩头扳手拧下

两个轴套螺母,将轴套拆下。最后拆叶轮,先把装在叶轮上的两个双吸密封环拆下,然后用压力机把叶轮压出。

（2）组装工艺方法。

装配顺序基本是按照拆卸顺序进行,应注意的是离心泵的叶轮为两边对称的双吸式叶轮,应注意叶片的弯曲方向,不要将叶轮装反,叶轮叶片的曲率是背着泵轴旋转方向。同时叶轮应在泵壳的中心位置,不能偏向一侧。

二、技术要求

（一）准备工作

1. 设备

SH 型离心泵 1 台。

2. 材料、工具

200mm 活动扳手 2 把,勾扳手 1 把,拉爪器 1 副,$\phi30mm\times250mm$ 紫铜棒 1 根,200mm 一字螺丝刀 2 把。

3. 人员

1 人操作,持证上岗,劳动保护用品穿戴齐全。

（二）操作规程

拆卸步骤如下:

（1）用拉爪器将联轴器从轴上拔下,并取下键。

（2）松开填料压盖螺栓,拉开填料压盖。

（3）卸下泵盖连接螺栓,取下泵盖。

（4）松开轴承体压盖螺栓,取下轴承体压盖。

（5）将转子从泵体上取出。

（6）从转子上拆开轴承盒压盖螺栓,取下轴承体,用勾头扳手松开轴承锁紧螺母(反扣),取下轴承(只拆后半部分)。

（7）取下轴承压盖、挡水圈、填料压盖、填料、填料座、密封环。

（8）松开轴后端的轴套锁紧螺母,取下后轴套。

（9）将拆卸的零件进行清洗,摆放好。

（三）技术要求

（1）熟知 IS 型离心泵的构造,按正确的顺序拆卸。

（2）将拆卸的零件按顺序摆放好,安装时按拆卸的逆顺序安装。

（3）联轴器销子、螺帽、垫圈及胶垫等必须保证其各自的规格、大小一致,以免影响联轴器的动平衡。

（四）注意事项

（1）严禁使用手锤直接敲打,应垫以铜棒。

（2）拆卸泵零部件时注意机械伤害。

项目四　更换水泵站工艺管线上的阀门

一、相关知识

ZBF001　管道压力试验的要求

（一）管道的要求

1. 管道压力试验的要求

管道安装完毕后,应按设计要求对管道系统进行压力试验。按试验的目的可分为检查管道的强度试验、检查管道连接质量的严密性试验、检查管道系统真空保持性能的真空试验和基于防火安全考虑而进行的渗漏试验等。除真空管道系统和有防火要求的管道系统外,多数管道只做强度试验和严密性试验即可。管道系统的强度试验与严密性试验,一般采用水压试验,如因设计结构或其他原因不能采用水压试验时,可采用气压试验。

ZBF002　处理管道腐蚀的方法

2. 处理管道腐蚀的方法

防止管道外壁腐蚀法可分为覆盖防腐蚀法、电化学防腐蚀法。覆盖防腐蚀法是要先进行清洁管道表面的机械和化学处理,然后再进行覆盖防腐蚀处理。电化学防腐蚀法是应用化学方法对管道内表面污垢进行清除,使得管道内表面恢复原来表面材质的方法。对管道进行临时的改造,用临时管道和循环泵站从管道的两头进行循环清洗是一种化学清洗管道方法。

管道腐蚀后常用的物理刮管方法有高压射流刮管法、机械刮管法、弹性冲管器刮管法、空气脉冲刮管法。高压射流刮管法使用小口径喷头喷射水流除垢,不需要断管面,适合于清洗中、小型管道。机械刮管法一般每次可刮管 $100\sim150\mathrm{m}$,较长距离的管道要逐段实施断管、刮管、涂衬、水泥砂浆养护、冲管等多道工序。空气脉冲刮管法利用气水混合物不断变换压力使管道内壁附着物脱落,适合于城市供水管道内除锈。

ZBF003　管道的冲洗和消毒

3. 管道的冲洗和消毒

管道系统在安装完毕后必须按照相关要求进行冲洗和必要的消毒处理措施。给排水管道冲洗时,应避开用水高峰,冲洗流速不小于 $1.0\mathrm{m/s}$,且连续冲洗。给水管道冲洗消毒应该使用运行中水源的水。管道第一次冲洗应冲洗至出水口水样浊度小于 3NTU 为止。

管道第二次冲洗应在第一次冲洗后,用有效氯离子含量不低于 20mg/L 的清洁水浸泡24h 后,再用清洁水进行第二次冲洗直至水质检测、管理部门取样化验合格为止。管道第一次冲洗,又称为冲浊;管道第二次冲洗,又称为冲毒。管道消毒时有效氯离子含量最低值规定为 20mg/L。

ZBF004　给水管线的埋深

4. 给排水管道的埋深

给水管道的埋深是指给水管中心至地面的尺寸,排水管道的埋深是指排水管底至地面的尺寸。泵站内的管路一般不直接埋于土中,常置于管沟中、地面上或架设于地板上空等位置。给水管道在埋地敷设时,应在当地的冰冻线以下。给水管道属于有压管道。各种管道按离建筑物由近及远的水平排序宜为电力管道、给水管道、雨水管道、污水管道。各类管线的埋深由浅入深宜为电信管道、热力管道、给水管道、雨水管道、污水管道。管路敷设位置决定于多种因素,需综合考虑。

5. 给水金属管道的安装要求

给水金属管有铸铁管和钢管两种。室内直埋给水金属管道应做防腐处理。

钢管具有耐高压、韧性好、壁薄、重量轻等优点，缺点是易生锈，不耐腐蚀。管道安装前，管沟沟底应夯实，沟内无障碍物，且应有防渗措施。

铸铁管安装时，承口朝向来水方向。管网必须进行水压试验，试验压力为工作压力的 1.5 倍，但不得小于 0.6MPa。埋地给水钢管的标高允许偏差为 ±30mm。

ZBF005　给水金属管管道的安装要求

6. 给水非金属管道的安装要求

常用的非金属管有预应力和自应力钢筋混凝土管、石棉水泥管以及塑料管。埋设非金属管的管沟应底面平整，无突出的坚硬物，一般可做 50~100mm 砂垫层。UPVC 夹心和实心管、UPVC 空壁螺旋和实壁螺旋管、A-B-S 管一般采用承插黏接连接方式。非金属管道支撑件的间距，立管外径为 75mm 及以上的应不大于 2m。塑料管穿基础时应设置金属套管，套管与基础墙预留孔洞上方的净空高度按设计规定，若无规定时不小于 100mm。预应力和自应力钢筋混凝土管具有良好的抗渗性和抗裂性，施工安装方便，输水能力好。

ZBF006　给水非金属管道的安装要求

7. 给水管道与其他管道距离的要求

（1）给水管道与污水管道在不同标高平行敷设，其垂直间距在 500mm 以内时，给水管管径小于或等于 200mm 的，管壁水平间距不得小于 1.5m。给水管道与污水管道在不同标高平行敷设，其垂直间距在 500mm 以内时，管径大于 200mm 的，管壁水平间距不得小于 3m。

ZBF007　给水管道与其他管线距离的要求

（2）给水金属管之间最小垂直净距为 0.15m。

（3）热力管和电力电缆的最小水平净距为 2m。

（4）不允许管道架设在电气设备的上方。

（5）城镇生活饮用水管网，严禁与自备水源供水系统直接连接。

（6）在给水泵站设计中，压水管路的布置和敷设也非常重要。

（7）给水管道与污水管道或输送有毒液体管道交叉时，给水管道应敷设在上面，且不应有接口重叠。

ZBG006　流量计的分类

（二）流量计的分类

泵站中流量计量一般采用流量计或水表。流量计既可显示瞬时流量，也可显示累计流量，而水表一般只可显示累计流量。

根据法拉第电磁感应定律制成的一般测量导电流体的流量仪表是电磁流量计。根据声波反射原理制成的一般测量导电流体的流量仪表是超声波流量计。以上两类流量计的优点是计量范围大，水头损失小。

利用机械测量元件把流体连续不断地分割成单个已知的体积部分，根据测量室逐次重复地充满和排放该体积部分流体的次数来测量流体体积总量的是容积式流量计。管道安装条件对容积式流量计的计量精度没有影响。

通过安装于工业管道中流量检测元件产生的差压，将已知流体条件和检测件与管道的几何尺寸来计差压的是差压式流量计。

二、技能要求

(一)准备工作

1. 设备

与管径相符合的 DN80mm 阀门 3 个(2 个备选)。

2. 材料、工具

石棉垫 2 副,平光垫(与螺栓配套)若干,梅花扳手 1 组,200mm 活动扳手 2 把,600mm 撬杠 2 个,扁铲 2 把,螺栓、螺母(与阀门配套)若干,刮刀 1 把,0.9kg 手锤 1 把。

3. 人员

1 人操作,持证上岗,劳动保护用品穿戴齐全。

(二)操作规程

1. 选择水表

选择与将要更换的阀门型号相同的阀门。

2. 关闭上下流程

关闭需换阀门上下流程。

3. 更换阀门操作顺序

(1)拆掉旧阀门。

(2)清除管道中的污物。

(3)清除法兰密封面。

(4)将阀门放在更换位置,先穿上底部螺栓。

(5)选择与法兰匹配的密封垫,加上密封垫,轻轻晃动阀体使垫子放在正确位置。

(6)再穿上左右水平螺栓及其他螺栓。

(7)安装时要注意阀门方向,不能装反。

(8)更换完毕后要进行通水试验。

(三)技术要求

(1)安装时要注意阀门方向,不能装反。

(2)紧固螺栓时要对角拧紧。

(四)注意事项

(1)关闭需换阀门上下流程切断。

(2)更换完毕后要做通水试验。

项目五　装配电动机端盖

一、相关知识

ZBB032 三相
异步电动机的
工作原理

(一)三相异步电动机

1. 三相异步电动机的工作原理与用途

利用电磁感应原理实现电能与机械能的相互转换,把机械能转换成电能的设备称为发电机,而把电能转换成机械能的设备称为电动机。在生产上主要用的是交流电动机,特别是三相异步电动机,因为它具有结构简单、坚固耐用、运行可靠、价格低廉、维护方便等优点。它被广泛地用来驱动各种金属切削机床、起重机、锻压机、传送带、铸造机械、功率不大的通风机及水泵等。

当三相对称定子绕组接入三相对称交流电源时,在定子和转子的气隙中便产生了一个旋转磁场,转子上、下半部导体切割旋转磁场,在转子导体中便产生感应电动势,转子导体两端被金属环短接而形成闭合回路,在旋转磁场和感应电势的作用下,导体便出现了感应电流,由于旋转磁场和转子感应电流间的相互作用便产生了电磁力。依据左手定则,上、下部导体受力方向相反,对转轴形成转矩,转矩方向与旋转磁场方向一致。所以转子在电磁转矩的作用下,便顺着旋转磁场的方向转动起来。简单地说由定子绕组输入电能,通过电磁感应将电能传递给转子转换为机械能输出,这就是异步电动机的工作原理。

> ZBB033 三相异步电动机的构造

2. 三相异步电动机的构造

实现电能与机械能相互转换的电工设备总称为电动机。电动机由两大部分组成,即静止部分和旋转部分,静止部分又被称为定子,旋转部分又被称为转子。异步电动机主要有固定部分(定子)和旋转部分(转子)组成。

1)定子

异步电动机的定子主要由定子铁芯、定子绕组、端盖、机座等组成。

(1)定子铁芯。

定子铁芯安装在机座内,定子铁芯内圆表面有槽,用来放置定子绕组,定子铁芯是由0.35~0.5mm 厚的相互绝缘的硅钢片叠压而成的。由于异步电动机的磁场是交变的,所以铁芯中要产生涡流损耗和磁滞损耗,为了减少铁芯的损耗,铁芯是用相互绝缘的硅钢片叠压而成。一般小容量的电动机主要利用硅钢片的表面氧化层来达到片间的绝缘,而容量较大的电动机所用的硅钢片必须涂绝缘漆。

定子铁芯内圆上均匀分布一定形状的槽,槽内安放线圈(绕组),称为定子线圈(绕组)。线圈与槽之间用绝缘物隔开。其中开口槽的槽口宽度与横宽相等,开口槽适用于大、中容量的高压异步电动机,便于高压成形线圈的嵌线。半开口槽的槽口宽度等于或大于槽宽的一半,半开口槽适用于 500V 以下的中型电动机,便于嵌入扁线绕成的分为双排的成形线圈。半闭口梢的槽口宽度小于槽宽的一半,半闭口槽适用于低压圆铜线绕成的散嵌线圈,其优点是槽口较小,齿部对主磁通磁阻小,可以减小励磁电流。槽形的选择与线圈的形式应相适应。

(2)定子绕组。

定子绕组由许多嵌在定子槽内的线圈连接而成,定子绕组有散嵌软绕组和成形硬绕组两类。散嵌软绕组多用于小容量电动机,它是由高强度漆包线绕制成的线圈按一定规律依次嵌入槽中,形成的三相定子绕组。散嵌软绕组可分为单层、双层及单双层混合绕组 3 种,而成形硬绕组只采用双层一种形式,先绕成单个线圈,包扎对地绝缘后,热压或冷压成形,然后嵌入定子槽中。所有的定子线圈按一定的方式连接起来组成定子绕组,绕组采用绝缘铜线绕制而成。一般三相绕组的 6 个端线都引到机座侧面的接线板上,在与电源相接时,可根据情况将 6 个端线接成三角形或接成星形。

（3）机座和端盖。

异步电动机的机座属于定子部分,定子铁芯固定在机座内,机座起着固定定子铁芯的作用,机座应该有足够的强度和刚度,以承受加工、运输及运行中的各种作用力,同时还要满足通风散热的需要。异步电动机的机座还作为主磁路的组成部分。当安装的保护方式和冷却方式不同时,机座结构也不同。小型电动机一般都采用铸铁机座,中型电动机除采用铸铁机座外,也有采用钢板焊接的机座,大型电动机的机座都是用钢板焊接成的。例如封闭式异步电动机的机座外壳上铸有散热筋,而且定子铁芯与机座紧密接触使内部热量易于传出。防护式电动机的机座与定子铁芯之间留有一定的通风道,使空气疏通,带走机内热量。电动机的端盖装在机座两端,它起着保护电动机铁芯和绕组端部的作用,在中小型电动机中它还与轴承一起支撑转子。

2）转子

异步电动机的转子主要由转子铁芯、转子绕组、转轴和轴承组成。转子铁芯是主磁路的一部分。在正常运行时,转子转速接近同步转速。旋转磁场相对于转子的转速很低,转子中的铁损很小,所以原则上转子铁芯用普通硅钢片叠装就可以了。但是通常仍用从定子冲片的内圆冲下来的原料做转子叠片。小功率电动机的转子铁芯直接套压在轴上,功率较大时,铁芯压在转子支架上,然后安装在轴上。

在转子铁芯的外圆上也均匀分布着放线圈或导条的槽。各槽中的线圈连接起来成为转子绕组。转子绕组的形式有两种:笼形绕组和绕线转子绕组,它们的结构不同,但工作原理基本相同。

（1）笼形转子:在转子铁芯的槽中,穿一根根部未包绝缘的铜条,在铁芯两端槽的出口处用短路铜环把它们连接起来,这个铜环称为端环。绕组形状像一个笼子,故称为笼形绕组,中小型电动机一般采用铸铝来一次性成形笼形绕组,通常采用半闭口槽,槽形的选择主要决定于启动性能和运行性能的要求。

（2）绕线转子:绕线转子是用绝缘导线做成线圈,嵌入转子槽中,再连接成三相绕组,一般都接成星形。转子的一端装有 3 个滑环,称集电环。三相绕组的首端引出线分别与 3 个滑环相接。每个滑环上各有一个电刷,通过电刷将转子绕组与外部电路相连接,以改善启动性能或调节电动机的转速。在一般工作条件下,要求转子绕组是短路的。在大中型绕线转子电动机中还装有提刷短路装置,以使电动机在启动时将转子绕组接通外部电阻(或频敏变阻器),而在启动完毕,又不需要调速的情况下,将外部电阻等全部切除。为了消除电刷和滑环之间的机械摩擦损耗及接触电阻损耗以提高运行的可靠性,通常利用一套机构将转子三相出线短接后再由凸轮将电刷提起来。

3）气隙

定子、转子之间的间隙称为异步电动机的气隙。气隙对于异步电动机的性能影响很大,气隙大则磁阻大,励磁电流就大,由于异步电动机的励磁电流是取自电网的,增大气隙将使气隙中消耗的磁动势增大,导致电动机的功率因数降低。从这一角度来考虑,气隙应制造得小一些,但电动机负载运行时,转轴有一定的挠度,气隙太小,就可能发生定子、转子铁芯相擦的现象;另外,从减少谐波磁动势产生的磁通,减少附加损耗及改善启动性能来考虑,则气隙应大一些为好。因此气隙的大小除了考虑电性能,还要考虑便于安装,在运行中不发生转子与定子相擦的现象。异步电动机的气隙具有很小的数值。对于中小型异步电动机,气隙一般在 0.2～2.0mm。

ZBB031　三相异步电动机制动方式的分类

3. 三相异步电动机的制动方式

三相异步电动机切除电源后依惯性总要转动一段时间才能停下来。而生产中起重机的吊钩或卷扬机的吊篮要求准确定位;万能铣床的主轴要求能迅速停下来。这些都需要对拖动的电动机进行制动,其方法有两大类:机械制动和电气制动。

利用机械装置使电动机断开电源后迅速停转的方法称为机械制动。例如,电磁抱闸、电磁离合器等电磁铁制动器。

三相异步电动机在切断电源的同时给电动机产生一个和转子转速方向相反的电磁转矩(制动力矩),使电动机的转速迅速下降停止的方法称为电气制动方式。

三相异步电动机与直流电动机一样,也有反接制动、能耗制动和再生回馈制动三种方式。它们的共同点是电动机的转矩 M 与转速 n 的方向相反,以实现制动。此时电动机由轴上吸收机械能,并转换成电能。反接制动即用改变电动机定子绕组的电源相序来产生制动力矩,或者在转子电路上串接较大附加电阻使转速反向,而产生制动,使电动机停止转动的方法。

能耗制动是在电动机定子线圈中接入直流电源,在定子线圈中通入直流电流,形成磁场,转子由于惯性继续旋转切割磁场,而在转子中形成感应电势和电流,产生的转矩方向与电动机的转速方向相反,产生制动作用,最终使电动机停止。

再生回馈制动是在外加转矩的作用下,转子转速超过同步转速,电磁转矩改变方向成为制动转矩的运行状态。再生回馈制动与反接制动和能耗制动不同,再生回馈制动不能制动到停止状态。

（二）三相负载的连接方式

ZBB037　三相负载的连接方式

在三相电路中负载的连接方式有星形连接和三角形连接两种。

1. 星形连接方式的特点

将负载的三相绕组的末端 X、Y、Z 连成一节点,而始端 A、B、C 分别用导线引出接到电源,这种接线方式称为负载的星形连接方式,或称为 Y 连接。如果忽略导线的阻抗不计,那么负载端的线电压就与电源端的线电压相等。星形连接方式又分有中线和无中线两种,有中线的低压电网称为三相四线制,无中线的称为三相三线制。它有以下特点:

（1）线电压相位超前有关相电压30°。

（2）线电压有效值是相电压有效值的$\sqrt{3}$倍。

（3）线电流等于相电流。

2. 三角形连接方式的特点

将三相负载的绕组,依次首尾相连接构成的闭合回路,再以首端 A、B、C 引出导线接至电源,即将三相负载分别接于三相电源的两相线之间的连接方法,这种接线方式称为负载的三角形连接,或称为△连接。它有以下特点:

（1）相电压等于线电压。

（2）线电流是相电流的$\sqrt{3}$倍。

负载的三角形连接方式只能应用在三相负载平衡的条件下。

三相负载如何连接,应根据负载的额定电压和电源电压的数值而定。三相异步电动机的正常连接若是△形,当错接成 Y 形时,则电流、电压变低,输出的机械功率为额定功率的1/3。

ZBB038 三相负载不平衡的影响

(三)三相负载不平衡的影响

1. 对配电变压器的影响

(1)将增加变压器的损耗。变压器的损耗包括空载损耗和负荷损耗。正常情况下变压器运行电压基本不变,即空载损耗是一个恒量。而负荷损耗则随变压器运行负荷的变化而变化,且与负荷电流的平方成正比。当三相负荷不平衡运行时,配电变压器出口处的负荷电流不平衡度应小于10%,否则将产生不平衡电压,加大电压偏移。变压器的负荷损耗可看成三只单相变压器的负荷损耗之和。

(2)可能造成烧毁变压器的严重后果。上述不平衡时重负荷相电流过大(增为3倍),超载过多,可能造成绕组和变压器油的过热。绕组过热,绝缘老化加快;变压器油过热,引起油质劣化,迅速降低变压器的绝缘性能,减少变压器寿命(温度每升高8℃,使用年限将减少一半),甚至烧毁绕组。

(3)运行会造成变压器零序电流过大,局部金属件温升增高。在三相负荷不平衡运行下的变压器,必然会产生零序电流,而变压器内部零序电流的存在会在铁芯中产生零序磁通,这些零序磁通就会在变压器的油箱壁或其他金属构件中构成回路。但配电变压器设计时不考虑这些金属构件为导磁部件,则由此引起的磁滞和涡流损耗使这些部件发热,致使变压器局部金属件温度异常升高,严重时将导致变压器运行事故。

2. 对高压线路的影响

(1)增加高压线路损耗。

(2)增加高压线路跳闸次数、降低开关设备使用寿命。

三相负荷不平衡将增加线路损耗,还可能造成烧断线路、烧毁开关设备的严重后果。

3. 对供电企业的影响

供电企业直管到户,低压电网损耗大,将降低供电企业的经济效益,甚至造成供电企业亏损经营。变压器烧毁、线路烧断、开关设备烧坏,一方面增大供电企业的供电成本,另一方面停电检修、购货更换造成长时间停电,少供电量,既降低供电企业的经济效益,又影响供电企业的声誉。

4. 对用户的影响

在电源对称的三相四线制供电线路中,负载为星形连接方式且负载不对称,则各相负载上的电压对称。三相负荷严重不对称,中性点电位就会发生偏移,增大中性线电流,从而增大线路损耗,所以中性线电流不应超过低压侧额定电流的25%。三相负载作星型连接方式时,即使有了中性线,如果三相负载不平衡也会发生中性点位移的现象,当三相负载越接近对称时,中性线的电流就越小。

在三相四线制供电线路中,设三相负载 $R_u > R_v > R_w$,当中线断开时,则 $U_u > U_v > U_w$。

三相负荷不平衡,一相或两相畸重,必将增大线路中的电压降,降低电能质量,影响用户的电器使用。影响用户供电,轻则带来不便,重则造成较大的经济损失,如停电造成养殖的动、植物死亡,或不能按合同供货被惩罚等。中性线烧断还可能造成用户大量低压电器被烧毁的事故。

二、技能要求

(一)准备工作

1. 设备

电动机 1 台。

2. 材料、工具

150mm×18mm 活动扳手 1 把,梅花扳手 1 组,木槌 1 把,棉纱适量,锂基润滑脂适量,钢皮(或镀锌皮)适量。

3. 人员

1 人操作,持证上岗,劳动保护用品穿戴齐全。

(二)操作规程

装配步骤如下:

(1)用棉纱将机壳、端盖止口以及端盖内圆和轴承外圆的灰尘、油泥擦净。

(2)将少许锂基润滑脂沿止口和内孔圆面涂抹一次以防锈蚀,便于下次拆装。

(3)将端盖的内孔对准轴承外圆。

(4)用一只与轴承盖螺栓同规格的无头螺栓(其长度为轴承盖螺栓的 1.5 倍左右)通过轴承盖螺孔旋入轴承内盖螺孔之中。

(5)用木槌对称敲击端盖,使其配合在轴承盖外圆上。

(6)检查轴承盖的止口与轴承外环的压紧情况(如有间隙可用钢皮或镀锌皮按需要尺寸制作 O 形密封圈,将其垫牢)。

(7)用双手握住端盖,压入机壳上口内。

(8)用木槌依次敲击端盖的加强筋,使端盖止口全部嵌入机壳止口。

(9)以上工作完成后,用工具对称拧紧端盖螺栓。

(三)技术要求

(1)将端盖的内孔对准轴承外圆时切勿产生偏斜。

(2)用木槌敲击端盖的加强筋时要用力均匀。

(四)注意事项

(1)装配的零部件必须是清洁无损伤。

(2)装配前一定要进行全面检查,所有零部件合格、完整后,才能进行装配。

(3)注意检查电动机端盖外侧的油封、轴封环,接线盒座、接线盒盖上的密封圈等橡胶件是否开裂、变形、严重磨损。

模块四　使用仪表、工用具

项目一　使用万用表测量直流电流、电压

一、相关知识

ZBH001　万用
表的构造

(一) 万用表的构造

万用表又称万能表和复用表,是一种多功能、多量程的测量仪表,可以用来测量交流、直流电压,交流、直流电流和音频电平以及电阻等值。有的还可以测交流电流、电容量、电感量及半导体的一些参数(例如,β)。常用的有机械式和数字式两种(图3-4-1,图3-4-2)。

图3-4-1　机械式万用表

图3-4-2　数字式万用表

数字万用表是一种多用途的电子测量仪器,在电子线路等实际操作中有着重要的用途。它不仅可以测量电阻,还可以测量电流、电压、电容、二极管、三极管等电子元件和电路。现在数字式的万用表已经是很普及的电工、电子测量工具了,它使用方便和准确性强,并且不需要机械调零和欧姆调零。使用数字万用表测试两点之间电路通断时,当电阻值小于50Ω时蜂鸣器便会发出声响。

万用表由表头、测量电路及转换开关等三个主要部分组成。

1. 表头

万用表是一只高灵敏度的磁电式直流电流表,万用表的主要性能指标基本上取决于表头的性能。表头的灵敏度是指表头指针满刻度偏转时流过表头的直流电流值,这个值越小,表头的灵敏度越高。测电压时的内阻越大,其性能就越好。表头上有四条刻度线,它们的功能如下:第一条(从上到下)标有 R 或 Ω,指示的是电阻值,转换开关在欧姆挡时,即读此条刻度线。第二条标有∽和 VA,指示的是交流、直流电压和直流电流值,当转换开关在交流、

直流电压或直流电流挡,量程在除交流 10V 以外的其他位置时,即读此条刻度线。第三条标有 10V,指示的是 10V 的交流电压值,当转换开关在交流、直流电压挡,量程在交流 10V 时,即读此条刻度线。第四条标有 dB,指示的是音频电平。

2. 测量线路

测量线路是用来把各种被测量转换到适合表头测量的微小直流电流的电路,它由电阻、半导体元件及电池组成。它能将各种不同的被测量(如电流、电压、电阻等)、不同的量程,经过一系列的处理(如整流、分流、分压等)统一变成一定量限的微小直流电流送入表头进行测量。

3. 转换开关

转换开关是用来选择各种不同的测量线路,以满足不同种类和不同量程的测量要求。有的型号万用表设两个切换开关,一个用来改变测量种类;另一个用来改变量程。分别标有不同的挡位和量程。万用表上标有"DC"或"−"的标度尺为测量直流时用的。万用表上标有"AC"或"~"的标度尺为测量交流时用的。不能用万用表进行检测的是绝缘电阻。

(二)万用表的使用方法

ZBH002 万用表的使用方法

1. 万用表(机械式)测量电阻

(1)使用前要先机械调零。

(2)测量电阻之前,选择适当的倍率挡后,首先将两表笔相碰进行欧姆调零,指针应指在零位,测量电阻时,最好不使用刻度左边三分之一的部分,这部分刻度精度较差。仪表的指针越靠近标度尺的中心部位,读数越准确。

(3)不能带电测量。

(4)被测电阻不能有并联支路。

(5)测量晶体管、电解电容等有极性元件的等效电阻时,必须注意两支笔的极性。

(6)用万用表不同倍率的欧姆挡测量非线性元件的等效电阻时,测出电阻值是不相同的。这是由于各挡位的中值电阻和满度电流各不相同所造成的,机械表中,一般倍率越小,测出的阻值越小。

2. 万用表(机械式)测量电流或电压

(1)进行机械调零。

(2)选择合适的量程挡位,选择应根据测量的对象而定,如果被测量的对象无法估计,应将量程放在最高挡。

(3)使用万用表电流挡时,应将万用表串联在被测支路中,因为只有串联才能使流过电流表的电流与被测支路电流相同。测量时,应断开被测支路,将万用表红、黑表笔串接在被断开的两点之间。特别应注意电流表不能并联在被子测电路中,这样做极易使万表烧毁。

(4)测量直流电流或电压时注意被测电量极性。

(5)正确使用刻度和读数。

(6)当选取用直流电流的 2.5A 挡时,万用表红表笔应插在 2.5A 测量插孔内,量程开关可以置于直流电流挡的任意量程上。

(7)如果被测的直流电流大于 2.5A,则可将 2.5A 挡扩展为 5A 挡。方法很简单,使用者可以在"2.5A"插孔和黑表笔插孔之间接入一支 0.24Ω 的电阻,这样该挡位就变成了 5A

电流挡了。接入的 0.24Ω 电阻应选取用 2W 以上的线绕电阻,如果功率太小会使之烧毁。

二、技能要求

(一)准备工作

1. 设备

交流、直流电源设备 1 台。

2. 材料、工具

机械式万用表 1 块,电工螺丝刀 1 把。

3. 人员

1 人操作,持证上岗,劳动保护用品穿戴齐全。

(二)操作规程

1. 操作前的准备

(1)劳保用品穿戴齐全。

(2)工具齐全,符合考题要求。

(3)测量前应先将红色表笔插入"+"端插孔,黑色表笔插入"−"端插孔(如测量交、直流电压 500V 以上应将红色表笔插入 2500V 端插孔)。

(4)观察表针是否指在机械零点,如不在用螺丝刀调整机械零位调节器使表针指到零点。

(5)正确选择转换开关位置,使其与被测物量程范围相同。

2. 操作步骤

(1)直流电压测量:将转换开关转到"V"挡位,根据被测电压选择适当量程范围,红色表笔"+"接被测电压正极,黑色表笔"−"接被测电压负极,根据量程读出电压值。

(2)直流电流测量:将转换开关转到"A"挡位,根据被测电流选择适当量程范围,断开电源将被测物的一端从电路中断开,将表串接在电路中,红色表笔"+"接电路断点正极,黑色表笔"−"接电路断点负极,合上电源根据量程读数。

(3)交流电压测量:将转换开关转到"V"挡位,根据被测电压选择适当量程范围,红黑表笔并接被测电压的两端,根据量程正确读出电压值。

(三)技术要求

(1)测量直流电压正负极表笔不能接反。

(2)测量交流电压正确选择适当量程。

(3)测量中不得用手触及表笔的金属体和被测物,以保证安全和测量结果的准确。

(4)测量直流电流时,先要切断电源然后接表。

(四)注意事项

(1)若不知被测电压范围,可先选用最大量程,然后逐渐减小量程直到合适。

(2)测量过程中严禁转动任何挡位开关,避免转换开关时触头产生电弧损坏万用表。

(3)当转换开关在电流位置时绝对不允许将两表笔并接在电源上,防止万用表短路烧毁。

(4)读取数值时,万用表指针应指在表盘 2/3 以上刻度才准确。

（5）测量完毕后应将转换开关转至交、直流电压最高挡，防止误操作损坏万用表。

（6）测量过程中应与带电体保持安全距离。

项目二　使用红外测温仪测量机泵温升

一、相关知识

> ZBG004 水泵各部位温升的要求

（一）水泵各部位温升的要求

水泵轴承的温升为轴承工作温度减去环境温度。石油、石化业中常用的离心泵工作期间，轴承最高温度一般不超过80℃。轴承温升一般不得超过环境温度40℃。供水行业常用S型水泵的轴承温升不应超过外界温度35℃，但最高不应大于70℃，如轴承温升过高可能是轴承损坏、润滑脂变质或加注过多、轴承与轴承箱配合不当等原因。高压给水泵的泵体温度在55℃以下为冷态。

> ZBD010 电动机各部位温升的要求

（二）电动机各部位温升的要求

在电动机、发电机等电气设备中，绝缘材料是最为薄弱的环节。不同的绝缘材料耐热性能有区别，采用不同绝缘材料的电气设备其耐受高温的能力就有不同。因此一般的电气设备都规定其工作的最高温度。

电动机负载运行时，从尽量发挥它的作用出发，所带负载即输出功率越大越好（若不考虑机械强度）。但是输出功率越大、损耗功率越大，温度越高。绝缘材料尤其容易受到高温的影响而加速老化并损坏。绝缘材料耐温有个限度，在这个限度内，绝缘材料的物理、化学、机械、电气等各方面性能都很稳定，其工作寿命一般约为20年。超过这个限度，绝缘材料的寿命就急剧缩短，甚至会烧毁。这个温度限度，称为绝缘材料的允许温度。绝缘材料的允许温度，就是电动机的允许温度；电动机的寿命一般就是绝缘材料的寿命，它取决于电动机的绝缘等级。

环境温度随时间、地点而异，设计电动机时规定取40℃为我国标准环境温度。因此绝缘材料或电动机的允许温度减去40℃即为允许温升，不同绝缘材料的允许温度是不一样的，按照允许温度的高低，电动机常用的绝缘材料为A、E、B、F、H五种。按环境温度为40℃计算，这五种绝缘材料及其允许温度和允许温升见表3-4-1。

表3-4-1　绝缘材料使用温度

等级	绝缘材料	允许温度,℃	允许温升,℃
A	经过浸渍处理的棉、丝、纸板、木材等，普通绝缘漆	105	65
E	环氧树脂、聚酯薄膜、青壳纸、三酸纤维、高度绝缘漆	120	80
B	耐热性的有机漆作黏合剂的云母、石棉和玻璃纤维组合物	130	90
F	耐热的环氧树脂黏合或浸渍的云母、石棉和玻璃纤维组合物	155	115
H	硅有树脂黏合或浸渍的云母、石棉或玻璃纤维组合物，硅有橡胶	180	140

电动机对发热反映最敏感的部位是定子绕组绝缘。如电动机的定子绕组绝缘等级为E

级时,绕组最高允许温度为 120℃。转子绕组绝缘等级为 E 时,则最高允许温升是 65℃。

电动机的额定温升是指在设计规定的环境温度下(40℃),电动机绕组的最高温升,是由电动机发热引起的。运行中的电动机铁芯处在交变磁场中会产生铁损,绕组通电后会产生铜损,还有其他杂散损耗等,这些都会使电动机温度升高。另一方面电动机也会散热。当发热与散热相等时即达到平衡状态,温度不再上升而稳定在一个水平上。当发热增加或散热减少时就会破坏平衡,使温度继续上升,扩大温差,则增加散热,在另一个较高的温度下达到新的平衡。但这时的温差即温升已比以前增大了,所以说温升是电动机设计及运行中的一项重要指标,标志着电动机的发热程度,对于已制成的电动机,电动机的额定容量实际上主要取决于电动机的温升。在运行中,如电动机温升突然增大,说明电动机有故障,或风道阻塞或负荷太重。电动机各部位的温度限度:

(1)与绕组接触的铁芯温升(温度计法)应不超过所接触的绕组绝缘的温升限度(电阻法),即 A 级为 60℃、E 级为 75℃、B 级为 80℃、F 级为 100℃、H 级为 125℃。

(2)电动机滚动轴承的温度不应该超出 95℃。滑动轴承的温度应不超过 80℃。因温度太高会使油质发生变化和破坏油膜。

(3)机壳温度实践中往往以不烫手为准。

(4)鼠笼转子表面杂散损耗很大,温度较高,一般以不危及邻近绝缘为限。可预先刷上不可逆变色漆来估计温度。

ZBD011 电动机温升过高的原因

(三)电动机温升过高的原因

电动机是一种使电能转换成机械能的能量转换机器,在其能量转换过程中必将产生铁芯损耗、绕组铜(铝)损耗、机械损耗和杂散损耗等,各种损耗最后均转变为热而使电动机温度升高。当电动机在额定工作状况下正常运行时,其温升不应超过温升限值。电动机的温升是指电动机运行温度与环境温度的差值。

1. 电动机温升过高的主要原因

(1)电动机周围环境温度过高。

(2)电源电压过低或过高。

(3)电动机过载或负载机械润滑不良,阻力过大而使电动机发热。

(4)电动机启动频繁或正、反转次数过多。

(5)定子绕组有小范围短路或有局部接地。

(6)鼠笼式电动机转子断条或绕线式电动机转子绕组接线松脱。

(7)电动机通风不良。

(8)电动机定子、转子铁芯摩擦。

(9)电动机接线错误,如三角形接法的电动机接成星形。

(10)轴承磨损或润滑脂硬结。

(11)轴承润滑脂过多或过少。

(12)传动部分不同心。

2. 电动机温升过高的其他原因

(1)电动机设计缺陷。

(2)电源电压三相不平衡。

（3）电动机安装环境恶劣。

（4）轴承润滑脂质量不合格。

（5）电动机大修后的参数和原来不符。

（6）拖动机械故障。

（四）泵房的通风要求

ZBD025　泵房内通风设备使用要求

在泵房内,设备运转过程中会产生大量的热量,例如,电动机散热会使泵房温度升高,泵房室内环境温度一般不应超过 40℃,因此必须有良好的通风,应装有通风系统。通风方式选择根据泵房内机组的大小、性质、泵房面积、层高、埋深以及所在地区的气温条件等,选择适当的通风方式。对于地面上水泵站一般采用自然通风。自然通风要求窗户面积应大于水泵电动机散热平面积的 1/6 以上。

（五）测温仪

ZBG002　测温仪表的分类

1. 测温仪的分类

（1）按测温方式可分为接触式和非接触式测温仪两大类。

通常来说接触式测温仪结构简单、可靠,维护方便,价格低廉,测量精度高而准确,但因测温元件与被测介质需要进行充分的热接触,需要一定的时间才能达到热平衡,所以存在测温延迟的现象。非接触式测温仪结构复杂,体积大,调整麻烦,价格昂贵,仪表测温是通过热辐射原理来测量温度的,其缺点就是受到物体的发射率、测量距离、烟尘和水汽等外界因素的影响,其测量误差较大。

（2）按工作原理可分为膨胀式、电阻式、热电式,辐射式测温仪。

热膨胀式测温仪是利用液体、气体或固体的热胀冷缩性测量温度。玻璃管温度计是根据液体热膨胀原理测温,双金属片温度计是一种测量中低温度的仪表,是由两种膨胀系数不同的金属薄片叠焊在一起制成的测温元件,根据固体热膨胀原理测温,适用于现场检测。玻璃管液体温度计按用途可分为工业、标准和实验室用三种。标准玻璃温度计可以作为检定其他温度计用,准确度可达 0.05~0.1℃。

热电阻式测温仪是根据热阻效应原理测温,利用导体或半导体的电阻值随温度变化的性质测量温度。

热电式测温仪采用双金属温度计与热电偶/热电阻一体的方式,适用于现场与远距离传输检测需求,可以直接测量各种生产过程中的-80~+500℃范围内液体、蒸气和气体介质以及固体表面测温。

辐射式温度计根据热辐射原理测温。可接受被测物体产生的红外波长,测量时不干扰被测温场,具有较高的测量准确度,理论上无测量上限,且响应时间短,可快速、动态测量,可在一些特定的条件下,例如,核子辐射场,进行准确而可靠的测量。

ZBG003　测温仪表的使用要求

2. 红外测温仪的使用要求

使用手持式红外线测温仪测量被测物体的温度时,应将红外测温仪对准要测量的物体,并保证测量距离与光斑尺寸之比满足视场要求,不要太近,也不要太远。然后按下触发器按钮,在仪器的 LCD 显示屏上即可读出测量温度数据。

（1）环境温度。如果红外测温仪突然暴露在环境温差为 20℃ 或更高的情况下,允许仪器在 20min 内调节到新的环境温度。

(2)红外测温仪不能测量物体内部温度。

(3)注意环境条件。蒸气、尘土、烟雾等会阻挡仪器的光学系统而影响精确测温。

(4)定位热点。要发现热点,先要用仪器瞄准目标,然后在目标上做上下扫描运动,直至确定热点。

(5)手持式红外线测温仪不能透过玻璃进行测温。玻璃有很特殊的反射和透射特性,不能够进行精确温度读数,但可通过红外窗口测温。红外测温仪最好不用于光亮的或抛光的金属表面的测温(不锈钢、铝等)。

3.使用红外测温仪的影响因素

(1)环境温度对测温的影响:环境温度的较大变化将影响红外测温仪的测量精度,当将仪器从一个环境拿到另一种环境温度相差较大的环境中使用时,将会导致仪器精度的暂时降低,为得到最理想的测量结果,当仪器所处的环境温度发生改变时,应将仪器与环境温度平衡一段时间再使用。

(2)温度测量与目标大小和测量距离之间的关系:仪器的距离系数为80:1,测量物体温度时,为保证得到正确的结果,要注意使目标充满整个视场,仪器距被测物的距离与所测目标的大小的比值应不大于80。

(3)辐射率对测温的影响:由于物体的材料表面状态不同,其对外界辐射红外能量的能力(辐射率)是不一样的,为了补偿辐射率不同所带来的测量误差,应根据物体材料来调节辐射率值以补偿测温误差。

(4)空气介质对测温精度的影响。

4.测温仪表的维护要求

(1)透镜维护:用清洁空气吹掉透镜表面浮尘;用软毛刷或柔软的清洁布刷掉剩余的灰尘;用蘸有透镜清洗液的柔软的清洁布或脱脂棉球轻轻擦拭透镜表面。

(2)外壳维护:清洗外壳可用肥皂水或蘸有中性清洗液的软布擦洗仪器外壳。

(3)不可随意拆卸仪器。

二、技能要求

(一)准备工作

1.设备

水泵机组1套(运行中)。

2.材料、工具

红外线温度测温仪1套,笔1支,纸若干。

3.人员

1人操作,持证上岗,劳动保护用品穿戴齐全。

(二)操作规程

1.测量前准备

(1)按下测量键,仪器自动开启,观察仪器显示是否正常。如果出现量数值表明正常,若荧幕闪烁,则代表电压已降低到不足的阶段,需更换电池。

(2)选择温度单位;关机或测量状态中只要按下"°F/°C"钮就可以选择温度单位(华

氏/摄氏),温度单位会闪烁出现在液晶显示器上。

(3)了解仪器测温范围、准确度、测量距离等要素。

2. 测量过程

(1)分别选取水泵和电动机轴承箱测量温度并记录,测量环境温度并记录。

(2)用所测机泵轴承箱温度减去环境温度(环境温度为 40℃)为机泵温升;水泵轴承温升不应超过 35℃,否则应停机检查润滑脂(油)的质和量;查看电动机绝缘等级,测量的温升应符合电动机的允许温升。

(三)技术要求

(1)为测量数据的准确性,测量距离大约是被测物体长度的 8 倍;对准约 8m 远的空气或墙壁测量环境温度并记录。

(2)A 级绝缘允许温升 55℃,B 级绝缘允许温升 70℃,E 级绝缘允许温升 65℃,若超出标准要求需停机检查。

(四)注意事项

(1)使用时勿将仪器指向人或动物的眼睛或脸部,以免造成伤害。

(2)若测量物周围大环境温度发生改变,如测量高温之后要测量低温的物体必须间隔一段时间(几分钟),因为红外线测试处需要冷却过程。

(3)使用后应将仪器妥善保管。

项目三　使用测振仪测量机泵振动

一、相关知识

> ZBD012 电动机声音异常的原因

(一)电动机声音异常的原因

在启动电动机时如果发生噪声大或声音异常应停机检查。异步电动机出现异常声音或噪声大有可能是机械方面或电气方面的原因,必须从机械方面和电气方面对电动机进行检查。首先确定是哪方面引起的,其方法是接上电源,有不正常的声音存在时立即切断电源,若不正常声音仍存在,为机械方面故障,否则为电气方面故障。

1. 机械方面的故障原因

(1)轴承损坏或润滑油严重缺少,油中有杂质等会发出刺耳的"丝丝"声。清洗轴承,加装新的润滑油,容量不宜超过容积的 70%,或更换新轴承。

(2)风罩或转轴上零件(风扇、联轴器等)松动。若是叶片碰壳可校正叶片,旋紧螺栓。

(3)风罩内有杂物。应及时清理。

(4)轴承内圈和轴配合太松。

(5)定子和转子摩擦会发出有节奏的"嚓嚓"声。可纠正转子轴,锉去定子或转子铁芯突出部分,或更新轴承。

(6)部分螺栓或零件松动。应拧紧各螺栓。

(7)电动机振动。检查地基是否稳固,拧紧电动机地脚螺栓,检查转子平衡情况。

2. 电气方面的故障原因

(1)电动机缺相运行会发出很大的吼声,停机后重新启动,如果是两相运行电动机将不再转动,找出缺相的原因并消除。

(2)绕组有短路或接地。

(3)电源电压过低或过高。

(4)电动机过载。

(5)转子笼条和端环断裂。

(6)三相电流不平衡。检查三相电源不平衡原因,是电源电压引起的还是电动机本身造成三相电流不平衡,找出原因并排除。

(二)泵站噪声

1. 泵站噪声来源

水泵房噪声是由水泵工作噪声和电动机噪声等引起的综合噪声源。工业噪声通常分为空气动力性、机械性和电磁性噪声三种。

空气动力性噪声是由于气体振动产生的,当气体中有了涡流或发生压力突变时,引起气体扰动,就产生了空气动力性噪声,如风机、空气压缩机等产生的噪声。

机械性噪声是由于固体振动而产生的。在撞击、摩擦、交变的机械应力作用下,发生振动,就产生了机械性噪声,如车床、闸阀、水泵轴承产生的噪声。因为水泵的运行,引起水流的运动,水流撞击管道产生噪声,引起管道的振动。水泵机组工作时产生的水泵本身运行的噪声,该声源在泵房正常运行时属于稳态噪声。

电磁性噪声是由于电动机的空间容积在交变力相互作用下而产生的。如电动机定子、转子的吸力、电流和磁场的相互作用、磁滞伸缩引起的铁芯振动、电气变压器的运行噪声等。

2. 泵站噪声传播及危害

ZBD016 泵站噪声的危害

泵房内水泵等声源设备的封闭程度直接影响周围环境噪声的污染轻重。

水泵的噪声主要为中、低频噪声。水泵产生的噪声向外传播方式有两种,即空气传声和固体传声,主要为固体传声。固体传声可经基础、地板、墙体、楼板等结构件进行,传至泵房上方各房间;水泵管道通过固体在地面、楼板、墙体上的管道刚性支架、吊架向地上传播固体声。水泵的压力脉动产生的噪声经管道传递、辐射。

泵房内噪声达到 85~95dB 时,对泵房工作人员影响较大,长年累月在强噪声环境下工作,形成永久性听觉疲劳,使内耳听觉器官发生器质性病变,称为噪声性耳聋。噪声性耳聋与噪声强度和频率有关,噪声强度越大,频率越高,噪声性耳聋的发病率越高。噪声性耳聋也与噪声作用的时间长短有关。

在噪声的影响下,可以诱发多种疾病。噪声作用于人的中枢神经系统,使人的大脑皮层兴奋和抑制平衡失调,导致条件反射,使人脑血管张力遭到损害,产生头疼、脑胀、耳鸣、多梦、失眠、心慌和乏力等症状。

噪声还会对人的消化系统和心血管系统造成损害,导致胃病及胃溃疡的发病率增高;使人心跳加快、心律不齐、血管痉挛、血压升高以及冠心病和动脉硬化的发病率增高等。

噪声还会影响人们的生活,妨碍睡眠、干扰谈话、令人烦恼。因此,泵房应远离办公楼和居民区。

噪声降低劳动生产率,在嘈杂的环境里,使人心情烦躁,工作容易疲乏,反应迟钝,工作效率降低,且影响工作质量。噪声还使人们的注意力分散,容易引起工伤事故。

ZBD017　泵站内噪声的防治措施

3. 噪声防治措施

防治噪声最根本的方法是从声源上治理,即将发声体改造成不发声体,但是,在许多情况下,由于技术或经济上的原因,直接从声源上治理噪声往往很困难。这就需要采取吸声、隔声、隔振、消声等噪声控制技术。

1) 吸声

吸声是用吸声材料,如玻璃棉、矿渣棉等装于房间内壁,或敷设于管道外壁上,将噪声吸收一部分,从而达到降低噪声的目的。泵房中的消音一般用于单体机组方面,为了提高吸音的效率,通常采用共振吸音的方法。

2) 隔声

噪声控制技术中,隔声是把发音的物体或者需要安静的场所封闭在一定的空间内,使其与周围环境隔绝。用厚实的材料和结构隔断噪声的传播途径,隔声材料一般为砖、钢板、钢筋混凝土等。如3mm厚的钢板隔声量为32dB,一砖厚的墙隔声量为50dB。

3) 隔振

振动是噪声的主要来源,噪声不仅通过空气向外传播,还通过固体结构向外传播,一般以涂刷阻尼材料,装弹簧减振器、橡胶、软木等,使振动减弱。可在机组下装置隔振器,使振动不至传递到其他结构体而产生辐射噪声。在水泵机组和它的基础之间安装隔振垫,也可使振动得到减弱。

4) 消声

(1) 风机的消声措施。风机噪声从三个途径传播出来,即风机壳体辐射空气噪声,从风机基础振动辐射固体噪声,从进出风管内的流体辐射气流噪声。其消声的措施是:为消减气流传播噪声设置消声器;为消减空气辐射噪声设置隔声间;为消减基础振动辐射噪声设置隔振器。

(2) 泵的消声措施。泵主要以防振为主,这种防振措施,首先在基础上设防振胶或防振弹簧。另外在吸压水管道上设置挠性接头。

(3) 电动机的消声措施。用隔声罩将电动机单独罩起来,也可以将电动机、风机或泵一起罩起来。但需注意的是电动机属于发热设备,应考虑罩内空气流通,以排除热量。

(4) 管道及附件的消声措施。在管道和附件中,有时发出很大的噪声,这些噪声为设备的振动噪声、流体噪声、流速过大在弯头和渐变管及管道中产生的涡流噪声,或闸阀等附件后部的涡流和冲击产生的噪声。防治措施是在管道离心泵与风机的吸压管道上,设置挠性接头或消声器,以防止设备振动或噪声传到管道系统中。

管道外壁进行隔声处理,这种隔声的做法同保温做法一样,不同的是吸声材料代替了保温材料,外壳使用能隔声的金属板,隔声金属板的隔声效果达 10~20dB。管道产生共振时,应改变管径或支架间距。流速过大会增加水头损失,而且成为弯头、渐变管等处产生涡流噪声和振动噪声的原因。所以降低管内流速是降低噪声的重要措施之一。管道转弯时弯曲半径不能太小,管道突然扩大或缩小时,其扩散角不得大于8°,管道穿墙时为了防止把管道振动传给墙体,应对穿墙处进行密封处理。

ZBD013 离心泵机组的振动范围

（三）离心泵机组的振动范围

1.《泵的振动测量与评价方法》(GB/T 29531—2013)相关要求

泵的振动不是单一的简谐振动，而是由一些不同频率的简谐振动复合而成的周期振动或准周期振动。GB/T 29531—2013规定了对泵进行机械表面的振动测量与评价方法，该标准适用于除潜液泵、往复泵以外的各种形式泵和泵用调速液力耦合器，转速范围为600~12000r/min。

2.测量振动烈度的一般准则

1）测量仪器的要求

应当正确选用振动烈度测量仪器来指示和记录被测泵的振动。在进行振动测量之前应仔细检查，保证测量仪器在主要的环境条件下（例如，温度、磁场、表面粗糙度等）、在所要求的频率范围和速度范围之内能精确地工作，应当知道在整个测量范围之内仪器的响应和精度。所用的振动烈度测量仪应经过计量部门检定认可，在使用前对整个测量系统进行校准，保证其精度符合要求。对测量用传感器应当细心地、合理地进行安装，并保证它不会明显地影响泵的振动特性。

2）泵的安装与固定的要求

（1）水泵运输到指定位置后，进行设备吊装安装，准确就位于已经做好的设备基础台座上。

（2）水泵就位前的基础混凝土强度，坐标、标高、尺寸和螺栓孔位置必须符合设计图纸的要求，安装时地脚螺栓应垂直、拧紧，且与设备底座接触紧密。

（3）水泵垫铁组放置位置正确，平稳，接触紧密，每组不超过3块。

（4）在水泵附近的管道上安装支架，使泵上没有重量附着。

（5）水泵每台泵的进出水口两端应设有排气阀，排水口和压力表接头，进出水口应配有法兰供管道连接。

（6）水泵在安装时，应注意各水泵的位置，同一排的水泵，应使每一台水泵的中心轴线相互平行，并且应使水泵的出水口或进水口的中心线在一条直线上。

3）泵的运行工况的要求

在测量离心泵、混流泵、轴流泵等叶片泵的振动时，应在规定转速（允许偏差±5%）以及允许用到的小流量、规定流量、大流量三个工况点上进行测量。对于降低转速试验的振动测量，不能作为评价的依据。对齿轮泵、滑片泵、螺杆泵等容积泵（往复泵除外）应在规定转速（允许偏差±5%）、规定工作压力的条件下进行测量。对液力耦合器应分别在负载、空载以及在调速范围内均匀地取10个转速点进行测量。这10个点通常是最大转速的100%、90%，…，10%（由于空载调速范围限制，能够测到的转速点允许不足10个）。在负载试验时，对应最高转速时应达到额定负载。

4）测点与测量方向的要求

每台泵至少存在一处或几处关键部位，为了了解泵的振动，把这些部位选为测点，这些测点应选在振动能量向弹性基础或系统其他部件进行传递的地方，通常选在轴承座、底座和出口法兰处。把轴承座处和靠近轴承处的测点称为主要测点；把底座和出口法兰处的测点称为辅助测点。立式泵主要测点的具体位置应通过试测确定，即在测点的水平圆周上试测，将测得的振动值最大处定为测点。每个测点都要在三个互相垂直的方向(水平 X、垂直 Y、轴向 Z)进行振动测量。

5)泵的振动烈度

规定振动速度的均方根值(有效值)为表征振动烈度的参数。

比较主要测点,在三个方向(水平 X、垂直 Y、轴向 Z)、三个工况(允许用到的小流量、规定流量、大流量)上测得的振动速度有效值,其中最大的一个定为泵的振动烈度。辅助测点的振动值不能作为评价的依据。辅助测点的振动大于或接近主要测点的振动值时,只能说明泵的固定或装配有问题。

3. 评价振动烈度的尺度

在 $10 \sim 1000Hz$ 的频段内速度均方根值相同的振动被认为具有相同的振动烈度。表 3-4-2 相邻两挡之比为1:1.6,即相差 4dB,代表大多数机器振动响应的振动速度有意义的变化。通过表 3-4-2 可知振动烈度级范围($10\sim1000Hz$),并确定泵的烈度级。

表 3-4-2　振动烈度级范围表

烈度级	振动烈度的范围,mm/s	
	大于	到
0.11	0.07	0.11
0.18	0.11	0.18
0.28	0.18	0.28
0.45	0.28	0.45
0.71	0.45	0.71
1.12	0.71	1.12
1.80	1.12	1.80
2.80	1.80	2.80
4.50	2.80	4.50
7.10	4.50	7.10
11.20	7.10	11.20

(四)离心泵产生振动的原因及防治措施

1. 导致振动大、有噪声的原因

1)电气方面

电动机是机组的主要设备,电动机内部磁力不平衡和其他电气系统的失调,常引起振动和噪声。如异步电动机在运行中,由定转子齿谐波磁通相互作用而产生的定转子间径向交变磁拉力,或大型同步电动机在运行中,定转子磁力中心不一致或各个方向上气隙差超过允许偏差值等,都可能引起电动机周期性振动并发出噪声。

2)机械方面

电动机和水泵转动部件质量不平衡、粗制滥造、安装质量不良、机组轴线不对称、摆度超过允许值,零部件的机械强度和刚度较差、轴承损坏和密封部件磨损破坏,轴承径向游隙太大以及水泵临界转速出现与机组固有频率一直引起的共振等。叶轮损坏或不平衡,叶轮流道内有异物堵塞,造成叶轮偏重,都会产生强烈的振动和噪声。

3)水力方面

水泵进口流速和压力分布不均匀,水泵进出口工作液体的压力脉动、液体绕流、偏流和脱流,非定额工况以及各种原因引起的水泵产生汽蚀等,都是常见的引起泵机组振动的原因。水泵启动和停机、阀门启闭、工况改变以及事故紧急停机等动态过渡过程造成的输水管道内压力急剧变化和水锤作用等,也常常导致泵房和机组产生振动。

4)水工及其他方面

机组进水流道设计不合理或与机组不配套、水泵淹没深度不当,以及机组启动和停机顺序不合理等,都会使进水条件恶化,产生旋涡,诱发汽蚀或加重机组及泵房振动。采用破坏虹吸真空断流的机组在启动时,若驼峰段空气挟带困难,形成虹吸时间过长;拍门断流的机组拍门设计不合理,时开时闭,不断撞击拍门座;支撑水泵和电动机的基础发生不均匀沉陷或基础的刚性较差等原因,也都会导致机组发生振动。

5)安装不良

泵与底座地脚螺栓松动、底座和基础有松动现象。电动机与泵连接的联轴器未找正对中,联轴器不同心也会造成机组振动和噪声。

ZBD014 离心泵产生振动的原因

2. 离心泵产生振动的处理方法

1)从设计上防治泵振动

ZBD015 离心泵产生振动的处理方法

(1)提高泵的刚性。刚性对防治振动和提高泵的运转稳定性非常重要。其中很重要的一点是适当增大泵轴直径。提高泵的刚性是要求泵在长期的运转过程中保持最小的转子挠度,而增大泵轴刚性有助于减少转子挠度,提高运转稳定性。运转过程中发生轴的晃动、破坏密封、磨损口环等诸多故障均与轴的刚性不够有关。泵轴除强度计算外,其刚度计算也不能缺。

(2)周全考虑叶轮的水力设计。泵的叶轮在运转过程中应尽量少发生汽蚀和脱流现象。为了减少脉动压力,宜于将叶片设计成倾斜的形式。

(3)严格要求叶轮的静平衡数据。离心泵叶轮的静平衡允许偏差数值一般为叶轮外径乘以 $0.025g/mm$,对于高转速叶轮(2970r/min 以上),其静平衡偏差还应降低一半。

(4)设计上采用较佳的轴承结构。轴承座的设计,应以托架式结构为佳。目前使用的悬臂式轴承架,看起来结构紧凑、体积小,但刚性不足、抗振性差、运转中故障率高。而采用托架式泵座不仅可以提高支撑的刚性,而且可以节约泵壳所使用的耐腐蚀贵重金属材料,即省略了泵壳支座又可减薄壁厚,达到两全其美。

(5)结实可靠的基础板设计。一些移动使用的泵对基础板并没有很严格的要求,这是因为泵的进出口管都为胶皮软管,泵在运转过程中处于自由状态。而在工艺流程中固定使用的泵往往跟复杂而强劲的钢制管道联系在一起,管道的装配应力、热胀冷缩所产生的应力与变形最终都作用在泵的基础上,因此基础板的设计应有足够的强度和尺寸要求,对于以电动机直连形式的低速泵,应为机械重量的 3 倍以上,高速泵则为 5 倍以上。

2)从制造质量上防治泵振动

(1)同轴度应达到要求。有不少泵的振动或故障是由于同轴度失调所引起的,同轴度包括泵的所有回转部件,例如,泵轴、轴承座、联轴器、叶轮、泵壳及轴承精度等,这些都需要按设计图纸上标注的精度加工检测来保证。

(2)精细地制造叶轮和泵轴。泵轴的表面光洁度要高,尤其是密封和油封部位。泵轴的热处理质量应达到要求,高转速泵更应严格要求。叶轮的过流面应尽可能光洁,材质分布应均匀,型线应准确。

3)从安装上防治泵振动

(1)基础板找平、找正。垫铁应选好着力点,最好设置于基础附近并对称布置,同一处垫铁数量不能多于3块。垫铁放置不适当时,预紧螺栓可能造成基础板变形。

(2)泵轴和电动机轴要保证同轴度。校联轴器同轴度时,应从上下和左右方向分别校正。两联轴器之间应留有所要求的间隙,以保证两轴在运转过程中做限定的轴向移动。

(3)管道配置应合理。泵的进口管段应避免突弯和积存空气,进口处最好配置一段锥形渐缩管,使其流体吸入时逐渐收缩增速,以便流体均匀地进入叶轮。

(4)应设计避免管道应力对泵的影响。管道配置时应当尽可能地避免装配应力、变形应力和管道阀门的重力作用到泵体上,对温差变化较大的管系,应设置金属弹簧软管以消除管道热应力的影响。

(5)检查基础螺栓是否牢固可靠。新泵安装好后,一定要预紧地脚螺栓后再行试机。如果忽略则会造成基础板下的斜垫铁振动而退位,再紧甚至会破坏基础板的水平,这将对泵的运转造成长期的不良影响。

4)从运转维修上防治泵振动

(1)尽可能地选用低转速泵。尽管高转速泵可以减小泵的体积和提高效率,但有些高转速泵由于设计制造问题,很难适应高速运转的要求,运转稳定性差,使用寿命较短,故从运行方面考虑,为了减少停机损失和延长运行寿命,还是选用低转速泵较为有利。

(2)防止小流量运转或开空泵。操作上不允许使用进口阀门调节流量,运行情况下进口阀门一般要全开,控制流量只能调节出口阀门,如果运转过程中阀门长期关得过小,说明泵的容量过大、运行不经济且影响寿命,应当改选泵型或降低转速运行。

(3)保持泵良好的密封状态。密封不好的泵除了造成跑冒滴漏损失以外,严重时可导致液体进入轴承内部,加剧磨损,引起振动,缩短寿命。填料函内添加填料时,除了需遵照通常的操作要求外,还要注意填料是否有杂质,避免损伤填料函。轴套上显现的道道沟槽往往是由于装入了黏有泥土和砂粒的脏填料所致。如果是采用机械密封,需要注意的问题是动、静环的材质选择要恰当,材料不能抵抗工作介质的腐蚀作用,是机械密封故障多发的重要因素之一。

(4)严格检查泵的运转状态并及时处理。

① 检查润滑油的油温及温升。

② 检查填料函部位的温度及渗漏情况。

③ 检查振动情况和异响噪声等。

④ 要注意排出口、吸入口的压力变化及流量变化情况,排出压力变化剧烈或下降时,往往是由于吸入侧有异物堵塞或者是吸入了空气,应及时停泵处理。

⑤ 检查电动机的运转情况并经常注意观察电流表指针的波动情况,日常检查情况的内容最好是记入运行档案,发现异常情况应及时停机处理,不可延误。

(五)测振仪表

1. 测振仪表的原理及分类

现在的测振仪一般都采用压电式的,结构形式大致有压缩式和剪切式两种,其原理是利用石英晶体和人工极化陶瓷(PZT)的压电效应设计而成,当石英晶体或人工极化陶瓷受到机械应力作用时,其表面就产生电荷,所形成的电荷密度的大小与所施加的机械应力的大小成严格的线性关系。同时,所受的机械应力在敏感质量一定的情况下与加速度值成正比。在一定的条件下,压电晶体受力后产生的电荷与所感受的加速度值成正比。

加速度传感器信号首先经滤波放大得到加速度信号,然后经一级积分得到速度信号,此信号再经一级积分便得到位移信号,这三种信号经测量选择开关选择出一种信号,进行交直流转换和 A/D 转换,最后在液晶屏显示。

2. 测振仪表的使用方法

(1)安装电池。打开仪表背面电池盒盖,将 9V 叠层电池装入电池盒,注意电池正负极性,然后盖上盖子。应按照电池仓内图示正确装入 9V 叠层电池。

(2)检查电源。测振仪测量前检查电池电压,按下"测量"键观察显示,如果出现":"表示电池电压低,需要更换新电池;若无标志显示,则表明电压正常,可以进行测量。

(3)选择测量方式。拨动测振仪的测量选择开关,可选择测量加速度、速度或位移,并由显示器右边的箭头指向所选择的测量单位,

(4)测量。测量时手握测振仪,将探针垂直地压在被测物体上大拇指压住测量键,仪表即刻进入测量状态;松开按键,此时的测量值被保持;再按测量键,可继续进行测量。松开键后数据被保持 1min,同时仪表将自动关机。

3. 测振仪表的保养

(1)仪表不宜在强磁场、腐蚀性气体和强烈冲击的环境中使用。

(2)仪表及传感器为全封闭结构,不可随意拆卸,不可随意调整内部电位器。

(3)当显示器有电池更换标记时,要及时更换电池。

(4)仪表长期不用,请将电池取出,以免仪表受蚀。

使用一体式测振仪时探头顶在被测物体上的力应该是 500~1000g(可在台秤练习熟练)探头应垂直于被测物体。如果要保证测量数据的可靠性,尤其在测量加速度高频挡时应使用短探杆。水泵应在规定的转速、流量和工作压力下,并在其工况点稳定后,方可进行振动速度有效值的测量。振动速度有效值的测点和测量位置宜在轴承外壳、机壳、机座等振动较大的部位:每个测量位置均应在轴向、水平和垂直三个方向上进行测量。振动速度有效值应以各测量位置中读取最大者为度量值。

二、技能要求

(一)准备工作

1. 设备

水泵机组 1 套(运行中)。

2. 材料、工具

EMI220 一体袖珍式测振仪 1 套,笔 1 支,纸若干,粉笔若干。

3. 人员

1 人操作,持证上岗,劳动保护用品穿戴齐全。

(二)操作规程

1. 测量前准备

(1)按下"测量"键观察仪器显示是否正常,如果出现":"表示电池电压低,需要更换新电池。

(2)设置速度振动参量,选取单位 mm/s。

(3)分别选取水泵机组轴向、径向、纵向测量部位,并用粉笔标识出。

2. 测量过程

(1)按住"测量"键不动,将测振仪顶住被测物体,显示器上显示振动测量值。

(2)待显示器测量值稳定后,松开"测量"键,测量值将保持在显示器上,可以把测振仪从物体上拿开,并读取记录测量值。

3. 测量结果

泵的振动不应超过现行国家标准《泵的振动测量与评价方法》(GB/T 29531—2013)振动烈度的规定。

(三)技术要求

(1)测振探头顶在被测物体上的力应适度(500~1000g)。

(2)探头应垂直于被测物体。

(四)注意事项

(1)测量时仪器不得磕碰以免损坏或影响测量精度。

(2)仪器使用后要妥善保管。

项目四　使用手锤检查泵壳有无裂纹

一、相关知识

(一)离心泵泵壳的构造

ZBA012　离心泵泵壳的构造

离心泵的泵壳有三种结构:蜗壳形结构、节段形结构和圆筒形双层结构。离心泵的泵壳过水部分要求有良好的水力条件。因此常把离心泵泵壳制成蜗壳形,过水断面不断增大。

(二)离心泵泵壳的作用

ZBA013　离心泵泵壳的作用

离心泵泵壳的作用是把水流平顺地引向叶轮,汇集由叶轮甩出的水流,导向出水口;减慢水流从叶轮边缘甩出的速度,把高速水流的动能变为压能,以增加水流的压力;把水泵所有固定部件连成一体,组成水泵定子。

(三)单级单吸离心泵泵壳的特点

ZBA014　单级单吸离心泵泵壳的特点

单级单吸离心泵的泵壳是由泵盖和泵体组成的。单级单吸离心泵的泵体包括吸水口,蜗壳形流道和泵的出水口。吸水口法兰上设有安装真空表的螺孔。泵体底部设有放水螺孔,当泵停止使用时,泵内的水由此放出,以防锈蚀和冬季冻裂。单级单吸离心泵蜗壳形流道断面沿着流出方向不断增大。

（四）单级双吸离心泵泵壳的特点

ZBA015 单级双吸离心泵泵壳的特点

单级双吸离心泵泵壳构成的上半部为泵盖,下半部为泵体。单级双吸离心泵的泵体和泵盖共同构成半螺旋形吸水室和蜗壳形压水室。单级双吸离心泵的吸入口和出水口在泵体上,与泵轴垂直,呈水平方向。单级双吸离心泵的泵盖上设有安装水封管及放气管的螺孔。

（五）分段式多级离心泵泵壳的特点

ZBA016 分段式多级离心泵泵壳的特点

分段式多级离心泵的泵体由一个前段、一个后段和数个中段所组成。分段式多级离心泵泵壳结构铸有多个蜗壳形流道。分段式多级离心泵的导流器是一个铸有导叶的圆环,安装时用螺母固定在泵壳上。分段式多级离心泵工作时,导流器的作用是把动能转化为压能。

分段式多级离心泵的吸入口位于进水段上呈水平方向。单级单吸离心泵泵壳内壁与叶轮进口外缘配合处装有密封环。分段式多级离心泵的中段是由几个单吸式叶轮装在一根轴上串联而成的。

二、技能要求

（一）准备工作

1. 设备

泵壳 1 个。

2. 材料、工具

柴油适量,滑石粉适量,棉纱适量,红色油漆适量,0.9g 手锤 1 把。

3. 人员

1 人操作,持证上岗,劳动保护用品穿戴齐全。

（二）操作规程

1. 敲击

先将泵壳单边着地,用手锤轻轻敲击,用锤子敲击泵壳用力要轻,避免裂纹加长。

2. 判断

如发生悦耳的金属声表示泵壳完好,如发出的声音沙哑说明有裂纹。

3. 查找裂纹

(1)在怀疑的部位浇上柴油。

(2)用小锤轻击泵壳几下,让柴油渗入裂纹内。

(3)擦干泵壳表面,然后撒上一层薄薄滑石粉。

(4)接着再敲击几下泵壳,这时裂纹内的柴油渗出,浸润滑石粉,并呈现一条灰色的线条,这就是裂纹。

4. 做好记号

找出裂纹后,查出裂纹的长度,仔细观察裂纹的起始点和终止点,并用油漆做好记号。

（三）技术要求

(1)通过敲击泵壳辨别声音正确判断有无裂纹。

（2）准确判断裂纹的起始点和终止点。

（四）注意事项

（1）用锤子敲击泵壳用力要适度。

（2）禁止明火。

项目五 使用外径千分尺测量工件

一、相关知识

ZBH004 外径
千分尺的分类

（一）外径千分尺的分类及用途

外径千分尺常简称为千分尺，它是比游标卡尺更精密的长度测量仪器，常用规格为0~25mm、25~50mm等，每25mm一个等级，精度是0.01mm。外径千分尺由固定的尺架、测砧、测微螺杆、固定套管、微分筒、测力装置、锁紧装置等组成。固定套管上有一条水平线，这条线上、下各有一列间距为1mm的刻度线，上面的刻度线恰好在下面两相邻刻度线中间。微分筒上的刻度线是将圆周分为50等分的水平线，它是旋转运动的。

外径千分尺的种类有：卡尺形千分尺、螺纹千分尺、齿轮外径千分尺、公法线千分尺，板材千分尺、花键千分尺、管材千分尺、尖头千分尺、V形千分尺、薄片千分尺、罐口接缝千分尺、轮毂千分尺、公差千分尺、杠杆千分尺。从读数方式上来看，常用的外径千分尺有普通式、带表示和电子数显式三种类型。

由外径千分尺的微分筒部分和杠杆卡规中指示机构组合而成的是杠杆千分尺。杠杆千分尺又称指示千分尺，它是由外径千分尺的微分筒部分和杠杆卡规中指示机构组合而成的一种精密量具，杠杆千分尺测量工件直径时，应摆动量具，以指针的转折点读数为正确测量值。杠杆千分尺既可以进行相对测量，也可以像千分尺那样用作绝对测量。测量前应把量具的测量面和零件的被测量表面都要揩干净，以免因有脏物存在而影响测量精度。精密量具应实行定期检定和保养，长期使用的精密量具，要定期送计量站进行保养和检定精度

尖头千分尺主要用来测量零件的厚度、长度、直径及小沟槽。如钻头和偶数槽丝锥的沟槽直径等。内径千分尺适用于测量中小直径的精密内孔，尤其适于测量深孔的直径。尖头千分尺用来测量零件的厚度、长度、直径及小沟槽。壁厚千分尺用来测量精密管形零件的壁厚。

ZBH003 外径
千分尺的使用
方法

（二）外径千分尺的使用方法

（1）使用千分尺前先要检查其零位是否校准，因此先松开锁紧装置，应擦干净两测砧面，清除油污，特别是测砧与测微螺杆间接触面要清洗干净，接触面上应没有间隙和漏光现象。检查微分筒的端面是否与固定套管上的零刻度线重合，转动测力装置使两测砧面接触，若不重合应先旋转旋钮，直至螺杆要接近测砧时，旋转测力装置，当螺杆刚好与测砧接触时会听到喀喀声，这时停止转动。如两零线仍不重合（两零线重合的标志是：微分筒的端面与固定刻度的零线重合，且可动刻度的零线与固定刻度的水平横线重合），可将固定套管上的小螺钉松动，用专用扳手调节套管的位置，使两零线对齐，再把小螺钉拧紧。不同厂家生产

的千分尺的调零方法不一样,这里仅是其中一种调零的方法。检查千分尺零位是否校准时,要使螺杆和测砧接触,偶尔会发生向后旋转测力装置两者不分离的情形。这时可用左手手心用力顶住尺架上测砧的左侧,右手手心顶住测力装置,再用手指沿逆时针方向旋转旋钮,可以使螺杆和测砧分开。

(2)使用千分尺时将被测物擦干净,千分尺使用时轻拿轻放;松开千分尺锁紧装置,校准零位,转动旋钮,使测砧与测微螺杆之间的距离略大于被测物体;一只手拿千分尺的尺架,将待测物置于测砧与测微螺杆的端面之间,另一只手转动旋钮,当螺杆要接近物体时,改旋测力装置直至听到喀喀声后再轻轻转动 0.5~1 圈;旋紧锁紧装置(防止移动千分尺时螺杆转动),即可读数。

(3)外径千分尺的读数:

① 先以微分筒的端面为准线,读出固定套管下刻度线的分度值。

② 再以固定套管上的水平横线作为读数准线,读出可动刻度上的分度值,读数时应估读到最小度的 1/10,即 0.001mm。

③ 如微分筒的端面与固定刻度的下刻度线之间无上刻度线,测量结果即为下刻度线的数值加可动刻度的值。

④ 如微分筒端面与下刻度线之间有一条上刻度线,测量结果应为下刻度线的数值加上 0.5mm,再加上可动刻度的值即为测量值。

(三)外径千分尺使用注意事项

(1)千分尺是一种精密的量具,使用时应小心谨慎,动作轻缓,不要让它受到打击和碰撞。千分尺内的螺纹非常精密,使用时要注意:

① 旋钮和测力装置在转动时都不能过分用力。

② 当转动旋钮使测微螺杆靠近待测物时,一定要改旋测力装置,不能转动旋钮使螺杆压在待测物上。

③ 当测微螺杆与测砧已将待测物卡住或旋紧锁紧装置的情况下,决不能强行转动旋钮。

(2)有些千分尺为了防止手温使尺架膨胀引起微小的误差,在尺架上装有隔热装置。实验时应手握隔热装置,而尽量少接触尺架的金属部分。

(3)使用千分尺测同一长度时,一般应反复测量几次,取其平均值作为测量结果。

(4)千分尺用毕后,应用纱布擦干净,在测量面与螺杆之间留出一点空隙,放入盒中。如长期不用可抹上黄油或机油,放置在干燥的地方。注意不要让它接触腐蚀性的气体。

二、技能要求

(一)准备工作

1. 设备

泵轴 1 根。

2. 材料、工具

25~50mm 外径千分尺 1 把,棉纱若干。

3. 人员

1 人操作,持证上岗,劳动保护用品穿戴齐全。

(二)操作规程

1. 仪器调零

(1)测量之前擦净量具测量面。

(2)检验两测量面贴合时,两个套筒上的刻度都在零线位置,否则应用校准棒校准零位。

2. 测量方法

松开锁紧手柄,转动轴套,使测量件表面与砧座和测量轴杆接触,当两测量面即将接触时,用棘轮转动直到发出"咔咔"两三声后停止转动,锁紧测量轴杆固定套筒的主尺和副尺。

3. 读数

(1)取出千分尺读数。读出活动套管边缘在固定套管主尺的数。

(2)看活动套管上哪一根线与固定套管上基准线对齐,读出小数,其精密度可达0.01mm,不足一格的数,即千分之几毫米由估读法确定;将两个读数相加即是所测尺寸。进行二次测量检验测量值。

(三)技术要求

(1)应准确读出活动套管边缘在固定套管主尺的数(应为 0.5mm 的整倍数)。

(2)每次测量时要将千分尺放正,不得歪斜以影响测量精度。应一手拿尺架或尺架下端,一手拿活动套筒。

(3)读数时视线应垂直于刻度线表面(避免因斜视角造成误差)

(四)注意事项

(1)使用时应动作轻缓,不要受到打击和碰撞。

(2)旋紧锁紧装置的情况下,决不能强行转动旋钮。

(3)旋钮和测力装置在转动时都不能过分用力。

(4)测试时应手握隔热装置,而尽量少接触尺架的金属部分。

(5)测试后,应用纱布擦干净平放在盒内,远离磁场。

第四部分

高级工操作技能及相关知识

模块一　操作水泵站设备

项目一　绘制离心泵特性曲线

一、相关知识

(一)离心泵性能曲线的概念

离心泵性能是指其在某一固定转速下运行时,它的流量与扬程、轴功率、效率、允许吸上真空高度或汽蚀余量等几个参数之间相互关系的变化规律。通常把上述参数间的相互关系绘成几条曲线,这种曲线称为离心泵的性能曲线。在绘制曲线时,一般横坐标为流量 Q,纵坐标为扬程 H、轴功率 N、效率 η 和允许吸上真空高度或汽蚀余量,绘制在直角坐标系内。实际应用中使用的性能曲线,一般是水泵厂通过水泵的性能试验和汽蚀试验所得数据来绘制的。

固定叶片式轴流泵有一条特性曲线。离心泵的性能曲线每台有四条:流量—扬程曲线、流量—轴功率曲线、流量—效率曲线和流量—允许吸上真空高度或汽蚀余量曲线等。

(二)水泵性能曲线的作用

(1)根据水泵的特性曲线可以知道水泵的各个性能的变化规律,根据实际用途选择最合适的水泵。

(2)根据水泵的特性曲线可以确定水泵的运转工作点,根据运转工作点,可以检查流量或扬程大小,判断水泵效率的高低,经济性能的好坏,配套功率是否够用。

(3)根据功率曲线的变化规律,正确选择启动方式。

水泵性能曲线的形状及特点如图4-1-1、图4-1-2、图4-1-3所示,分别为离心泵、轴流泵和混流泵的性能曲线。性能曲线形象地反映出各性能参数间的相互关系及变化规律。

(三)离心泵性能曲线的绘制方法

(1)在石油化工行业的泵系统设计中,近似绘制离心泵特性曲线的方法有直线法、抛物线法。绘制离心泵特性曲线要根据给定的数值,利用计算公式计

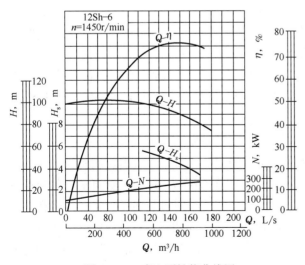

图 4-1-1　离心泵性能曲线图

算出各项参数,因此要熟悉掌握轴功率、轴有效功率、泵效率的计算公式。三条性能曲线可以在同一个坐标平面上,也可以分三个坐标平面画出。绘制离心泵特性曲线要找出最佳工况点,绘制离心泵特性曲线常用的是额定工况点,即额定流量下的扬程、效率和功率,该工况点一般为最佳工况点,水泵效率最高。

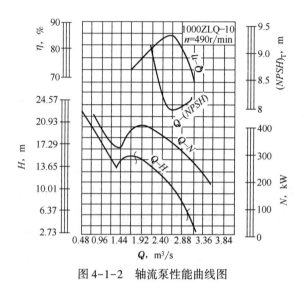

图 4-1-2　轴流泵性能曲线图　　　　图 4-1-3　混流泵性能曲线图

　　(2)绘制方法简介:依据实验记录最少测量 5 个点。通过改变流量,测量所对应的扬程、轴功率(电流),再算出效率,将测出的点标注到坐标图上,然后再圆滑连接就是性能曲线。测量汽蚀余量方法比较复杂,调整流量为某值,然后入口抽真空,直至出现汽蚀(扬程突然下降 5%)后记录入口压力,再依次多做几个流量点,就可以绘出汽蚀余量曲线。

GBA004 管路系统的性能曲线和管路水头损失

(四)管路系统的性能曲线和管路水头损失

　　水泵在管路系统工作时,为了把水从进水池水面送到出水池水面,除了需要把水提升一高度外,还需要克服水在管路中流动时的水头损失,这些能量的总和称为装置扬程,实际上水泵所提供的扬程不是管道所需要的扬程。

　　水泵的管路系统是指水泵、管路附件、管路、进水池和出水池的总称。管路系统的水头损失是指液体在管道内流动时受到大小不同的摩擦阻力。管道的水头损失包括流过管件、阀件、部件等所产生的局部水头损失和流体流经直管段时所产生的沿程水头损失两种。其系统的性能曲线是随着流量的增加而上升,沿程水头损失的大小随管线长度的增加而增加。

　　为了确定水泵装置的工作点,将上述管路水头损失曲线与静扬程 H_{ST} 联系起来考虑,即按公式 $H = H_{ST} + h$ 绘制的曲线,称为管路系统特性曲线,如图 4-1-4 所示。该曲线上任意点 k 的一段纵坐标值 h_k,表示水泵输送流量为 Q_K 将水提升高度为 H_{ST} 时,管道中每单位重量液体所需消耗的能量值。换句话说,管路系统中通过的流量不同时,每单位重量液体在整个管路中所消耗的能量也不同,其值大小可用图 4-1-4 中 Q-h 曲线各点相应的纵坐标值来表示。水泵装置的静扬程 H_{ST} 在实际工程中,可以是吸水井至高地水池间的垂直几何高差,也可能是吸水井与压水密封水箱之间的测压管高差。因此,管路水头损失曲线只表示在水泵

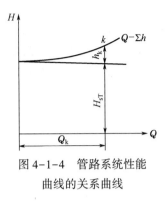

图 4-1-4 管路系统性能
曲线的关系曲线

装置管路系统中,当 $H_{ST}=0$ 时,管路中水头损失与流量之间的关系曲线,为管路系统性能曲线的一个特例。

(五)流量与扬程曲线($Q-H$)的特点

扬程与水泵流量之间的关系曲线称为扬程曲线,用 $Q-H$ 表示。离心泵、轴流泵和混流泵三种水泵的 $Q-H$ 曲线都是下降曲线,即扬程随着流量的增加而逐渐减小,扬程下降的快慢与水泵的转速有关。转速小时,离心泵扬程下降的慢一些,曲线下降缓慢。转速大时,离心泵扬程下降的快一些。离心泵 $Q-H$ 曲线有平坦、陡降、驼峰等形状。前两者随着流量的增加扬程下降,对应于任意扬程只有一个流量值。后者是随着流量的增加扬程先上升后下降,曲线有一个驼峰,水泵在驼峰区运行时,在同一扬程下,可能出现两个流量值,使水泵处于不稳定工况运行,产生振动和噪声。所以选择和使用水泵时,不要在驼峰区内运转。

轴流泵的 $Q-H$ 曲线比水泵的 $Q-H$ 曲线陡降,并有转折点。流量越小,曲线坡度越陡,流量等于零时,其扬程约为设计扬程的两倍左右。主要原因是流量较小时,在叶轮叶片的进口和出口处产生回流,水流多次重复得到能量,类似于多级加压状态,使扬程急剧增大。

(六)流量与轴功率曲线($Q-N$)的特点

离心泵的 $Q-N$ 曲线是随着流量的增加而上升的,在 $Q=0$ 时,相应的轴功率 N 并不等于零,此功率主要消耗在水泵的机械损失上。若此时长时间运行,会使泵壳内水温上升,泵壳发热,严重时可能导致泵壳的热力变形,因此,在 $Q=0$ 时,只允许短时间运行。另一方面,在 $Q=0$ 时轴功率最小,离心泵启动时为了防止电动机的启动电流过大,通常采用"闭闸启动"的方式。即水泵启动前,应将压水管上闸阀关闭,待启动后,再将闸阀逐渐打开。

轴流泵的 $Q-N$ 曲线与离心泵完全不同,是一条下降的曲线。当流量减小时,因回流使水流阻力损失增加,其变化规律与轴流泵的 $Q-H$ 曲线相似。当 $Q=0$ 时,轴功率达到最大值,可达额定功率的两倍左右。因此,轴流泵应采取"开闸启动"。一般在轴流泵压水管上不装闸阀,只装能自动打开的拍门,避免误操作而造成严重事故。混流泵的 $Q-N$ 曲线平坦,当流量变化时,轴功率变化极小。

(七)流量与效率曲线($Q-\eta$)的特点

离心泵、轴流泵和混流泵的 $Q-\eta$ 曲线都是从最高效率点向两侧下降的趋势。

离心泵 $Q-\eta$ 曲线在最高点向两侧变化平缓,高效率区范围较宽,使用范围也比较大。通常将高效点左右一定的范围(一般不低于最高效点的 10% 左右),作为水泵的高效区,在 $Q-H$ 曲线上用两条标出高效区的范围。在选泵时,应使所选水泵在高效区工作才能达到较好的工作效果。

轴流泵的 $Q-\eta$ 曲线在最高点向两侧下降较陡,高效区较窄,使用范围也比较小,混流泵 $Q-\eta$ 曲线介于离心泵和轴流泵之间。

GBA008 流量与允许吸上真空高度或允许汽蚀余量曲线($Q-H_s$)、($Q-\Delta h$)的特点

(八)曲线($Q-H_s$和$Q-\Delta h$)的特点

离心泵的$Q-H_s$曲线是一条下降的曲线,H_s是随着流量的增加而减少的。轴流泵的$Q-\Delta h$曲线是一条具有最小值的曲线,即在最高效率点附近Δh值最小,偏离最高效率点两侧,相应的Δh值都增加,并且偏离越远,Δh值越大,$Q-H_s$或$Q-\Delta h$曲线都是表示水泵汽蚀性能的曲线。

二、技能要求

(一)准备工作

1. 设备

离心泵1台。

2. 材料、工具

绘图板、绘图仪各1套,丁字尺1件,三角板1件,绘图笔1套,铅笔1支,橡皮1块,墨水1瓶,绘图纸、胶带各1件,5m卷尺1把,计算器1个,草纸1本。

3. 人员

1人操作,持证上岗,劳动保护用品穿戴齐全。

根据下表的泵运行参数,计算出轴功率、有效功率及效率,并填写在表中(表4-1-1)。

表 4-1-1　水泵机组运行参数采集表

序号	电压 kV	电流 A	流量 L/s	扬程 m	功率因数 cosφ	$\eta_{机}$ %	$N_{轴}$ kW	$N_{有}$ kW	η %
1	0.38	93.1	50	74	0.85	0.96	50	36.3	73
2	0.38	100.6	64	69	0.85	0.96	54	43.3	80.1
3	0.38	111.7	75	66	0.85	0.96	60	48.5	80
4	0.38	113.6	80	63	0.85	0.96	61	49.4	80.9
5	0.38	119	90	57	0.85	0.96	64	50.3	78.6
6	0.38	123	95	53	0.85	0.96	66	49.4	74.8

(二)操作规程

1. 计算轴功率

公式:

$$N_{轴} = \sqrt{3}\,IU\cos\phi\,\eta_{机} \tag{4-1-1}$$

根据表4-1-1中数据,依次将1~6个点的电流、电压代入公式:

$N_{轴1} = 50(\mathrm{kW})$

$N_{轴2} = 0.537 \times 100.6\mathrm{kw} = 54(\mathrm{kW})$

$N_{轴3} = 0.537 \times 111.7\mathrm{kw} = 60(\mathrm{kW})$

$N_{轴4} = 0.537 \times 113.6\mathrm{kw} = 61(\mathrm{kW})$

$N_{轴5} = 0.537 \times 119\mathrm{kw} = 64(\mathrm{kW})$

$N_{轴6} = 0.537 \times 123\mathrm{kw} = 66(\mathrm{kW})$

2. 计算有效功率

公式：
$$N_{有} = \frac{QH}{102} \tag{4-1-2}$$

$$N_{有1} = \frac{50 \times 74}{102} = 36.3$$

$$N_{有2} = \frac{64 \times 69}{102} = 43.3$$

$$N_{有3} = \frac{75 \times 66}{102} = 48.5$$

$$N_{有4} = \frac{80 \times 63}{102} = 49.4$$

$$N_{有5} = \frac{90 \times 57}{102} = 50.3$$

$$N_{有6} = \frac{95 \times 53}{102} = 49.4$$

3. 计算水泵效率

公式：
$$\eta = \frac{N_{有}}{N_{轴}} \times 100\% \tag{4-1-3}$$

$$\eta_1 = \frac{36.3}{50} \times 100\% = 73.2$$

$$\eta_2 = \frac{43.3}{54} \times 100\% = 80.1$$

$$\eta_3 = \frac{48.5}{60} \times 100\% = 80$$

$$\eta_4 = \frac{49.4}{61} \times 100\% = 80.9$$

$$\eta_5 = \frac{50.3}{64} \times 100\% = 78.6$$

$$\eta_6 = \frac{49.4}{66} \times 100\% = 74.8$$

(1)绘制坐标图：流量,扬程,效率,轴功率,坐标按此比例画好数值,填写齐全、正确。

(2)绘制 Q-H 特性曲线、绘制 Q-N 特性曲线、绘制 Q-η 特性曲线,如图 4-1-5 所示。

(三)技术要求

(1)所描绘的坐标点应尽量落在曲线上,或均匀分布在曲线两侧。

(2)沿着所描绘的五点(横坐标为流量,纵坐标为扬程、轴功率、效率)绘制平滑的曲线。

(四)注意事项

(1)根据所给数据计算轴功率、有效功率、效率等参数。

(2)选好比例。

(3)绘制的特性曲线要平滑。

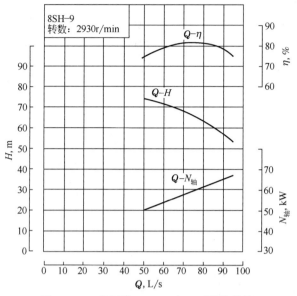

图 4-1-5 绘制的 8SH-9 离心泵性能曲线

（4）做好校对。

项目二 检测低压离心泵性能

一、相关知识

GBA009 低压离心泵的性能检测要求

（一）低压离心泵的性能检测要求

离心泵性能测试时,转速与给定转速有差异时,应将实验结果换算成给定转速下的数值,并以此数值绘制离心泵的性能曲线。离心泵的性能曲线与管路无关,管路的大小、长短与流量无关,只是与流速有关。

离心泵性能测试内容:泵进口阀全部打开,先启动离心泵,逐渐打开离心泵出口阀以调节流量,在流量为零和最大值之间,进行多次测定。离心泵的试验分为运转试验、性能试验、内部流场试验。

GBA011 离心泵工作点的概念

（二）离心泵运行工作点

水泵运行工作点就是把水泵的性能曲线和管路性能曲线用同一比例绘在一个图上,两条曲线的交点,即水泵性能曲线上的一个特征点。水泵装置工作点表明的是将水提升到一定高度时,水泵所提供的扬程与管路系统所需要的扬程相等。

水泵运行工作点表示水泵装置的工作能力,在泵站设计和管理中为了正确地选型配套和使用水泵,工作点的确定十分重要。水泵运行工作点不但与水泵本身的性能有关,而且与水泵所在的管路系统有关,若其中某一因素发生变化,则水泵运行工作点也相应发生变化。

GBA010 离心泵装置工作点的决定因素

（三）离心泵装置工作点的决定因素

水泵装置工作点决定于泵本身的性能,反映静扬程以及吸压水管路的管路系统性能。

所谓工作点的确定是确定水泵装置实际运行时的扬程、流量、功率、效率和允许吸上真空高度或允许汽蚀余量等参数。

叶片泵装置的工作点是建立在水泵和管路系统能量供需关系的平衡上。水泵和管路系统能量供需关系失去平衡后，水泵装置的工作点也相应发生变动，实际上是在一个相当幅度的区间内游动着的，当管网中压力的变化幅度太大时，将会移出高效区。水泵和管路系统的供需矛盾的统一要符合的条件：水泵性能，管路损失和静扬程等因素不变。只要城市管网中用水量是变化的，管网压力就会随之变化，水泵装置的工作点也会相应地变动。水泵的工作点可以用"折引性能曲线"求得。

二、技能要求

(一)准备工作

1. 设备

低压离心泵 1 台。

2. 材料、工具

0～1.0MPa 压力表 1 块，钳形电流表 1 块，0～500V 电压表 1 块，250mm×24mm 活动扳手 1 把，250mm 螺丝刀 1 把，秒表 1 块，软擦布 2 块，16 开记录纸若干，计算器 1 个(考生自备)，钢笔或其他笔 1 支(考生自备)，螺翼式水表 1 块。

3. 人员

1 人操作，持证上岗，劳动保护用品穿戴齐全。

(二)操作规程

1. 调整

更换标准压力表，调节泵出口阀门，使泵在最佳工况区运行。

2. 检测泵的性能参数

(1)在最佳工况区内选两点。

(2)观察电压表、电流表，分别取出两点的电流和电压。

(3)观察压力表、用秒表计时，观察记录水表读数，分别取出两点的泵压和流量，做好记录(表 4-1-2)。

3. 计算

(1)分别列出相关公式：

$$N_{轴} = \frac{\sqrt{3}IU\cos\phi\eta_{电}}{1000}$$

$$N_{有效} = \frac{\Delta pQ}{3.6}$$

$$\eta_{泵} = \frac{N_{有效}}{N_{轴}} \times 100\%$$

(2)分别将相关数据代入公式，计算出 $N_{轴}$、$N_{有效}$、$\eta_{泵}$，并标注单位符号。

表 4-1-2 低压离心泵性能计算表

序号	电压 V	电流 A	流量 m³/h	入口压力 MPa	出口压力 MPa	功率因数 cosφ	电动机效率,%	轴功率 kW	有效功率 kW	泵效率 %
1	380	105	130	0.01	0.80	0.86	0.96			
2	380	110	190	0.01	0.71	0.86	0.96			

(三)技术要求

(1)调节泵出口阀门时应微调,确保离心泵机组在最佳工况区运行。

(2)选点时注意在高效区选择,部分检测数据保留两位小数。

(四)注意事项

(1)调整运行时注意旋转部位,防止缠绕。

(2)检测时与带电设备保持安全距离。

项目三 检查运行前离心泵机组及试运行

一、相关知识

GBA012 水泵调节的目的、方法

(一)水泵调节

在选择和使用水泵时,如果水泵的运行工况点不在高效区,或水泵的扬程、流量等不符合实际需要,可采用改变水泵性能、管路特性或改变其中一项的方法来调节水泵工况点,使之符合实际需要,这种方法称为水泵工况点的调节。

1. 水泵调节的目的

水泵调节的目的通常有两个:一是为了使水泵能在高效区运行;二是为了满足实际工作中对流量或扬程的需要。

2. 水泵调节的方法

要提高工作效率,就必须人为地改变水泵装置的工作点。人为调节工作点可以用改变泵本身性能曲线和改变管路系统特性曲线两种方法来达到。调节水泵工况常用变径调节、变速调节、变角调节、节流调节的方法。用调节出水阀门开启度的方法,可以调节 $Q—\sum H$ 性能曲线。

GBA014 水泵变速调节的方法

3. 水泵变速调节的方法

改变水泵的转速,可以改变水泵的性能,从而达到调节工作点的目的,这种方法称为变速调节。

改变水泵的转速,有两种方法,一是采用可变速的皮带传动、齿轮传动或液压传动等传动设备改变转速;二是采用可变速的柴油机、直流电动机或异步电动机等动力机械来改变转速。在供水实际工作中,变速调节使用最多的是降速调节。

变速调节在叶片式水泵中广泛应用,具有良好的节能效果。但改变转速是有限的,提高转速一般不超过水泵额定转速的5%,否则会引起动力机超载,甚至会发生汽蚀,或增加水泵零部件的应力;降低转速不应低于水泵额定转速的40%,否则会引起水泵效率的大幅下降。

GBA013 水泵
比例定律的概念

水泵的转速改变后,其性能也随之改变,可用下列公式进行换算。

比例定律是叶轮相似定律的特例,把相似定律应用于以不同转速运行的同一台叶片泵,就可得到以下公式:

$$\frac{Q_1}{Q_2} = \frac{n_1}{n_2} \qquad (4-1-4)$$

$$\frac{H_1}{H_2} = \left(\frac{n_1}{n_2}\right)^2 \qquad (4-1-5)$$

$$\frac{N_1}{N_2} = \left(\frac{n_1}{n_2}\right)^3 \qquad (4-1-6)$$

式中　Q_1,Q_2——转速改变前、后的体积流量,m^3/s;

　　　H_1,H_2——转速改变前、后的扬程,m;

　　　N_1,N_2——转速改变前、后的轴功率,kW;

　　　n_1,n_2——改变前、后的转速,r/min。

当水泵的转数发生变化时,其流量、扬程和轴功率也随之变化。应用水泵比例定律可进行变速调节计算。

水泵叶轮的相似定律运用是基于几何相似和运动相似的基础上的,凡是两台水泵满足几何相似和运动相似的条件,称为工况相似水泵。

GBA015 水泵
变角调节的方法

4. 水泵变角调节的方法

用改变叶片安装角度的方法来改变水泵的性能,达到调节水泵工况的目的,这种调节方法称为变角调节。该方法适用于叶片可调节的轴流泵和混流泵。改变叶片角度后,轴流泵性能曲线是按一定的规律向一个方向移动的。如图4-1-6所示为轴流泵在叶片角度不同时的性能曲线。

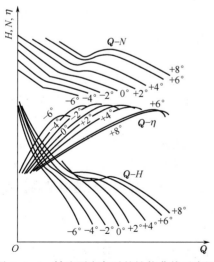

图4-1-6　轴流泵变角后的性能曲线示意图

安装角,是指轴流泵叶片工作面一侧,叶片首尾的连线与叶片的圆周方向之间的夹角,以设计安装角为0°,安装角加大时为正,减小时为负。当静扬程减小时,将安装角调大,在保持效率较高的情况下,增加出水量,使动力机满载运行;当静扬程增大时,将安装角调小,适当地减少出水量,使动力机不致过载运行。

采用变角调节不仅使水泵以较高的效率抽取较多的水,还使电动机长期保持或接近满载运行,提高电动机的效率和功率因数。

5. 轴流泵变角调节的方法

水泵的叶轮外壳与叶轮的两相邻表面,均呈球形面。这样保证了叶片在任何安装角度时,叶轮外圆与外壳之间有很小的间隙,以减少回流水量损失。根据使用需要,水泵可按"工作性能表"增速或降速使用或调节叶片的安装角度,变更流量及扬程,扩大使用范围。

GBA016 水泵节流调节的方法

6. 水泵节流调节的方法

利用改变出水管路上的闸阀开启度的方法,使管路系统特性曲线改变,达到调节工况的目的,这种调节方法称为节流调节或变阀调节。水泵节流调节是用消耗水泵能量的方法达到调节工作点的目的的。水泵节流调节一般在短时间、临时性条件下使用。

闸阀关小,管路中的局部水头损失增大,管路系统特性曲线向左上方移动,工况点也向左上方移动。闸阀关闭的越小,局部水头损失越大,流量也就越小,扬程也随之增加。所以,节流调节实际上就是人为增加管路额外的水头损失,改变水泵的工况,减少出水量,可降低叶片泵装置的效率,此方法浪费能源,很不经济。但由于该方法简便易行,特别是水泵工况点位于额定工况点右侧时,运行可能会使动力机超载,用该方法调节工况点,使其左移。

GBA017 填料环的作用

GBA018 密封环的作用

(二)填料环和密封环

填料环是用铸铁或碳钢材料制造成的。填料环镶在内外填料中间,起着传递高压室来水及润滑填料的作用。离心泵填料环安装时填料环必须对准水封管(槽)。泵壳内的压力水由水封管经水封环中的小孔,流入轴与填料间的隙面。

填料环在填料与填料之间形成一个空隙,这样可以积水分配,防止水分配不均,造成填料水封不均匀,同时填料环还可以检查填料是否压得过紧,方法就是用一根铁丝从填料函体上的水封孔插进去,如果插在填料上了,证明填料压得过紧,该换填料了,如果插在填料环上,则证明没有过紧。一般填料磨损后,水封效果变差,用户如果过度压紧填料来保证密封效果,填料环会被压向里面,偏离水封孔。

为了减少内泄漏,保护泵壳,在与叶轮入口处相对应的壳体上装有可拆换的密封环。密封环又称为减漏环、承磨环、口环。

密封环的作用是防止水泵叶轮和泵壳之间发生磨蚀,改善水泵进口处的水流状态,减少水泵工作时高压水的回流损失,提高水泵的效率。还起到承磨作用,便于检修、更换。密封环磨损后,使水泵径向间隙增大,泵的排液量减少,效率降低,当密封间隙超过规定值时应及时更换。叶轮密封环之间的径向间隙一般在 0.2~0.5mm 左右。

GBA019 填料压盖的作用

(三)填料压盖

填料压盖主要用来压紧填料,密封低压室不至于大量漏水或漏气,以保证填料与轴套之间的密封性。在更换和调整填料时,填料压盖因受力而容易损坏。填料压盖具有结构简单,使用方便,安全可靠和应急性强等特点。

水泵装满填料后,将填料压盖均匀压紧,先拧紧再稍放松些。填料压盖压入填料函的深度以不超过 5mm 为宜。填料压盖压得太紧,泵轴与填料的机械磨损大,消耗功率也大。根据运行经验,调整填料压盖的松紧程度,一般以水封管内水能够通过填料缝隙呈滴状渗出、30~60 滴/min 为宜。填料压盖磨损程度应不超过原直径的 3%为合格。

GBC002 填料压盖部位的故障排除方法

(四)填料压盖的故障原因及排除方法

在双吸式水泵的结构中设计有水封管,水封管将叶轮出口处的高压水引入到轴封的水封环中,并通过水封环向两侧分散,在旋转的轴套与填料之间的缝隙中形成流动的水膜层,对填料起到润滑与冷却作用,水封环偏离水封管会造成填料压盖和泵轴发热。填料过紧,严重时会使填料压盖和泵轴发热、冒烟,甚至将填料烧毁;填料压盖过松,密封性差,泄漏量会增加。填料压盖四周的缝隙要相等,以免压盖与轴摩擦。使用牛油填料时,调整 SH 型水泵填料压盖螺栓的松紧度,使滴水量为 30~60 滴/min。

造成填料压盖发热的原因包括:

(1)泵轴弯曲。排除方法:泵轴校正达到标准。

(2)叶轮不平衡。排除方法:对叶轮进行做静平衡,

(3)填料压盖过紧或过松。排除方法:将填料调整到松紧适中。

(4)水封环偏离水封管。排除方法:使水封环对准水封环孔。

(5)填料函与轴不同心。排除方法:使压盖端面与泵端面平行。

(五)供水系统的能量消耗

GBA020 供水系统能量消耗的影响因素

供水系统的能量消耗主要表现在水泵机组的能量消耗和泵站的能量消耗方面。为满足用户要求,有可能采取一级、二级、三级供水,甚至四级供水,其中最后一级供水造成的单位成本最高。

1. 井组的能量消耗

目前供水系统所采用的主要有潜水泵和深井泵两种,其能量消耗的大小取决于流量大小、实际扬程高低及电动机的绕线方式;电器的耗电量主要取决于配电柜控制电路的选用是否采取无功补偿、变压器型号的选用等。

2. 泵站节能途径

GBA021 泵站节能的途径

给水泵站应根据用户所需的流量、扬程及其变化规律,合理地选择水泵。水泵的效率与流量、扬程有关,只有在水泵设计(额定)工况下,才能保证水泵效率最高。偏离设计工况点,其效率都会下降。因此,对于流量、扬程变化大的水泵站,应使多数工作点在高效区内运行,以此作为水泵选型原则。

(六)泵站水泵的选择

GBA023 选泵的原则

1. 选泵的原则

(1)所选择的水泵应满足各个时刻的流量和扬程的需要。

(2)水泵在长期运行中工作点在高效区内,保证效率高、节能、抗汽蚀性能好。

(3)依据所选定的水泵建造泵站,其土建和设备投资最少。

(4)在选定水泵能力上要近期、远期相结合,留有发展的余地。

(5)在同一泵站中,尽量选用相同型号的水泵,以便于安装、维护和管理。

(6)尽量选用卧式泵。因为它便于安装和检修,价格也比立式泵低。

(7)优先选用性能好,价格低,并且货源方便的水泵。

GBA024 选泵的注意事项

2. 选泵的步骤

(1)所谓选泵,即根据用户要求,在水泵的已有系列产品中,选择一种适用的、性能好,便于检修的泵型和台数。首先应根据工作环境和吸水侧水位深浅及其变化,确定适宜的泵型。如采用是离心泵还是轴流泵;是卧式泵还是立式泵,是深井泵还是潜水泵等等。

(2)在选定的泵型中,根据流量和扬程的大小及变化,从产品性能表中,在满足选泵的原则基础上,选择其中最佳水泵型号和台数。

(3)根据所选定的水泵,设计泵站,然后验算管路系统水头损失值,校核工作点是否处

于高效区内。倘若工作点偏离高效区较远,可重新选泵,或者采取调速、切削叶轮外径、变角等措施,使其工作点在高效区内工作。

GBA022 确定
水泵台数的因素

3. 选泵的注意事项

1)工作区的选择

在泵站供水系统中,当用户用水量发生变化,水泵工作参数随之改变。用户用水量变化越大,选泵工作越复杂化,往往不能完全选到理想的水泵,无法使所有工作点都在水泵高效区内工作。这时选泵应着重使出现概率较大的工作点在高效区内,而那些出现概率较少的工作点,可采取调速、变径等措施来减少能量消耗。

2)确定水泵台数

(1)在满足选泵原则的前提下,尽量选用大型水泵。这样可使机组效率高,水泵台数少,占地面积小,一般情况下土建和维护费用也少。

(2)在用水量和所需扬程变化较大的情况下,适当增加水泵台数,大小搭配。这样在运行中便于调度,供水级数增多,供水可靠性提高。

(3)根据用水对象对供水可靠性要求的不同,确定备用机组的台数,以满足设备检修或突然发生事故时的供水要求。

二、技能要求

(一)准备工作

1. 设备

离心泵机组 1 套。

2. 材料、工具

200mm×24mm 活动扳手 2 把,300mm 管钳 1 把,200mm 螺丝刀 1 把,测温仪 1 个,测振仪 1 个,记录本 1 个,笔 1 支。

3. 人员

1 人操作,持证上岗,劳动保护用品穿戴齐全。

(二)操作规程

1. 试运行前的检查

(1)检查各部位零件牢固情况:机泵底座螺栓、机泵联轴器螺栓、电动机护罩、填料压盖、泵盖螺栓、轴承体及压盖螺栓。

(2)检查电压表、压力表是否正常,水位是否符合要求。

(3)盘泵 3~5 圈,检查润滑油质、油量是否符合要求。

(4)打开进水阀门,关闭出口阀门。放空:水泵灌满水后,关闭排气阀。

2. 试运行及检查工作

(1)启泵后,立即打开出口阀门,并观察出口压力表,将泵调整在最佳状况下运行。

(2)检查流量、压力、电流情况。

(3)检查各部机组有无异常声响和振动。

(4)检查内、外轴承温度,润滑部位有无漏油。

(5)检查电动机的温度是否正常,接线端及线路发热情况。

（6）检查水泵填料有无发热、滴水情况，管路部分有无漏水及振动情况。

（7）试运行结束后应先关闭出水阀门，然后停机切断电源。

（三）技术要求

（1）运行时滴水在标准内，不能有异响。

（2）正确使用测温仪和测振仪，使用完毕后装入盒内。

（四）注意事项

（1）启动前，示意人员与机组保持安全距离。

（2）正确使用工具，避免设备损坏或工具伤人。

（3）检查电动机温度时，用专用仪表测量。如需用手摸时，要用手背触摸。

（4）开泵操作时，启动电动机不得超过 2 次，每次间隔不少于 10min。

项目四　进行电动机试运行

一、相关知识

（一）电与磁场的关系

GBB018　电与磁场的关系

电是宇宙中物质的固有属性，物质分正和负两种，正、负之间通过强大的吸引力相结合，从而形成原子、分子等，最小的带电粒子是电子。

磁性简单说来是物质放在不均匀的磁场中会受到磁力的作用。所以任何物质在不均匀磁场中都会受到磁力的作用。在磁极周围的空间中真正存在的不是磁感线，而是一种场，称之为磁场。

磁场可以说是由电子的自旋产生的，变化的电场产生磁场。在相同的不均匀磁场中，由单位质量的物质所受到的磁力方向和强度，来确定物质磁性的强弱。磁性物质的相互吸引就是通过磁场进行的。物质之间存在万有引力，它是一种引力场，磁场与之类似，是一种布满磁极周围空间的场。磁场的强弱可以用假想的磁力线数量来表示，磁力线密的地方磁场强，磁力线疏的地方磁场弱。不同物质在相同磁场中的磁感应强度也是不同的，如三个结构完全相同的线圈，若一个放铁芯、一个放铜芯、一个在空气中，当三个线圈通以相同的电流时，产生的磁感应强度最大的是放有铁芯的线圈。电流通过导体时，导体周围将产生磁场，有电流必有磁场，有磁场不一定有电流。判断通电直导体或通电线圈产生磁场的方向是用右手螺旋定则。当磁铁从线圈中抽出时，线圈中感应电流产生的磁通方向与磁铁的磁通方向相同，感生电流产生的磁场总是阻止原磁场的变化。

（二）感应电动势的特点

GBB002　感应电动势的特点

要使闭合电路中有电流，这个电路中必须有电源，因为电流是由电源的电动势引起的。在电磁感应现象里，既然闭合电路里有感应电流，那么这个电路中也必定有电动势，在电磁感应现象中产生的电动势称为感应电动势。在导体棒不切割磁感线时，但闭合回路中有磁通量变化时，同样能产生感应电流。

在回路没有闭合，但导体棒切割磁感线时，虽不产生感应电流，但有电动势。因为导体棒做切割磁感线运动时,内部的大量自由电子有速度,便会受到洛伦兹力,向导体棒某一端偏移,直到两端积累足够电荷,电场力可以平衡磁场力,于是两端产生电势差。

判断线圈中感应电动势的方向应用楞次定律。判断通电导体在磁场中的受力方向应用左手定则。由线圈中磁通变化而产生的感应电动势的大小正比于磁通变化率,线圈中感应电动势的大小与线圈中磁通的变化率大小成正比。当导体沿磁力线方向运行时,导体中产生的感应电动势将为零。当铁芯线圈断电的瞬间,线圈中产生感应电动势的方向与原来电流方向相同,产生电磁感应的条件是穿过线圈回路的磁通必须发生变化。

电磁感应现象中产生的电动势,常用符号 E 表示。当穿过某一不闭合线圈的磁通量发生变化时,线圈中虽无感应电流,但感应电动势依旧存在。当一段导体在匀强磁场中做匀速切割磁力线运动时,不论电路是否闭合,感应电动势的大小只与磁感应强度 B、导体长度 L、切割速度 v 及 v 和 B 方向间夹角 θ 的正弦值成正比,即 $E = BLv\sin\theta$(θ 为 B,L,v 三者间通过互相转化两两垂直所得的角)。

「GBD019 电动机的检查保养」（三）电动机的检查保养

1. 电动机小修项目

电动机一般的保养项目有清除电动机表面灰尘、测量电动机的绝缘电阻、紧固固定螺栓及各类连接螺栓、清理电动机通风罩。一般性小修项目如下:

(1)清扫发电动机灰尘、油垢。

(2)拆开端盖,检查与清扫定予绕组端部及引出线,紧固绕组端部绑线,必要时在绕组表面涂喷绝缘漆,更换楔了。

(3)检查转子端部、风扇、滑环、电刷、刷架及转子引出线。

(4)检查电动机附属设备。

(5)拧紧各接线螺栓,紧固各部件固定螺栓,螺栓。

(6)测定电动机空载电流不平衡程度超过 10% 时,则要检查电动机绕组的单元中有否短路、头尾接反等故障。

2. 电动机大修项目

电动机大修期限为:一般电动机每年一次;封闭式电动机每 2~4 年一次。大修的主要项目及质量标准如下:

1)拆开机体及取出转子

(1)解体前将螺栓、销子、衬垫、电缆头等做上记号。电缆头拆开后应用清洁的布包好,转子润滑用凡士林涂后用青壳纸包好。

(2)拆卸端盖后,仔细检查转子与定子之间的气隙,并测量上、下,左、右 4 点间隙。

(3)取出转子时,不允许转子与定子相撞或摩擦,转子取出后应放置在稳妥的硬木垫上。

2)检修定子

(1)检查底座与外壳,并清洁干净,要求油漆完好。

(2)检查定子铁芯、绕组、机座内部。

(3)检查定子外壳与铁芯的连接是否紧固,焊接处有无裂纹。

(4)检查定子的整体及其零部件的完整性,配齐缺件。

(5)用 1000~2500V 兆欧表测量高压电动机三相绕组的绝缘电阻,用 500V 兆欧表测量低压电动机各类绕组对机壳以及绕组相互间的绝缘电阻。

（6）检查定子槽楔有无松动、断裂及凸出现象。

（7）检查定子铁芯夹紧螺栓是否松动。

（8）检查电动机引出线头与电缆连接的紧固情况。

（9）检查轴承有无向绕组端部溅油的情况及缺油状况。

（10）定子中有埋入式测温元件，其引出线及端子板应清洁，且绝缘良好。

（12）检查并修整端盖、窥视窗、定子外壳上的毡垫及其他接缝处的衬垫。

3）检修转子

（1）用 500V 兆欧表测量转子绕组的绝缘电阻，若阻值不合格，应查明原因并进行处理。

（2）检查转子表面有无变色锈斑。

（3）检查转子上的平衡块。

（4）检查风扇，清除灰尘和油垢。

（5）检修滑环、电刷和刷架。

4）检修滑环

（1）检查滑环的状态及对轴的绝缘情况。

（2）检查滑环的绝缘套有无破裂、损坏和松动现象。

（3）检查滑环引线绝缘是否完整。

（4）检查正、负滑环磨损情况。如换向器进行表面修理，一般应先将电枢升温到 60～70℃，保温 1～2h 后，拧紧换向器端面的压环螺栓，待电动机冷却后，换下换向器片间云母片，而后再车光外圈。

（5）检查刷架及其横杆是否固定稳妥.有无松动现象，绝缘套管及绝缘垫有无破裂现象。

（6）同一直流电动机上的电刷必须使用同一制造厂的同一型号产品。电动机若一次更换半数以上的电刷，启用后最好以轻载运行 12h，使电刷接合面达到 80％以上方可满载运行。

（7）直流电动机的电刷应有足够的长度（一般应在 15mm 以上），与刷握之间应有 0.15mm 左右的间隙，电刷在刷握中能上下自由移动。正常工作的电刷火花呈淡蓝色，微弱而细密，一般不超过 3/2 级。

（8）连接电刷与刷架的刷辫接头应牢固，刷辫无断股现象。

（9）检查弹簧及其压力。

（10）检查电刷接触面与滑环的弧度是否吻合。

5）检修通风装置及灭火装置

（1）检查密封式通风道及通风室有无漏风的缝隙。

（2）检查各窥视孔的门盖及玻璃窗。

（3）检查空气冷却器的冷却水管及水箱的状况。

> GBD018 三相异步电动机的保养

3. 三相异步电动机常见故障及保养要求

三相异步电动机常见的故障有：电源断相、电压或频率不对；绕组短路、断路、接地；轴承运转不良；内、外部脏，散热不好（外部涂油漆太厚也是散热不好的原因），或自带冷却风扇坏，通风不畅；与机械装备不良、长期高负荷运行、环境温度高等原因有关。电动机的损坏，

90%以上都是管理人员日常检查不细、维护保养不足造成的,所以应定期维护保养。

电动机的定期维护保养包括小修、中修、大修。三相异步电动机小修一般每年2~4次,中修每年进行2次,大修每1~2年进行一次。在恶劣环境下运行的电动机和重要电动机则根据具体情况酌定。

在巡视、检查时,电工可以通过自身的感官了解电动机的运行状态是否正常,只要坚持认真看、听、摸、嗅、问,绝大多数故障都可以预防和避免。

(1)看:观察电动机的所拖带的机械设备转速是否正常,看控制设备仪表上的电压表、电流表显示数值是否超出铭牌上的规定范围,电动机的工作电压过高或过低都会导致线圈过热而烧坏。看线路中的指示、信号装置(例如熔断器的信号器等)是否正常等。否则要查明原因,采取措施,不良情况消除后方能继续运行。

(2)听:电动机运行时的声音与运行状态有密切关系。电工必须熟悉电动机启动、轻载、重载和声音特征;如果经常听,不但能发现电动机及其拖动设备的不良振动,连内部轴承油的多少都能判断,从而及时做出添加轴承油,或更换新轴承等相应的措施处理,避免电动机轴承缺油干磨而堵转、走外圆、扫膛烧坏。在向电动机轴承添加润滑脂时,润滑脂应填满其内部空隙的2/3。还应能辨认电动机缺相、过载等故障时的声音及转子扫膛、鼠笼断条、轴承故障时的特殊声响。电动机故障时的声音可帮助寻找故障部位。

(3)摸:电动机发生过载及其他故障时,温升显著加大,必然造成工作温度上升。切断电源后马上用手摸摸电动机壳各个部位,可以判断温升情况以确认是否为故障。用手背探摸电动机周围的温度。在轴承状况较好情况下,一般两端的温度都会低于中间绕组段的温度。如果两端轴承处温度较高,就要结合所测的轴承声音情况检查轴承。如果电动机总体温度偏高,就要结合工作电流检查电动机的负载、装备和通风等情况进行相应处理。

(4)嗅:电动机各绕组连接点、接线端子处接触不好及锈蚀严重时,接触点会严重发热;绕组过载时也会发热。温升过大,时间过长会引起绝缘受损、分解而散发出特殊的气味;轴承发热严重时也可以挥发出油脂的气味。嗅到特殊的气味时,即可确认电动机有故障而停机进行检查。

(5)问:电动机运行时,询问操作者有异常征候,故障发生后,向操作者了解故障发生前后电动机及拖带机械的症状,对分析故障原因有很重要的意义。

异步电动机修理后的试验项目有绕组绝缘电阻的测定、绕组在冷态下的直流电阻测定、空载试验、绕组绝缘强度测定。对于大型异步电动机,可通过测量绝缘电阻来判断绕组是否受潮,其吸收比系数 R60/R15 应不小于 1.3。

GBH006 电动机绕组绝缘的测量要求

(四)电动机绕组绝缘的测量

1. 电动机绕组绝缘的测量要求

(1)高压电动机用 2500V 兆欧表测量,低压电动机用 500V 兆欧表测量。

(2)电动机定子线圈对地绝缘电阻数值每千伏不得低于 1MΩ。

(3)电动机定子线圈相间绝缘电阻应为每千伏不得低于 1MΩ,最小不得低于 0.5MΩ。

(4)380V 以下的电动机及绕线式电动机的转子绝缘电阻不得低于 0.5MΩ。

(5)对装有变频装置或软启动装置的电动机测绝缘电阻时,为了避免测试电压加至变频装置或软启动装置上而造成内部元件损坏,必须先将上述装置输出电源刀闸拉开后方可测量。

（6）禁止对变频装置或软启动装置控制部分摇测绝缘。

2. 测量及判断

测量绝缘项目可分为测对地绝缘和测相间绝缘（电动机绕组如果是内部封装则只能测试对地绝缘）。

1）测相对地绝缘

（1）将电动机退出运行（大型电动机在退出运行后要先放电）。

（2）验明无电后拆去原电源线。

（3）将兆欧表的"E"端测试线接到电动机外壳（例如，端子盒的螺孔处），将兆欧表的"L"端测试线接到电动机绕组任一端（接线端上原有连接片不拆）。

（4）摇动摇把达到 120r/min，到 1min 时读取读数（必要时应记录绝缘电阻值及电动机温度）。

（5）撤除"L"端接线，后停止摇表，并放电。

2）测相间绝缘

（1）对地绝缘测试后放电。

（2）拆去电动机接线端上原有连接片。

（3）将兆欧表的"E"端和"L"端测试线各接一相绕组，任意两相绕组相间的绝缘电阻，若读数极小或为零，说明该二相绕组相间短路。

（4）摇动摇把到 120r/min，1min 时读取读数（必要时应记录绝缘电阻值及电动机的温度）；低压电动机绝缘电阻最低不可以低于 0.5MΩ。

（5）撤除"L"端接线，后停止摇表，放电。

（6）测另两个绕组间的绝缘共三次（每次测后均应放电）。

（五）电动机试运行操作的方法

GBB005 电动机试运行操作的方法

1. 启动检查

（1）电动机试运行未通电前应先手动盘车，检查电动机转子是否转动灵活，通电试运行时必须提醒在场人员注意，传动部分附近不应有其他人员站立，也不应站在电动机及被拖动设备的两侧，以免旋转物切向飞出造成伤害事故。

（2）接通电源之前就应做好切断电源的准备，以防万一接通电源后电动机试车过程中出现异常的情况时（如电动机不能启动、启动缓慢、出现异常声音等）能立即按下停止按钮切断电源。使用直接启动方式的电动机应空载启动。由于启动电流大，拉合闸动作应迅速果断。

（3）电动机试运行时应该在空载运行的情况下进行，空载时间为 2h，并做好电动机空载电流电压记录。交流电动机带负荷启动次数应尽量减少。一台电动机的连续启动次数不宜超过 3~5 次，以防止启动设备和电动机过热。尤其是电动机功率较大时要随时注意电动机的温升情况。启动多台电动机时，按容量从大到小逐台启动，不能同时启动。

（4）电动机启动后不转或转动不正常或有无异常声响，如有异常立即停机检查。

（5）使用星角降压启动器和自耦减压器、软启动器或变频启动时必须遵守操作程序。

2. 试运行检查

（1）检查电动机转动是否灵活或有杂音。注意电动机的旋转方向与要求的旋转方向是否相符。

（2）电动机试运行时应测量电动机的电压、温度、震动、空载（或负载）电流以检查是否超过其规定的额定值。检查电源电压是否正常。对于 380V 异步电动机,电源电压不宜高于 400V,也不能低于 360V。

（3）记录启动时母线电压、启动时间和电动机空载电流。注意电流不能超过额定电流。

（4）检查电动机所带动的设备是否正常,电动机与设备之间的传动是否正常。

（5）检查电动机运行时的声音是否正常,有无冒烟和焦味。

（6）用验电笔检查电动机外壳是否有漏电和接地是否良好。

（7）用手测试运行中电动机的外壳,检查电动机外壳有无过热现象并注意电动机的温升是否正常,轴承温度是否符合的规定,滑动轴承温升不应超过 80℃,滚动轴承温升不应超过 95℃。

（8）检查直流电动机换向器、滑环和电刷的工作是否正常,观察其火花情况（允许电刷下面有轻微的火花）。

（9）检查电动机的轴向窜动（指滑动轴承）是否超过规定。

GBB008 电动机的负载启动时的注意事项

（六）电动机的负载启动

对电动机的启动应有一定的要求:启动转矩必须足够大,使电动机能够克服阻转矩而启动;启动电流要尽可能小;启动设备应尽可能简单、经济、操作方便。特别是电动机带负载启动时其启动电流很大,一般可达额定电流的 4~7 倍。这是因为电动机刚接通电源启动的瞬间,转子还来不及转动,即转子转速 $n=0,S=1$,定子旋转磁场切割转子导体的速度 n_2 就等于旋转磁场的转速 n_1,这时切割速度 $n_2=n_1$ 为最大,因此转子感应电势 E_2 及转子感应电流 I_2 也均为最大,该电流反映到定子绕组,就使得启动电流很大了。电动机带负载启动和空载启动时,启动电流是不一样的。电动机带负载直接启动的条件有电动机本身供电电网容量及生产机械的要求。所以电动机带负载启动应采取降压启动,通常将启动电流限制在额定电流的 2~2.5 倍。但由于负载阻力力矩大,因而转子角加速度小,电动机增速较慢,负载启动所需时间长,发热也较为严重。堵转转矩倍数越大,说明电动机带负载启动的性能越强。三相异步电动机带负载启动时,发生缺相的后果是电动机无法启动。

GBB006 电动机软启动的注意事项

（七）电动机软启动

软启动器是一种集电动机软启动、软停车、轻载节能和多种保护功能于一体的新颖电动机控制装置,它的主要构成是串接于电源与被控电动机之间的三相反并联闸管交流调压器。运用不同的方法,改变晶闸管的触发角,就可调节晶闸管调压电路的输出电压。在整个启动过程中,软启动器的输出是一个平滑的升压过程,直到晶闸管全导通,电动机在额定电压下工作。软启动器的优点是降低电压启动,启动电流小,适合所有的空载、轻载异步电动机使用。软启动器实际上是个调压器,用于电动机启动时,只改变输出电压并没有改变输出频率。也就是不改变电动机运行曲线上的 n_0,而是加大该曲线的陡度,使电动机特性变软。当 n_0 不变时,电动机的各个转矩（额定转矩、最大转矩、堵转转矩）均正比于其端电压的平方,因此用软启动大大降低了电动机的启动转矩,所以软启动并不适用于重载启动的电动机。

采用软启动器的电动机的启动电压可在 30%~80% 范围内调节,启动时间可在 0.5~

60s 内调节。

软启动一般有斜坡升压软启动、阶跃启动、斜坡恒流软启动、脉冲冲击启动方式。

电动机软启动器的输入端和输出端可任意调换，不影响工作。

（八）异步电动机的调速方法

三相异步电动机转速公式为：

$$n = 60f(1-s)/p \tag{4-1-7}$$

式中　f——电源频率；

s——转差率；

p——磁极对数。

从上式可见，改变供电频率 f、电动机的极对数 p 及转差率 s 均可达到改变转速的目的。所以为了达到三相异步电动机调速目的，可以改变极对数、改变电源频率、改变转差率。

1. 改变极对数调速方法

这种调速方法通常是用改变定子绕组的接线方式来改变笼式电动机定子极对数达到调速目的，它适用于笼式异步电动机，是三相笼式异步电动机常用的改变转速的方法。

该方法特点如下：具有较硬的机械特性，稳定性良好；无转差损耗，效率高；接线简单、控制方便、价格低；有级调速，级差较大，不能获得平滑调速；可以与调压调速、电磁转差离合器配合使用，获得较高效率的平滑调速特性。

2. 改变变频调速方法

变频调速是改变电动机定子电源的频率，从而改变电动机转速的调速方法。变频调速实质上是改变电动机的同步转速。变频调速系统主要设备是提供变频电源的变频器，变频器可分成交流-直流-交流变频器和交流-交流变频器两大类，目前国内大都使用交-直-交变频器，交-直-交变频调速属于二次换能。其特点有：效率高，调速过程中没有附加损耗；应用范围广，可用于笼式异步电动机；调速范围大，特性硬，精度高；技术复杂，造价高，维护检修困难。

3. 改变转差率方法

改变转差率调速方法包括转子串接调速变阻器、电磁转差调速、晶闸管串级调速、定子调压。转子电路串电阻调速、改变定子电压调速和串级调速，在调速过程中会产生大量的转差功率，绕线式异步电动机转子串入附加电阻，使电动机的转差率加大，电动机在较低的转速下运行。串入的电阻越大，电动机的转速越低。此方法设备简单，控制方便，但转差功率以发热的形式消耗在电阻上。

（九）三相负载电能的测量方法

三相负载电能的测量方法有一表法、两表法和三表法。

（1）对于三相对称负载各相有功功率之间的关系是相等的，无论是在三相三线制还是三相四线制电路中都可以用一表法，即将单相有功功率表的电流回路串入其中一相，电压回路（与电流同名端）端子接于同相，另一电压端子接于负载的中点上，这样功率表都接在负载的相电压和相电流上，仪表的读数就是一相的有功功率。再将功率表读数乘以 3 倍就是三相总有功功率即，故称之为一表法。用一表法测量三相对称负载的有功功率时，当星形连接负载的中点不能引出或三角形负载的一相不能拆开接线时，可采用人工中点法将功率表

GBB007 异步电动机的调速方法

GBH005 三相负载电能的测量方法

接入电路。

（2）三相三线制有功电度表的接线方法是两表法,即将两只功率表的电流线圈应串接在不同的两相线上,并将其"*"端接到电源侧,使通过电流线圈的电流为三相电路的线电流。两只功率表电压线圈的"*"端应接到各自电流线圈所在的相上,而另一端共同接到没有电流线圈的第三相上,使加在电压回路的电压是电源线电压。这时两个功率表都将显示出一个读数,把两个功率表的读数加起来就是三相总功率。不管电压是否对称,负载是否平衡,负载是三角形接法还是星形接法,都可采用两表法测量三相三线制。

（3）三相四线制不对称负载的功率测量,一表法和两表法均不适用。因此,通常采用三只单相功率表分别测出每相有功功率,三只功率表应分别接在三个相的相电压和相电流回路上。然后把三表读数相加,就是三相角载的总有功功率。

GBD008 避雷器应用的注意事项

（十）避雷器工作原理

电涌保护器（Surge Protection Devices,简称SPD）,也称浪涌保护器、过电压保护器,俗称避雷器（避雷针）、防雷器。避雷器具有一定流通容量、具有平直的伏秒特性曲线、较强的绝缘自恢复能力,主要作用是吸引雷电。避雷器是连接在导线和地之间的一种防止雷击的设备,通常与被保护设备并联。

避雷器可以有效地保护电力设备,一旦出现不正常电压,避雷器产生作用,起到保护作用。当被保护设备在正常工作电压下运行时,避雷器不会产生作用,对地面来说视为断路。一旦出现高电压,且危及被保护设备绝缘时,避雷器立即动作,将高电压冲击电流通过接地体导向大地,从而限制电压幅值,保护电气设备绝缘。为保证连接可靠避雷设备的接地体的连接应采用搭接焊。当过电压消失后,避雷器迅速恢复原状,使系统能够正常供电。避雷器的主要作用是通过并联放电间隙或非线性电阻的作用,对入侵流动波进行削幅,降低被保护设备所受过电压值,从而达到保护电力设备的作用。

避雷器不仅可用来防护大气高电压,也可用来防护操作高电压。如果出现雷雨天气,电闪雷鸣就会出现高电压,电力设备及工作人员就有可能有危险,此时避雷器就会起作用,保护电力设备及工作人员免受损害。所以雷雨天气巡视室外高压设备时,应穿绝缘靴,并不得靠近避雷器和避雷针。避雷器的最大作用也是最重要的作用就是限制过电压以保护电气设备及工作人员,但避雷器与被保护的设备距离不是越近越好。

目前使用的避雷器主要有管型避雷器、阀型避雷器、氧化锌避雷器,每种类型避雷器的主要工作原理是不同的,但是他们的工作实质是相同的,都是为了保护电力设备不受损害。

阀型避雷器由火花间隙及阀片电阻组成,阀片电阻的材料是特种碳化硅,当有雷电过电压时,火花间隙被击穿,阀片电阻下降,将雷电流引入大地。一定波形的雷电流流过阀片的压降越小越好,即阀片电阻值越小越好。

管型避雷器是保护间隙型避雷器中的一种,大多用在供电线路上作避雷保护。这种避雷器可以在供电线路中发挥很好的功能,在供电线路中有效的保护各种设备。

氧化锌避雷器是一种保护性能优越、质量轻、耐污秽、阀片性能稳定的避雷设备。氧化锌避雷器不仅可作雷电过电压保护,也可作内部操作过电压保护。氧化锌避雷器性能稳定,可以有效地防止雷电高电压或者对操作过电压进行保护,这是一种具有良好绝缘效果的避雷器,在危机情况下,能够有效地保护电力设备不受损害。

GBD007 水泵站的防雷措施

(十一)水泵站的防雷措施

水泵站大多位于城区边缘,且毗邻江河堤岸的开阔地带,地势低洼,春夏两季极易遭受雷电袭击。随着计算机技术、控制技术、通信技术的发展和广泛应用,泵站的自动化控制也逐步采用由工业控制机或可编程控制器组成的集数据采集、过程控制和信息传送于一体的监控网络。由于这些设备大量采用高度集成化的 CMOS 电路和 CPU 单元,其对瞬态过电压的承受能力十分脆弱,成为泵站易受雷电损害的主要设备。

1. 雷电的危害途径

雷电的危害途径有 5 种:

一是直击雷。雷电直接击在建筑物、构架、树木等物体上,由于热电效应等混合力作用直接对物体造成伤害;防护直击雷的设备是避雷针和避雷线。

二是雷云下的静电感应。

三是雷电的电磁感应。

四是地电位反击。

五是雷电波侵入。

2. 防雷措施

由此可见,应针对防直击雷、防静电感应、防雷电电磁感应、防地电位反击、防感应雷电波侵入以及操作瞬态过电压影响等的有源与无源防护相结合的三维防护体系,从泵站自动化系统的整个配电系统、信号系统、天馈系统、微机网络等几个方面入手,采用接闪、分流、均压、屏蔽与接地等手段,利用避雷器防过电压,迅速截断工频电弧,进行全方位的防雷防过电压保护。防雷的首要原则是将雷电流直接接闪引入地下泄放,因而对"接地"一定要重视起来。一般站内的接地主要有构筑物接地、配电系统接地、强电设备接地、计算机自控系统,室内计算机、自控设备要尽量置于远离避雷网导地金属体。应用管型避雷器时遮断电流的上限应不小于安装处短路电流的最大值,衡量阀型避雷器保护性能好坏的指标是冲击放电电压和残压。

GBB004 水厂变电站的组成

(十二)水厂变电站的组成

变电站主要分为升压变电站,主网变电站,二次变电站,配电站。变电站是电力系统中变换电压、接受和分配电能、控制电力的流向、调整电压的电力设施,它通过其变压器将各级电压的电网联系起来。变电站一般由高压配电室、变压器、低压配电室、辅助建筑物、电容器室、蓄电池室等组成。变电站起变换电压作用的设备是电力变压器。变压器室的最小尺寸应根据变压器外形尺寸和变压器外廓至四周的最小间距确定,变压器的净高与变压器的高度、进线方式及通风条件有关。

高压配电室长度超过 7m 时应设两个门。低压配电室一般采用低压配电屏装置,每台配电屏可组成一条或多条电路。

(十三)停电、送电的操作安全规程及方法

GBB014 停送电操作的方法

1. 安全规程

《电力安全工作规程发电厂和变电站电气部分》(GB 26860—2011)规定:

(1)停电拉闸操作必须按照断路器→负荷侧隔离开关→母线侧隔离开关的顺序依次操作。

（2）送电合闸操作应按与上述相反的顺序进行，先合刀闸，后合断路器。

（3）严防带负荷拉合隔离开关。

2. 相关规定

带有低压负荷的室内配电场所称为配电室，高压配电室一般指 6~10kV 的高压开关室，低压配电室一般指 10kV 或 35kV 站用变出线的 400V 配电室。

高、低压配电室的停送电顺序如下：

（1）停电时：先停负荷侧再停电源侧。

即停电：负载→低压出线→低压进线→高压出线→高压电源。

（2）送电时：先送电源侧再送负荷侧。

即送电：高压电源→高压出线→低压进线→低压出线→负载。

3. 变压器停电、送电操作方法

（1）停电操作：正确的操作顺序是，先停低压侧，后停高压侧。在停低压时，必须是先停分路开关，再停总开关。

（2）送电操作：送电操作的顺序与停电时的相反，即先送高压侧，后送低压侧。

4. 停电、送电操作的注意事项

使用合格的安全操作工具，带电操作开关时应快分、快合，停电操作应严格禁止带负荷拉刀闸，操作过程不能少于 2 人，并有人监护。操作开关分、合后，必须检查开关的分、合位置指示是否在正确位置，停电操作后判断电气设备是否带电，常用的方法有查看刀闸有无明显的断开点、电压表有无电压指示、信号灯指示情况、进行验电测试等。

（十四）低压带电作业的安全规定

GBB011 低压带电作业的安全规定

需要带电检修作业时，维修人员应具有一定的带电维修基础知识，并根据工作实际制订和采取切实可靠的现场措施。如设置专人监护、穿长袖衣、使用绝缘工具、戴绝缘手套等，尽量避免人与设备带电部分直接接触。在高低压同杆架设的低压带电线路上工作时，应先检查与高压线的距离，在低压带电导线未采取绝缘措施时，工作人员不得穿越。在带电的低压配电装置上工作时，应采取防止相间短路和单相接地的绝缘隔离措施。低压设备检修时，在检修设备的控制刀闸操作把手上挂"禁止合闸，有人工作"标示牌。

低压带电作业不应在雷雨天气、潮湿天气、雪雾天气的条件下进行，应设专人监护，使用有绝缘柄的工具，断开导线时，应先断开火线，后断开地线；搭接导线时，顺序相反。带电工作时要扎紧袖口，使用安全绝缘工具进行操作，不允许使手直接接触带电体，也不允许身体同时接触两相或相与地。站在地上的人员，不得与带电工作者直接传送物件。

（十五）在停电的低压配电装置上的工作规定

GBB012 在停电的低压配电装置上的工作规定

在停电的低压配电装置或导线上工作时，应采取相应安全组织措施、安全技术措施。

1. 安全组织措施

（1）工作票制度。例如，《电力安全工作规程》（GB 26860—2011）规定，在低压配电装置和低压导线上工作，配电箱和电源干线上的工作，应填用第二种工作票。

（2）工作许可制度。

（3）工作监护制度。例如，在低压配电箱上工作，应至少由 2 人进行。

（4）工作间断、转移和终结制度。

2. 安全技术措施

(1)停电。

(2)验电。

(3)装设接地线。

(4)悬挂标示牌和装设遮拦。

(5)使用个人保安线。

为保障人身安全,在正常情况下,电气设备的安全电压规定为 36V 以下,低压回路设备停电前必须验电。停电的低压回路和配电装置上更换熔断器后,恢复操作时,必须戴绝缘手套、戴护目眼镜操作。

(十六)提高功率因数的意义

当电源电压和负载有功功率一定时,功率因数越低,电源提供的电流越大,线路的压降越大。当线路输送一定数量的有功功率和始端电压不变时,如输送的无功功率越多,线路的电压损失就越大,也就是送至用户端的电压就越低,提高电网功率因数是为了提高电源设备容量的利用率、减少无功电能消耗,在一定的有功功率下,功率因数指示滞后,要提高电网的功率因数,就必须减小感性无功功率。

提高设备功率因数的方法可分为提高自然功率因数和采用人工补偿两种方法。

1. 提高自然功率因数方法

合理配置变压器、改善配电线路布局、避免电动机或设备空载运行合理选择设备容量、减少设备无功消耗等。

2. 人工补偿方法

常用的是在电感性负载两端并联电容器。并联电容器的补偿方法又可分为:

(1)个别补偿。优点是补偿效果好,缺点是电容器利用率低。

(2)分组补偿。优点是电容器利用率较高且补偿效果也较理想。

(3)集中补偿。优点是电容器利用率高,能减少电网和用户变压器及供电线路的无功负荷。但对较大容量机组应进行就地无功补偿。

二、技能要求

(一)准备工作

1. 设备

电动机 1 台。

2. 材料、工具

150mm×18mm 活动扳手 1 把,梅花扳手 1 组,钳形电流表 1 块,500V 兆欧表 1 块,测温仪 1 个。

3. 人员

1 人操作,持证上岗,劳动保护用品穿戴齐全。

(二)操作规程

(1)盘车:未通电前手动盘车,检查电动机转子是否转动灵活。

(2)合上总电源开关,右手指触摸停止按钮,如试车过程中发生异常情况立即按下停止按钮。

(3)试运行:

① 左手按压启动开关按钮,待启动后注意电动机有无异常声响并观察转向是否正确,如有异常立即停机。

② 电动机启动后如无异常后,用测温仪测试电动机外壳温度,轴承端部温度,如无异常可停机准备二次启动。

③ 二次启动前用钳形电流表钳住三相电源线中的一根以测量电动机的启动电流。

④ 电动机正常运行后用钳形电流表分别测量三相电源线,测量电动机三相电流是否平衡,空载(或负载)电流是否超过额定电流值。

⑤ 如各相电流值正常,应检查长时间运行中的温升是否正常,如电动机反转应调整转向。

(三)技术要求

(1)手动盘车应转动3圈以上观察电动机转子是否转动灵活。

(2)检测电流前预估待测值,选择合适挡。

(3)测温仪用完后,装入盒内。

(四)注意事项

(1)试车过程中发现异常应立即停车。

(2)操作时与带电体保持安全距离。

模块二　维护水泵站设备

项目一　判断处理离心泵启动后不出水或出水量不足的故障

一般情况下,离心泵不出水或水量不足的原因应从以下几方面查找:离心泵进口或出口阀门没有打开,进水管路堵塞,泵腔叶轮流道堵塞;电动机的运转方向不对,电动机缺相转速很慢;电压偏低;离心泵进口管道漏气,导致离心泵一直处于吸空气的状态;离心泵没有灌满液体,泵腔内有空气;离心泵进口管路供水流量不足离心泵所需流量,或者吸程过高,离心泵进口管道底阀密封不好漏水;泵出口管道阻力过大,泵选型不当或者所选泵扬程达不到。

一、负压启动方式离心泵不出水或水量不足的原因及处理方法

GBC003 离心泵启动后不出水或出水不足的处理方法

(一)离心泵出现开泵后不吸水,压力表无读数,吸入真空压力表有较高的负压

1. 原因

(1)来水阀门未开。

(2)来水阀门的闸板脱落。

(3)过滤器堵死。

(4)来水管线堵死。

(5)进水法兰垫没开孔。

2. 处理方法

(1)打开阀门。

(2)检修阀门。

(3)清洗滤清器。

(4)检查来水管线。

(5)更换垫子。

(二)离心泵出现开泵后不吸水,但吸入真空表负压不高,出口压力表无读数

1. 原因

(1)泵内或吸水管内水没灌满,有空气。

(2)电动机旋转方向不对。

(3)罐内液面过低。

(4)叶轮流道堵塞。

2. 处理方法

(1)重新灌水,放空气。

(2)调换相序。

（3）提高水位。

（4）检查叶轮，清除杂物。

二、正压启动方式离心泵不出水或水量不足的原因及处理方法

（一）离心泵出现开泵后泵不出水，但压力表有压力显示

1. 原因

（1）出口管线堵塞。

（2）出口阀门闸板脱掉。

（3）干线压力高于泵压。

（4）单流阀卡死。

2. 处理方法

（1）检修出口管线。

（2）检修出口阀门。

（3）调整管路特性。

（4）检修单流阀。

（二）离心泵出现流量不够，达不到额定排量

1. 原因

（1）开泵太多，来水不足。

（2）罐内积砂太多，出口管路有堵。

（3）回压过高。

（4）滤清器堵塞。

（5）供水管线直径太小和阻力过大。

（6）叶轮有堵塞现象或叶轮导叶损坏。

（7）口环与叶轮，挡套与衬套的间隙过大。

（8）泄压套间隙过大平衡压力过高。

（9）流量计不准。

2. 处理方法

（1）调整开泵台数或更换管线保证供水量。

（2）清理滤网。

（3）调整回压。

（4）清理滤网和大罐。

（5）更换管线。

（6）检查处理叶轮导叶。

（7）进行三保，更换配件。

（8）更换泄压套。

（9）校对流量计。

三、水泵基础

水泵机组的安装质量好坏，直接关系到机组的安全运行、效率的高低和使用寿命的长

短。安装工作包括水泵、电动机、管路和附件等,一般工作顺序是水泵,电动机,最后安装管路和附件。

机组安装在混凝土基础上,为了不使水泵与电动机运行时的相对位置发生变化,并能承受机组的静荷载和振动力,混凝土基础应有足够的强度。一般卧式离心泵安装在混凝土块体基础上,中、小型轴流泵安装在钢筋混凝土梁上。混凝土基础应有足够的平面尺寸,一般比机组底座四周大出 8~10cm 以确保安装和固定。

GBD001 水泵基础的减振措施

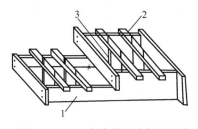

图 4-2-1　一次浇筑地脚螺栓固定法
1—基础横板;2—横木;3—地脚螺栓

混凝土基础厚度由以下因素确定:(1)基础厚度不小于 0.5m;(2)基础厚度比地脚螺栓长度长 15~20cm;(3)基础的重量大于机组总重的 2.5~4.0 倍。

机组底座地脚螺栓的固定分为一次浇筑法(图 4-2-1)和二次浇筑法。二次浇筑法浇筑基础时,在基础中需预留地脚螺栓孔,待机组就位和上好螺栓后,再向预留孔浇筑混凝土,使地脚螺栓固结在基础内。分两次浇筑前后凝固的混凝土可能会结合得不好,影响地脚螺栓的稳固性。二次浇筑法多用于大型机组的安装。

四、井组节能的途径

GBD003 井组节能的途径

在选择水泵电动机时,首选 Y 型电动机。在众多井组连成的管路中,距集水泵站较远者使用扬程较高的水泵,较近者使用扬程较低的水泵。

在选择潜水泵电动机时,首选 Y 型电动机。潜水泵的下入深度在动水位以下 10m 为宜。在水泵的选择上要选择略低于涌水量的潜水泵,以防止抽空而浪费电能。井筒要求正直光滑、井管无错位现象、不得有凸井,内径不小于相应的机座号。

五、泵站运行费用的计算

GBD004 泵站运行费用的计算

泵站的经济技术指标包括单位供水量基建投资、输水成本和电耗三项。泵站的单位运行费用高低决定着泵站技术经济指标的好坏。

在泵站运行费用中,全年的电费计算公式为:

$$E = \frac{QH\rho t}{102\eta_p \eta}\alpha \tag{4-2-1}$$

式中　α——每 kW·h 电单价,元。

泵站的单位运行费用高低决定着泵站技术经济指标的好坏。泵站的经济技术指标包括单位水量基建投资、输水成本电耗。排水泵站经济运行方式,最主要的有泵站效率最高、水泵效率最高、最大流量满负荷,泵站多年平均效率最高。

六、泵站成本的组成

GBD005 泵站成本的组成

泵站的供水成本包括固定资产折旧、大修费用、年运行管理费、水资源费。泵站的单位供水成本等于年运行费与年输水量之比。泵站的供水成本计算公式:

$$A = \frac{E}{\sum Q} \quad\quad\quad (4\text{-}2\text{-}2)$$

式中　$\sum Q$——总输水量,m^3/d;

　　　E——运行费用,万元。

七、水泵站投资合理的计算

在泵站初步设计时,通常以单位水量基建投资来衡量该泵站是否合理。衡量泵站投资是否合理的计算公式:

$$e = \frac{C}{\sum Q} \quad\quad\quad (4\text{-}2\text{-}3)$$

式中　C——泵站基建总投资,万元;

　　　$\sum Q$——年总输水量,m^3/d。

泵站投资是否合理的计算公式中包含泵站基建总投、年总输水量资要素。泵站投资概算范围包括工程项目费用、其他费用项目、不可预见费用

八、离心泵启动后不出水或出水量不足的原因及处理方法

(一)故障现象

电流偏小,流量没有或很小,泵出口压力没有或很小。

(二)故障原因

(1)泵壳内有空气,灌泵工作没做好。

(2)吸水管路及填料漏气严重。

(3)水泵转向不对。

(4)水泵转速太低。

(5)叶轮进口及流道堵塞。

(6)出口阀脱落。

(7)吸水井水位下降,水泵安装高度过大。

(8)减漏环及叶轮磨损严重。

(9)水面产生旋涡,空气带入泵内。

(10)水封管堵塞。

(三)处理方法

(1)检查进水池(水罐)水位,过低应向池内或罐内补水。

(2)检查填料部位的密封情况和滴水量是否符合 30~60 滴/min。

(3)调整电动机接线。

(4)提高转速。

(5)清理堵塞。

(6)检查出水阀门通水情况。

(7)水泵引水或抽真空。

(8)叶轮处理或更换间隙过大的密封环。

GBD006 水泵站投资合理的计算

（9）排出泵内空气。

（10）清理水封环和水封管。

项目二　排除离心泵不能启动或启动后轴功率过大的故障

GBC004　离心泵不能启动或启动后轴功率过大的处理方法

GBD014　同步电动机故障的处理方法

一、同步电动机故障的处理方法

同步电动机由于其功率因数高，运行效率高，稳定性好，转速恒定等优点广泛应用于工业生产中。同步电动机能否顺利启动，不仅影响到同步电动机自身的安全，还影响到生产系统，为了快速、准确的发现故障、排除故障，对同步电动机常见的启动故障分析就显得非常必要。

（一）同步电动机通电后不能启动

同步电动机接通电源后，不能启动和运行，一般有以下几方面的原因：

（1）电源电压过低。由于同步电动机启动转矩与电压正比，电源电压过低，使得电动机的启动转矩大幅下降，低于负载转矩，从而无法启动，对此，应提高电源电压，以增大电动机的启动转矩。要使同步发电动机的输出功率提高，则可采取增大原动机的输入功率的方法。

（2）电动机本身的故障。检查电动机定子、转子绕组有无断、短路，开焊和连接不良等故障，这些故障都使电动机无法建立起额定的磁场强度，从而电动机无法启动；检查电动机轴承有无损坏，端盖有无松动，如果轴承损坏或端盖松动，造成转子下沉，与定子铁芯相擦，从而导致电动机无法启动。用直流电压表法检测同步电动机转子的绝缘电阻，如果测得阻值接近 $0.01M\Omega$，则表明有接地点存在。对定子、转子绕组故障可用低压摇表，逐步查找，视具体情况，采取相应的处理方法，对轴承和端盖松动故障，每次开车前都应盘车，检查电动机转子转动是否灵活，如轴承（或轴瓦）损坏，应及时更换。

（3）控制装置。故障此类故障多为励磁装置的直流输出电压调整不当或无输出，造成电动机的定子电流过大，致使电动机过流保护动作或引起电动机的失磁运行，此时，检查励磁装置的输出电压、电流是否正常，电压、电流波形是否正常，如电压或电流波形不正常，为了节省时间，更换备用触发板。

（4）机械故障。如被拖动的机械卡住，也可能造成电动机不能启动，此时应盘动电动机转轴，查看转动是否灵活，机械负载是否存在故障。

（二）同步电动机不能牵入同步

同步电动机常用的启动方法是异步启动法，在电动机转子转速高于 95 ％同步转速时投励，使之牵入同步。同步电动机不能牵入同步的原因有：

（1）励磁绕组短路。由于励磁绕组存在短路故障，因而不可能产生额定磁场强度，导致电动机只能在低于同步转速下稳定运行而不能牵入同步。查找励磁绕组短路，可在转子引出线上通入低电压（30V 左右），用一根手工钢锯条放在磁极面上，逐个检查磁极，如果该磁极面上锯条振动剧烈，说明该磁极没有短路，如果锯条微振或不振，说明该磁极短路，卸下该磁极后，查找故障点。视短路程度，采取局部修理或重新绕制。

（2）电源电压过低。电源电压过低，造成励磁装置的强励环节不能动作，从而电动机无法牵入同步,具体办法是适当提高电源电压。

（3）励磁装置的故障。如投励过早（即投入励磁时,电动机转子转速过低）,会使电动机无法牵入同步,此时应检查投励环节是否存在故障,如励磁装置故障,输出的电流低于额定值,导致电动机电磁转矩过小而不能牵入同步,此时应仔细检查励磁装置,发现问题,对症下药。造成同步电动机失磁故障的原因是发电动机励磁回路断线。

（三）电刷、压紧弹簧、集电环故障

同步电动机的励磁机中,电刷压力过小,容易产生火花,造成电磨损,过大则将引起机械磨损,电刷过短,压紧弹簧压力不足,使得电刷与集电环之间接触不良,而产生火花或电弧,电弧或火花一方面会引起短路,另一方面会使电刷烧得更短而断路,造成励磁装置只有励磁电压而无励磁电流;压紧弹簧老化失效,使得电刷与集电环之间接触不良,从而影响电动机的启动。集电环表面有油污、条痕或沟痕,会使电刷与集电环之间接触不良,产生火花,火花进一步灼伤集电环,也会造成接地短路。对于集电环表面的油污,可用丙酮擦洗干净,对细条痕,用"00"号砂纸多次打磨环面,使环面粗糙度达到 $R1.6\mu m$,如沟痕明显,需上车床加工,车削时,进刀量以每次 $0.1mm$ 为宜,车削速度控制在 $1\sim1.5m/s$。粗糙度达到 $R1.5\sim1.8\mu m$,精车后同心度要好,偏心不超过 $0.05mm$,最后用"00"号砂纸抛光 $2\sim3$ 次。

（四）阻尼绕组故障

同步电动机转子的阻尼绕组一个作用是供同步电动机启动用,二是消除运行中因负载变化而引起的失步振荡。在同步电动机启动过程中,阻尼绕组切割定子旋转磁场而感应出较大的启动电流,这样大的电流必然会造成阻尼条发热膨胀,正常情况下由于启动时间短,阻尼绕组启动后很快就冷却,但如电动机堵转,缺相,启动时间过长等情况下。若不及时停机,将会造成阻尼条脱焊,断裂等故障,阻尼绕组是同步电动机部件中较为薄弱的一环。

阻尼绕组常见的故障有:阻尼条脱焊,断裂,阻尼环间放电打火,阻尼环变形严重。这些故障都会影响同步电动机的启动。

阻尼条脱焊,选用银铜焊条,采用气焊焊接,电动机抽芯后,将转子在烘箱内加热至 $200℃$,取出后,将转子垂直放置,采用 $750℃$ 左右的焊接温度,将阻尼条和阻尼环之间的缝隙全部焊满,再清除焊渣;对于断裂的阻尼条,取下原阻尼条后,选用材质相同的材料,经下料,车两端头 $2×45°$ 倒角,安装阻尼条,后采用上述焊接方法焊接。阻尼环间放电打火,主要是阻尼环间接触不良或接触面积不够引起的;阻尼环变形严重主要是阻尼条在槽中固定不一致,在焊接时阻尼条插入阻尼环孔不正,焊后出现附加应力,再加上阻尼环强度不够所致,处理方法是松开所有阻尼环的连接螺栓,对变形不大的阻尼环,用气焊加热后,用专用夹具调平,对变形严重的,更换新阻尼环。

电压相位不同的两台同步发电动机投入并联运行后,能自动调整相位而进入正常运行,这一过程称为相差自整步过程。同步发电动机发生非同期并列故障的特征是:发电动机发出吼声,定子电流剧烈摆动。

（五）削弱齿谐波

齿谐波产生的原因:电枢铁芯表面开有槽,尤其大型电动机几乎都是开口槽,使得气隙磁通的波形会受到电枢齿槽的影响（齿下气隙较小,磁导大;而槽口处气隙较大,磁导小）,齿谐波就是因为在转子不同的位置磁路磁阻不同产生的。同步电动机若要有效地削弱齿谐波的影响,则采用分数槽绕组。

二、离心泵不能启动或启动后轴功率过大的原因及处理方法

(一)故障现象

电流表读数过高,轴承、填料函发热,流量计读数增大,泵体振动并伴有噪声。

(二)故障原因

(1)填料压得过紧、泵轴弯曲(转子抬量过高或过低,内部磨损)、轴承磨损、轴承缺油、抱死。

(2)多级泵中平衡孔堵塞或回水管堵塞。

(3)联轴器间隙太小,运行中两轴相顶。

(4)电压太低,电压过低可能造成离心泵无法启动。

(5)实际液体的比重远大于设计液体的比重。

(6)离心泵运行中流量超过额定流量过多,压力过低也会造成轴功率过大。

(7)绕组有短路或断路、三相电动机缺相、单相电动机电容坏、电压低。

(8)泵内口环等配合间隙过小。

(9)定子部分不同心等,泵内转子和定子部件摩擦、叶轮碰壳,水封过紧、平衡盘严重磨损或破裂、电动机与泵严重不同心振动严重。

(三)处理方法

(1)将压盖稍松一点;矫直泵轴;更换轴承。

(2)清除杂物,疏通回水管路。

(3)调整联轴器间隙。

(4)检查电路。

(5)更换电动机,提高功率。

(6)应该控制出水阀门减少出水流量降低功率。

(7)更换电动机;检查电源电压。

(8)更换口环,调整间隙。

(9)重新调整同心度、重新找好转子抬量、检修或更换平衡盘、调整泄压套和平衡盘的径向间隙。

项目三　排除离心泵运行中出水突然中断或减少的故障

GBC006 泵压达不到运行要求的处理方法

一、泵压达不到运行要求的处理方法

离心泵一般采用闭闸启动。启动时,工作人员与机组不要靠得太近,待水泵转速稳定后,即应打开真空表与压力表上的阀,此时,压力表上读数应上升至水泵零流量时的空转扬程,表示水泵已经上压。再逐渐打开压水管上闸阀,此时,真空表读数逐渐增加,压力表读数应逐渐下降,配电屏上电流表读数应逐渐增大。启动工作待闸阀全开时,即宣告完成。泵压达不到运行要求主要是泵容积损失过大、压力表损坏或指示不准。泵内过流部件粗糙,水头损失过大会,造成泵压达不到要求。几台泵并联运行互相干扰,上水不好,会造成泵压达不

到要求。离心泵容积损失过大,会造成水泵出水减少,压力不足。叶轮严重损蚀的原因是上水不好,管线阻力过大,来水管线直径不够,叶轮、导叶材质不好。处理方法为减少开泵台数,或更换来水管线。

GBC005 离心泵运行中出水突然中断或减少的处理方法

二、离心泵运行中出水突然中断或减少的原因及处理方法

(一)故障现象

电压表读数降低,电流表读数骤降,压力表读数升高或不稳,流量计读数减少,泵运行声音不正常,机体产生振动。

(二)故障原因

(1)电压过低造成水泵转速不足。

(2)水中含砂量过大。

(3)进水池水面下降或出水池水位升高。

(4)过流部分局部被杂物堵塞。

(5)出水阀门阀板脱落。

(6)叶轮与密封环的径向间隙过大。

(7)水泵负压进水时,吸水管漏气。

(8)水泵负压进水时,水泵进口处有空气逐渐积聚。

(9)水泵负压进水时,SH型水泵两端填料和轴套有进气。

(10)水泵负压进水时,在叶轮平衡孔的水泵填料室中水封环和水封管堵塞。

(三)处理方法

(1)查明原因,提高电压。

(2)含砂量达10%左右应停止运行。

(3)降低水泵的安装高度,减少水头损失,或更换高扬程的泵。

(4)清除堵塞杂物。

(5)检修或更换出水阀门。

(6)调整叶轮与密封环的径向间隙。

(7)应及时修复或更换管件。

(8)排除空气逐渐积聚。

(9)锁紧轴套螺母,调整填料。

(10)水封环对准水封管孔使其通畅。

项目四　排除三相异步电动机轴承发热的故障

一、相关知识

GBB009 同步电动机的特点

(一)同步电动机的特点及启动方法

1. 同步电动机的特点

同步电动机属于交流电动机,它的转子旋转速度与定子绕组所产生的旋转磁场的速度

是一样的,所以称为同步电动机。主要用作发电机,也可用作电动机和调相机,正由于这样,同步电动机的电流在相位上是超前于电压的,即同步电动机是一个容性负载。为此,在很多时候,同步电动机用以改进供电系统的功率因数。它有如下特点:

(1)功率因数超前,一般同步电动机额定功率因数为0.9,同时功率因数可以调节,可以通过调节励磁电流改变其运行特性,使它在超前功率因数下运行,有利于改善电网的功率因数,增加电网容量。

(2)运行稳定性高,当电网电压突然下降到额定值的80%时,其励磁系统一般能自动调节实行强行励磁,保证电动机的运行稳定。

(3)过载能力比相应的异步电动机大。

(4)运行效率高,尤其是低速同步电动机。

(5)机械特性是绝对硬特性。

(6)没有启动转矩。

2.同步电动机的启动方法

同步电动机仅在同步转速下才能产生平均的转矩,如在启动时立即将定子接入电网而转子加直流励磁,则定子旋转磁场立即以同步转速旋转,而转子磁场因转子有惯性而暂时静止不动,此时所产生的电磁转矩将正负交变而其平均值为零,故电动机无法自行启动。同步电动机通常应工作在过励状态,转子转速必须达到同步转速的95%左右时,才具有牵入同步的能力。要启动同步电动机须借助其他方法,主要有以下两种方法:

(1)异步启动法。在电动机主磁极极靴上装设笼型启动绕组。异步启动阶段其励磁绕组应该先短路,而后将定子绕组接入电网。依靠启动绕组的异步电磁转矩使电动机升速到接近同步转速,再将励磁电流通入励磁绕组,建立主极磁场,即可依靠同步电磁转矩,将电动机转子牵入同步转速。异步启动法是常用的启动方法。

(2)辅助电动机启动法。通常选用与同步电动机同极数的感应电动机(容量约为主机的10~15%)作为辅助电动机,拖动主机到接近同步转速,再将电源切换到主机定子,励磁电流通入励磁绕组,将主机牵入同步转速。

(二)三相异步电动机运行中温度过高的处理方法

电动机运行时温度过高的故障原因主要有:电源三相电压不平衡、电动机超负荷运行、周围环境温度高、电动机冷却风道堵塞。

GBD027 三相异步电动机运行中温度过高的处理方法

三相异步电动机温升过高故障的处理方法如下:

(1)电源电压忽高或忽低,应检查输入电压是否平稳,若电源电压超出规定标准,则应调整供电变压器的分级接头,以适当降低电源电压。如因电源电压过低而出现温升过高时,可用电压表测量负载及空载时的电压,如负载时电压降过大,应换用较粗的电源线以减少线路压降。如果是空载电压过低,则应调整变压器供电电压。

(2)电动机过载,负载过大时应减小电动机负载、并改善电动机的冷却条件(例如,用鼓风机加强散热)或换用较大容量的电动机,以及排除负载机械的故障和加润滑脂以减少阻力等。

(3)运行中温度过高绕线绝缘老化比较严重的异步电动机,如果其故障程度不严重,可重新进行浸漆、烘干处理恢复其绝缘。绝缘等级为A级的电动机,允许的温升值超过60℃

(环境温度 40℃)时应立即停机检查;绝缘等级为 B 级的电动机,允许温升值超过 80℃(环境温度为 40℃)时应立即停机检查。

(4)电动机启动频繁或正、反转次数过多时,应适当减少电动机的启动及正、反转次数,或者更换能适应于频繁启动和正、反转工作性质的电动机。

(5)定子绕组短路或接地故障,可用万用表、短路侦察器及兆欧表找出故障确切位置后,视故障情况分别采取局部修复或进行整体更换。

(6)鼠笼转子断条故障,可用短路侦察器结合铁片、铁粉检查,找出断条位置后局部修补或更换新转子。绕线转子绕组断线故障可用万用表检测,找出故障位置后重新焊接。

(7)因电动机风道阻塞使电动机运行中温度过高时,应及时停机清除风道灰尘或油垢,仔细检查电动机的风扇是否损坏及其固定状况,并且隔离附近的高温热源和不使其受日光的强烈曝晒。在额定负荷下温升未超过温升限度,仅由于环境温度超过 40℃,而使电动机温度超过最大允许工作温度。这种现象说明电动机本身是正常的。解决的办法是用人工方法使环境温度下降,如果无法降温,则必须减负载运行。

(8)定子、转子相擦,可用锉刀仔细挫去定、转子铁芯上硅钢片的突出部分,以消除相擦。如轴承严重损坏或松动则需更换轴承,若转轴弯曲,则需拆出转子进行转轴的调直校正。

(9)两相运转时检查熔断器及开关接触点是否接触良好,电动机三相电流中任一相电流与三相电流之平均值应小于 10%。

（三）电动机轴承发热的危害、原因及处理方法

GBD025 电动机轴承发热的原因与处理方法

1. 电动机轴承发热的危害

电动机运行时轴承外圈允许温度不应超过 95℃,如果超过这个值就是电动机轴承温度过高,也称电动机轴承发热。轴承发热是电动机最常见的故障之一。轻则使润滑脂稀释漏出,重则将轴承损坏,用户造成经济损失。

2. 电动机轴承发热的原因及处理方法

(1)运行中的电动机如果轴承发热且有异声时,应仔细清洗电动机轴承,检查轴承的滚珠或滚珠架是否损坏,如有损坏应修理或磨损严重的轴承应予以更换。

(2)轴承室内缺油或过多。供油不足、滚动轴承的油脂不足或太多,电动机轴承长期缺油运行,摩擦损耗加剧,使轴承过热。定期维护保养,应加润滑脂充满 2/3 油室或加润滑油至标准油面线,避免电动机轴承缺油运行。轴承内加油过多过稠,也会引起轴承过热造成电动机轴承温度过高,应清除滚动轴承中过多的润滑脂。

(3)润滑脂有杂质、太脏、过稠或油环卡住,油中有水。在更换润滑脂时,如果混入了硬颗粒杂质或轴承清洗不干净留有硬粒杂质,会使轴承磨损加剧而过热,甚至还有可能损坏轴承。应将轴承和轴承端盖清洗干净后,重新更换润滑脂,且使油室内的润滑脂充满至 2/3。

(4)润滑脂型号用错。要尽快更换正确型号的润滑脂。一般应选用锂基脂或复合钙基脂。润滑脂黏度过大时应调换润滑脂。

(5)电动机与传动机构的连接偏心(皮带过紧、过松、联轴器装配不良或电动机与被拖动机械轴中心不在同一直线上),使轴承负载增加而发热。应调整皮带松紧度、校正联轴器、调整电动机与传动机构的安装位置,对准其中心线。

(6)轴倾斜使定、转子中心未对正,运行时转子受轴向推力作用可使轴承发热。

(7)转子不在磁场中心,引起轴向窜动,轴承敲击或轴承受挤压。

(8)轴承有电流通过,轴颈磨蚀不光,轴瓦合金溶解等。

(9)轴承与轴、轴承与端盖配合过松或过紧,太紧会使轴承变形,太松容易发生"跑套"。轴承与轴配合过松时可将轴颈涂金属漆或对端盖进行镶套,过紧时应重新加工。

(10)由于装配不当,固定端盖螺栓松紧程度不一致,造成两轴中心不在一条直线上或轴承外圈不平衡,使轴承转动不灵活,带上负载后摩擦加剧而发热,应重新装配。

(11)电动机两端盖或轴承盖没装配好,造成轴承不在正确位置。将两端盖或轴承盖止口装平,旋紧螺栓。

(12)轴承选用不当或质量较差,造成滚动轴承内部磨损。例如,轴承内外圈锈蚀,个别钢珠不圆等。

(四)三相异步电动机温度超标或冒烟的处理方法

> GBD029 三相异步电动机温度超标或冒烟的处理方法

发现三相异步电动机温度超标或冒烟时应按停机、切断电源、用灭火机灭火、关闭泵进出口阀门、向有关部门汇报的顺序处理。停机后对电动机进行检查,排除故障并实验合格后方可恢复开机。应主要检查电源电压是否过高或过低、所带负载是否过重、风扇及通风是否良好、电动机绕组有无故障等。具体的检查内容和处理方法如下:

(1)检查外部供电电压是否正常,当电压超过电动机额定电压10%以上,或低于电动机额定电压5%以上时,电动机在额定负载下容易发热,温升增高,应检查并调整电压。

(2)三相电源电压相间不平衡度超过5%,引起三相电流不平衡,使电动机额外发热,应调整电压。

(3)一相熔丝断路或电源开关接触不良,造成缺相运行温度过高而过热,应先检查电源开关或熔断器,修复或更换损坏的元件。

(4)绕组接线有错,误将星形接成三角形,或误将三角形接成星形,在额定负载下运行,都会使电动机过热,应检查纠正。

(5)定子绕组匝间或相间短路或接地,使电流增大,调损增加而过热。若故障不严重,只需重新加包绝缘,对烧坏的绕组应更换重新绕制,新绕制好的电动机线圈需要经过多次浸渍处理并测试其各项参数,符合要求后方可进行嵌线,主要的参数是尺寸、匝数、直流电阻。

(6)定子一相绕组断路或并联绕组中某一支路断线,引起三相电流不平衡而使绕组过热。

(7)笼型转子断条或绕线转子线圈接头松脱,引起维修网电流过大而发热,可对铜条转子作焊补或更换,对铸铝转子应更换转子。

(8)轴承损坏或磨损过大等,使定子和转子相碰擦,可检查轴承是否有松动,定子和转子是否装配不良。

(9)检查电动机的负载是否过大或有故障而引起过载,应检查负荷,排除故障,合理选择减轻负载或换用大功率的电动机。

(10)启动过于频繁,应减少启动次数。

(11)检查电动机的工作环境,如果电动机长时间处于高温下(40℃上)使环境温度过高(超过40℃),电动机进风太热,散热困难,应采取降温措施,在检修后的电动机使用前应测量绝缘电阻。

（12）电动机内外积尘和油污太多，影响散热，应消除灰尘和油污。

（13）电动机风道阻塞，通风不畅，进风量减小，应消除风道口杂物及污垢。

（14）电动机内风扇损坏，装反或未装，应进行正确安装，损坏的风扇应修复或更换。

二、技能要求

(一)准备工作

1. 设备

电动机1台。

2. 材料、工具

轴承2套(与电动机配套)，300mm一字形螺丝刀1把，200mm×24mm活动扳手2把，三爪拉力器1副，两爪拉力器1副，卡簧钳1把，撬杠1根，紫铜棒1根，润滑油(脂)适量，棉纱适量。

3. 人员

1人操作，持证上岗，劳动保护用品穿戴齐全。

(二)操作规程

1. 拆卸后端盖

松开电动机后端盖固定螺栓，用三爪拉力器取下后端盖。

2. 检查润滑脂和轴承

（1）检查轴承润滑是否缺少。

（2）检查润滑脂质量是否变质。

（3）检查轴承磨损情况。

（4）用三爪拉力器取下旧轴承，检查新轴承，合格后更换，注意方向。

3. 检查后端盖

（1）检查电动机后端盖安装情况，装偏会造成两轴承孔中心不在一条直线上或轴承内外圈不平行，轴承转动不灵活，引起轴承发热。

（2）将后端盖内孔擦洗干净，在轴承内加钠基脂，加量为容积的2/3。

4. 装配

将后端盖端平，用紫铜棒击打到位，并用螺栓固定好装好排。

(三)技术要求

（1）松开电动机后端盖固定螺栓，用三爪拉力器取下后端盖。

（2）检查电动机后端盖安装情况，会造成两轴承孔中心不在一条直线上或轴承内外圈不平行，轴承转动不灵活，引起轴承发热。

(四)注意事项

（1）安装电动机后端盖时不能装偏。

（2）轴承内加润滑脂，加量为容积的1/2~2/3。

（3）轴承磨损磨损严重需更换。

项目五 排除三相异步电动机不能启动的故障

一、电动机绕组断线的检查方法

GBD016 电动机绕组断线的检查方法

(一)故障现象

电动机在运行过程中转速变慢且有"嗡嗡"声,切断电源后重新启动,电动机不转是因为电动机缺相或绕组断路,这是因为电动机一相绕组开路就不能启动,当正在运行时。若有一相绕组开路,电动机可以继续运行,但电流增大,并发出较大的"嗡嗡"声属缺相运行。若负载较大,可能在几分钟内把尚未开路的两相绕组烧坏.在确定是电源缺相后,必须检查电源设备、熔丝及开关触头,并测量绕组的三相直流电阻,如绕组烧坏,要拆除旧绕组,更新绕组,而且针对检查出来的情况排除故障,否则电动机修好后,会因电源缺相而再次烧毁电动机。Y接法的三相异步电动机空载运行时,若定子一相绕组突然断路,那么电动机将能继续转动但转速变慢。缺相运行烧毁时,定子绕组的现象是一相完好、两相烧黑。△接法的三相异步电动机缺相运行烧毁时,定子绕组的现象是一相烧黑、两相完好。

(二)故障原因

电动机定子绕组断线的原因往往是电动机启动时电流过大导致各绕组连接线的焊接头脱焊、电动机引线接头松脱,以及由于电动机绕组的端部在铁芯的外端,导线很容易被砸断而造成断线,另外由于绕组短路、接地故障而引起导线烧断从而造成绕组断线。

(三)故障诊断

检测电动机定子绕组断线故障可以使用的方法有万用表法、电阻法(伏安法)、试灯法、三相电流平衡法。

(1)万用表法。用低阻挡的万用表来检查三相绕组是否通路,如有一相不通则针不偏转,说明该相已断路,为确定该相中哪个绕组断路,应分别测量该相各绕组的头尾,当哪个绕组不通时,就表示哪个绕组已断路,测量时如有多路并联时,必须把并联线断开分别测量。

(2)电阻法。用电桥分别测量三相绕组的直流电阻,如果三相电阻相差5%以上,如果一相电阻比其他两相的电阻大,表示该相绕组有断路故障。

(3)试灯法。此方法与万用表法测量步骤相同,灯泡发亮表示绕组完好,不亮表示该相绕组断路。注意:上述方法,对Y接法电动机,可不拆开中性点即可直接测量各相电阻的通断,如果是△接法,必须拆开△接法的一个端口才能测量各相通断。

(4)三相电流平衡法。电动机空载运行时,用电流表测量三相电流,如果三相电流不平衡,又无短路现象,说明电流较小的一相绕组断路,如果为△接法的绕组,必须将△接法拆开一个端口,再分别把各相绕组两端接到低压交流电源上。如果Y接法,将三相串联电流表后并接到低压交流电源上的一端。如果这时两相电流相同,一相电流偏小,相差在5%以上,则电流小的相有部分绕组断路。确定部分断相后,将该相的并联导体或支路拆开,通过检查找出断路支路的断路点。

(四)故障排除

(1)引线和过桥线开焊若找出断线点是引线或绕组过桥线的焊接部分脱焊,可把脱焊处清理干净。在待焊处附近的绕组上铺垫一层绝缘纸,以防止焊锡流八使绕组绝缘损伤。此时即可进行补焊,并做好包扎绝缘处理。

(2)绕组端部烧断在绕组端部烧断一根或多根导线时,需把绕组加热到130℃左右,使绝缘软化后,把烧坏的绕组撬松,找出每根导线的端头,用相同规格的导线连接在烧断的导线端点上,并进行焊接、包扎绝缘、涂漆烘干等处理。

(3)槽内导线烧断先把绕组加热到130℃左右,使绝缘软化后打下槽楔。槽内起出烧断的绕组,把烧断的线匝两端从端部剪断把焊接点移到端部,以免槽内拥挤。用相同规格和长度合适的导线在两端部接焊好,包好绝缘后将线匝再嵌入槽内,垫好绝缘纸,打入槽楔,涂刷绝缘漆。如果绕组断线较多,应更换绕组,或采取应急措施,把有故障的绕组从电路中隔离。具体方法是确定断线的绕组,连接断线绕组的起端和终端,这种临时方法只能在无法获得新绕组的情况才可使用。

GBD021 交流接触器的选择要求

二、交流接触器的选择要求

(一)通常情况下交流接触器的选用要求

交流接触器作为通断负载电源的设备,选用交流接触器应全面考虑额定电流、额定电压、辅助接点数量、吸引线圈电压的要求。应按满足被控制设备的要求进行,除额定工作电压与被控设备的额定工作电压相同外,被控设备的负载功率、使用类别、控制方式、操作频率、工作寿命、安装方式、安装尺寸以及经济性是选择的依据。具体选用原则如下:

(1)交流接触器的电压等级要和负载相同,选用的接触器类型要和负载相适应,额定电压应大于或等于线路额定电压。

(2)负载的计算电流要符合接触器的容量等级,接触器触点的额定电流应大于负载的额定电流。

(3)按短路时的动热稳定值选择交流接触器时,线路的三次短路电流不应超过接触器允许的动、热稳定值。

(4)接触器吸引线圈的额定电压、电流及辅助触头的数量、电流容量应满足控制回路接线要求。要根据控制电源的要求选择吸引线圈的电压等级,线圈电压应与电源电压相等。辅助触点的确定,应按连锁触点的数目和所需要的遮断电流的大小确定辅助触点。

(5)根据操作次数校验接触器所允许的操作频率。如果操作频率超过规定值,额定电流应该加大一倍。

(6)短路保护元件参数应该和接触器参数配合选用。接触器和空气断路器的配合要根据空气断路器的过载系数和短路保护电流系数来决定。

(7)接触器和其他元器件的安装距离要符合相关国标、规范,要考虑维修和走线距离。

(二)不同负载下交流接触器的选用要求

为了使交流接触器不会发生触头黏连烧蚀,延长接触器寿命,接触器要躲过负载启动最大电流,还要考虑到启动时间的长短等不利因素,因此要对接触器通断运行的负载进行分析,根据负载电气特点和此电力系统的实际情况,对不同的负载启停电流进行计算校合。还有控制电热设备用交流接触器的选用、控制照明设备用的接触器的选用、控制电焊变压器用接触器的选用、电动机用接触器的选用等都应该按上述规定要求选择。

三、交流接触器故障的原因及处理方法

交流接触器常见故障主要有：线圈故障（过热或烧损）、吸不上（或者动作不可靠）或不释放（或释放缓慢）、触头烧损（熔焊）、电磁铁（交流）噪声过大、触头过热或灼烧、短时间内触头过度磨损、相间短路等。

（一）交流接触器不动作或者动作不可靠

1. 原因

（1）电源电压过低或波动过大。

（2）操作电源容量不足或发生断线、接线错误及控制触头接触不良。

（3）控制电源电压与线圈电压不符。

（4）产品本身受损（如线圈断线或烧毁，机械可动部分被卡住，转轴生锈或歪斜等）。

（5）触头弹簧压力与行程过大。

（6）电源离接触器太远，连接导线太细导致电压降过大。

2. 处理方法

（1）调高电源电压。

（2）增加电源容量，纠正接线，修理控制触头。

（3）更换线圈。

（4）更换线圈，排除卡住故障，修理受损零件。

（5）按要求调整触头参数。

（6）更换较粗的连接导线。

（二）交流接触器不释放或释放缓慢

1. 原因

（1）触头弹簧压力过小。

（2）触头熔焊。

（3）机械可动部分被卡住，转轴生锈或歪斜。

（4）反力弹簧损坏。

（5）铁芯极面有油污或尘埃。

（6）E 形铁芯，当寿命终了时，因为去磁气隙消失，剩磁增大，使铁芯不释放。

2. 处理方法

（1）调整触头参数。

（2）排除熔焊故障，修理或更换触头，更换后应调整压力、开距、超程。

（3）排除卡住现象，修理受损零件。

（4）更换反力弹簧。

（5）清理铁芯极面。

（6）更换铁芯。

（三）交流接触器线圈过热或烧损

1. 原因

（1）电源电压过高或过低。

(2)线圈技术参数(如额定电压、频率、负载因数及适用工作制等)与实际使用条件不符。

(3)操作频率过高。

(4)线圈制造不良或由于机械损伤、绝缘损坏。

(5)使用环境条件特殊。如空气潮湿,含有腐蚀性气体或环境温度过高。

(6)运动部分卡住。

(7)交流铁芯极面不平或去磁气隙过大,在运行中铁芯、触头容易发生过热。

(8)交流接触器派生直流操作的双线圈,因常闭联锁触头熔焊不释放而使线圈过热。

2. 处理方法

(1)调整电源电压。

(2)调换线圈或接触器。

(3)选择其他合适的接触器。

(4)更换线圈,排除引起线圈机械损伤的故障。

(5)采用特殊设计的线圈。

(6)排除卡住现象。

(7)清除极面不平或调换铁芯。

(8)调整联锁触头参数及更换烧坏线圈。

(四)交流接触器电磁铁(交流)噪声大

1. 原因

(1)电源电压过低。

(2)触头弹簧压力过大。

(3)磁系统歪斜或机械上卡住,使铁芯不能移动。

(4)生锈或因异物(如油垢、尘埃)黏铁芯。

(5)短路环断裂。

(6)铁芯极面磨损过度而不平。

2. 处理方法

(1)提高操作回路电压。

(2)调整触头弹簧压力。

(3)排除机械卡住故障。

(4)清理铁芯。

(5)调换铁芯或短路环。

(6)更换铁芯。

(五)交流接触器触头熔焊

1. 原因

(1)操作频率过高或产品超负荷使用。

(2)负载短路。

(3)触头弹簧压力过小。

(4)触头表面有金属颗粒突起或有异物。

(5)操作回路电压过低或机械上卡住,致使吸台过程中有停滞现象,触头停顿在刚接触的位置。

2.处理方法

(1)调换合适的接触器。

(2)排除短路故障,更换触头。

(3)调整触头弹簧压力。

(4)清理触头表面。

(5)提高操作电源电压,排除机械卡住故障,使接触器吸台可靠。

(六)交流接触器触头过热或灼烧

1.原因

(1)触头弹簧压力过小。

(2)触头上有油污,或表面高低不平,金属颗粒突出。

(3)环境温度过高或使用在密闭的控制箱中。

(4)铜触头用于长期工作制。

(5)触头的超程太小。

2.处理方法

(1)调高触头弹簧压力。

(2)清理触头表面。

(3)接触器降容使用。

(4)接触器降容使用。

(5)调整触头超程或更换触头。

(七)交流接触器短时间内触头过度磨损

1.原因

(1)接触器选用错误,在以下场合时,容量不足。

① 反接制动。

② 有较多密接操作。

③ 操作频率过高。

(2)三相触头不同时接触。

(3)负载侧短路。

(4)接触器不能可靠吸合。

2.处理方法

(1)接触器降容使用或改用适于繁重任务的接触器。

(2)调整至触头同时接触。

(3)排除短路故障,更换触头。

(4)参考动作不可靠故障的处理办法。

(八)交流接触器相间短路

1.原因

(1)可逆转换的接触器联锁不可靠,由于误动致使两台接触器同时投入运行而造成相间短路,或接触器动作过快,转换时间短,在转换过程中发生电弧短路。

(2)尘埃堆积或黏有水气、油垢、使绝缘变坏。

(3)产品零部件损坏(如灭弧罩碎裂)。

2. 处理方法

(1)检查电气联锁与机械联锁。在控制线路上加中间环节延长可逆转换时间。

(2)经常清理,保持清洁。

(3)更换损坏零部件。

四、三相异步电动机不能启动的原因及处理方法

> GBD026 三相异步电动机不能启动的原因与处理方法

(一)原因分析

造成三相异步电动机不能启动的主要原因有电气故障和机械故障。

1. 电气故障

电气故障包括电源开关未接通、电源电压低、缺相、启动按钮失灵、定子绕组故障(断路、短路、接地、接线错误)等。

(1)当电动机无负载不能启动(不转,电动机无声),说明电动机无电,电源未接通,应用试电笔检查从电源控制设备到电动机的全部线路,重点检查电源回路包括:电源、开关、熔丝、接线等,检修它们的断路处。

(2)如电动机有沉闷声,说明电源有电,送电电压太低或电源线太细,启动压降太大,启动时间延长,应设法提高电压,达到电动机要求的电压等级或更换粗导线。

(3)电源电压正常时电动机启动有沉闷声问题多出在缺相,外部原因其一是电源缺相,其二是配电变压器高压侧或低压侧一相断电造成电动机缺相运行,可协调供电部门解决。内部原因主要有保护线路中的控制开关、接触器、继电器的触点氧化、烧伤、松动、接触不良等造成缺相,以及某相熔断器的熔体接触不良等。应对损坏的电气设备进行更换并处理接触不良处使其接触良好。

(4)当确定为启动设备故障时,要检查开关、按钮、接触器各触头及接线柱的接触情况;检查热继电器过载保护触头的开闭情况和工作电流的调整值是否合理;检查熔断器熔体的通断情况,对熔断的熔体在分析原因后应根据电动机启动状态的要求重新选择;若启动设备内部接线有错,则应按照正确接线改正。

(5)若三相电压平衡,电动机转速较慢并有异常声响,可能定子匝间短路、鼠笼条断裂等,当确定为电动机本体故障时,则应检查定、转子绕组是否短路或接地。绕组接地或局部匝间短路时,电动机虽能启动但会引起熔体熔断而停转,短路严重时电动机绕组很快就会冒烟。接线错误也可造成电动机不能启动,检查电动机 Y/△ 接线是否错误,误接的改接。用兆欧表检查绕组的对地绝缘电阻,若存在接地故障,兆欧表指示值为零。通常用双臂电桥测直阻的平衡情况以判断绕组是否短路。对于绕组接地、匝间短路的处理通常都是重新绕制绕组。

2. 机械故障

机械故障主要原因有负载过重、小马拉大车、拖动机械卡住、轴承损坏。电动机带动的负载被卡住,多为负载机械卡死或轴承损坏卡死,这时盘车转动困难,所以启动前要检查靠背轮是否转动灵活。必要时拆开靠背轮将电动机和负载分开空试电动机。如电动机启动正

常,再检查负载,排除故障。如果电动机启动困难或转速过慢,此时应断开电源。盘动电动机转轴,若转轴不能灵活均衡地转动,说明是机械卡阻。由于轴承损坏而造成电动机转轴窜位、下沉、转子与定子摩擦乃至轴承被卡死,也会造成电动机启动困难,应更换轴承。若在严冬无保温,环境较差场所的电动机轴承润滑脂硬结时,应检查润滑脂。

(二)故障现象

电压表读数异常,电流表读数异常,电动机声音异常。

(三)处理方法

(1)用表、试电笔或观察电压表均可。

(2)检查缺相原因。

(3)检查启动设备。

(4)检查电动机定子绕组。

(5)处理短路部位。

(6)做复位处理。

(7)校直电动机传动轴。

(8)更换。

(9)将机泵分开。

(四)技术要求

(1)盘车困难,将机泵分开,如电动机启动正常,检查水泵。

(2)用万用表查各组线圈电阻时注意挡位,测量值应在刻度线 2/3 附近。

(3)切断电源,选兆欧表:电压 380V 以下选 500V 兆欧表,电压 6000V 选 2500V 兆欧表进行开路和短路实验。

(4)测对地绝缘,每次测量后进行放电,大于 $0.5M\Omega$ 则电动机绝缘良好。

(5)电动机启动不了则检查电动机。

(五)注意事项

(1)检查电气设备时应先切断电源,防止触电。

(2)检查机械设备时穿戴好劳动保护用品,防止机械伤害。

(3)禁止明火。

五、热继电器

GBB003　热继电器的选择要求

(一)热继电器的用途

结构上来说,热继电器分为两极型和三极型,其中三极型又分为带断相保护和不带断相保护两种,另外,从热继电器的产品目录上还有额定电压、额定频率、额定工作制、使用温度范围、安装类别、防护等级等有关数据。

三极型的热继电器主要用于三相交流电动机的过载与断相保护。当电动机定子绕组为星形接法时,可以选用一般的三极型热继电器。如果电动机定子绕组为三角形接法,一般需要选用带断相保护的热继电器。除了上述通用型热继电器的选择外,还有些专用型热继电器,按它们各自适用的情况进行选择。

（二）热继电器的选择要求

热继电器电流的选择包括热继电器额定电流的选择与热元件额定电流的选择两个方面。热继电器的保护对象是电动机，故选用时应了解电动机的技术性能、启动情况、负载性质以及电动机允许过载能力等。一般情况下，热继电器额定电流应大于或等于电动机的额定电流，热元件额定电流应大于电动机的额定电流，热继电器的整定值应为电动机额定电流值的 0.95～1.05 倍。电动机保护用热继电器的选择应按电动机的工作环境要求、启动情况、负载性质、连续工作或短时工作考虑，还应考虑热继电器的复位方式、热继电器的动作时间等。应使选择的热继电器的安秒特性位于电动机的过载特性之下，并尽可能接近，甚至重合，以充分发挥电动机的能力，同时使电动机在短时过载和启动瞬间时不受影响，使电动机能直接启动。热继电器动作时间内电动机过载不超允许值。热继电器的使用环境温度不应超过制造厂所规定的最高温度。要注意热继电器控制触头的长期工作电流为 3A。如更换新热继电器时应按电动机原来配套的热继电器规格型号来选择。

（1）热继电器的额定电流，选择时一般应等于或略大于电动机的额定电流；对于过载能力较弱且散热较困难的电动机，热继电器的额定电流为电动机额定电流的 70% 左右。如果热继电器与电动机的使用环境温度不一致时，应对其额定电流做相应调整：当热继电器使用的环境温度高于被保护电动机的环境温度 15℃ 以上时，应选择大一号额定电流等级的热继电器；当热继电器使用的环境温度低于被保护电动机的环境温度 15℃ 以上时，应选择小一号额定电流等级的热继电器。

（2）热元件的额定电流，选择时一般应略大于电动机的额定电流，取 1.1～1.25 倍，对于反复短时工作、操作频率高的电动机取上限。如果是过载能力弱的小功率电动机，由于其绕组的线径小，过热能力差，应选择其额定电流等于或略小于电动机的额定电流。如果热继电器与电动机的环境温度不一致（如两者不在同一室内），热元件的额定电流同样要做调整，调整的情况与上述热继电器额定电流的调整情况基本相同。

GBB001 电气控制原理图的组成

六、电气控制原理图

电气控制系统图一般有电气原理图、电气布置图和电气安装接线图三种。这里重点介绍电气原理图。电气原理图目的是便于阅读和分析控制线路，应根据结构简单、层次分明清晰的原则，采用电气元件展开形式绘制。它包括所有电气元件的导电部件和接线端子，但并不按照电气元件的实际布置位置来绘制，也不反映电气元件的实际大小。电气控制原理图一般分为主电路、辅助电路（控制电路）两部分。绘制电气控制原理图时，主电路用粗实线，辅助电路用细实线，以便区分。

主电路是电气控制线路中大电流通过的部分，包括从电源到电动机之间相连的电器元件，一般由组合开关、主熔断器、接触器主触点、热继电器的热元件和电动机等组成。

辅助电路是电气控制线路中除主电路以外的电路，其流过的电流比较小。辅助电路包括控制电路、照明电路、信号电路和保护电路。其中控制电路是由按钮、接触器和继电器的线圈及辅助触点、热继电器触点、保护电气触点等组成。

电气原理图中所有电气元件都应采用《电气简图用图形符号》（GB/T 4728—2008）统一规定的图形符号和文字符号表示。电气元件的布局，应根据便于阅读原则安排。主电路安排在图面左侧或上方,辅助电路安排在图面右侧或下方,标号用数字标号。无论主电路还是辅助电路,均按功能布置,尽可能按动作顺序从上到下,从左到右排列。电气原理图中,当同一电气元件的不同部件(如线圈、触点)分散在不同位置时,为了表示是同一元件,要在电气元件的不同部件处标注统一的文字符号。原理图中同一电气的各元件不按实际位置画在一起,可按其作用,分画在不同的电路中,但须标以相同的符号,要在其文字符号后加数字序号来区别。如两个接触器,可用 KM1、KM2 文字符号区别。

电气原理图中,各电气元件的触头位置应按电路通电或电气元件不受外力作用时的位置画出。识读电气原理图时,应尽量减少线条和避免线条交叉。电气原理图中,应尽量减少线条和避免线条交叉。各导线之间有电联系时,在导线交点处画实心圆点。

七、变频器

GBB015　变频器的分类

(一)变频器的分类

变频器是把工频电源(50Hz 或 60Hz)变换成各种频率的交流电源,以实现电动机的变速运行的设备。

变频器的分类方法有多种,按照用途不同可以分为通用变频器、高性能专用变频器、高频变频器、单相变频器和三相变频器等;按照主电路工作方式可以分为电压型变频器和电流型变频器;按照开关方式可以分为 PAM 控制变频器、PWM 控制变频器和高载频 PWM 控制变频器;按照工作原理可以分转差频率控制变频器、矢量控制变频器、V/f 控制变频器等;按工作电源变换的环节种类可分为交—直—交变频器、交—交变频器两类。交—交变频器可将工频交流电直接变换成频率、电压可控制的交流,又称直接式变频器。交—直—交变频器先把工频交流通过整流器变成直流,然后再把直流变换成电压频率可控制的交流,又称间接式变频器。

变频器不是在任何情况下都能正常使用的,根据使用条件不同选择不同类型的变频器是很重要的。

GBB016　变频器的工作原理

(二)变频器的原理和结构

变频器的工作原理是利用晶闸管交流调频、调压的原理来控制电动机的转速以达到工艺上的要求。变频器通过控制电路来控制主电路,主电路中的整流器将交流电转变为直流电,直流中间电路将直流电进行平滑滤波,逆变器最后将直流电再转换为所需频率和电压的交流电,部分变频器还会在电路内加入 CPU 等部件,来进行必要的转矩运算。变频器在改变输出频率大小的同时也改变了输出的电压大小。变频器标准名称应为变频调速器,其输出电压的波形为脉冲方波,且谐波成分多,电压和频率同时按比例变化,不可分别调整,不符合交流电源的要求。原则上不能做供电电源的使用,一般仅用于电动机的调速,主要是调整三相异步电动机和同步电动机的功率、实现电动机的变速运行。

变频器的组成主要包括控制电路和主电路两个部分,其中主电路还包括整流器和逆变器等部件。变频器的整流和逆变是通过晶闸管实现的,晶闸管触发导通后,其控制极对主电路失去控制作用。主电路是给异步电动机提供调压调频电源的电力变换部分,它由三部分构成:

(1)整流器:最近大量使用的是二极管的变流器,它把工频电源变换为直流电源。也可用两组晶体管变流器构成可逆变流器,由于其功率方向可逆,可以进行再生运转。

(2)平波回路:在整流器整流后的直流电压中,含有电源6倍频率的脉动电压,此外逆变器产生的脉动电流也使直流电压变动。为了抑制电压波动,采用电感和电容吸收脉动电压(电流)。装置容量小时,如果电源和主电路构成器件有余量,可以省去电感采用简单的平波回路。

(3)逆变器:同整流器相反,逆变器是将直流功率变换为所要求频率的交流功率,以所确定的时间使6个开关器件导通、关断就可以得到3相交流输出。为保证在逆变过程中电流连续,使有源逆变连续进行,回路中要有足够大的电感,这是保证有源逆变进行的充分条件。在逆变电路中常用的换流方式有脉冲换流式逆变器、负载谐振式逆变器。晶闸管交流调压电路输出的电压与电流波形都是非正弦波,导通角 θ 越小,即输出电压越低时,波形与正弦波差别越大。

控制电路是给异步电动机供电(电压、频率可调)的主电路提供控制信号的回路,它有频率、电压的"运算电路",主电路的"电压、电流检测电路",电动机的"速度检测电路",将运算电路的控制信号进行放大的"驱动电路",以及逆变器和电动机的"保护电路"组成。

(1)运算电路:将外部的速度、转矩等指令同检测电路的电流、电压信号进行比较运算,决定逆变器的输出电压、频率。

(2)电压、电流检测电路:与主回路电位隔离检测电压、电流等。

(3)驱动电路:驱动主电路器件的电路。它与控制电路隔离使主电路器件导通、关断。

(4)速度检测电路:以装在异步电动机轴机上的速度检测器(tg、plg等)的信号为速度信号,送入运算回路,根据指令和运算可使电动机按指令速度运转。

(5)保护电路:检测主电路的电压、电流等,当发生过载或过电压等异常时,为了防止逆变器和异步电动机损坏,使逆变器停止工作或抑制电压、电流值。

GBB017 变频器的运行监控要求

(三)变频器的运行监控要求

变频器使用不当,不但不能很好地发挥其优良的功能,而且还有可能损坏变频器及其设备,或造成干扰影响等,因此在变频器运行时应重点检查变频器的电压、温度、电流。变频器的运行对环境的要求也较高,因此应对温度、湿度、空气进行监控。使用中应注意以下注意事项:

(1)必须正确选择变频器。

(2)认真阅读产品使用说明书,并按说明书的要求接线、安装和使用。

(3)变频器装置应可靠接地,以抑制射频干扰,防止变频器内因漏电而引起电击。

(4)将普通三相异步电动机运行于变频器输出的非正弦电源条件下,其温升一般要增加10%~20%,用变频器控制电动机转速时,电动机的温升及噪声会比用网电(工频)时高;在低速运转时,因电动机风叶转速低,应注意通风冷却或适当减低负载,以免电动机温升超过允许值,所以要加强电动机的温度监视。

(5)供电线路的阻抗不能太小。变频器接入低压电网,当配电变压器容量超过500kVA,或配电变压器容量大于变频器容量10倍时,或变频器接在离配电变压器很近的地方时,由于回路阻抗小,投入瞬间对变频器产生很大的涌流,会损坏变频器的整流元件。当线路阻抗较小时,应在变压器和变频器间加装交流电抗器。

（6）变频器通常允许在±15%额定电压下正常工作。电动机采用变频器运转,与直接使用工频交流相比,由于电压、电流含高次谐波的影响,导致电动机的效率、功率因数下降,使电动机电流增大约10%。当电网三相电压不平衡度大于3%时,变频器输入电流的峰值就很大,会造成变频器及连接线过热或损坏电子元件,这时也需加装交流电抗器。

（7）不能因为提高功率因数而在进线侧装设过大的电容器,也不能在电动机与变频器间装设电容器,否则会使线路阻抗下降,产生过流而损坏变频器。

（8）变频器出线侧不能并联补偿电容,也不能为了减少变频器的输出电压的高次谐波而并联电容器,否则可能损坏变频器。为了减少谐波,可以串联电抗器。

（9）用变频器调速的启动和停止,不能用断路器及接触器直接操作,而应用变频器的控制端子来操作,否则会造成变频器失控,并可能造成严惩后果。

（10）当通过变频器调节电动机加速过快时,会使电动机的感应电动势和感应电流增大,而导致变频器跳闸,减速过快时,会使电动机的旋转磁场转速低于转子转速而处于发电状态,从而使滤波电容器上的直流电压过高,导致"过电压"。

GBD017 变频器的维护保养方法

（四）变频器的维护保养方法

变频器操作前必须切断电源,还要注意主回路电容器充电部分,确认电容放电完后再进行操作。

变频器维护保养的主要内容有:保持良好的工作环境温度、湿度,检查变频器绝缘电阻是否在正常范围内,检查冷却风扇运行是否完好,检查变频器导线绝缘良好无过热。变频器全部外部端子与接地端子间用500V的兆欧表测量时,其绝缘电阻值应在10MΩ以上。变频器要单独接地,尽量不与电动机共接一点,以防干扰。笼型异步电动机由工频电源传动改造成通用变频器传动时应注意散热、温升、噪声。

GBB013 变压器的运行监视常识

八、变压器的运行监视

变压器容量在630kV·A以上且无人值班时,应每周定期进行检查巡视。变压器外部检查的一般内容:

（1）检查油枕有无渗油、漏油及油色、油位是否正常、硅胶有无变色。

（2）检查变压器套管是否清洁,有无破裂及放电痕迹及其他现象。

（3）检查变压器的声音是否正常,有无异音和放电声。如发出高而沉重的"嗡嗡"声时,说明变压器过负荷运行。

（4）检查冷却装置的运行情况,风扇电动机有无异音和明显振动,温度是否正常。

（5）检查电线和母线有无异常情况电压是否符合规定。当变压器高压侧一相熔丝熔断时,则低压侧会两相电压降低,一相正常。高压侧保险连续多次熔断,说明变压器容量选择偏小,应用同型号大容量的变压器更换。

（6）检查变压器的油温,上层油温不得超过85℃,最高不得超过95℃。对A级绝缘的电力变压器,上层油温的极限温度为95℃。

（7）变压器铁芯和外壳的接地情况。

（8）电流和温度是否超过允许值

（9）检查引线接头接触应良好,无过热、变色、发红现象。用红外测温仪测试,接触处温度不得超过 70℃。

（10）检查呼吸器应完好、畅通,硅胶无变色。

（11）检查气体继电器内应充满油,无空气。

（12）检查调压分接头位置指示应正确。如果分接开关的导电部分接触不良,则会发生过热,甚至烧坏整个变压器现象。

（13）检查电控箱和机构箱,各种电气装置应完好。

GBD024 变压器常见故障的分析

九、变压器常见故障及原因分析

变压器故障可分为内部故障和外部故障,内部故障是指变压器本体内部绝缘或绕组出现的故障,外部故障是指变压器辅助设备出现的故障。变压器常见的故障有:油位、油质异常、声音异常、变压器跳闸和变压器的紧急停运、绝缘能力降低、瓦斯继电器动作、变压器过热、冷却装置故障等。

（一）故障现象及原因分析

1. 变压器油位过高或过低、油质异常

（1）油面升高,主要是温升的增加而产生以及环境温度升高。可针对温升情况加以处理。当油面高出规定的油面时,应当放油。

（2）油面降低,是壳体渗油以及环境温度降低造成,检查漏油处进行堵塞。

（3）油质异常是受到雨水和潮气的浸入,以及故障电流冲击等使油温过热造成油质的变坏,可取样化验剖析,化验结果若合格则继续运用,若不合格应更换。

2. 内部声音异常

（1）结构件螺栓连接处松动,应紧固结构件螺栓连接处。

（2）铁芯损伤移位,如发现损伤,与厂家联系解决。

（3）地基不平,造成底座部分悬空,应在底座下垫弹性材料（如硅橡胶垫等）,并用地脚螺栓与底座、地基锁紧。

（4）系统电压波动太大,应统计不同时段变压器噪声与系统电压关系,联系供电部门协调解决。

（5）谐波分量较大或电源频率较低,应联系供电部门协调解决。

（6）变压器过负荷运行,应降低负荷或更换大容量变压器。

（7）变压器内部产生接触不良和击穿,应排除不良接触点和改善油质。

（8）变压器中呈现短路和接地时,应排除短路点和接地点。

3. 变压器跳闸

（1）带负荷投入启动电流过大。应先将变压器通电后在投入负载。

（2）线圈连接组别错误,应使连接组别和相序匹配。

（3）线圈绝缘能力降低,应恢复线圈绝缘良好。

（4）电缆、互感器绝缘故障,应恢复电缆、互感器绝缘合格。

（5）线路或变压器对地绝缘故障,如线路损伤、老化、防护缺陷,异物影响（特别是蛇鼠,受潮）,应检查出故障点排除。

（6）变压器负荷过大或三相负荷严重不平衡,应调整负荷。

4. 绝缘能力降低

(1)线圈绝缘受潮,应恢复线圈绝缘合格。

(2)线圈绝缘老化,应恢复线圈绝缘,如不能恢复更换新线圈。

(3)绝缘油质劣化,绝缘性变差,应更换绝缘油。

5. 瓦斯继电器动作

(1)轻瓦斯继电器动作,主要是油位下降或二次回路故障,应查找油位下降和二次回路故障原因予以排除。

(2)重瓦斯继电器动作,主要是变压器内部发生严重故障或瓦斯回路有故障。应查找变压器内部故障及瓦斯回路故障原因予以排除。

6. 变压器温度过高

(1)过负荷运行,应降低负荷运行或更换变压器。

(2)内部紧固螺栓接头松动,应紧固螺栓接头。

(3)冷却系统故障,应针对故障情况进行排除。

(4)变压器内部的损坏,如线圈损坏,短路,油质不良等。应当针对损坏情况进行修理。

(5)铁芯多点接地,应对接地故障点进行处理。

(6)环境温度过高,应改善环境温度。

(7)冷却装置故障。主要包括冷却液渗漏、冷却风扇停转、循环泵停转及冷却管路堵塞等,应针对故障情况进行修理。

(8)线圈故障。主要包括相间短路、线圈接地、匝间短路等,应针对故障情况进行修理或更换线圈。

(二)故障检查和处理要点

1. 变压器油位、油质异常

(1)变压器正常运转时,油位应保持在油位计的1/3左右。假设变压器的油位过低,油位低于变压器上盖,则可能招致瓦斯维护及误动作,情况严重有可能使变压器引线或线圈从油中显露,形成绝缘击穿。若是油位过高,则容易产生溢油。要求值班人员要经常对变压器的油位计的指示情况做出检查,假如呈现油位过低,要查明其原因并施行相应措施,而假如呈现油位过高,应恰当地放油,让变压器可以平安稳定地运转。

绝缘油在运行时可能与空气接触,并吸收空气中的水分,而降低绝缘性能。变压器油应无气味,若感觉有酸味时,说明油严重老化。由于油经常在较高温度下运行,油与空气中的氧接触生成各种氧化物,并且这些氧化物呈酸性,使得变压器内部的金属、绝缘材料受到腐蚀,增加油的介质损耗,降低绝缘强度,造成变压器内闪络,引起绕组与外壳的击穿。所以应通知专业人员取油样做色谱分析,进一步查明故障原因。

2. 变压器声音异常

变压器运行正常时是发出连续匀称的嗡嗡声。

(1)电网发生单相接地或产生谐振过电压时,变压器的声音较平常尖锐。

(2)当有大容量的动力设备启动时,负荷变化较大,使变压器声音增大,如变压器带有电弧炉、可控硅整流器等负荷时,由于有谐波分量,所以变压器内瞬间会发出"哇哇"声或"咯咯"间歇声。

（3）运行中的变压器若发出很高且沉重的"嗡嗡"声,则表明变压器过载。

（4）个别零件松动,如铁芯的穿芯螺栓夹得不紧或有遗漏零件在铁芯上,变压器发出强烈而不均匀的"噪声"或有"锤击"和"吹风"之声。

（5）变压器内部接触不良,或绝缘有击穿,变压器发出"噼啪"或"吱吱"声,且此声音随距离故障点远近而变化。

（6）系统短路或接地时,通过很大的短路电流,使变压器发出"噼啪"噪声,严重时将会有巨大轰鸣声。发生异常声音时检查变压器铁芯夹紧螺栓、线圈垫块处螺栓、变压器出线与低压母排连接螺栓、地脚螺栓等,重点检查上下铁轭区域是否存在运输或安装过程中的损伤,应针对故障情况进行修理。

3. 变压器跳闸

变压器跳闸则应根据保护动作情况、现场设备情况判断故障跳闸原因,采取不同的措施进行处理。当遇到威胁变压器本身安全运行的情况时,则应立即停运变压器。

4. 绝缘能力降低

变压器在运行中,往往会出现绝缘能力降低的现象。绝缘能力降低最基本的特点,是绝缘电阻下降,以致造成运行泄漏电流增加,发热严重,温升增高,从而进一步促进绝缘老化。若延续下去,后果非常严重。一些年久失修的老变压器,最容易出现绝缘老化这类故障。变压器检修和加油过程中要注意避免空气和水分进入器身内部,防止绝缘油受潮使油质劣化,绝缘性变差。用手触摸变压器的外壳时,如有麻电感觉,可能是变压器外壳接地不良。如用2500V兆欧表测量变压器线圈之间和绕组对地的绝缘电阻,若其值为零,则线圈之间和绕组对地可能有击穿现象。

5. 瓦斯继电器动作

瓦斯保护是变压器内部故障的主要保护元件,其中轻瓦斯作用于信号,而重瓦斯则作用于跳闸。首先检查变压器外观、声音、温度、油位、负荷情况,针对瓦斯继电器动作故障,要收集瓦斯继电器内的气体,并做色谱分析判断故障性质,如无气体,应检查二次回路和瓦斯继电器的接线柱及引线绝缘是否良好。在重瓦斯保护动作原因没有查清前不允许合闸送电,在检修完成和经检验合格后,才可将变压器再次投入运行。

6. 变压器过热

变压器温度的测量主要是通过对其油温的测量来实现的。变压器过热主要表现为油温异常升高,在变压器运行的温度范围内,温度每增加 $6℃$,变压器绝缘有效使用寿命降低的速度会增加一倍。《电力变压器第 1 部分:总则》(GB1094. 1—2013)规定,油浸变压器绕组平均温升限值为 $65℃$,顶部油温升为 $55℃$,铁芯和油箱为 $80℃$ 。如果发现油温较平时相同负载和相同冷却条件下高出 $10℃$ 以上时,应加强对变压器监视(负荷、温度、运行状态),检查变压器的运行状况是否正常,冷却装置是否正常和是否投入,应重点检查变压器是否过负荷,如变压器的负荷减轻后,温度仍然如此,再考虑变压器是否内部发生了故障,并针对可能的原因逐一进行检查,做出准确判断。必要时立即中止变压器运行。

7. 冷却装置故障

冷却装置通过变压器油帮助绕组和铁芯散热。冷却装置正常与否,是变压器正常运行的重要条件。冷却设备故障是变压器常见的故障。当冷却设备遭到破坏,变压器运行温度迅速上升,变压器绝缘的寿命损失急剧增加。需注意的是,在油温上升过程中,绕组和铁芯的温度上升快,而油温上升较慢。可能从表面上看油温上升不多,但铁芯和绕组的温度已经很高了,特别是油泵故障时,绕组对油的温升远远超过铭牌规定的正常数值,可能从表面上看油温似乎上升不多甚至没有明显上升,而铁芯和绕组的温度可能已经远远超过允许值。在冷却设备故障期间,运行人员应密切监视变压器的温度和负荷,随时向上级调度部门和运行负责人汇报,如变压器负荷超过冷却设备故障条件下规定的限值时,应按现场规程的规定申请减负荷。在冷却装置存在故障时,不但要观察油温、绕组温度,而且要按照制造厂说明和现场规程规定的冷却设备停运情况下变压器容许运行的容量和时间,注意变压器运行的其他变化,综合判断。

8. 线圈故障

线圈发生短路、接地、烧毁时主要表现为绝缘电阻降低或为零,可用 2500V 的兆欧表进行测量,绝缘电阻在正常范围值时可继续使用,否则应恢复绝缘或更换。

十、变压器的维护保养内容

GBD015 变压器的维护保养内容

变压器的基本结构部件是铁芯和绕组,它们组成变压器的器身。为了改善散热条件,大、中容量变压器的器身浸入盛满变压器油的封闭油箱中,各绕组与外电路的连接则经绝缘套管引出。为了使变压器安全可靠地运行,还设有储油柜、气体继电器和安全气道等附件。检修过程中,应仔细检查绕组的绝缘状态,用等级相符的兆欧表测试绕组之间及对地的绝缘电阻和吸收比。检修变压器的分接开关时,检查其绝缘程度、转动是否灵活、触头接触是否良好,检查完毕后应将分接开关旋至额定分接位置。变压器吊芯检修时,当空气相对湿度不超过 65%,芯子暴露在空气中的时间不许超过 16h。打开铁芯接地片或接地套管引线,用 500~1000V 兆欧表测铁芯对夹件的绝缘电阻,阻值不得低于 10MΩ。变压器油应无气味,若感觉有酸味时。检修变压器的安全保护装置,包括储油柜、压力释放阀、气体继电器。

十一、低压配电装置的维护要求

GBD013 低压配电装置的维护要求

低压配电装置的维护要求有以下几点:

(1)低压配电装置的低压配电系统内应设有与实际电气设备、电气元件相符合的操作系统接线图。

(2)低压配电装置的前、后固定照明灯应齐全完好,设备要做好重复接地,确保安全。

(3)在低压配电装置的检查中应检查低压配电装置电气设备的所有操作手柄、按钮、控制开关等部位所指示的合上、断开等字样,应与设备的实际运行状态相对应。

(4)低压配电盘、配电箱和电源干线上的主要维护工作要求有指示灯、按钮开关标志清晰,牢固转动灵活。电气设备触点完好、无过热。仪表清洁、显示正常、固定可靠。配电盘接地良好牢固可靠。低压配电装置的配电柜号,应前后一致,所有主控电气设备均应按操作编号原则统一编号。

(5)电气设备(包括电力电缆)预防性试验应每年进行一次。

(6)在低压配电盘定期进行维护时,应戴绝缘手套穿绝缘靴,由专人监护并与带电体保持安全距离。

GBD011 供水系统的远动控制通道

十二、供水系统的远动控制通道

远动控制系统包括通道、控制对象、被控对象。构成远动系统的设备包括厂站端远动装置,调度端远动装置和远动信道。在一个自动化系统中,若是设备之间有较大的空间距离,不能使用架空线和电缆等有线通道,不能用通常的机械的或电气的联系来传递控制作用或反馈的数据。这时,需要在分离的设备之间设立专门的通信道(信息通道)。

(一)通信道系统配置的物理模式

依据通信道分布情况,分为点对点配置;多路点对点配置;多点星型配置;多点共线配置;多点环形配置。通过信道传输的远动信息包括遥测信息、遥信信息、通信信息和遥调信息。

(二)信道中数据传输模式及要求

远动信息的传输模式包括循环传输模式和问答传输模式,远动信息的传输模式包括循环传输模式和问答传输模式。循环数字传输模式也称 CDT 方式,在这种传输模式中,厂站端将要发送的远动信息按规约的规定组成各种帧,再编排帧的顺序,一帧一帧地的循环向调度端传送。信息的传送是周期性的、周而复始的,发端不顾及收端的需要,也不要求收端给以回答。这种传输模式对信道质量的要求较低,因为任何一个被干扰的信息望在下一循环中得到它的正确值。问答传输模式也称 polling 方式,在这种传输模式中,若调度端要得到厂站端的监视信息,必须由调度端主动向厂站端发送查询命令报文。查询命令是要求一个或多个厂站传输信息的命令。查询命令不同,报文中的类型标志取不同值,报文的字节数一般也不一般。厂站端按调度端的查询要求发送回答报文。用这种方式,可以做到调度端询问什么,厂站端就回答什么,即按需发送。由于它是有问才答,要保证调度端发问后能收到正确的回答,对信道质量的要求较高,必须保证有上下行信道,而且要求在信息传递的过程中误码率(指错误接收消息的码元数在传输消息的总码元数中所占的比例)尽可能地小。

GBD012 供水系统的远动控制内容

十三、供水系统的远动控制内容

远动就是应用通信技术对远方的运行设备进行监视和控制,以实现远程测量、远程信号、远程控制和远程调节等各种功能,概括起来就是实现"四遥"功能(即遥测、遥信、遥控和遥调),综合了远距离测量(遥测)和远距离控制(遥控)的一种自动化系统。遥控、遥信、返校信息是上行信息。远动信息的传送有时分制和频分制,在中国泵站远动系统中,多采用时分制、N 集中分散型远动装置。远动系统的主要部件包括变送器盘(柜),信号转接柜,远动终端(RTU),专用电源盘,不间断电源 UPS,各种连接电缆,以及发电厂/变电站内计算机监控系统的远动功能部分。供水远动控制系统包括对水产品生产过程信息的采集、处理、传输和显示等全部功能与设备。可使水源地的设备做到无人值守,自来水厂供水系统更加科学化、合理化。供水系统中常用的遥测参数主要有瞬时量、累计量、开关量。

远动系统的监视和控制主要依赖组件对过程信息的采集、处理、传输和显示、执行。在远动系统中,为了正确地传送信息,必须有一套关于信息传送顺序、信息格式和信息内容等约定。这一套约定称为规约(协议),它是远端 RTU(远方终端装置简称为 RTU)和调度系统进行信息交互的接口。主站系统能正确接收远动信息,必须使主站与终端的通道速率和通信规约一致,主站通过一个共用链路与多个子站相连。此种配置同时刻只允许一个子站传送数据到主站,而主站可选择一个或多个子站传送数据。发送端(主站)把所需传送的控制命令、测量数据、反馈信号等经过调制,编码等变换处理之后,再经过通信道传送。在通信道的另一端,即接收端,把收到的信号经过解调、译码等反变换处理,恢复为原来的形式。远动终端设备的主要功能包括执行遥控/遥调命令与调度端进行数据通信、信息采集和处理。这个过程和一般通信系统十分相似,但是要求可靠性高,抗干扰能力强,时间迟延尽量短。远距离控制系统是经过通信道传送控制指令,而远距离测量(遥测)系统主要是经过通信道传送数据。从技术上说,可以认为远动技术是自动化技术和通信技术的结合。

十四、水泵站自控系统的组成和维护

GBD002 水泵站自控系统的组成和维护

(一)自控系统的组成

自控系统是就是应用控制装置使控制对象(如机械、设备和生产过程等)自动地按照预定的规律运行或变化,并对生产中某些关键性参数进行自动控制,使它们在受到外界干扰(扰动)的影响而偏离正常状态时,能够被自动地调节而回到工艺要求的数值范围内。

自控系统主要由执行元件、测量元件和控制元件三部分组成。

执行元件用于改变被控量,如电动机作为执行元件可以改变机械臂的角度。测量元件用于测量被控量,如采用旋转变压器或者码盘等角位置测量元件可以检测机械臂的转角。控制元件用于实现闭环控制,改善被控系统性能,一般采用模拟电路、DSP、PLC 或者计算机等部件实现。按控制原理的不同,自动控制系统分为开环控制系统和闭环控制系统。在开环控制系统中,系统输出只受输入的控制,控制精度和抑制干扰的特性都比较差,开环自控系统在出现偏差时,对系统偏差不能自动调节。闭环控制系统是建立在反馈原理基础之上的,利用输出量同期望值的偏差对系统进行控制,可获得比较好的控制性能。如小容量调速系统为稳定输出转速,采用转速负反馈。无静差自动调速系统能保持无差稳定运行,主要是采用了比例积分调节器。

GBD022 自控系统的维护内容

(二)自控系统的维护

自控系统的维护可分为日常维护、预防性维护和故障维护。日常维护和预防维护是在系统未发生故障所进行的维护,主要是针系统设备和软件。如清洁设备表面、电压测量、接线端子紧固、通信端口的检查、软件端口的检查及电脑硬盘程序的清理等。正常运行时,对系统进行有计划的定期维护,及时掌握系统运行状态、消除系统故障隐患、保证系统长期稳定可靠地运行,形成定期维护的概念。实践证明,定期维护能够有效地防止自控系统突发故障的产生。故障维护发生在故障产生之后,往往已造成系统部分功能失灵并对生产造成不良影响。

项目六 排除三相异步电动机声响不正常的故障

GBD023 电压异常对三相异步电动机动的影响

一、电压异常对三相异步电动机的影响

电源电压波动过大会产生电动机的转速不稳定、带载差、效率低,还会影响电动机的启动,严重时会烧毁电动机。当电源频率一定时,电源电压的高低将直接影响电动机的启动性

能。当电源电压过低时,定子绕组所产生的旋转磁场减弱。由于电磁转矩与电源电压的平方成正比,所以,电动机启动转矩不够,造成电动机启动困难。当电动机轻负载运行时,端电压较低对电动机没有什么太大影响。但当负载较重特别是满载运行时,端电压过低将引起负载电流分量增大的数值大于激磁电流分量减少的数值。因此,定子电流增加,功率损耗加大,定子绕组过热,时间过长甚至会烧毁电动机。当电源电压过高时,同样会使定子电流增加,导致定子绕组过热而超过允许范围。所以电动机只有在电源电压波动范围为5%之内的情况下,方可长期运行。

水厂(站)所用三相异步电动机电压偏差范围要求是额定值的+10%~−10%,对于原来处于重负载状态下的电动机,电压升高不超过额定电压的10%时,会导致电动机的定子磁通接近饱和状态,运转电流将增加,出现电流急剧增大,当电动机在超出额定电压的范围运行时,电动机的温升会增大,电动机效率下降而发热严重。在电动机启动过程中,当电源电压偏低,有可能使电动机启动转矩不够,造成启动困难,电动机的定子绕组所产生的旋转磁场减弱,会使电动机定子电流和转子电抗增加,电动机转速降低,风扇的散热量减小而发热,如果出现堵转现象启动时间过长会烧毁电动机。

电压过低会烧毁三相异步电动机原因如下:

(1)电动机的励磁电流不是简单的电压除以电阻得到,电动机绕组是个电感,在电动机旋转时还有互感,电动机的励磁电流主要取决于互感影响下的感抗。

(2)电压影响电动机建立磁势的高低。

(3)电动机的散热是按照额定转速设计的。

(4)电压低转速下降,散热效率下降。

(5)感抗下降,电流增加(如极端情况:电动机启动电流相当于短路电流),温度上升。

(6)积累热量,烧毁电动机。

GBD028 三相异步电动机声响不正常原因与处理方法

二、三相异步电动机声响不正常的原因与处理方法

(一)故障现象

轴承温度高,声音异常,机体振动,电流表读数异常。

(二)故障原因

(1)电源缺相,电动机单相运行。

(2)转子、定子摩擦。

(3)定子绕组匝间短路。

(4)风扇与护罩摩擦。

(5)定子绕组接线错误。

(6)地脚螺栓松动。

(7)泵与电动机不同心。

(8)轴承严重缺油。

(9)轴承本身磨损。

(10)轴承有杂物。

(三)处理方法

(1)恢复电源电压。

(2)校正转子不平衡度。

(3)恢复匝间绝缘。

(4)排除摩擦。

(5)按铭牌规定接线。

(6)紧固地脚螺栓。

(7)联轴器轴向偏差不大于0.06mm,径向偏差不大于0.06mm。

(8)加润滑脂(油)1/2~2/3油室。

(9)更换轴承。

(10)清除杂物。

模块三 检修水泵站设备

项目一 更换低压离心泵轴承

一、相关知识

水泵站中常用的轴承有深沟滚珠轴承、角接触滚珠轴承、锥型滚子轴承、圆筒滚子轴承、止推滚珠轴承等,轴承是离心泵机组的一个很关键的部件,直接影响到泵的使用寿命。

(一)轴承的装配

轴承的装配对轴承的性能影响很大,因此对轴承的装配有很多的具体要求,例如,加入温度、游隙调整等,主要分冷装和热装。在轴承安装前自由状态下的游隙为原始游隙,安装后,原始游隙减小,这时的游隙称为配合游隙。由于负荷作用及内外圈的温度差的影响,使轴承游隙发生变化,轴承的实际游隙为工作游隙。区别安装前的游隙与实际工作条件下的轴承游隙很重要。安装前的间隙(内部)大于运行间隙,这是由于配合程度不同、轴承内外环的热膨胀的差异,使内外圈膨胀或收缩造成的。大体上轴承运转中的实际径向间隙稍大于零。

(二)泵轴

1. 泵轴的修理

如果泵轴有裂缝或表面有较严重的磨损,足以影响轴的强度时应更换新轴;如果轴有轻微弯曲或轻微磨损、拉沟等,应进行修复。

1)轴颈拉沟及磨损后的修理

采用滑动轴承的泵轴轴颈,因润滑不良或润滑油带进铁屑、砂粒等而使轴颈擦伤或磨出沟痕,橡胶导轴承处的轴颈磨损等,一般采用镀铬、镀铜、镀不锈钢来进行修复,然后用车或磨的方法加工成标准直径。

2)泵轴弯曲的修理

由于荷载的冲击、皮带拉得过紧或安装不正确等原因,都会使泵轴弯曲变形;安装运输及堆放不当,更易弯曲变形。泵轴弯曲后,机组运行时的振动加剧,将使轴颈处磨损加大,甚至造成叶轮和泵壳的摩擦,影响机组的正常运行。修理的方法有:较细轴可在弯曲处垫上铜片,用手锤敲打校直,对直径较大、弯曲不严重的泵轴,可用螺杆校正器校直或用捻棒敲打法校直。

3)泵轴螺纹的修理

泵轴端部螺纹有损伤的可用什锦锉把损伤螺纹锉修一下继续使用,如果损伤严重必须将原有螺纹车去再重车一个标准螺纹,或先把泵轴端车小,再压上一个衬套,在衬套上车削与原来相同的螺纹;也可用电、气焊在泵轴端螺纹处堆焊一层金属,再车削与原来相同的螺纹。

4）键槽修理

如键槽表面粗糙损坏不大时,可用锉刀修光即可。如损坏较重,可把旧槽焊补上,在别处另开新槽。但对传动功率较大的泵轴必须更换新轴。

2. 泵轴的维修保养

(1)检查泵轴时,将其放在测量台或车床上测量跳动量,中间部位不超过 0.05mm,两端不超过 0.02mm。

(2)测定主轴磨损及锈蚀情况,不得超过直径的 1%。

3. 泵轴弯曲度测量要求

转子上所有零件都套装在泵轴上面,它还承担支撑和传递扭矩的作用。泵轴的弯曲度是用百分表进行测量的。测量多级离心泵泵轴,轴面要选择正圆或无损伤的部位测各级叶轮、轴瓦、机械密封、轴套、所在位置的轴弯曲值。

> GBE010　泵轴弯曲的测量方法

4. 测量泵轴弯曲度的步骤

架好 V 形铁并稳固,接触面加少许润滑油,把泵轴放在 V 形铁或支架,泵轴支点在同一水平面上,在轴端画好等分线。在轴沿轴向分成若干段;再把百分表架好,测量头指向轴心,下压 2mm,指针调"0",然后缓慢盘动泵轴,每次转动的角度一致;轴弯曲后,会引起转子的不平衡和动静部分的磨损。轴弯曲超过允许值,并经多次校正处理而还弯曲,则应更换新轴。

> GBE011　水泵转子晃度的测量方法

(三)水泵转子晃度的测量

(1)晃度即跳动,测量转子的径向跳动,目的就是要及时发现转子组装中的错误。如组装中使轴发生了变曲、转子部件不合格的情况或如轩轮与泵轴不同心等。测量晃度的方法与测量轴弯曲的方法相同。

(2)测定叶轮的晃度时,一般叶轮装在主轴上相对密封环的径向跳动量不超过 0.08mm。大型高速泵转子的联轴器装配后的径向晃度和端面瓢偏值都应小于 0.06mm。轴承油膜的最小厚度是随轴承负荷的减少而增加。

(3)测量转子的晃度的用具有百分表、V 形铁、表架、泵轴。水泵叶轮的瓢偏值用百分表测量时,指示出轴向晃动值。转子的晃度越大,说明转子问题越严重。

二、技能要求

(一)准备工作

1. 设备

离心泵 1 台。

2. 材料、工具

300mm×36mm 活动扳手 1 把,250mm×24mm 活动扳手 1 把,φ30mm×250mm 铜棒 1 根,0~25mm 外径千分尺 1 把,0~150mm 游标卡尺 1 把,拉力器 1 副,轴承 1 副(与泵匹配),3A 铅丝若干,润滑脂若干,清洗剂 5kg,棉纱布若干,φ350mm×120mm 清洗盆 1 个,25mm 毛刷 1 把。

3. 人员

1 人操作,持证上岗,劳动保护用品穿戴齐全。

(二) 操作规程

1. 拆卸轴承压盖及支架

用两把活动扳手先拆卸轴承盒压盖螺栓,再卸轴承支架。

2. 拆卸轴承

(1) 拆卸轴承背帽螺栓。

(2) 用拉力器拆卸轴承。

3. 清洗检查轴承

(1) 用清洗剂清洗轴承及配件并检查轴承灵活性。

(2) 使用游标卡尺测量轴外径及轴承内径尺寸。

(3) 用压铅丝法测量轴承间隙。

4. 组装轴承

(1) 按拆卸顺序反装轴承盒端盖轴承及轴承背帽。

(2) 在轴承体加适当润滑油、加上密封垫。

5. 安装轴承、支架、压盖

先装轴承支架并靠紧对角上紧螺栓。

(三) 技术要求

(1) 拆卸轴承时应时拉力器、轴承均匀受力。

(2) 用压铅丝法测量轴承间隙时应强行通过滚珠,测点要求 2 个以上。

(四) 注意事项

(1) 操作时注意机械伤害。

(2) 量具用完后应放入盒内。

项目二 装配 IS 型离心泵

一、相关知识

(一) 叶轮的选用要求及维护保养方法

GBC001 叶轮
的维护保养方法

1. 叶轮的选用要求

叶轮材质的选择主要依据是介质的抗汽蚀性、腐蚀性、磨蚀性、温度、泵转速、制造难度(成本)等。大型轴流泵广泛采用可动叶片调节。水泵转子组装时,叶轮流道的出口中心与导叶的进口中心应一致。为提高后弯式离心泵的效率,水泵的出口安装角一般在 20°~30°。高压给水泵的导叶一般采用不锈钢制成的,使用寿命较长,如果是用锡青铜制成的,则使用3~5 年会严重汽蚀,必要时应更换新导叶。凡是更换新导叶之前应用砂轮将流道打光,这样可提高效率 2%~3%。还应当检查导叶衬套的磨损情况,根据磨损的程度来确定是整修还是更换。导叶与泵壳的径向间隙一般为 0.04~0.06mm,间隙过大会影响静体部分和转子之间的同心度,应予以更换。

2.叶轮的维护保养方法

(1)叶轮表面及液体流道内壁应洁净,不能有黏砂、毛刺等。

(2)流道入口加工面与非加工面衔接处应圆滑过渡。

(3)叶轮必须做静平衡,不平衡从叶轮两侧钻削,钻削的厚度应不超过叶轮厚壁厚的1/3。

(4)叶片表面出现沟槽或划痕时,可采用铜丝修补法、气焊修补法、速成钢修补法、环氧树脂修补法、堆焊修补法等进行修补,在焊后要进行机械加工,以达到预期的精度。

(二)IS型离心泵的装配

GBE001 IS型离心泵的装配

IS型离心泵的各个零部件在完成修理、更换,经检查无误,确认其符合技术要求之后,应进行整机装配,这是恢复离心泵工作性能的重要步骤。装配的好坏,直接关系到离心泵的性能和离心泵的使用寿命。一台离心泵,即使它的零部件质量完全合格,如果装配质量达不到技术要求,同样不能正常工作,甚至会出现事故。

1.IS型离心泵的装配技术要求

(1)装配合格的离心泵,应盘转轻快,无机械摩擦现象。

(2)泵轴不应产生轴向窜动。

(3)离心泵的半联轴器与电动机半联轴器,装配的同轴度偏差符合技术要求。

(4)添加的润滑油、润滑脂应适量,并且牌号符合使用说明书的要求。

(5)设备清洁,外表无灰尘、油垢。

(6)基础及底座清洁,表面及周围无积水、环境整齐。

安装IS离心泵装配时,应仔细阅读该泵的有关技术资料,例如,总图、零件图、使用说明书等,熟悉泵组装质量标准,轴承内圈与轴肩应接触紧密,检测时可用0.03mm的塞尺,以塞不进为宜。联轴器装配时可以使用紫铜棒敲击法、加热装法或紧压法,小型泵端面距离为3~6mm。检查零组件是否齐全,质量是否合格,准备使用的工具、量具,准备好该泵所需的消耗品。

2.IS离心泵的装配顺序

(1)装配轴承,即把轴承装配在泵轴上。

(2)将转子装入轴承箱上,上好轴承端盖。

(3)将轴承箱安装泵壳上。

(4)安装叶轮。

(5)把泵体安装在机座上。

(6)装填料。

(7)联轴器找正。

(三)IS型离心泵的大修

GBE004 IS型离心泵的大修

IS型离心泵的大修是平稳运行的保障,大修是为了延长泵的使用寿命,减小能量消耗,节能降耗,始终在高效率区域工作。不论什么形式的泵,大修就是拆卸,检查、组装,在大修之前,必须清楚设备状况,应该知道哪些机件可能损坏需要在大修中更换,并事先把备用件准备好。在停泵之前,再对设备进行一次详细的检查。泵检修前,要检查安全措施是否做齐全。其主要的零部件有主要零部件有泵体、泵盖、轴、叶轮、轴套及悬架轴承部件等。

1. IS 型离心泵的大修步骤

(1)拆卸前,装备好工具、用具。

(2)关闭出水阀门与进口阀门。

(3)松开支架与泵连接螺栓,取下支架、联轴器。

(4)松开泵体与泵盖连接螺栓,取下泵盖、悬架,同时从泵体上取出口环。

(5)松开叶轮锁紧螺母、止逆垫片,取下叶轮。

(6)松开悬架与泵盖连接螺栓,取下悬架,依次取下水封环、填料压盖、轴套、键、挡水圈。

(7)松开悬架两端轴承压盖螺栓,取下轴承压盖。

(8)从悬架中取出带轴承的轴,取下轴两端的轴承。

(9)将零件进行清洗并按顺序摆放好。

(10)对所有零部件进行检查,看是否符合标准。

2. IS 型单级单吸离心泵拆卸的注意事项

(1)在开始拆卸以前,应将泵内介质排放彻底。

(2)在拆卸时,应将零件按顺序排好、编号。

(3)清洗过的零件、油料不落地。

二、技能要求

(一)准备工作

1. 设备

离心泵 1 台。

2. 材料、工具

200mm×24mm 活动扳手 2 把,M24 套筒扳手 1 套,ϕ30mm×200mm 紫铜棒 1 根,剪刀 1 把,套管 1 把,0~200mm 游标卡尺 1 把,油盆 1 个,润滑油适量,填料若干,青稞纸若干,汽油若干,抹布若干。

3. 人员

1 人操作,持证上岗,劳动保护用品穿戴齐全。

(二)操作规程

1. 装配前准备

(1)清洗检查所有配件,确认合格后方可进行装配。

(2)用游标卡尺测量口环内径尺寸和叶轮止口外径尺寸,确定配合间隙,在标准范围内进行组装。

2. 装配

(1)将轴承加热至 80℃左右时装在轴肩上或用专用套管击打。

(2)将带轴承的轴安装在悬架上,方向不得装反。

(3)将轴承压盖紧固在悬架两端,并在安装轴承端盖时涂油加纸垫,紧固在悬架上。

(4)装上挡水圈,在轴套内安装好 O 形密封圈,把轴套装在轴上,将水封环、填料、填料压盖装在轴套上,用螺栓把泵盖与悬架连接在一起,将密封环装在泵体上。

（5）把叶轮键装在轴上后，再安装叶轮、止退圈、用叶轮锁紧螺母，将叶轮固定在轴上，并折弯止退圈。

（6）在泵体与泵盖接触面上加上青壳纸并涂上油，再用连接螺栓将泵体与泵盖紧固在一起。

（7）安装支脚，安装外填料，旋紧底脚螺栓。

（8）将键和联轴器装在轴上，用铜棒击打。

（三）技术要求

（1）测量口环内径尺寸和叶轮止口外径尺寸配合间隙，标准为 0.2～0.4mm。

（2）按顺序组装部件，防止有遗漏部件。

（四）注意事项

（1）轴承加热时防止烫伤。

（2）安装时注意轴装在悬架上，不得装反。

项目三　装配 SH 型离心泵

一、相关知识

GBE002 SH型离心泵的检修

（一）SH 型离心泵的检修

1. SH 型离心泵装配前的准备工作

（1）熟悉泵的组装质量标准。

（2）检查泵的零件是否齐全合格。

（3）备齐所使用的工具、量具等。

（4）准备好泵所需的消耗性物品，例如，润滑油、石棉填料等。

2. 拆卸 SH 型离心泵步骤

（1）先用拉力器将联轴器从轴上拔下，并取下键；还可以用加热法或用紫铜棒敲打。

（2）松开填料压盖螺栓，拉开填料压盖。

（3）松开泵盖连接螺栓，取下泵盖。

（4）松开轴承体压盖螺栓，取下轴承体压盖。

（5）将转子从泵体上取出。

（6）从转子上拆开轴承盒压盖螺栓，取下轴承体，松开轴承锁紧螺母，取下轴承。

（7）取下轴承压盖、挡水圈、填料压盖、填料、填料座、密封环。

（8）松开轴两端的轴套锁紧螺母，取下轴套、叶轮和键。

（9）将拆卸的零件进行清洗，按顺序摆放好。

GBE005 SH型离心泵的大修要求

（二）SH 型离心泵的大修

掌握泵的运转情况，了解设备在运转时所出现的问题，备齐检修工具、量具、起重机具、配件及材料。切断电源及设备与系统的联系，解体拆卸螺栓前，工作负责人必须先检查进出口阀门，如确已关严，再将泵体放水门打开放尽存水，这样可防止拆卸螺栓后有压力水喷出伤人。放净泵内介质,达到设备安全与检修条件。

SH 型离心泵大修前检查清理冷却水、封油和润滑等系统。处理在运行中出现的一般缺陷。根据运行情况,检查机械密封或更换填料密封。检查清洗轴承、轴承箱、挡油环、挡水环、油标等,调整轴承间隙。并检查轴承滚子外圈间的间隙。检查各部螺栓有无松动。检查修理联轴器及驱动机与泵的对中情况。

SH 型离心泵大修时对泵实施解体,逐一检查全部零部件的使用可靠性,各零部件的磨损、汽蚀和冲蚀情况并进行修理或更换,泵轴、叶轮必要时进行无损探伤。检查清理轴承,轴承要转动灵活,用手转动后应平稳,不能有振动,隔离架与外圈应有一定间隙。轴头磨损与轴承内圈配合松动时,可采用轴头喷涂、镀硬铬方法进行解决,必要时更换轴承。检查轴的弯曲度,必要时校正轴的直线度。装配好的水泵检查测量转子,在未装密封填料时,转子转动应灵活、不得有偏重、卡涩、摩擦等现象。必要时进行修理或更换机械密封及填料。装配好的水泵测量并调整转子的轴向窜动量。调校出口压力表。检查进出口滤网,必要时更换。检查泵体、基础、地脚螺栓及进出口法兰的错位情况,防止将附加应力施加于泵体,必要时调整垫铁,锲铁不得超过三片,电动机地脚接触面积不少于 75%。

| GBE009 叶轮 静平衡的测量 方法 |

(三)叶轮静平衡的测量方法

转子的平衡是由各个部件的质量平衡来达到的,因此新叶轮都要进行静平衡的测量。

通常设计情况下,泵叶轮在旋转的时候,背帽会越转越紧的,拆卸时是按泵旋转方向拧。打开水泵叶轮锁紧螺帽时,用叶轮旋向来判定螺帽的旋向。叶轮要做静平衡,检测不平衡使用的配件有,叶轮、键子、配合短轴、叶轮静平衡支架。

(1)架好静平衡支架,并用框式水平仪进行检测,调整静平衡支架使之达到水平。

(2)擦洗检测调整好天平和砝码。

(3)擦洗检测叶轮和短轴。

(4)把叶轮、键装在短轴上,并放在静平衡支架上,缓慢转动叶轮,当叶轮自然停止后,在叶轮的最上面的位置上,粘贴橡皮泥再重新转动叶轮,在叶轮粘贴橡皮泥处,用增加橡皮泥的方法,使叶轮转动在任意一个位置都可以停止。

| GBE015 叶轮 不平衡的处理 方法 |

(四)叶轮不平衡

单吸式离心泵由于其叶轮缺乏对称性,离心泵工作时,叶轮两侧作用的压力不相等。因此,在水泵叶轮上作用有一个推向吸入口的轴向力。这种轴向力特别是对于多级式的单吸离心泵来讲,数值相当大,必须采用专门的轴向力平衡装置来解决。对于单级单吸式离心泵而言,一般采取在叶轮的后盖板上钻开平衡孔,并在后盖板上加装减漏环。压力水经此减漏环时压力下降,并经平衡孔流回叶轮中去,使叶轮后盖板上的压力与前盖板相接近,这样,就消除了轴向推力。此方法由于叶轮流道中的水流受到平衡孔回流水的冲击,使水力条件变差,水泵的效率有所降低。对于多级离心泵,其轴向推力将随叶轮个数的增加而增大,在叶轮的后盖板上钻开平衡孔很难消除轴向推力,通常的做法是在水泵最后一级安装平衡盘装置。另外,也可以将各个单吸式叶轮作"面对面"或"背靠背"的布置,消除由于叶轮受力的不对称性而引起的轴向推力。但是,一般而言,这类布置将使泵的构造较为复杂一些。现场检修时,水泵或电动机联轴器瓢偏值的存在会影响找中心工作。多级离心泵轴向力的平衡措施一般有叶轮对称布置、采用平衡鼓装置、平衡盘装置以及平衡鼓、平衡盘组合装置等

5种措施。

1. 叶轮的重量不平衡度允差

（1）叶轮外径不大于200mm，允许不平衡重量为3g。

（2）叶轮外径大于200~300mm，允许不平衡重量为5g。

（3）叶轮外径大于300~400mm，允许不平衡重量为8g。

（4）叶轮外径大于400~500mm，允许不平衡重量为10g。

2. 叶轮不平衡的处理方法

（1）在粘贴橡皮泥处相应的180°的叶轮上用粉笔画上记号，然后把橡皮泥取下，放在天平上称重量，此时天平上称出来的值，就是该叶轮重量不平衡的数值，即偏重差值。

（2）在钻床或铣床上，将叶轮做记号处进行钻削或铣削，钻和铣削的金属厚度不得大于叶轮壁厚的三分之一，将钻和铣削的金属粉末收集起来放在天平上称重，直至金属粉末与橡皮泥重量相等为止。

（3）按上述方法复测叶轮静平衡度，直到叶轮在静平衡支架上转动后，在任意一个方向都可以自然停止，不平衡度小于5g为合格。

（4）操作过程中不能碰伤叶轮止口面。

3. 叶轮修复材料选择及注意事项

选择叶轮修复材料时需注意：

（1）材料耐磨性能。

（2）施工方式是否便捷。

（3）材料的喷涂厚度。

修复叶轮静平衡时需注意：

（1）钻削或铣削金属不超过叶轮壁厚1/3。

（2）操作过程中不能碰伤叶轮止口。

（3）叶轮的重量不平衡度允差不大于5g为合格。

（4）叶轮在任意一个方向可自然停止。

（五）水泵叶轮与密封环间隙的测量方法

口环间隙是指口环与叶轮进口处外圈的间隙，间隙的大小对水泵的工作性能有很大影响，应使间隙越小越好，但不能把叶轮卡死，间隙小水泵效率高，间隙大水的回流也大，水泵内回漏水的损失约为该泵的5%。

SH型离心泵叶轮与密封环配合间隙通常用游标卡尺或千分尺测量。其检修的质量标准见表4-3-1。

> GBE014 水泵叶轮与密封环间隙的技术要求

表4-3-1　离心泵叶轮与密封环径向间隙值表

口环内径，mm	间隙，mm	磨损极限，mm
80~120	0.30~0.40	0.48
120~180	0.35~0.50	0.60
180~260	0.40~0.55	0.70
260~360	0.50~0.65	0.80

1. 游标卡尺测量方法

(1)清洗叶轮外圆与密封环接触面。

(2)检查游标卡尺是否灵活好用。

(3)用游标卡尺测量叶轮外径与口环内径,测点要在两个以上。

(4)计算叶轮与密封环的间隙,即密封环内径尺寸减去叶轮外圆尺寸。

(5)调整,如果间隙小就车削密封环内口,大就要更换新的口环。

2. 塞尺测量方法

水泵转子在泵壳就位前,用塞尺测量叶轮密封环四周的间隙是否均匀,并盘动泵轴及叶轮等,观察密封环是否有摩擦现象。

GBE016 密封环的检修要求

(六)密封环的检修要求

密封环的轴向和径向及外壳的装配要求与标准:

(1)检测测量径向间隙时,检查密封环是否完好、测量几个方向取平均值、检测时通常用游标卡尺、千分尺或塞尺。

(2)水泵密封环的间隙大会使泄漏增大,出水量减少,离心泵密封环与泵壳间应有 0 ~ 0.03mm 紧力。密封环定位销应锁紧。密封环和叶轮配合处的每侧径向间隙一般应为叶轮密封环处直径的 1‰ ~ 1.5‰,但不得小于轴瓦顶部间隙,且四周均匀。

(3)填料函内侧、挡环与轴套的两侧径向间隙一般为 0.25 ~ 0.5mm。

(4)为了减少内泄漏,保护泵壳,在与叶轮入口处相对应的壳体上装有可拆换的密封环。

(5)在装机械密封时,须在动静环密封面上涂上凡士林,以防止动静环干磨。

二、技能要求

(一)准备工作

1. 设备

SH 型离心泵 1 台。

2. 材料、工具

200mm×24mm 活动扳手 2 把,勾扳手 1 把,0~200mm 游标卡尺 1 把,ϕ30mm×200mm 紫铜棒 1 把,剪刀 1 把,200mm 螺丝刀 1 把,油盆 1 个,10mm×10mm 填料若干,1000mm×1000mm 青稞纸 2kg,钙基脂 2kg,汽油适量,抹布若干。

3. 人员

1 人操作,持证上岗,劳动保护用品穿戴齐全。

(二)操作规程

1. 装配前准备工作

清洗检查所有配件,确认合格后方可进行装配,用游标卡尺测量口环内径和叶轮止口外径尺寸,确定配合间隙,其标准为 0.3 ~ 0.5mm。

2. 装配顺序

(1)将键和叶轮装在轴上,叶轮叶片方向和泵旋转方向相反,不得装错。

（2）将轴套装在轴上，并用勾头扳手锁紧螺母，将轴套、叶轮固定在轴上。

（3）把口环套在叶轮止口上，将填料座、水封环、填料压盖、轴承压盖、挡水圈套在轴上。

（4）把轴承装在轴上，并用轴承锁紧螺母，把轴承固定在轴上（前正，后反扣）。

（5）把轴承加 2/3 油为宜，将轴承体装在轴承上并把加好青稞纸垫的轴承压盖，用螺栓紧固在轴承体上。

（6）把装好的转子放在泵体上，并把口环带键的边转到泵体槽内，把轴承体压盖用螺栓紧固在轴承体上，定位销孔要对准。

（7）在泵体与泵盖间加青壳纸涂油后，将泵盖盖上，将螺栓对角拧紧，加装填料，水封环前部填料在盖泵盖前装好，紧好填料压盖螺栓，防止偏磨，安装联轴器。安装填料时填料切口应成 30°或 45°，每圈接口错开 90°～120°，最后一圈接口朝下。

（三）技术要求

（1）叶轮与密封环的径向运转间隙应符合技术要求（0.25～0.45mm）。

（2）轴套应表面光洁，无残损，如磨损量超过原外径 2%应更换。

（3）检查轴承滚道有无麻坑，保持架磨损情况，轴承轴向间隙是否超过 0.15mm。

（4）安装泵盖螺栓时，应对角均匀拧螺母。

（四）注意事项

（1）清洗配件时，禁止附近有明火。

（2）测量完毕后，将测量用具收好。

（3）组装配件时，防止碰伤。

项目四　进行 DA 型离心泵大修

一、DA 型离心泵的性能

DA 型离心泵是单吸多级分段式离心泵，具有效率高、性能范围广、运转安全和平稳、噪声低、寿命长、安装维修方便等优点。

二、DA 型离心泵的结构特点

单吸多级分段式离心泵进入口在出水段上呈水平方向，出口在出口水段上垂直向上，供吸送清水及物理化学性质类似于水的液体之用。单吸多级分段式离心泵是理想的矿山排水设备，同时适合石油、化工、冶金以及工厂、城市给排之用。

为了保持离心泵高效稳定的工作状态，离心泵必须经常维修，维修的项目和每次维修间隔时间取决于离心泵的工作条件和离心泵的运行状况。

三、水泵汽蚀

GBC007 水泵汽蚀的原因

（一）水泵汽蚀的原因

液体汽化、凝结，形成高压、冲击、高温高频冲击负荷，造成金属材料的机械剥裂与电化学腐蚀破坏的综合现象称为汽蚀。

离心泵汽蚀主要是由于泵体的结构设计、输送介质的影响、启泵时操作不规范。传输泵的液体温度过高时,叶轮流道设计的不完善,也是导致水泵产生汽蚀的主要原因。由于叶轮流道中流速重新分布而造成局部压力降低,主要是长期工作在低压大排量下造成流体断流,也会产生汽蚀。

GBC008 水泵汽蚀的类型

(二)水泵汽蚀的类型

离心泵在工作时在叶轮入口处形成低于大气压力的低压区,当叶轮入口附近最低压力小于该处温度下被输送液体的饱和蒸汽压时液体便在叶轮入口处开始汽化而产生气泡。

汽蚀现象使得流道表面受到侵蚀破坏引发噪声、振动;在严重时出现断裂流动,形成流道阻塞,造成水泵性能的下降。汽蚀按其发生部位可分为叶面汽蚀、间隙汽蚀、粗糙汽蚀。主要原因由于叶轮中液体某部分压力降低的结果,当传输泵的液体温度(太高)或蒸汽压力太高也是产生汽蚀的主要原因之一。产生汽蚀的原因和进口管路太长或拐弯太多,造成阻力太(大)有关。

GBC009 水泵汽蚀的危害

(三)水泵汽蚀的危害

水泵功率越大,噪声和振动就越大。强烈的振动会使机房结构、机组零件遭受破坏,严重时可听到泵内有噼噼啪啪响声。水泵产生汽蚀,首先会对叶轮的叶片前后盖板产生蜂窝状的点蚀或沟槽状的金属剥蚀,甚至将叶片完全穿透,使叶轮报废。发展到一定程度时,气泡占据一定的槽道面积,水泵的扬程、功率、效率开始急剧下降,最后水泵停止出水。严重影响泵的流量、效率降低。

GBC010 水泵汽蚀的预防

(四)水泵汽蚀的预防

引起离心泵发生汽蚀现象是由泵本身的汽蚀性能和最大安装高度的特性等共同决定。水泵决不允许在没有流量与低流量的情况下长时间运转,是因为动能转换热能发生汽蚀而损坏设备。适当加大叶轮入口处的直径和叶片进口的过流面积可达到减小泵的必需汽蚀余量的目的。

水泵汽蚀的预防措施有保持水泵稳定运行;采用耐汽蚀材料和涂料;确定水泵允许吸上真空高度的安装高度;合理设计叶轮流道和提高铸造精度;改善进口条件,如改进和合理设计流量;改进叶轮材质和进行流道表面喷镀。

GBE003 多级离心泵的检修

四、多级离心泵的检修

多级离心给水泵安装时,第一级叶轮出口与导叶轮间隙应大于第二级的间隙,依次下去是考虑到运行时的转子和静止部件相对热膨胀,其安装质量应满足如下基本要求:稳定性、整体性、位置与标高要准确、对中与整平。组装时首级叶轮与挡套轴肩不能脱离接触而出现间隙。在泵体组装完毕并将拉紧螺栓全部拧紧后,不装轴承及轴封,也不装平衡盘,而用专用套代替平衡盘套装在轴上,并上好轴套螺帽,此时即可开始测量总窜动量。离心泵在遇到突然发生剧烈振动、突然不出液、泵内发生异常声音时,应紧急停车处理。

(一)解体时

(1)拆止推轴承前应利用百分表测量出平衡盘间隙,并做好记录。

(2)多级泵解体时必须将各零件按原装配顺序做好记号,以免回装时混乱、装错。

(3)不便于做记号的小件(比如键)可与同级的叶轮或导叶(中段)等放在一起。

（4）解体时可直观感觉一下是否有不正常的零件，例如，配合松动等。

（二）零件检修

（1）目测各零件表面是否正常，各配合面必须无磕碰、无划伤、无锈蚀等。

（2）用量具实测关键配合部位公差是否合格。

（3）量叶轮密封环、壳体密封环、导叶密封环、级间轴套等处的间隙是否在允差范围内，磨损过大的需要更换。

（4）检查轴承是否完好。

（5）所有密封圈、密封垫好都要换为新的。

（三）回装

（1）先将转子装好，重新进行动平衡试验。

（2）按拆泵的相反顺序回装各零件，回装时注意再次量各密封环处间隙值，确保无误。

（3）装平衡盘之前应测量转子总串量。

（4）装上平衡盘后，测量转子半串量。

（5）与制造厂总装配图上要求的总串量及半串量对照，应基本符合图纸要求。一般情况下半串量大约是总串量的一半左右。

（6）均匀地紧好各主螺栓，注意应对角进行。

（7）在轴上吸一块百分表，旋转轴对平衡盘进行打表，允差按图纸要求，一般不得超过 0.06。

（8）装止推轴承时应注意调整平衡盘的间隙，应利用轴承前的调整环将平衡盘间隙调整至图纸要求。

GBE007　深井泵的检修要求

五、深井泵的检修

检修深井泵的目的是为了及时查出深井泵各部件存在的毛病及缺陷，并加以修理和更换以保证下井后深井泵能正常生产。

深井泵检修的内容是：

（1）清洗深井泵各零件、部件。

（2）检查深井泵游动阀和固定阀严密程度，并且用凡尔砂研磨阀球和阀座。

（3）检查工作筒的同心度；检查活塞表面光滑程度和尺寸垂直度；检查衬套尺寸，表面光滑程度及两者相互配合的严密程度。

（4）组装衬套及各部件。

（5）做泵的耐压试验并检查漏失量。

（6）经上述工作后，达到下井要求者，填写合格证。

GBE008　潜水泵的检修要求

六、潜水泵的检修要求

潜水泵是将泵和电动机制成一体，浸入水井进行提升和输送水的一种泵。潜水泵由电动机、泵工作部分和扬水管三部分组成，电源通过附在扬水管上的防水电缆送到浸在水中的电动机，用 500V 兆欧表测量其绝缘电阻不小于 $0.5M\Omega$ 为合格，同型号的潜水泵扬程管的内径也应符合规定要求。经泵输送的水由上部扬水管送到地面上,潜水泵根据不同的扬程可选用不同的级数,基本结构和普通深井泵相似。潜水泵电动机灌水后用潜水泵下入深度在动水位以下 10m 左右为宜。

潜水泵发生故障后,根据故障情况进行修理:

(1)检修前切断电源,做好潜水泵及管路的泄压等工作后方可移交检修人员进行检修,不具备施工条件时不得强行检修。

(2)在检修中零部件的拆装应按照规定顺序进行,尽量使用专用工具。

(3)检修过程中,零部件在拆卸后和装配前都必须按要求对检修部位及关键进行测量,如实填写检修记录,经过检修的各个零部件配合尺寸达到允许范围内。

(4)拆卸时,各零件的相对位置和方向要做好标记,摆放整齐有序,以免回装中出现漏装、错位、倒向等错误。

(5)装配间隙很小的零件,拆卸中不得左右摆动,以防止碰坏零件。

(6)在分离两相连零件时,若钻有丝孔,应借助顶丝拆卸。

GBE006 DA型
离心泵的大修
要求

七、DA 型多级离心泵的拆卸及装配

(一)DA 型多级离心泵拆卸的目的

拆卸是检修的必要手段,可以查找故障原因,检查、修理或更换已经损坏或达到使用期限的零件。

(二)DA 多级离心泵拆卸前的准备

(1)查阅有关技术资料及上一次的大修、中修记录,向操作工询问泵的运转情况。

(2)切断电源,确保检修时的安全。

(3)切断输送介质。

(4)准备好工具、量具及相应的起重设备。

(三)检修拆卸的步骤

(1)拧下两个轴承体下方的螺栓,放出轴承体内的润滑油。

(2)拧下泵下部的放水螺栓(每段一个)放空泵内积水,拆下联轴器、回水管及水封管。

(3)从进水段和尾盖上拆下轴承部件,拆下两边的挡水圈、填料压盖、填料和填料环。

(4)从出水段上拆下尾盖,拧下两边的轴套、螺母,拆下轴套,卸下平衡盘。

(5)拆下拉紧螺栓,卸下出水段,然后逐级退出叶轮键、中段和叶轮挡套,一直拆到进水段。

(6)从中段上拆下导叶,从导叶上拆下导叶套。

(7)从后段上拆下出水导叶、平衡环和平衡盘。

(8)从进水段和中段上拆下密封环。

(四)检查情况

(1)将拆下的水泵零部件、螺栓按拆下顺序摆放整齐。

(2)将零件用汽油清洗干净。

(3)根据其磨损或损坏程度把它们分成合格零件、需要修理的零件及不合格需要更换的零件三种。

（五）装配要求

（1）装配顺序基本上是按拆卸的逆顺序进行。

（2）多级泵装配时应注意调整叶轮和平衡盘在轴上的位置。

（六）技术要求

（1）DA 型离心泵每段下部有一个放水螺栓。先拧下两个轴承体下方的螺栓，放出轴承体内润滑油。

（2）拆卸下来的各个零部件按顺序摆放整齐，用汽油清洗干净，测量各个零部件，磨损与汽蚀不能超过标准。

（七）注意事项

（1）拆下的零部件按次序摆放整齐，下面用木板或胶板衬垫，外形尺寸相同的零件如叶轮、中段、键等要用钢字打印编号，各种螺栓、螺母拆下时原样匹配好，摆放要整齐。

（2）拆卸过程中需要敲击时必须使用铜棒、铜锤或橡皮榔头，防止损坏零部件的配合面。对有汽油的施工场所，要特别注意金属相互撞击产生火花，而引起火灾事故。

（3）在使用各种拉力器时，要使拉爪、拉杆均匀受力，以防止发生脱落或损坏零件。

（4）靠背轮的拆卸要用专用拉力器，禁止使用大锤猛打，否则可能损坏对轮，并容易使轴弯曲。

（5）拆卸叶轮、中段时要在泵轴悬臂端增设一个临时支撑点顶平，防止自重压弯泵轴。泵轴拆下后至少要有三个均布支撑点放平垫好，长期不用的轴要竖直吊装保存，以防弯曲。螺纹部分要涂上黄油用布包好。

（6）起重时要有专人指挥，前后段摆放要稳固。施工中要精力集中，相互照应，以防发生人身事故。

项目五　测量与调整滑动轴承间隙

一、相关知识

（一）轴承间隙的测量方法

GBE012　轴承间隙的测量方法

1. 塞尺检测法

对于直径较大的轴承座，间隙较大，宜用较窄的塞尺直接检测。对于直径较小的轴承座，间隙较小，不便用塞尺测量，但轴承座的侧隙，必须用厚度适当的塞尺测量。

2. 压铅检测法

用压铅法检测轴承座间隙，检测所用的铅丝应当柔软，直径不宜太大或太小，最理想的直径为间隙的 1.5~2 倍，实际工作中通常用软铅丝进行检测。检测时，先把轴承座盖打开，选用适当直径的铅丝，将其截成 15~40mm 长的小段，放在轴颈上及上、下轴承座分界面处，盖上轴承座盖，按规定扭矩拧紧固定螺栓，然后在拧松螺栓，取下轴承座盖，用千分尺检测压扁的铅丝厚度，求出轴承座顶间隙的平均值。若顶隙太小，可在上、下瓦结合面上加垫。若太大，则减垫、刮研或重新浇瓦。轴瓦紧力的调整：为了防止轴瓦在工作过程中可能发生的转动和轴向移动,除了配合过盈和止动零件外,轴瓦还必须用轴承座盖来压紧,测量方法与测顶隙方法一样,测出软铅丝厚度外,可用计算出轴瓦紧力(用轴瓦压缩后的弹性变形量来表示),一般轴瓦压紧力在 0.02~0.04mm。如果压紧力不符合标准,则可用增减轴承座与轴承座座接合面处的垫片厚度的方法来调整,瓦背不许加垫。滑动轴承座除了要保证径向间隙以外,还应该保证轴向间隙。检测轴向间隙时,将轴移至一个极端位置,然后用塞尺或百分表测量轴从一个极端位置至另一个极端位置的窜动量即轴向间隙。当滑动轴承座的间隙不符合规定时,应进行调整。对开式轴承座经常采用垫片调整径向间隙(顶间隙)。轴与轴瓦顶部间隙的检修标准见表 4-3-2。

表 4-3-2　轴与轴瓦顶部间隙的检修标准

轴径,mm	<1500,r/min 间隙,mm	>1500,r/min 间隙,mm
30~50	0.075~0.160	0.17~0.34
50~80	0.095~0.195	0.20~0.40
80~120	0.120~0.235	0.23~0.46
120~180	0.150~0.285	0.26~0.53
180~260	0.180~0.330	0.30~0.70

GBE013 滚动轴承内、外径的表示方法

(二)滚动轴承内径、外径、宽度、类型的表示方法

1. 内径代号

从型号上直观的可以判断出轴承的尺寸。轴承基本代号有三个数字组成的、四个数字组成的、五个数字组成的、有斜杠的等。

(1)三个数字组成的:从右往左数,第一个数字表示内径的尺寸,数字是几内径就是几毫米。例如,608 轴承的内径就是 8mm。

(2)四个数字和五个数字组成的:从右往左数,前两个数字是内径代号。其中:00 表示轴承的内径是 10mm,01 表示轴承的内径是 12mm,02 表示轴承的内径是 15mm,03 表示轴承的内径是 17mm。04 以上(包含 04)内径尺寸等于从右往左数,前两个数字乘以五。例如,6201 的内径尺寸是 12mm,6204 的轴承内径是:20mm。

(3)轴承型号内有斜杠的,斜杠右侧的数字就是内径的尺寸。例如,NK20/16 的内径是 16mm,230/500 轴承的内径尺寸是 500mm。

2. 外径代号

从轴承的型号上只能判断出系列,具体参数需要查询手册。

3. 宽度代号

和外径的系列代号情况基本相同,也需要查询手册。轴承型号从右往左数第四个数,是宽度代号。例如,21315 是"1"系列宽度,6205 是"0"系列宽度[实际是 6(0)205,宽度"0"省略了]。

4. 类型代号

从轴承上直观的可以判断出轴承的结构类型(主要是依滚动体的形状分类)。从左往右数第一个或第一个和第二个数字加在一起为类型代号。6 表示深沟球轴承;4

表示双列深沟球轴承;2 或 1 表示调心球轴承;基本型号共四个数字 0,表示双列调心球轴承。

例如,2205,标准型号应该是 02205,0 省略不写;1204,标准型号应该是 01204,0 省略不写。

21、22、23、24 表示调心滚子轴承;N 表示圆柱滚子轴承(包括短圆柱滚子和细长滚针的一部分);7 表示角接触球轴承;3 表示圆锥滚子轴承(公制);51、52、53 表示向心推力球轴承(基本型号共五个数字);81 表示推力短圆柱滚子轴承。

(三)滑动轴承与滚动轴承的区别

1. 滚动轴承

滚动轴承是指在滚动摩擦下工作的轴承。滚动轴承使用维护方便,工作可靠,启动性能好,在中等速度下承载能力较强。与滑动轴承比较,滚动轴承的径向尺寸较大,减振能力较差,高速时寿命低,声响较大。滚动轴承中的向心轴承(主要承受径向力)通常由内圈、外圈、滚动体和滚动体保持架 4 部分组成。滚动体通常采用强度高、耐磨性好的滚动轴承钢制造,淬火后表面硬度应达到 HRC60~65。保持架多用软钢冲压制成,也可以采用铜合金夹布胶木或塑料等制造。

滚动轴承的优点如下:

(1)一般条件下,滚动轴承的效率和液体动力润滑轴承相当,但较混合润滑轴承要高一些。

(2)消耗润滑剂少,便于密封,易于维护。

(3)对于同尺寸的轴径,滚动轴承的宽度比滑动轴承小,可使机器的轴向结构紧凑。

(4)大多数滚动轴承能同时受径向和轴向荷载,故轴承组合结构简单。

(5)径向游隙比较小,向心角接触轴承可用预紧可用预紧力消除游隙,运转精度高。

(6)不需要使用有色金属制造。

(7)标准化程度高,成批生产,成本低。

滚动轴承的缺点如下:

(1)振动及噪声较大。

(2)高速重载荷载下轴承寿命较低。

(3)承受冲击荷载能力。

(4)径向尺寸比滑动轴承。

2. 滑动轴承

滑动轴承是在滑动摩擦下工作的轴承。滑动轴承工作平稳、可靠、无噪声。滑动轴承工作时,轴瓦与转轴之间要求有一层很薄的油膜起润滑作用。如果润滑不良,轴瓦与转轴之间就存在直接的摩擦,摩擦会产生很高的温度,虽然轴瓦是由特殊的耐高温合金材料制成的,但发生直接摩擦产生的高温仍然足于将轴瓦烧坏。轴瓦还可能由于负荷过大、温度过高、润滑油存在杂质或黏度异常等因素造成烧瓦。烧瓦后滑动轴承损坏,需及时更换,否则对轴的损伤是非常大的。在滑动轴承中,轴被轴承支撑的部分称为轴颈,与轴颈相配的零件称为轴瓦,为了改善轴瓦表面的磨损而在其内表面上浇铸的减摩材料层称为轴承衬。轴瓦和轴承衬的材料统称为滑动轴承材料。

轴承合金(又称巴氏合金或白合金)、耐磨铸铁、铜基和铝基合金、粉末冶金材料、塑料、橡胶、硬木和碳—石墨,聚四氟乙烯(特氟龙、PTFE)、改性聚甲醛(POM)等。

二、技能要求

(一)准备工作

1. 设备

D250-150×11 型高压注水离心泵 1 台。

2. 材料、工具

30~32mm 梅花扳手 1 把,300mm×36mm 活动扳手 1 把,$M10$mm 内六角扳手 1 把,200mm 螺丝刀 1 把,300mm 三角刮刀 1 把,0~25mm 外径千分尺 1 把(精度 0.01mm),100mm 塞尺 1 套,$\delta = 0.05$mm、0.10mm、0.20mm、0.30mm 紫铜皮各 2 小块,$\phi1.0$mm ~ $\phi1.5$mm 细铅丝 500mm,200mm×200mm 擦布 4 块,$\delta = 2$mm 耐油胶皮 1m^2。

3. 人员

1 人操作,持证上岗,劳动保护用品穿戴齐全。

(二)操作规程

(1)拆卸轴头压盖。

(2)用梅花扳手或活动扳手松开上瓦盖四条螺栓,取下上瓦盖和上瓦。

(3)取轴瓦宽度二分之一或三分之一长的细铅丝三段,分别放在下轴瓦两侧和轴顶部。

(4)放好上瓦和上瓦盖,用扳手将上瓦盖的四条螺栓,对称用力均匀的紧固牢。

(5)松开上瓦盖四条螺栓,取下上瓦盖和上瓦盖压扁的铅丝,用 0~25mm 外径千分尺,测量其厚度尺寸,并做好记录,轴顶上的铅丝厚度减去轴瓦两侧铅丝厚度平均值得的差即为该轴瓦的顶部空间(标准:顶部间隙为 $2d/1000$,其中 d 为轴径尺寸)。

(6)用塞尺测量轴瓦两侧的间隙,每侧测 3 点,塞尺深度为 20~30mm,测出的值即为轴瓦侧面间隙值(标准:侧向间隙为顶间隙的二分之一左右)。

(7)调整。

① 顶部间隙的调整:若顶部间隙小于标准规定,可用紫铜皮在瓦口加垫片的方法进行调整,或用刮下瓦的方法调整,若顶部间隙大于标准规定,可减少瓦口垫片的方法进行调整,如无垫片可根据需要重新挂瓦或换新瓦。

② 侧部间隙的调整:松开瓦架螺栓,用瓦架两侧的顶丝进行调整,左边间隙大松开右边顶丝紧左边顶丝,右边间隙大松开左边顶丝,固定好顶丝。

(8)组装好轴瓦,上好轴头压盖。

(三)技术要求

(1)测量轴上瓦顶部时,铅丝位置要正确。

(2)选用铅丝直径是规定间隙的 1.5 倍。

(3)要会正确计算间隙。

(四)注意事项

(1)测量方法要正确、数据要准确。

(2)拧紧瓦盖四条螺栓时,一定要对角均匀,用力拧紧。

（3）用外径千分尺测量压扁的铅丝时，先将千分尺的测量砧座，测量杆头擦干净，校对好，再进行测量压扁的铅丝，旋转微测量尺时，不能用力过大。

项目六 检查与验收管道安装的质量

一、相关知识

（一）管道常用防腐蚀涂料

GBD010 管道
常用防腐蚀涂料

防腐蚀涂料是底漆至面漆的配套系统，要求附着力良好，基体表面与底漆和面漆结合牢，层间结合力好，有一定的物理力学性能，化学性能要稳定，不被水、酸、碱、盐、空气等溶解、溶胀、分解，对水和氧渗透性小，不发生有害的化学反应。

1. 环氧树脂防腐蚀涂料

环氧防腐蚀涂料是以环氧树脂为主要的成膜物质，环氧树脂具有极好的附着力、优异的耐腐蚀性能、良好的力学性能、高度的稳定性和良好的绝缘性等特性。

对环氧树脂进行改性，可获得高性能的防腐蚀涂料，例如，环氧酚醛防腐蚀涂料、环氧酚醛防腐蚀涂料系列、环氧呋喃改性防腐蚀涂料、环氧煤沥青防腐蚀涂料等。

2. 氯磺化聚乙烯涂料

氯磺化聚乙烯涂料性能优异，使用寿命长达 10 年，具有如下特点：（1）附着力强，干燥快，施工方便，具有高度饱和结构；（2）防紫外线照射；（3）耐酸碱、耐溶剂、耐水性能好；（4）耐寒性、耐温性好；（5）抗臭氧、耐老化；（6）具有弹性，抗冲抗磨；（7）防盐雾、防霉菌。

3. 聚氨酯防腐蚀涂料

聚氨酯涂料是聚氨基甲酸酯涂料的简称，是以聚氨基甲酸酯树脂为主要成膜物的涂料，具有良好的耐腐蚀性、耐油性、耐磨性和涂膜韧性，附着力强，最高耐热温度可达 $155℃$。

4. 富锌涂料

富锌涂料包括无机富锌涂料和有机富锌涂料，对钢铁具有电化学保护作用，防锈性能优良，耐海水、耐油、耐盐类、耐大气腐蚀，导电性好，不影响焊接施工。无机富锌涂料可长期在 $400℃$ 以上高温环境中使用，有机富锌涂料可作为重防腐涂料的底漆。

（二）管路效率的提高方法

GBF008 管路
效率的提高方法

在一定流量下影响管路效率的因素有管路的形状、管道的长短、管径。如果在水泵的进口接弯头或闸阀，并在运行中部分开启，会使水泵进口处的压力、流速分布不均匀。为提高管路效率，在选择管径时应根据经济流速选择管径，管路效率大致与管道直径的 5 次方成正比，在设计时应根据经济流速选定管径。

从流体力学可知，当管内介质流速越大，则阻力越大；当流速越小时，虽然流动阻力小了，对于同样的流量所需要的管径却大了，造成设备成本的升高。考虑到这两条因素，一个合理的流速称为经济流速，根据流量选择管径就是依靠经济流速计算得出的。

GBF006 管道的验收要求

（三）管道的验收要求

供水管道是日常生活中经常用到的，属于管件的一种。

通过返修或加固处理仍不能满足结构安全或使用功能要求的分部（子分部）工程、单位（子单位）工程，严禁验收。管材、管件使用前应进行外观检查无裂纹、重皮等缺陷、夹渣。钢管焊缝的宽度应焊出坡口边缘1~2mm。验收钢管为法兰接口，法兰接口埋入土中时应采取防潮措施。钢直管管段两相邻环向焊缝的间距不应小于200mm。给排水管道钢管的对接焊口多为K形坡口。给排水管道工程质量验收不合格时，经返工重做或更换管节、管件、管道设备等的验收批可不进行再次验收。

GBF007 管道耐压试验的技术要求

（四）管道耐压试验的技术要求

当管道与设备作为一个系统进行试验，管道的试验压力等于或小于设备的试验压力时，应按管道的试验压力进行试验。当管道的试验压力大于设备的试验压力，且设备的试验压力不低于管道压力1.15倍时，经建设单位同意，可按设备的试验压力进行试验。

管道耐压试验工艺流程：

（1）准备工作、试验前的检验工作、强度试验及中间检查、严密性试验及中间检查。

（2）泄漏量试验或真空试验、拆除盲板、临时管道及压力表并将管道复位、填写试压记录。

管道耐压试验的技术要求如下：

（1）管道水压试验所用压力表需经校验合格，其精度不得低于1.5级，表的刻满度值应为被测最大压力的1.5~2倍。

（2）水压试验压力表应装在最低点和最高至少各一块，压力表指示盘应被操作人员和检查人员看到。

（3）管线水压试验时，排气阀应设置在受压的管线最高位置，且应排尽管内的空气。

（4）管线水压试验时，排水阀应设置在管线的最低位置，且应排尽管内的废水。

（5）供水钢管强度试验压力为设计压力的1.5倍。

（6）真空系统在压力试验合格后，还应按设计文件规定进行8h真空试验，增压率不大于5%。

（7）在试压过程中，质检员对所有焊缝及连接处目视检查，确认是否渗漏。

（8）稳压过程中发现的渗漏部位应做出明显的标记并予以记录，待泄压后处理，具体要执行相关规范。

（9）试验合格后应缓慢泄压，排尽积液和气体。

GBD009 管道附属构筑物的验收要求

（五）管道附属构筑物的验收要求

（1）工程所用的管材、管道附件、构（配）件和主要原材料等产品进入施工现场时必须进行进场验收并妥善保管。

（2）进场验收时应检查每批产品的订购合同、质量合格证书、性能检验报告、使用说明书、进口产品的商检报告及证件等，并按国家有关标准规定进行复验，验收合格后方可使用。

（3）给排水管道工程所用的原材料、半成品、成品等产品的品种、规格、性能必须符合国家有关标准的规定和设计要求；接触饮用水的产品必须符合有关卫生要求。

（4）严禁使用国家明令淘汰、禁用的产品。

（5）承插式接口的管线,在弯管处、水管尽端的盖板上以及缩管处,须设置支墩以承受拉力和防止事故。

（6）当管线管径小于300mm或转弯角度小于10°,且水压力不超过980kPa时,因接口本身足以承受拉力,管线可不设支墩。

（7）管网中的附件一般应安装在集水井内。为了便于检修和施工,阀门井的井底到水管承口或法兰盘底的距离至少为0.1m。

（8）管道安装前,管沟沟底应夯实,沟内无障碍物,且应有防渗措施。

二、技能要求

（一）准备工作

1. 设备

供水管道设备2套。

2. 材料、工具

管道安装设计图2套(不同),水平仪1个,本1个,笔1支。

3. 人员

1人操作,持证上岗,劳动保护用品穿戴齐全。

（二）操作规程

（1）选择图纸与检查规格型号:根据设计图纸检查现场管网是否与设计相符。

（2）检查管线连接质量:检查管道的连接质量,管线接口应平滑无伤。

（3）检查管线的安装质量:检查管道安装坡度、标高、垂直度、纵横弯度成排管同面度做到横平竖直,坡度符合设计要求。

（4）检查各部件的加工质量和安装质量:检查各部件的加工质量和安装质量,如阀门、管件、法兰等,安装尺寸应符合设计要求。

（5）检查支、托架:检查支托架,焊接应牢固,支设部位和数量符合设计要求。

（6）管道的除锈、防腐、涂漆质量:检查管道的除锈、防腐是否达到等级要求及涂漆质量。

（三）技术要求

（1）根据设计图纸检查现场管网是否与设计相符。

（2）正确使用量具。

（四）注意事项

如操作违章或未按操作程序进行操作,将停止考核。

模块四　使用仪表、工用具

项目一　使用百分表测量泵轴的径向跳动

GBG003 百分表的结构

一、相关知识

（一）百分表的结构

百分表和千分表,都是用来校正零件或夹具的安装位置、检验零件的形状精度或相互位置精度的,百分表由表体部分、传动系统、读数装置部分组成(图4-4-1)。百分表表体的结构(主要零部件)主要包括测量杆、指针、表壳、刻度盘、测量头等。百分表的最小读数值为 0.01mm。百分表的测量杆运动方向及形式为直线移动。百分表常用于形状误差、位置误差、小位移的长度测量,它只能测出相对数值,不能测出绝对值。主要用于检测工件的形状和位置误差(圆度、平面度、垂直度、跳动等),也可用于校正零件的安装位置以及测量零件的内径等。

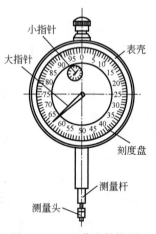

图 4-4-1　百分表结构图

GBG004 百分表的使用方法

（二）百分表的使用方法及读数方法

1.百分表的使用方法

百分表使用前,应检查测量杆活动的灵活性,即轻轻推动测量杆时,测量杆在套筒内的移动要灵活,没有如何轧卡现象,每次手松开后,指针能回到原来的刻度位置。使用时,百分表常装在表架上使用测量平面时,百分表的测量杆要与平面垂直。切不可贪图省事,随便夹在不稳固的地方,否则容易造成测量结果不准确,或摔坏百分表。

用百分表测量偏心距较大的工件时,需把工件放在 V 形铁上间接测量偏心距。百分表测量时,不要使测量杆的行程超过它的测量范围,不要使表头突然撞到工件上,也不要用百分表测量表面粗糙度大、有显著凹凸不平的工件。百分表测量平面时,百分表的测量杆要与平面垂直,测量圆柱形工件时,测量杆要与工件的中心线垂直,否则,将使测量杆活动不灵、测量结果不准确。用手转动百分表表圈时,表盘也跟着转动,可使指针对准任一刻线。百分表测量杆是沿着表圈上下移动的,套筒可作为安装百分表用。为方便读数,在测量前一般都让大指针指到刻度盘的零位。

2.百分表的读数方法

百分表的读数方法为:先读小指针转过的刻度线(即 mm 整数),再读大指针转过的刻度线(即小数部分),并乘以 0.01,然后两者相加,即得到所测量的数值,它的原理是:

当测量杆向上或向下移动 1mm 时,通过齿轮传动系统带动大指针每转一圈,小指针转一格。刻度盘在圆周上有 100 个等分格,各格的读数值为 0.01mm。小指针每格读数为 1mm。测量时指针读数的变动量即为尺寸变化量。刻度盘可以转动,以便测量时大指针对准零刻线。

(三)千分表的结构

千分表主要由表体部分、传动系统、读数装置部件组成。千分表的最小读数值为 0.001mm。百分表和千分表按其制造精度,可分为 0 级、1 级和 2 级三种。千分表的工作原理是将被测尺寸引起的测杆微小直线移动,经过齿轮传动放大,变为指计在刻度盘上的转动,从而读出被测尺寸的大小。千分表不用时,应使测量杆处于自由状态,以免使表内弹簧失效。

杠杆千分表适用于测量工件几何形状、相互位置正确性,并可用于对小尺寸工件用绝对法进行测量和对大尺寸工件用相对法进行测量。

百分表和千分表的结构原理没有什么大的不同,车间里经常使用的是百分表。千分表已实施出口产品质量许可制度,未取得出口质量许可证的产品不准出口。

杠杆千分表适用于测量工件几何形状和相互位置正确性,并可用于对小尺寸工件用绝对法进行测量和对大尺寸工件用相对法进行测量。

(四)千分表的使用方法

千分表的使用方法如下:

(1)清洁千分表的表身。使用千分表测量和校正工件前应检查测量杆活动的灵活度,调整零位。用千分表校正或测量零件时,应当使测量杆有一定的初始测力。

(2)然后将千分表校对零线。校准好的千分表,当测头、测微螺杆与工件接触后,可动刻度上的零线与固定刻度上的水平横线应该是对齐的。

(3)将被测件放到两工作面之间,调微分筒,使工作面快接触到被测件后,调测力装置,直到听到三声"咔、咔、咔"时停止。应用千分表时应使用规定的支架,测头要轻轻地接触测量物;测量圆柱形产品时,测杆轴线与产品直径方向一致。当使用千分表进行轴测的时候,就是以指针摆动最大数字为读数。

二、技能要求

(一)准备工作

1. 场地设施

1000mm×1500mm 水平工作台 1 个。

2. 材料、工具

泵轴放置架 1 副,0~10mm 百分表及表架 1 套,V 形铁 1 副,ϕ50mm×1200mm 泵轴 1 根(可自选),润滑脂钙基 2kg,150 目细纱布 2 张,汽油 2kg,擦布 2 块,记录表、笔 1 套。

3. 人员

1 人操作,持证上岗,劳动保护用品穿戴齐全。

（二）操作规程

1. 架好泵轴

（1）清洗干净泵轴，先把泵轴架在 V 形铁上，在 V 形铁的 V 形槽中垫好铁皮，再加少许润滑脂，支撑在轴承位置为宜。

（2）将轴按承受力部位，即叶轮、轴承处位置分 3 个测点，轴头按 0°、90°、180°、270°分成四等份，并画上标记。

2. 架好百分表并进行测量

（1）检查百分表，擦净表盘及测量头，拉动表杆检查百分表灵敏度和表杆有无发卡现象。把百分表装在表架上。

（2）移动百分表使百分表测量头与轴上某一点垂直接触，下压量为 1～2mm，转动表盘大针调"0"位。

（3）记下 0 度点数值后，将泵顺时针旋转 90°、180°、270°对百分表上的读数，注意大针正负方向，表针顺时针旋转读正值，若逆时针旋转读负值。

（4）按 0°、90°、180°、270°方位缓慢转动泵轴，将百分表反映的数值记录在记录表中，用同样的方法测出其他各点的值，做好记录（测中间和两端三个点即可）。

3. 计算最大弯曲度值

（1）将 0°+180°、90°+270°所得数值分别记录在表格中，再选 0°+180°、90°+270°值中的最大值，记录在表中极值一栏内。

（2）在极值一栏的三点中最大值的一点即为轴的最大弯曲度点。如果此值为"+"说明轴向 180°（或 270°）方向弯曲，如果此值为"–"说明轴向 0°（或 90°）方向弯曲；轴最大弯曲度不大于 0.03mm 为合格。

（3）擦洗泵轴并涂油脂放在泵轴得放置架上吊挂好。

（三）技术要求

（1）测量时，动作平稳，以免损坏量具。

（2）测量完毕后，将百分表擦净装入盒内。

（四）注意事项

（1）架好百分表时应避开键槽的位置，以免卡坏百分表测量杆和测量头。

（2）校正百分表指针是否归零，提拉测量杆时用力不要过大。

项目二　使用万用表测电阻

一、相关知识

（一）万用表的使用注意事项

（1）在使用万用表之前，应先进行"机械调零"，即在没有被测电量时，使万用表指针指在零电压或零电流的位置上。

（2）在使用万用表过程中，不能用手去接触表笔的金属部分，这样一方面可以保证测量的准确,另一方面也可以保证人身安全。

(3)在测量某一电量时,不能在测量的同时换挡,尤其是在测量高电压或大电流时,更应注意。否则,会使万用表毁坏。如需换挡,应先断开表笔,换挡后再测量。

(4)万用表在使用时,必须水平放置,以免造成误差。同时,还要注意到避免外界磁场对万用表的影响。

(5)万用表进行测量后使用完毕,应将转换开关挡位转倒交流电压最大挡或空挡。如果长期不使用,还应将万用表内部的电池取出来,以免电池腐蚀表内其他器件。

(二)万用表测量电阻方法

(1)使用前要先进行机械调零。

(2)测量电阻之前,选择适当的倍率挡后,首先将两表笔相碰进行欧姆调零,指针应指在零位,测量电阻时,最好不使用刻度左边三分之一的部分,这部分刻度精度很差。仪表的指针越靠近标度尺的中心部位,读数越准确。

(3)不能带电测量。

(4)被测电阻不能有并联支路。

(5)测量晶体管、电解电容等有极性元件的等效电阻时,必须注意两支笔的极性。

(6)用万用表不同倍率的欧姆挡测量非线性元件的等效电阻时,测出电阻值是不相同的。这是由于各挡位的中值电阻和满度电流各不相同所造成的,机械表中,一般倍率越小,测出的阻值越小。

(三)万用表测量电流或电压

(1)进行机械调零。

(2)选择合适的量程挡位,选择应根据测量的对象而定,如果被测量的对象无法估计,应将量程放在最高挡。

(3)使用万用表电流挡时,应将万用表串联在被测电路中,因为只有串连接才能使流过电流表的电流与被测支路电流相同。测量时,应断开被测支路,将万用表红、黑表笔串接在被断开的两点之间。特别应注意电流表不能并联接在被测电路中,这样做极易使万用表烧毁。

(4)测量直流电流或电压时注意被测电量极性。

(5)正确使用刻度和读数。

(6)当选取用直流电流的 2.5A 挡时,万用表红表笔应插在 2.5A 测量插孔内,量程开关可以置于直流电流挡的任意量程上。

(7)如果被测的直流电流大于 2.5A,则可将 2.5A 挡扩展为 5A 挡。方法为:使用者可以在"2.5A"插孔和黑表笔插孔之间接入一支 0.24Ω 的电阻,这样该挡位就变成 5A 电流挡了。接入的 0.24Ω 电阻应选取用 2W 以上的线绕电阻,如果功率太小会烧毁万用表。

数字万用表是一种多用途的电子测量仪器,在电子线路等实际操作中有着重要的用途。它不仅可以测量电阻还可以测量电流、电压、电容、二极管、三极管等电子元件和电路。现在数字式的万用表已经是很普及的电工、电子测量工具了,它使用方便和准确性强,并不需要机械调零和欧姆调零。使用数字万用表测试两点之间电路通断时,当电阻值小于约 50Ω 时,蜂鸣器便会发出声响。

二、技能要求

(一)准备工作

1. 设备

30kΩ 电阻一个。

2. 材料、工具

指针式万用表 1 块,电工螺丝刀 1 把。

3. 人员

1 人操作,持证上岗,劳动保护用品穿戴齐全。

(二)操作规程

1. 检查仪表选择挡位

(1)检查仪表外观是否开裂破损、转换开关是否灵活、合格证是否齐全和是否在有效期内。

(2)测量前应先将红色表笔插入"+"端插孔,黑色表笔插入"−"端插孔(如测量交、直流电压 500V 以上应将红色表笔插入 2500V 端插孔),观察表针是否指在"0"位,如不在用螺丝刀调整机械零位调节器使表针指到"0"位,正确选择"Ω"挡位。

2. 测量电阻阻值

(1)根据被测电阻正确估测挡位,选择适当的量程,如无法判断应从"Ω"挡最大挡位开始试测。

(2)将转换开关转到"Ω"挡后首先进行欧姆调零,将两表笔短接,调节调零旋钮使表针指到"0"位,测量电阻时手指勿触及表笔金属部分,防止测量时出现误差。每次换挡后都应重新进行欧姆调零。

(3)指针达到满刻度的 2/3 位置时正确读值,所测得的读数乘以量程开关的倍数,即所测电阻值,准确记录。

3. 测后复位

测量后万用表转换开关旋至交流电压最大挡或"OFF"挡。

(三)技术要求

(1)测量过程中严禁转动任何挡位开关,避免转换开关时触头产生电弧损坏万用表。

(2)读取数值时,万用表指针应指在表盘 2/3 以上刻度才准确。

(3)测量完毕后应将转换开关转至交流电压最高挡或"OFF"挡,以免下次误操作损坏万用表。

(四)注意事项

(1)测量中不得用手触及表笔的金属体和被测物,以保证安全和测量结果的准确。

(2)严禁带电测量电阻,否则会烧坏万用表。

项目三　计算离心泵机组底脚垫片尺寸(直尺法)

一、相关知识

(一)联轴器的检修要求

GBF001　联轴器的检修要求

1.材料是否合格

联轴器检验时,首先应对照图纸的标题栏、工艺文件,检查零件所用的材料的规格、型号、状态等,合格后再进行尺寸检查。

2.检查联轴器的具体参数

对照主视图和其他视图检查联轴器的几何形状是否合格;检查个位置是否正确,如孔、槽等;检查表面粗糙度、表面质量。

3.检查联轴器尺寸精度

检查联轴器尺寸精度时,一定要对照图纸、工艺、技术条件进行。一般先检查先大体定位,然后测量直径、孔距等尺寸,把数据列入表格防止遗漏。

4.检查联轴器的形位误差

测量形位误差时,要注意测量基准,对于未标注形位公差的要素,检验人员视需要按照国标或企标准自行查找公差值,并进行测量。

5.联轴器拆卸与装配要求

(1)拆下联轴器时,不可直接用锤子敲击而应垫以铜棒,且应敲击联轴器轮毂处而不能敲击联轴器外缘,因为此处极易损坏。联轴器与轴配合有较大的过盈,所以拆卸时必须对联轴器进行加热。

(2)装配联轴器时,若用铜棒敲击时,必须注意敲击的部位。例如,敲击轴孔处端面时,容易引起轴孔缩小,以致轴穿不过去;敲击对轮外缘处,则易破坏端面的平直度,在以后用塞尺找正时将影响测量的准确度。对过盈量较大的联轴器,则应加热后再装。

(3)联轴器销子、螺帽、垫圈及胶垫等必须保证其各自的规格、大小一致,以免影响联轴器的动平衡。联轴器螺栓及对应的联轴器销孔上应做好相应的标记,以防错装。

(4)联轴器与轴的配合一般均采用过渡配合,既可能出现少量过盈,也可能出现少量间隙,对轮毂较长的联轴器,可采用较松的过渡配合,因其轴孔较长,由于表面加工粗糙不平,在组装后自然会产生部分过盈。

(5)测量两转子的对轮要同心,使两对轮的端面要平行。联轴器安装合格后达到的技术标准是径向偏差为0.06mm、轴向偏差为0.06mm、轴端面间隙为4~6mm。

GBF002　水泵安装高度的确定

(二)水泵安装高度的确定

水泵的安装高度是指水泵的安装基准面相对于进水池水面的距离。一般用进水池水位加上$H_{吸}$或减去淹没深度$H_{淹}$获得。管路布置时尽可能减小管路水头损失$\sum h_s$,使得水泵进口处设计汽蚀余量尽可能大一些。若出现汽蚀现象,可采取减小流量的措施,提高实际汽蚀余量,防止发生汽蚀。离心泵的吸水性能通常用允许吸上真空度H_s来衡量,值越大,说明吸水泵的吸水性能越好,抗汽蚀性能越好。

离心泵的安装高度可以根据允许吸上真空度、汽蚀余量计算。水泵的最大安装高度计算公式为:

$$H_{ss}=[H_s]'-v^2/2g-\sum h_s \tag{4-4-1}$$

$$[H_s]'=[H_s]-(10.33-H_a)-(H_{va}-0.24) \tag{4-4-2}$$

式中　$[H_s]'$——修正后的水泵允许吸上真空高度,mm;

　　　　H_{va}——总汽蚀余量,mm。

水泵安装高度不能超过计算值,否则水泵将会抽不上水来,另外影响计算值的大小是吸水管道的阻力损失扬程,因此宜采用最短的管路、尽量少装弯头的配件、选适当大一些口径的水管。

（三）离心泵机组的安装要求

GBF003　离心泵机组的安装要求

水泵机组在安装时应将泵与电动机底座放在表面平整的混凝土基础上,地脚螺栓在基础的预留孔中与其孔壁距离须大于 15mm,加好垫圈戴上螺母,杆露出螺母 3~5 个螺距。水泵机组安装程序是:

（1）先进行水泵的安装。认真调整各叶轮间的轴向距离,确保叶轮出口位置位于导叶进口宽度范围以内,并应同预组装时的标志基本相符。

（2）水泵泵体与进水法兰的安装:其中心线允许偏差为 5mm。水泵吸水管路的接口必须严密,不能出现任何漏气、漏水现象。

（3）联轴器安装时,同心度应在标准范围内。

GBF004　离心泵吸水管路和压水管路流程安装的要求

（四）离心泵吸水管路和压水管路的布置与要求

吸水管路和压水管路是离心泵工作系统的重要组成部分。正确设计、合理布置与安装吸水、压水管路,对于保证水泵的安全运行,节省投资,减少电耗都有重要关系。

1. 吸水管路的布置与要求

吸水管路常处于负压状态下工作,进出水管道中心线要与离心泵同轴心线,以减少产生汽蚀。输送管路应尽量减少弯头以减少能量损失,因此,要求吸水管路不漏气,不产生气囊,否则会使水泵的工作发生故障,轻则减少水泵的出水量,严重时则吸不上水。离心泵进口管径应大于出口管径。离心泵吸水管与水泵连接处应使用偏心渐缩管。吸水管路一般采用钢管,接口采用焊接或法兰盘连接,优点是钢管强度高,重量轻,损坏后易于修复。但埋于土中的钢管应做防腐层。

布置吸水管路时,如有条件,每台水泵宜设置单独的吸水管路,直接从吸水井或清水池中吸水。并且做到管路短、管件和附件少,水流条件好,水头损失小,提高吸水管路效率,有利于降低造价和运转费。尽可能地将进水、出水（阀门）分别布置在一条轴线上。每台水泵能输至任何一条输水管线。为保证水泵正常工作,在吸水管路上应设有必要的管件和附件如闸阀、渐缩管、弯头和进水口等,这些闸门起维护保养及检修、调节负荷作用。

2. 压水管路的布置与要求

离心泵管路离心泵出口处安装逆止阀,防止机泵突然停止后倒转。进出口都应安装控制阀门,以利于调节负荷和检修机泵。在给水泵站设计中,压水管路的布置和敷设也非常重要。例如,二级泵站的压水管路与城市管网相通,承受工作压力较大（尤其发生水锤时）,有时在泵站内压水管路上的薄弱处发生漏水事故,严重时泵房被淹、设备受损。所以要求压水管路坚固而不漏水,常采用钢管,并尽量采用焊接接口,必要处的接口采用法兰盘连接。为了安装和拆卸方便,避免管路上的应力(自重、温度应力或水锤作用力)传至水泵,在压水管路上设柔性接口、伸缩性接口或橡胶接头。

GBF005　离心泵机组的布置形式

(五)离心泵机组的布置形式

泵站内设备的布置应保证工作可靠,运行安全,装卸、维护和管理方便,应尽可能使管路短、管件少、水头损失小,并考虑泵站有扩建余地。机组的布置,一般常用的有以下几种形式:

(1)在水泵机组的布置形式中,各机组轴线平行单排并列,即为纵向排列形式,在机组的布置形式中,纵向排列适宜 IS 型机组。这类水泵进水口是沿泵轴方向进水,吸水管路可不设或少设弯头,改善水流条件,减少水头损失。

(2)在水泵机组布置形式中,各机组轴线呈一直线单行顺列,即为横向排列形式。在机组的布置形式中,横向排列适宜 SH 型机组,这种布置形式也较紧凑,泵房宽度可比第一种布置形式小。

(3)泵房内机组较多,两排水泵的进、出口位置彼此相反为横向双行排列布置形式。应该指出,这种布置形式,两排水泵的进、出口位置彼此相反,订货时设计单位应向厂方特别说明。

水泵机组布置应以保证运行安全、管道总长度最短、接头配件最小、装卸、维修和管理方便水头损失最小为原则。

GBH001　离心泵机组同心度的调整方法

(六)离心泵机组同心度的调整方法

泵和电动机联轴器的找正是安装、检修过程中重要的工作环节之一(图4-4-2)。

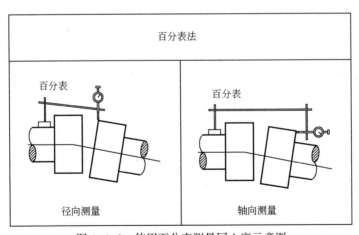

图4-4-2　使用百分表测量同心度示意图

(1)用对称两条螺栓将电动机和泵联轴器连在一起。

(2)将专用找正架固定在泵联轴器的脖颈处,同时装上两块百分表,一块百分表测量头与电动机联轴器径向面垂直接触,压入量为2mm左右,另一块百分表测量头与电动机联轴器轴向端面垂直接触,压入量为2mm左右。

(3)将联轴器直径分成0°、90°、180°、270°四等份,并用粉笔画上标记。

（4）用 F 扳手按水泵旋转方向转动联轴器,在记录表上分别记录下 0°、90°、180°、270° 四个方向,径向和轴向百分表的数值,注意百分表大针旋转方向以便确定正负值,若大针顺时针转动读正值,若大针逆时针转动读负值(表盘内红色数值)。

例如,已知测得径向读数为 $A_1 = 0$ mm, $A_2 = 1.90$ mm, $A_3 = 1.72$ mm, $A_4 = 1.82$ mm,端面读数为 $B_1 = 0$ mm, $B_2 = 2.55$ mm, $B_3 = -2.49$ mm, $B_4 = 2.45$ mm。

径向偏差的计算方法为:

上下偏差 = $B_1 - B_3 = 0 - (-2.49) = 2.49$ mm(上开口大)

左右偏差 = $B_2 - B_4 = 2.55 - 2.45 = 0.10$ mm(偏右)

轴向偏差的计算方法为:

① 轴向上下偏差为:

$$轴向上下偏差 = \frac{A_1 + A_3}{2} \qquad (4\text{-}4\text{-}3)$$

② 轴向左右偏差为:

$$轴向左右偏差 = \frac{A_2 + A_4}{2} \qquad (4\text{-}4\text{-}4)$$

将数值带入公式计算:

$$\frac{A_2 + A_4}{2} = \frac{1.90 + 1.82}{2} = 1.86 \text{mm(偏右)}$$

$$\frac{A_1 + A_3}{2} = \frac{0 + 1.72}{2} = 0.86 \text{mm}$$

根据径向上下、轴向左右偏差计算出的数值,合理选择垫片厚度,用百分表重新调整轴向、径向偏差使其达到标准。

二、技能要求

(一)准备工作

1. 设备

8SH-13 型离心泵机组 1 台。

2. 材料、工具

150mm 钢板尺 1 把,100mm 塞尺 1 把, ϕ30mm×250mm 紫铜棒, ϕ 为 1mm、2mm、3mm 标准块各 1 块 15mm×50mm, ϕ 为 0.05mm、0.1mm、0.2mm、0.3mm、0.5mm、1.0mm 紫铜皮垫片各 4 片,计算器 1 个,200mm×200mm 擦布 2 块,记录表一套,粉笔或石笔 2 支。

3. 人员

1 人操作,持证上岗,劳动保护用品穿戴齐全。

(二)操作规程

GBH002 直尺法测离心泵机组同心度的方法

（1）检查联轴器有无裂痕和缺陷,将联轴器分成四等份按 0°、90°、80°、270°,并画上标记,如图 4-4-3 所示。

（2）用钢板尺初步调整联轴器的左右偏差,轻轻敲打电动机底脚,使机泵联轴器同心,再用钢板尺和塞尺测量机泵联轴器左右偏差值,并做好记录。

（3）用钢板尺和塞尺测量机泵联轴器上下偏差值,并做好记录,径向上下偏差值即为垫子厚度 Δh,如图 4-4-4 所示。

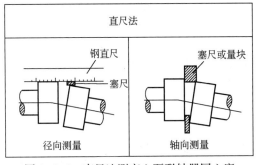

图 4-4-3　直尺法测离心泵联轴器同心度

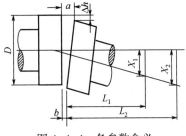

图 4-4-4　各参数含义

（4）用标准块和塞尺测量机泵联轴器上开口尺寸为 a,下开口尺寸为 b,做好记录。

（5）用标准块和塞尺测量机泵联轴器左右开口尺寸,计算轴向左右偏差值,做好记录。

（6）用直尺和角尺测量联轴器的直径为 D。

（7）用直尺和角尺测量联轴器端面到电动机第一组地脚螺栓中心距离为 L_1。

（8）用直尺和角尺测量联轴器端面到电动机第二组地脚螺栓中心距离为 L_2。

（9）根据公式 $X_2=\dfrac{a-b}{D}L_1$ 和 $X_2=\dfrac{a-b}{D}L_2$ 计算轴向偏差。

（10）根据公式 $S_1=\Delta h+X_2$ 和 $S_2=\Delta h+X_2$ 计算垫片的总厚度。

（11）根据垫片总厚度选垫片,每组垫片总数不超过 3 片。

（三）技术要求

（1）测量左右偏差时,标准不超过 0.10mm。

（2）测量点要正确,数值要准确,并做好记录。

（3）塞尺和标准量块配合测量时,塞尺不能超过 3 片。

（四）注意事项

（1）铜棒敲打底脚时力度要掌握恰当。

（2）选垫片时每一处底脚垫片总数不得超过 3 片。

项目四　使用框式水平仪测量水泵安装水平度

一、相关知识

GBH003　水平仪的分类

（一）水平仪的分类

水平仪主要应用于检验各种机床及其他类型设备导轨的直线度和设备安装的水平位置,垂直位置。

1. 按构造及外形分

（1）长条水平仪：检查设备水平度的仪器。长条水平仪是检查设备水平度的仪器。长条水平仪在使用时，应先行检查，先将长条水平仪放在平板上，读取气泡的刻度大小，然后将长条水平仪反转置于同一位置，再读取其刻度大小，若读数相同，即表示长条水平仪底座与气泡管相互间的关系是正确的。

（2）框式水平仪：由于框式水平仪主体每相邻的两个框互相都呈 90°，所以它小但能检查设备的水平度，可测量其垂直度。

（3）光学合象水平仪：用来测量零件表面的不平度、不直度以及零件的微倾斜角。

2. 按精度分

水平仪按精度划分主要有两大类型，即气泡水平仪与电子水平仪。二者相比，电子水平仪的灵敏度相对较高，主要用来测量高精度的工具机器，如铣床、切削加工机床等床面。若想检查水平仪精度，可用正弦杆和量块、正弦杆与水平仪组成的已知角度大小。同时，若想测量较大倾斜角也可配合正弦杆与水平仪共同使用。

GBH004 水平仪的使用注意事项

（二）水平仪的使用注意事项

水平仪使用时的注意事项如下：

（1）水平仪使用时必须放稳安牢。

（2）高度适中，望远镜应略低于操作者的眼睛。

（3）水平仪使用时，每次读数前都要消除镜中的视差，同时查看长水准泡是否居中。

（4）水平仪支好调平后，不能乱碰，在测量时也不要将三脚架碰动。

（5）标尺或标杆应扶正扶稳。

（6）仪器使用时要轻拿轻放，当装到三脚架上后应拧紧连接螺栓。

（7）自动扳把不宜太紧，锤式破碎机在自动扳把未松开之前，不可用力摆动望远镜。

（8）水平仪不能曝晒、雨淋，晴天野外测量必须撑伞遮阳。

（9）镜头要保持清洁，但不可用手擦拭，应用镜头纸擦拭。

（10）用后要用软布擦干净，装入箱中，放在干燥通风良好的房间存放，长时间不用应定期开箱，更换干燥剂，以防镜头发霉。

（11）远距离运输时，应将水平仪装箱后，再放入一大箱，并在水平仪箱四周放纸屑、刨花等防震。

（12）水平仪有误差后最好由专门维修人员进行校验、调整。

GBG002 流量计的原理

（三）容积式流量计的原理

目前工程实际中，流量测量方法及流量仪表的种类繁多，至今为止，可供工业用的流量仪表种类多达数十余种。在流量仪表的家族中，每种产品都有它特定的适用性及使用局限性。流量仪表按测量对象划分就有封闭管道和明渠两大类；按测量目的又可分为总量测量和流量测量，其仪表分别称为总量表和流量计。容积式流量计根据测量室逐次、重复地充满和排放该体积部分流体的次数来测量流体体积总量。涡轮流量计属于速度式流量计中的主要品种，它的结构由多叶片的转子涡轮感应流体平均流速，从而计量出流量或总流量的仪表。浮子流量计又称转子流量计，是变面积式流量计的一种，主要优点包括结构简单，使用方便、适用于小管径和低流速、压力损失较低。

（四）流量计的特点

目前最常用流量计分类法主要有：差压式流量计、容积式流量计/差压式流量计、浮子流量计、涡轮流量计、电磁流量计以及流体振荡流量计中的涡街流量计和质量流量计等。

差压式流量计由一次检测件及二次仪表（差压转换器、变送器和流量显示仪表）组成。差压式流量计以检测件形式划分有孔板流量计、文丘里流量计、均速管流量计等。差压式流量计是通过安装于工业管道中流量检测元件产生的差压，用已知流体条件和检测件与管道的几何尺寸来计差压式流量计算的流量计。差压式流量计也是应用最广泛的一种流量仪表，在各种流量计使用量中占据首位。

道安装条件对容积式流量计的计量精度没有影响。

根据法拉第电磁感应定律制成的一般测量导电流体的流量仪表是电磁流量计。

根据声波反射原理制成的一般测量导电流体的流量仪表是超声波流量计。

涡轮流量计由传感器、显示仪两部分组成，有分体式和一体式两种。浮子流量计是继差压式流量计之后应用较广泛的一类流量计，适用于微小流量监测。

检测元件有标准型或非标准型两大类。标准型检测元件是以标准文件设计、制造、安装和使用，无需经实流标定即可确定其流量值和估算测量误差。而非标准型检测元件一般尚未列入国际标准中。

二、技能要求

（一）准备工作

1. 设备

小型离心泵机组 1 套（根据实际情况自选型号）。

2. 材料、工具

200mm×200mm 框式水平仪 1 个（精度 0.02mm/1000mm），500mm 撬杠 2 根，0.9kg 手锤 1 把，80mm×150mm×16mm 斜铁 8 组，500mm 钢板尺 1 把，150 目细砂布 2 张，钢丝刷 1 把，擦布 4 块，汽油 2kg，纸若干，笔 1 支。

3. 人员

1 人操作，持证上岗，劳动保护用品穿戴齐全。

（二）操作规程

1. 加斜铁清理测试面

（1）用撬杠撬起泵底座垫上斜铁，两块斜铁接触面在 2/3 左右，每组斜铁距地脚螺栓 30～50mm。

（2）清洗测试面，用钢丝刷清理被测试表面，并用汽油擦洗干净。

2. 用框式水平仪初测

用框式水平仪初步测量底座水平度，并用调整斜铁的方法进行调整。

3. 确定底座不平度值

测量底座长和宽，将框式水平仪放在被测平面，根据水珠偏差格数计算，公式为：$\Delta h = (0.02/1000)LA$（实际倾斜度等于标准分度值乘以实际长或宽乘以偏差格数）。

4.拆除斜铁

拆除所有底座下边斜铁。

(三)技术要求

(1)调整到水珠偏 1~2 格为止。

(2)水平度标准:1/1000mm。

(四)注意事项

(1)使用时必须放稳安牢。

(2)镜头要保持清洁,但不可用手擦拭,应用镜头纸擦拭。

理论知识练习题

初级工理论知识练习题及答案

一、**单项选择题**(每题有4个选项,只有1个是正确的,将正确的选项号填入括号内)

1. AA001　我国的法定计量单位是以(　　)为基础并选用少数其他单位制的计量单位来组成的。
   A. 公制单位制　　　　　　　　　　　　B. 英制单位制
   C. 国际单位制　　　　　　　　　　　　D. 法定单位制

2. AA001　法定单位的定义、使用办法等,由国家(　　)另行规定。
   A. 计量局　　　　　B. 质量局　　　　　C. 安全局　　　　　D. 劳动局

3. AA001　我国的法定计量单位包括:国际单位制的(　　)、辅助单位、导出单位等。
   A. 单位　　　　　B. 质量单位　　　　　C. 安全单位　　　　　D. 基本单位

4. AA002　根据国际单位制(SI),七个基本量中长度的单位是(　　)。
   A. 米　　　　　B. 千克　　　　　C. 秒　　　　　D. 安培

5. AA002　根据国际单位制,七个基本量中电流的单位是(　　)。
   A. 米　　　　　B. 千克　　　　　C. 秒　　　　　D. 安培

6. AA002　根据国际单位制,七个基本量中时间的单位是(　　)。
   A. 米　　　　　B. 千克　　　　　C. 秒　　　　　D. 安培

7. AA003　物质的量的单位是(　　)。
   A. 米　　　　　B. 千克　　　　　C. 秒　　　　　D. 摩尔

8. AA003　使用(　　)时,基本单元可以是原子、分子、离子、电子及其他粒子,或是这些粒子的特定组合。
   A. 米　　　　　B. 千克　　　　　C. 摩尔　　　　　D. 秒

9. AA003　秒是铯-133原子基态的(　　)超精细能级间跃迁对应辐射9192631770个周期的持续时间。
   A. 一个　　　　　B. 两个　　　　　C. 三个　　　　　D. 四个

10. AA004　在国际单位制中,平面角的单位弧度和立体角的单位球面度称为(　　)。
    A. 辅助单位　　　　　B. 导出单位　　　　　C. 基本单位　　　　　D. 非国际单位

11. AA004　既可以作为基本单位使用,又可作为导出单位使用的是(　　)单位。
    A. 基本　　　　　B. 导出　　　　　C. 辅助　　　　　D. 非国际

12. AA004　弧度是一个圆内(　　)在圆周上所截取的弧长与半径相等时,它们所夹的平面角大小。
    A. 一条半径　　　　　B. 两条半径　　　　　C. 三条半径　　　　　D. 四条半径

13. AA005　国际单位制中,体积、容积的单位符号用(　　)表示。
    A. g　　　　　B. kg　　　　　C. m^3　　　　　D. Pa

14. AA005 国际单位制中,力、重力的单位名称用(　　)表示。
　　A. 千克　　　　　　　　B. 公斤　　　　　　　　C. 牛顿　　　　　　　　D. 压力

15. AA005 国际单位制中,电流的单位名称用(　　)表示。
　　A. 安培　　　　　　　　B. 伏特　　　　　　　　C. 瓦特　　　　　　　　D. 库仑

16. AA006 国际单位制中,长度单位符号用(　　)表示。
　　A. M　　　　　　　　B. m　　　　　　　　C. cm　　　　　　　　D. mm

17. AA006 国际单位制中,1cm 等于(　　)。
　　A. 0.1mm　　　　　　B. 10mm　　　　　　C. 100mm　　　　　　D. 1000mm

18. AA006 在英制长度单位换算中,1ft 等于(　　)。
　　A. 10in　　　　　　　B. 12in　　　　　　　C. 14in　　　　　　　D. 16in

19. AA007 国际单位制中,面积单位符号用(　　)表示。
　　A. M^2　　　　　　B. m^2　　　　　　C. cm^3　　　　　　D. mm^3

20. AA007 在公制面积单位换算中,$100mm^2$ 等于(　　)。
　　A. $10dm^2$　　　　B. $10^{-1}dm^2$　　　　C. $10^{-2}dm^2$　　　　D. $10^{-4}dm^2$

21. AA007 在公制面积单位换算中,$1cm^2$ 等于(　　)。
　　A. $10^{-2}m^2$　　　B. $10^{-3}m^2$　　　C. $10^{-4}m^2$　　　D. $10^{-5}m^2$

22. AA008 在公制体积单位换算中,$1cm^3$ 等于(　　)。
　　A. $10^{-2}m^3$　　　B. $10^{-4}m^3$　　　C. $10^{-6}m^3$　　　D. $10^{-8}m^3$

23. AA008 在公制体积单位换算中,$1dm^3$ 等于(　　)。
　　A. 10^2m^3　　　　B. $10^{-2}m^3$　　　C. $10^{-3}m^3$　　　D. $10^{-4}m^3$

24. AA008 在公制体积单位换算中,$1cm^3$ 等于(　　)。
　　A. 10^3mm^3　　　B. 10^4mm^3　　　C. 10^5mm^3　　　D. 10^6mm^3

25. AA009 国际单位制中,质量的单位符号用(　　)表示。
　　A. g　　　　　　　　B. K　　　　　　　　C. N　　　　　　　　D. kg

26. AA009 在公制质量单位换算中,1g 等于(　　)。
　　A. 10mg　　　　　　B. 100mg　　　　　　C. 1000mg　　　　　　D. 10000mg

27. AA009 在公制质量单位换算中,1kg 等于(　　)。
　　A. 10^3mg　　　　B. 10^4mg　　　　C. 10^5mg　　　　D. 10^6mg

28. AA010 在国际单位制中,单位面积上所受的压力,其单位符号用(　　)表示。
　　A. kgf　　　　　　　B. Pa　　　　　　　C. N/m^2　　　　　　D. N/cm^2

29. AA010 用液柱高度表示压力时,其单位名称用水银柱高度或(　　)表示。
　　A. 水柱高度　　　　　B. 工程大气压　　　　C. 压力　　　　　　　D. 标准大气压

30. AA010 1千克力每平方厘米等于(　　)。
　　A. $9.8×10^4Pa$　　B. $9.8×10^3Pa$　　C. $9.8×10^2Pa$　　D. 9.8Pa

31. AA011 摄氏温标是温度的一种表示方法,其单位符号用(　　)表示。
　　A. ℃　　　　　　　　B. °F　　　　　　　　C. K　　　　　　　　D. °R

32. AA011 华氏温标是温度的一种表示方法,其单位符号用(　　)表示。
　　A. ℃　　　　　　　　B. °F　　　　　　　　C. K　　　　　　　　D. °R

33. AA011　热力学温标是温度的一种表示方法,其单位符号用(　　)表示。

　　A. ℃　　　　　　　　B. ℉　　　　　　　　C. K　　　　　　　　D. °R

34. AA012　马力和千瓦都是常用的(　　)单位。

　　A. 功　　　　　　　　B. 功率　　　　　　　C. 质量　　　　　　　D. 温度

35. AA012　电动机铭牌上的功率有(　　)和千瓦两种表示方法。

　　A. 功　　　　　　　　B. 马力　　　　　　　C. 质量　　　　　　　D. 频率

36. AA012　在功率的单位换算中,1kW 等于(　　)。

　　A. 10^3 W　　　　　　B. 10^4 W　　　　　　C. 10^5 W　　　　　　D. 10^6 W

37. AA013　电路中,任意两点之间的电位差称为(　　)。

　　A. 电压　　　　　　　B. 电流　　　　　　　C. 电阻　　　　　　　D. 电势

38. AA013　电荷有规则的定向移动称为(　　)。

　　A. 电压　　　　　　　B. 电流　　　　　　　C. 电流强度　　　　　D. 电阻

39. AA013　电流通过导体时,导体对电流的阻碍作用称为(　　)。

　　A. 电压　　　　　　　B. 电流　　　　　　　C. 电阻　　　　　　　D. 电阻率

40. AA014　物理实验离不开对物理量的测量,测量有(　　),也有间接的。

　　A. 规定的　　　　　　B. 标准的　　　　　　C. 直接的　　　　　　D. 统计的

41. AA014　由于仪器、实验条件、环境等因素的限制,测量不可能无限(　　)。

　　A. 真实　　　　　　　B. 标准　　　　　　　C. 精确　　　　　　　D. 准确

42. AA014　统计误差是由于某些不可控制因素的影响而造成的变化偏离(　　)或规定值
　　　　　　的数量。

　　A. 真实值　　　　　　B. 标准值　　　　　　C. 精确值　　　　　　D. 准确值

43. AB001　调整安全生产方面社会关系的专门法律是(　　)。

　　A.《宪法》　　　　　　B.《安全生产法》　　C.《安全生产管理法》　D.《劳动法》

44. AB001　安全生产领域中的(　　)属于综合性法律,其内容涵盖了安全生产领域的主要
　　　　　　方面和基本问题。

　　A.《安全生产法》　　　B.《宪法》　　　　　　C.《劳动法》　　　　　D.《刑法》

45. AB001　《安全生产法》的基本原则中,(　　)是科学发展观的核心。

　　A. 以人为本　　　　　B. 制度健全　　　　　C. 违法必究　　　　　D. 预防为主

46. AB002　使用电气设备时,由于维护不及时,当(　　)进入时,可导致短路事故。

　　A. 导电粉尘或纤维　　B. 强光辐射　　　　　C. 热气　　　　　　　D. 蚊虫

47. AB002　触电事故中,绝大部分是(　　)导致人身伤亡的。

　　A. 人体接收电流遭到电击　　　　　　　　　B. 烧伤

　　C. 电休克　　　　　　　　　　　　　　　　D. 窒息

48. AB002　如果触电者伤势严重,呼吸停止或心脏停止跳动,应竭力施行(　　)和胸外心
　　　　　　脏按压。

　　A. 按摩　　　　　　　B. 点穴　　　　　　　C. 人工呼吸　　　　　D. 吸氧

49. AB003　给排水系统设备标识包括水池、自动控制系统控制屏、控制器和(　　)。

　　A. 荷载量　　　　　　B. 消防箱　　　　　　C. 水泵　　　　　　　D. 报警器

50. AB003 输送水蒸气的管道应喷涂(　　)。

    A. 艳绿色　　　　　　　B. 大红色　　　　　　　C. 中黄色　　　　　　　D. 棕色

51. AB003 在开机、盘给水泵等主、辅设备时,周围或其他可能造成人员伤害、可能误碰设
    备威胁安全运行的区域,需制作(　　)。

    A. 减速提示线　　　　　B. 防止绊倒线　　　　　C. 禁止阻塞线　　　　　D. 安全警戒线

52. AB004 MFZL 型灭火器中"F"指(　　)。

    A. 泡沫灭火剂　　　　　　　　　　　　B. 干粉灭火剂

    C. 清水灭火剂　　　　　　　　　　　　D. 二氧化碳灭火剂

53. AB004 灭火器按充装的灭火剂可分为五类,分别是(　　)、二氧化碳灭火器、泡沫型灭
    火器、水型灭火器、卤代烷型灭火器。

    A. 干粉类灭火器　　　　　　　　　　　B. 化学反应式灭火器

    C. 储压式灭火器　　　　　　　　　　　D. 储气式灭火器

54. AB004 2~3kg 干粉灭火器(MFZ)有效射程距离为(　　)。

    A. 5m　　　　　　　　　B. 4m　　　　　　　　　C. 2.5m　　　　　　　　D. 8m

55. AB005 适宜于扑救石油产品、油漆、有机溶剂火灾,也适宜于扑灭液体、气体、电气火
    灾,以氮气为动力的是(　　)。

    A. 干粉储压式灭火器　　　　　　　　　B. 泡沫灭火器

    C. 清水灭火器　　　　　　　　　　　　D. 二氧化碳灭火器

56. AB005 灭火后不留痕迹,适宜于扑救贵重仪器设备、档案资料、带电的低压电气设备和
    油类火灾,但不可用来扑救钾、钠、镁、铝等物质火灾的是(　　)。

    A. 干粉储压式灭火器　　　　　　　　　B. 泡沫灭火器

    C. 清水灭火器　　　　　　　　　　　　D. 二氧化碳灭火器

57. AB005 最适宜扑救液体火灾,但不能扑救水溶性可燃、易燃液体的火灾和电气火灾的
    是(　　)。

    A. 干粉储压式灭火器　　　　　　　　　B. 泡沫灭火器

    C. 清水灭火器　　　　　　　　　　　　D. 二氧化碳灭火器

58. AB006 如果加在电阻 R 两端的电压 U 发生变化时,流过电阻的电流也随着变化,而且
    这种变化(　　)。

    A. 成反比例　　　　　　　　　　　　　B. 成正比例

    C. 不成比例　　　　　　　　　　　　　D. 成指数级变化

59. AB006 流过导体的电流与这段导体两端的电压成正比,与导体的电阻成反比,这一规
    律,称为(　　)。

    A. 基尔霍夫定律　　　　　B. 叠加原理　　　　　　C. 欧姆定律　　　　　　D. 戴维南定理

60. AB006 对于导体而言,$R=U/I$ 的物理意义是(　　)。

    A. 导体两端电压越大,则电阻越大

    B. 导体中电流越小,则电阻越大

    C. 导体的电阻等于导体两端电压与通过导体的电流的比值

    D. 导体一定,电流、电压成反比例变化

61. AB007　在公共场所、工业企业、建筑工地等地方悬挂"　"标志的意义是(　　)。

　　A. 禁止烟火　　　　　B. 禁止吸烟　　　　　C. 禁止堆放　　　　　D. 禁止靠近

62. AB007　在公共场所、工业企业、建筑工地等地方悬挂"　"标志的意义是(　　)。

　　A. 当心爆炸　　　　　B. 注意安全　　　　　C. 当心触电　　　　　D. 当心滑倒

63. AB007　在公共场所、工业企业、建筑工地等地方悬挂"　"标志的意义是(　　)。

　　A. 当心爆炸　　　　　B. 注意安全　　　　　C. 当心触电　　　　　D. 当心滑倒

64. AB008　绝缘安全用具分为基本安全用具和(　　)用具两类。

　　A. 绝缘杆　　　　　B. 绝缘夹钳　　　　　C. 高压式电笔　　　　　D. 辅助安全

65. AB008　验电笔的绝缘电阻小于(　　)时,不能使用。

　　A. $1M\Omega$　　　　　B. $2M\Omega$　　　　　C. $3M\Omega$　　　　　D. $4M\Omega$

66. AB008　低压验电笔严禁在(　　)电气设备或线路上使用。

　　A. 220V　　　　　B. 380V　　　　　C. 36V　　　　　D. 高压

67. AC001　一个完整的计算机系统包括(　　)。

　　A. 计算机及其外部设备　　　　　　　B. 主机、键盘、显示器

　　C. 系统软件与应用软件　　　　　　　D. 硬件系统与软件系统

68. AC001　启动计算机引导 DOS 是将操作系统(　　)。

　　A. 从磁盘调入中央处理器

　　B. 从内存储器调入高速缓冲存储器

　　C. 从软盘调入硬盘

　　D. 从系统盘调入内存储器

69. AC001　不属于计算机软件系统的是(　　)。

　　A. 操作系统　　　　　　　　　　　　B. 编译程序和解释程序

　　C. 各种字处理系统　　　　　　　　　D. 数据库管理系统

70. AC002　CPU 包括(　　)。

　　A. 存储、算术逻辑(运算器)　　　　　B. 算术逻辑(运算器)、控制器

　　C. 存储器、控制器　　　　　　　　　D. 控制器、输出设备

71. AC002　通常所说的主机主要包括(　　)。

　　A. CPU　　　　　　　　　　　　　　B. CPU 和内存

　　C. CPU、内存与外存　　　　　　　　D. CPU、内存与硬盘

72. AC002　RAM 的中文名称是(　　)。

　　A. 读写存储器　　　　B. 动态存储器　　　　C. 随机存储器　　　　D. 固定存储器

73. AC003　计算机的运算速度可以用 MIPS 来描述,它的含义是(　　)。

　　A. 每秒执行百万条指令　　　　　　　B. 每秒处理百万个字符

　　C. 每秒执行千万条指令　　　　　　　D. 每秒处理千万个字符

74. AC003　外存储器的容量通常是指(　　)容量,外存储器的容量越大,可存储的信息就越多。

　　A. 扫描仪　　　　　B. 打印机　　　　　C. CPU　　　　　D. 硬盘

75. AC003　微机中通常以字节为单位表示存储容量,并且将 1024B 简称为(　　　)。

　　A. 1kB　　　　　　　　B. 1.024kB　　　　　　C. 1.024MB　　　　　　D. 1MB

76. AC004　在计算机应用中,"计算机辅助设计"的英文缩写是(　　　)。

　　A. CAD　　　　　　　　B. CAE　　　　　　　　C. CAI　　　　　　　　D. CAM

77. AC004　下列软件均属于操作系统的是(　　　)。

　　A. WPS 与 PC DOS　　　　　　　　　　　B. Windows 与 MS DOS

　　C. Word 与 Windows　　　　　　　　　　　D. DOXBASE 与 OS/2

78. AC004　操作系统是重要的系统软件,下面几个软件中不属于操作系统的是(　　　)。

　　A. Unix　　　　　　　　B. Linux　　　　　　　C. PASCAL　　　　　　D. Windows XP

79. AC005　微机使用快捷键打开输入法的方法是(　　　)。

　　A. Ctrl+Shift　　　　　　B. Ctrl+空格键　　　　C. Alt+Shift　　　　　D. Alt+空格键

80. AC005　微机使用快捷键切换不同输入法的方法是(　　　)。

　　A. Ctrl+Shift　　　　　　B. Ctrl+空格键　　　　C. Alt+Shift　　　　　D. Alt+空格键

81. AC005　设置默认输入语言是指选择计算机(　　　)时要使用的一个已安装的语言。

　　A. 待机　　　　　　　　B. 关机　　　　　　　　C. 启动　　　　　　　　D. 死机

82. AC006　在 Word 编辑状态下,当前输入的文字显示在(　　　)。

　　A. 鼠标光标处　　　　　B. 插入点　　　　　　　C. 文件尾部　　　　　　D. 当前行尾部

83. AC006　在 Word 编辑状态下,操作的对象经常是被选择的内容,若鼠标光标在某行行首的左边,(　　　)操作可以选择行。

　　A. 单击鼠标左键　　　　　　　　　　　　B. 三击鼠标左键

　　C. 双击鼠标左键　　　　　　　　　　　　D. 单击鼠标右键

84. AC006　在 Word 的文档中,每个段落都有自己的段落标记,段落标记的位置在(　　　)。

　　A. 段落的首部　　　　　　　　　　　　　B. 段落的结尾处

　　C. 段落的中间位置　　　　　　　　　　　D. 段落中,但用户找不到的位置

85. AC007　正常编辑时使用(　　　)视图。

　　A. 阅读版式　　　　　　B. 页面　　　　　　　　C. 大纲　　　　　　　　D. 普通

86. AC007　Word 中只能阅读而不能编辑的是(　　　)视图。

　　A. 阅读版式　　　　　　B. 页面　　　　　　　　C. 大纲　　　　　　　　D. Web 版式

87. AC007　中文 Word 2000 启动之后,系统默认的空白文档名称是(　　　)。

　　A. 文档 1.doc　　　　　　　　　　　　　B. 新文档.doc

　　C. 文档.doc　　　　　　　　　　　　　　D. 我的文档.doc

88. AC008　Excel 主要应用在(　　　)。

　　A. 美术、装潢、图片制作等方面　　　　　B. 工业设计、机械制造、建筑工程

　　C. 统计分析、财务管理分析等　　　　　　D. 多媒体制作

89. AC008　Excel 的启动是在(　　　)的操作环境下进行的。

　　A. DOS　　　　　　　　B. Windows　　　　　　C. WPS　　　　　　　　D. UCDOS

90. AC008　Excel 处理的对象是(　　　)。

　　A. 工作簿　　　　　　　B. 文档　　　　　　　　C. 程序　　　　　　　　D. 图形

91. AC009　Excel 中利用"自动填充"功能,可以(　　)。

　　A. 对若干连续单元格自动求和

　　B. 对若干连续单元格制作图表

　　C. 对若干连续单元格快速输入有规律的数据

　　D. 对若干连续单元格填充同样的数据

92. AC009　Excel 中当单元格出现多个字符"#"时,说明该单元格(　　)。

　　A. 数据输入错误　　　　　　　　　　B. 数值数据超过单元格宽度

　　C. 文字数据长度超过单元格宽度　　　D. 上述三种可能都有

93. AC009　Excel 中如果需要在单元格中将 600 显示为 600.00,应将该单元格的数据格式

　　　　　　设置为(　　)。

　　A. 常规　　　　　　　B. 数值　　　　　　　C. 文本　　　　　　　D. 日期

94. AC010　在 Excel 中,制作图表的数据可取自(　　)。

　　A. 工作表的数据　　　　　　　　　　B. 数据透视表的结果

　　C. 分类汇总隐藏明细后的结果　　　　D. 以上都可以

95. AC010　用 Excel 可以创建各类图表,如条形图、柱形图等。为了显示数据系列中每一项

　　　　　　占该系列数值总和的比例关系,应该选择(　　)。

　　A. 条形图　　　　　　B. 柱形图　　　　　　C. 饼图　　　　　　　D. 折线图

96. AC010　要给图表加标题,首先用鼠标双击要添加标题的图表,使图表的边框变为条纹

　　　　　　边框后选择(　　)菜单中的"标题"选项,打开标题对话框,从中选择所需

　　　　　　参数。

　　A. "编辑"　　　　　　B. "插入"　　　　　　C. "格式"　　　　　　D. "工具"

97. AD001　受到(　　)作用而发生运动的水流称为有压流。

　　A. 重力　　　　　　　B. 压力　　　　　　　C. 摩擦力　　　　　　D. 向心力

98. AD001　液体在运动过程中,其各点的(　　)不随时间而变化,仅与空间位置有关,这种

　　　　　　流动称为恒定流。

　　A. 流速和扬程　　　　　　　　　　　B. 流速和压强

　　C. 流量和扬程　　　　　　　　　　　D. 流量和压强

99. AD001　液体质点流速的大小和方向沿流程不变的流动称为(　　)。

　　A. 有压流　　　　　　B. 无压流　　　　　　C. 恒定流　　　　　　D. 均匀流

100. AD002　水力学中常用运动黏度,即动力黏度与(　　)的比值来衡量液体黏滞性的

　　　　　　　大小。

　　A. 密度　　　　　　　B. 质量　　　　　　　C. 体积　　　　　　　D. 面积

101. AD002　运动黏度的单位符号是(　　)。

　　A. m^2/s　　　　　　　B. m^3/s　　　　　　　C. N/m^2　　　　　　D. kg/m^3

102. AD002　同一种液体,黏度的大小与(　　)有关。

　　A. 密度　　　　　　　B. 重度　　　　　　　C. 流速　　　　　　　D. 温度和压强

103. AD003　静水压力是作用在某一(　　)上的总压力。

　　A. 点　　　　　　　　B. 面积　　　　　　　C. 体积　　　　　　　D. 单位面积

104. AD003 静水压强是作用在某一( )上的静水压力。

    A. 点   B. 面积   C. 体积   D. 单位面积

105. AD003 静水压强的方向( )的特性称为静水压强基本特性。

    A. 与受压面方向相反   B. 垂直指向受压面

    C. 与受压面相切   D. 平行于受压面

106. AD004 静水压强的单位为帕,符号为( )。

    A. N   B. Pa   C. k   D. kg

107. AD004 国际单位制中,( )称为帕斯卡。

    A. kN/m^2 B. kN/m^3 C. N/m^2 D. kg/m^3

108. AD004 如果液体中某点处的绝对压强小于当地大气压强值时,则该点处于( )状态。

    A. 真空   B. 绝对压强   C. 相对压强   D. 稳定

109. AD005 以当地( )为零点起算的压强称为相对压强。

    A. 数值   B. 标高   C. 真空   D. 大气压

110. AD005 一个大气压下温度为4℃的纯水,其密度 ρ 为( ),重度 γ 为( )。

    A. $1000kg/m^3$、$9800N/m^3$ B. $1000kg/m^3$、$1000N/m^3$

    C. $9800kg/m^3$、$1000N/m^3$ D. $9800kg/m^3$、$9800N/m^3$

111. AD005 计入大气压强所得的压强为( )。

    A. 相对压强   B. 绝对压强   C. 静压强   D. 压力

112. AD006 水位一定时,河道的过流断面就是水面线以下水流与河道边界的交接线所围成的( )。

    A. 宽度   B. 长度   C. 体积   D. 面积

113. AD006 过流断面是指在流道内,液流所通过的并与之( )的断面。

    A. 平行   B. 相交   C. 垂直   D. 不接触

114. AD006 水流的所有流线均相互平行时,过水断面为( )。

    A. 平面   B. 凹面   C. 凸面   D. 曲面

115. AD007 水力半径的计算公式为 $R=A/X$,其中 A 指( )。

    A. 表面积   B. 湿周   C. 过流断面积   D. 周长

116. AD007 过水断面面积相等时,正方形的水力半径( )圆形的水力半径。

    A. 大于   B. 等于   C. 不小于   D. 小于

117. AD007 直径1m管道满流时其水力半径为( )。

    A. 1m   B. 0.5m   C. 0.25m   D. 0.1m

118. AD008 在泵站中,管道的直径主要由水泵的( )大小来确定。

    A. 流量   B. 扬程   C. 效率   D. 功率

119. AD008 管道两点间的压力差决定着管道的( )。

    A. 流量   B. 流速   C. 阻力   D. 直径

120. AD008 泵站中吸水管直径( )水泵吸水口的直径。

    A. 大于   B. 小于   C. 等于   D. 低于

121. AD009 当流量确定后,所选的管径大时,流速和阻力( ),所选的管径小时,流速和阻力( )。

    A. 增大、减小   B. 增大、增大   C. 减小、增大   D. 减小、减小

122. AD009 若要求每小时流过水管的流量,其公式是:流量=( )×流速×3600。

    A. 体积   B. 管道半径   C. 管断面积   D. 管道直径

123. AD009 流量等于( )与( )的乘积。

    A. 流速、过流时间   B. 流速、过流断面积

    C. 过流时间、过流断面积   D. 流速、管道直径

124. AD010 水流在运动过程中单位质量液体的机械能的损失称为( )。

    A. 水头损失   B. 局部水头损失

    C. 沿程水头损失   D. 瞬时水头损失

125. AD010 外界对水流的( )是产生水头损失的主要外因。

    A. 推动力   B. 阻力   C. 应力   D. 压力

126. AD010 水平圆直管内液体流动状态为层流时其雷诺数( )2300。

    A. 小于等于   B. 等于   C. 小于   D. 大于

127. AE001 给水工程通常由取水工程,给水处理工程和( )工程组成。

    A. 输水   B. 配水   C. 泵站   D. 输配水

128. AE001 取水工程包括取水构筑物和( )。

    A. 配水管网   B. 一级泵站   C. 二级泵站   D. 输水管

129. AE001 收集、储备和调节供水量的构筑物称为( )构筑物。

    A. 取水   B. 净水   C. 输配水   D. 储水

130. AE002 给水系统按供水方式分为重力供水系统、( )系统和混合供水系统。

    A. 压力供水   B. 直流供水   C. 循环供水   D. 复用供水

131. AE002 给水系统按使用目的分为生活饮用给水、生产给水和( )给水系统。

    A. 城镇   B. 消防   C. 交通   D. 厂矿企业

132. AE002 为了保障人民的身体健康,供水的( )必须达到一定的质量标准。

    A. 水量   B. 水压   C. 水质   D. 化学物质

133. AE003 以地表水为水源的给水系统,取水构筑物从江河取水,经( )送往水处理构筑物。

    A. 一级泵站   B. 二级泵站   C. 清水池   D. 水塔(罐)

134. AE003 无水塔的管网,按照( )确定输水管网和配水管网的管径。

    A. 最高日平均时   B. 平均日平均时

    C. 平均日最高时   D. 最高日最高时

135. AE003 水厂对水进行消毒通常在( )后向水中加氯气、漂白粉或其他药剂杀灭细菌和微生物。

    A. 混凝   B. 过滤   C. 沉淀   D. 消毒

136. AE004 下列不是地表水的是( )。

    A. 江河   B. 湖泊   C. 海水   D. 泉水

137. AE004 地表水一般具有水量充沛、矿化度和(　　)较低等优点。

　　　A. 细菌　　　　　　　　B. 硬度　　　　　　　　C. 水温　　　　　　　　D. 浑浊度

138. AE004 地下水存在于土壤与(　　)中。

　　　A. 江河　　　　　　　　B. 岩层　　　　　　　　C. 水库　　　　　　　　D. 海水

139. AE005 采用同一系统供应生活、生产和消防等各种用水的给水系统,称为(　　)给水系统。

　　　A. 统一　　　　　　　　B. 分质　　　　　　　　C. 分压　　　　　　　　D. 分区

140. AE005 对于用水量大、水质要求较低的工业用水,一般采用(　　)供水系统供水。

　　　A. 统一　　　　　　　　B. 分质　　　　　　　　C. 分压　　　　　　　　D. 分区

141. AE005 地下取水构筑物有管井、大口井、辐射井、复合井及渗渠等,其中以(　　)和大口井最为常见。

　　　A. 管井　　　　　　　　B. 辐射井　　　　　　　C. 复合井　　　　　　　D. 渗渠

142. AE006 按构造形式分,地表水取水构筑物有(　　)和活动式两种。

　　　A. 固定式　　　　　　　B. 岸边式　　　　　　　C. 河床式　　　　　　　D. 斗槽式

143. AE006 直接从江河取水的构筑物称为(　　)取水构筑物。

　　　A. 固定式　　　　　　　B. 岸边式　　　　　　　C. 河床式　　　　　　　D. 斗槽式

144. AE006 岸边式取水构筑物的进水间一般由进水室和(　　)两部分组成。

　　　A. 吸水室　　　　　　　B. 压水室　　　　　　　C. 格网　　　　　　　　D. 排泥

145. AE007 管井不抽水时,井内的自然水面到地面的垂直高度称为(　　)。

　　　A. 井深　　　　　　　　B. 静水位　　　　　　　C. 动水位　　　　　　　D. 水深

146. AE007 管井井内抽水时,降低了的稳定水面到地面的垂直高度称为(　　)。

　　　A. 井深　　　　　　　　B. 静水位　　　　　　　C. 动水位　　　　　　　D. 水深

147. AE007 管井稳定状态下,动水位到静水位之间的距离称为(　　)。

　　　A. 降深　　　　　　　　B. 井深　　　　　　　　C. 水深　　　　　　　　D. 动水位

148. AE008 以地表水为水源的给水系统,取水构筑物从江河取水,经(　　)送往水处理构筑物。

　　　A. 一级泵站　　　　　　B. 二级泵站　　　　　　C. 清水池　　　　　　　D. 水塔(罐)

149. AE008 以地表水为水源的给水系统,处理后的清水储存在(　　)中。

　　　A. 一级泵站　　　　　　B. 二级泵站　　　　　　C. 清水池　　　　　　　D. 管网

150. AE008 以地表水为水源的给水系统,二级泵站从清水池取水,经输水管送往(　　)供应用户。

　　　A. 一级泵站　　　　　　B. 二级泵站　　　　　　C. 水处理　　　　　　　D. 管网

151. AE009 地下水资源评价的地区范围称为评价区,评价区的划分分为(　　)等级。

　　　A. 1个　　　　　　　　B. 2个　　　　　　　　C. 3个　　　　　　　　D. 4个

152. AE009 地下水补给形式和补给量包括(　　)种。

　　　A. 2　　　　　　　　　B. 3　　　　　　　　　C. 4　　　　　　　　　D. 6

153. AE009 地下水可开采量由于存在蒸发、地下水流出等损失,因此可开采量必定(　　)总补给量。

　　　A. 大于　　　　　　　　B. 等于　　　　　　　　C. 小于　　　　　　　　D. 包括

154. AE010 一级泵站、二级泵站、加压泵站及循环泵站是按泵站在给水系统中的（ ）来分的。

    A. 设置位置　　　　　B. 相对标高　　　　　C. 操作方法　　　　　D. 作用

155. AE010 地面式泵站、地下式泵站和半地下式泵站是按照水泵机组设置的位置与（ ）的相对标高关系来分的。

    A. 海平面　　　　　B. 地面　　　　　C. 参照物　　　　　D. 水平面

156. AE010 在分类方法中，干室式泵站和湿室式泵站是按照（ ）来分的。

    A. 设置位置与相对标高　　　　　B. 水泵间是否浸在水中

    C. 给水系统的作用　　　　　D. 水泵站的操作方法

157. AE011 取水泵站在水厂中也称为（ ）。

    A. 一级泵站　　　　　B. 二级泵站　　　　　C. 加压泵站　　　　　D. 循环泵站

158. 靠江临水是（ ）的特点。

    A. 一级泵站　　　　　B. 二级泵站　　　　　C. 加压泵站　　　　　D. 循环泵站

159. AE011 在计算一级泵站流量时，水厂本身用水量系数一般取（ ）。

    A. 2.5%～1%　　　　　B. 5%～10%

    C. 1.1%～1.15%　　　　　D. 1.15%～1.2%

160. AE012 二级泵站的任务是从（ ）中取水，并将水压送到水塔或直接将水通过配水管网压送到各用水点。

    A. 管网　　　　　B. 清水池　　　　　C. 输水管　　　　　D. 水塔

161. AE012 二级泵站的吸水井既有利于水泵吸水管道的布置，也有利于（ ）的维修。

    A. 输水管　　　　　B. 管网　　　　　C. 清水池　　　　　D. 水塔

162. AE012 二级泵站的供水情况直接受（ ）用水情况的影响。

    A. 清水池　　　　　B. 吸水井　　　　　C. 管网　　　　　D. 用户

163. AE013 加压泵站是用来提高管网远处或高处不足的（ ），以达到供水用户的需求。

    A. 流量　　　　　B. 流速　　　　　C. 水压　　　　　D. 水质

164. AE013 循环泵站的工艺特点是使供水对象所要求的（ ）比较稳定。

    A. 水压　　　　　B. 水位　　　　　C. 流速　　　　　D. 流量

165. AE013 取水构筑物，一级泵站和水厂是按（ ）计算流量的。

    A. 平均时　　　　　B. 最高时

    C. 最高日　　　　　D. 最高日平均时

166. AE014 给水管网范围通常是指（ ）水厂再到用户间的输配水管道系统。

    A. 取水点　　　　　B. 水池　　　　　C. 管道　　　　　D. 供水点

167. AE014 给水管网是保证输水到给水区内并且到所有（ ）的全部设施。

    A. 取水点　　　　　B. 用户　　　　　C. 管道　　　　　D. 供水点

168. AE014 给水管网包括输水管区、配水管网、（ ）、水塔和水池。

    A. 取水点　　　　　B. 用户　　　　　C. 管道　　　　　D. 泵站

169. AE015 管网的布置形式是与城镇（ ）相呼应的，其关系非常密切。

    A. 总体规划　　　　　B. 长远规划　　　　　C. 分期规划　　　　　D. 近期规划

170. AE015　在设计给水管网时应符合(　　)个原则。

　　A. 1　　　　　　　　B. 2　　　　　　　　C. 3　　　　　　　　D. 4

171. AE015　当个别管线发生故障时,断水的范围应(　　)。

　　A. 留有余地　　　　B. 减到最少　　　　C. 保证水质　　　　D. 满足施工

172. AE016　输配水管网是城市(　　)的重要组成部分。

　　A. 取水构筑物　　　B. 排水系统　　　　C. 用水系统　　　　D. 给水系统

173. AE016　当水源位置低于给水区,或高于给水区但其间高差不足以提供输水所需的能量时,采用泵站(　　)供水。

　　A. 重力　　　　　　B. 压力　　　　　　C. 加压　　　　　　D. 给水

174. AE016　输水距离长时还在输水途中设置加压泵站,当水位高于用水区时,采用(　　)自流输水。

　　A. 重力　　　　　　B. 压力　　　　　　C. 加压　　　　　　D. 给水

175. AE017　在输配水过程中需要消耗大量的(　　),供水企业的能耗有 90% 用于一级、二级泵站的水力提升,这部分能耗占制水成本的 30%~40%。

　　A. 压力　　　　　　B. 水量　　　　　　C. 人力　　　　　　D. 能量

176. AE017　管网布置指的是(　　)和连接线的布置。

　　A. 干管　　　　　　B. 分配管　　　　　C. 管线　　　　　　D. 接户管

177. AE017　按照管网中起作用不同,可将配水管道分为(　　)、连接管、分配管、接户管。

　　A. 输水管　　　　　B. 配管　　　　　　C. 干管　　　　　　D. 单管

178. AE018　较长的输水管,在管线的最高处安装有(　　)。

　　A. 输水管　　　　　B. 排气阀　　　　　C. 放水阀　　　　　D. 单流阀

179. AE018　较长的输水管,在管线的最低处安装有(　　)。

　　A. 输水管　　　　　B. 排气阀　　　　　C. 放水阀　　　　　D. 单流阀

180. AE018　给水系统中水量的不平衡是通过建造(　　)和水塔来调节的。

　　A. 清水池　　　　　B. 排气阀　　　　　C. 放水阀　　　　　D. 单流阀

181. AE019　大中城市的用水量比较均匀,管网中一般可不设水塔,通常用(　　)调节流量。

　　A. 阀门　　　　　　B. 水泵　　　　　　C. 清水池　　　　　D. 高地水池

182. AE019　中小城镇和工业企业设置水塔的目的之一是保证管网内有恒定的(　　)。

　　A. 流量　　　　　　B. 流速　　　　　　C. 水压　　　　　　D. 水质

183. AE019　水塔是用于储水和(　　)的高耸结构。

　　A. 输送　　　　　　B. 支撑　　　　　　C. 配水　　　　　　D. 调节

184. AE020　水塔的水箱通常做成圆形,其高度和直径之比为(　　)。

　　A. 0.5~1.0　　　　B. 0.4~1.5　　　　C. 0.6~1.4　　　　D. 0.8~1.6

185. AE020　水塔水箱主要是储存用水,它的容积包括(　　)和消防储量。

　　A. 生活容量　　　　B. 生产容量　　　　C. 调节容量　　　　D. 调节水压

186. AE020　容器类水塔有(　　)和不锈钢水塔两种。

　　A. 进水水塔　　　　B. 塑料水塔　　　　C. 水箱水塔　　　　D. 基础水塔

187. AE021 水塔立管上伸缩接头的作用是减少因温度变化或水塔下沉时作用在立管上的
（   ）。
    A. 重力   B. 轴向力   C. 压力   D. 径向力

188. AE021 水塔的出水管可设在（   ），以保证水箱内的水流循环。
    A. 箱顶   B. 箱底   C. 中部   D. 高水位处

189. AE021 水塔用于调节（   ）和用户之间的矛盾。
    A. 清水池   B. 二级泵站   C. 一级泵站   D. 管网

190. AE022 钢筋混凝土水池使用广泛，当池容积小于（   ）时，以圆形水池最为经济。
    A. 2000m³   B. 2500m³   C. 3000m³   D. 3500m³

191. AE022 钢筋混凝土水池容积大于（   ）时，以矩形最为经济。
    A. 2500m³   B. 3000m³   C. 3500m³   D. 4000m³

192. AE022 水池的放空管设在集水坑内，管径一般不得小于（   ）。
    A. 50mm   B. 80mm   C. 100mm   D. 500mm

193. AE023 采用低浊度原水净化工艺，原水浑浊度瞬时不应超过（   ）。
    A. 20 度   B. 40 度   C. 60 度   D. 80 度

194. AE023 常规净化工艺适用于净化原水浑浊度长期不超过（   ）的地表水。
    A. 100 度   B. 300 度   C. 400 度   D. 500 度

195. AE023 常规净化工艺适用于净化原水浑浊度瞬时不超过（   ）的地表水。
    A. 1000 度   B. 2000 度   C. 3000 度   D. 4000 度

196. AE024 包括混合、絮凝、沉淀或澄清、过滤及消毒的工艺称为（   ）。
    A. 低浊度原水净化工艺   B. 高浊度原水净化工艺
    C. 混合净化工艺   D. 常规净化工艺

197. AE024 管井的抽水设备主要有深井泵和（   ）两种。
    A. 加压泵   B. 反冲泵   C. 回收泵   D. 潜水泵

198. AE024 潜水泵是将泵和电动机制成一体，电动机在（   ），水泵在上部，共同浸入水
中运行。
    A. 顶部   B. 下部   C. 中部   D. 底部

199. AE025 《生活饮用水卫生标准》（GB 5749—2006）中 pH 值的规定范围是（   ）。
    A. 5.5~6.5   B. 8.5~9.5   C. 6.5~8.5   D. 7.0~8.5

200. AE025 《生活饮用水卫生标准》（GB 5749—2006）中要求锌的含量范围是（   ）。
    A. 不大于 1.5mg/L   B. 小于 1.0mg/L
    C. 不大于 5.0mg/L   D. 小于 1.5mg/L

201. AE025 《生活饮用水卫生标准》（GB 5749—2006）规定铁的含量标准限量是（   ）。
    A. 0.3mg/L   B. 0.4mg/L   C. 0.8mg/L   D. 0.6mg/L

202. AE026 地表水体容易受到人类活动的污染，因而某些水体的（   ）会下降，不适合于
某些用户使用。
    A. 水量   B. 水压   C. 水质   D. 流速

203. AE026 集中式生活饮用水地表水源地补充项目和特定项目适用于集中式生活饮用水地表水源地一级保护区和( )保护区。

    A. 二级   B. 三级   C. 四级   D. 五级

204. AE026 地表水环境质量标准基本项目24项,集中式生活饮用水地表水源地补充项目5项,集中式生活饮用水地表水源地特定项目( )项。

    A. 80   B. 90   C. 100   D. 110

205. BA001 设备操作人员的日常"三会"指会操作、( )、会排除故障。

    A. 会记录   B. 会保养   C. 会检查   D. 会使用

206. BA001 设备操作人员应掌握的"五定"是指定人员、( )、定部位、定数量、定油品。

    A. 定岗位   B. 定时间   C. 定设备   D. 定管理

207. BA001 关于设备维护保养的工作要求,下列说法正确的是( )。

    A. 发现异常情况严禁自己处理   B. 严禁超负荷运行

    C. 坚持润滑油的"五级过滤"   D. 允许设备有少许松、漏等缺陷

208. BA002 十字作业的内容是清洁、( )、紧固、调整、防腐。

    A. 润滑   B. 检查   C. 维护   D. 保养

209. BA002 关于备用泵的防冻,下列措施不正确的是( )。

    A. 关闭泵进出口阀   B. 关闭泵冷却水进出口阀

    C. 泵出口止逆阀旁路稍开   D. 定期盘车

210. BA002 离心泵缺油后会产生( )。

    A. 打不出液体   B. 泵跳   C. 轴承发热   D. 抽空

211. BA003 水泵是把原动机的( )转化为被输送液体的能量,使液体的能量增加。

    A. 动能   B. 势能   C. 机械能   D. 压能

212. BA003 水泵是依靠( )获得的能量来做功,并使液体获得一定的压能和动能。

    A. 电动机   B. 泵轴   C. 离心力   D. 叶轮

213. BA003 通常把提升液体、输送液体和使液体增加( )的机器称为水泵。

    A. 压力   B. 流量   C. 功率   D. 体积

214. BA004 在城镇及工矿企业的给水系统中,大量使用的水泵是叶片式水泵,其中以( )为最普遍。

    A. 离心泵   B. 轴流泵   C. 混流泵   D. 旋涡泵

215. BA004 按泵的( )可把水泵分为叶片式水泵、容积式水泵和其他类型泵三大类。

    A. 工作原理   B. 基本构造

    C. 工作性能   D. 运行特点

216. BA004 在水泵的分类中,轴流泵属于( )水泵。

    A. 叶片式   B. 容积式   C. 射流式   D. 螺旋式

217. BA005 离心泵运转时,叶轮入口处的压力( )大气作用于水面上的压力。

    A. 等于   B. 大于   C. 小于   D. 约等于

218. BA005 离心泵泵轴带动叶轮和水作高速旋转时,水泵叶轮中心形成了( )。

    A. 气囊   B. 涡旋   C. 汽蚀   D. 真空

219. BA005　离心泵的连续输水是靠泵轴带动叶轮和水高速旋转而形成的(　　)作用来完成工作的。

　　A. 压力　　　　　　　B. 离心力　　　　　　C. 向心力　　　　　　D. 动力

220. BA006　射流泵的高压水由喷嘴高速射出时,在吸入室内造成不同程度的(　　)。

　　A. 大气压力　　　　　B. 真空　　　　　　　C. 压力水　　　　　　D. 混合水

221. BA006　气升泵是以压缩(　　)为动力来升水、升液或提升矿浆的一种气举装置。

　　A. 空气　　　　　　　B. 水　　　　　　　　C. 面积　　　　　　　D. 体积

222. BA006　往复泵的工作是依靠在泵缸内作往复运行的活塞来改变工作室的(　　),从而达到吸入和排出液体的目的。

　　A. 面积　　　　　　　B. 容积　　　　　　　C. 压强　　　　　　　D. 压力

223. BA007　叶片泵中,单吸泵和双吸泵是按叶轮(　　)来分的。

　　A. 数目　　　　　　　B. 进水方式　　　　　C. 弯曲方向　　　　　D. 旋转方向

224. BA007　叶片泵中,只有一个叶轮且叶轮一侧进水,这种泵称为(　　)泵。

　　A. 单级　　　　　　　B. 单吸　　　　　　　C. 单级单吸　　　　　D. 单级双吸

225. BA007　叶片泵中,只有一个叶轮且叶轮两侧均可进水,这种泵称为(　　)泵。

　　A. 单级　　　　　　　B. 单吸　　　　　　　C. 单级单吸　　　　　D. 单级双吸

226. BA008　国际标准的单级单吸离心泵用字母(　　)表示。

　　A. IS　　　　　　　　B. BA　　　　　　　　C. SH　　　　　　　　D. DA

227. BA008　单吸多级分段式离心泵用字母(　　)表示。

　　A. IS　　　　　　　　B. BA　　　　　　　　C. SH　　　　　　　　D. DA

228. BA008　深井泵用字母(　　)表示。

　　A. IS　　　　　　　　B. SH　　　　　　　　C. JD　　　　　　　　D. QJ

229. BA009　水泵的性能是用(　　)表示的。

　　A. 流量　　　　　　　B. 扬程　　　　　　　C. 轴功率　　　　　　D. 性能参数

230. BA009　水泵单位时间内所输送液体的体积或质量称为水泵的(　　)。

　　A. 流量　　　　　　　B. 扬程　　　　　　　C. 流速　　　　　　　D. 效率

231. BA009　单位重量液体通过水泵后其能量的增加值称为水泵的(　　)。

　　A. 流量　　　　　　　B. 扬程　　　　　　　C. 功率　　　　　　　D. 效率

232. BA010　水泵允许吸上真空高度的单位符号是 mH_2O,符号用(　　)表示。

　　A. Δh　　　　　　　B. H　　　　　　　　C. Q　　　　　　　　D. H_s

233. BA010　允许吸上真空高度是指水泵在(　　)状态下运行时,水泵所允许的最大的吸上真空高度。

　　A. 特殊　　　　　　　B. 一般　　　　　　　C. 标准　　　　　　　D. 不同

234. BA010　水泵汽蚀余量与(　　)是从不同的角度来反映水泵吸水性能好坏的参数。

　　A. 流量值　　　　　　　　　　　　　　　　B. 扬程值

　　C. 汽蚀值　　　　　　　　　　　　　　　　D. 允许吸上真空高度值

235. BA011　水泵汽蚀余量的单位符号用 mH_2O 表示,符号用(　　)表示。

　　A. H　　　　　　　　B. Q　　　　　　　　C. H_s　　　　　　　D. Δh

236. BA011 水泵允许吸上真空高度值与( )是从不同的角度来反映水泵吸水性能好坏的参数。

    A. 流量值   B. 扬程值   C. 汽蚀值   D. 汽蚀余量值

237. BA011 水泵汽蚀余量的单位为( ),用符号 $\triangle h$ 表示。

    A. m   B. m^2 C. m^3 D. mH_2O

238. BA012 水泵的比转数又称比速,用符号"( )"表示,单位为 r/min。

    A. n B. n_s C. H D. H_s

239. BA012 区分离心泵、混流泵和轴流泵的重要参数是( )。

    A. 流量   B. 扬程   C. 转数   D. 比转数

240. BA012 水泵的比转数在一定程度上反映了( )的几何形状。

    A. 泵壳   B. 泵轴   C. 叶轮   D. 填料函

241. BA013 采用自灌式工作的水泵,泵壳顶点( )吸水池(井)的最低水位。

    A. 高于   B. 低于   C. 等于   D. 相对

242. BA013 当泵站中水泵吸水管口径较大、水泵安装高度较高时,常采用( )引水方式。

    A. 自灌式   B. 人工灌水   C. 高位水箱   D. 真空

243. BA013 离心泵用( )引水时,水泵引水时间短。

    A. 真空水箱   B. 人工灌水   C. 真空泵   D. 高位水箱

244. BA014 水泵盘车是用手转动( ),检查机组转子转动是否灵活,有无异常声响。

    A. 叶轮   B. 泵轴   C. 轴承   D. 联轴器

245. BA014 负压进水时离心泵启动前应向水泵及吸水管中充水,以便启动后能在水泵入口处造成抽吸液体所必需的( )。

    A. 真空值   B. 压力值   C. 压强值   D. 扬程

246. BA014 对于新安装或检修后首次启动的水泵必须对( )进行检查。

    A. 泵体   B. 泵盖   C. 转向   D. 密封

247. BA015 离心泵停车前,应先关闭( )阀门,实行闭阀停车。

    A. 吸水管   B. 压水管   C. 干管   D. 支管

248. BA015 离心泵不实行闭阀停车管路会发生( )现象。

    A. 汽蚀   B. 剥蚀   C. 积气   D. 水击

249. BA015 水泵在闭闸情况下,运行时间一般不超过( )。

    A. 1~2min   B. 2~3min   C. 3~4min   D. 4~5min

250. BA016 不会引起离心泵运行时发生振动和噪声的原因是( )。

    A. 叶轮受力不平衡

    B. 叶轮与密封环间隙过大

    C. 发生汽蚀或吸入空气

    D. 水泵和电动机轴线不同心

251. BA016 离心泵运行时,滚动轴承的最高温度不超过( )。

    A. 90℃   B. 85℃   C. 80℃   D. 70℃

252. BA016 离心泵运行时,滚动轴承温升一般不得超过周围温度(　　),最高温度不超过 75℃。

A. 35℃　　　　　　　B. 45℃　　　　　　　C. 55℃　　　　　　　D. 38℃

253. BA017 轴流泵根据泵轴安装位置,可分为立式轴流泵、卧式轴流泵以及(　　)轴流泵。

A. 单吸式　　　　　　B. 双吸式　　　　　　C. 斜式　　　　　　　D. 中开式

254. BA017 轴流泵按叶片安装形式分为(　　)、半调节叶片式、全调节叶片式。

A. 活动叶片式　　　　B. 固定叶片式　　　　C. 立式　　　　　　　D. 卧式

255. BA017 轴流泵的主要工作部件是(　　)。

A. 导叶　　　　　　　B. 泵轴　　　　　　　C. 叶轮　　　　　　　D. 轴承

256. BA018 轴流泵是叶片水泵中(　　)较高的一种泵。

A. 扬程　　　　　　　B. 流速　　　　　　　C. 转数　　　　　　　D. 比转数

257. BA018 下列不属于轴流泵特点的是(　　)。

A. 流量大,扬程高　　　　　　　　　B. 流量大,扬程低

C. 结构简单,质量轻　　　　　　　　D. 不需灌水,操作简单

258. BA018 在水泵样本中,轴流泵的吸水性能,一般是用(　　)来表示。

A. 允许吸上真空高度　　　　　　　　B. 安装高度

C. 汽蚀余量　　　　　　　　　　　　D. 工况点

259. BA019 轴流泵是靠叶轮旋转时,叶片对绕流体产生(　　)来工作的。

A. 离心力　　　　　　B. 向心力　　　　　　C. 径向力　　　　　　D. 升力

260. BA019 立式轴流泵的喇叭管进入部分呈圆弧形,进口直径约为叶轮直径的(　　)左右。

A. 0.5 倍　　　　　　B. 1.0 倍　　　　　　C. 1.5 倍　　　　　　D. 2.0 倍

261. BA019 轴流泵导叶的作用是把叶轮中向上流出的水流旋转运动变为(　　)运动。

A. 径向　　　　　　　B. 轴向　　　　　　　C. 离心　　　　　　　D. 升力

262. BA020 固定式轴流泵的(　　)是和轮毂体铸成一体的,因此叶片的安装角度不能调节。

A. 导叶　　　　　　　B. 叶片　　　　　　　C. 泵轴　　　　　　　D. 轴承

263. BA020 全调式轴流泵是通过一套油压调节机构改变叶片的(　　),从而改变其性能,达到使用要求。

A. 大小　　　　　　　B. 形状　　　　　　　C. 安装位置　　　　　D. 安装角度

264. BA020 轴流泵 ZLB 型号中"L"代表(　　)。

A. 轴流泵　　　　　　B. 半调　　　　　　　C. 立式　　　　　　　D. 全调

265. BA021 混流泵是靠叶轮旋转产生的离心力和叶片对水产生的(　　)的双重作用来工作。

A. 径向力　　　　　　B. 轴向力　　　　　　C. 向心力　　　　　　D. 推力

266. BA021 混流泵根据(　　)的不同通常可分为蜗壳式和导叶式两种。

A. 叶轮形状　　　　　B. 扬程大小　　　　　C. 安装位置　　　　　D. 结构形式

267. BA021　混流泵叶轮的工作原理是介乎于离心泵和(　　)之间的一种过渡形式。
　　A. 往复泵　　　　　　　B. 轴流泵　　　　　　C. 螺旋泵　　　　　　D. 射流泵

268. BA022　6JD36×9 型水泵,其中首个"6"表示(　　)。
　　A. 泵吸水口直径为 6in　　　　　　　　　　B. 泵的扬程为 6m
　　C. 泵出水口直径为 6in　　　　　　　　　　D. 泵适用最小井径为 6in

269. BA022　6JD36×9 型水泵,其中"36"表示(　　)。
　　A. 深井泵扬程为 36m　　　　　　　　　　B. 泵额定流量为 36m³/h
　　C. 适用最小井径为 6in　　　　　　　　　　D. 泵叶轮个数

270. BA022　6JD36×9 型水泵,其中"9"表示(　　)。
　　A. 适用最小井径为 9in　　　　　　　　　　B. 泵的扬程为 9m
　　C. 叶轮个数　　　　　　　　　　　　　　D. 泵额定流量 9m³/h

271. BA023　深井泵起吸水提水作用的是(　　)部分。
　　A. 泵座和电动机　　　　　　　　　　　　B. 传动轴
　　C. 叶轮和导流壳　　　　　　　　　　　　D. 滤网吸水管和泵体

272. BA023　深井泵导流壳属于(　　)部分。
　　A. 扬水管　　　　　　B. 传动轴　　　　　　C. 泵体　　　　　　D. 泵轴

273. BA023　深井泵的扬水管和传动轴部分主要起(　　)作用。
　　A. 吸水提水　　　　　　　　　　　　　　B. 输水和传递动力
　　C. 提供动力　　　　　　　　　　　　　　D. 承受水泵轴向力

274. BA024　深井泵第一次启动前必须对(　　)进行调整。
　　A. 叶轮　　　　　　B. 橡胶轴承　　　　　　C. 传动轴　　　　　　D. 轴向间隙

275. BA024　JD 型深井泵的轴向间隙是指叶轮叶片前边缘和(　　)之间的缝隙。
　　A. 导流壳　　　　　　B. 橡胶轴承　　　　　　C. 扬水管　　　　　　D. 传动轴

276. BA024　深井泵的径向间隔过大,水的回流量和水泵的流量(　　)。
　　A. 同时增加　　　　　　　　　　　　　　B. 同时减少
　　C. 前者增加,后者减小　　　　　　　　　　D. 前者减小,后者增加

277. BA025　潜水泵按其用途分有给水泵和(　　)。
　　A. 加压泵　　　　　　B. 排污泵　　　　　　C. 取水泵　　　　　　D. 循环泵

278. BA025　潜水电动机较一般电动机有特殊要求,有干式、半干式、湿式和(　　)式电动机等几种类型。
　　A. 封闭　　　　　　B. 敞开　　　　　　C. 充油　　　　　　D. 充水

279. BA025　潜水给水泵常用的型号为 QXG,其流量范围为(　　)。
　　A. 100～200m³/h　　　　　　　　　　　B. 200～300m³/h
　　C. 200～400m³/h　　　　　　　　　　　D. 100～500m³/h

280. BA026　潜水泵的分类主要是根据(　　)防水措施的不同来划分的。
　　A. 电缆　　　　　　B. 电动机　　　　　　C. 泵体　　　　　　D. 叶轮

281. BA026　潜水泵是将泵和(　　)制成一体,浸入水中进行提升和输送水。
　　A. 扬水管　　　　　　B. 防水电缆　　　　　　C. 潜水电动机　　　　　　D. 泵轴

282. BA026　潜水泵的特点是(　　)，可长期潜入水中运行。

A. 机泵一体化　　　　　　　　　　　　B. 机泵分离化

C. 无叶轮　　　　　　　　　　　　　　D. 有较长传动轴

283. BA027　200QJ50-130/10 型潜水泵，其中"200"表示(　　)。

A. 吸水口直径 200mm　　　　　　　　B. 出水口直径 200mm

C. 适用最小井径 200mm　　　　　　　D. 水泵扬程 200mm

284. BA027　200QJ33×10 型潜水泵，其中"33"表示(　　)。

A. 吸水口直径 33mm　　　　　　　　B. 出水口直径 33mm

C. 水泵扬程 33mm　　　　　　　　　D. 水泵额定流量 33m^3/h

285. BA027　200QJ33×10 型潜水泵，其中"10"表示(　　)。

A. 水泵扬程 10m　　　　　　　　　　B. 水泵额定流量 10m^3/h

C. 叶轮个数　　　　　　　　　　　　D. 适用最小井径 10in

286. BA028　潜水泵长期使用时其电机绝缘电阻值不得低于(　　)。

A. 0. 5MΩ　　　　B. 5MΩ　　　　C. 10MΩ　　　　D. 20MΩ

287. BA028　潜水泵工作电流超过额定电流(　　)时应立即停机。

A. 20%　　　　B. 30%　　　　C. 40%　　　　D. 50%

288. BA028　潜水给水泵常用的型号为 QXG，其扬程范围为(　　)。

A. 10～50mH$_2$O　　　　　　　　　　B. 6. 5～33mH$_2$O

C. 5～33mH$_2$O　　　　　　　　　　D. 5～38mH$_2$O

289. BB001　机械制图中图纸幅面代号用(　　)表示。

A. *B*×*L*　　　　B. *B*×*C*　　　　C. *A*×*B*　　　　D. *C*×*A*

290. BB001　图纸幅面 A1 尺寸，下列正确的是(　　)。

A. 841×1189　　　B. 438×594　　　C. 594×841　　　D. 210×297

291. BB001　图纸幅面 A4 尺寸，下列正确的是(　　)。

A. 594×841　　　B. 438×594　　　C. 297×438　　　D. 210×297

292. BB002　机械制图中有时需要局部放大比例，下面比例大于 1 的是(　　)。

A. 1：1. 2　　　B. 1：1. 5　　　C. 1：6　　　D. 2：1

293. BB002　机械制图中常常需要缩小比例，下面比例小于 1 的是(　　)。

A. 2：1　　　B. 4：1　　　C. 1：5　　　D. 2. 5：1

294. BB002　在机械制图中实物与图形相应要素的线性尺寸之比为(　　)。

A. 比例　　　　B. 尺寸　　　　C. 图形　　　　D. 原值

295. BB003　投射中线 *S* 距离投影面有限远时，所有投射线汇交于投射中心，这种投射方法称为(　　)。

A. 中心投影法　　B. 投影法　　　C. 平行投影法　　D. 投射线

296. BB003　投射方向与投影面倾斜，称为(　　)投影法。

A. 平行投影法　　B. 斜投影法　　C. 正投影法　　D. 轴测投影法

297. BB003　投射方向与投射面垂直，称为(　　)投影法。

A. 斜投影法　　　B. 轴测投影法　　C. 正投影法　　D. 轴测图

298. BB004 主要表示整个建筑基地的总体布局,具体表达新建房屋的位置、朝向以及周围环境基本情况的图样是(　　)。

A. 总平面图 　　　　　　　　　　　　B. 给排水系统图

C. 水处理高程图 　　　　　　　　　　D. 区域规划图

299. BB004 在总平面图中,用绝对标高表示高度数值,单位为(　　)。

A. cm 　　　　B. mm 　　　　C. m 　　　　D. dm

300. BB004 在总平面图中,图形表示(　　)。

A. 新建构筑物 　　B. 扩建构筑物 　　C. 拆除构筑物 　　D. 原有构筑物

301. BB005 在给排水图中,图形表示(　　)。

A. 弯管 　　B. 方形伸缩器 　　C. 建筑墙 　　D. 存水弯

302. BB005 在给排水图中,图形表示(　　)。

A. 防护套管 　　B. 管道接头 　　C. 防水套管 　　D. 检查口

303. BB005 在给排水图中,图形表示(　　)。

A. 方形地漏 　　B. 圆形地漏 　　C. 检查口 　　D. 清扫口

304. BB006 图形(　　)表示离心泵。

A. 　　B. 　　C. 　　D.

305. BB006 图形(　　)表示射流泵。

A. 　　B. 　　C. 　　D.

306. BB006 图形(　　)表示真空泵。

A. 　　B. 　　C. 　　D.

307. BB007 在工程图中,例如,外径为108mm,壁厚为4mm,下列表示正确的是(　　)。

A. 108×4 　　B. ϕ108mm×4mm 　　C. ϕ108m 　　D. 4 □m

308. BB007 相对标高起始点应表示为(　　)。

A. ±0.000 　　B. ±3.300 　　C. −29.67 　　D. +1.800

309. BB007 工程图中,(　　)是指被注长度的度量线。

A. 尺寸界限 　　B. 尺寸线 　　C. 尺寸起止符号 　　D. 尺寸数字

310. BB008 给水工程图示中,管道的管径单位符号用(　　)表示。

A. m 　　B. cm 　　C. dm 　　D. mm

311. BB008 给水工程图示中,焊接钢管、无缝钢管的规格用(　　)表示。

A. 内径×外径 　　B. 外径×壁厚 　　C. 内径×壁厚 　　D. 直径

312. BB008 图形(　　)表示减压阀。

A. 　　B. 　　C. 　　D.

313. BB009 在泵站流程图中,图例"——○"表示(　　)。

A. 水平管向上转弯 　　　　　　　　　B. 水平管向下转弯

C. 异径连头 　　　　　　　　　　　　D. 法兰连接管道

314. BB009　在泵站流程图中,图例"—◁—"表示(　　)。

    A. 水平管向上转弯　　　　　　　　　　　B. 水平管向下转弯

    C. 异径连头　　　　　　　　　　　　　　D. 法兰连接管道

315. BB009　在泵站流程图中,图例"⊣▷◁⊢"表示(　　)。

    A. 流量表　　　　　　B. 法兰阀门　　　　　　C. 螺纹阀门　　　　　　D. 逆止阀

316. BB010　由前往后投影,在 V 面上得到(　　)视图。

    A. 俯视图　　　　　　B. 左视图　　　　　　C. 仰视图　　　　　　D. 主视图

317. BB010　由左向右的投影,在 W 面上得到(　　)视图。

    A. 左视图　　　　　　B. 右视图　　　　　　C. 俯视图　　　　　　D. 主视图

318. BB010　主视图与俯视图之间应保持(　　)相等关系。

    A. 长　　　　　　　　B. 高　　　　　　　　C. 宽　　　　　　　　D. 无

319. BB011　正投影法中把立体正面投影读作(　　)。

    A. 主视图　　　　　　B. 俯视图　　　　　　C. 左视图　　　　　　D. 右视图

320. BB011　正投影法中把立体侧面投影读作(　　)。

    A. 主视图　　　　　　B. 左视图　　　　　　C. 右视图　　　　　　D. 俯视图

321. BB011　在三视图中,俯视与左视图对应关系读作(　　)。

    A. 长对正　　　　　　B. 高平齐　　　　　　C. 宽相等　　　　　　D. 无关系

322. BB012　水泵配用笼式电动机时,它的启动(　　)很大。

    A. 效率　　　　　　　B. 电流　　　　　　　C. 电压　　　　　　　D. 电阻

323. BB012　水泵配用电动机的额定功率应(　　)水泵的轴功率。

    A. 等于　　　　　　　B. 大于　　　　　　　C. 小于　　　　　　　D. 不大于

324. BB012　水泵所配电动机的(　　)应和水泵的设计转数基本一致。

    A. 功率　　　　　　　B. 效率　　　　　　　C. 转数　　　　　　　D. 转矩

325. BB013　直流电动机、交流电动机和三相交流电动机是根据(　　)来划分的。

    A. 转子结构　　　　　B. 电源性质　　　　　C. 工作原理　　　　　D. 电动机结构

326. BB013　同步电动机和异步电动机是根据(　　)来划分的。

    A. 转子结构　　　　　B. 电源性质　　　　　C. 工作原理　　　　　D. 电动机结构

327. BB013　直流电动机可分为(　　)电动机。

    A. 他励、并励、复励、串励　　　　　　　B. 他励、串励、往复、波动

    C. 并励、复励、波动、他励　　　　　　　D. 复励、串励、联动、并联

328. BB014　电动机的效率越高,电动机的损耗(　　)。

    A. 越大　　　　　　　B. 越小　　　　　　　C. 不变　　　　　　　D. 为零

329. BB014　电动机的(　　)越高,其利用率越高。

    A. 效率　　　　　　　B. 功率因数　　　　　C. 启动电流　　　　　D. 启动转矩

330. BB014　桥式起重机的主钩电动机经常需要在满载下启动,并且根据负载的不同而改变提升速度。吊起重物过程中,速度亦需改变,则应选用(　　)。

    A. 普通单笼型三相异步电动机　　　　　　B. 双笼型三相异步电动机

    C. 绕线转子三相异步电动机　　　　　　　D. 直流电动机

331. BB015　Y200L2-6 型电动机,其中"Y"表示(　　)。
　　A. 异步电动机　　　　　　　　　　　B. 绕线异步电动机
　　C. 防爆异步电动机　　　　　　　　　D. 转矩异步电动机

332. BB015　Y200L2-6 型电动机,其中"200"表示(　　)。
　　A. 电压　　　　　B. 机座中心高　　　C. 机座长度代号　　　D. 磁极数

333. BB015　Y200L2-6 型电动机,其中"L"表示(　　)。
　　A. 产品名称　　　B. 长机座　　　　　C. 短机座　　　　　　D. 中机座

334. BB016　额定电压是指电动机在额定运行情况下,定子绕组上应加的(　　)。
　　A. 线电压值　　　B. 峰电压值　　　　C. 谷电压值　　　　　D. 平均电压值

335. BB016　铭牌上所标的电流值是指电动机在额定运行时定子绕组的(　　)。
　　A. 线电压值　　　B. 线电流值　　　　C. 功率值　　　　　　D. 机械电流值

336. BB016　电动机绕组的绝缘材料等级为 B 级,其极限温度为(　　)。
　　A. 105℃　　　　B. 120℃　　　　　C. 130℃　　　　　　D. 155℃

337. BB017　绕线式三相异步电动机,转子串入电阻调速属于(　　)。
　　A. 变级调速　　　　　　　　　　　　B. 变频调速
　　C. 改变转差率调速　　　　　　　　　D. 无级调速

338. BB017　Y-△启动只适用于在正常运行时定子绕组为(　　)连接的电动机。
　　A. 任意　　　　　　　　　　　　　　B. 星形
　　C. 三角形　　　　　　　　　　　　　D. 星形—三角形

339. BB017　异步电动机作 Y-△降压启动时,每相定子绕组上的启动电压是正常工作电压的(　　)。
　　A. 1/3 倍　　　　B. 1/2 倍　　　　　C. 1/$\sqrt{2}$ 倍　　　　D. 1/$\sqrt{3}$ 倍

340. BB018　下列不是影响异步电动机温升过高的原因是(　　)。
　　A. 过载　　　　　　　　　　　　　　B. 电压过低
　　C. 长时间运行　　　　　　　　　　　D. 定子、转子摩擦

341. BB018　电动机运行时线路电压波动应在(　　)范围内。
　　A. +5%　　　　　B. +10%　　　　　C. -10%　　　　　　D. ±10%

342. BB018　电动机运行时电流表指针来回摆动,可能的原因是(　　)。
　　A. 定子、转子摩擦　B. 笼式转子断条　　C. 过载　　　　　　D. 转子不平衡

343. BB019　在低压 220/380V 配电系统中,通常都是采用(　　)线路。
　　A. 放射式　　　　　　　　　　　　　B. 树干式
　　C. 放射式和树干式相组合的混合式　　D. 环式

344. BB019　供电可靠性较高,任一段线路的故障和检修都不致造成供电中断,并且可减少电能损耗和电压损失的接线方式为(　　)。
　　A. 环形接线　　　B. 树干式接线　　　C. 放射式接线　　　　D. 桥式接线

345. BB019　系统灵活性好,使用的开关设备少,消耗的有色金属少,但干线发生故障时影响范围大,供电可靠性较低的接线方式为(　　)。
　　A. 环形接线　　　B. 树干式接线　　　C. 放射式接线　　　　D. 桥式接线

346. BB020　在高压、低压和安全电压的划分中,对地电压在(　　)以下为低压。
　　A. 40V　　　　　　　B. 80V　　　　　　　C. 250V　　　　　　　D. 150V

347. BB020　在高压、低压和安全电压的划分中,对地电压在(　　)以下为安全电压。
　　A. 100V　　　　　　B. 42V　　　　　　　C. 150V　　　　　　　D. 250V

348. BB020　我国规定工频安全电压有(　　)个等级。
　　A. 两个　　　　　　B. 三个　　　　　　　C. 四个　　　　　　　D. 五个

349. BB021　人体某一部分触及一相带电体的触电事故为(　　)触电。
　　A. 单相　　　　　　B. 两相　　　　　　　C. 跨步电压　　　　　D. 接触电压

350. BB021　人体两处同时触及两相带电体的触电事故为(　　)触电。
　　A. 单相　　　　　　B. 两相　　　　　　　C. 跨步电压　　　　　D. 接触电压

351. BB021　当电气设备发生接地故障时,人体两脚之间出现的电压称为(　　)。
　　A. 单相电压　　　　B. 两相电压　　　　　C. 跨步电压　　　　　D. 接触电压

352. BB022　单位换算中,1MW 等于(　　)。
　　A. 10^3 W　　　　　B. 10^4 W　　　　　C. 10^5 W　　　　　D. 10^6 W

353. BB022　电流在一段时间内所做的功称为(　　)。
　　A. 电能　　　　　　B. 电功率　　　　　　C. 电流热效应　　　　D. 焦耳

354. BB022　一度电可供"220V、40W"的灯泡正常发光的时间是(　　)。
　　A. 20h　　　　　　　B. 45h　　　　　　　C. 25h　　　　　　　D. 40h

355. BB023　关于功率因数的说法,正确的是(　　)。
　　A. 功率因数即是负载率
　　B. 功率因数就是设备利用率
　　C. 功率因数是设备的功率
　　D. 功率因数表示电源功率被利用的程度

356. BB023　当电源电压和负载有功功率一定时,功率因数越低,电源提供的电流越大,线路的压降(　　)。
　　A. 不变　　　　　　B. 忽小忽大　　　　　C. 越小　　　　　　　D. 越大

357. BB023　功率因数是衡量电气设备(　　)高低的一个系数。
　　A. 效率　　　　　　B. 有功功率　　　　　C. 无功功率　　　　　D. 视在功率

358. BB024　方向和大小均随时间变化而变化的电流称为(　　)。
　　A. 直流电流　　　　B. 交流电流　　　　　C. 脉动电流　　　　　D. 波形电流

359. BB024　交流电流变化一周所需要的时间,称为周期,我国规定交流电的周期为(　　)。
　　A. 0.01s　　　　　　B. 0.02s　　　　　　C. 0.05s　　　　　　D. 0.1s

360. BB024　在交流电路中,电气设备的电流、电压、功率等电气参数均用(　　)来表示。
　　A. 最大值　　　　　B. 平均值　　　　　　C. 有效值　　　　　　D. 最小值

361. BB025　直流电的频率是(　　)。
　　A. 1Hz　　　　　　B. 0Hz　　　　　　　C. 50Hz　　　　　　　D. 无穷大

362. BB025　由电源、负载、连接导线和开关组成的回路称为(　　)。
　　A. 电流　　　　　　B. 电路　　　　　　　C. 内电路　　　　　　D. 外电路

363. BB025 下列对电动势的叙述正确的是(　　)。

　　A. 电动势就是电压

　　B. 电动势就是高电位

　　C. 电动势就是电位差

　　D. 电动势是外力把单位正电荷从电源负极移到正极所做的功

364. BB026 电气设备的额定电流是指在(　　)周围环境温度下,电气设备的长期允许电流。

　　A. 最大　　　　　　　B. 最小　　　　　　　C. 平均　　　　　　　D. 额定

365. BB026 满足动稳定的条件即电器允许通过的动稳定电流的幅值,(　　)短路冲击电流幅值。

　　A. 高于　　　　　　　B. 低于　　　　　　　C. 等于　　　　　　　D. 无要求

366. BB026 短路热稳定的校验,电器允许通过的热稳定(　　)和时间大于短路电流产生的热效应。

　　A. 电压　　　　　　　B. 电流　　　　　　　C. 电阻　　　　　　　D. 电感

367. BB027 三相四线制供电方式是指变压器采用(　　)连接组别。

　　A. YN,d11　　　　　B. Y,y　　　　　　　C. YN,y　　　　　　　D. Y,yn

368. BB027 变压器除可以变换电压、变换电流外还可以变换(　　)。

　　A. 磁通　　　　　　　B. 功率　　　　　　　C. 频率　　　　　　　D. 阻抗和相位

369. BB027 不能进行电能与机械能转换的设备是(　　)。

　　A. 同步机　　　　　　B. 直流机　　　　　　C. 异步机　　　　　　D. 变压器

370. BB028 变压器既能改变线路电压和电流,又能同时输出各种不同(　　)数值。

　　A. 电阻　　　　　　　B. 电压　　　　　　　C. 功率　　　　　　　D. 频率

371. BB028 变压器不但能改变电压,同时也能改变(　　)。

　　A. 电流　　　　　　　B. 功率　　　　　　　C. 效率　　　　　　　D. 电阻

372. BB028 水厂(站)所有的主变压器大多采用(　　)电力变压器。

　　A. 一相　　　　　　　B. 两相　　　　　　　C. 三相　　　　　　　D. 四相

373. BB029 变压器铁芯采用相互绝缘的薄硅钢片叠成,主要目的是为了降低(　　)。

　　A. 杂散损耗　　　　　B. 铜耗　　　　　　　C. 涡流损耗　　　　　D. 磁滞损耗

374. BB029 变压器是利用电磁感应原理,把某一种频率、电压、电流的电能转换成(　　)的电能的装置。

　　A. 频率相同但电压、电流不同　　　　　　　B. 频率、电流、电压都不同

　　C. 频率与电压不同,电流相同　　　　　　　D. 频率与电流相同,电压不同

375. BB029 变压器具有(　　)的功能。

　　A. 变频　　　　　　　B. 变换阻抗　　　　　C. 变压、变流、变换阻抗　　D. 变换功率

376. BB030 变压器的(　　)都绕在铁芯上。

　　A. 呼吸器　　　　　　B. 散热器　　　　　　C. 绕组(线圈)　　　　D. 防爆管

377. BB030 变压器油箱内的(　　)起一定的散热作用。

　　A. 油枕　　　　　　　B. 变压器油　　　　　C. 绝缘套管　　　　　D. 呼吸器

378. BB030　适用于变压器铁芯的材料是(　　　)。

A. 软磁材料　　　　　B. 硬磁材料　　　　　C. 矩磁材料　　　　　D. 顺磁材料

379. BB031　电力系统中用来接受电力和(　　　)电力的电气装置称为配电装置。

A. 分配　　　　　　　B. 变换　　　　　　　C. 输送　　　　　　　D. 转移

380. BB031　低压配电装置的低压配电系统内应设有与实际相符合的(　　　)。

A. 示意图　　　　　　　　　　　　　　　B. 流程图

C. 操作系统接线图　　　　　　　　　　　D. 布线图

381. BB031　JKC-3 型低压配电柜保护性能包括(　　　)。

A. 欠压、欠流、过流、欠载

B. 过压、欠压、欠流、欠载

C. 过流、欠流、过载、欠载

D. 过压、过流、断相、堵转、漏电保护、停电自启等

382. BB032　高压配电装置的额定电压为(　　　)三种。

A. 1kV,2kV,3kV　　　　　　　　　　　B. 4kV,5kV,6kV

C. 3kV,6kV,10kV　　　　　　　　　　　D. 2kV,4kV,6kV

383. BB032　高压断路器可分为(　　　)。

A. 多油断路器和真空油断路器

B. 多油断路器和少油断路器

C. 少油断路器和真空油断路器

D. 油断路器(多油、少油)、SF6 断路器、和真空油断路器

384. BB032　断路器的操作机构按其做功方式可分为手动操作和(　　　)两类。

A. 电磁操作　　　　　B. 弹簧操作　　　　　C. 动力操作　　　　　D. 液压操作

385. BB033　熔断器的图形符号为(　　　)。

A. ──□──　　　　　B. ─┤├─　　　　　C. ──▭──　　　　　D. ╱─

386. BB033　交流的表示符号为(　　　)。

A. ────　　　　　B. ∿　　　　　C. ∾̄　　　　　D. ⌇⌇⌇

387. BB033　电气图中,电流互感器的符号为(　　　)。

A. YH　　　　　　　　B. TA　　　　　　　　C. L　　　　　　　　　D. DL

388. BB034　铁壳开关分为 250V 和 500V 单相或三相两种,能切断(　　　)以下的电流。

A. 500A　　　　　　　B. 400A　　　　　　　C. 200A　　　　　　　D. 100A

389. BB034　石板闸刀开关适用于(　　　)以下电灯及电力的配电线路总开关或分路开关,控制电路接通或断开。

A. 500V　　　　　　　B. 600V　　　　　　　C. 700V　　　　　　　D. 800V

390. BB034　刀开关的特点是(　　　)。

A. 具有明显的断开点　　　　　　　　　　B. 开断电流大

C. 具备过流保护功能　　　　　　　　　　D. 具有电动操作功能

391. BB035　自动空气开关广泛用于电压(　　　)以下的交直流电路。

A. 500V　　　　　　　B. 1000V　　　　　　C. 1500V　　　　　　D. 2000V

392. BB035 自动空气开关的额定电压应(　　)或等于被控电路的额定电压。

A. 不变　　　　　　B. 为零　　　　　　C. 大于　　　　　　D. 小于

393. BB035 常用的塑料外壳式空气开关可分为(　　)三种。

A. 二极、三极、四极　　　　　　　　　B. 单极、二极、三极

C. 单极、三极、四极　　　　　　　　　D. 单极、二极、四极

394. BB036 接触器是用来对电压在(　　)以下的配电装置或其他电气设备远距离操纵或
自动控制的开关。

A. 500V　　　　　　B. 1000V　　　　　C. 1500V　　　　　D. 2000V

395. BB036 在水厂(站)中,接触器主要控制(　　),也可以用来控制电路和大容量的控
制电路。

A. 变压器　　　　　B. 电动机　　　　　C. 电流表　　　　　D. 电压表

396. BB036 交流接触器的吸引线圈在电源电压为线圈额定电压值的(　　)时,能可靠
工作。

A. 75%~100%　　　B. 80%~100%　　　C. 85%~100%　　　D. 85%~105%

397. BB037 磁力启动器用来断开负载(　　)。

A. 电压　　　　　　B. 电流　　　　　　C. 电阻　　　　　　D. 频率

398. BB037 磁力启动器对于控制三相异步电动机具有过载、断相和(　　)保护。

A. 短路　　　　　　B. 断路　　　　　　C. 失压　　　　　　D. 减压

399. BB037 磁力启动器带有(　　)外壳和可逆型带电气及机械连锁装置。

A. 铁　　　　　　　B. 铜　　　　　　　C. 铝　　　　　　　D. 防护

400. BB038 熔断器的额定电压应与(　　)电压吻合,一般不宜低于它的电压。

A. 设备　　　　　　B. 线路　　　　　　C. 负载　　　　　　D. 空载

401. BB038 熔断器熔体的额定电流不可大于熔管的(　　)电流。

A. 额定　　　　　　B. 最大　　　　　　C. 最小　　　　　　D. 平均

402. BB038 熔断器中熔体熔断后,可用(　　)替换。

A. 铜丝　　　　　　B. 铁丝　　　　　　C. 相同材料　　　　D. 不同材料

403. BB039 给水泵站提高科学管理水平,减轻劳动强度,保证供水质量,节约能耗的重要
技术措施是实现(　　)。

A. 多人值守　　　　B. 做好劳动监督　　C. 提高业务能力　　D. 自动控制

404. BB039 泵站自动控制通常采用限位或控制方式,并依次调整水泵的控制台数,以达到
(　　)之间的平衡。

A. 供水量和采水量　　　　　　　　　　B. 供水量和需水量

C. 供水量和水压　　　　　　　　　　　D. 供水量和水位

405. BB039 提高科学管理水平,减轻劳动强度,保证供水质量,节约能耗的重要技术措施
是(　　)。

A. 全面质量管理　　　　　　　　　　　B. 现场管理

C. 实现给水泵站自动控制　　　　　　　D. 远动控制

406. BB040 程序的控制输出不仅受程序本身的制约而且还受到被控参量检测信号的控

制,称为(　　)。

A. 全自动控制   B. 半自动控制

C. 闭环程序控制   D. 开环程序控制

407. BB040　泵站主机组及辅助设备按照预先规定的程序,利用一系列自动化元件、自动装置或计算机进行信息处理和自动控制的过程是(　　)。

A. 水泵自动化   B. 泵站自动化

C. 电动机自动化   D. 变频器自动化

408. BB040　采用具有遥控、遥测、遥调及遥信功能的远动装置,就能在调度所内通过传送信息的(　　),及时掌握和控制系统的运行情况。

A. 远动通道   B. 信号   C. 电缆   D. 光缆

409. BC001　一般机油黏度性能随温度变化趋势是(　　)。

A. 温度升高,黏度变大   B. 温度升高,黏度变小

C. 温度升高,黏度不变   D. 温度降低,黏度降低

410. BC001　润滑油三级过滤的目的为(　　)。

A. 防止润滑油在运输过程中带入杂质

B. 防止润滑油在管理过程中带入杂质

C. 防止润滑油在加注过程中带入杂质

D. 防止润滑油在润滑过程中带入杂质

411. BC001　有关润滑管理,下列说法正确的是(　　)。

A. 不同标号的润滑油桶可以互用

B. 废油可以随便处理

C. 运行设备只要有油,长时间不必更换

D. 润滑油试用应遵循三级过滤的原则

412. BC002　泵的机械损失主要是水泵填料、轴承和泵轴间的(　　)。

A. 水力损失   B. 压力损失   C. 容积损失   D. 摩擦损失

413. BC002　水泵的容积损失是指水在流经水泵时所漏损的(　　)。

A. 扬程   B. 流量   C. 能量   D. 功率

414. BC002　水泵的(　　)是指水在流经水泵时所漏损的流量。

A. 动力损失   B. 压力损失   C. 容积损失   D. 摩擦损失

415. BC003　S 型离心泵二保周期为(　　)左右。

A. 100h   B. 1000h   C. 2000h   D. 5000h

416. BC003　IS 型离心泵在运转的第一个月内,运转(　　)左右后,应更换悬架油室内的润滑油。

A. 100h   B. 500h   C. 1000h   D. 2000h

417. BC003　IS 型离心泵每运转(　　)左右,应更换一次润滑油。

A. 100h   B. 500h   C. 1000h   D. 2000h

418. BC004　水泵运行时会产生轴向推力,它可使(　　)沿轴向窜动。

A. 泵轴   B. 轴套   C. 轴承   D. 轴承体

419. BC004　水泵运行时产生的轴向力,会使(　　)和泵轴发生窜动。
　　　A. 轴承　　　　　　　B. 填料压盖　　　　　　C. 密封环　　　　　　D. 叶轮

420. BC004　多级单吸式离心泵叶轮单侧受力相当大,必须用专门的(　　)解决。
　　　A. 轴向固定装置　　　　　　　　　　　B. 叶轮固定装置
　　　C. 轴向力平衡装置　　　　　　　　　　D. 控制压力稳定装置

421. BC005　单级单吸离心泵一保内容包括(　　)。
　　　A. 清洁卫生、检查润滑油脂、检查填料
　　　B. 清洁卫生、测量轴承间隙
　　　C. 检查润滑油脂、测联轴器偏差
　　　D. 清洁卫生、测联轴器偏差

422. BC005　检查润滑脂(油)时,轴承箱内润滑脂(油)容积少于(　　)时应添加。
　　　A. 1/4　　　　　　　B. 1/3　　　　　　　C. 1/2　　　　　　　D. 1

423. BC005　检查润滑脂(油)时,轴承箱内润滑脂(油)容积多于(　　)时应清除。
　　　A. 1/2　　　　　　　B. 1/3　　　　　　　C. 2/3　　　　　　　D. 1

424. BC006　水泵安装质量应满足如下基本要求:①稳定性,②整体性,③(　　),④对中与整平。
　　　A. 水泵性能要稳定　　　　　　　　　　B. 电动机电压应满足要求
　　　C. 机组尺寸应符合要求　　　　　　　　D. 位置与标高要准确

425. BC006　确认潜水泵和电动机各零部件完好后,组装前应(　　)才可将水泵和电动机重新装配。
　　　A. 涂刷防锈漆　　　　B. 试运行　　　　　C. 测量轴承间隙　　　D. 检查联轴器

426. BC006　用摇表摇测电缆线的绝缘电阻,低压电缆要求不低于(　　);高压 6000V 电缆不低于 20Ω。
　　　A. 0.5Ω　　　　　　B. 1Ω　　　　　　　C. 5Ω　　　　　　　D. 10Ω

427. BC007　液体润滑剂包括矿物润滑油、合成润滑油、(　　)和水基液体等。
　　　A. 有机油　　　　　　B. 动植物油　　　　C. 聚四氟乙烯　　　　D. 石墨

428. BC007　润滑脂是由基础油液、(　　)和添加剂在高温下合成的。
　　　A. 稠化剂　　　　　　B. 动物油脂　　　　C. 植物油脂　　　　　D. 芳香烃类

429. BC007　ZFG-3 润滑脂中,"FG"表示(　　)。
　　　A. 复合钙基　　　　　B. 锂基　　　　　　C. 复合钠基　　　　　D. 钙基

430. BC008　润滑油的质量指标可分为两大类:一是油品的理化性能指标,另一类是油品的(　　)指标。
　　　A. 生化性能　　　　　B. 应用性能　　　　C. 物理性能　　　　　D. 化学性能

431. BC008　润滑脂的主要质量指标不包括(　　)。
　　　A. 针入度　　　　　　B. 水分　　　　　　C. 凝点　　　　　　　D. 滴点

432. BC008　针入度是评价润滑脂(　　)的常用指标。
　　　A. 稠度　　　　　　　B. 润滑性能　　　　C. 黏温性能　　　　　D. 机械性能

433. BC009　适用于工农业等机械设备中不接触水而温度较高,中低负荷的摩擦部位是

（　　）润滑脂。

  A. 钙基   B. 钠基   C. 铝基   D. 锂基

434. BC009 有良好的抗水性、机械安定性、防锈性和氧化安定性等特点,属于多用途、长寿命、宽使用温度的是(　　)润滑脂。

  A. 钙基   B. 钠基   C. 铝基   D. 锂基

435. BC009 目前市场上广泛使用的锂基润滑脂有(　　)个牌号。

  A. 2   B. 3   C. 4   D. 5

436. BC010 润滑脂在使用中质量会发生的变化不包括(　　)。

  A. 氧化变质   B. 稠度下降   C. 基础油减少 D. 基础油增加

437. BC010 润滑脂在使用中变质后其润滑效果(　　)。

  A. 不影响   B. 变好   C. 变差   D. 不定

438. BC010 由于机械润滑部件密封条件不好,导致润滑脂中混入灰土、杂质和水分而使润滑脂质量(　　)。

  A. 变差   B. 变好   C. 不变   D. 不定

439. BD001 利用流体流动对能量转化以达到输送液体的装置称为(　　)。

  A. 喷射泵   B. 离心泵   C. 真空泵   D. 混流泵

440. BD001 图形(　　)表示底阀。

  A. ▷◁   B. ◎   C. ⟂○   D. ▷|

441. BD001 电磁流量计的最大优点是计量范围大,(　　)。

  A. 最大流量小 B. 流速小   C. 水头损失小 D. 最小流量小

442. BD002 变压器油分 25 号和(　　)两种。

  A. 35 号   B. 45 号   C. 55 号   D. 65 号

443. BD002 变压器用 25 号油的凝固点为(　　)。

  A. 25℃   B. −25℃   C. 100℃   D. 0℃

444. BD002 变压器的上层油温最高不得超过(　　)。

  A. 85℃   B. 90℃   C. 95℃   D. 100℃

445. BD003 我国电力系统目前所采用的中性点接地方式主要有(　　)三种。

  A. 不接地、直接接地、经电阻接地

  B. 不接地、直接接地、经电抗接地

  C. 经电抗接地、经消弧线圈接地、直接接地

  D. 不接地、直接接地、经消弧线圈接地

446. BD003 中性点不接地的三相系统中,当一相发生接地时,接地点通过的电流大小为原来相对地电容电流的(　　)。

  A. 1 倍   B. $\sqrt{2}$ 倍   C. $\sqrt{3}$ 倍   D. 3 倍

447. BD003 在多雷区且单进线装有消弧线圈的变压器应在中性点加装(　　)。

  A. 开关   B. 避雷器   C. 熔断器   D. 电抗器

448. BD004 运行人员应按时巡视设备,及时发现(　　)。

A. 外来人　　　　　　　B. 天气变化　　　　　　C. 设备缺陷和异常　　D. 小动物

449. BD004　大雾天气时,对电气设备进行特殊巡回检查的重点是套管有无放电、闪络,重点应监视(　　)部分。

A. 桥架　　　　　　　　B. 电缆　　　　　　　　C. 铁质　　　　　　　　D. 瓷质

450. BD004　大风天气时应对运行中的电气设备进行特殊巡回检查,重点应检查室外导线有无摆动和有无(　　)。

A. 搭挂物体　　　　　　B. 发热　　　　　　　　C. 放电　　　　　　　　D. 异常声音

451. BD005　安装在管道中,由一些被逐次充满和排放流体的已知容积的容室和凭借流体驱动的机构组成的水表称(　　)水表。

A. 旋翼式　　　　　　　B. 容积式　　　　　　　C. 速度式　　　　　　　D. 螺翼式

452. BD005　水表计数器浸没在被测水中,这种水表称为(　　)水表。

A. 湿式　　　　　　　　B. 干式　　　　　　　　C. 冷水　　　　　　　　D. 热水

453. BD005　水表计数器与被测水隔离开,这种水表称为(　　)水表。

A. 湿式　　　　　　　　B. 干式　　　　　　　　C. 冷水　　　　　　　　D. 热水

454. BD006　LXS-100 型旋翼式水表,其中字母"L"表示(　　)。

A. 流量仪表　　　　　　B. 水表　　　　　　　　C. 冷水表　　　　　　　D. 热水表

455. BD006　LXS-100 型旋翼式水表,其中字母"X"表示(　　)。

A. 流量仪表　　　　　　B. 水表　　　　　　　　C. 冷水表　　　　　　　D. 热水表

456. BD006　LXS-100 型旋翼式水表,其中字母"S"表示(　　)。

A. 指针　　　　　　　　B. 字轮　　　　　　　　C. 旋翼　　　　　　　　D. 螺翼

457. BD007　水流通过水表时产生磨阻所形成的压力差称为水表的(　　)。

A. 最大流量　　　　　　B. 最小流量　　　　　　C. 灵敏限　　　　　　　D. 水头损失

458. BD007　水表若长期在(　　)下工作,水量误差将会很大。

A. 最大流量　　　　　　B. 最小流量　　　　　　C. 额定流量　　　　　　D. 灵敏限

459. BD007　水表只能短时间在(　　)下工作,否则水表零部件将会很快磨损。

A. 最大流量　　　　　　B. 最小流量　　　　　　C. 额定流量　　　　　　D. 灵敏限

460. BD008　离心泵出口压力表指示(　　)的出水压力。

A. 出水管　　　　　　　B. 进水管　　　　　　　C. 管网　　　　　　　　D. 离心泵

461. BD008　离心泵出口压力表的量值单位符号应用(　　)表示。

A. m　　　　　　　　　B. N　　　　　　　　　C. P　　　　　　　　　D. MPa

462. BD008　选择压力表时必须检查的内容不包括(　　)。

A. 检验合格证　　　　　B. 量程　　　　　　　　C. 颜色　　　　　　　　D. 铅封与外观

463. BE001　把纤维与石墨、金属粉、油脂和弹性黏合剂相混制作而成的是(　　)填料。

A. 绞合　　　　　　　　B. 塑性　　　　　　　　C. 编结　　　　　　　　D. 环状

464. BE001　碳纤维填料是一种(　　)填料,它以优异的自润滑性能,耐高低温和耐化学的性能引起人们极大关注。

A. 新型　　　　　　　　B. 普通　　　　　　　　C. 石棉　　　　　　　　D. 石墨

465. BE001　通过填料压盖的压紧产生弹性变形的是(　　)填料,其与填料函内壁和阀杆紧密吻合,并产生一层油膜与阀杆接触,阻止介质的泄漏。

  A. 压缩填料   B. V 形填料   C. 波纹管   D. 液体填料

466. BE002 采用柔性石墨线经穿心编织而成,具有良好的自润滑性及导热性,摩擦系数小,通用性强,柔软性好,强度高等优点的是( )。

  A. 碳化纤维填料 B. 油浸石棉填料 C. 膨胀石墨填料 D. 牛油填料

467. BE002 油浸石棉填料按适用范围分两个牌号,其使用的蒸汽温度分别是( )。

  A. 350℃和150℃   B. 350℃和200℃

  C. 300℃和200℃   D. 350℃和250℃

468. BE002 油浸石棉填料表面花纹应匀称,不应有外露线头、弯曲、跳线,石墨应涂得均匀,不符合以上要求的缺陷10m内不得超过( )处。

  A. 2   B. 3   C. 4   D. 5

469. BE003 离心泵泵轴与泵座之间的转动连接装置为( )。

  A. 轴套   B. 轴承   C. 轴承座   D. 填料盒

470. BE003 离心泵叶轮与泵壳内壁接缝处的减漏装置为( )。

  A. 水封环   B. 填料盒   C. 密封环   D. 轴承座

471. BE003 离心泵泵轴与泵壳之间的轴封装置为( )。

  A. 轴套   B. 填料盒   C. 密封环   D. 轴承座

472. BE004 卧式离心泵的吸水口、出水口是水泵的( )部分。

  A. 泵壳   B. 辅助   C. 泵座   D. 密封

473. BE004 卧式离心泵安装真空表的螺孔设在( )。

  A. 水泵吸水锥管的法兰上   B. 水泵出水锥管的法兰上

  C. 泵壳上   D. 螺壳形流道上

474. BE004 卧式离心泵安装压力表的螺孔设在( )。

  A. 水泵吸水锥管的法兰上   B. 水泵出水锥管的法兰上

  C. 螺壳形流道上   D. 泵壳上

475. BE005 联轴器在离心泵的基本结构中属于( )部分。

  A. 动力   B. 泵壳   C. 转动   D. 泵座

476. BE005 离心泵的转动部分包括叶轮、轴套、轴承、联轴器和( )。

  A. 密封环   B. 水封环   C. 泵轴   D. 填料

477. BE005 轴承端盖的作用是( )。

  A. 防止漏油   B. 能量传递   C. 减少噪声   D. 固定支撑

478. BE006 离心泵叶轮与泵壳接缝口处装有( )。

  A. 轴套   B. 水封环   C. 密封环   D. 填料

479. BE006 离心泵的( )是泵轴伸出泵壳处的密封装置。

  A. 填料盒   B. 轴套   C. 密封环   D. 口环

480. BE006 离心泵轴封装置的形式有( )。

  A. 一种   B. 两种   C. 三种   D. 四种

481. BE007 IS 型单级单吸离心泵图中"1"表示( )。

A. 泵体   B. 泵盖   C. 悬架   D. 填料压盖

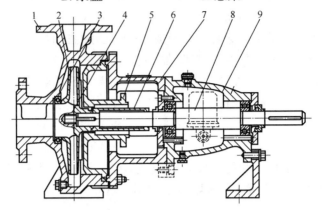

482. BE007   IS 型单级单吸离心泵图中"3"表示(   )。

     A. 密封环   B. 水封环   C. 叶轮   D. 轴套

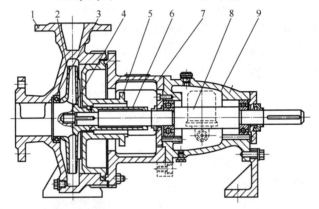

483. BE007   IS 型单级单吸离心泵图中"8"表示(   )。

     A. 轴套   B. 水封环   C. 密封环   D. 泵轴

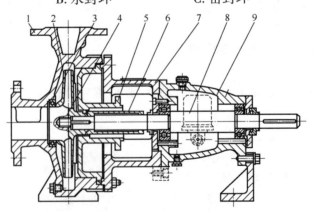

484. BE008   SH 型单级双吸离心泵图中"1"表示(   )。

     A. 泵体   B. 泵盖   C. 水封环   D. 轴套

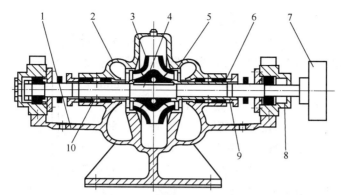

485. BE008　SH 型单级双吸离心泵图中"3"表示(　　)。

　　A. 密封环　　　　　　　B. 叶轮　　　　　　　C. 水封环　　　　　　　D. 填料

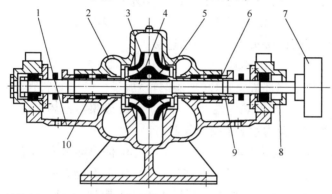

486. BE008　SH 型单级双吸离心泵图中"4"表示(　　)。

　　A. 水封环　　　　　　　B. 轴套　　　　　　　C. 泵轴　　　　　　　D. 填料

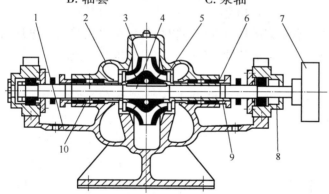

487. BF001　工作压力为 1MPa 的铸铁管是(　　)铸铁管。

　　A. 低压　　　　　　　B. 中压　　　　　　　C. 高压　　　　　　　D. 超高压

488. BF001　铸铁管承受的工作压力 $p \leqslant 0.45MPa$ 时为(　　)铸铁管。

　　A. 低压　　　　　　　B. 中压　　　　　　　C. 高压　　　　　　　D. 超高压

489. BF001　加强钢管的工作压力一般可达到(　　)。

　　A. 0.5MPa　　　　　　B. 1.0MPa　　　　　　C. 1.5MPa　　　　　　D. 2.0MPa

490. BF002　钢管具有很多优点,但它有(　　)的缺点。

　　A. 材质脆　　　　　　B. 不抗冲击　　　　　C. 不耐高压　　　　　D. 易锈蚀

491. BF002　钢管具有(　　)的优点。

    A. 寿命长　　　　　　　B. 不易腐蚀　　　　　　　C. 韧性强　　　　　　　D. 价格低

492. BF002　无缝钢管的内径为92mm,壁厚为4mm,其外径为(　　)。

    A. 96mm　　　　　　　B. 100mm　　　　　　　C. 88mm　　　　　　　D. 90mm

493. BF003　铸铁管在管线变换管径处采用的连接配件是(　　)。

    A. 弯管　　　　　　　B. 渐缩管　　　　　　　C. 套管　　　　　　　D. 丁字管

494. BF003　铸铁管在变换管径处采用(　　)连接。

    A. 十字管　　　　　　B. 丁字管　　　　　　　C. 承插渐缩管　　　　　D. 短管

495. BF003　铸铁管在承接分支处用(　　)连接。

    A. 90°弯管　　　　　　B. 丁字管或十字管　　　　C. 承插渐缩管　　　　　D. 短管

496. BF004　高密度聚乙烯(HDPE)管属于(　　)塑料管。

    A. 热塑性　　　　　　B. 热固性　　　　　　　C. 聚乙烯　　　　　　　D. 聚丙烯

497. BF004　石棉水泥管的接头用(　　)法连接。

    A. 法兰　　　　　　　B. 螺纹　　　　　　　　C. 黏接　　　　　　　　D. 套箍

498. BF004　玻璃纤维增强环氧树脂管(玻璃钢管)属于(　　)塑料管。

    A. 热塑性　　　　　　B. 热固性　　　　　　　C. 硬聚氯乙烯　　　　　D. 聚乙烯

499. BF005　预应力和自应力钢筋混凝土管具有(　　)。

    A. 防腐能力差,需要防腐处理　　　　　　　　B. 防腐能力强,不需要防腐处理

    C. 防腐能力一般,需要防腐处理　　　　　　　D. 防腐能力一般,不需要防腐处理

500. BF005　我国《埋地硬聚氯乙烯给水管道工程技术规程》(CECS 17-2000)规定聚氯乙烯给水管道的设计使用寿命不小于(　　)。

    A. 20 年　　　　　　　B. 30 年　　　　　　　　C. 40 年　　　　　　　　D. 50 年

501. BF005　PP-R 具有良好的焊接性能,管材、管件可采用热熔和电熔连接,安装方便,接头可靠,其连接部位的强度(　　)管材本身的强度。

    A. 等于　　　　　　　B. 小于　　　　　　　　C. 大于　　　　　　　　D. 不定

502. BF006　金属管局部和周围环境发生化学或电化学反应而导致的破坏性侵蚀称为(　　)。

    A. 均匀腐蚀　　　　　　　　　　　　　　　　B. 局部腐蚀

    C. 土壤腐蚀　　　　　　　　　　　　　　　　D. 化学介质腐蚀

503. BF006　局部腐蚀是整个金属管道局限于一定的区域腐蚀,不包括(　　),包括电偶腐蚀、应力腐蚀破裂、晶间腐蚀、磨损腐蚀、氢脆等。

    A. 小孔腐蚀　　　　　　B. 海水腐蚀　　　　　　C. 斑点腐蚀　　　　　　D. 细菌腐蚀

504. BF006　金属的电化学腐蚀指不纯的金属或合金与电解质溶液接触,氧化还原电位(　　)金属失电子被氧化的腐蚀。

    A. 较高　　　　　　　B. 较低　　　　　　　　C. 相等　　　　　　　　D. 不变

505. BF007　金属在电解质中受自身材质、电解液种类、电解液浓度、温度、pH 值等影响其(　　)不相同。

    A. 电能　　　　　　　B. 电极电位　　　　　　C. 电动势　　　　　　　D. 电压

506. BF007　涂层的用意是要在金属表面上形成一层绝缘材料的连续覆盖层,即设置一个
　　　　　　(　　　)保护金属管道。
　　　A. 高电能　　　　　　　B. 高电阻　　　　　　C. 高电流　　　　　　D. 高电压

507. BF007　环氧煤沥青防腐层分为(　　　)个等级。
　　　A. 六　　　　　　　　　B. 五　　　　　　　　C. 四　　　　　　　　D. 三

508. BF008　埋地钢质管道硬质聚氨酯泡沫塑料防腐保温层端面必须(　　　)。
　　　A. 防火　　　　　　　　B. 密封防水　　　　　C. 防静电　　　　　　D. 隔热

509. BF008　阴极保护属于(　　　),是利用外部电流使金属腐蚀电位发生改变以降低其腐
　　　　　　蚀率的防腐蚀技术。
　　　A. 物理保护　　　　　　B. 涂层保护　　　　　C. 电化学保护　　　　D. 隔离保护

510. BF008　金属管道阴极保护需要定期进行测量和检测管道与地之间的(　　　),以便及
　　　　　　时发现管道阴极保护状况的变化。
　　　A. 电位　　　　　　　　B. 电阻　　　　　　　C. 磁场　　　　　　　D. 电能

511. BF009　法兰型号 $DN100\ PN1.6RF$,其中 RF 为(　　　)。
　　　A. 梯形槽密封　　　　　　　　　　　　　　　B. 平面密封
　　　C. 凹面密封　　　　　　　　　　　　　　　　D. 普通突面密封

512. BF009　管道法兰接于管道的连接方式可分为(　　　)种。
　　　A. 2　　　　　　　　　　B. 3　　　　　　　　C. 4　　　　　　　　D. 5

513. BF009　一般地,高压系统(10.0MPa 以上)通常采用(　　　)法兰。
　　　A. 平焊　　　　　　　　B. 对焊　　　　　　　C. 活套环　　　　　　D. 螺纹

514. BF010　选择垫片的材料主要取决于三种因素:(　　　)、压力、介质。
　　　A. 温度　　　　　　　　B. 法兰口径　　　　　C. 湿度　　　　　　　D. 塑性

515. BF010　垫片的(　　　)可以弥补两个法兰由于温度和压力的影响形成的微小位移,保
　　　　　　证系统密封性。
　　　A. 气密性　　　　　　　B. 回弹性　　　　　　C. 抗腐蚀性　　　　　D. 无腐蚀性

516. BF010　使用环境为温度大于100℃,耐中高压,有酸性腐蚀,应选用(　　　)垫片。
　　　A. 中压石棉板材　　　　　　　　　　　　　　B. 普通橡胶
　　　C. 耐油石棉板材　　　　　　　　　　　　　　D. 聚四氟乙烯

517. BF011　阀门在用管网中调节流量或(　　　),还起到切断作用。
　　　A. 水压　　　　　　　　B. 调节　　　　　　　C. 切断　　　　　　　D. 连接

518. BF011　闸阀内的闸板有楔式和(　　　)两种。
　　　A. 平行式　　　　　　　B. 水平式　　　　　　C. 移动式　　　　　　D. 卧式

519. BF011　蝶阀结构简单,开启方便,旋转(　　　)就可以全开或全关。
　　　A. 45°　　　　　　　　 B. 90°　　　　　　　　C. 180°　　　　　　　D. 270°

520. BF012　当阀门的 $PN \leqslant 1.6MPa$ 时,称为(　　　)阀。
　　　A. 真空　　　　　　　　B. 低压　　　　　　　C. 高压　　　　　　　D. 中压

521. BF012　闸阀阀杆形式有(　　　)种形式。
　　　A. 1　　　　　　　　　　B. 2　　　　　　　　C. 3　　　　　　　　D. 4

522. BF012　阀门按闸板分类有(　　)种。

    A. 1　　　　　　　　B. 2　　　　　　　　C. 3　　　　　　　　D. 4

523. BF013　阀门产品型号由(　　)个单元组成。

    A. 4　　　　　　　　B. 5　　　　　　　　C. 6　　　　　　　　D. 7

524. BF013　阀门产品型号中第一个单元表示阀门(　　)代号。

    A. 类别　　　　　　B. 传动方式　　　　C. 连接方式　　　　D. 结构形式

525. BF013　阀门产品型号中第二单元表示阀门(　　)代号。

    A. 结构形式　　　　B. 连接方式　　　　C. 传动方式　　　　D. 类别

526. BF014　阀门型号中类型代号用汉语拼音字母表示,其中"A"表示(　　)。

    A. 球阀　　　　　　B. 安全阀　　　　　C. 止回阀　　　　　D. 截止阀

527. BF014　阀门型号中类型代号用汉语拼音字母表示,其中"H"表示(　　)。

    A. 球阀　　　　　　B. 安全阀　　　　　C. 止回阀　　　　　D. 蝶阀

528. BF014　阀门型号中传动方式用阿拉伯数字表示,其中"3"表示(　　)传动。

    A. 涡轮　　　　　　B. 齿轮　　　　　　C. 气动　　　　　　D. 电动

529. BF015　泵站内为了直观掌握阀门的启闭程度,一般多采用(　　)阀门。

    A. 明杆　　　　　　B. 暗杆　　　　　　C. 楔式闸板　　　　D. 平行闸板

530. BF015　在输配水管道和安装操作受限制的地方一般采用(　　)阀门。

    A. 明杆　　　　　　B. 暗杆　　　　　　C. 楔式闸板　　　　D. 平行闸板

531. BF015　水泵出口处为了防止水击伤害,水泵一般安装(　　)。

    A. 闸阀　　　　　　B. 蝶阀　　　　　　C. 止回阀　　　　　D. 球阀

532. BF016　更换阀门填料时切口应为(　　)。

    A. 30℃　　　　　　B. 35℃　　　　　　C. 40℃　　　　　　D. 45℃

533. BF016　第二层与第一层填料断口应错开(　　)。

    A. 60℃　　　　　　B. 90℃　　　　　　C. 120℃　　　　　D. 180℃

534. BF016　更换阀门填料前需要做的工作不包括(　　)。

    A. 去除旧填料　　　B. 检查、清理填料箱　　　C. 选择新填料　　　D. 试漏

535. BF017　平流沉淀池可分为(　　)4个部分。

    A. 进水区、反应区、沉淀区、出水区

    B. 进水区、沉淀区、存泥区、出水区

    C. 进水区、反应区、存泥区、出水区

    D. 进水区、沉淀区、絮凝区、出水区

536. BF017　斜板沉淀池按水流方向可以分为(　　)三种。

    A. 上向流、下向流、平向流　　　　　　　　B. 上向流、下向流、异向流

    C. 上向流、下向流、侧向流　　　　　　　　D. 上向流、下向流、同向流

537. BF017　过滤一般是指石英砂、无烟煤等粒状滤料层截留水中(　　),从而使水获得澄清的工艺过程。

    A. 悬浮杂质　　　　B. 离子　　　　　　C. 沙石　　　　　　D. 细菌

538. BF018　铸铁管按材质可分为灰铸铁管和(　　)。

　　A. 麻口铸铁管　　　　B. 球墨铸铁管　　　　C. 普通铸铁管　　　　D. 碳钢铸铁管

539. BF018　(　　)钢管是一种新型管材。

　　A. 合金　　　　　　　B. 硬塑　　　　　　　C. 玻璃　　　　　　　D. 高碳

540. BF018　塑料管具有(　　)高,表面光滑,不易结垢,水头损失小,耐腐蚀,加工和接口方便等优点。

　　A. 硬度　　　　　　　B. 强度　　　　　　　C. 耐高温　　　　　　D. 抗振

541. BF019　钢管具有耐(　　),韧性好,壁薄,重量轻等优点。

　　A. 低压　　　　　　　B. 高压　　　　　　　C. 高温　　　　　　　D. 腐蚀

542. BF019　铸铁管是给水管网中常用管材,它抗(　　)好,经久耐用。

　　A. 腐蚀性　　　　　　B. 高压性　　　　　　C. 冲击性　　　　　　D. 振动性

543. BF019　管材按制作材料可分金属管和(　　)两大类。

　　A. 合金属管　　　　　B. 非金属管　　　　　C. 复合金属管　　　　D. 混合金属管

544. BF020　公称直径以字母(　　)表示,其后附加公称直径数值。

　　A. BA　　　　　　　B. ND　　　　　　　C. DN　　　　　　　D. φ

545. BF020　$DN150$ 表示公称直径为(　　)管道。

　　A. 150mm　　　　　　B. 150cm　　　　　　C. 150m　　　　　　　D. 150μm

546. BF020　管材公称压力用符号(　　)表示。

　　A. Ps　　　　　　　B. PN　　　　　　　C. DN　　　　　　　D. φ

547. BG001　离心泵进水口真空表指示(　　)的吸水真空值。

　　A. 出水管　　　　　　B. 吸水管　　　　　　C. 水泵　　　　　　　D. 干管

548. BG001　水泵的真空表用于衡量泵的(　　)。

　　A. 实际吸程　　　　　B. 实际流量　　　　　C. 出水流量　　　　　D. 吸水流量

549. BG001　真空表的量值单位符号为(　　)。

　　A. P　　　　　　　　B. MPa　　　　　　　C. N　　　　　　　　D. m

550. BG002　转速表按工作原理分为离心式转速表、定时式转速表、振动式转速表、电动式转速表、(　　)、频闪式转速表。

　　A. 便携式转速表　　　　　　　　　　　B. 磁感应式转速表

　　C. 非接触式转速表　　　　　　　　　　D. 接触式转速表

551. BG002　离心式转速表在测量机械设备的转速时,(　　)会随着被测对象转动。

　　A. 转轴　　　　　　　B. 拉杆　　　　　　　C. 弹簧　　　　　　　D. 拉杆

552. BG002　磁电式转速表是根据非电量测量的原理制成的,按所使用的传感器分为直流发电式、交流发电式、(　　)、脉冲式等形式。

　　A. 振动式　　　　　　B. 谐波式　　　　　　C. 光电式　　　　　　D. 交直流式

553. BG003　电气测量仪表根据工作原理可分为磁电式、整流式、电磁式和(　　)等几种。

　　A. 电动式　　　　　　B. 直流式　　　　　　C. 交流式　　　　　　D. 交直流式

554. BG003　电气测量仪表根据使用方式可分为开关板式和(　　)两种。

　　A. 电流表　　　　　　B. 电压式　　　　　　C. 电度表　　　　　　D. 可携式

555. BG003 用万用表测量电压或电流时,不能在测量时( )。

    A. 断开表笔   B. 短路表笔   C. 旋动转换开关   D. 读数

556. BG004 开关板式电气测量仪中,符号"C"表示( )。

    A. 磁电式表   B. 电磁式表   C. 电动式表   D. 电子式表

557. BG004 开关板式电气测量仪中,符号"T"表示( )。

    A. 磁电式表   B. 电磁式表   C. 电动式表   D. 电子式表

558. BG004 开关板式电气测量仪中,符号"D"表示( )。

    A. 磁电式表   B. 电磁式表   C. 电动式表   D. 电子式表

559. BG005 电气测量仪表表盘中,"~"符号表示电流种类为( )。

    A. 直流   B. 单相交流   C. 交直流两用   D. 三相交流

560. BG005 电气测量仪表表盘中,"⌇"符号表示电流种类为( )。

    A. 直流   B. 单相交流   C. 交直流两用   D. 三相交流

561. BG005 电气测量仪表表盘中,"3⌇"符号表示电流种类为( )。

    A. 直流   B. 单相交流   C. 交直流两用   D. 三相交流

562. BG006 测量直流电流通常用( )安培表。

    A. 磁电式   B. 电磁式   C. 电动式   D. 整流式

563. BG006 测量交流电流通常用( )安培表。

    A. 磁电式   B. 电磁式   C. 电动式   D. 整流式

564. BG006 测量交流电压通常用( )伏特表。

    A. 磁电式   B. 电磁式   C. 电动式   D. 整流式

565. BG007 按用途电能表可分为有功电能表、( )、最大需量表、标准电能表等。

    A. 磁电电压表   B. 无功电能表

    C. 电动电压表   D. 整流电压表

566. BG007 电能表可分为( )和三相电度表两类。

    A. 单相电度表   B. 双相电度表

    C. 四相电度表   D. 五相电度表

567. BG007 电能表按工作原理可分为感应式、静止式、( )。

    A. 磁电电压表   B. 机电一体式   C. 电动电压表   D. 整流电压表

568. BG008 电能表是由( )个电磁铁,2 个粗细不同的导线圈和铝盘组成。

    A. 1   B. 2   C. 3   D. 4

569. BG008 三相交流电路中,三相负载不对称,不可采用的测量方法是( )。

    A. 一表法   B. 二表法   C. 三表法   D. 三相电度表

570. BG008 电能质量不是用( )来衡量的。

    A. 频率质量   B. 电压质量   C. 谐波质量   D. 电流质量

571. BG009 用于测量绝缘电阻的摇表又称( )。

    A. 万用表   B. 钳形表   C. 兆欧表   D. 电度表

572. BG009 兆欧表是用来测量电气设备的( )。

    A. 绝缘电阻   B. 电压   C. 电流   D. 电功率

573. BG009 测量额定电压为 380V 的电动机的绝缘电阻,应选用额定电压为( )的兆欧表。

    A. 500V   B. 5000V   C. 2000V   D. 2500V

574. BG010 用兆欧表测量低压电气设备绝缘电阻时一般选用量程为( )的表。

    A. 0~50MΩ   B. 0~100MΩ   C. 0~500MΩ   D. 0~2000MΩ

575. BG010 兆欧表有( )个接线柱。

    A. 1   B. 2   C. 3   D. 4

576. BG010 用兆欧表测量电气设备的绝缘电阻时,兆欧表转速应达到( )左右。

    A. 90r/min   B. 100r/min   C. 120r/min   D. 150r/min

577. BG011 压力表按其( )的基准不同,分为一般压力表、绝对压力表、差压表。

    A. 测量精确度   B. 指示压力   C. 测量范围   D. 结构组成

578. BG011 压力表按其( ),分为真空表、压力真空表、微压表、低压表、中压表及高压表。

    A. 测量精确度   B. 指示压力   C. 测量范围   D. 结构组成

579. BG011 压力表按其( ),分为液柱式,电子式和机械式。

    A. 测量精确度   B. 指示压力   C. 测量范围   D. 组成

580. BG012 下列关于玻璃管式液位计的原理的说法错误的是( )。

    A. 基于连通器原理设计的

    B. 由玻璃管构成液体通路

    C. 透过玻璃管可观察到的液面比容器内液面高

    D. 用法兰或锥管螺纹与被测容器连接构成连通器

581. BG012 清水池中常用的液位计是( )。

    A. 磁翻板液位计   B. 射频导纳液位计

    C. 电容液位计   D. 玻璃管式液位计

582. BG012 下列关于电容式液位计的测量原理说法错误的是( )。

    A. 物位改变引起系统电容的变化,进而改变振荡电路的振荡频率

    B. 振荡电路的振荡频率不会影响电容值

    C. 振荡电路位于传感器中

    D. 传感器可以把电容量改变转换为频率变化从而传送给电子模块

583. BH001 钢丝钳有铁柄和( )两种。

    A. 铜柄   B. 钢柄   C. 金属柄   D. 绝缘柄

584. BH001 钢丝钳常用的规格有 200mm,175mm 和( )三种。

    A. 170mm   B. 160mm   C. 150mm   D. 140mm

585. BH001 常用于紧固或拆卸各种管道、管道附件或圆形零件,以及管道安装和修理的是( )。

    A. 尖嘴钳   B. 管子钳   C. 剥线钳   D. 斜口钳

586. BH002 用来剥削电线绝缘层或削木楔子的刀具为( )。

    A. 电工刀   B. 手锯   C. 锉刀   D. 钳子

587. BH002　锉刀按其齿的粗细程度可分为粗挫、中挫和(　　)三种。

　　　A. 方锉　　　　　　　　B. 圆锉　　　　　　　　C. 三角锉　　　　　　　D. 细锉

588. BH002　反映刀具材料在高温下保持硬度、耐磨性、强度、抗氧化、抗黏结和抗扩散的能力是其(　　)。

　　　A. 耐热性　　　　　　　B. 稳定性　　　　　　　C. 冲击韧性　　　　　　D. 延展性

589. BH003　钢板尺常用的规格是(　　)。

　　　A. 100mm　　　　　　　B. 150mm　　　　　　　C. 200mm　　　　　　　D. 250mm

590. BH003　角尺是测量(　　)的量具。

　　　A. 尺寸　　　　　　　　B. 线段　　　　　　　　C. 距离　　　　　　　　D. 直角

591. BH003　千分尺外套筒(副尺)每格为(　　)。

　　　A. 0.1mm　　　　　　　B. 0.01mm　　　　　　　C. 0.5mm　　　　　　　D. 1mm

592. BH004　在常用工具中,开口扳手、梅花扳手和(　　)常用大小不同的数件配成一套。

　　　A. 管钳　　　　　　　　B. 螺丝刀　　　　　　　C. 钢板尺　　　　　　　D. 套筒扳手

593. BH004　常用紧固工具中,活动扳手"150×18"规格,其中"150"表示活动扳手的(　　)为150mm。

　　　A. 长度　　　　　　　　B. 宽度　　　　　　　　C. 厚度　　　　　　　　D. 开口宽度

594. BH004　常用紧固工具中,活动扳手"200×24"规格,其中"24"表示活动扳手的(　　)为24mm。

　　　A. 最大开口宽度　　　　B. 长度　　　　　　　　C. 宽度　　　　　　　　D. 厚度

595. BH005　泵站常用工具中,验电笔属于(　　)验电器。

　　　A. 一般　　　　　　　　B. 特殊　　　　　　　　C. 高压　　　　　　　　D. 低压

596. BH005　高压验电器又称(　　)。

　　　A. 一般验电器　　　　　B. 特殊验电器　　　　　C. 高压测电器　　　　　D. 安全测电器

597. BH005　6kV 验电器手持部分交流耐压实验的标准是(　　)。

　　　A. 6kV　　　　　　　　　B. 10kV　　　　　　　　C. 30kV　　　　　　　　D. 40kV

598. BH006　用游标卡尺测量尺寸时,应先校测(　　)刻度位。

　　　A. 零　　　　　　　　　　B. 1mm　　　　　　　　C. 2mm　　　　　　　　D. 3mm

599. BH006　游标卡尺主尺的刻度每格为(　　)。

　　　A. 0.01mm　　　　　　　B. 0.1mm　　　　　　　C. 0.5mm　　　　　　　D. 1mm

600. BH006　将主尺上读出的整数和副尺上读出的小数值(　　),即得游标卡尺对工件的测量值。

　　　A. 相除　　　　　　　　B. 相乘　　　　　　　　C. 相加　　　　　　　　D. 相减

二、**判断题**(对的画"√",错的画"×")

(　　)1. AA001　国际单位制中,时间的单位名称用秒表示,单位符号是"s"。

(　　)2. AA002　频率是物体每秒振动的次数,用符号 W 表示。

(　　)3. AA003　国际单位制中,压力的单位名称是帕斯卡。

(　　)4. AA004　在国家选定的非国际单位制中,旋转速度的单位名称是转每分,单位符号是"r/min"。

(　　)5. AA005　在国家选定的非国际单位制中,体积单位名称是升,单位符号是"H"。

(　　)6. AA006　在公制与英制换算中,$1in = 24.5mm$。

(　　)7. AA007　在公制面积单位换算中,$1m^2 = 10^{-2}cm^2$。

(　　)8. AA008　在公制体积单位换算中,$1dm^3 = 1×10^3cm^3$。

(　　)9. AA009　在公制质量单位换算中,$1g = 1×10^{-4}kg$。

(　　)10. AA010　在压力单位换算中,$1kgf/cm^2 = 9.8×10^3Pa$。

(　　)11. AA011　在温度的换算公式中,$t(℃) = T(K) + 273(℃)$。

(　　)12. AA012　在功率单位换算公式中,$1kW = 1×10^3W$。

(　　)13. AA013　电势的实际方向与端电压的实际方向是不同的。

(　　)14. AA014　一个量的观测值或计算值与其真值之差,特指统计误差。

(　　)15. AB001　发现人、畜触电时,直接用手去拉触电的人、畜,使其断开电源。

(　　)16. AB002　依据危险化学品安全管理条例,公安部门负责发放剧毒化学品购买凭证和准购证。

(　　)17. AB003　在距离线路或变压器较近,有可能误攀登的建筑物上不必悬挂标识。

(　　)18. AB004　泡沫灭火器最适宜扑救液体火灾及水溶性可燃、易燃液体的火灾和电气火灾。

(　　)19. AB005　"1211"灭火器灭火时不污染物品,不留痕迹,特别适用于扑救精密仪器、电子设备、文物档案资料火灾。

(　　)20. AB006　电阻两端电压为12V时,流过电阻的电流为1A,则该电阻阻值为$12Ω$。

(　　)21. AB007　在公共场所、工业企业、建筑工地等地方悬挂"🚫"标志的意义是禁止伸入。

(　　)22. AB008　高压绝缘棒应每隔两年安全检验一次。

(　　)23. AC001　计算机系统结构就是计算机的机器语言程序员或编译程序编写者所看到的外特性。

(　　)24. AC002　通常把输入设备和输出设备合称为外部设备。

(　　)25. AC003　存储器容量是衡量计算机存储二进制信息量大小的一个重要指标。

(　　)26. AC004　计算机软件主要由系统软件和办公软件组成。

(　　)27. AC005　汉字操作系统中只含有五笔字型一种汉字输入方法。

(　　)28. AC006　编辑文档最常用的方法是直接键入所需文本(即"插入"),删除多余的文本,移动或复制已有的文本。

(　　)29. AC007　Microsoft Office Word 2007无法将Word文档转换为PDF或XPS存储。

(　　)30. AC008　新建一个Excel文件的默认包括三张工作表,工作表名称默认为Sheet 1~3。

(　　)31. AC009　Excel中表格的宽度和高度都可以调整。

(　　)32. AC010　如果在工作簿中既有一般工作表又有图表,当执行"文件","保存"命令时,Excel将把一般工作表和图表保存到一个文件中。

(　　)33. AD001　按流速的大小和方向是否沿流线变化把液流分为均匀流和非均匀流。

(　　)34. AD002　密度 ρ 和重度 γ 之间的关系为: $\gamma=\rho g$。

(　　)35. AD003　静止液体中任一点处压强大小与作用面方向有关,向下的压强大。

(　　)36. AD004　某点的绝对压强小于一个大气压强时即称该点产生了真空。

(　　)37. AD005　静水压强的单位为牛顿/米^2(N/m^2),又称帕斯卡(Pa)。

(　　)38. AD006　m/s 和 m^3/s 都是流量单位。

(　　)39. AD007　管道中的流速与管径大小的改变无关。

(　　)40. AD008　水泵进水管路一定要有支撑,以避免把进水管路的重量加到泵体上。

(　　)41. AD009　水在管道里流动的时候,管道内的压力是沿着水流方向逐渐增大的。

(　　)42. AD010　由于沿程阻力做功而引起的水头损失称为总水头损失。

(　　)43. AE001　取水构筑物位于给水系统的尾部。

(　　)44. AE002　城镇给水系统和工业给水系统是根据供水的服务对象来划分的。

(　　)45. AE003　分质给水系统是经过不同的水处理过程和管网,将相同水质的水供给各类用户。

(　　)46. AE004　以地下水为水源时,抽取的地下水一般无须进行水质澄清处理。

(　　)47. AE005　采用分质、分压给水系统供水时,是根据用水户对水质、水压的要求不同来确定的。

(　　)48. AE006　岸边式取水构筑物由进水间和泵房两部分组成。

(　　)49. AE007　从不透水层中取集地下水的构筑物,称为地下取水构筑物。

(　　)50. AE008　水位每降 1m 时的稳定出水量,称为管井的涌水量。

(　　)51. AE009　管井的井径是指井管的内径,用符号"D"表示,单位是 mm。

(　　)52. AE010　干室式泵站是指水泵与水池隔离,水泵间内有水侵入。

(　　)53. AE011　在地表水源中,一级泵站一般由吸水井、泵房及闸阀三部分组成。

(　　)54. AE012　二级泵站在水厂(站)中也称送水泵站。

(　　)55. AE013　二级泵站的水泵从吸水井中吸水,通过输水支管将水输往管网。

(　　)56. AE014　若管网高处压力能满足要求时,不需设置加压泵站。

(　　)57. AE015　二级泵站的建筑形式一般有地面式和半地下式两种。

(　　)58. AE016　将水配送到用户且分布于整个供水区域的管线称为输水管。

(　　)59. AE017　管井主要由井室、井管(井壁管)、过滤器、沉砂管(深注管)组成。

(　　)60. AE018　与降深相对应的稳定出水量称为管井单位涌水量。

(　　)61. AE019　调节构筑物包括水塔和水池,其作用在于调节水量,同时还能储存一定数量的消防用水和其他用途的储备水。

(　　)62. AE020　水塔水箱的高度不宜过高,因为水位变化幅度大会增加水泵扬程,多耗动力,且影响水泵效率。

(　　)63. AE021　为了防止水塔水箱溢水和将水箱内存水放空,水塔设有溢水管和排水管。

(　　)64. AE022　容积为 1000m^3 的水池只有一个检修孔。

(　　)65. AE023　为了达到预期的混凝沉淀效果,减少混凝剂投加量,应增设预沉池或澄清池。

( ) 66. AE024 《生活饮用水水源卫生标准》（CJ 3020—1993）规定，一级水源水和二级水源水的耗氧量是一致的。

( ) 67. AE025 《生活饮用水卫生标准》（GB 5749—2006）规定，砷的含量不超过0.01mg/L。

( ) 68. AE026 集中式生活饮用水地表水源地特定项目由县级以上人民政府环境保护行政主管部门根据本地区地表水水质特点和环境管理的需要进行选择。

( ) 69. BA001 设备操作人员的"四懂"指懂原理、懂构造、懂性能、懂用途。

( ) 70. BA002 设备操作人员的设备"五定"是指定人员、定时间、定部位、定数量、定油品。

( ) 71. BA003 通常把提升液体、输送液体和使液体增加压力的机器称为水泵。

( ) 72. BA004 叶片泵是利用工作叶轮的旋转运动来输送液体的。

( ) 73. BA005 一般来讲，泵的叶轮直径越大，转速越高，产生的离心力就越大，扬水的高度就越高。

( ) 74. BA006 水泵站常用的其他水泵有射流泵、气升泵、往复泵、螺旋泵等。

( ) 75. BA007 叶轮一侧进水的泵称为单级泵。

( ) 76. BA008 我国泵的型号一般由英文字母和阿拉伯数字组成。

( ) 77. BA009 表示水泵性能的数据称为水泵的功率。

( ) 78. BA010 水泵铭牌上所标的允许吸上真空高度是在额定流量下，水温40℃，1个大气压下的试验数值。

( ) 79. BA011 水泵铭牌上所标示的汽蚀余量有二种标示方法。

( ) 80. BA012 水泵比转数反映的是叶片泵的流量、扬程、转数相互关系的综合性参数。

( ) 81. BA013 对于负压进水的水泵常用充水方法有：人工灌水、真空水箱充水和水环式真空泵抽气充水。

( ) 82. BA014 离心泵启动前不必对轴承的润滑油进行检查。

( ) 83. BA015 离心泵停车后，应先切断电动机电源，然后再关闭出水阀门。

( ) 84. BA016 离心泵运行时，填料函处滴水情况一般反映填料压紧的适当程度。

( ) 85. BA017 固定式轴流泵是叶片和轮毂铸成一体的，叶片的安装角度是可以调节的。

( ) 86. BA018 轴流泵的特点是流量大、扬程低、结构简单、质量小。

( ) 87. BA019 轴流泵的导轴承主要是用来承受轴的推力，起到轴的定位作用。

( ) 88. BA020 轴流泵叶轮按其调节的可能性分为固定式、半调式和全调式三种。

( ) 89. BA021 混流泵的特点之一是流量比离心泵小，但较轴流泵大。

( ) 90. BA022 6JD-28×11 型深井泵，其中"28"表示水泵扬程。

( ) 91. BA023 深井泵的每一节扬水管接口处均镶有一个轴承体，轴承体内含有一个橡胶轴承。

( ) 92. BA024 长轴深井泵启动前不需要灌水预润滑。

( ) 93. BA025 潜水泵按其用途分有给水泵和加压泵。

( ) 94. BA026 潜水泵烧电动机的原因之一是电动机两相运行或启动。

( )95. BA027 200QJ50-130/10 型水泵,其中"QJ"表示井用多级泵。

( )96. BA028 潜水泵运行时,电源电压高于 500V 或低于 400V 时应立即停机。

( )97. BB001 给水排水专业制图只需遵守给水排水专业制图标准即可。

( )98. BB002 图样上的比例为 1∶50,即实际物体是图样尺寸的 50 倍。

( )99. BB003 建筑的高度可以从建筑俯视图中读取。

( )100. BB004 在给排水总平面图中,━▭━表示防护套管。

( )101. BB005 在泵站流程图中,图例"━▷◁━"表示逆止阀。

( )102. BB006 在泵站流程图中,图例"━◤◢━"表示流量仪表。

( )103. BB007 钢筋混凝土管、陶土管、耐酸陶瓷管、缸瓦管等管材,管径宜以外径 D 表示。

( )104. BB008 给排水总平面图上可以不注明各类管道的管径、坐标或定位尺寸。

( )105. BB009 在泵站流程图中,图例"━▷◁━"表示逆止阀。

( )106. BB010 在三视图的投影规律中,主视图与左视图高平齐。

( )107. BB011 在三视图的投影规律中,主视图与俯视图高平齐。

( )108. BB012 电动机的启动方式分为全压启动和降压启动两种。

( )109. BB013 电动机的作用是将电能转换为势能。

( )110. BB014 电动机的效率是指电动机的输入功率与输出功率之比。

( )111. BB015 Y132M-4 型电动机,其中"M"表示长机座。

( )112. BB016 额定电压是指电动机额定运行时加在定子绕组上的相电压。

( )113. BB017 启动多台电动机时,应按容量从小到大一台一台启动,不能同时启动。

( )114. BB018 电动机运行时,应注意电动机的声音和气味,不得有异常声响和绕组散发出的焦煳气味。

( )115. BB019 选择供配电电压时,主要取决于用电负荷的大小和供电距离的长短,线路电压损失可以不予考虑。

( )116. BB020 我国规定的安全电压,根据不同情况分为 42V、36V、24V、12V 和 6V。

( )117. BB021 电伤多见于人体外部表面,且在人体表面留下伤痕。

( )118. BB022 1 度电指功率为 1W 的电气设备工作 1h 所耗用的电能。

( )119. BB023 功率因数与设备效率是一回事。

( )120. BB024 使用交流电可以将电压方便地升高,进行远距离传输,但是传输过程中电能损耗大。

( )121. BB025 直流电的大小和方向是随时改变的。

( )122. BB026 根据电气装置所处的位置、使用环境和工作条件,选择电气设备电压。

( )123. BB027 目前油浸式电力变压器常用的冷却方式一般分油浸自冷式、油浸风冷式、强迫油循环风冷三种。

( )124. BB028 能将高压变成低压的变压器称为降压变压器。

( )125. BB029 变压器是一种静止的电气设备。

( )126. BB030 变压器的油枕起着储油及补油的作用,保证油箱内充满油。

( )127. BB031 低压配电装置前、后固定照明灯应齐全、完好,设备无须做重复接地。

(　)128. BB032　高压断路器手动操作机构简单,能自动重合闸。

(　)129. BB033　电气图中的文字符号分为基本文字符号和辅助文字符号。

(　)130. BB034　胶盖瓷底闸刀开关适用于 500V 以上电压,其作用是接通与断开配电线路。

(　)131. BB035　自动空气开关工作时不能将灭弧罩取下。

(　)132. BB036　接触器可分为交流接触器和直流接触器两大类。

(　)133. BB037　磁力启动器一般用交流电磁接触器、热继电器、控制按钮等标准元件组合而成。

(　)134. BB038　熔断器的极限分断能力应低于被保护线路上的最大短路电流。

(　)135. BB039　在水泵运行组合方式上有不同容量相互的编组,此编组多用于送水泵站,其优点是选择更合理的组合方式,而达到经济运行的目的。

(　)136. BB040　微型计算机用于泵站自动化,仅仅要求计算机具有完善的中断系统,完善的外部设备和反映机组运行规律的数学模型。

(　)137. BC001　设备修保工作中"两不见天"是指油料、清洗过的机件不见天。

(　)138. BC002　泵的机械损失主要是水泵填料、轴承和泵轴间的水力损失。

(　)139. BC003　离心泵日常保养时需要测试联轴器对中情况。

(　)140. BC004　减少和消除多级泵轴向力的方法有一种,即叶轮对称布置。

(　)141. BC005　离心泵一保不包括清洁、检查电动机轴承,加注润滑脂。

(　)142. BC006　潜水泵电动机一般为防水型。

(　)143. BC007　润滑脂分类方法使用最多的是按稠化剂的类别来分,例如,皂基润滑脂、烃基润滑脂、无机润滑脂、有机润滑脂。

(　)144. BC008　合成钙基脂是用合成脂肪酸的钙皂稠化中等黏度的矿物油制成,它具有抗水性好、机械安定性好、易于泵送、使用温度低、寿命短等优点。

(　)145. BC009　锂基润滑脂的使用温度高,可长期在 120℃ 下使用,短期在 150℃ 下使用,与其他润滑脂相比有用量少但寿命长、使用范围广泛的特点。

(　)146. BC010　润滑脂长期使用后其组分因受光、热和空气的作用,可能发生氧化变质,但不会影响润滑部件。

(　)147. BD001　往复泵的使用范围侧重于低扬程、大流量。

(　)148. BD002　变压器油的凝固点越低越好。

(　)149. BD003　变压器中性点接地方式不同,在其中性点上出现的过电压幅值也不同。

(　)150. BD004　正常巡回检查中,充油设备油温、油位应符合规定,瓷套管应清洁完整,无放电,无裂纹,运行声音正常,冷却装置完好,散热片温度均匀。

(　)151. BD005　水平螺翼式水表大部分为湿式水表。

(　)152. BD006　水平螺翼式水表用符号"LXS"表示。

(　)153. BD007　计数示值全部由若干个指针在标度盘上指示出来的是指针式水表。

(　)154. BD008　更换水泵压力表时应选择合适量程的压力表,一般选择 100MPa 以上高压表。

(　)155. BE001　石墨有挠性,有各向异性,填料不可用于相当高的温度。

( )156. BE002 用氯丁橡胶或丁腈橡胶一类弹性物制成的 O 形环或 V 形环可以用于某些低压阀,用以控制 1800F 以下的流体。

( )157. BE003 离心泵装置由泵壳、泵轴和叶轮三部分组成。

( )158. BE004 离心泵泵体顶部设有放气或加水的螺孔。

( )159. BE005 离心泵的泵轴将原动机的转矩传给叶轮。

( )160. BE006 水泵填料、轴承和泵轴间的摩擦损失不属于水泵的机械损失。

( )161. BE007 IS 单级单吸离心泵图中"6"表示泵轴。

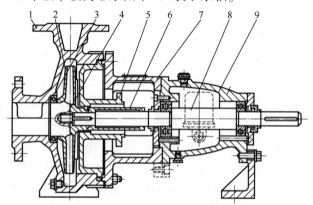

( )162. BE008 SH 单级双吸离心泵图中"5"表示水封环。

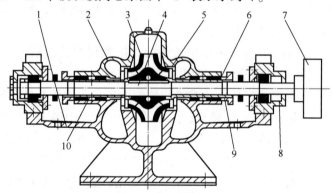

( )163. BF001 铸铁管按材质可分为灰铸铁管和球墨铸铁管。

( )164. BF002 铸铁管是给水管网中最常用的管材,它抗腐蚀性较差,易生锈。

( )165. BF003 钢管常用配件有三通、四通、弯管和渐缩管等,通常有钢板卷焊而成。

( )166. BF004 钢筋混凝土管适用于低压输水管道。

( )167. BF005 常用的非金属管只有预应力和自应力钢筋混凝土管。

( )168. BF006 金属管道的均匀腐蚀是在整个金属管道表面均匀地发生腐蚀,均匀腐蚀一般危险性较小。

( )169. BF007 钢管腐蚀中,管道是电解质、土壤是回路。

( )170. BF008 采用外涂层和施加阴极保护是管道外腐蚀防护的主要手段。

( )171. BF009 一般地讲,高压系统(10.0MPa 以上)通常采用平焊或板式法兰,普通突面(RF)密封。

( )172. BF010 优质薄碳钢板不适合应用于制造无机酸、中性或酸性盐溶液的设备垫片。

( )173. BF011 橡胶闸阀不适用于介质为海水、污水的管路中使用。

( )174. BF012 给排水工程常用阀门按结构形式和功能可分为截止阀、闸阀、蝶阀、球阀、隔膜阀、节流阀、止回阀、减压阀、安全阀、排气阀、疏水阀、电磁阀等。

( )175. BF013 阀门型号中阀门类型使用数字表示。

( )176. BF014 阀门型号中第三位为数字4,表示阀门连接形式为焊接。

( )177. BF015 介质为蒸汽类系统可选用阀座为氟化橡胶材质的蝶阀。

( )178. BF016 石棉纤维有较好的耐热性,还具有能耐弱酸、强碱,强度较高,吸附性能好等优点。

( )179. BF017 承插式接口的管线,在弯管、三通处可不设支墩。

( )180. BF018 PP-R 管明敷或非直埋暗敷布管时,必须按规定安装支、吊架。

( )181. BF019 UPVC 代表硬聚氯乙烯管,U 是指非塑性,高强度或硬度的意思。

( )182. BF020 法兰是用于管道转弯的零件。

( )183. BG001 水泵进口处真空表的真空值也称为压水扬程。

( )184. BG002 离心式转速表的弹簧会对受离心力作用的重物施加反作用力,当离心力和拉力达到平衡时,指针停止移动,其稳定后所指示的刻度值就是转速值。

( )185. BG003 电气测量仪表按仪表的准确度有 0.1,0.2,0.5,1.0,1.5,2.5 和 5 共七个等级。

( )186. BG004 开关板电气测量仪表中符号"Ω"表示的伏特表。

( )187. BG005 电气测量仪表表盘"□"图形表示仪表工作位置为水平放置。

( )188. BG006 电磁式仪表只能用来测量交流电压和交流电流。

( )189. BG007 电能表通过互感器与电路相接,实际用电数等于电度表前后读数的差值。

( )190. BG008 电池在 UPS 系统中非常重要,判断电池好坏的最重要参数是电压。

( )191. BG009 用来测量绝缘电阻的绝缘电阻摇表又称为兆欧表。

( )192. BG010 兆欧表的"接地"或标有"E"的端子,接被测设备的"相"。

( )193. BG011 压力表按其指示压力的基准不同,分为一般压力表、绝对压力表、相对压力表。

( )194. BG012 玻璃管液位计是根据虹吸原理工作的。

( )195. BH001 绝缘柄钢丝钳是电工用钢丝钳。

( )196. BH002 壁纸刀是用来加工金属或其他材料表面的一种刀具。

( )197. BH003 钢板尺测量误差较小,它用在测量精度要求不高的物体上。

( )198. BH004 在常用工具中开口套扳手、梅花扳手和套筒扳手常用大小不同的数件配成一套。

( )199. BH005 用试电笔验电时,不得以裸手触及试电笔尾部的金属。

( )200. BH006 游标卡尺是一种高精度的量具。

答　案

一、单项选择题

1. C	2. A	3. D	4. A	5. D	6. C	7. D	8. C	9. B	10. A
11. C	12. B	13. C	14. C	15. A	16. B	17. B	18. B	19. B	20. C
21. C	22. C	23. C	24. A	25. D	26. C	27. D	28. C	29. A	30. A
31. A	32. B	33. C	34. B	35. B	36. A	37. A	38. B	39. C	40. C
41. C	42. B	43. B	44. A	45. A	46. A	47. A	48. C	49. C	50. B
51. D	52. B	53. A	54. C	55. A	56. D	57. B	58. B	59. C	60. C
61. A	62. B	63. C	64. D	65. A	66. D	67. D	68. D	69. C	70. B
71. B	72. C	73. A	74. D	75. A	76. A	77. B	78. C	79. B	80. A
81. C	82. B	83. A	84. B	85. B	86. A	87. A	88. C	89. B	90. A
91. C	92. C	93. B	94. D	95. C	96. B	97. B	98. B	99. D	100. A
101. A	102. D	103. B	104. D	105. B	106. B	107. C	108. A	109. D	110. A
111. B	112. D	113. C	114. A	115. C	116. D	117. C	118. A	119. B	120. A
121. C	122. C	123. B	124. A	125. B	126. A	127. D	128. B	129. D	130. A
131. B	132. C	133. A	134. D	135. B	136. D	137. B	138. B	139. A	140. B
141. A	142. A	143. B	144. C	145. B	146. C	147. A	148. A	149. C	150. D
151. C	152. D	153. C	154. D	155. B	156. B	157. A	158. A	159. B	160. B
161. C	162. D	163. C	164. A	165. D	166. A	167. B	168. D	169. A	170. D
171. B	172. D	173. C	174. A	175. D	176. A	177. C	178. B	179. C	180. A
181. B	182. C	183. C	184. A	185. C	186. B	187. B	188. B	189. B	190. B
191. A	192. C	193. C	194. D	195. A	196. D	197. D	198. B	199. C	200. B
201. A	202. C	203. A	204. A	205. B	206. B	207. B	208. A	209. B	210. C
211. C	212. D	213. A	214. A	215. A	216. A	217. C	218. D	219. B	220. B
221. A	222. B	223. B	224. C	225. D	226. A	227. D	228. C	229. D	230. A
231. B	232. D	233. C	234. D	235. D	236. D	237. D	238. B	239. D	240. C
241. B	242. D	243. C	244. D	245. A	246. C	247. B	248. D	249. B	250. D
251. D	252. A	253. C	254. B	255. C	256. D	257. A	258. C	259. D	260. C
261. B	262. B	263. D	264. C	265. D	266. D	267. B	268. D	269. B	270. C
271. D	272. C	273. B	274. D	275. A	276. C	277. B	278. C	279. C	280. B
281. C	282. A	283. C	284. D	285. C	286. A	287. A	288. B	289. A	290. C
291. D	292. D	293. C	294. A	295. A	296. B	297. C	298. A	299. C	300. C
301. B	302. C	303. D	304. D	305. B	306. A	307. B	308. A	309. B	310. D

311. B	312. A	313. B	314. C	315. B	316. D	317. A	318. A	319. A	320. B
321. C	322. B	323. B	324. C	325. B	326. C	327. A	328. B	329. B	330. C
331. A	332. B	333. B	334. A	335. B	336. C	337. C	338. C	339. D	340. C
341. D	342. B	343. C	344. A	345. B	346. C	347. B	348. D	349. A	350. B
351. C	352. D	353. A	354. C	355. D	356. D	357. A	358. B	359. B	360. A
361. B	362. B	363. D	364. D	365. A	366. B	367. D	368. D	369. D	370. B
371. A	372. C	373. C	374. A	375. C	376. C	377. B	378. A	379. A	380. C
381. D	382. C	383. B	384. C	385. C	386. B	387. D	388. D	389. A	390. A
391. A	392. C	393. B	394. A	395. B	396. D	397. B	398. C	399. D	400. B
401. A	402. C	403. D	404. B	405. C	406. C	407. B	408. A	409. D	410. C
411. D	412. D	413. B	414. C	415. D	416. B	417. C	418. A	419. D	420. C
421. A	422. B	423. C	424. D	425. A	426. C	427. B	428. D	429. A	430. B
431. C	432. D	433. C	434. C	435. B	436. B	437. C	438. A	439. A	440. B
441. C	442. B	443. B	444. C	445. D	446. D	447. D	448. C	449. D	450. A
451. B	452. A	453. B	454. A	455. B	456. C	457. D	458. B	459. A	460. D
461. D	462. C	463. B	464. A	465. A	466. C	467. D	468. A	469. C	470. C
471. B	472. A	473. A	474. B	475. C	476. C	477. A	478. D	479. A	480. C
481. A	482. A	483. D	484. A	485. B	486. C	487. C	488. A	489. C	490. D
491. C	492. B	493. B	494. C	495. B	496. A	497. D	498. B	499. B	500. D
501. C	502. B	503. B	504. A	505. B	506. B	507. D	508. B	509. C	510. A
511. C	512. D	513. C	514. A	515. B	516. D	517. A	518. D	519. B	520. B
521. B	522. B	523. D	524. A	525. C	526. B	527. C	528. A	529. A	530. B
531. C	532. D	533. B	534. D	535. B	536. A	537. A	538. D	539. C	540. B
541. B	542. A	543. B	544. C	545. A	546. B	547. C	548. A	549. B	550. D
551. A	552. C	553. A	554. D	555. C	556. A	557. B	558. C	559. B	560. C
561. D	562. C	563. B	564. B	565. B	566. A	567. B	568. B	569. D	570. C
571. C	572. A	573. A	574. C	575. C	576. C	577. B	578. C	579. D	580. C
581. A	582. B	583. D	584. C	585. B	586. A	587. D	588. A	589. A	590. 抢
591. B	592. D	593. A	594. A	595. D	596. C	597. D	598. A	599. D	600. C

二、判断题

1. √ 2. × 正确答案:频率是物体每秒振动的次数,用符号 f 表示。 3. √ 4. √ 5. × 正确答案:在国家选定的非国际单位制中,体积单位名称是升,单位符号是"L"。 6. × 正确答案:在公制与英制换算中,1in = 25.4mm。 7. × 正确答案:在公制面积单位换算中,1mm^2 = 10^{-2}cm^2。 8. √ 9. × 正确答案:在公制质量单位换算中1g = 1×10^{-3}kg。 10. × 正确答案:在压力单位换算中 1kgf/cm^2 = 9.8×10^{4}Pa。 11. × 正确答案:在温度的换算公式中,t(℃) = T(K) −273(℃)。 12. √ 13. × 正确答案:电势的实际方向与端电压的实际方向是相同的。 14. √ 15. × 正确答案:发现人、畜触电时,应先断开电源,再设法抢救触电的人、畜。　16. √　17. ×　正确答案:在距离线路或变压器较近,有可能误攀登的建筑物上必须挂有"禁止攀登,有电危险"的标示牌。　18. ×　正确答案:泡沫灭火器不能扑救水溶性可燃、易燃液体的火灾和电气火灾。　19. √　20. √　21. ×　正确答案:在公共场所、工业企业、建筑工地等地方悬挂""标志的意义是禁止触摸。　22. ×　正确答案:高压绝缘棒应每隔一年安全检验一次。　23. √　24. ×　正确答案:通常把输入设备和输出设备合称为 I/O 设备。　25. √　26. ×　正确答案:计算机软件主要由系统软件和应用软件组成。　27. ×　正确答案:汉字操作系统中含有多种汉字输入方法。　28. √　29. ×　正确答案:在 Microsoft Office Word 2007 中,新增 Word 文档转换为 PDF 或 XPS 的功能。　30. √　31. √　32. √　33. √　34. √　35. ×　正确答案:静止液体中任一点处压强大小相等,与作用面方向无关。　36. √　37. √　38. ×　正确答案:m/s 是速度单位;m³/s 是流量单位。　39. ×　正确答案:管道中的流量给定的情况下,管径越大,流速越小。　40. √　41. ×　正确答案:水在管道里流动的时候,管道内的压力是沿着水流方向逐渐减小的。　42. ×　正确答案:由于沿程阻力做功而引起的水头损失称为沿程水头损失。　43. ×　正确答案:取水构筑物位于给水系统的首部。　44. √　45. ×　正确答案:分质给水系统是经过不同的水处理过程和管网,将不同水质的水供给各类用户。　46. √　47. √　48. √　49. ×　正确答案:从含水层(透水层)中集取地下水的构筑物,称为地下取水构筑物。　50. ×　正确答案:水位每降 1m 时的稳定出水量,称为管井的单位涌水量。　51. √　52. ×　正确答案:干室式泵站是指水泵与水池相通,水泵间内无水侵入。　53. √　54. √　55. ×　正确答案:二级泵站的水泵从吸水井中吸水,通过输水干管将水输往管网。　56. √　57. √　58. ×　正确答案:将水配送至用户且分布于整个供水区域的管线称为配水管网。　59. √　60. ×　正确答案:与降深相对应的稳定出水量称为管井涌水量。　61. √　62. √　63. √　64. ×　正确答案:容积为 1000m³ 的水池至少有两个检修孔。　65. ×　正确答案:为了达到预期的混凝沉淀效果,减少混凝剂投加量,应增设预沉池或沉砂池。　66. ×　正确答案:生活饮用水水源卫生标准(CJ 3020—1993)规定,一级水源水和二级水源水的耗氧量是不一致的。　67. √　68. √　69. √　70. √　71. √　72. √　73. √　74. √　75. ×　正确答案:叶轮一侧进水的泵称为单吸泵。　76. ×　正确答案:我国泵的型号一般由汉语、拼音字母和阿拉伯数字组成。　77. ×　正确答案:表示水泵性能的数据称为水泵的性能参数。　78. ×　正确答案:水泵铭牌上所标的允许吸上真空高度是在额定流量下,水温 20℃,1 个大气压下的试验数值。　79. ×　正确答案:水泵铭牌上所标示的汽蚀余量有三种标示方法(汽蚀余量,必须汽蚀余量或允许汽蚀余量)。　80. √　81. √　82. ×　正确答案:离心泵启动前必须检查轴承中润滑油的油量是否正常,油质是否干净。　83. ×　正确答案:离心泵停车时,应先关闭出水阀门,然后再切断电动机电源。　84. √　85. ×　正确答案:固定式轴流泵是叶片和轮毂铸成一体的,叶片的安装角度是不能调节的。　86. √　87. ×　正确答案:轴流泵的导轴承主要是用来承受径向力振动,起到径向定位作用。　88. √　89. ×　正确答案:混流泵的特点之一是流量比离心泵大,但较轴流泵小。　90. ×　正确答案:6JD-28×11 型深井泵,其中"28"表示水泵额定流量为 28m³/h。　91. √　92. ×　正确答案:长轴深井泵启动前需要灌水预润滑。　93. ×　正确答案:潜水泵按其用途分有给水泵和排污泵。　94. √　95. ×　正确答案:200QJ50-130/10 型水泵,其中"QJ"表示井用潜水泵。　96. ×　正确答案:潜水泵运行时,电源电压高于420V或低于340V时应立即停机。 97.× 正确答案:给水排水专业制图,除应遵守给水排水专业制图标准外,还应符合房屋建筑制图统一标准以及国家现行的有关强制性标准。 98.√ 99.× 正确答案:建筑的高度可以从建筑左视图中读取。

100.√ 101.× 正确答案:在泵站流程图中,图例"—▷◁—"表示螺纹阀门。 102.√ 103.× 正确答案:钢筋混凝土管、陶土管、耐酸陶瓷管、缸瓦管等管材,管径宜以内径 *d* 表示。 104.× 正确答案:给排水总平面图上应该注明各类管道的管径、坐标或定位尺寸。

105.× 正确答案:在泵站流程图中,图例"—Ⅳ—"表示逆止阀。 106.√ 107.× 正确答案:在三视图的投影规律中,主视图与俯视图长对正。 108.√ 109.× 正确答案:电动机的作用是将电能转换为机械能。 110.× 正确答案:电动机的效率是指电动机的输出功率与输入功率之比。 111.× 正确答案:Y132M-4 型电动机,其中"M"表示中机座。

112.× 正确答案:额定电压是指电动机额定运行时加在定子绕组上的线电压。 113.× 正确答案:启动多台电动机时,应按容量从大到小一台一台启动,不能同时启动。 114.√

115.× 正确答案:选择供配电电压时,主要取决于用电负荷的大小和供电距离的长短,线路电压损失必须考虑。 116.√ 117.√ 118.× 正确答案:1 度电指功率为 1kW 的电气设备工作 1h 所耗用的电能。 119.× 正确答案:设备效率指设备的实际生产能力与理论能力的比值,与功率因数含义不同。 120.× 正确答案:使用交流电可以将电压方便地升高,进行远距离传输,传输过程中电能损耗小。 121.× 正确答案:直流电的大小和方向都不随时间改变。 122.× 正确答案:根据电气装置所处的位置、使用环境和工作条件,选择电气设备型号。 123.√ 124.√ 125.√ 126.√ 127.× 正确答案:低压配电装置前、后固定照明灯应齐全、完好,设备要做重复接地。 128.× 正确答案:高压断路器手动操作机构简单,不能自动重合闸,只能就地操作。 129.√ 130.× 正确答案:胶盖瓷底闸刀开关适用于 500V 以下电压,其作用是接通与断开配电线路。 131.√ 132.√

133.√ 134.× 正确答案:熔断器的极限分断能力应高于被保护线路上的最大短路电流。

135.√ 136.× 正确答案:微型计算机用于泵站自动化,不但要求计算机具有完善的中断系统,完善的外部设备和反映机组运行规律的数学模型,还需要配备完善的操作系统和应用软件。 137.√ 138.× 正确答案:泵的机械损失主要是水泵填料、轴承和泵轴间的摩擦损失。 139.× 正确答案:离心泵机组二保或维修时需要测试联轴器对中情况。 140.× 正确答案:减少和消除多级泵轴向力的方法有叶轮对称布置和采用平衡盘两种。 141.× 正确答案:离心泵一保包括日常维护检查内容,以及检查电动机轴承,加注润滑脂等工作。

142.√ 143.√ 144.× 正确答案:合成钙基脂是用合成脂肪酸的钙皂稠化中等黏度的矿物油制成,它具有抗水性好、机械安定性好、易于泵送等优点,但同时又有使用温度低、寿命短等缺点。 145.√ 146.× 正确答案:润滑脂长期使用后,其组分因受光、热和空气的作用,可能发生氧化变质,产生酸性物导致被润滑的部件腐蚀,及至锈蚀,并失去润滑、防护作用。 147.× 正确答案:往复泵的适用范围侧重于高扬程、小流量。 148.√ 149.√

150.√ 151.√ 152.× 正确答案:水平螺翼式水表用符号"LXL"表示。 153.√ 154.× 正确答案:更换水泵压力表时应选择合适量程的压力表,一般选择 0~6MPa 低压表。 155.× 正确答案:石墨有重要的化学惰性,它的升华点是 66000F,填料可应用于相当高的温度。

156.√ 157.× 正确答案:离心泵装置主要由泵壳、泵轴、叶轮、吸水管和压水管等组成。

158. √ 159. √ 160. × 正确答案:水泵填料、轴承和泵轴间的摩擦损失都属于水泵的机械损失。 161. × 正确答案:IS 单级单吸离心泵图中,"6"表示叶轮螺母。 162. × 正确答案:SH 双级单吸离心泵图中"5"表示密封环。 163. √ 164. × 正确答案:铸铁管是给水管网中最常用的管材,它抗腐蚀性好,经久耐用。 165. √ 166. √ 167. × 正确答案:常用的非金属管有预应力和自应力钢筋混凝土管、石棉水泥管以及塑料管。 168. √

169. × 正确答案:钢管腐蚀中,管道是金属回路、土壤是电解质。 170. √ 171. × 正确答案:一般地讲,高压系统(10.0MPa 以上)通常采用对焊法兰,梯形槽(RJ)密封。 172. √

173. × 正确答案:橡胶闸阀闸板胶质为乙丙橡胶,具有一定抗腐蚀性,用于介质为海水、污水的管路中使用。 174. √ 175. × 正确答案:阀门型号中阀门类型使用汉语拼音字母表示。 176. × 正确答案:阀门型号中第三位为数字 4,表示阀门连接形式为法兰。

177. × 正确答案:氟化橡胶不能用于蒸汽类和超过 82℃ 的热水系统。 178. √ 179. × 正确答案:承插式接口的管线在弯管、三通处会产生拉力,接口可能因此松动,需在这些部位设支墩。 180. √ 181. √ 182. × 正确答案:法兰是用于使管道与管道相互连接的零件。 183. × 正确答案:水泵进口处真空表的真空值也称为吸水扬程。 184. √ 185. √

186. × 正确答案:开关板电气测量仪表中符号"Ω"表示的是欧姆表。 187. √ 188. × 正确答案:电磁式仪表即能测量交流电压和交流电流,也能测量直流电压和直流电流。

189. × 正确答案:电能表通过互感器与电路相接,实际用电数等于表面用电数乘以电压互感器变压比。 190. × 正确答案:电池在 UPS 系统中非常重要,判断电池好坏的最重要参数是内部电阻。 191. √ 192. × 正确答案:兆欧表的"接地"或标有"E"的端子,接被测设备的地线。 193. × 正确答案:压力表按其指示压力的基准不同,分为一般压力表、绝对压力表、差压表。 194. × 正确答案:玻璃管液位计是根据连通器原理工作的。 195. √

196. × 正确答案:锉刀是用来加工金属或其他材料表面的一种刀具。 197. × 正确答案:钢板尺测量误差较大,它用在测量精度要求不高的物体上。 198. √ 199. × 正确答案:用试电笔验电时,手应触及试电笔尾部的金属。 200. × 正确答案:游标卡尺是一种中等精度的量具。

中级工理论知识练习题及答案

一、单项选择题(每题有4个选项,只有1个是正确的,将正确的选项号填入括号内)

1. AA001　测量误差是(　　)的,测量不确定度可以是多种表达方式。

A. 唯一　　　　　　　B. 两种　　　　　　　C. 三种　　　　　　　D. 多种

2. AA001　对给定的测量仪器,(　　)等所允许的误差极限值为最大允许误差。

A. 标准　　　　　　　B. 程序　　　　　　　C. 制度　　　　　　　D. 规范规程

3. AA001　测量误差按其测量结果影响的性质,可分为(　　)和偶然误差。

A. 随机误差　　　　　B. 系统误差　　　　　C. 观测误差　　　　　D. 操作误差

4. AA002　相对误差等于测量误差(　　)测量的真值。

A. 加上　　　　　　　B. 减去　　　　　　　C. 乘以　　　　　　　D. 除以

5. AA002　随机误差是指在相同条件下,多次实际测量同一量值时,其绝对值和符号(　　)的测量误差。

A. 不断减小　　　　　B. 不断增大　　　　　C. 始终不变　　　　　D. 随机变化

6. AA002　系统误差是指在重复性条件下,对同一被测量进行无限多次测量所得结果的平均值与被测量的真值(　　)。

A. 之差　　　　　　　B. 之积　　　　　　　C. 之和　　　　　　　D. 之商

7. AA003　计量器具是(　　)或连同辅助设备一起用以进行测量的器具。

A. 多样地　　　　　　B. 相互地　　　　　　C. 单独地　　　　　　D. 共同的

8. AA003　强制计量器具的管理必须按要求登记造册,向(　　)计量检定测试机构申请周期检定。

A. 单位　　　　　　　B. 国家　　　　　　　C. 国际　　　　　　　D. 法定

9. AA003　计量的定义是实现(　　)统一、量值准确可靠的活动。

A. 独立　　　　　　　B. 相互　　　　　　　C. 单位　　　　　　　D. 共同

10. AA004　计量基准是我国对用于(　　)并作为最高依据的测量标准器所赋予的专有名称。

A. 统一量值　　　　　B. 统一标准　　　　　C. 统一单位　　　　　D. 统一名称

11. AA004　为了定义、实现、保存、复现量的单位或者一个或多个量值称为(　　)基准。

A. 计量　　　　　　　B. 物理　　　　　　　C. 误差　　　　　　　D. 流量

12. AA004　计量基准是用作有关量的(　　)定值依据的实物量具、测量仪器、标准物质或者测量系统。

A. 统一量值　　　　　B. 统一标准　　　　　C. 测量标准　　　　　D. 统一单位

13. AA005　(　　)是指定或被广泛承认的具有最高计量学特性的标准器,其值无须参考同类量的其他标准器即可采用,又称为"原级标准"。

A. 工作标准器　　　　　B. 参考标准器　　　　　C. 次级标准器　　　　　D. 基准器

14. AA005 （　　）是通过与基准器直接或间接比较确定其值和不确定度的标准器，又称"副标准"。

A. 工作标准器　　　　　B. 参考标准器　　　　　C. 次级标准器　　　　　D. 基准器

15. AA005 （　　）是在指定区域或机构里具有最高计量学特性的标准器，该地区或机构的测量源于该标准。

A. 工作标准器　　　　　B. 参考标准器　　　　　C. 次级标准器　　　　　D. 基准器

16. AA006 在规定条件下，为确定测量仪器或测量系统所指示的量值，与对应的由标准所复现的量值之间关系的一组操作称为（　　）。

A. 计量检定　　　　　B. 校准　　　　　C. 检定　　　　　D. 强制检定

17. AA006 法制计量范畴属于（　　）。

A. 计量检定　　　　　B. 校准　　　　　C. 检定　　　　　D. 强制检定

18. AA006 检定对象应该是（　　）的计量器具。

A. 计量检定　　　　　B. 校准　　　　　C. 检定　　　　　D. 强制检定

19. AA007 由政府计量行政部门所属的法定计量检定机构，实行定点周期的一种检定称为（　　）。

A. 计量检定　　　　　B. 校准　　　　　C. 检定　　　　　D. 强制检定

20. AA007 实行（　　）的工作计量器具是必须出列入强制验定《目录》中的工作计量器具。

A. 计量检定　　　　　B. 校准　　　　　C. 检定　　　　　D. 强制检定

21. AA007 国家计量检定规章制度由（　　）制定。

A. 国务院有关部门　　　　　　　　B. 计量技术机构
C. 市政府计量部门　　　　　　　　D. 企业计量机构

22. AA008 以确定量值为目的的一组操作称为（　　）。

A. 测量　　　　　B. 校准　　　　　C. 检定　　　　　D. 强制检定

23. AA008 实现单位统一和量值准确可靠的活动称为（　　）。

A. 测量　　　　　B. 测试　　　　　C. 计量　　　　　D. 强制检定

24. AA008 测量是（　　），可以是自动进行的，也可以是手动或半自动的。

A. 测量　　　　　B. 测试　　　　　C. 计量　　　　　D. 操作

25. AA009 量值传递就是通过对计量器具的检定或校准，将国家基准（标准）所复现的（　　）单位量值，通过计量标准逐级传递到工作计量器具。

A. 测量　　　　　B. 测试　　　　　C. 计量　　　　　D. 操作

26. AA009 （　　）计量基准具有保存、复现和传递计量单位量值得三种功能，是统一全国量值得法定依据。

A. 测量　　　　　B. 测试　　　　　C. 企业　　　　　D. 国家

27. AA009 统一量值工作还应考虑如何将大量具有不同准确度等级的（　　）器具，在规定的准确度范围内与国家基准保持一致。

A. 测量　　　　　B. 测试　　　　　C. 计量　　　　　D. 国家

28. AA010 量值一般是自上而下,由高等级向低等级( ),它体现了一种政府的意志,有强制性的特点。

 A. 测量 B. 传递 C. 计量 D. 操作

29. AA010 中国执行量值( )的最高法制计量部门为中国计量科学研究院,由国家计量局领导。

 A. 测量 B. 传递 C. 计量 D. 操作

30. AA010 国防系统根据其特点建立了计量传递网,其基本参数的最高标准由国家计量基准进行( )。

 A. 测量 B. 传递 C. 计量 D. 操作

31. AB001 燃烧,是指( )与氧化剂作用发生的放热反应,通常伴有火焰、发光、发烟的现象。

 A. 可燃物 B. 氧化物 C. 易燃物 D. 燃烧物

32. AB001 可燃物是指能与空气中的氧或其他( )起燃烧反应的物质,如木材、纸张、布料等。

 A. 碳化物 B. 氧化剂 C. 易燃物 D. 燃烧物

33. AB001 要发生燃烧,三要素缺一不可。因此,采取措施使三要素不同时存在,例如,控制可燃物、隔绝空气、消除着火源,即可阻止燃烧发生,从而实现( )的目的。

 A. 安全生产 B. 抗震救灾 C. 防火救灾 D. 居民安全

34. AB002 新员工的三级安全教育是指( )、车间教育和班组教育。

 A. 启蒙教育 B. 厂级教育 C. 礼仪教育 D. 安全教育

35. AB002 接地线的截面积不得小于( )。

 A. 15mm² B. 20mm² C. 25mm² D. 30mm²

36. AB002 风力大于( )时,不宜进行带电作业。

 A. 3 级 B. 4 级 C. 5 级 D. 6 级

37. AB003 安全生产责任制是企业行政( )制度的重要组成部分。

 A. 岗位责任 B. 岗位练兵 C. 经济核算 D. 质量安全

38. AB003 安全生产责任制是按照( )预防为主综合治理的方针和管生产必须管安全的原则,将各级管理人员在安全生产方面应该做的工作和应负的责任加以明确规定的一种制度。

 A. 安全生产 B. 抗震救灾 C. 安全第一 D. 居民安全

39. AB003 企业安全生产责任制的核心是实现( )的五同时,即在计划、布置、检查、总结和评比生产的同时,计划、布置、检查、总结和评比安全工作。

 A. 居民安全 B. 抗震救灾 C. 防火救灾 D. 安全生产

40. AB004 在( )及以上高空悬空作业要有安全措施,脚手架以及劳保用品必须是合格产品。

 A. 2m B. 3m C. 4m D. 5m

41. AB004 开挖管沟时除应及时排除地下水外,挖至( )深时,如土质较松必须采取措施做好防塌方的安全工作。

A. 0.5m   B. 1.5m   C. 1.0m   D. 2.0m

42. AB004 作业场所有坠落物危险及高空作业时,应佩戴(   ),防止人体头部受外力
    伤害。

    A. 安全帽   B. 帆布披肩帽   C. 石棉披肩帽   D. 铝膜布帽

43. AB005 《企业职工伤亡事故分类》(GB 6441—1986)中伤害程度分类规定,轻伤指损失
    工作日低于(   )的失能伤害。

    A. 55 日   B. 105 日   C. 155 日   D. 205 日

44. AB005 《企业职工伤亡事故分类》(GB 6441—1986)中伤害程度分类规定,重伤事故指
    有(   )的事故。

    A. 有轻伤的事故   B. 重大伤亡事故
    C. 发生的人身伤害   D. 有重伤无死亡

45. AB005 《企业职工伤亡事故分类标准》伤害程度分类中,重伤指损失工作日不超过
    (   )的失能伤害。

    A. 105 日   B. 365 日   C. 1000 日   D. 6000 日

46. AB006 10kV 及以下电气设备不停电的安全距离是(   )。

    A. 0.35m   B. 0.7m   C. 1.5m   D. 2m

47. AB006 220kV 电气设备不停电的安全距离是(   )。

    A. 0.7m   B. 2m   C. 3m   D. 4m

48. AB006 500kV 电气设备不停电的安全距离是(   )。

    A. 3m   B. 4m   C. 5m   D. 6m

49. AB007 电击是指(   )通过人体,破坏人体心脏、肺及神经系统的正常功能。

    A. 电阻   B. 电容   C. 电流   D. 电压

50. AB007 电伤是指(   )的热效应、化学效用和机械效应对人体的伤害。

    A. 电阻   B. 电容   C. 电流   D. 电压

51. AB007 电磁场生理伤害是指在高频(   )的作用下,人会出现头晕、乏力、记忆力减
    退、失眠、多梦等神经系统的症状。

    A. 电阻   B. 电容   C. 电流   D. 磁场

52. AB008 如果触电者伤势严重,呼吸停止或心脏停止跳动,应竭力施行(   )和胸外心
    脏按压。

    A. 按摩   B. 点穴   C. 人工呼吸   D. 电击

53. AB008 使用手持电动工具时,下列关于注意事项叙述正确的是(   )。

    A. 使用万能插座   B. 使用漏电保护器   C. 身体部分裸露   D. 衣服潮湿

54. AB008 使用电气设备时,由于维护不及时,当(   )进入时,可导致短路事故。

    A. 导电粉尘或纤维   B. 强光辐射   C. 热气   D. 带电体

55. AB009 下列关于电路中电源的说法正确的是(   )。

    A. 只有干电池能做电源
    B. 只有发电机能做电源
    C. 电动机也是一种电源

D. 凡是能提供电能的装置都可以作为电源

56. AB009　电路的负载( )、电动机、电视等用电器取用电能的设备,能实现电能向其他形式能量的转化。

　　A. 电池　　　　　　　　B. 电灯　　　　　　　　C. 变压器　　　　　　　D. 发电动机

57. AB009　电路的中间环节( )、变压器等起传输和分配电能的作用。

　　A. 电池　　　　　　　　B. 输电线　　　　　　　C. 电灯　　　　　　　　D. 发电动机

58. AB010　接地线应采用多股软铜线,其截面应符合短路电流的要求,但不得小于( )。

　　A. 16mm²　　　　　　　B. 25mm²　　　　　　　C. 35mm²　　　　　　　D. 50mm²

59. AB010　接地体的连接应采用搭接焊,其扁钢的搭接长度应为( )。

　　A. 扁钢宽度的 2 倍并三面焊接　　　　　　B. 扁钢宽度的 3 倍

　　C. 扁钢宽度的 2.5 倍　　　　　　　　　　D. 扁钢宽度的 1.5 倍

60. AB010　我国电力系统中性点的主要运行方式有:中性点直接接地、中性点不接地和中性点经( )接地。

　　A. 电容　　　　　　　　B. 消弧线圈　　　　　　C. 电抗线圈　　　　　　D. 电阻

61. AB011　有爆炸或火灾危险的场所,工作人员不应穿戴( )的服装和袜子、手套、围巾。

　　A. 腈纶、棉布、丝绸　　　　　　　　　　B. 尼龙、棉布、涤纶织物

　　C. 涤纶织物、棉布、丝绸　　　　　　　　D. 腈纶、尼龙、涤纶织物

62. AB011　电气线路发生火灾,主要是由于线路的( )等原因引起的。

　　A. 短路、断路、过载　　　　　　　　　　B. 过载、接触电阻过大、断路

　　C. 接触电阻过大、电源没电、短路　　　　D. 短路、过载、接触电阻过大

63. AB011　工作着的电动机着火时,不可使用( )灭火。

　　A. 二氧化碳　　　　　　B. 四氯化碳　　　　　　C. 1211 灭火机　　　　D. 干粉

64. AB012　电气设备究竟应采用保护接零,还是采用保护接地方式,主要取决于配电系统的中性点是否接地、低压电网的性质以及电气设备的暂定( )等级。

　　A. 电压　　　　　　　　B. 电阻　　　　　　　　C. 电流　　　　　　　　D. 电容

65. AB012　高压电气设备,一般实行( )。

　　A. 保护接地　　　　　　B. 保护接零　　　　　　C. 保护接电　　　　　　D. 防雷接地

66. AB012　用于防雷击(雷电感等)的保护方式是( ),这个电阻一般不大于 10Ω。

　　A. 保护接地　　　　　　B. 保护接零　　　　　　C. 保护接电　　　　　　D. 防雷接地

67. AC001　关于演示文稿叙述不正确的是( )。

　　A. 可以有很多页　　　　　　　　　　　　B. 可以调整文字位置

　　C. 可以改变文字大小　　　　　　　　　　D. 可以有图画

68. AC001　PowerPoint 是专门用于制作( )的软件。

　　A. 表格　　　　　　　　B. 图片　　　　　　　　C. 演示文稿　　　　　　D. 幻灯片

69. AC001　下列关于幻灯片切换的说法不正确的是( )。

　　A. 可以改变速度　　　　　　　　　　　　B. 可以添加声音

　　C. 可以自动切换　　　　　　　　　　　　D. 不可以改变速度

70. AC002 输入或编辑 PowerPoint 幻灯片标题和正文应在( )下进行。

    A. 幻灯片视图模式   B. 幻灯片大纲视图模式

    C. 幻灯片浏览视图模式   D. 幻灯片备注页视图模式

71. AC002 在 PowerPoint 软件中,"填充效果"对话框"过渡"选项卡中不包括( )。

    A. 颜色   B. 底纹式样   C. 变形   D. 背景

72. AC002 在 PowerPoint 软件中,如果要播放演示文稿,可以使用( )。

    A. 幻灯片视图   B. 大纲视图

    C. 幻灯片浏览视图   D. 幻灯片放映视图

73. AC003 可以利用剪贴板在 Word 文件中插入图形,一般做法是先执行一个应用程序,生成所需图形,使用"编辑"菜单中的( )命令,将图形粘贴到剪贴板上,然后再使用命令将图形插入。

    A. 粘贴   B. 复制或剪切   C. 全选   D. 替换

74. AC003 在 Word 中,插入图片后,需要设置图片参数时可将鼠标放置在图片上单击右键点选( )。

    A. 设置图片格式   B. 复制   C. 编辑   D. 粘贴

75. AC003 需要使用 Word 自行绘制流程图时,需要点选插入图片下拉列表中( )命令。

    A. 自选图形   B. 艺术字   C. 剪贴画   D. 绘制新图形

76. AC004 计算机软件是指( )。

    A. 程序   B. 数据

    C. 文档资料   D. 程序数据和文档资料的集合

77. AC004 下列选项中均属于操作系统的是( )

    A. WPS 与 PC DOS   B. Windows 与 MS DOS

    C. Word 与 Windows   D. DOXBASE 与 OS/2

78. AC004 操作系统是重要的系统软件,下列选项中不属于操作系统的软件是( )

    A. Unix   B. Linux   C. PASCAL   D. Windows Xp

79. AC005 Excel 主要应用在( )。

    A. 美术、装潢、图片制作等方面   B. 工业设计、机械制造、建筑工程等

    C. 统计分析、财务管理分析等方面   D. 多媒体制作

80. AC005 在 Excel 中,修改图表中的数据,对应工作表中的数据( )

    A. 不会改变   B. 可被修改,也可不被修改

    C. 随之修改   D. 如果选中工作表,则被修改

81. AC005 在 Excel 中,用( )函数进行求和。

    A. SUM   B. ADD   C. SIN   D. COS

82. AC006 简而言之,计算机网络是一个( )。

    A. 管理信息系统

    B. 数据通信系统

    C. 通信控制系统

    D. 在协议控制下的多台计算机互联的系统

83. AC006　拥有计算机并以拨号的方式接入网络用户需要使用(　　)。

    A. CD-ROM　　　　　　B. 鼠标　　　　　　　C. 电话机　　　　　　D. Modem

84. AC006　计算机联网的主要目的是(　　)。

    A. 共享计算机硬件、软件及数据资源　　　　　B. 发电子邮件和浏览信息

    C. 发电子邮件和查询资料　　　　　　　　　D. 传送数据和浏览信息

85. AC007　在 Outlook Express 的窗口中,用(　　)可以把未完成的邮件先放在这个文件夹里,下次再打开编辑。

    A. 已发送邮件　　　　　B. 发件箱　　　　　　C. 收件箱　　　　　　D. 草稿箱

86. AC007　在谈到电子邮件发送时,经常谈到的 PGP 是指(　　)

    A. 压缩软件　　　　　　　　　　　　　B. 防病毒软件

    C. 加密软件　　　　　　　　　　　　　D. 格式转换软件

87. AC007　下列关于电子邮件不正确的描述是(　　)。

    A. 可向多个收件人发送同一消息

    B. 发送消息可包括文本、语音、图片及图像

    C. 发送一条计算机程序做出应答的消息

    D. 不能用于攻击计算机

88. AC008　在微型计算机之间传播计算机病毒最广、最快的媒介是(　　)。

    A. 网络　　　　　　　　B. 硬盘　　　　　　　C. 软盘　　　　　　　D. 电磁波

89. AC008　计算机病毒是一种(　　)。

    A. 特殊的计算机部件　　　　　　　　　B. 游戏软件

    C. 人为编制的特殊软件　　　　　　　　D. 能传染的生物病毒

90. AC008　计算机病毒中操作系统型病毒又称为(　　)。

    A. 文件性病毒　　　　　B. 源码病毒　　　　　C. 内侵型病毒　　　　D. 引导性病毒

91. AD001　各流层水质点相互混掺,水质点的轨迹极其紊乱的水流称为(　　)。

    A. 层流　　　　　　　　B. 紊流　　　　　　　C. 均匀流　　　　　　D. 混合流

92. AD001　在渠道进口附近因流速小,阻力也小,此时重力沿流动方向的分力大于阻力,于是水流做加速运动,流速沿程增大,水深及过水断面沿程减小,这种流动称为(　　)。

    A. 无压流　　　　　　　B. 非恒定流　　　　　C. 非均匀流　　　　　D. 渐变流

93. AD001　流速沿流向变化缓慢地流动称为(　　)。

    A. 无压流　　　　　　　B. 非恒定流　　　　　C. 非均匀流　　　　　D. 渐变流

94. AD002　流体力学主要基础是(　　)和质量守恒定律。

    A. 牛顿运动定律　　　　B. 质点定律　　　　　C. 气态定律　　　　　D. 液态定律

95. AD002　流体力学中研究得最多的流体是(　　)和空气。

    A. 冰　　　　　　　　　B. 水　　　　　　　　C. 煤油　　　　　　　D. 汽油

96. AD002　体积流量和质量流量换算关系是(　　)。

    A. $G=\rho Q$　　　　　　B. $G=\rho/Q$　　　　　C. $G=\rho+Q$　　　　D. $G=\rho-Q$

97. AD003　管径为 50mm,流速为 0.8m/s,每小时输送清水接近(　　)。

    A. 3m³   B. 4m³   C. 5m³   D. 6m³

98. AD003　流量等于流速(　　)过水面积。

    A. 除以   B. 乘以   C. 加上   D. 减上

99. AD003　某条管线每小时输送清水 1000m³,设计流速为 1.5m/s,管径选(　　)合适。

    A. 400mm   B. 450mm   C. 500mm   D. 550mm

100. AD004　在设计供水管道的管径时,使供水的总成本(包括铺设管路的建安费、水泵站的建安费及水泵抽水的经营费之总和)最低的流速是指(　　)。

    A. 经济流速   B. 设计流速   C. 最大流速   D. 最小流速

101. AD004　用于给水主压力管道的经济流速为(　　)。

    A. 0.1~1m/s   B. 1~2m/s   C. 2~3m/s   D. 3~4m/s

102. AD004　工业用水中离心泵吸水管(管径小于250mm)的经济流速为(　　)。

    A. 0.1~1m/s   B. 1~2m/s   C. 2~3m/s   D. 3~4m/s

103. AD005　城市生活用水主要包括居民生活用水、(　　)、工业企业生活用水。

    A. 消防用水   B. 生产用水   C. 公共设施用水   D. 市政用水

104. AD005　城镇或居住区室外消防用水量,通常按同时发生火灾次数和(　　)灭火用水量确定。

    A. 一次   B. 两次   C. 三次   D. 四次

105. AD005　下列仅用于校核管网计算,不属正常用水量的是(　　)。

    A. 公共设施用水   B. 生产用水   C. 市政用水   D. 消防用水

106. AD006　在重力沿流动方向的分量与阻力平衡时,明渠水流能形成(　　)。

    A. 无压流   B. 均匀流   C. 非均匀流   D. 渐变流

107. AD006　只有在正坡、棱柱体、(　　)的长直明渠中才能产生均匀流。

    A. 光滑   B. 粗糙度小   C. 粗糙度大   D. 粗糙不变

108. AD006　在给定管径及流量的情况下,可从水力计算表中查得(　　)。

    A. 压力   B. 压力管径   C. 流速和阻力   D. 流速和流量

109. AD007　明渠水运动时,在任一过水断面上任一点的运动要素不随时间变化,称为明渠(　　)。

    A. 恒定流   B. 非恒定流   C. 非均匀流   D. 渐变流

110. AD007　在达西公式 $h_f = \lambda L/D \times (V^2/2g)$ 中,"λ"表示的是(　　)。

    A. 管道长度   B. 局部阻力系数 C. 沿程阻力系数 D. 管道直径

111. AD007　在达西公式 $h_f = \lambda L/D \times (V^2/2g)$ 中,"D"表示的是(　　)。

    A. 管道长度   B. 水力半径   C. 沿程阻力系数 D. 管道直径

112. AD008　管道的局部水头损失等于局部阻力系数乘以(　　)

    A. $Q/2g$ B. $Q2/2g$ C. $V/2g$ D. $V^2/2g$

113. AD008　局部水头损失是指水流通过管道所设阀门、弯管等装置时水流流经的(　　)发生变化使水流形成旋涡区和断面流速的急剧变化,造成水流在局部地区受到比较集中的阻力损失。

    A. 流量   B. 流速   C. 过水断面或方向   D. 压力

114. AD008　局部水头损失通常发生在管路弯曲、管径变化和(　　)等位置,它导致水头损耗增加,减小管道的输水能力并改变水头的沿程分布。

　　A. 阀门安装　　　　B. 直管段　　　　C. 埋地管线　　　　D. 地上管线

115. AE001　为了便于检修和施工,阀门井的井底到水管承口或法兰盘底的距离至少为(　　)。

　　A. 0.04m　　　　B. 0.06m　　　　C. 0.08m　　　　D. 0.1m

116. AE001　为了便于检修和施工,阀门井的井壁和法兰盘的距离应大于(　　)。

　　A. 0.05m　　　　B. 0.10m　　　　C. 0.15m　　　　D. 0.5m

117. AE001　干管上的阀门通常(　　)设置一个。

　　A. 2000m　　　　B. 1000m　　　　C. 500m　　　　D. 1500m

118. AE002　在城市给水中,工业生产用水量通常占整个用水量的(　　)左右。

　　A. 20%　　　　B. 30%　　　　C. 40%　　　　D. 50%

119. AE002　在确定给水工程和相应设施规模时,用水量标准是一个(　　)。

　　A. 最大值　　　　B. 最小值　　　　C. 平均值　　　　D. 恒定值

120. AE002　用水量标准是由(　　)统一发布规定的单位用水对象单位时间的用水量。

　　A. 个人　　　　B. 集体　　　　C. 国家　　　　D. 单位

121. AE003　城镇供水最高日用水量与平均日用水量的比值称为日变化系数,这一系数的一般取值为(　　)。

　　A. 0.1~1.0　　　　B. 1.1~2.0　　　　C. 1.5~2.5　　　　D. 2.0~3.0

122. AE003　城镇供水最高日最高一小时用水量与平均时用水量的比值称为时变化系数,其值一般在(　　)。

　　A. 1~2　　　　B. 1.3~2.5　　　　C. 1.5~3.0　　　　D. 2.0~3.0

123. AE003　在设计给水系统时,一般以最高日平均时用水量来确定系统中各构筑物和(　　)的规模。

　　A. 一级泵站　　　　B. 二级泵站　　　　C. 清水池　　　　D. 水塔

124. AE004　供水能力是指供水系统在(　　)时间内所能达到的最大供水能量。

　　A. 长　　　　B. 短　　　　C. 一般　　　　D. 单位

125. AE004　水厂的供水能力与取水、净水、储水和输配水等构筑物的规模和(　　)有关。

　　A. 性能　　　　B. 结构　　　　C. 构造　　　　D. 大小

126. AE004　要设计一个日供水能力为10000m³的水厂,那么该水厂的取水、净水构筑物及输配水管网的能力均应满足(　　)要求。

　　A. 5000m³/d　　　　B. 10000m³/d　　　　C. 15000m³/d　　　　D. 20000m³/d

127. AE005　水厂的输水管和管网一般应按二级泵站(　　)用水量计算。

　　A. 最高日　　　　B. 最高时　　　　C. 最高日最高时　　　　D. 平均时

128. AE005　当管网内不设水塔时,任何小时二级泵站供水量应(　　)用水量。

　　A. 大于　　　　B. 小于　　　　C. 等于　　　　D. 不小于

129. AE005　送水泵房的任务是要满足管网中用户对(　　)的要求。

　　A. 水质、水压　　　　B. 水量、水质　　　　C. 水量、水压　　　　D. 水位、水压

130. AE006　为了调节泵站供水量差额,清水池须建在(　　)之间。

　　A. 一级泵站和水塔　　　　　　　　　　B. 二级泵站和水塔

　　C. 一级泵站和二级泵站　　　　　　　　D. 输水和配水管

131. AE006　清水池的作用之一为调节泵站供水量和用水量之间的(　　)差额。

　　A. 流速　　　　　　B. 流量　　　　　　C. 扬程　　　　　　D. 水质

132. AE006　清水池的溢流管一般与(　　)管径相同。

　　A. 放空管　　　　　B. 进水管　　　　　C. 出水管　　　　　D. 排气管

133. AE007　一级泵站吸水井最低水位和水处理构筑物最高水位的高程差为(　　)静扬程。

　　A. 一级泵站　　　　B. 二级泵站　　　　C. 加压泵站　　　　D. 循环泵站

134. AE007　无水塔的管网直接输水到用户,这时,二级泵站的静扬程等于清水池最低水位与管网(　　)所需服务水头标高的高程差。

　　A. 控制点　　　　　B. 最低点　　　　　C. 最近点　　　　　D. 逆接点

135. AE007　当管网控制点的(　　)在最高用水量时可以达到最小服务水头,整个管网就不会存在压力不足现象。

　　A. 流量　　　　　　B. 流速　　　　　　C. 压力　　　　　　D. 水头损失

136. AE008　水源关系到人体健康,必须选用(　　)良好,水量充沛,便于保护的水源。

　　A. 水压　　　　　　B. 水质　　　　　　C. 流速　　　　　　D. 环境

137. AE008　地下水源中的潜水也称为(　　)。

　　A. 自流水　　　　　B. 承压地下水　　　C. 无压地下水　　　D. 泉水

138. AE008　地下水源中的自流水也称为(　　)。

　　A. 潜水　　　　　　B. 承压地下水　　　C. 无压地下水　　　D. 泉水

139. AE009　给水水源选址要有较好的(　　),处理过程可简化,即可降低成本。

　　A. 水压　　　　　　B. 水量　　　　　　C. 水质　　　　　　D. 生物

140. AE009　给水水源选择要结合城市(　　)的布局,与城区的距离要适当,既防止远距离供水,也要便于水源地防护。

　　A. 水压　　　　　　B. 总体规划　　　　C. 房屋　　　　　　D. 人口

141. AE009　给水工程规划的任务之一是确定城市用水标准,预测城市用(　　)。

　　A. 水压　　　　　　B. 水量　　　　　　C. 绿地　　　　　　D. 生物

142. AE010　《生活饮用水标准》《GB 5749—2006》规定,水中铁的含量不超过(　　)。

　　A. 0.7mg/L　　　　B. 0.6mg/L　　　　C. 0.5mg/L　　　　D. 0.3mg/L

143. AE010　地下水除铁可采用曝气装置,曝气的作用是向水中充氧和散除少量水中 CO_2 以提高(　　)。

　　A. COD 含量　　　　B. 含氟量　　　　　C. pH 值　　　　　D. BOD 含量

144. AE010　《生活饮用水卫生标准》(GB 5749—2006)要求水的色度不超过(　　)。

　　A. 20 度　　　　　　B. 15 度　　　　　　C. 25 度　　　　　D. 20g/L

145. AE011　《生活饮用水卫生标准》(GB 5749—2006)规定,水中锰的含量不得超过(　　)。

　　A. 0.5mg/L　　　　B. 0.3mg/L　　　　C. 0.2mg/L　　　　D. 0.1mg/L

146. AE011　除锰滤池的滤料可用(　　　)。
　　　A. 石英砂或无烟煤　　　　　　　　　　　B. 石英砂或锰砂
　　　C. 无烟煤或砾石　　　　　　　　　　　　D. 砾石或石英砂

147. AE011　《生活饮用水卫生标准》(GB 5749—2006)中对水质的臭和异味的要求是(　　　)。
　　　A. 可略有异臭异味　　　　　　　　　　　B. 不得有异臭、异味
　　　C. 无不快感觉　　　　　　　　　　　　　D. 不做要求

148. AE012　《生活饮用水卫生标准》(GB 5749—2006)规定,水中氟化物的含量不得超过(　　　)。
　　　A. 4mg/L　　　　　B. 3mg/L　　　　　C. 2mg/L　　　　　D. 1mg/L

149. AE012　饮用水除氟的方法中,应用最多的是吸附过滤法,作为滤料的吸附剂主要是(　　　)。
　　　A. 活性氧化铝　　　　B. 无烟煤　　　　　C. 石英砂　　　　　D. 砾石

150. AE012　《生活饮用水卫生标准》(GB 5749—2006)规定,出厂水中应有余氯为(　　　)。
　　　A. 不低于 0.05mg/L　　　B. 0.3mg/L　　　C. 不低于 0.3mg/L　　　D. 0.8mg/L

151. AE013　微污染水体一般是指所含有的污染物种类(　　　)、性质较复杂,但浓度比较低微的水体。
　　　A. 较少　　　　　　　B. 复杂　　　　　　C. 单一　　　　　　D. 较多

152. AE013　微污染水体其(　　　)主要包括石油烃、挥发酚、氨氮、农药、COD、重金属、砷、氰化物、铁、锰等。
　　　A. 软化处理　　　　　B. 淡化处理　　　　C. 微污染物　　　　D. 常规处理

153. AE013　污染物都会对人的(　　　)造成较大的毒害。
　　　A. 发育　　　　　　　B. 健康　　　　　　C. 生存　　　　　　D. 居住

154. AE014　天然水中硬度是 1Meq/L 相当于(　　　)。
　　　A. 2.8 德国度　　　　B. 10 德国度　　　　C. 50 德国度　　　　D. 100 德国度

155. AE014　目前水的软化处理方法有(　　　)等方法。
　　　A. 药剂软化法和沉淀软化法　　　　　　　B. 药剂软化法和离子交换软化法
　　　C. 加热和药剂软化法　　　　　　　　　　D. 蒸馏和离子软化法

156. AE014　石灰-苏打软化法,是在水中同时投加石灰和苏打,石灰用来降低水中碳酸盐硬度,苏打用来降低非碳酸盐硬度,该法适用于(　　　)的水。
　　　A. 浊度较大　　　　　　　　　　　　　　B. 硬度较大
　　　C. 碱度较大　　　　　　　　　　　　　　D. 硬度大于碱度

157. AE015　絮凝是在(　　　)和水快速混合以后的重要净水工艺过程。
　　　A. 药剂　　　　　　　B. 氯气　　　　　　C. 胶体　　　　　　D. 助凝剂

158. AE015　由于水分子的(　　　)运动,使水中脱稳颗粒可以相互接触而聚凝。
　　　A. 直线　　　　　　　B. 曲线　　　　　　C. 布朗　　　　　　D. 高速

159. AE015　水中加入混凝剂后,当颗粒粒径大于(　　　)时,依靠水流的紊动和流速梯度使颗粒进行碰撞而凝聚的现象,称为同向凝聚。
　　　A. 10μm　　　　　　B. 1μm　　　　　　C. 0.1μm　　　　　D. 1mm

160. AE016 混凝剂可以降低水中胶粒的(　　　)。

　　A. 距离　　　　　　　　B. 静电吸力　　　　　　C. 静作用　　　　　　　D. 静电斥力

161. AE016 混凝剂和助凝剂大部分为(　　)物质。

　　A. 气体　　　　　　　　B. 液体　　　　　　　　C. 固体　　　　　　　　D. 气和液体

162. AE016 《生活饮用水卫生标准》(GB 5749—2006)规定,水的浊度特殊情况不超过(　　　)。

　　A. 3 度　　　　　　　　B. 10 度　　　　　　　　C. 5 度　　　　　　　　D. 20 度

163. AE017 澄清的处理对象主要是造成水的(　　　)的悬浮物及胶体杂质。

　　A. 色度　　　　　　　　B. 硬度　　　　　　　　C. 污染　　　　　　　　D. 浊度

164. AE017 澄清池是反应和(　　　)综合于一体的构筑物。

　　A. 沉淀　　　　　　　　B. 净化　　　　　　　　C. 消毒　　　　　　　　D. 吸附

165. AE017 机械加速澄清池出水浊度(指生活饮用水)一般不应大于(　　　)。

　　A. 20mg/L　　　　　　　B. 10mg/L　　　　　　　C. 5mg/L　　　　　　　D. 50mg/L

166. AE018 一般采用的过滤法都是使水通过装有颗粒材料的(　　　)进行的。

　　A. 澄清池　　　　　　　B. 反应池　　　　　　　C. 沉淀池　　　　　　　D. 滤池

167. AE018 普通快滤池的滤料多采用(　　)和石英质黄砂组成双层滤料。

　　A. 石英砂　　　　　　　B. 无烟煤　　　　　　　C. 焦炭　　　　　　　　D. 硅土

168. AE018 地下取水构筑物中的大口井广泛用于取集(　　　)地下水。

　　A. 浅层　　　　　　　　B. 深层　　　　　　　　C. 砂层　　　　　　　　D. 卵层

169. AE019 消毒是杀灭(　　　)和病毒的手段。

　　A. 细菌　　　　　　　　B. 微生物　　　　　　　C. 生物　　　　　　　　D. 浮游动物

170. AE019 《生活饮用水卫生标准》(GB 5749—2006)规定,在(　　　)时培养 24h 的水样中,细菌总数不超过 100 个/mL。

　　A. 20℃　　　　　　　　B. 0℃　　　　　　　　C. 25℃　　　　　　　　D. 37℃

171. AE019 《城市污水再生利用　城市杂用水水质》(GB/T 18920—2002)规定,管网末梢的游离余氯含量(　　　)。

　　A. 不低于 0.5mg/L　　　　　　　　　　　　B. 不低于 1.0mg/L

　　C. 不小于 0.2mg/L　　　　　　　　　　　　D. 不小于 0.1mg/L

172. AE020 《地下水质量标准》(GB/T 14848—2017)规定,地下水质量分类中,不宜饮用的是(　　　)类。

　　A. Ⅰ　　　　　　　　　B. Ⅱ　　　　　　　　　C. Ⅴ　　　　　　　　　D. Ⅲ

173. AE020 《地下水质量标准》(GB/T 14848—2017)规定,地下水质量分类指标规定 Ⅰ 类水浊度不得超过(　　　)。

　　A. 3 度　　　　　　　　B. 5 度　　　　　　　　C. 10 度　　　　　　　　D. 15 度

174. AE020 《地下水质量标准》(GB/T 14848—2017)规定,地下水质量分类指标规定 Ⅲ 类水溶解性总固体含量不得超过(　　　)。

　　A. 500mg/L　　　　　　B. 1000mg/L　　　　　　C. 2000mg/L　　　　　　D. 300mg/L

175. BA001 水泵按其作用和工作原理可分为(　　　)。

　　A. 叶片式水泵、容积式水泵、其他水泵

B. 大流量水泵、中流量水泵、小流量水泵

C. 高压水泵、中压水泵、低压水泵

D. 给水泵、污水泵、其他液体泵大类

176. BA001　往复泵的工作是依靠在泵缸内作往复运行的活塞来改变工作室的(　　)，从而达到吸入和排出液体的目的。

　　A. 面积　　　　　　　　B. 容积　　　　　　　C. 压强　　　　　　　D. 压力

177. BA001　离心泵的工作原理就是利用(　　)，使液体获得动能和势能。

　　A. 叶轮旋转　　　　　B. 叶片的转动速度　　C. 叶片转动甩水　　　D. 离心力甩水

178. BA002　容积式泵分为(　　)和回转式两大类。

　　A. 大流量水泵　　　　B. 中流量水泵　　　　C. 小流量水泵　　　　D. 往复式

179. BA002　回转式容积泵具有转数低、(　　)、自吸能力强、运转平稳、部分泵可预热等特点。

　　A. 效率高　　　　　　B. 效率低　　　　　　C. 流量小　　　　　　D. 流量大

180. BA002　运行中的离心泵出口压力突然大幅度下降并剧烈地振动，这种现象称为(　　)。

　　A. 汽蚀　　　　　　　B. 气缚　　　　　　　C. 喘振　　　　　　　D. 抽空

181. BA003　往复泵开车过程中，下列操作正确是(　　)。

　　A. 启动前开出口阀，启动后开入口阀　　　　B. 启动前开入口阀，启动后开出口阀

　　C. 启动前入口阀、出口阀均打开　　　　　　D. 启动前入口阀、出口阀均关闭

182. BA003　往复泵调节流量的方法有(　　)与调节泵的冲程。

　　A. 调节入口阀的开度　　　　　　　　　　　B. 调节出口阀的开度

　　C. 调节旁路阀的开度　　　　　　　　　　　D. 调节排气阀的开度

183. BA003　水泵是输送和提升液体的机器，是转换能量的机械，它把原动机的机械能转换为被输送液体的能量，使液体获得(　　)。

　　A. 压力和速度　　　　B. 动能和势能　　　　C. 流动方向的变化　　D. 静扬程

184. BA004　在水泵的分类中，轴流泵属于(　　)水泵。

　　A. 叶片式　　　　　　B. 容积式　　　　　　C. 射流式　　　　　　D. 螺旋式

185. BA004　叶片泵按(　　)的多少可分为单级泵和多级泵两类。

　　A. 叶片数目　　　　　B. 叶轮数目　　　　　C. 密封环数目　　　　D. 水封环数目

186. BA004　叶片泵中，单吸泵和双吸泵是按叶轮(　　)来分的。

　　A. 数目　　　　　　　B. 进水方式　　　　　C. 弯曲方向　　　　　D. 旋转方向

187. BA005　叶片泵中，只有一个叶轮且叶轮一侧进水，这种泵称为(　　)泵。

　　A. 单级　　　　　　　B. 单吸　　　　　　　C. 单级单吸　　　　　D. 单级双吸

188. BA005　多级离心给水泵安装时，每装一级叶轮应测量一次叶轮相对于外壳的轴向移动值，第一级叶轮出口与导叶轮的间隙大于第二级，这是考虑到运行时的(　　)。

　　A. 转子和静止部件相对热膨胀　　　　　　　B. 轴向推力

　　C. 减少高压水侧的倒流损失　　　　　　　　D. 流动损失

189. BA005 离心泵的泵壳有蜗壳形结构、(　　)结构和圆筒形双层结构。

    A. 螺旋形　　　　　　　B. 节段形　　　　　　　C. 锥形　　　　　　　D. 半螺旋形

190. BA006 正压进水的水泵(　　)始终处于被吸水池液面以下。

    A. 安装轴线　　　　　　B. 基础　　　　　　　　C. 泵盖　　　　　　　D. 泵体

191. BA006 正压进水的水泵吸水端处于(　　)状态下,将水吸入泵内。

    A. 大气压　　　　　　　B. 带压　　　　　　　　C. 真空　　　　　　　D. 负压

192. BA006 如果泵的安装位置比吸入罐液面低,就可得一灌注高度,这样的进水方式称为水泵的(　　)进水。

    A. 单吸　　　　　　　　B. 双吸　　　　　　　　C. 负压　　　　　　　D. 正压

193. BA007 离心泵如果负压进水吸水管和填料盒不严,会出现(　　)现象。

    A. 功率过大　　　　　　B. 泵不供水　　　　　　C. 流量减少　　　　　D. 有噪声

194. BA007 使用(　　)进水的水泵启动前利用真空泵把其中的空气全部吸出。

    A. 正压　　　　　　　　B. 负压　　　　　　　　C. 单吸　　　　　　　D. 双吸

195. BA007 水被吸入泵内或吸水端处于负压(真空)状况下,将水吸入泵内称为水泵的(　　)进水。

    A. 正压　　　　　　　　B. 负压　　　　　　　　C. 单吸　　　　　　　D. 双吸

196. BA008 并联运行的几台水泵的(　　)应基本相等。

    A. 流量　　　　　　　　B. 扬程　　　　　　　　C. 轴功率　　　　　　D. 效率

197. BA008 相同型号、相同工况的两台水泵并联工作可以增加供水量,输水干管中的流量(　　)各台并联水泵出水量之和。

    A. 大于　　　　　　　　B. 小于　　　　　　　　C. 等于　　　　　　　D. 不小于

198. BA008 两台或两台以上的水泵合用一条输水管线的送水方法称为水泵的(　　)运行。

    A. 串联　　　　　　　　B. 并联　　　　　　　　C. 纵向排列　　　　　D. 横向排列

199. BA008 两台相同性能水泵并联工作时的流量(　　)一台泵单独工作时的流量。

    A. 大于　　　　　　　　B. 小于　　　　　　　　C. 等于　　　　　　　D. 不大于

200. BA008 两台相同性能水泵并联运行时的流量(　　)两台泵单独工作时的流量之和。

    A. 大于　　　　　　　　B. 小于　　　　　　　　C. 等于　　　　　　　D. 不小于

201. BA009 两台相同性能水泵并联运行时各单泵的功率(　　)单独一台泵运行时的功率。

    A. 大于　　　　　　　　B. 小于　　　　　　　　C. 等于　　　　　　　D. 不小于

202. BA010 两台串联水泵的总扬程等于两台泵在同一流量时的(　　)。

    A. 扬程　　　　　　　　B. 扬程相加　　　　　　C. 功率　　　　　　　D. 功率之和

203. BA010 串联水泵的(　　)应相接近。

    A. 设计流量　　　　　　B. 设计扬程　　　　　　C. 设计轴功率　　　　D. 设计效率

204. BA010 一台水泵的压水管连接在另一台水泵的吸水管上,这样的运行方式称为水泵(　　)。

    A. 串联　　　　　　　　B. 并联　　　　　　　　C. 纵向排列　　　　　D. 横向排列

205. BA011　两台性能相同水泵串联运行后的总流量(　　　)水泵单独运行时的流量。

　　　A. 大于　　　　　　　B. 小于　　　　　　　C. 等于　　　　　　　D. 不大于

206. BA011　两台扬程不同的水泵串联,应将扬程高的那一台放在后面,后一台水泵应能承
　　　　　　受两台(　　　)。

　　　A. 流量之和　　　　　B. 压力之和　　　　　C. 功率之和　　　　　D. 转速之和

207. BA011　水泵串联后的流量(　　　)水泵未串联时的流量。

　　　A. 大于　　　　　　　B. 小于　　　　　　　C. 等于　　　　　　　D. 不大于

208. BA012　离心泵的泵壳有蜗壳形结构、(　　　)结构和圆筒形双层结构。

　　　A. 螺旋形　　　　　　B. 节段形　　　　　　C. 锥形　　　　　　　D. 半螺旋形

209. BA012　单级双吸式离心泵的泵壳通常铸成(　　　)。

　　　A. 螺旋形　　　　　　B. 节段形　　　　　　C. 蜗壳形　　　　　　D. 半螺旋形

210. BA012　离心泵的泵壳过水部分要求有良好的(　　　)。

　　　A. 水力条件　　　　　B. 水流速度　　　　　C. 压力水头　　　　　D. 磨损强度

211. BA013　离心泵泵壳的作用是把水流平顺地引向(　　　)。

　　　A. 泵轴　　　　　　　B. 叶轮　　　　　　　C. 泵体　　　　　　　D. 轴承

212. BA013　离心泵泵壳的作用是汇集由(　　　)甩出的水流。

　　　A. 泵轴　　　　　　　B. 叶轮　　　　　　　C. 泵体　　　　　　　D. 轴承

213. BA013　离心泵泵壳的作用是把高速水流的动能变为(　　　)。

　　　A. 压能　　　　　　　B. 机械能　　　　　　C. 势能　　　　　　　D. 电能

214. BA014　单级单吸离心泵的泵体包括吸水口,(　　　)和泵的出水口。

　　　A. 半螺旋形吸水室　　B. 蜗壳形流道　　　　C. 进水段　　　　　　D. 出水段

215. BA014　单级单吸离心泵泵体的吸水口法兰上设有安装(　　　)的螺孔。

　　　A. 泄水阀　　　　　　B. 排气阀　　　　　　C. 压力表　　　　　　D. 真空表

216. BA014　单级单吸离心泵蜗壳形流道断面沿着流出方向(　　　)。

　　　A. 不断减小　　　　　B. 不断增大　　　　　C. 保持不变　　　　　D. 突然减小

217. BA015　单级双吸离心泵的泵体和泵盖共同构成(　　　)和蜗壳形压水室。

　　　A. 半螺旋形吸水室　　B. 蜗壳形吸水室　　　C. 进水段　　　　　　D. 出水段

218. BA015　单级双吸离心泵的吸入口和出水口在泵体上,与(　　　)垂直,呈水平方向。

　　　A. 泵盖　　　　　　　B. 泵轴　　　　　　　C. 轴套　　　　　　　D. 轴承体

219. BA015　单级双吸离心泵的泵壳分为上部泵盖、下部泵体两部分,上、下两部分用
　　　　　　(　　　)联结成一体。

　　　A. 联轴器　　　　　　B. 法兰　　　　　　　C. 双头螺栓　　　　　D. 密封环

220. BA015　关于分段式多级离心泵泵壳结构叙述正确的是(　　　)。

　　　A. 铸有一个蜗壳形流道　　　　　　　　B. 铸有两个蜗壳形流道
　　　C. 未铸有蜗壳形流道　　　　　　　　　D. 铸有多个蜗壳形流道

221. BA016　分段式多级离心泵的泵体由一个前段、一个后段和(　　　)组成。

　　　A. 蜗壳形流道　　　　　　　　　　　　B. 半螺旋形吸水室
　　　C. 一个中段　　　　　　　　　　　　　D. 数个中段

222. BA016　分段式多级离心泵工作时,(　　)的作用是把动能转化为压能。
　　A. 叶轮　　　　　　　B. 泵轴　　　　　　C. 联轴器　　　　　D. 导流器

223. BB001　画图时,用丁字尺和(　　)配合画竖线。
　　A. 三角板　　　　　　B. 半圆板　　　　　C. 丁字尺　　　　　D. 米尺

224. BB001　铅笔的铅芯削成锥形用来画底稿和写字,削成楔形用来(　　)。
　　A. 画底稿　　　　　　B. 画细线　　　　　C. 写字　　　　　　D. 加深粗线

225. BB001　画图时,(　　)应按顺时针方向旋转并稍向前倾斜。
　　A. 分规　　　　　　　B. 量规　　　　　　C. 图规　　　　　　D. 比例尺

226. BB002　绘制泵站平面布置图应绘出各种连接管道及设备,管道上须注明(　　)。
　　A. 介质　　　　　　　B. 比例　　　　　　C. 长度　　　　　　D. 管径

227. BB002　绘制泵站剖面图应标出各水泵的顶、底标高及水面(　　)等。
　　A. 标高　　　　　　　B. 长度　　　　　　C. 宽度　　　　　　D. 距离

228. BB002　泵站流程图中文字、图例的表示方法应符合一般规定和制图标准,图纸应注明图标栏及(　　)。
　　A. 尺寸　　　　　　　B. 图名　　　　　　C. 主要参数　　　　D. 设备名称

229. BB003　一般来说,绘制同一机件的各个视图应采用相同的(　　),并在标题栏中填写。
　　A. 尺寸　　　　　　　B. 线条　　　　　　C. 数据　　　　　　D. 比例

230. BB003　在图样中,细线均为粗线宽度的(　　)。
　　A. 1/5　　　　　　　 B. 1/4　　　　　　 C. 1/3　　　　　　 D. 1/2

231. BB003　在图样中,一个完整的尺寸由(　　)等组成。
　　A. 尺寸数字、尺寸线、尺寸界线
　　B. 尺寸数字、尺寸线、尺寸界线、尺寸线的终端及符号
　　C. 对称中心线、尺寸线、尺寸界线
　　D. 尺寸数字、尺寸界线、尺寸线的终端及符号

232. BB004　一般了解是由(　　)了解零件名称、材料、比例等,并大致了解零件的用途和形状。
　　A. 主视图　　　　　　B. 三视图　　　　　C. 标题栏　　　　　D. 视图特征

233. BB004　零件图的内容包括能完整、清晰地表达出(　　)结构形状的一组视图。
　　A. 部件　　　　　　　B. 零件　　　　　　C. 原件　　　　　　D. 配件

234. BB004　设计时,确定零件表面在机器中位置的一些面、线和点,称为(　　)基准。
　　A. 设计　　　　　　　B. 尺寸　　　　　　C. 位置　　　　　　D. 形状

235. BB005　识读离心泵装配图时首先分析零件的(　　)、尺寸大小和要求等。
　　A. 定形尺寸　　　　　B. 尺寸界线　　　　C. 基本尺寸　　　　D. 形状结构

236. BB005　零件图选择的基本要求是用一组视图,完整、清晰地表达出零件的(　　)并力求制图简便。
　　A. 整件　　　　　　　B. 结构形状　　　　C. 结构　　　　　　D. 特征

237. BB005　水泵安装质量应满足:稳定性,整体性,(　　　),对中与整平。
　　A. 水泵性能要稳定　　　　　　　　　　B. 电动机电压应满足要求
　　C. 机组尺寸应符合要求　　　　　　　　D. 位置与标高要准确

238. BB006　管道的图纸类别包括管网现状图、管网规划图、(　　　)、用户进水管施工图等。
　　A. 水厂建设图　　　　　　　　　　　　B. 取水泵房施工图
　　C. 配水支管设计施工图　　　　　　　　D. 输水泵房施工图

239. BB006　能充分反映管网实际状况,逐月、逐季、逐年根据管道增添、变更的竣工图纸而
　　　　　　　增补、修改的管网图是(　　　)
　　A. 管网现状图　　　　　　　　　　　　B. 管网规划图
　　C. 配水支管设计施工图　　　　　　　　D. 用户进水管施工图

240. BB006　管网现状图上应表示出管材的种类、(　　　)、节点坐标、管顶高程、用户支线的
　　　　　　　户号等信息。
　　A. 设计预算　　　　B. 横断面图　　　　C. 说明　　　　D. 口径

241. BB007　我国大型工程建设中使用的相对高度是以(　　　)平均海平面为基准的。
　　A. 渤海　　　　　　B. 黄海　　　　　　C. 东海　　　　D. 南海

242. BB007　地形图中各点高出大地水准面的高度称为(　　　)。
　　A. 相对高程　　　　B. 等高高程　　　　C. 绝对高程　　　D. 相对标高

243. BB007　小型工程中,自定一基准点为零的,用此测出的高程称为(　　　)。
　　A. 相对高程　　　　B. 等高高程　　　　C. 绝对高程　　　D. 绝对标高

244. BB008　根据投影线的夹角可以把投影分为中心投影和(　　　)。
　　A. 辐射投影　　　　B. 边缘投影　　　　C. 可见投影　　　D. 平行投影

245. BB008　平行投射线垂直于落影面,所形成的投影称为(　　　)绘制。
　　A. 斜轴测　　　　　B. 正轴测　　　　　C. 斜透视　　　D. 正透视

246. BB008　给水施工图中管道的轴测图一般采用(　　　)。
　　A. 正投影　　　　　B. 反投影　　　　　C. 斜投影　　　D. 弯投影

247. BB009　管道断面图一般包括(　　　)。
　　A. 纵断与横断面图两种　　　　　　　　B. 竖面与截面图两种
　　C. 曲面与斜面图两种　　　　　　　　　D. 斜面与横断面图两种

248. BB009　管道设计中,纵断面图以(　　　)。
　　A. 水平距离为纵轴,高程为横轴
　　B. 水平距离为横轴,高程为纵轴
　　C. 水平距离为长轴,高程为短轴
　　D. 水平距离为短轴,高程为长轴

249. BB009　管道设计中,带状平面图的比例(　　　)。
　　A. 城区一般为1:500,郊区一般为1:1000
　　B. 城区一般为1:1000,郊区一般为1:500
　　C. 城区一般为1:5000,郊区一般为1:500
　　D. 城区和郊区均为1:5000

250. BB010　下列关于双线图的表示正确的是(　　　)。

　　A. 双线图用两根线即表示了管道的外形又表示了其壁厚

　　B. 仅用两根线表示管道的外形而不表示其壁厚的方法称为双线表示法,用其制成的图样称为双线图

　　C. 管道双线图中的两根线即不表示管道的外形也不表示其壁厚

　　D. 管道双线图中标明了管道的壁厚,但未标明外形

251. BB010　下列关于单双线图的表示错误的是(　　　)。

　　A. 当给排水管道连接高差较大时,宜用单线表示

　　B. 一般压力管道宜用单粗实线绘制

　　C. 一般重力管道宜用双粗实线绘制

　　D. 用一根粗线表示管道及管件的方法称为单线表示法,用其制成的图样称为单线图

252. BB010　无缝钢管和有色金属管常用标注管径方法为(　　　)。

　　A. 外径×壁厚　　　　B. DN 公称直径　　　　C. ±外径　　　　D. 以上皆可

253. BB011　给水管网在给水系统中一般约占总投资(　　　)。

　　A. 10% ~ 30%　　　B. 30% ~ 50%　　　C. 60% ~ 80%　　　D. 90%以上

254. BB011　能直接影响供水的压力和水量的是(　　　)。

　　A. 提升泵站和配水管网　　B. 取水泵站　　　C. 净水设备　　　D. 用户水阀

255. BB011　担负着向用户输送、分配水的任务,满足用户对水量、水压要求的给水系统是(　　　)。

　　A. 取水泵站　　　　B. 净水设备　　　　C. 输配水管网　　　　D. 清水池

256. BB012　下列不全部属于管网附属设备的是(　　　)。

　　A. 闸阀、排气阀、放水阀、检查井　　　　B. 清水池、排气阀、放水阀、检查井

　　C. 逆止阀、消火栓、水卡子、闸阀　　　　D. 排气阀、放水阀、检查井、水塔

257. BB012　管道冲洗或检修时,为了排除管内存水或杂质,需要在低点安装(　　　)。

　　A. 阀门　　　　B. 排气阀　　　　C. 消火栓　　　　D. 放水阀

258. BB012　当发生火灾时为了便于灭火,需要在沿配水干管上布设(　　　)。

　　A. 阀门　　　　B. 排气阀　　　　C. 消火栓　　　　D. 放水阀

259. BB013　吸水管是泵站中重要部分,如果布置不当会影响到(　　　)的正常运行甚至停止出水。

　　A. 水泵　　　　B. 管道泵　　　　C. 轴流泵　　　　D. 真空泵

260. BB013　吸水管入口浸入深度不够,使入口处水流形成旋涡而吸入(　　　)。

　　A. 泥沙　　　　B. 异物　　　　C. 空气　　　　D. 杂物

261. BB013　泵站内吸水管道布置时,要做到"三不":(　　　)、不积气、不吸气。

　　A. 不漏气　　　　B. 不漏水　　　　C. 不积水　　　　D. 不振动

262. BB014　压水管路在与(　　　)和止回阀连接处可以采用法兰接头。

　　A. 闸阀　　　　B. 安全阀　　　　C. 蝶阀　　　　D. 沉沙阀

263. BB014　压水管路设计流速时,管径小于250mm 为(　　　)。

　　A. 2.0~2.5m/s　　　B. 1.5~2.0m/s　　　C. 3.5~4.0m/s　　　D. 1.0~1.5m/s

264. BB014 在不允许水倒流的给水系统中,应在水泵压力管道上设置(　　　)。
　　A. 陶瓷阀门　　　　　　B. 止回阀　　　　　　C. 塑料阀门　　　　　　D. 铸铁阀门

265. BB015 泵房里的主要设备包括:(　　　)、电动机、起重机、管道,以及水泵机组运行所需的其他附件。
　　A. 水泵　　　　　　　　B. 配电柜　　　　　　C. 电压表　　　　　　　D. 温度计

266. BB015 电气设备布置在泵房内时,主机组与电气设备之间的距离不小于(　　)。
　　A. 0.5~1.0m　　　　　B. 1.0~1.5m　　　　　C. 1.5~2.0m　　　　　D. 2.0~2.5m

267. BB015 水源 SH 型水泵宜采用(　　　)。
　　A. 串联　　　　　　　　B. 一列式　　　　　　C. 交错式　　　　　　　D. 平行排列式

268. BB016 吊运设备时,被吊设备与固定物的距离应为(　　　)。
　　A. 0.1~0.3m　　　　　B. 0.3~0.4m　　　　　C. 0.5~1m　　　　　　D. 1~1.5m

269. BB016 泵房的(　　　)应根据主机组及辅助设备、电气设备布置要求,进、出水流道(或管道)的尺寸,工作通道宽度,进、出水侧必需的设备吊运要求等因素确定。
　　A. 高度　　　　　　　　B. 面积　　　　　　　C. 长度　　　　　　　　D. 宽度

270. BB016 泵房的(　　　)应根据主机组台数、布置形式、机组间距,边机组段长度和安装检修间距的布置等因素确定。
　　A. 高度　　　　　　　　B. 面积　　　　　　　C. 长度　　　　　　　　D. 宽度

271. BB017 HZ10 系列的组合开关的额定电流有 10A,25A,60A 和(　　　)。
　　A. 80A　　　　　　　　B. 120A　　　　　　　C. 150A　　　　　　　　D. 100A

272. BB017 组合开关是一种结构(　　　),使用方便的低压电器。
　　A. 简单　　　　　　　　　　　　　　　B. 复杂
　　C. 紧凑,体积小　　　　　　　　　　　D. 紧凑,体积大

273. BB017 DW10 系列自动开关的整定电流值根据需要可调至脱扣器额定电流的 1 倍、1.5 倍和(　　　)三个级别。
　　A. 2 倍　　　　　　　　B. 2.5 倍　　　　　　C. 3 倍　　　　　　　　D. 3.5 倍

274. BB018 自动空气断路器按保护形式分为电磁脱扣器式、热脱扣器式、复合脱扣器式和(　　　)。
　　A. 无脱扣器式　　　　　B. 塑壳式　　　　　　C. 限流式　　　　　　　D. 漏电保护式

275. BB018 采用自动空气断路器可对电动机实行(　　　),能避免电动机因熔丝烧断而引起的事故。
　　A. 短路保护　　　　　　B. 失压保护　　　　　C. 无熔丝保护　　　　　D. 有熔丝保护

276. BB018 下列不属于自动空气断路器功能的是(　　　)。
　　A. 短路保护　　　　　　B. 过载保护　　　　　C. 失压保护　　　　　　D. 过压保护

277. BB019 有一款铠装电缆,型号由字母和数字组成,前一位表示铠装材料,后一位表示(　　　)材料。
　　A. 内层　　　　　　　　B. 导线　　　　　　　C. 绝缘层　　　　　　　D. 外护层

278. BB019 电缆型号 VLV22 表示(　　　)。
　　A. 铜电缆
　　B. 铝电缆

C. 聚氯乙烯电缆

D. 聚氯乙烯绝缘聚氯乙烯护套电钢带铠装电力电缆

279. BB019　常用电线中,BX 代表(　　)。

　　A. 铝芯电线　　　　　　　　　　　　　　B. 铜芯塑料绝缘电线

　　C. 铝芯橡皮绝缘电线　　　　　　　　　　D. 铜芯橡皮绝缘电线

280. BB020　有防爆、防火要求的明敷电缆,应采用埋砂敷设的(　　)铺设方式。

　　A. 电缆沟　　　　　　B. 架空　　　　　　C. 浅槽　　　　　　D. 穿管

281. BB020　不适用于水平高差较大的场所敷设的电缆是(　　)。

　　A. 油浸纸绝缘电力电缆

　　B. 聚氯乙烯绝缘及护套电力电缆

　　C. 交联聚乙烯绝缘聚氯乙烯护套电力电缆

　　D. 橡皮绝缘电力电缆

282. BB020　适用在室外敷设的电缆是(　　)。

　　A. 油浸纸绝缘电力电缆　　　　　　　　　B. 塑料绝缘电缆

　　C. 氯丁橡皮绝缘电缆　　　　　　　　　　D. 护套电力电缆

283. BB021　对于工频交流电,人体流过(　　)的电流,就会产生痉挛剧痛,但可摆脱带电体。

　　A. 1mA　　　　　　B. 10mA　　　　　　C. 30mA　　　　　　D. 50mA

284. BB021　绝缘安全用具包括绝缘杆、(　　)、绝缘手套、绝缘垫、绝缘台、绝缘挡板等。

　　A. 金属夹、绝缘钳、绝缘靴　　　　　　　B. 绝缘夹、钢丝钳、电工刀

　　C. 绝缘夹、绝缘钳、绝缘靴　　　　　　　D. 绝缘夹、绝缘钳、塑料靴

285. BB021　下列关于绝缘安全防护用具叙述错误的是(　　)。

　　A. 阴雨天气穿带绝缘靴鞋或者绝缘手套后不必配备雨具

　　B. 劳动强度加大或天气温度高会影响所穿戴的绝缘靴的性能

　　C. 绝缘防护用品要定期进行预防性试验

　　D. 绝缘防护用具(绝缘靴,鞋,绝缘手套等)穿戴的目的是防止触电伤害

286. BB022　二次回路是由二次设备相互连接构成对(　　)进行监测、控制、调节、保护的电气回路。

　　A. 供电系统　　　　　B. 一次设备　　　　　C. 二次回路　　　　　D. 时间继电器

287. BB022　低压供电系统中常用的一次设备有开关、低压熔断器、低压开关板和(　　)等。

　　A. 电流互感器　　　　B. 避雷器　　　　　C. 自动空气断路器　　　D. 时间继电器

288. BB022　在停电的低压装置上工作时,应采取有效措施遮蔽(　　)部分,若无法采取遮蔽措施时,则将影响作业的有电设备停电。

　　A. 导体端　　　　　　B. 有电　　　　　　C. 金属　　　　　　D. 绝缘

289. BB023　按工作电流选择高压配电装置时,电气元件额定电流应(　　)回路最大长期工作电流。

　　A. 大于　　　　　　B. 小于　　　　　　C. 不小于　　　　　　D. 不大于

290. BB023 高压配电装置产品样本上给出的额定电流是在规定环境温度下的允许值,国产电气元件环境温度规定为(   )。

A. 30℃   B. 40℃   C. 50℃   D. 60℃

291. BB023 选用的高压电气元件性能应满足使用场所的要求,其中热稳定电流应满足(   )。

A. 工作场所长期通过的最大工作电流有效值

B. 规定条件下能开断运行出现的最大短路电流

C. 在规定条件下能承受工作场所出现时间为 $t(s)$ 的短路电流有效值

D. 能耐受工作场所出现短路的最大峰值电流

292. BB024 按正常工作条件选择低压电气元件时,额定电压应(   )所在网络的工作电压。

A. 接近   B. 低于   C. 偏离   D. 不低于

293. BB024 按正常工作条件选择低压电气元件时,额定电流应(   )所在回路的负荷计算电流。

A. 大于   B. 不大于   C. 小于   D. 等于

294. BB024 选择低压电气元件的充分条件是(   )。

A. 安全性   B. 耐用性

C. 经济性   D. 安全性、耐用性、经济性

295. BB025 临海及有严重盐雾地区的(   )线路可采用防腐型钢芯铝铜镀线。

A. 埋地   B. 架空   C. 一次   D. 二次

296. BB025 在剧烈振动或对铝有腐蚀的场所及有爆炸危险的场所宜采用(   )电线电缆。

A. 铜芯   B. 铝芯   C. 钢芯铜镀   D. 钢芯铝镀

297. BB025 在导体材料的选择中,移动设备线路及操作、保护二次回路一般采用(   )电线电缆。

A. 铝芯   B. 铜芯   C. 钢芯   D. 铁芯

298. BB026 当导体沿磁力线方向运行时,导体中产生的感应电动势将(   )。

A. 最大   B. 为零

C. 为某一确定数值   D. 无法确定

299. BB026 当铁芯线圈断电的瞬间,线圈中产生感应电动势的方向(   )。

A. 与原来电流方向相反   B. 与原来电流方向相同

C. 不可能产生感应电动势   D. 条件不够无法判断

300. BB026 具有互感的两个不同电感量的线圈反接时,其等值电感量应(   )。

A. 不变   B. 减少   C. 增加   D. 为零

301. BB027 形象描述磁体磁场的磁力线是(   )。

A. 闭合曲线   B. 起于 N 极止于 S 极的曲线

C. 起于 S 极止于 N 极的曲线   D. 互不交叉的闭合曲线

302. BB027 磁极是磁体中磁性(   )的地方。

A. 最强   B. 最弱   C. 不定   D. 没有

303. BB027 磁场中磁力线越密的地方,说明了该区域磁场( )。
A. 越强 B. 越弱 C. 恒定 D. 为零

304. BB028 30 只 100W 的电灯使用 12h 的耗电量为( )。
A. 30kW·h B. 60kW·h C. 36kW·h D. 72kW·h

305. BB028 额定电压为 220V,功率分别为 40W、60W、100W 的灯泡串联在 220V 的电源中,亮度由大到小的顺序为( )。
A. 40W、60W、100W B. 100W、60W、40W C. 一样亮 D. 均不亮

306. BB028 额定电压为 220V,功率分别为 40W、60W、100W 的灯泡并联在 220V 的电源中,亮度由大到小的顺序为( )。
A. 40W、60W、100W B. 100W、60W、40W C. 均不亮 D. 一样亮

307. BB029 交流电路的功率因数等于( )。
A. 瞬时功率与视在功率之比 B. 有功功率与无功功率之比
C. 有功功率与视在功率之比 D. 无功功率与无功功率之比

308. BB029 若已知电感性负载的功率因数 $\cos\phi_1$,希望将功率因数提高到 $\cos\phi_2$,则应并联的电容值为( )。
A. $\dfrac{P}{\omega U^2}(\cos\phi_2-\cos\phi_1)$ B. $\dfrac{P}{\omega U^2}(\cos\phi_1-\cos\phi_2)$
C. $\dfrac{P}{\omega U^2}(\tan\phi_2-\tan\phi_1)$ D. $\dfrac{P}{\omega U^2}(\tan\phi_1-\tan\phi_2)$

309. BB029 已知电感性负载的功率 P 为 10kW,$\cos\phi_1$ 为 0.6,接在 220V、50Hz 的交流电源上,若把功率因数提高到 0.95,所需并联的电容为( )。
A. 65.8μF B. 658μF C. 6.580μF D. 6.58μF

310. BB030 深井泵空心轴电动机上部装有承受电动机重量和下部扬水管、泵体以及运行产生的( )装置。
A. 轴向力 B. 径向力 C. 离心泵 D. 向心力

311. BB030 深井泵泵座出水弯头上方装有( ),其作用是防止压力水大量流出泵外。
A. 预润水管 B. 水位测量孔 C. 泄水孔 D. 填料函

312. BB030 深井泵的泵座和动力机部分,承受水泵( )及全部井下部分质量,提供动力。
A. 轴向力 B. 径向力 C. 升力 D. 向心力

313. BB031 电动机产生一个和转子转速方向相反的电磁转矩,使电动机的转速迅速下降的方法是( )制动。
A. 动力 B. 机械 C. 电磁 D. 电气

314. BB031 依靠改变三相异步电动机定子绕组中三相电源的相序产生制动力矩,迫使电动机迅速停转的方法是( )制动。
A. 机械 B. 回馈 C. 反接 D. 能耗

315. BB031 在定子绕组中通入直流电以消耗转子惯性运转的动能来进行制动的方法称为( )制动。

  A. 机械   B. 回馈   C. 反接   D. 能耗

316. BB032 三相异步电动机由于旋转磁场和转子感应电流间的相互作用便产生了( )。

  A. 磁力   B. 电磁力   C. 电动势   D. 感应电势

317. BB032 三相异步电动机接通三相交流电后,在定子和转子的气隙中便产生了一个( )磁场。

  A. 旋转   B. 感应电势   C. 感应电流   D. 电磁力

318. BB032 三相异步电动机转子导体两端被金属环短接而形成闭合回路,在旋转磁场和感应电势的作用下,导体便出现了( )。

  A. 电磁力   B. 直流电流   C. 电磁转矩   D. 感应电流

319. BB033 定子绕组是由许多嵌在定子槽内的线圈连接而成,容量大的异步电动机采用( )。

  A. 双层绕组   B. 单层绕组   C. 三层绕组   D. 四层绕组

320. BB033 异步电动机的定子铁芯内圆表面有槽,用来放置( )。

  A. 转子   B. 转子绕组   C. 定子   D. 定子绕组

321. BB033 异步电动机的绕组采用( )绕制而成。

  A. 铜线   B. 铝线   C. 铁线   D. 绝缘铜线

322. BB034 变压器负载试验时,其二次绕组短路,一次绕组分接头不应放在( )位置。

  A. 最大   B. 额定   C. 最小   D. 任意

323. BB034 变压器容量在 630kV·A 以上且无人值班时,应( )巡视一次。

  A. 每天   B. 每周   C. 每月   D. 每年

324. BB034 运行中的变压器,如果分接开关的导电部分接触不良,则会发生( )现象。

  A. 过热,甚至烧坏整个变压器   B. 放电打火,使变压器老化

  C. 一次电流不稳定   D. 产生过电压

325. BB035 变压器并列运行的条件不包括( )。

  A. 变压比相等   B. 连接组别相同

  C. 短路电压、容量相同   D. 型号必须相同

326. BB035 下列对并列运行的变压器,说法正确的是( )。

  A. 变压比不相等时,两台变压器构成的回路内将产生环流

  B. 变压比不相等时,变压器副边电压相位就不同

  C. 当连接组别不同时,会使两台变压器的负载分配不同

  D. 当短路电压不同时,两台变压器的一次绕组会同时产生环流

327. BB035 并列运行的变压器变比必须相等,相差最大不能超过( )。

  A. ±2%   B. ±5%   C. ±7%   D. ±10%

328. BB036 压力变送器适用于各介质压力测量的场合,对于测量精度要求高、环境条件恶劣时宜选用( )变送器。

  A. 气动式   B. 电动式   C. 智能式   D. 法兰式

329. BB036 压力变送器的安装位置,应安装在( )操作和维护方便的地方。

  A. 振动   B. 强磁场干扰   C. 有腐蚀性   D. 光线充足

330. BB036 力学传感器的种类很多,但应用最广泛的是( )。
    A. 谐振式压力传感器　　　　　　　　　B. 压阻式压力传感器
    C. 电感式压力传感器　　　　　　　　　D. 电容式压力传感器

331. BB037 三相异步电动机的正常连接若是△形,当错接成 Y 形时,则( )。
    A. 电流、电压变低,输出的机械功率为额定功率的 1/2
    B. 电流、电压变低,输出的机械功率为额定功率的 1/3
    C. 电流、电压、功率基本不变
    D. 电流、电压变低,功率不变

332. BB037 将三相负载分别接于三相电源的两相线之间的连接方法称为( )接法。
    A. 星形　　　　　　B. 并联型　　　　　　C. 三角形　　　　　　D. 串联型

333. BB037 在负载三角形连接中,线电压与相电压的关系为( )。
    A. 线电压大于相电压　　　　　　　　　B. 相电压大于线电压
    C. 相位差 90°　　　　　　　　　　　　D. 线电压等于相电压

334. BB038 三相负荷不平衡时,配电变压器出口处的负荷电流不平衡度应小于( ),否则将产生不平衡电压,加大电压偏移。
    A. 5%　　　　　　B. 10%　　　　　　C. 15%　　　　　　D. 20%

335. BB038 三相负荷严重不对称,中性点电位就会发生偏移,增大中性线电流,从而增大线路损耗,所以中性线电流不应超过低压侧额定电流的( )。
    A. 5%　　　　　　B. 10%　　　　　　C. 25%　　　　　　D. 30%

336. BB038 在电源对称的三相四线制供电线路中,负载为星形连接且负载不对称,则各相负载上的( )。
    A. 电压不对称　　　B. 电压对称　　　C. 电流不对称　　　D. 电流对称

337. BC001 单级单吸离心泵的扬程一般为( )。
    A. 5~125m　　　　B. 10~100m　　　　C. 100~150m　　　　D. 120~800m

338. BC001 单级单吸离心泵的口径一般为( )。
    A. 100~200mm　　B. 150~300mm　　C. 50~200mm　　　D. 50~400mm

339. BC001 单级单吸离心泵的效率一般为( )。
    A. 20%~50%　　　B. 30%~80%　　　C. 40%~90%　　　D. 25%~65%

340. BC002 单级双吸离心泵常见的扬程一般在( )。
    A. 5~100m　　　　B. 5~200m　　　　C. 10~100m　　　　D. 10~200m

341. BC002 单级双吸离心泵常见的流量一般在( )。
    A. 900~20000m³/h　　　　　　　　　B. 90~2000m³/h
    C. 9~2000m³/h　　　　　　　　　　　D. 18~2000m³/h

342. BC002 单级双吸离心泵的( )和泵体的连接缝是水平中开的,所以又称为水平中开式泵。
    A. 水封环　　　　　B. 泵轴　　　　　C. 填料函　　　　　D. 泵盖

343. BC003 分段式多级离心泵的流量一般在( )。
    A. 6~400m³/h　　　　　　　　　　　B. 5~720m³/h

    C. 90～2000m³/h   D. 100～500m³/h

344. BC003 分段式多级离心泵的口径一般在(   )。

    A. 50～200mm   B. 50～250mm

    C. 150～1400mm   D. 200～1400mm

345. BC003 分段式多级离心泵一般使用在中、小型(   )的供水泵站。

    A. 大流量   B. 高转速   C. 高扬程   D. 高效率

346. BC004 单级单吸离心泵带动叶轮旋转的部件是(   )。

    A. 联轴器   B. 轴承   C. 泵轴   D. 轴套

347. BC004 单级单吸离心泵支承转动部分的重量以及承受泵运行时的轴向力和径向力的

    部件是(   )。

    A. 泵壳   B. 泵轴   C. 轴套   D. 轴承

348. BC004 单级泵的质量主要是由(   )承受。

    A. 泵体   B. 泵盖   C. 支架   D. 轴承

349. BC005 单级单吸离心泵中将动力机的机械能传递给液体,使液体能量增加的部件是

    (   )。

    A. 叶轮   B. 泵轴   C. 泵体   D. 泵盖

350. BC005 单级单吸离心泵中将电动机的机械能传给叶轮的部件是(   )。

    A. 轴套   B. 泵轴   C. 轴承   D. 密封环

351. BC005 单级单吸离心泵中用来保护泵轴不受磨损和腐蚀,并固定工作叶轮位置的部

    件是(   )。

    A. 水封环   B. 密封环   C. 轴套   D. 轴承

352. BC006 分段式多级离心泵图中"7"表示(   )。

    A. 轴承托架   B. 进水段   C. 出水段   D. 密封环

353. BC006 分段式多级离心泵图中"1"表示(   )。

    A. 联轴器   B. 进水段   C. 出水段   D. 轴承托架

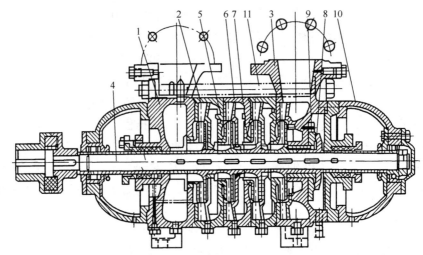

354. BC006 分段式多级离心泵图中"3"表示(　　)。

A. 出水段　　　　　　B. 平衡盘　　　　　　C. 轴承托架段　　　　　　D. 叶轮

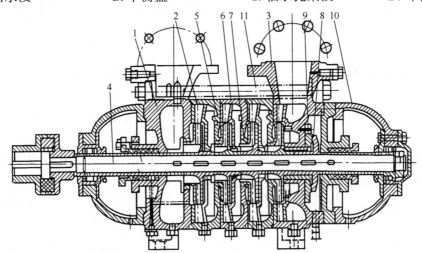

355. BC007 中型水泵站常用联轴器常用(　　)经机械加工而成。

A. 铸铁　　　　　　B. 橡胶　　　　　　C. 尼龙　　　　　　D. 实木

356. BC007 电动机产生的力矩经(　　)传递给水泵,使水泵正常运行。

A. 叶轮　　　　　　B. 轴　　　　　　C. 电源　　　　　　D. 联轴器

357. BC007 泵机调整后两联轴器轴线不同心度不得超过(　　)。

A. 0.01mm　　　　　　B. 0.1mm　　　　　　C. 0.2mm　　　　　　D. 0.5mm

358. BC008 单级单吸离心泵的水封环,在维修装配时,应对准(　　),只有这样才能起到冷却和润滑作用。

A. 填料　　　　　　B. 填料函　　　　　　C. 水封管　　　　　　D. 封密环

359. BC008 单级单吸离心泵中,起阻挡和压紧填料作用的是(　　)和填料压盖。

A. 水封环　　　　　　B. 密封环　　　　　　C. 底衬环　　　　　　D. 轴承

360. BC008 单级单吸离心泵中,(　　)是常用的一种轴封装置。

A. 水封环　　　　　　B. 密封环　　　　　　C. 底衬环　　　　　　D. 填料函

361. BC009 叶轮的制造材料主要是( )经加工制成。
  A. 铸钢   B. 灰口铸铁   C. 钢   D. 铸铝

362. BC009 叶轮装在泵轴上,起着( )的作用。
  A. 旋转   B. 吸水
  C. 把能量传递给水   D. 封隔高、低压室

363. BC009 一般清水泵均采用( )叶轮。
  A. 封闭式   B. 开式   C. 半开式   D. 单吸式

364. BC010 泵轴的制作材料一般用( )经机械加工而成。
  A. 铸铁   B. 铸钢   C. 碳素钢   D. 高碳钢

365. BC010 能将功率传递给叶轮,且具有承受转动力矩,能承受转动部件重量的是( )。
  A. 轴承   B. 泵壳   C. 泵轴   D. 叶轮

366. BC010 泵中主要承担受扭、受弯的构件,并且要有足够的抗扭、抗弯强度及刚度的是
    ( )。
  A. 泵壳   B. 泵轴   C. 叶轮   D. 轴承

367. BC011 冷直轴时,锤打范围约为120°,应当( )。
  A. 从弯曲凹点中心向两边、左右相间、交替锤打
  B. 沿圆周自两边向中心,依次交替锤打
  C. 沿圆周自两边向中心,打完一侧,再打另一侧
  D. 沿圆周自中心向两边,打完一侧,再打另一侧

368. BC011 根据轴弯曲的测量结果,绘制某一方位、几个断面的测量点晃动值曲线,构成
    一条真实的轴弯曲曲线,由该曲线可以找出( )的最大弯曲点位置及弯曲
    度的大小。
  A. 各个方位   B. 同一方位   C. 整段轴   D. 多段轴

369. BC011 在泵轴的保养过程中,测量泵轴的磨损及锈蚀情况,不超过原直径的( )为
    合格。
  A. 1%   B. 2%   C. 2.5%   D. 3%

370. BC012 轴套的主要作用是( )。
  A. 保护叶轮   B. 防止漏水
  C. 密封泵轴   D. 防止泵轴腐蚀及磨损

371. BC012 轴套除有保护泵轴作用外还可以用来固定( )位置。
  A. 填料   B. 轴承   C. 叶轮   D. 密封环

372. BC012 防止泵轴磨损和腐蚀,在轴与水接触和承磨的部分装有( )。
  A. 填料压盖   B. 水封环   C. 轴套   D. 密封环

373. BC013 滑动轴承的上瓦顶部间隙应为轴颈直径的( )。
  A. 0.15%~0.2%   B. 0.20%~0.25%
  C. 0.05%~0.1%   D. 0.10%~0.15%。

374. BC013 在轴套的维修保养中,测定轴套的外圆磨损情况,一般不得超过原直径的( )。
  A. 2%   B. 2.5%   C. 3%   D. 3.5%

375. BC013　轴套外圆磨损超过原直径的(　　)时应更换。
　　A. 1%　　　　　　　B. 0.5%　　　　　　C. 3%　　　　　　D. 2%

376. BC014　离心泵轴封装置的常用形式有(　　)密封和机械密封。
　　A. 填料　　　　　　B. 石墨　　　　　　C. 基础　　　　　　D. 材料

377. BC014　水厂所用离心泵多为(　　)密封装置。
　　A. 机械　　　　　　B. 材料　　　　　　C. 填料　　　　　　D. 碳纤维

378. BC014　离心泵填料密封装置由填料、填料环、填料压盖、填料箱、(　　)等组成。
　　A. 轴承端盖　　　　B. 水封环　　　　　C. 填料函　　　　　D. 水封管

379. BC015　下列不属于离心泵填料漏失原因的是(　　)。
　　A. 压盖过松　　　　　　　　　　　　　B. 密封填料不行
　　C. 密封填料切口在同一方向　　　　　　D. 轴套胶圈完好

380. BC015　漏失是(　　),规格不合适,或加法不对,对接口搭接不吻合。
　　A. 密封填料质量差　　　　　　　　　　B. 轴套胶圈完好
　　C. 密封填料质量好　　　　　　　　　　D. 机械密封完好

381. BC015　下列与泵的阻力损失无关的说法是(　　)。
　　A. 流道部分的表面光洁度　　　　　　　B. 流道形状
　　C. 叶轮片的结构角　　　　　　　　　　D. 泵内解题的黏度

382. BC016　输送液体相对密度超过原设计值时,会使离心泵(　　)。
　　A. 振动　　　　　　　　　　　　　　　B. 有噪声
　　C. 不上油　　　　　　　　　　　　　　D. 泵耗功率过大

383. BC016　泵的(　　),流量过大,超过规定范围时,会使离心泵泵耗功率过大。
　　A. 不上油　　　　　　　　　　　　　　B. 扬程过高
　　C. 扬程过低　　　　　　　　　　　　　D. 轴承润滑不良

384. BC016　机泵匹配不合理,表现为:改造后的泵或更换的泵,其压力和(　　)比原泵都
　　　　　　有所提高,而电动机的配用功率太小。
　　A. 排量　　　　　　B. 扬程　　　　　　C. 转速　　　　　　D. 效率

385. BC017　离心泵轴封装置起阻水或阻气作用的是(　　)。
　　A. 密封环　　　　　B. 减漏环　　　　　C. 水封环　　　　　D. 填料

386. BC017　离心泵的(　　)是泵轴伸出泵壳处的密封装置。
　　A. 填料盒　　　　　B. 轴套　　　　　　C. 密封环　　　　　D. 口环

387. BC017　离心泵(　　)起部分支撑转子以及引水润滑、冷却泵轴的作用。
　　A. 轴封装置　　　　B. 轴承箱　　　　　C. 密封环　　　　　D. 轴套

388. BC018　轴承 312 中的 3 表示(　　)。
　　A. 滚珠轴承　　　　　　　　　　　　　B. 滚柱轴承
　　C. 轴承内径　　　　　　　　　　　　　D. 直径

389. BC018　下列不属于滚珠轴承优点的是(　　)。
　　A. 结构简单　　　　　　　　　　　　　B. 互换性好,维修方便
　　C. 消耗功率小　　　　　　　　　　　　D. 活动间隙大,能保证轴的对中心

390. BC018 工作平衡可靠、无噪声是(　　)轴承的特点。

    A. 滚动　　　　　　　　B. 滑动　　　　　　　　C. 向心　　　　　　　　D. 球

391. BC019 轴承的精度等级分为(　　)。

    A. 二级　　　　　　　　B. 三级　　　　　　　　C. 四级　　　　　　　　D. 五级

392. BC019 轴承的精度等级中,(　　)为最高级。

    A. B　　　　　　　　　B. D　　　　　　　　　C. G　　　　　　　　　D. C

393. BC019 轴承的精度等级中,(　　)为最低级。

    A. G　　　　　　　　　B. C　　　　　　　　　C. D　　　　　　　　　D. B

394. BC020 离心泵运行时,其轴承温度超过(　　)时即为过热,应查明原因及时排除。

    A. 65℃　　　　　　　　B. 75℃　　　　　　　　C. 85℃　　　　　　　　D. 95℃

395. BC020 造成离心泵轴承损坏原因的是(　　)。

    A. 水封管堵塞　　　　　　　　　　　　B. 水泵转向不对

    C. 填料压得太紧　　　　　　　　　　　D. 水泵平衡装置失灵

396. BC020 造成离心泵轴承发热原因的是(　　)。

    A. 水封管堵塞　　　　　　　　　　　　B. 水泵转向不对

    C. 轴承损坏　　　　　　　　　　　　　D. 填料压得太紧

397. BC021 潜水泵的适用条件对水质含砂量的要求是(　　)。

    A. 小于 1.0%　　　B. 小于 0.1%　　　C. 小于 0.01%　　　D. 等于 0.01%

398. BC021 潜水泵适用条件中对水质中氯离子含量的要求是(　　)。

    A. 大于 400mg/L　　　　　　　　　　B. 小于 400mg/L

    C. 大于 450mg/L　　　　　　　　　　D. 大于 500mg/L

399. BC021 潜水泵适用条件中对水温的要求是一般不超过(　　)。

    A. 10℃　　　　　　　　B. 15℃　　　　　　　　C. 20℃　　　　　　　　D. 25℃

400. BC022 当潜水泵运行中绝缘电阻下降过大时,下列叙述不正确的是(　　)。

    A. 电缆接头被破坏　　　　　　　　　　B. 电动机反转

    C. 电动机绕组绝缘被破坏　　　　　　　D. 电缆破损

401. BC022 下列不属于造成潜水泵运行不平稳原因的是(　　)。

    A. 水泵零件发生严重磨损　　　　　　　B. 止推轴承损坏

    C. 轴有弯曲、单边磨损　　　　　　　　D. 输水管破裂

402. BC022 下列不属于造成潜水泵电动机不转或电流过大的原因是(　　)。

    A. 电压过低　　　　　　　　　　　　　B. 止推轴承损坏

    C. 电动机定子与转子相摩擦　　　　　　D. 电动机绕组烧毁

403. BC023 下列叙述中,造成潜水泵不出水或出水量不足的原因是(　　)。

    A. 电动机反转　　　　　　　　　　　　B. 泵轴弯曲

    C. 发生汽蚀　　　　　　　　　　　　　D. 机泵轴不同心

404. BC023 造成潜水泵机组振动较大的原因是(　　)。

    A. 产生汽蚀　　　　　　　　　　　　　B. 电泵反转

    C. 电动机单相运转　　　　　　　　　　D. 泵和电动机轴承磨损过大

405. BC023 造成潜水泵不出水、出水量不足或电流表指针摆动较大的原因是( )。
    A. 叶轮和泵壳摩擦　　　　　　　　　B. 橡胶轴承磨损严重
    C. 扬水管脱扣或破裂　　　　　　　　D. 机组地脚螺栓松动

406. BC024 深井泵滤网吸水管和泵体部分主要由吸水管、叶轮、导流壳泵轴和( )等组成。
    A. 扬水管　　　　　　B. 传动轴　　　　　　C. 联轴器　　　　　　D. 橡胶轴承

407. BC024 深井泵吸水管下端连有( )，用来防止砂石及其他杂物进入水泵。
    A. 上导流壳　　　　　B. 下导流壳　　　　　C. 中导流壳　　　　　D. 滤水网

408. BC024 深井泵工作时，水从滤水管网、( )进入下导流壳，再进入第一级叶轮。
    A. 吸水管　　　　　　B. 传动轴　　　　　　C. 橡胶轴承　　　　　D. 上导流壳

409. BC025 深井泵扬水管和传动轴部分主要由扬水管、传动轴以及支架、橡胶轴承和( )等组成。
    A. 上导流壳　　　　　B. 下导流壳　　　　　C. 吸水管　　　　　　D. 联轴器

410. BC025 深井泵的传动轴通过( )中心由橡胶轴承支撑。
    A. 导流壳　　　　　　B. 下导流壳　　　　　C. 中导流壳　　　　　D. 扬水管

411. BC025 深井泵的( )一般采用螺纹联轴器连接。
    A. 导流壳　　　　　　B. 扬水管　　　　　　C. 传动轴　　　　　　D. 叶轮

412. BC026 造成深井泵振动过大的原因，下列叙述不正确的是( )。
    A. 传动装置装配不正确　　　　　　　B. 填料磨损严重
    C. 传动轴弯曲　　　　　　　　　　　D. 轴向间隙减小，叶轮叶壳摩擦

413. BC026 深井泵的电动机在水泵运行中功率增高(电流大)的原因中，下列叙述不正确的是( )。
    A. 扬水管接口处漏水　　　　　　　　B. 叶轮与叶壳产生摩擦
    C. 水泵中吸入大量泥砂　　　　　　　D. 电动机滚动轴承破损或磨损

414. BC026 深井泵叶轮轴与橡胶轴承间隙应保持在( )。
    A. 0.05~0.1mm　　　B. 0.15~0.2mm　　　C. 0.2~0.4mm　　　D. 0.4~0.6mm

415. BD001 对短期内暂不使用的阀门，应( )石棉填料，以免发生电化学腐蚀，损坏阀杆。
    A. 装填　　　　　　　B. 包裹　　　　　　　C. 取出　　　　　　　D. 铺垫

416. BD001 阀杆螺纹经常与阀杆螺母摩擦，要涂一点黄甘油、二硫化钼或石墨粉，起( )作用。
    A. 冷却　　　　　　　B. 润滑　　　　　　　C. 隔热　　　　　　　D. 防潮

417. BD001 闸阀在养护时则需要处于( )状态，确保润滑脂沿密封圈充满密封槽沟。
    A. 关闭　　　　　　　B. 全开　　　　　　　C. 半开　　　　　　　D. 微闭

418. BD002 阀门掉板后，旋转手轮时扭矩( )。
    A. 不确定　　　　　　B. 不变　　　　　　　C. 变大　　　　　　　D. 变小

419. BD002 阀门掉板后，离心泵出口压力表读数( )。
    A. 归零　　　　　　　B. 不变　　　　　　　C. 变大　　　　　　　D. 变小

420. BD002　阀门掉板后,管线中的流量(　　)。

　　A. 变小　　　　　　　B. 不变　　　　　　　C. 变大　　　　　　　D. 归零

421. BD003　阀门的传动部位缺少润滑剂会造成传动系统(　　)。

　　A. 灵活　　　　　　　B. 不变　　　　　　　C. 卡壳　　　　　　　D. 损坏

422. BD003　阀门电动头及其传动机构中渗入雨水会使传动系统(　　)。

　　A. 灵活　　　　　　　B. 生锈　　　　　　　C. 导电　　　　　　　D. 漏水

423. BD003　阀门开不动时,可用锤子轻敲阀杆顶部,目的是使阀杆与(　　)之间产生微小间隙。

　　A. 盖母或法兰　　　　B. 密封垫　　　　　　C. 管线　　　　　　　D. 手轮

424. BD004　阀门密封面间有杂质卡住造成关不严,首先应(　　)。

　　A. 把阀门稍开大一些,然后再试图关闭,反复试试

　　B. 用力强行关闭,直到拧不动为止

　　C. 直接更换阀门

　　D. 拆卸密封面,加注润滑油

425. BD004　由于阀杆螺纹生锈造成阀门关不严,首先应(　　)。

　　A. 用力强行关闭,直到拧不动为止

　　B. 反复开关几次阀门,同时用小锤敲击阀体底部

　　C. 对阀门进行研磨修理

　　D. 直接更换阀门

426. BD004　阀门密封面损坏的原因不包括(　　)。

　　A. 密封面被液体腐蚀　　　　　　　　B. 杂质划伤密封面

　　C. 液体流量过小　　　　　　　　　　D. 密封面与阀杆连接处断裂

427. BD005　在配电系统中,各级熔断器必须相互配合,一般要求前一级熔体比后一级熔体的额定电流大(　　)。

　　A. 1.5~2 倍　　　　B. 2~2.5 倍　　　　C. 2~3 倍　　　　D. 2.5~3.5 倍

428. BD005　单台交流电动机线路上熔体的额定电流等于该电动机额定电流的(　　)。

　　A. 1.0~2.0 倍　　　B. 1.5~2.5 倍　　　C. 2.0~3.0 倍　　　D. 2.5~3.5 倍

429. BD005　多台交流电动机线路上总体的额定电流等于线路上功率最大一台电动机额定电流的(　　)再加上其他电动机额定电流的总和。

　　A. 1.5~2.5 倍　　　B. 2.0~2.5 倍　　　C. 2.5~3.0 倍　　　D. 2.5~3.5 倍

430. BD006　按短路时的动热稳定值选择交流接触器时,线路的(　　)不应超过接触器允许的动、热稳定值。

　　A. 电压　　　　　　　　　　　　　　B. 电流

　　C. 电阻　　　　　　　　　　　　　　D. 三相短路电流

431. BD006　在选择交流接触器时,要根据控制电源的要求选择吸引线圈的(　　)等级。

　　A. 电流　　　　　　　B. 电压　　　　　　　C. 电阻　　　　　　　D. 绝缘

432. BD006　某交流接触器标明额定电压为 220V,线路的额定电压为(　　)时,接触器可以使用。

A. 220V　　　　　　B. 380V　　　　　　C. 500V　　　　　　D. 1000V

433. BD007　磁力启动器当触头严重磨损后,行程应该及时调整,当厚度只剩下(　　)时,应该及时调换触头。

　A. 1/2　　　　　　B. 1/3　　　　　　C. 1/4　　　　　　D. 1/5

434. BD007　磁力启动器的灭弧罩如果发生碎裂缺损会使其(　　),所以应及时更换。

　A. 噪声变大　　　　　　　　　　　　B. 触头发热
　C. 触头的断流能力下降　　　　　　　D. 灭弧能力下降

435. BD007　磁力启动器安装前应将热继电器调整到被保护电动机的额定(　　)。

　A. 电功率　　　　　B. 电阻　　　　　　C. 电压值　　　　　D. 电流值

436. BD008　热继电器一般作为连续工作中交流电动机的(　　)。

　A. 过流保护　　　　B. 过载保护　　　　C. 失压保护　　　　D. 短路保护

437. BD008　双金属片式热继电器是利用双金属片(　　)后发生弯曲变形的特性来断开触点的。

　A. 受热　　　　　　B. 受冷　　　　　　C. 受压　　　　　　D. 受潮

438. BD008　热继电器的工作环境温度与被保护设备的环境温度的差别不应超出(　　)。

　A. 10~20℃　　　　B. 15~25℃　　　　C. 20~25℃　　　　D. 25~30℃

439. BD009　10kV 绝缘操作杆的有效绝缘长度不能小于(　　)。

　A. 0.7m　　　　　　B. 0.9m　　　　　　C. 1.3m　　　　　　D. 2.1m

440. BD009　安全防护用具宜存放在温度为−15~+35℃、相对湿度为(　　)以下、干燥通风的安全工、器具室内。

　A. 70%　　　　　　B. 75%　　　　　　C. 80%　　　　　　D. 85%

441. BD009　安全防护用具(　　)的外观检查应包括绝缘部分有无裂纹、老化、绝缘层脱落、严重伤痕,固定连接部分有无松动、锈蚀、断裂等现象。

　A. 使用前　　　　　B. 使用后　　　　　C. 定期　　　　　　D. 不定期

442. BD010　对于已制成的电动机,电动机的额定容量实际上主要取决于电动机的(　　)。

　A. 额定电流　　　　B. 额定电压　　　　C. 温升　　　　　　D. 效率

443. BD010　电动机的转子绕组绝缘等级为 E 时,最高允许温升是(　　)。

　A. 55℃　　　　　　B. 65℃　　　　　　C. 70℃　　　　　　D. 85℃

444. BD010　电动机的定子绕组绝缘等级为 C 级时,绕组最高允许温度为(　　)。

　A. 90℃　　　　　　B. 105℃　　　　　　C. 120℃　　　　　　D. 130℃

445. BD011　三相异步电动机在额定负载的情况下,若电源电压超过其额定电压10%,则会引起电动机过热,若电源电压低于其额定电压10%,电动机将(　　)。

　A. 不会出现过热现象　　　　　　　　B. 不一定出现过热现象
　C. 肯定会出现过热现象　　　　　　　D. 出现间断发热现象

446. BD011　三角形接法的三相笼型异步电动机,若接成星形,那么在额定负载转矩下运行时,其铜耗和温升将会(　　)。

　A. 减小　　　　　　B. 增大　　　　　　C. 不变　　　　　　D. 不停变化

447. BD011　电动机在运行过程中,若闻到特殊的绝缘漆气味,这是由于(　　)导致温升过高引起的。

A. 电动机过载发热　　　B. 轴承缺油　　　　C. 散热不良　　　　D. 转子扫膛

448. BD012　电动机发出很大吼声的主要原因是(　　　)。

A. 机械摩擦　　　　　　　　　　　　B. 缺相运行

C. 滚动轴承缺油或损坏　　　　　　　D. 全部正确

449. BD012　电动机发出有节奏的"嚓嚓"声的主要原因是(　　　)。

A. 定子和转子摩擦　　　　　　　　　B. 缺相运行

C. 滚动轴承缺油或损坏　　　　　　　D. 电动机接线错误

450. BD012　电动机发出刺耳的"丝丝"声的主要原因是(　　　)。

A. 机械摩擦　　　　　　　　　　　　B. 单相运行

C. 滚动轴承缺油或损坏　　　　　　　D. 电动机接线错误

451. BD013　所用的振动烈度测量仪应经过(　　　)检定认可。

A. 安全部门　　　　B. 计量部门　　　　C. 环保部门　　　　D. 监察部门

452. BD013　离心泵机组的固定方式对所测得的振动值有(　　　)的影响。

A. 很大　　　　　　B. 没有　　　　　　C. 很小　　　　　　D. 很高

453. BD013　泵在试验室做性能试验时,要同时进行(　　　)测量和评价,此时对泵的基础固定要严格要求。

A. 温度　　　　　　B. 高度　　　　　　C. 湿度　　　　　　D. 振动

454. BD014　造成机组振动和噪声的原因是(　　　)。

A. 电压太低　　　　　　　　　　　　B. 流量过大

C. 地脚螺栓松动　　　　　　　　　　D. 水泵平衡装置失灵

455. BD014　造成机组振动和噪声的原因是(　　　)。

A. 叶轮损坏或不平衡　　　　　　　　B. 水泵转速太低

C. 水泵转向不对　　　　　　　　　　D. 水泵流量过小

456. BD014　下列不是造成机组振动和噪声的原因是(　　　)。

A. 轴承损坏　　　　B. 泵轴弯曲　　　　C. 联轴器不同心　　D. 水封管堵塞

457. BD015　离心泵和电动机轴线不同心可造成水泵机组振动和噪声,这时应采用(　　　)方法排除。

A. 更换轴承　　　　　　　　　　　　B. 紧固地角螺栓

C. 以电动机轴线为标准,调整水泵　　D. 以水泵轴线为标准,调整电动机

458. BD015　降低离心泵安装高度,减少水头损失是排除离心泵(　　　)时采用的方法之一。

A. 启动后轴功率过大　B. 开启不动　　C. 机组振动和噪声　D. 轴承过热

459. BD015　修理或更换叶轮,或对叶轮进行静平衡试验是排除离心泵(　　　)时采用的方法之一。

A. 启动后轴功率过大　B. 开启不动　　　C. 机组振动和噪声　　D. 轴承过热

460. BD016　泵房噪声的来源主要是(　　　)工作时产生的,该声源在泵房正常运行时属于稳态噪声。

A. 辅助设备　　　　B. 水泵机组　　　　C. 真空设备　　　　D. 变频器

461. BD016 泵房内水泵等声源设备的( )直接影响周围环境噪声的污染轻重。
    A. 封闭程度　　　　　B. 运转程度　　　　　C. 先进程度　　　　　D. 多少

462. BD016 泵房内噪声达到( )时,对泵房工作人员影响较大。
    A. 35~55dB　　　　　B. 55~65dB　　　　　C. 65~75dB　　　　　D. 85~95dB

463. BD017 为了提高吸音的效率,通常采用( )吸音的方法。
    A. 谐振　　　　　　　B. 共振　　　　　　　C. 多孔　　　　　　　D. 振动

464. BD017 噪声控制技术中,( )是把发音的物体或者需要安静的场所封闭在一定的空间内,使其与周围环境隔绝。
    A. 消音　　　　　　　B. 吸音　　　　　　　C. 隔音　　　　　　　D. 隔振

465. BD017 在水泵机组和它的基础之间安装( ),可使振动得到减弱。
    A. 消音垫　　　　　　B. 吸音垫　　　　　　C. 隔音垫　　　　　　D. 隔振垫

466. BD018 真空表读数( )是因进水管路堵塞或吸水池水位降低所致。
    A. 过高　　　　　　　B. 过低　　　　　　　C. 不变　　　　　　　D. 交替变化

467. BD018 外部用水量过大导致压力表读数( )。
    A. 过高　　　　　　　B. 过低　　　　　　　C. 不变　　　　　　　D. 交替变化

468. BD018 外部用水量减少导致压力表读数( )。
    A. 过高　　　　　　　B. 过低　　　　　　　C. 不变　　　　　　　D. 交替变化

469. BD019 水击(水锤)是管路中液体由于( )的剧烈变化而引起液体压强的增高或降低现象。
    A. 能量　　　　　　　B. 时间　　　　　　　C. 流速　　　　　　　D. 扬程

470. BD019 泵站中水击包括起动水击(水锤)、关闸水击(水锤)和( )水击(水锤)。
    A. 事故　　　　　　　B. 断电　　　　　　　C. 停泵　　　　　　　D. 开阀

471. BD019 造成水击危害原因的是( )。
    A. 启泵　　　　　　　B. 停泵　　　　　　　C. 启闭阀门　　　　　D. 突然断电

472. BD020 在水泵运行中,当需要改变水泵转速或改变叶片角度调节流量时,可能发生( )现象。
    A. 倒灌　　　　　　　B. 腐蚀　　　　　　　C. 剥蚀　　　　　　　D. 水击(水锤)

473. BD020 停泵水击(水锤)是指水泵机组因突然失电或其他原因造成开阀停车时,在水泵及管路中( )发生递变而引起的压力递变现象。
    A. 水流速度　　　　　B. 过流断面　　　　　C. 流速和阻力　　　　D. 流速和流量

474. BD020 压水管路不设止回阀,当突然发生停泵水击时,其水击过程可分( )阶段。
    A. 1个　　　　　　　B. 2个　　　　　　　C. 3个　　　　　　　D. 4个

475. BD021 在水泵出口处无止回阀产生停泵水击时,倒回的水流会冲击水泵倒转,有可能导致( )退扣(为螺纹连接时)。
    A. 叶轮　　　　　　　B. 轴承　　　　　　　C. 轴套　　　　　　　D. 叶轮锁母

476. BD021 水击严重的造成管道爆管,供水管网压力( )。
    A. 降低　　　　　　　B. 升高　　　　　　　C. 不变　　　　　　　D. 稍有波动

477. BD021 在水泵口出处有止回阀,当突然停泵,止回阀将很快关闭,因而可引起管路中的水发生很大的( )变化造成停泵水击。

    A. 方向   B. 位置   C. 扬程   D. 压力

478. BD022 为了减小水击的压强值,在流量一定的情况下,( )应选择较大一些,以减小流速。

    A. 水泵   B. 管径   C. 止回阀   D. 阀门

479. BD022 从水击产生的过程中得知,水流的截止时间越长,压降波的消耗作用( ),水击压强越小。

    A. 越小   B. 越大   C. 为零   D. 不明显

480. BD022 开关水锤有直接水锤和间接水锤,( )开阀和关阀的时间,可避免产生直接水锤。

    A. 缩短   B. 保持   C. 延长   D. 调节

481. BD023 在泵的进、出口管路上安装( ),在泵出口附近安装压力表,以控制泵在额定工况内运行,确保泵的正常使用。

    A. 过滤器   B. 止回阀   C. 调节阀   D. 安全阀

482. BD023 水泵安装前应仔细检查泵体流道内有无硬质物,以免运行时损坏( )和泵体。

    A. 泵轴   B. 叶轮   C. 闸阀   D. 止回阀

483. BD023 压力表应垂直安装,倾斜度一般不大于( ),并力求与测量点保持同一水平,以免带来指示误差。

    A. 30°   B. 45°   C. 60°   D. 15°

484. BD024 电动葫芦在吊装中,下列叙述不正确的是( )。

    A. 吊车行起范围有人不吊

    B. 重物棱角处与捆绑钢丝之间未加衬垫时不吊

    C. 结构或零部件有影响安全工作的缺陷或损伤时不吊

    D. 物体超负荷可以吊装

485. BD024 启动天吊时,( )的空载运行以及制动器、限位装置的安全性能试验,如设备有故障,应排除后才能正式工作。

    A. 左右   B. 前后   C. 上下   D. 前后左右

486. BD024 泵房内在停止备用状态时,吊钩应与地面高度,必须离地面( )以上。

    A. 2m   B. 1m   C. 0.5m   D. 1.5m

487. BD025 在泵房内,设备运转过程中产生大量的( ),装有通风系统。

    A. 灰尘   B. 噪声   C. 热量   D. 振动

488. BD025 自然通风要求窗户面积应大于水泵电动机散热平面积的( )以上。

    A. 1/2   B. 1/3   C. 1/5   D. 1/6

489. BD025 泵房室内环境温度一般不应超过( )。

    A. 30℃   B. 35℃   C. 40℃   D. 50℃

490. BD026 水泵房内排水方式应优先考虑( )。

    A. 潜水泵抽吸   B. 重力直排   C. 安装固定排污泵   D. 风机抽吸

491. BD026 水泵房的排水沟常设置于( )处。
    A. 位置较低的地方   B. 易滴水、溢水、溅水的位置
    C. 位置较高地方   D. 电动机下部

492. BD026 下列关于设置集水井的水泵房选择潜污泵的叙述正确的是( )。
    A. 根据水池溢流量与泄流量的差值选择
    B. 根据泄流量与排入集水井的其他排水量中最大者选择
    C. 根据最大泄流量选择
    D. 根据排入集水井的最大排水量选择

493. BE001 多级离心泵应检查与调整联轴器的同轴度及轴向间隙,更换( )的易损件。
    A. 联轴器   B. 滚动轴承   C. 叶轮   D. 轴套

494. BE001 离心泵保养时,要调整密封填料压盖,做到不发热、不漏失超量,但要保证密封填料压盖与( )不偏磨。
    A. 轴   B. 轴套   C. 填料函   D. 轴承压盖

495. BE001 离心泵二保时,时间相隔不能超过( )。
    A. 8h   B. 12h   C. 24h   D. 48h

496. BE002 离心泵连续运转( )应进行大修。
    A. 500h   B. 1000h   C. 5000h   D. 10000h

497. BE002 泵轴损坏形式有泵轴弯曲变形、静配合表面磨损、轴的表面腐蚀磨损、( )。
    A. 汽蚀   B. 腐蚀   C. 动配合轴颈磨损   D. 疲劳磨损

498. BE002 检查测量密封环与导翼或泵段的配合,要求其过盈为( ),有固定螺栓的应无松动。
    A. 0.01~0.05mm   B. 0.03~0.05mm
    C. 0.03~0.10mm   D. 0.05~0.10mm

499. BE003 深井泵轴承的检查周期是( ),主要看轴承有无磨损、是否缺油、是否有跑内圈或跑外圈的情况、是否要更换。
    A. 半年   B. 定期   C. 一年   D. 一个月

500. BE003 深井泵一般每使用( )就要进行一次全面检查养护,可通过机械运转发出的声音来初步检查深井泵各部件是否正常。
    A. 三个月   B. 半年   C. 一年   D. 两年

501. BE003 深井电源频率为50Hz,额定电压为允差( )的三相交流电源。
    A. ±2%   B. ±5%   C. ±8%   D. ±10%

502. BE004 离心水泵运行时产生的轴向力会使叶轮与( )发生摩擦。
    A. 泵壳   B. 密封环   C. 泵轴   D. 轴套

503. BE004 单级泵平衡轴向力的方法有平衡孔、平衡管和采用( )叶轮。
    A. 单级式   B. 多级式   C. 单吸式   D. 双吸式

504. BE004 离心泵运行时会产生轴向推力,它可使( )沿轴向窜动。
    A. 泵轴   B. 轴套   C. 轴承   D. 轴承体

505. BE005 分段式多级离心泵运行中,由于水泵的出水压力是变化的,因此,( )也是

变化的。

    A. 径向力   B. 轴向力   C. 离心力   D. 向心力

506. BE005   分段式多级离心泵运行中,平衡盘始终处于一种(　　)平衡之中。

    A. 静态   B. 动态   C. 固定   D. 不固定

507. BE005   为了平衡轴向力,分段式多级离心泵的平衡盘装在(　　)后面。

    A. 进水段   B. 出水段   C. 首级叶轮   D. 末级叶轮

508. BE006   机械密封端面与轴不垂直、产生位移会造成(　　)。

    A. 泄漏液体并带杂质   B. 发生振动、发热、冒烟

    C. 泵严重抽空   D. 密封环破碎

509. BE006   安装机械密封时,要求轴的表面粗糙度不低于(　　)。

    A. 0. 8μm   B. 1. 6μm   C. 3. 2μm   D. 6. 3μm

510. BE006   下列属于造成机械密封出现突然性漏失的原因是(　　)。

    A. 动环、静环浮动性差   B. 操作不平稳

    C. 固体颗粒进入摩擦体端面之间   D. 由于泵严重抽空,破坏了其机械性能

511. BE007   由于泵转子轴向窜动,动环来不及补偿位移时会使机械密封(　　)。

    A. 轴向泄漏严重   B. 有周期性泄漏

    C. 突然性漏失   D. 发生振动、发热、冒烟

512. BE007   动环和静环所用的材料硬度不同,一个材料的硬度低,一个材料的硬度高,另外用(　　)制成的不同形状的密封环,即可密封(因有弹性),又可吸收振动。

    A. 碳素纤维   B. 铅粉石棉绳   C. 石墨   D. 橡胶或塑料

513. BE007   动环和静环是由弹簧的弹力使两环紧密接触的,运行中,两环间形成一层很薄的液膜,这层液膜起到(　　)、润滑和冷却端面的作用。

    A. 填充   B. 吸收振动   C. 降压   D. 平衡压力

514. BE008   离心泵运转声音异常的原因不包括(　　)。

    A. 异物进入泵壳   B. 叶轮与泵壳摩擦动态

    C. 填料压盖与泵轴或轴套摩擦   D. 轴承压盖过紧

515. BE008   下列消除填料压盖与泵轴或轴套摩擦的方法错误的是(　　)。

    A. 对称均匀拧紧填料压盖   B. 车削填料压盖内径

    C. 更换轴承   D. 更换直径较小的泵轴

516. BE008   填料函内侧挡环与轴套的两侧径向间隙一般为(　　)。

    A. 0. 10~0. 25mm   B. 0. 25~0. 4mm

    C. 0. 25~0. 5mm   D. 0. 5~0. 75mm

517. BE009   SH 型离心泵拆下的零部件根据磨损或损坏程度可分为:合格零件、需要修理的和需要(　　)的零件三种。

    A. 清洗   B. 检查   C. 调整   D. 更换

518. BE009   拆卸 SH 型离心泵的泵盖前,应先松开泵体两边的(　　)。

    A. 轴承体压盖   B. 轴承体

    C. 轴套螺母   D. 填料压盖螺栓

519. BE009 如需将 SH 型离心泵整个转子取下,在拆卸泵盖和联轴器之后,应拆下(   )。

    A. 轴承体   B. 轴承体压盖   C. 填料压盖   D. 密封环

520. BE010 水泵叶轮直径切削后,(   )与叶轮直径的立方成正比。

    A. 流量   B. 扬程   C. 流速   D. 轴功率

521. BE010 水泵叶轮直径切削后,水泵的(   )与叶轮直径成正比。

    A. 流量   B. 扬程   C. 流速   D. 轴功率

522. BE010 当运行工作点长期(   )需要工作点时,采用切削叶轮方法是一种简单而又经济的水泵节能措施。

    A. 小于   B. 等于   C. 大于   D. 不大于

523. BE011 切削叶轮通常只适用于(   )不超过 350 的离心泵和混流泵。

    A. 转数   B. 比转数   C. 流量   D. 扬程

524. BE011 属于标准直径叶轮的型号是(   )离心泵。

    A. 12SH-28   B. 12SH-28A   C. 12SH-28B   D. 12SH-28C

525. BE011 离心泵中叶轮经过一次切削的是(   )离心泵。

    A. 12SH-28   B. 12SH-28A   C. 12SH-28B   D. 12SH-28C

526. BE012 轴套外圆、平衡盘轮毂跳动不得大于(   )。

    A. 0.02mm   B. 0.04mm   C. 0.06mm   D. 0.08mm

527. BE012 多级泵(   )的叶轮可以使用。

    A. 流道堵塞   B. 平衡孔不通

    C. 静平衡合格   D. 表面有严重裂纹

528. BE012 D 型泵检修叶轮时要求做静平衡试验,当叶轮外径为 210~300mm 时允许极限值为(   )。

    A. 3g   B. 5g   C. 10g   D. 15g

529. BE013 拆卸多级离心泵叶轮(   )时,要逐一做好标记号,以便泵组装。

    A. 出水段   B. 填料函   C. 中段   D. 轴承体

530. BE013 多级离心泵底座平面不水平度不超过(   )。

    A. 1/10   B. 1/100   C. 1/1000   D. 1/10000

531. BE013 多级离心泵装配完毕后,转子应有(   )窜动量。

    A. 定向   B. 轴向   C. 径向   D. 较大

532. BE014 定期检查潜水电泵对地的热态绝缘电阻。在正常连续运行(   )后,停机用兆欧表测量电动机绕组对地绝缘电阻应大于 0.5MΩ。对于长时间停用的潜水电泵,使用前也应做这样的检查。

    A. 1~2h   B. 2~3h   C. 4~6h   D. 6~8h

533. BE014 潜水电泵的出水量小时,可能原因是(   )。

    A. 扬程太高   B. 扬程太小

    C. 电压偏高   D. 转子与轴承之间间隙适中

534. BE014 QJ 潜水电泵机组由(   )、潜水电动机(包括电缆)、输水管和控制开关四大部分组成。

A. 水泵　　　　　　　B. 水罐　　　　　　　C. 截止阀　　　　　D. 逆止阀

535. BF001　试验压力用符号(　　)表示,其后附加试验压力数值。

A. p　　　　　　　　B. p_s　　　　　　　C. s　　　　　　　D. t

536. BF001　例如,试验压力为3.0MPa,用(　　)表示。

A. p_s30　　　　　　B. $p3.0$　　　　　　C. $Pn3$　　　　　D. 3.0MPa

537. BF001　对管路制品进行强度实验的压力称为(　　)。

A. 实验压强　　　　　B. 试验压力　　　　　C. 工作压力　　　　D. 公称压力

538. BF002　管道腐蚀后常用的刮管方法有高压射流法、机械刮管法、弹性冲管器法和(　　)。

A. 空气脉冲法　　　　B. 人工清淤法　　　　C. 清水冲洗法　　　D. 中水冲洗法

539. BF002　不需要断管面,适合于清洗中、小型管道,使用小口径喷头喷射水流除垢的是(　　)刮管法。

A. 空气脉冲　　　　　B. 人工清淤　　　　　C. 高压射流　　　D. 弹性冲管

540. BF002　一般每次可刮管100~150m,较长距离的管道要逐段实施断管、刮管、涂衬、水泥砂浆养护、冲管等多道工序的是(　　)刮管法。

A. 空气脉冲　　　　　B. 机械　　　　　　　C. 高压射流　　　D. 弹性冲管

541. BF003　给水管道冲洗消毒应该使用(　　)水源。

A. 污水　　　　　　　B. 中水　　　　　　　C. 清洁　　　　　D. 河流

542. BF003　管道第一次冲洗应冲洗至出水口水样浊度小于(　　)为止。

A. 1NTU　　　　　　B. 2NTU　　　　　　C. 3NTU　　　　　D. 4NTU

543. BF003　管道第二次冲洗应在第一次冲洗后,用有效氯离子含量不低于20mg/L的清洁水浸泡(　　)后,再用清洁水进行第二次冲洗直至水质检测、管理部门取样化验合格为止。

A. 6h　　　　　　　　B. 12h　　　　　　　C. 18h　　　　　D. 24h

544. BF004　给水管道在埋地敷设时,应在当地的冰冻线(　　)。

A. 以上　　　　　　　B. 中心　　　　　　　C. 以下　　　　　D. 左边缘

545. BF004　各种管线按离建筑物的水平排序由近及远宜为电力管线、给水管、(　　)、污水管。

A. 雨水管　　　　　　B. 热力管　　　　　　C. 燃气管有压　　D. 电信管线

546. BF004　各类管线的埋深由浅入深宜为:电信管线、热力管、给水管、(　　)、污水管。

A. 热力管　　　　　　B. 雨水管　　　　　　C. 燃气管有压　　D. 电信管线

547. BF005　管道安装前,管沟沟底应夯实,沟内无障碍物,且应有(　　)措施。

A. 防潮　　　　　　　B. 防水　　　　　　　C. 防渗　　　　　D. 防塌方

548. BF005　管网必须进行水压试验,试验压力为工作压力的(　　)倍,但不得小于0.6MPa。

A. 0.5　　　　　　　B. 2　　　　　　　　C. 1.5　　　　　D. 3

549. BF005　埋地给水钢管的标高允许偏差为(　　)。

A. ±10mm　　　　　B. ±20mm　　　　　C. ±30mm　　　　D. ±50mm

550. BF006 埋设非金属管的管沟应底面平整,无突出的坚硬物,一般可做( )砂垫层。

A. 200~100mm B. 100~50mm C. 50~10mm D. 500~200mm

551. BF006 UPVC夹心和实心管、UPVC空壁螺旋和实壁螺旋管、ABS管一般采用( ) 黏接连接方式。

A. 承插 B. 对口 C. 法兰 D. 螺纹

552. BF006 非金属管道支承件的间距,立管外径为75mm及以上的应不大于( )。

A. 0.5m B. 1m C. 1.5m D. 2m

553. BF007 给水管道与污水管道在不同标高平行敷设,其垂直间距在500mm以内时,管径 大于200mm的,管壁水平间距不得小于( )。

A. 1.5m B. 2m C. 2.5m D. 3m

554. BF007 给水金属管之间最小垂直净距为( )。

A. 0.1m B. 0.15m C. 0.2m D. 0.3m

555. BF007 热力管和电力电缆的最小水平净距为( )。

A. 1m B. 1.5m C. 2m D. 3m

556. BF008 适用于压力不高、介质无毒场合的是( )型法兰密封面。

A. 平面 B. 凹凸 C. 榫槽 D. 曲面

557. BF008 适用于易燃、易爆、有毒介质及压力较高场合的是( )型法兰密封面。

A. 平面 B. 凹凸 C. 榫槽 D. 曲面

558. BF008 连接两个法兰时,首先要使法兰密封面与垫片压紧,由此保证靠同等的螺栓 ( )应力对法兰进行连接。

A. 紧密 B. 轻微 C. 松散 D. 均匀

559. BF009 阀门法兰的紧固要避免用力( ),应按照对称、交叉的方向顺序旋紧。

A. 过大 B. 过小 C. 不匀 D. 均匀

560. BF009 阀门安装前管道内部要清洗,除去铁屑等杂质,防止阀门( )夹杂异物。

A. 垫片 B. 内部 C. 密封座 D. 底部

561. BF009 在安装阀门时,要确认介质( )、安装形式及手轮位置是否符合规定。

A. 流向 B. 温度 C. 状态 D. 颜色

562. BF010 止回阀是指依靠介质本身流动而自动开、闭阀瓣,用来防止介质( )的 阀门。

A. 腐蚀 B. 冲击 C. 倒流 D. 流速减小

563. BF010 止回阀按阀板运动方式分为摆动式和( )。

A. 盖板式 B. 蝶式 C. 缓冲式 D. 升降式

564. BF010 阀瓣呈圆盘状,绕阀座通道的转轴做旋转运动的是( )。

A. 升降式止回阀 B. 碟式止回阀
C. 旋启式止回阀 D. 管道式止回阀

565. BF011 焊接连接阀门时,阀门应处于( )的状态下进行。

A. 微开 B. 全开 C. 半开 D. 微闭

566. BF011 阀门手轮的固定螺母脱落,继续使用会磨圆阀杆上部,逐渐失去( )。

A. 密封性　　　　　　B. 安全性　　　　　　C. 配合可靠性　　　D. 严密性

567. BF011　阀门检修保养时,需要(　　)阀杆上被尘土弄脏的润滑剂。
A. 增加　　　　　　B. 擦掉　　　　　　C. 清洗　　　　　　D. 更换

568. BF012　只能安装在水平管道上,密封性较差的是(　　)。
A. 升降式止回阀　　　　　　　　　　B. 蝶式止回阀
C. 旋启式止回阀　　　　　　　　　　D. 管道式止回阀

569. BF012　阀杆上连一个液压缸,通过控制液压油的流道通径来控制止回阀关闭速度的是(　　)。
A. 管道止回阀　　B. 静音止回阀　　C. 缓闭止回阀　　D. 紧闭止回阀

570. BF012　作为锅炉给水和蒸汽切断用阀,具有升降式止回阀和截止阀的综合机能是(　　)。
A. 旋启式止回阀　　　　　　　　　　B. 静音止回阀
C. 缓闭止回阀　　　　　　　　　　　D. 压紧式止回阀

571. BG001　在易燃、易爆的场合,如需电接点信号时,应选用(　　)压力表。
A. 防爆电接点　　B. 膜片或隔膜　　C. 耐振　　　　　　D. 真空

572. BG001　在机械振动较强的场合,应选用(　　)压力表。
A. 防爆电接点　　B. 膜片或隔膜　　C. 耐振　　　　　　D. 真空

573. BG001　在稀盐酸、盐酸气等具有较强腐蚀性、含固体颗粒、黏稠液介质等场合,应选用(　　)压力表。
A. 防爆电接点　　B. 膜片或隔膜　　C. 耐振　　　　　　D. 真空

574. BG002　热膨胀式温度计是利用液体、气体或固体的(　　)来测量温度的。
A. 吸热　　　　　　B. 热胀冷缩　　　C. 延展　　　　　　D. 导热

575. BG002　可接受被测物体产生的红外波长段的红外温度计是一种(　　)。
A. 热电偶温度计　　　　　　　　　　B. 热电阻温度计
C. 辐射温度计　　　　　　　　　　　D. 光电式温度计

576. BG002　利用导体或半导体的电阻值随温度变化的性质来测量温度的是(　　)。
A. 热电偶温度计　　　　　　　　　　B. 热电阻温度计
C. 辐射温度计　　　　　　　　　　　D. 光电式温度计

577. BG003　双金属温度计是一种测量中低温度的仪表,适用于(　　)检测。
A. 现场　　　　　　　　　　　　　　B. 远距离传输
C. 现场与远距离传输　　　　　　　　D. 标定

578. BG003　测量时不干扰被测温场,具有较高的测量准确度,理论上无测量上限,且响应时间短,易于快速、动态测量,可在一些特定的条件下,例如,核子辐射场,进行准确而可靠测量的是(　　)。
A. 热电偶温度计　　　　　　　　　　B. 热电阻温度计
C. 辐射温度计　　　　　　　　　　　D. 玻璃温度计

579. BG003　采用双金属温度计与热电偶/热电阻一体的方式,适用于(　　)检测需求,可以直接测量各种生产过程中的−80~+500℃范围内液体、蒸气和气体介质以及固体表面测温。

    A. 现场   B. 远距离传输   C. 现场与远距离传输   D. 标定

580. BG004 石油石化业常用离心泵工作期间,轴承温升一般不得超过环境温度(　　)。

    A. 40℃   B. 80℃   C. 150℃   D. 200℃

581. BG004 供水行业常用 S 型水泵的轴承温升不应超过外界温度 35 摄氏度,但最高不应大于(　　)。

    A. 40℃   B. 60℃   C. 70℃   D. 80℃

582. BG004 S 型水泵的轴承温升过高的原因不包括(　　)。

    A. 轴承损坏   B. 润滑脂变质或加注过多

    C. 轴承与轴承箱配合不当   D. 介质温度过高

583. BG005 机泵振动测试要求是利用(　　)对主要设备的轴承及轴向端点进行测试,并配有现场检测记录表,每次的测点必须相互对应。

    A. 测温表   B. 测振表   C. 测速表   D. 测流表

584. BG005 在设备刚刚大修后或接近大修时,机泵振动测量周期为(　　)测一次。

    A. 一周   B. 两周   C. 一个月   D. 半年

585. BG005 使用测振仪测振前,首先要检查其(　　)是否设置正确,再检查探头是否连接完好。

    A. 测点   B. 参数   C. 方向   D. 位置

586. BG006 利用机械测量元件把流体连续不断地分割成单个已知的体积部分,根据测量室逐次重复地充满和排放该体积部分流体的次数来测量流体体积总量的是(　　)流量计。

    A. 差压式   B. 容积式   C. 电磁   D. 超声波

587. BG006 通过安装于工业管道中流量检测元件产生的差压,将已知流体条件和检测件与管道的几何尺寸来计差压的是(　　)流量计。

    A. 差压式   B. 容积式   C. 电磁   D. 超声波

588. BG006 根据法拉第电磁感应定律制成的一般测量导电流体的流量仪表是(　　)流量计。

    A. 差压式   B. 容积式   C. 电磁   D. 超声波

589. BH001 万用表是一只高灵敏度的(　　)直流电流表。

    A. 电磁式   B. 电动式   C. 磁电式   D. 感应式

590. BH001 万用表上标有"DC"或"−"的标度尺为测量(　　)时用的。

    A. 交流   B. 直流   C. 交直流   D. 电流

591. BH001 万用表上标有"AC"或"～"的标度尺为测量(　　)时用的。

    A. 交流   B. 直流   C. 交直流   D. 电流

592. BH002 用万用表测量电阻之前,选择适当的倍率挡后,首先将两表笔相碰指针应指在(　　)位。

    A. 最高   B. 最低   C. 零   D. 任意

593. BH002 用万用表测量电流或电压时,如果被测量的对象无法估计,应将量程放在

（　　）挡。

  A. 最高   B. 最低   C. 零   D. 任意

594. BH002 使用数字万用表测试两点之间电路通断时，当电阻值小于约（　　）时蜂鸣器便会发出声响。

  A. 20Ω   B. 50Ω   C. 100Ω   D. 200Ω

595. BH003 由外径千分尺的微分筒部分和杠杆卡规中指示机构组合而成的是（　　）千分尺。

  A. 内径   B. 尖头   C. 杠杆   D. 壁厚

596. BH003 适用于测量中小直径的精密内孔，尤其适于测量深孔的直径的是（　　）千分尺。

  A. 内径   B. 尖头   C. 杠杆   D. 壁厚

597. BH003 主要用来测量精密管形零件的壁厚的是（　　）千分尺。

  A. 内径   B. 尖头   C. 杠杆   D. 壁厚

598. BH004 测量前应把量具的测量面和（　　）的被测量表面擦拭干净，以免因有脏物存在而影响测量精度。

  A. 零件   B. 工具   C. 刀具   D. 扳手

599. BH004 杠杆千分尺又称（　　），它是由外径千分尺的微分筒部分和杠杆卡规中指示机构组合而成的一种精密量具。

  A. 壁厚千分尺   B. 板厚百分尺   C. 尖头千分尺   D. 指示千分尺

600. BH004 尖头千分尺主要用来测量零件的（　　）、长度、直径及小沟槽。

  A. 厚度   B. 宽度   C. 高度   D. 大小

二、判断题（对的画"√"，错的画"×"）

（　　）1. AA001 测量误差与测量结果无关。

（　　）2. AA002 误差的两种基本表现形式是绝对误差和随机误差。

（　　）3. AA003 计量器具的检定是指查明和确认计量器具是否符合法定要求的程序，它包括计划、检查。

（　　）4. AA004 计量基准主要是用于复现和保存计量单位量值。

（　　）5. AA005 一般在一个国家内，国家标准器也就是基准器。

（　　）6. AA006 检定的依据必须是检定规程。检定不判断测量器具合格与否。

（　　）7. AA007 计量操作方法是为评定计量器具的计量性能，作为检定依据的技术文件。

（　　）8. AA008 计量与测试是含义完全相同的两个概念。

（　　）9. AA009 实现量值传递，需要各级计量部门根据有关技术文件的规定，对所属范围的各级计量器具的计量性能进行评定，并确定是否符合规定的技术要求。

（　　）10. AA010 在中国，为了保证工程现场条件下量值的准确和统一，也经常采取计量测试技术人员深入工程现场进行指导、操作和处理各种测量技术问题的办法。

（　　）11. AB001 燃烧通常伴有火焰、烟雾、发烟的现象。

( )12. AB002 企业安全教育的方式方法是多种多样的。例如,宣传挂图、安全科教电影、电视以及幻灯片,报告,讲课以及座谈、开展安全竞赛及安全日活动,安全教育展览及资料图书等。

( )13. AB003 安全生产责任制包括两个方面,一方面为纵向,从主要负责人到一般从业人员的安全生产责任制;另一方面为横向,也就是各职能部门的安全生产责任制。

( )14. AB004 使用砂轮时应使火花向下。

( )15. AB005 《企业职工伤亡事故分类》(GB 6441—1986),是劳动安全管理的基础标准,适用于企业职工伤亡事故统计工作。

( )16. AB006 工作人员工作中正常活动范围与 10kV 及以下带电设备的安全距离是 0.35m。

( )17. AB007 触电容易因剧烈痉挛而摔倒,导致电压通过全身并造成摔伤、坠落等二次事故。

( )18. AB008 在距离线路或变压器较近,有可能误攀登的建筑物上,可以不挂"禁止攀登,有电危险"的标示牌。

( )19. AB009 电源是电路中使用电能的一个装置。

( )20. AB010 在 1kV 以下中性点直接接地系统中,电力变压器中性点的接地电阻值不应大于 4Ω。

( )21. AB011 用四氯化碳灭火时,灭火人员应站在下风向,以防中毒,室内灭火后要注意通风。

( )22. AB012 将需要接地部分与大地形成电气连接称为接地。接地包括:重复接地,防雷接地。

( )23. AC001 幻灯片的母板包括幻灯片母板、标题母板和大纲母板。

( )24. AC002 如需要为 PowerPoint 演示文稿设置动态效果,如让文字以"驶入"方式播放,则可以单击"幻灯片放映"菜单,再选择幻灯片切换。

( )25. AC003 在 Word 表格中,可以插入任何文字、数字和图形。

( )26. AC004 Excel 中表格的宽度和高度都可以调整。

( )27. AC005 函数处理数据的方式与公式处理数据的方式是不相同的。

( )28. AC006 在局域网,计算机的网卡都有一个唯一的标识,称为逻辑地址。

( )29. AC007 一封电子邮件可以发给不同类型的网络中,使用不同操作系统的相同类型的计算机的用户。

( )30. AC008 电子邮件的发件人利用某些特殊的电子邮件软件在短时间内不断重复地将电子邮件寄给同一个收件人,这种破坏方式称为邮件炸弹。

( )31. AD001 流体力学中水力半径 R 表示过水断面积与湿周之比。

( )32. AD002 流体力学中研究得最多的流体是水和空气。

( )33. AD003 流量=流速×过水面积。

( )34. AD004 选取管径的截面积=流量/流速。

( )35. AD005 建筑物的热水用水量可通过人数或床位数和其热水用水量定额计算法

得到。

( )36. AD006 总水头损失为各分段的沿程水头损失与沿程各种局部水头损失的总和。

( )37. AD007 沿程水头损失随着流程长度而减少。

( )38. AD008 局部水头损失近似地与该局部地区的特征流速水头成反比。

( )39. AE001 承插式接口的管线,在弯管处,水管尽端的盖板上以及缩管处,须设置支墩以承受拉力和防止事故。

( )40. AE002 用水量标准包括生活用水量标准和生产用水量标准。

( )41. AE003 1年中用水量最多1天的用水量称为最高时用水量。

( )42. AE004 供水系统的实际供水能力一定等于设计供水能力。

( )43. AE005 当管网内不设置水塔时,任何小时的二级泵站供水量应大于用水量。

( )44. AE006 清水池中除了储存调节用水以外,还用于存放消防用水和水厂生产用水。

( )45. AE007 控制点是指管网中控制水压的点,这一点往往位于离二级泵站最近或地形最低的点。

( )46. AE008 给水系统中清水池用于调节取水构筑物和二级泵站之间的水量。

( )47. AE009 给水水源可以用一个水源,也可以多个水源,城市布局分散,可多个水源。

( )48. AE010 水的总碱度高时,Fe^{2+}主要以碳酸盐的形式存在。

( )49. AE011 地下水除锰滤池的滤料可选用石英砂或锰砂。

( )50. AE012 用以去除氟的吸附过滤法主要是利用吸附剂的吸附和离子交换作用。

( )51. AE013 那些难于降解、易于生物积累和具有三致作用的有毒有机污染物对人体健康危害不大。

( )52. AE014 常用的去离子膜技术包括电渗析、纳滤、反渗透三种。

( )53. AE015 胶体颗粒在水中做无规则的高速运动并趋于均匀分散状态,这种运动称为曲线运动。

( )54. AE016 在混凝过程中,采用的混凝剂必须对人体健康无害。

( )55. AE017 澄清池的种类很多,加速澄清池属于泥渣循环型。

( )56. AE018 过滤就是对水中一小部分的悬浮杂质做进一步处理。

( )57. AE019 对于地面水源来说,经过混凝沉淀和过滤后,水中的细菌和致病微生物的去除率一般可达90%以上。

( )58. AE020 《地下水水质标准》(GB/T 14848—2017)中,Ⅰ类水对氯化物的规定是不得超过150mg/L。

( )59. BA001 当水泵输送水的压力一定时,输送水的温度越高,对应的汽化压力越低,水就越容易汽化。

( )60. BA002 往复泵出口压力出现超高,达到安全阀的起跳压力时,安全阀会自动起跳,使液体又回到泵的入口,就会避免因超压而造成的管线、设备或泵体损坏事故。

( )61. BA003 往复泵在启动前泵内有空气必须进行排空。

（　）62. BA004　改变离心泵流体输送量最简单的措施是改变管路的特性曲线,即通过调节出口阀来改变流量。

（　）63. BA005　叶片泵是利用工作叶轮的旋转运动来输送液体的。

（　）64. BA006　正压进水的水泵水被吸入泵内或水泵吸水端处于带压状态情况下,将水吸入泵内。

（　）65. BA007　负压进水的水泵安装轴线在被吸水池液面以下。

（　）66. BA008　水泵串联输水可提高泵站运行调度的灵活性和供水的可靠性,是泵站中常见的一种运行方式。

（　）67. BA009　一台泵单独工作时的流量小于并联工作时每一台泵的出水量。

（　）68. BA010　水泵串联工作时,串联在后面的水泵构造必须坚固,否则会遭到损坏。

（　）69. BA011　两台性能相同的水泵串联运行时,其扬程不变,流量相加。

（　）70. BA012　离心泵的泵壳可分为:蜗壳形结构、节段形结构和圆筒形双层结构。

（　）71. BA013　离心泵泵壳的作用是把水泵所有固定部件联成一体,组成水泵转子。

（　）72. BA014　单级单吸离心泵泵体的出水法兰上装有安装真空表的螺孔。

（　）73. BA015　单级双吸离心泵泵壳构成的上半部为泵体,下半部为泵盖。

（　）74. BA016　分段式多级离心泵的进水段是由几个单吸式叶轮装在一根轴上串联而成的。

（　）75. BB001　圆规是用来量取线段和等分线段的工具。

（　）76. BB002　图形中所标注的尺寸应与实物的真实尺寸相一致,与所绘制的图形的大小及准确度无关。

（　）77. BB003　图样中的汉字,字体的宽度约等于字体高度的三分之二。

（　）78. BB004　在零件图上可以看到,在有些尺寸后面带有正负小数及"0"等,其中的小数和零称为公差。

（　）79. BB005　从离心泵装配图标题栏中零部件名称、比例、规格等信息。

（　）80. BB006　在平坦而变化不大的街道,配水支管注明节点挖深,还需要设计纵断面图。

（　）81. BB007　地形图中常用的比例有 1∶500,1∶1000,1∶5000 等,式中分母越大,比例尺越大。

（　）82. BB008　平行投影中,形体的影子大小会因为形体离投射线光源的远近而改变。

（　）83. BB009　在管道设计中若不能用带状平面图及纵断面图充分标注时,则以大样图的形式加以补充。

（　）84. BB010　管道轴测图中有三根轴测轴,在空间关系上互相平行。

（　）85. BB011　输配水管网是城市给水系统的重要组成部分,占有重要地位。

（　）86. BB012　管网系统中,排气阀的位置要安装在每段管道的最低点。

（　）87. BB013　吸水管应采用不透气材料,接头最好用焊接,也可用螺纹连接。

（　）88. BB014　压水管路设计流速当管径大于 250mm 时为 1.5~2.0m/s。

（　）89. BB015　安装在主泵房机组周围的辅助设备、电气设备及管道缆道,其布置可以交叉干扰。

( )90. BB016 分散式配电柜布置在机组一侧的空地上,泵房的宽度一般不需要增加。

( )91. BB017 组合开关结构的特点是用动触片代替刀开关的上下分合操作,以左右旋转操作代替闸刀。

( )92. BB018 自动空气断路器是一种既可以接通分断电路,又能对负荷电路进行自动保护的低压电器。

( )93. BB019 常用电线中 BLV 代表铜芯塑料绝缘电线。

( )94. BB020 橡皮绝缘电力电缆的特点是允许运行温度高,耐油性能好。

( )95. BB021 臭氧对橡胶类绝缘护具没有影响。

( )96. BB022 二次设备是指对一次设备的工作进行监测、控制、调节、保护以及为运行、维护人员提供运行情况或生产指挥信号必需的电气设备。

( )97. BB023 当环境温度低于最高环境温度时,按公式 $I_{xu} \geqslant 1.2I_e$,确定电气元件的允许工作电流。

( )98. BB024 可能通过短路电流的电器,应尽量满足在短路条件下的动稳定性和热稳定性。

( )99. BB025 裸导线主要有铜绞线、铝绞线、钢芯铝绞线。

( )100. BB026 任何电路的一部分导体切割磁力线,电路中就会产生感应电流。

( )101. BB027 感应电流的磁场与引起感应电流的磁通量无关。

( )102. BB028 额定电压为 220V,额定功率为 100W 的灯泡,接于 110V 电源上,所消耗的功率为 25W。

( )103. BB029 电气设备的功率因数等于设备的有功功率和无功功率的比值。

( )104. BB030 长轴深井泵电动机有两种形式,一种为空心轴专用电动机,另一种为实心轴一般立式电动机。

( )105. BB031 三相异步电动机不能采用回馈制动。

( )106. BB032 由定子绕组输入电能,通过电磁感应将电能传递给转子转换为机械能输出,这就是异步电动机的工作原理。

( )107. BB033 异步电动机主要由机座和转子铁芯组成。

( )108. BB034 变压器高压侧保险连续多次熔断,说明变压器容量选择偏小,应用同型号同容量的变压器更换。

( )109. BB035 两台变压器并列运行时,其短路电压的差异不得超过±5%。

( )110. BB036 压力变送器安装位置应尽可能远离取源部件。

( )111. BB037 三相负载如何连接,应根据负载的额定电压和电源电压的数值而定。

( )112. BB038 当三相负载越接近对称时,中性线的电流就越小。

( )113. BC001 IS 型单级单吸离心泵供水输水温度不得超过80℃。

( )114. BC002 单级单吸离心泵的泵壳是水平中开的,所以安装检修比较方便。

( )115. BC003 分段式多级离心泵一般使用在中、小型低扬程的供水泵站。

( )116. BC004 单级单吸离心泵的填料函是一种轴封装置。

( )117. BC005 单级单吸离心泵泵体的作用是用以收集从叶轮中排出的液体并在扩散段把液体的一部分动能转化为压力能,把液体引向泵的出水口。

( )118. BC006 分段式多级离心泵图中"8"表示进水段。

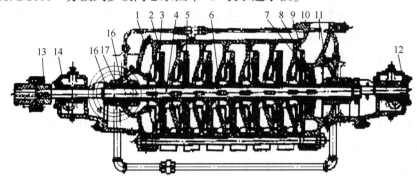

( )119. BC007 测量两联轴器轴线不同心度,其偏差不得大于 0.3mm。

( )120. BC008 填料又称盘根,常用的材料是浸油、浸石墨的石棉绳,外表涂黑铅粉,断面一般为方形。

( )121. BC009 离心泵的叶轮要有足够的机械强度和耐蚀性能。

( )122. BC010 泵轴的作用是借助联轴器与原动机相连接,将原动机的转矩传给叶轮,使叶轮能在泵壳内以额定的转速旋转。

( )123. BC011 在泵轴的维修保养中,将泵轴放在测量台上测量泵轴的跳动量,泵轴中间部位不得超过 0.5mm 为合格。

( )124. BC012 轴套是为减小液体的腐蚀及轴转动部位的磨损而设置的。

( )125. BC013 测定轴套与轴的同心度时,其跳动量超过 0.01mm 时应更换。

( )126. BC014 水厂(供水站)所用离心泵多为机械密封装置。

( )127. BC015 离心泵密封填料压盖压偏,对轴套产生磨损,不需要调整。

( )128. BC016 叶轮外径尺寸过大会使离心泵不上水。

( )129. BC017 轴封装置的作用是防止水从泵内漏出和空气透入泵内,同时还可以起部分支承转子以及引水润滑、冷却泵轴的作用。

( )130. BC018 滚动轴承的优点是结构简单,互换性好,维修方便,消耗功率小,活动间隙大,能保证轴的对中心。

( )131. BC019 水泵轴承是支撑泵轴的主要的部件,它只承受轴向荷载。

( )132. BC020 泵轴弯曲或者机、泵不同心,使轴承受力过大引起离心泵轴承发热,这时应检修或校正机泵同心度。

( )133. BC021 潜水泵适用条件为水温不得超过 20℃。

( )134. BC022 在不具备遥控遥测条件的情况下,对运行中的潜水泵应每天巡查一次,记录电压、电流、出口压力的数字,观察有无振动现象。

( )135. BC023 水井涌水量不足,动水位下降过深,泵抽空是造成潜水泵不出水或出水量不足的原因之一。

( )136. BC024 深井泵的泵壳由上导流壳、下导流壳和中导流壳三部分组成。

( )137. BC025 深井泵的电动机与泵工作部件之间的动力传输要靠多级长轴传递,传动轴很容易发生故障。

( )138. BC026 8JD 型长轴深井泵的轴向间隙一般为 6~8mm。

( ) 139. BD001 检查阀杆和螺纹牙时,螺纹锈蚀超过牙深 10%的应更换。

( ) 140. BD002 转动手轮,感觉阀门开不到头或关不到底,可判断阀门掉板。

( ) 141. BD003 阀门开不动时,可用扳手或管子钳用力带动手轮。

( ) 142. BD004 阀门关不严时,应反复开关阀门,减小流速,冲走异物。

( ) 143. BD005 三相四线制线路的零线若采用重复接地,则可在零线上安装熔断器和开关。

( ) 144. BD006 选择交流接触器时,辅助触点的确定,应按连锁触点的数目和所需要的通断电流的大小确定辅助触点。

( ) 145. BD007 选择磁力启动器应使交流接触器和热元件的额定电压小于或等于线路额定电压。

( ) 146. BD008 当热继电器负荷出现短路或电流过大时,会使热元件烧毁。

( ) 147. BD009 各类安全工器具应经过国家规定的型式试验、出厂试验和使用中的周期性试验,并做好记录。

( ) 148. BD010 电动机对发热反应最敏感的部位是机壳。

( ) 149. BD011 电动机温升过高与周围环境温度无关。

( ) 150. BD012 电动机噪声大或声音异常时必须从机械方面和电气方面对电动机进行检查。

( ) 151. BD013 对大型旋转机组转子振动的评定标准,常用电动机地脚螺栓处振动位移的峰值进行度量。

( ) 152. BD014 水泵产生汽蚀是造成离心泵振动和噪声的原因之一。

( ) 153. BD015 地脚螺栓松动或没填实是离心泵机组振动的原因之一,这时应采用加固基础的方法进行排除。

( ) 154. BD016 噪声性耳聋与噪声作用的时间长短无关。

( ) 155. BD017 隔振是在机组下装置隔振器,使振动不至传递到其他结构体而产生辐射噪声。

( ) 156. BD018 压力表读数过高,对于新安装的水泵应检查泵是否反转。

( ) 157. BD019 研究水击的目的是求出最高和最低水击压力,校核管路和设备的强度,合理地选择防护措施,防止水击事故的发生。

( ) 158. BD020 由于突发事故使水泵动力突然中断时,可能造成停泵水击。

( ) 159. BD021 水击的产生往往会造成管道接头断开,阀门破损甚至管道爆裂的重大事故。

( ) 160. BD022 流速越小,水击压强值就越大。

( ) 161. BD023 安装压力表前应核对型号、规格、精度等级是否符合仪表使用要求。

( ) 162. BD024 天吊必须在停电后,并在电门上挂有停电作业的标志时,方可做检查或进行维修工作。

( ) 163. BD025 泵房内电动机散热会使泵房温度升高,因此必须有良好的通风。

( ) 164. BD026 水泵房排水系统集水井中安装一台潜污泵即可。

( ) 165. BE001 离心泵二保时,要检查更换其他不能保持下次修保的零件。

( )166. BE002 检查泵的振动不应大于 0.10mm。

( )167. BE003 为了防止发生深井泵锈蚀,如泵的表面受损脱漆,应及时清除锈迹,涂抹防锈漆加以保护。

( )168. BE004 减少和消除轴向推力影响的措施,对于单级泵主要的方法利用平衡孔、平衡管和采用双吸式叶轮。

( )169. BE005 分段式多级离心泵运行中,平衡盘始终处于一种静态平衡之中。

( )170. BE006 泵轴转动时,机械密封与其腔体端面的轴向位移量不超过 5mm。

( )171. BE007 动环和轴一起转动,动环密封圈阻止动环和轴之间的泄漏,它不和轴一起转动。

( )172. BE008 填料密封的水封环应放在填料盒最外端的位置。

( )173. BE009 SH 型离心泵的叶轮为两边对称的双吸式叶轮,装配时应注意叶片的安装位置。

( )174. BE010 如果叶轮切削量控制在一定限度内时,则水泵切削前后相应的效率可视为不变,此切削量与水泵的比转数有关。

( )175. BE011 叶片泵的叶轮的形状、尺寸、性能和效率都随流量而改变。

( )176. BE012 流道形状为符合液体流动规律的流线型,液流速度分布均匀,流道阻力尽可能小,流道表面粗糙度较大。

( )177. BE013 设备上准许放置检修工具或任何物体。

( )178. BE014 潜水电动机轴上部装有迷宫式防砂器和两个反向装配的骨架油封,防止流砂进入电动机。

( )179. BF001 管道阻力数值的大小可以通过某管段处的压力差测量出来。

( )180. BF002 采用化学药剂,对管道进行临时的改造,用临时管道和循环泵站从管道的两头进行循环清洗是一种物理清洗管道方法。

( )181. BF003 管道消毒时有效氯离子含量最低值规定为 10mg/L。

( )182. BF004 为了防止给水管道不受冻裂影响,管道埋深应按埋地管热力计算确定。

( )183. BF005 给水金属管有铸铁管和钢管两种。

( )184. BF006 常用的非金属管只有预应力和自应力钢筋混凝土管。

( )185. BF007 给水管道与污水管道或输送有毒液体管道交叉时,给水管道应敷设在下面,且不应有接口重叠。

( )186. BF008 阀门及配管的法兰面应无损伤、划痕等,并保持清洁。

( )187. BF009 阀门安装前,管道内部要清洗,除去铁屑等杂质,防止阀门密封座夹杂异物。

( )188. BF010 升降式止回阀是安装于水平管路上的一种,一般均在大口径管道上使用。

( )189. BF011 阀门的检修内容包括更换硬化的填料。

( )190. BF012 立式升降式逆止阀安装在高压给水泵的出口管路上,防止给水倒流。

( )191. BG001 离心泵出口上的压力表作用是观察离心泵在工作中的运行情况。

( )192. BG002 双金属片是由两种膨胀系数不同的金属薄片叠焊在一起制成的测温

元件。

( ) 193. BG003 标准玻璃温度计准确度为 0.05~0.1℃,不可以用来检定其他温度计。

( ) 194. BG004 高压给水泵,泵体温度在 65℃以下为冷态。

( ) 195. BG005 振动速度有效值的测点和测量位置,宜在轴承外壳、机壳、机座等振动较大的部位,每个测量位置均应在轴向、水平和垂直三个方向上进行测量。振动速度有效值应以各测量位置中读取最大者为度量值。

( ) 196. BG006 差压式流量计按检测件的形式可分为:孔板流量计、文丘里管流量计及匀速流量计等。

( ) 197. BH001 万用表不可以用来测量交、直流电压,交、直流电流以及电阻等值。

( ) 198. BH002 用万用表测量电阻时,仪表的指针越靠近标度尺的中心部位,读数越准确。

( ) 199. BH003 使用千分尺前,应擦干净两测砧面,转动测力装置使两测砧面接触,接触面上可以有漏光现象。

( ) 200. BH004 杠杆千分尺只能进行相对测量,不可以像千分尺那样用于绝对测量。

答　案

一、单项选择题

1. A	2. D	3. B	4. D	5. D	6. A	7. C	8. D	9. C	10. A
11. A	12. C	13. D	14. C	15. B	16. B	17. C	18. D	19. D	20. D
21. A	22. A	23. C	24. D	25. C	26. D	27. C	28. B	29. B	30. B
31. A	32. B	33. C	34. B	35. C	36. C	37. A	38. C	39. D	40. A
41. C	42. A	43. B	44. D	45. D	46. B	47. C	48. C	49. C	50. C
51. D	52. C	53. B	54. A	55. D	56. B	57. B	58. B	59. A	60. B
61. D	62. D	63. D	64. A	65. A	66. D	67. C	68. C	69. D	70. A
71. D	72. D	73. B	74. A	75. D	76. D	77. B	78. C	79. C	80. C
81. A	82. D	83. D	84. A	85. D	86. C	87. D	88. A	89. C	90. D
91. B	92. C	93. D	94. A	95. B	96. A	97. D	98. B	99. C	100. A
101. C	102. B	103. C	104. A	105. D	106. B	107. D	108. C	109. A	110. C
111. D	112. D	113. C	114. A	115. D	116. C	117. B	118. D	119. C	120. C
121. B	122. B	123. A	124. D	125. A	126. B	127. C	128. C	129. D	130. C
131. B	132. B	133. A	134. A	135. C	136. B	137. C	138. B	139. C	140. B
141. B	142. D	143. C	144. B	145. D	146. B	147. B	148. D	149. A	150. C
151. D	152. C	153. B	154. A	155. B	156. D	157. A	158. C	159. B	160. D
161. C	162. A	163. D	164. A	165. B	166. D	167. B	168. A	169. A	170. D
171. C	172. C	173. A	174. B	175. A	176. B	177. D	178. D	179. A	180. D
181. C	182. C	183. B	184. A	185. B	186. B	187. C	188. A	189. B	190. A
191. B	192. D	193. B	194. B	195. B	196. C	197. C	198. B	199. A	200. B
201. B	202. B	203. A	204. A	205. C	206. B	207. C	208. B	209. C	210. A
211. B	212. B	213. A	214. B	215. D	216. B	217. A	218. B	219. C	220. D
221. D	222. D	223. A	224. D	225. C	226. B	227. A	228. B	229. D	230. C
231. B	232. C	233. B	234. A	235. D	236. B	237. D	238. C	239. A	240. D
241. B	242. C	243. A	244. D	245. A	246. C	247. A	248. B	249. A	250. B
251. A	252. A	253. C	254. A	255. C	256. C	257. D	258. B	259. A	260. C
261. A	262. A	263. B	264. B	265. A	266. D	267. D	268. B	269. D	270. C
271. D	272. C	273. C	274. A	275. C	276. D	277. D	278. D	279. D	280. A
281. A	282. C	283. B	284. C	285. A	286. B	287. C	288. B	289. C	290. B
291. C	292. D	293. A	294. D	295. B	296. A	297. B	298. B	299. B	300. B
301. D	302. A	303. A	304. C	305. A	306. B	307. C	308. D	309. B	310. A

311. D	312. A	313. D	314. C	315. D	316. B	317. A	318. D	319. A	320. D
321. D	322. B	323. B	324. A	325. D	326. A	327. B	328. C	329. D	330. B
331. B	332. C	333. D	334. B	335. C	336. B	337. A	338. D	339. B	340. C
341. A	342. D	343. B	344. B	345. C	346. C	347. D	348. A	349. A	350. B
351. C	352. D	353. C	354. A	355. A	356. D	357. B	358. C	359. C	360. C
361. B	362. C	363. C	364. D	365. C	366. B	367. A	368. B	369. A	370. C
371. C	372. C	373. A	374. A	375. D	376. A	377. C	378. D	379. A	380. A
381. C	382. D	383. C	384. B	385. D	386. A	387. A	388. A	389. D	390. B
391. D	392. D	393. A	394. B	395. D	396. C	397. C	398. B	399. C	400. B
401. D	402. B	403. C	404. D	405. C	406. D	407. D	408. A	409. B	410. D
411. C	412. B	413. A	414. C	415. C	416. B	417. A	418. C	419. C	420. A
421. C	422. B	423. C	424. B	425. B	426. C	427. B	428. D	429. A	430. D
431. B	432. A	433. B	434. D	435. D	436. B	437. A	438. B	439. A	440. C
441. A	442. C	443. B	444. C	445. C	446. B	447. B	448. C	449. C	450. C
451. B	452. A	453. D	454. C	455. A	456. D	457. D	458. C	459. C	460. B
461. A	462. D	463. B	464. C	465. D	466. A	467. B	468. A	469. C	470. C
471. D	472. D	473. A	474. C	475. C	476. A	477. D	478. B	479. B	480. C
481. C	482. B	483. A	484. D	485. D	486. A	487. C	488. C	489. C	490. B
491. B	492. D	493. C	494. B	495. C	496. D	497. C	498. C	499. B	500. D
501. B	502. A	503. D	504. A	505. B	506. B	507. D	508. A	509. C	510. D
511. B	512. D	513. D	514. D	515. C	516. C	517. D	518. D	519. B	520. C
521. A	522. C	523. B	524. A	525. B	526. D	527. C	528. D	529. C	530. C
531. B	532. C	533. B	534. C	535. B	536. D	537. B	538. A	539. C	540. B
541. B	542. C	543. D	544. C	545. A	546. B	547. C	548. C	549. C	550. C
551. A	552. D	553. D	554. B	555. C	556. A	557. C	558. D	559. C	560. C
561. A	562. C	563. D	564. B	565. A	566. C	567. D	568. B	569. C	570. D
571. A	572. C	573. B	574. B	575. C	576. B	577. A	578. C	579. C	580. A
581. C	582. D	583. B	584. B	585. B	586. B	587. A	588. C	589. C	590. B
591. A	592. C	593. A	594. B	595. C	596. A	597. D	598. A	599. D	600. A

二、判断题

1. × 　正确答案:测量误差与测量结果有关。 　2. × 　正确答案:误差的两种基本表现形式是绝对误差和相对误差。 　3. × 　正确答案:计量器具的检定是指查明和确认计量器具是否符合法定要求的程序,它包括检查、加标记和出具检定证书。 　4. √ 　5. √ 　6. × 　正确答案:检定的依据必须是检定规程。检定要对所检的测量器具做出合格与否的结论。 　7. × 　正确答案:计量检定规程是为评定计量器具的计量性能,作为检定依据的具有国家法定性的技术文件。 　8. × 　正确答案:计量与测试是含义完全不同的两个概念。 　9. √ 　10. √ 　11. × 　正确答案:燃烧通常伴有火焰、发光、发烟的现象。 　12. √ 　13. √ 　14. √ 　15. √ 　16. √

17. ×　正确答案:触电容易因剧烈痉挛而摔倒,导致电流通过全身并造成摔伤、坠落等二次事故。　18. ×　正确答案:在距离线路或变压器较近,有可能误攀登的建筑物上,必须挂有"禁止攀登,有电危险"的标示牌。　19. ×　正确答案:电源是电路中输出电能的一个装置。

20. √　21. ×　正确答案:用四氯化碳灭火时,灭火人员应站在上风向,以防中毒,室内灭火后要注意通风。　22. ×　正确答案:将需要接地部分与大地形成电气连接称为接地。接地包括:工作接地,保护接地,重复接地,防雷接地。　23. ×　正确答案:幻灯片的母板包括幻灯片母板、标题母板和讲义母板。　24. ×　正确答案:如需要为 PowerPoint 演示文稿设置动态效果,如让文字以"驶入"方式播放,则可以单击"幻灯片放映"菜单,再选择预设动画。

25. √　26. √　27. ×　正确答案:函数处理数据的方式与公式处理数据的方式是相同的。

28. ×　正确答案:在局域网,计算机的网卡都有一个唯一的标识,称为 MAC 地址。　29. ×　正确答案:一封电子邮件可以发给不同类型的网络中,使用相同操作系统的相同类型的计算机的用户。　30. √　31. √　32. √　33. √　34. √　35. √　36. √　37. ×　正确答案:沿程水头损失随着流程长度而增加。　38. ×　正确答案:局部水头损失近似地与该局部地区的特征流速水头成正比。　39. √　40. ×　正确答案:用水量标准包括生活用水量标准、生产用水量标准和消防用水量标准。　41. ×　正确答案:1 年中用水量最多 1 天的用水量称为最高日用水量。　42. ×　正确答案:供水系统的实际供水能力是可以变化的,不一定等于设计供水能力。　43. ×　正确答案:当管网内不设置水塔时,任何小时的二级泵站供水量应等于用水量。　44. √　45. ×　正确答案:控制点是指管网中控制水压的点,这一点往往位于离二级泵站最远或地形最高的点。　46. ×　正确答案:给水系统中清水池用于调节一级泵站和二级泵站之间的水量。　47. √　48. ×　正确答案:水的总碱度高时,Fe^{2+} 主要以重碳酸盐的形式存在。　49. √　50. √　51. ×　正确答案:那些难于降解、易于生物积累和具有三致作用的有毒有机污染物对人体健康危害很大。　52. √　53. ×　正确答案:胶体颗粒在水中做无规则的高速运动并趋于均匀分散状态,这种运动称为布朗运动。　54. √

55. √　56. √　57. √　58. ×　正确答案:《地下水水质标准》(GB/T 14848—2017)中,I 类水对氯化物的规定是不得超过 50mg/L。　59. ×　正确答案:当水泵输送水的压力一定时,输送水的温度越高,对应的汽化压力越高,水就越容易汽化。　60. √　61. ×　正确答案:往复泵有一定的自吸能力,泵内有空气也可以启动。　62. √　63. √　64. √　65. ×　正确答案:负压进水的水泵安装轴线在被吸水池液面以上。　66. ×　正确答案:水泵并联输水可提高泵站运行调度的灵活性和供水的可靠性,是泵站中常见的一种运行方式。　67. ×　正确答案:一台泵单独工作时的流量大于并联工作时每一台泵的出水量。　68. √　69. ×　正确答案:两台性能相同的水泵串联运行时,其流量不变,扬程相加。　70. √　71. ×　正确答案:离心泵泵壳的作用是把水泵所有固定部件联成一体,组成水泵定子。　72. ×　正确答案:单级单吸离心泵泵体的出水法兰上装有安装压力表的螺孔。　73. ×　正确答案:单级双吸离心泵泵壳构成的上半部为泵盖,下半部为泵体。　74. ×　正确答案:分段式多级离心泵的中段是由几个单吸式叶轮装在一根轴上串联而成的。　75. ×　正确答案:分规是用来量取线段和等分线段的工具。　76. √　77. √　78. ×　正确答案:在零件图上可以看到,在有些尺寸后面带有正负小数及"0"等,其中的小数和零称为尺寸偏差。　79. √

80. ×　正确答案:在平坦而变化不大的街道,配水支管只注明节点挖深,可以不做纵断面图。　81.×　正确答案:地形图中常用的比例有 1∶500,1∶1000,1∶5000 等,式中分母越大,比例尺越小。　82.×　正确答案:由于平行投影中投射线互相平行,形体的影子大小不会因为形体离投射线光源的远近而改变。　83.√　84.×　正确答案:管道轴测图中有三根轴测轴,在空间关系上互相垂直。　85.√　86.×　正确答案:管网系统中,排气阀的位置要安装在每段管道的最高点。　87.×　正确答案:吸水管应采用不透气材料,接头最好用焊接,也可用法兰接头。　88.×　正确答案:压水管路设计流速为当管径大于 250mm 时为2.0~2.5m/s。　89.×　正确答案:安装在主泵房机组周围的辅助设备、电气设备及管道缆道,其布置应避免交叉干扰。　90.×　正确答案:分散式配电柜在两台机组之间的空地上,泵房的宽度一般不需要增加。　91.×　正确答案:组合开关结构的特点是用动触片代替闸刀,以左右旋转操作代替刀开关的上下分合操作。　92.√　93.×　正确答案:常用电线中BLV 代表铝芯塑料绝缘电线。　94.×　正确答案:橡皮绝缘电力电缆的特点是允许运行温度低,耐油性能差。　95.×　正确答案:在高浓度臭氧的环境中会使橡胶本身的双键断裂,破坏其分子结构,造成橡胶的静态拉伸,产生橡胶的龟裂现象。　96.√　97.×　正确答案:当环境温度低于最高环境温度时,按公式 $I_{xu} \leq 1.2 I_e$,确定电气元件的允许工作电流。98.√　99.√　100.×　正确答案:闭合电路的一部分导体切割磁力线,电路中就会产生感应电流。　101.×　正确答案:感应电流的磁场总是阻碍引起感应电流的磁通量的变化。102.√　103.×　正确答案:电气设备的功率因数等于设备的有功功率和视在功率的比值。104.√　105.×　正确答案:三相异步电动机可以采用回馈制动。　106.√　107.×　正确答案:异步电动机主要由固定部分(定子)和旋转部分(转子)组成。　108.×　正确答案:变压器高压侧保险连续多次熔断,说明变压器容量选择偏小,应用同型号大容量的变压器更换。　109.×　正确答案:两台变压器并列运行时,其短路电压的差异不得超过±10%。110.×　正确答案:压力变送器安装位置应尽可能靠近取源部件。　111.√　112.√　113.√114.√　115.×　正确答案:分段式多级离心泵一般使用在中、小型高扬程的供水泵站。116.√　117.√　118.×　正确答案:分段式多级离心泵图中"8"表示平衡环。　119.×　正确答案:测量两联轴器轴线不同心度,其偏差不得大于 0.1mm。　120.√　121.√　122.√123.×　正确答案:在泵轴的维修保养中,将泵轴放在测量台上测量泵轴的跳动量,泵轴中间部位不得超过 0.05mm 为合格。　124.√　125.×　正确答案:测定轴套与轴的同心度时,其跳动量超过 0.04mm 时应更换。　126.×　正确答案:水厂(供水站)所用离心泵多为填料密封装置。　127.×　正确答案:离心泵密封填料压盖压偏,需要调整密封填料压盖,使其对称而不磨损轴套。　128.×　正确答案:叶轮外径尺寸过大会使离心泵扬程高,耗功率过大。　129.√　130.×　正确答案:滚动轴承的优点是结构简单,互换性好,维修方便,消耗功率小,活动间隙小,能保证轴的对中心。　131.×　正确答案:水泵轴承是支撑泵轴的主要部件,它承受径向和轴向荷载。　132.√　133.√　134.√　135.√　136.√　137.√138.×　正确答案:8JD 型长轴深井泵的轴向间隙一般为 6~12mm。　139.×　正确答案:检查阀杆和螺纹牙时,螺纹锈蚀超过牙深 50%的应更换。　140.√　141.×　正确答案:阀门开不动时,可用扳手或管子钳对称轻带手轮,但用力不可过猛。　142.×　正确答案:阀门关不严时,应反复开关阀门,增大流速,冲走异物。　143.×　正确答案:三相四线制线路的零线若采用重复接地,也不可以在零线上安装熔断器和开关。　144.√　145.×　正确答案:选择磁力启动器应使交流接触器和热元件的额定电压大于或等于线路额定电压。 146. √ 147. √ 148. × 正确答案:电动机对发热反映最敏感的部位是定子绕组绝缘。 149. × 正确答案:电动机温升过高与周围环境温度有关。 150. √ 151. × 正确答案:对大型旋转机组转子振动的评定标准,我国及国际振动标准几乎都规定用在靠近轴承处轴颈振动位移的峰值进行度量。 152. √ 153. × 正确答案:地脚螺栓松动或没填实是离心泵机组振动的原因之一,这时应采用拧紧并填实地角螺栓的方法进行排除。 154. × 正确答案:噪声性耳聋与噪声作用的时间长短有关。 155. √ 156. × 正确答案:压力表读数过低,对于新安装的水泵应检查泵是否反转。 157. √ 158. √ 159. √ 160. × 正确答案:流速越小,水击压强值就越小。 161. √ 162. √ 163. √ 164. × 正确答案:潜污泵应该设置一用一备,并设置两台泵同时启动的信号水位,以防止水池进水阀损坏时溢流量远大于设计的溢流量,以免造成水泵房被淹。 165. √ 166. × 正确答案:检查泵的振动不应大于 0.06mm。 167. √ 168. √ 169. × 正确答案:分段式多级离心泵运行中,平衡盘始终处于一种动态平衡之中。 170. × 正确答案:泵轴转动时,机械密封与其腔体端面的轴向位移量不超过 0.5mm。 171. × 正确答案:动环密封圈阻止动环和轴之间的泄漏,它和轴一起转动。 172. × 正确答案:填料密封的水封环应放在对准水封管口的位置。 173. × 正确答案:SH 型离心泵的叶轮为两边对称的双吸式叶轮,装配时应注意叶片弯曲的方向。 174. √ 175. × 正确答案:叶片泵叶轮的形状、尺寸、性能和效率都随比转数而改变。 176. × 正确答案:流道形状为符合液体流动规律的流线型,液流速度分布均匀,流道阻力尽可能小,流道表面粗糙度较小。 177. × 正确答案:设备上不许放置检修工具或任何物体。 178. √ 179. √ 180. × 正确答案:采用化学药剂,对管道进行临时的改造,用临时管道和循环泵站从管道的两头进行循环清洗是一种化学清洗管道方法。 181. × 正确答案:管道消毒时有效氯离子含量最低值规定为 20mg/L。 182. √ 183. √ 184. × 正确答案:常用的非金属管有预应力和自应力钢筋混凝土管、石棉水泥管以及塑料管。 185. × 正确答案:给水管道与污水管道或输送有毒液体管道交叉时,给水管道应敷设在上面,且不应有接口重叠。 186. √ 187. √ 188. × 正确答案:升降式止回阀是安装于水平管路上的一种,一般均在小口径管道上使用。 189. √ 190. √ 191. √ 192. √ 193. × 正确答案:标准玻璃温度计可以作为检定其他温度计用,准确度可达 0.05~0.1℃。 194. × 正确答案:高压给水泵,泵体温度在 55℃以下为冷态。 195. √ 196. √ 197. × 正确答案:万用表可以用来测量交、直流电压,交、直流电流以及电阻等值。 198. √ 199. × 正确答案:使用千分尺前,应擦干净两测砧面,转动测力装置使两测砧面接触,接触面上应没有间隙和漏光现象。 200. × 正确答案:杠杆千分尺既可以进行相对测量,也可以像千分尺那样用于绝对测量。

高级工理论知识练习题及答案

一、单项选择题(每题有 4 个选项,只有 1 个是正确的,将正确的选项号填入括号内)

1. AA001　触电急救的第一步是使触电者迅速脱离电源,第二步是(　　　)。

　　A. 现场救护　　　　　　　　　　　　B. 等待急救车

　　C. 呼救　　　　　　　　　　　　　　D. 观察和判断伤者情况

2. AA001　触电急救在抢救中,只有(　　　)才有权认定触电者已经死亡。

　　A. 抢救者　　　　　　　　　　　　　B. 医生

　　C. 触电者家属　　　　　　　　　　　D. 触电者领导

3. AA002　工作地点或检修设备上应悬挂的标示牌是(　　　)。

　　A. "止步,高压危险!"　　　　　　　B. "禁止合闸,有人工作!"

　　C. "在此工作!"　　　　　　　　　　D. "禁止合闸,线路有人工作!"

4. AA002　发现有人触电而附近没有开关时,可用(　　　)切断电路。

　　A. 电工钳或电工刀　　　　　　　　　B. 电工钳或铁锹

　　C. 电工刀或铁锹　　　　　　　　　　D. 电工刀或斧头

5. AA003　在电力线路上工作,下列不属于保证安全技术措施的是:(　　　)。

　　A. 停电　　　　　B. 验电　　　　　C. 装设接地线　　　　D. 工作票制度

6. AA003　为防止短路或接地,应使用(　　　),戴手套。

　　A. 绝缘工具　　　B. 标示牌　　　　C. 监护　　　　　　　D. 工作票

7. AA004　运行中的电动机着火时,可使用(　　　)灭火。

　　A. 二氧化碳　　　B. 四氯化碳　　　C. 1211 灭火机　　　D. 干粉

8. AA004　当电气设备发生火灾时,不能用(　　　)扑救。

　　A. 水　　　　　　B. 沙子　　　　　C. 土　　　　　　　　D. 1211 灭火机

9. AA005　永久性部分失能伤害是指伤害及中毒者肢体或某些器官部分功能(　　　)的丧失的伤害。

　　A. 不可逆　　　　B. 可逆　　　　　C. 损伤　　　　　　　D. 无变化

10. AA005　永久性全失能伤害是指除死亡外,一次事故中,受伤者造成(　　　)的伤害。

　　A. 不可逆　　　　B. 可逆　　　　　C. 损伤　　　　　　　D. 完全残废

11. AA006　人的(　　　)不安全行为会造成安全装置失效。

　　A. 酒后作业　　　　　　　　　　　　B. 拆除了安全装置

　　C. 用手代替手动工具　　　　　　　　D. 冒险进入涵洞

12. AA006　人的不安全行为中手代替工具操作包括(　　　)。

　　A. 酒后作业　　　　　　　　　　　　B. 拆除了安全装置

　　C. 用手拿工件进行机加工　　　　　　D. 使用无安全装置的设备

13. AA007　危险源辨识是( )的存在并确定其特性的过程。

　　A. 识别危险源　　　　　　　　　　　　B. 识别触电

　　C. 识别火灾　　　　　　　　　　　　　D. 识别起重伤害

14. AA007　根据危险源在事故发生发展过程中的作用,安全科学理论把危险源划分为( )。

　　A. 一大类　　　　　　B. 两大类　　　　　　C. 三大类　　　　　　D. 四大类

15. AA008　针对一些中小企业在生产过程中使用某些产生( )的原材料,应当提供中文说明书,说明书中应当载明与职业危害相关的职业卫生防护、应急救治等措施。

　　A. 物质危害　　　　　　B. 职业危害　　　　　　C. 环境危害　　　　　　D. 空气危害

16. AA008　任何单位和个人不得将产生( )的作业转移给不具备职业卫生防护条件的单位和个人。

　　A. 物质危害　　　　　　B. 空气危害　　　　　　C. 环境危害　　　　　　D. 职业危害

17. AA009　不具备( )防护条件的单位和个人,不得接受产生职业危害的作业。

　　A. 职业卫生　　　　　　B. 健康卫生　　　　　　C. 环境卫生　　　　　　D. 人身卫生

18. AA009　根据规定,职业病诊断机构在进行职业病诊断时,应当组织( )名以上取得职业病诊断资格的执业医师进行集体诊断。

　　A. 1　　　　　　　　　B. 2　　　　　　　　　C. 3　　　　　　　　　D. 4

19. AA010　对产生严重职业病危害的作业岗位,警示说明应当载明产生( )危害的种类、后果、预防以及应急救治措施等内容。

　　A. 职业病　　　　　　B. 肺病　　　　　　C. 胃病　　　　　　D. 肝病

20. AA010　没有证据否定职业危害因素与病人临床表现之间的必然联系的,在排除其他致病因素后,应当诊断为( )。

　　A. 肝病　　　　　　B. 肺病　　　　　　C. 胃病　　　　　　D. 职业病

21. AB001　计算机病毒是一种( )。

　　A. 特殊的计算机部件　　　　　　　　　B. 游戏软件

　　C. 人为编制的特殊软件　　　　　　　　D. 能传染的生物病毒

22. AB001　计算机病毒中操作系统型病毒又称( )。

　　A. 文件性病毒　　　　　B. 源码病毒　　　　　C. 内侵型病毒　　　　　D. 引导性病毒

23. AB002　简而言之,计算机网络是一个( )。

　　A. 管理信息系统

　　B. 数据通信系统

　　C. 通信控制系统

　　D. 在协议控制下的多台计算机互联的系统

24. AB002　从作用范围来看,计算机网络可分为局域网和( )。

　　A. 系统网　　　　　　B. 广域网　　　　　　C. 专用网　　　　　　D. 公用网

25. AB003　在运行窗口中输入( )命令可以打开注册表编辑器。

　　A. regedit　　　　　　B. regedt　　　　　　C. reegit　　　　　　D. reggidt

26. AB003　对 Windows XP 操作系统进行更新时,下列操作方法不正确的是(　　　)。

A. 购买操作系统更新安装盘　　　　　　B. 在网上下载补丁程序,然后进行安装

C. 利用 Windows Update 进行更新　　　D. 利用原安装盘中相关选项进行更新

27. AB004　Norton AntiVirus(NAV)杀毒软件是(　　　)推出的功能强大的反病毒软件。

A. 瑞星公司　　　　　　　　　　　　B. 江民公司

C. Kami 公司　　　　　　　　　　　　D. Symantec 公司

28. AB004　卡巴斯基杀毒软件源于俄罗斯,是一款(　　　)软件,具有超强的中心管理和杀毒能力,能真正实现带毒杀毒。

A. 病毒防护　　　　B. 网络杀毒　　　　C. 主动防御　　　　D. 单机杀毒

29. AB005　计算机监控系统过程通道不包括(　　　)。

A. 模拟量输入通道　　　　　　　　　B. 模拟量输出通道

C. 开关量输入通道　　　　　　　　　D. 开关量输出通道

30. AB005　计算机监控系统不能实现的功能为(　　　)。

A. 自动投切电容器　　　　　　　　　B. 自动打印倒闸操作

C. 实现负荷自动控制　　　　　　　　D. 自动排除主变故障

31. AB006　计算机保护系统中的绝大多数子系统均由(　　　)组成。

A. 电源插件,电压接口插件,电流接口插件,计算机插件

B. 电源插件,电压、电流接口插件,计算机插件,继电器输出、开关量输入插件

C. 电源插件,电压、电流接口插件,继电器输出插件,开关量输入插件

D. 电压、电流接口插件,继电器输出插件,开关量输入插件,计算机插件

32. AB006　在计算机保护装置修改定值时,一般不采用的方式是(　　　)。

A. 在装置上通过人机交互进行修改　　　B. 通过后台机进行修改

C. 通过装置的通讯功能远方修改　　　　D. 修改程序

33. AC001　恒定流能量守恒是(　　　)能量守恒定律在水力学中的具体应用。

A. 物理学　　　　　B. 化学　　　　　C. 生物学　　　　　D. 遗传学

34. AC001　恒定流能量守恒推导的依据是(　　　)功能的原理,即所有作用力对物体做功的总和等于该物体动能的变化量。

A. 化学　　　　　　B. 物理学　　　　C. 生物学　　　　　D. 遗传学

35. AC002　水流一定方向应该是(　　　)。

A. 从高处向低处流

B. 从压强大处向压强小处流

C. 从流速大的地方向流速小的地方流

D. 从单位重量流体机械能高的地方向低的地方流

36. AC002　理想流体流经管道突然放大断面时,其测压管水头线(　　　)。

A. 只可能上升　　　　　　　　　　　B. 只可能下降

C. 只可能水平　　　　　　　　　　　D. 以上三种情况均有可能

37. AC003　在物面附近,紊流边界层的流速梯度比相应层流边界层的流速梯度(　　　)。

A. 大　　　　　　　B. 小　　　　　　C. 相等　　　　　　D. 小或相等

38. AC003　水流在管道直径、水温、沿程阻力系数都一定时,随着流量的增加,黏性底层的厚度会(　　)。

　　A. 增加　　　　　　　B. 减小　　　　　　　C. 不变　　　　　　　D. 随机变化

39. AC004　升降式止回阀的局部阻力系数为(　　)。

　　A. 4. 5　　　　　　　B. 5. 5　　　　　　　C. 6. 5　　　　　　　D. 7. 5

40. AC004　离心泵入口的局部阻力系数为(　　)。

　　A. 0. 5　　　　　　　B. 1　　　　　　　　C. 1. 5　　　　　　　D. 2

41. AC005　同一种液体,黏滞系数的大小与(　　)有关。

　　A. 密度　　　　　　　B. 黏度　　　　　　　C. 流速　　　　　　　D. 温度和压强

42. AC005　在达西公式 $h_f = \lambda \dfrac{L}{D} \cdot \dfrac{V^2}{2g}$ 中,"λ"表示的是(　　)。

　　A. 管道长度　　　　　B. 局部阻力系数　　　C. 沿程阻力系数　　　D. 管道直径

43. AC006　管道的沿程水头损失和局部水头损失之和称为(　　)。

　　A. 总扬程　　　　　　B. 总的水头损失　　　C. 总阻力系数　　　　D. 总压力

44. AC006　局部水头损失是指水流通过管道所设阀门、弯管等装置时水流流经的(　　)发生变化使水流形成旋涡区和断面流速的急剧变化,造成水流在局部地区受到比较集中的阻力损失。

　　A. 流量　　　　　　　B. 流速　　　　　　　C. 过水断面或方向　　D. 压力

45. AC007　水力学中常用动力黏度 μ 与(　　)的比值来衡量液体黏滞性的大小。

　　A. 密度 ρ　　　　　B. 质量 m　　　　　C. 体积 V　　　　　D. 面积 S

46. AC007　水在 $DN100$ 钢管中的流速比在 $DN100$ 铸铁管中的流速(　　)左右。

　　A. 大 10%　　　　　　B. 大 20%　　　　　　C. 小 10%　　　　　　D. 小 20%

47. AC008　在给定管径及流量的情况下,可从水力计算表中查得(　　)。

　　A. 压力　　　　　　　B. 压力管径　　　　　C. 流速和阻力　　　　D. 流速和流量

48. AC008　液体黏滞性的大小用符号 γ 表示,其单位符号为(　　)。

　　A. m^2/s　　　　　　B. m^3/s　　　　　　C. N/m^2　　　　　　D. kg/m^3

49. AD001　下列关于管网中结垢层形成的原因叙述不正确的是(　　)。

　　A. 水对金属管壁腐蚀形成的　　　　　　　　B. 碳酸盐沉积形成的
　　C. 水温升高形成的　　　　　　　　　　　　D. 水中悬浮物的沉淀

50. AD001　管网中如有空气侵入,可使水嘴放出来的水呈(　　)。

　　A. 红浊色　　　　　　B. 黑浊色　　　　　　C. 黄浊色　　　　　　D. 白浊色

51. AD002　由于红水和黑水常常同时发生、水的颜色呈现(　　)。

　　A. 褐色或棕黄色　　　B. 绿色　　　　　　　C. 蓝色　　　　　　　D. 红色

52. AD002　如果出厂水中含锰较高,由于余氯的作用生成二氧化锰,所析出的微粒附着在管壁上,剥离下来形成(　　)。

　　A. 红水　　　　　　　B. 黄水　　　　　　　C. 黑水　　　　　　　D. 白水

53. AD003　管网中结垢层的厚度与管道使用的年数(　　)。

　　A. 有关　　　　　　　B. 无关　　　　　　　C. 关系不大　　　　　D. 无法断定

54. AD003　管网中结垢严重时对管网的输水能力(　　)。
　　A. 没有影响　　　　　B. 影响不大　　　　　C. 有很大影响　　　　D. 无法确定

55. AD004　可能使出厂水浊度增高的原因有(　　)。
　　A. 出厂水压力增加　　　　　　　　B. 出厂水压力减小
　　C. 清水池水位太高　　　　　　　　D. 清水池水位太低

56. AD004　由于水压升降及负压的影响,空气潜入管内,使放出的水流带气暂时变成(　　)。
　　A. 红浊水　　　　　B. 黑浊水　　　　　C. 白浊水　　　　　D. 黄色水

57. AD005　绝大多数情况下给水管网中影响异养细菌生长的营养因素是(　　)的含量。
　　A. 无机物　　　　　B. 细菌　　　　　C. 营养成分　　　　　D. 有机物

58. AD005　饮用水通常用氯消毒,但管道内容易繁殖耐氯的藻类,这些藻类是由凝胶状薄膜包着的(　　),能抵抗氯的消毒。
　　A. 无机物　　　　　B. 有机物　　　　　C. 细菌　　　　　D. 气体

59. AD006　管道埋于地下,受污染的地下水浸泡,若是管道穿孔又未及时修复,一旦(　　)管道外部的脏水就可能窜入管道内引起管道污染。
　　A. 压力增高　　　　　B. 流速增高　　　　　C. 流速变慢　　　　　D. 失压和停水

60. AD006　安装在阀井内管道上的自动排气阀,被污染的地下水浸泡,一旦管内失压或停水,自动排气阀就可能将(　　)而造成管道水的污染。
　　A. 脏水吸入管内　　B. 泄漏损失水量　　C. 失灵　　　　　D. 自动打开

61. AD007　高层建筑的层顶水箱产生的回流污染,属于(　　)。
　　A. 净水过程中的污染　　　　　　　B. 净水设施的污染
　　C. 管网中的污染　　　　　　　　　D. 用水端的二次污染

62. AD007　布置管网时应考虑城镇建设规划,为管网(　　)发展留有余地。
　　A. 长期　　　　　B. 设施　　　　　C. 短期　　　　　D. 分期

63. AD008　水在流经未经涂衬的(　　)的过程中,由于溶解氧等作用,会对管道内壁造成较严重的腐蚀,产生大量的金属锈蚀物。
　　A. 金属管道　　　　B. 聚乙烯管道　　　C. 塑料管道　　　　D. PVC 管道

64. AD008　管道内壁的锈蚀、结垢必将导致水中(　　)、浊度等指标明显增大。
　　A. 色度　　　　　B. 余氯量　　　　　C. 镁离子　　　　　D. 浊度

65. AD009　当饮用水的水源受到一定程度的污染,又无适当的替代水源时,为了达到生活饮用水的水质标准,在常规处理的基础上,需要增设(　　)工艺。
　　A. 强化混凝　　　　　　　　　　　B. 深度处理
　　C. 强化过滤　　　　　　　　　　　D. 化学预氧化

66. AD009　应用较广泛的深度处理技术有:活性炭吸附、光化学氧化、(　　)、膜过滤等。
　　A. 强化混凝　　　　　　　　　　　B. 强化过滤
　　C. 臭氧+活性炭　　　　　　　　　D. 化学预氧化

67. AD010　活性炭吸附具有发达的(　　)。
　　A. 溶解性有机物　　　　　　　　　B. 微孔结构
　　C. 微量有机物　　　　　　　　　　D. 小分子有机物

68. AD010　活性炭吸附具有巨大的(　　　)。

  A. 有机物　　　　　　　　　　　　　　B. 无机物

  C. 比表面积　　　　　　　　　　　　　　D. 小分子有机物

69. AD011　水中三致物质中的三致指的是致癌、致畸、(　　　)。

  A. 致盲　　　　　　B. 致聋　　　　　　C. 致突变　　　　　　D. 致哑

70. AD011　常规的臭氧制备气源包括(　　　)。

  A. 液氧、空气　　　　　　　　　　　　　B. 液氮、二氧化碳

  C. 二氧化碳、一氧化碳　　　　　　　　　D. 空气、二氧化碳

71. AD012　在溶液中,臭氧与污染物以(　　　)途径进行反应。

  A. 一种　　　　　　B. 两种　　　　　　C. 三种　　　　　　D. 四种

72. AD012　臭氧生物活性炭联用不具有(　　　)特点。

  A. COD 去除率较高　　　　　　　　　　B. 广谱杀菌效果

  C. 对有机物去除效果较好　　　　　　　D. 费用较传统工艺高

73. AD013　膜分离技术可充分确保水质,且处理效果基本不受(　　　)、运行条件等因素的
    影响。

  A. 原水水质　　　　B. 污水水质　　　　C. 清水水质　　　　D. 回收水质

74. AD013　膜分离过程为(　　　),不需加入化学药剂,是一种"绿色"技术。

  A. 核反应过程　　　　　　　　　　　　　B. 电化学过程

  C. 物理过程　　　　　　　　　　　　　　D. 化学过程

75. AD014　微滤过程满足(　　　)。

  A. 分离机理　　　　　　　　　　　　　　B. 筛分机理

  C. 化学机理　　　　　　　　　　　　　　D. 物理机理

76. AD014　微滤膜可去除(　　　)的物质及尺寸大小相近的其他杂质,如细菌、藻类等。

  A. $0.01 \sim 0.1 \mu m$　　B. $0.1 \sim 0.5 \mu m$　　C. $0.1 \sim 5 \mu m$　　D. $0.1 \sim 10 \mu m$

77. AD015　超滤是一个(　　　)驱动过程,其介于微滤与纳滤之间,且三者之间无明显的分
    界线。

  A. 动力　　　　　　B. 压力　　　　　　C. 弹力　　　　　　D. 张力

78. AD015　超滤膜的截留相对分子质量为(　　　),而相应的孔径为 $5 \sim 100nm$。

  A. $500 \sim 1000$　　　　　　　　　　　　B. $500 \sim 2000$

  C. $500 \sim 3000$　　　　　　　　　　　　D. $1000 \sim 300000$

79. AD016　纳滤膜的孔径范围在(　　　)左右。

  A. 几厘米　　　　　B. 几毫米　　　　　C. 几纳米　　　　　D. 几微米

80. AD016　纳滤膜对(　　　)或多价离子有机物有较高的脱除率。

  A. 一价　　　　　　B. 二价　　　　　　C. 三价　　　　　　D. 四价

81. AD017　反渗透所分离的溶质,一般为相对分子质量在 500 以下的糖、盐类等(　　　)。

  A. 原子　　　　　　B. 分子　　　　　　C. 低分子　　　　　　D. 高分子

82. AD017　反渗透时所用膜为(　　　)或复合膜。

  A. 动力膜　　　　　B. 压力膜　　　　　C. 对称膜　　　　　D. 非对称膜

83. AD018 《城市污水再生利用 城市杂用水水质》(GB/T 18920—2002)规定,管网末梢的游离余氯含量为( )。

    A. 不低于 0.5mg/L   B. 不低于 1.0mg/L

    C. 不小于 0.2mg/L   D. 不小于 0.1mg/L

84. AD018 《城市污水再生利用 城市杂用水水质》(GB/T 18920—2002)规定,总硬度(以 $CaCO_3$ 计)含量为( )。

    A. 450mg/L   B. 300mg/L   C. 350mg/L   D. 400mg/L

85. AD019 《地表水环境质量标准》(GB 3838—2002)中 V 类水域适宜作为( )。

    A. 水源地   B. 珍稀鱼虾饲养   C. 游泳区   D. 农业用水区

86. AD019 集中式生活饮用水地表水源地补充项目和特定项目适用于集中式生活饮用水地表水源地一级保护区和( )保护区。

    A. 二级   B. 三级   C. 四级   D. 五级

87. BA001 水泵性能曲线是反映水泵各( )参数之间的关系曲线。

    A. 性能   B. 流量   C. 扬程   D. 转速

88. BA001 固定叶片式轴流泵有( )特性曲线。

    A. 一条   B. 两条   C. 三条   D. 四条

89. BA002 叶片泵的性能曲线是在( )一定的情况下,通过叶片的性能试验和汽蚀试验来绘制的。

    A. 流量   B. 扬程   C. 转数   D. 效率

90. BA002 根据水泵的特性曲线可以确定水泵的运转( )。

    A. 轴功率   B. 工作点   C. 配套功率   D. 效率

91. BA003 绘制离心泵( )曲线三条曲线可在同一个坐标平面上,也可分三个坐标平面画出。

    A. 扬程   B. 功率   C. 效率   D. 特性

92. BA003 绘制离心泵特性曲线要找出最佳( )。

    A. 特性点   B. 功率点   C. 效率点   D. 工况点

93. BA004 管路系统的特性曲线是随着( )的增加而上升。

    A. 流量   B. 扬程   C. 轴功率   D. 效率

94. BA004 在给水管网中,水流为克服局部阻力而产生的损失称为( )。

    A. 局部水头损失   B. 沿程水头损失

    C. 局部阻力系数   D. 沿程阻力系数

95. BA005 离心泵的 Q-H 曲线具有( )的特点。

    A. 随流量的减少而下降   B. 随流量的减少而等于零

    C. 随流量的增加而上升   D. 随流量的增加而下降

96. BA005 轴流泵的 Q-H 曲线上,流量越小,曲线坡度越陡;当流量等于零时,其扬程约为设计扬程的( )左右。

    A. 1 倍   B. 2 倍   C. 3 倍   D. 4 倍

97. BA006　离心泵的 $Q\text{-}N$ 曲线是一条(　　)的曲线。

    A. 上升　　　　　　　　B. 下降　　　　　　　　C. 平坦　　　　　　　　D. 陡升

98. BA006　轴流泵的 $Q\text{-}N$ 曲线是一条(　　)的曲线。

    A. 上升　　　　　　　　B. 下降　　　　　　　　C. 平坦　　　　　　　　D. 陡升

99. BA007　轴流泵的(　　)曲线在最高点的两侧下降较陡,说明轴流泵的使用范围较小。

    A. $Q\text{-}\Delta h$　　　　　　B. $Q\text{-}H$　　　　　　C. $Q\text{-}N$　　　　　　D. $Q\text{-}\eta$

100. BA007　水泵铭牌上所标额定的 Q、H、N 等参数就是(　　)所对应的一组数据。

    A. 最高效率点　　　　B. 最低效率点　　　　C. 转折点　　　　　　D. 平缓点

101. BA008　水泵的实际吸水真空值必须(　　) $Q\text{-}H_s$ 曲线上的相应值,否则,水泵将会产生汽蚀现象。

    A. 大于　　　　　　　　B. 小于　　　　　　　　C. 等于　　　　　　　　D. 不小于

102. BA008　$Q\text{-}H_s$ 和 $Q\text{-}\Delta h$ 曲线都是表示水泵(　　)的曲线。

    A. 流量与扬程性能　　　　　　　　　　B. 流量与轴功率性能

    C. 流量与效益性能　　　　　　　　　　D. 汽蚀性能

103. BA009　离心泵的性能与其转速有关,其特性曲线是某一(　　)的给定转速下的性能曲线。

    A. 变化　　　　　　　　B. 恒定　　　　　　　　C. 监测机构　　　　　　D. 用户

104. BA009　离心泵的压头 H、轴功率 N 及效率 η 与流量 Q 之间的对应关系用曲线 $H\text{-}Q$、$N\text{-}Q$、$\eta\text{-}Q$ 表示,称为离心泵的(　　)。

    A. 运行工况　　　　　　B. 额定工况　　　　　　C. 变化曲线　　　　　　D. 特性曲线

105. BA010　水泵运行工作点不但与水泵本身的性能有关,而且与水泵所在的(　　)有关。

    A. 管路系统　　　　　　B. 给水系统　　　　　　C. 运行方式　　　　　　D. 供水系统

106. BA010　在泵站的设计管理中,为了正确地选型配套和使用水泵,(　　)的确定是很重要的。

    A. 流量　　　　　　　　B. 扬程　　　　　　　　C. 效率　　　　　　　　D. 工作点

107. BA011　叶片泵装置的工作点是建立在水泵和管路系统(　　)关系的平衡上。

    A. 流量和扬程　　　　B. 流量和轴功率　　　　C. 流量和效率　　　　D. 能量供需

108. BA011　水泵和管路系统能量供需关系失去平衡后,(　　)也相应发生变动。

    A. 局部水头损失　　　　　　　　　　　B. 沿程水头损失

    C. 水泵装置工作点　　　　　　　　　　D. 全部水头损失

109. BA012　用调节出水阀门开启度的方法,可以调节(　　)性能曲线。

    A. $Q\text{-}H$　　　　　　B. $Q\text{-}N$　　　　　　C. $Q\text{-}\eta$　　　　　　D. $Q\text{-}\sum H$

110. BA012　水泵的调节是为了使水泵能够在(　　)运行。

    A. 低效点　　　　　　　B. 高效点　　　　　　　C. 低效区　　　　　　　D. 高效区

111. BA013　水泵比例定律的变化规律是轴功率与转数的(　　)。

    A. 平方成反比　　　　B. 立方成反比　　　　C. 平方成正比　　　　D. 立方成正比

112. BA013　相似工况抛物线也是(　　)曲线。

    A. 等效率　　　　　　　B. 等流量　　　　　　　C. 等扬程　　　　　　　D. 等功率

113. BA014　改变水泵的(　　　),可以改变水泵的性能,从而达到调节工作点的目的,这种方法称为变速调节。

　　A. 性能　　　　　　　B. 参数　　　　　　　C. 功率　　　　　　　D. 转速

114. BA014　降低转速不应低于水泵额定转速的(　　　),否则会引起水泵效率的大幅下降。

　　A. 10%　　　　　　　B. 20%　　　　　　　C. 30%　　　　　　　D. 40%

115. BA015　当轴流泵静扬程增大时,将(　　　)调小,适当地减少出水量,使动力机不致过载运行。

　　A. 流量　　　　　　　B. 扬程　　　　　　　C. 轴功率　　　　　　D. 安装角

116. BA015　当轴流泵静扬程减小时,将(　　　)调大,在保持较高效率的情况下可增加出水量,使动力机满载运行。

　　A. 流量　　　　　　　B. 扬程　　　　　　　C. 轴功率　　　　　　D. 安装角

117. BA016　水泵节流调节是用(　　　)方法达到调节工作点的目的。

　　A. 改变 $Q\text{-}H$ 曲线　　　　　　　　　B. 改变 $Q\text{-}N$ 曲线

　　C. 改变 $Q\text{-}\eta$ 曲线　　　　　　　　　D. 消耗水泵能量

118. BA016　水泵节流调节一般在(　　　)条件下使用。

　　A. 长时间,长期性　　B. 短时间,临时性　　C. 用水量大　　　　　D. 扬程低

119. BA0017　石墨或稠黄油浸透的棉织填料,适用于低压泵上输送介质温度低于(　　　)时的密封。

　　A. 40℃　　　　　　　B. 50℃　　　　　　　C. 60℃　　　　　　　D. 70℃

120. BA017　填料环是用(　　　)材料制造成的。

　　A. 尼龙　　　　　　　B. 铝合金　　　　　　C. 铸铁或碳钢　　　　D. 铜

121. BA018　密封环在水泵中起着(　　　)的作用。

　　A. 稳定转子　　　　　　　　　　　　　　B. 平衡轴向力

　　C. 防止漏气　　　　　　　　　　　　　　D. 提高泵的容积效率

122. BA018　在水泵中起着封隔高、低压室作用的是(　　　)。

　　A. 水封环　　　　　　B. 密封环　　　　　　C. 水封管　　　　　　D. 填料

123. BA019　填料压盖磨损程度应不超过原直径的(　　　)为合格。

　　A. 2mm　　　　　　　B. 3mm　　　　　　　C. 3%　　　　　　　　D. 2%

124. BA019　填料压盖压入填料函的深度应不超过(　　　)为宜。

　　A. 10mm　　　　　　B. 8mm　　　　　　　C. 6mm　　　　　　　D. 5mm

125. BA020　潜水泵及深井泵能量消耗的大小取决于(　　　)。

　　A. 流速

　　B. 流量

　　C. 静水位高低

　　D. 流量大小、电动机的绕线方式、出口压力、扬程

126. BA020　供水系统的能量消耗主要表现在(　　　)方面。

　　A. 潜水泵

　　B. 离心泵

C. 网损

D. 井组的能量消耗和泵站的能量消耗

127. BA021 水泵的效率高低与( )有关。

    A. 流速   B. 转速   C. 流量、扬程   D. 转速、扬程

128. BA021 对于流量、扬程变化较大的水泵站,应使多数水泵工作点在( )运行,以此作为水泵选型原则。

    A. 大流量下   B. 低流速下   C. 高效区内   D. 高转速下

129. BA022 单泵容量增大到一定程度后,水泵的汽蚀性能将会( )。

    A. 提高   B. 降低

    C. 不变   D. 先提高后降低

130. BA022 在水泵类型的选择中,为了便于安装、维护管理等,一般选择同型号水泵( )工作。

    A. 串联   B. 并联   C. 满负荷   D. 轻载

131. BA023 水泵在长期运行时,( )应在高效区内。

    A. 压力点   B. 扬程点   C. 工作点   D. 效率点

132. BA023 所选择的水泵除效率高外还应( )好。

    A. 抗腐蚀性   B. 坚固性

    C. 平衡性   D. 节能抗汽蚀性

133. BA024 选择水泵首先应根据工作环境和( )水位深浅及其变化来确定适宜的泵型。

    A. 吸水侧   B. 出水侧   C. 静水位   D. 动水位

134. BA024 在水泵类型的选择中,应尽量选用( )的水泵。

    A. 转速高   B. 相同型号   C. 不同型号   D. 转速低

135. BB001 电气控制原理图分为( )两部分。

    A. 主电路、辅助电路   B. 控制电路、保护电路

    C. 控制电路、信号电路   D. 信号电路、保护电路

136. BB001 电气控制原理图中主电路的标号组成包括( )两个部分。

    A. 文字标号和图形标号   B. 文字标号和数字标号

    C. 图形标号和数字标号   D. 数字标号

137. BB002 判断通电导体在磁场中的受力方向应用( )。

    A. 左手定则   B. 右手定则   C. 安培定则   D. 楞次定律

138. BB002 当导体沿磁力线方向运行时,导体中产生的感应电动势将( )。

    A. 最大   B. 为零

    C. 为某一确定数值   D. 无法确定

139. BB003 一般情况下,按电动机的额定电流选择热继电器,热继电器的整定值应为( )电动机额定电流。

    A. 0.85~1.0 倍   B. 0.9~1.05 倍

    C. 0.95~1.05 倍   D. 0.95~1.20 倍

140. BB003 选择热继电器时,热继电器的热元件的额定电流应大于电动机额定电流(　　)。

    A. 0~1 倍　　　　　　B. 1.1~1.25 倍　　　　C. 1.2~1.5 倍　　　　D. 1.5~2.0 倍

141. BB004 高压配电室长度超过(　　)时应设两个门。

    A. 4m　　　　　　　　B. 6m　　　　　　　　C. 7m　　　　　　　　D. 10m

142. BB004 低压配电室一般采用低压配电屏装置,每台配电屏可组成(　　)电路。

    A. 一组　　　　　　　B. 两组　　　　　　　C. 三组　　　　　　　D. 一条或多条

143. BB005 电动机试运行未通电前应先手动盘车,检查电动机(　　)是否转动灵活。

    A. 风扇　　　　　　　B. 转子　　　　　　　C. 轴承　　　　　　　D. 联轴器

144. BB005 用手测试运行中电动机的外壳、轴承端部温度,检查(　　)是否正常。

    A. 温升　　　　　　　B. 温度　　　　　　　C. 湿度　　　　　　　D. 振动

145. BB006 软启动器实际上是个调压器,用于电动机启动时,只改变输出(　　)并没有改变输出频率。

    A. 电流　　　　　　　B. 电压　　　　　　　C. 电阻　　　　　　　D. 功率

146. BB006 采用软启动器的电动机的启动电压,可在(　　)范围内调节。

    A. 20%~50%　　　　B. 20%~70%　　　　C. 30%~80%　　　　D. 30%~70%

147. BB007 变极调速方法通常用改变定子绕组的接法来实现,它适用于(　　)。

    A. 笼式异步电动机　　　　　　　　　　B. 绕线式电动机

    C. 直流电动机　　　　　　　　　　　　D. 同步电动机

148. BB007 三相笼型异步电动机常用的改变转速的方法是(　　)。

    A. 改变电压　　　　　　　　　　　　　B. 改变极数

    C. Y 接改为 △ 接　　　　　　　　　　D. △ 接改为 Y 接

149. BB008 电动机带负载启动是启动电流很大,应采取降压启动,通常将启动电流限制在额定电流的(　　)。

    A. 1.5~2 倍　　　　B. 2~2.5 倍　　　　　C. 2.5~3 倍　　　　　D. 4~7 倍

150. BB008 电动机负载启动时,由于负载(　　),因而转子角加速度小,电动机增速较慢,负载启动所需时间长,发热也较为严重。

    A. 质量大　　　　　　B. 阻力大　　　　　　C. 阻力力矩大　　　　D. 阻力矩小

151. BB009 同步电动机通常应工作在(　　)。

    A. 正励状态　　　　　　　　　　　　　B. 过励状态

    C. 欠励状态　　　　　　　　　　　　　D. 空载过励状态

152. BB009 同步电动机常用的启动方法是(　　)。

    A. 电容启动法　　　　B. 罩极启动法　　　　C. 同步启动法　　　　D. 异步启动法

153. BB010 在一定的有功功率下,功率因数指示滞后,要提高电网的功率因数,就必须(　　)。

    A. 增大感性无功功率　　　　　　　　　B. 增大容性有功功率

    C. 减小容性无功功率　　　　　　　　　D. 减小感性无功功率

154. BB010 当电源电压和负载有功功率一定时,功率因数越低,电源提供的电流越大,线路的压降(　　)。

    A. 不变　　　　　　　B. 忽小忽大　　　　　C. 越小　　　　　　　D. 越大

155. BB011　在低压带电导线未采取( )时,工作人员不得穿越。
　　A. 安全措施　　　　　B. 绝缘措施　　　　　C. 专人监护　　　　　D. 负责人许可

156. BB011　在带电的低压配电装置上工作时,应采取防止( )的绝缘隔离措施。
　　A. 相间短路　　　　　B. 单相接地　　　　　C. 相间短路和单相接地　　D. 电话命令

157. BB012　在低压配电箱上工作,应至少由( )进行。
　　A. 1 人　　　　　　B. 2 人　　　　　　C. 3 人　　　　　　D. 4 人

158. BB012　为保障人身安全,在正常情况下,电气设备的安全电压规定为( )以下。
　　A. 24V　　　　　　B. 36V　　　　　　C. 48V　　　　　　D. 12V

159. BB013　运行中的变压器,如果分接开关的导电部分接触不良,则会发生( )现象。
　　A. 过热,甚至烧坏整个变压器　　　　　B. 放电打火,使变压器老化
　　C. 一次电流不稳定　　　　　　　　　　D. 产生过电压

160. BB013　对 A 级绝缘的电力变压器,上层油温的极限温度为( )。
　　A. 105℃　　　　　B. 95℃　　　　　C. 85℃　　　　　D. 50℃

161. BB014　停电操作应严格禁止( )。
　　A. 核实设备编号　　　　　　　　　　　B. 带负荷拉刀闸
　　C. 执行交接班制度　　　　　　　　　　D. 执行停送电工作票制度

162. BB014　变电所执行倒闸操作任务不能少于( )。
　　A. 2 人　　　　　　B. 3 人　　　　　　C. 4 人　　　　　　D. 5 人

163. BB015　常用变频器按工作电源的种类可分为( )两类。
　　A. 交—直—交变频器、交—交变频器
　　B. 直—交—交变频器、交—交变频器
　　C. 交—直—交变频器、直—交变频器
　　D. 交—直变频器、交—交变频器

164. BB015　交—交变频器可将工频交流电直接变换成( )可控制的交流,又称直接式变频器。
　　A. 频率　　　　　　B. 电压　　　　　　C. 电流　　　　　　D. 频率、电压

165. BB016　保证在逆变过程中电流连续,使有源逆变连续进行,回路中要有足够大的( ),这是保证有源逆变进行的充分条件。
　　A. 电容　　　　　　B. 电阻　　　　　　C. 电感　　　　　　D. 电压

166. BB016　晶闸管交流调压电路输出的电压与电流波形都是非正弦波,导通角 θ( ),即输出电压越低时,波形与正弦波差别越大。
　　A. 越大　　　　　　B. 越小　　　　　　C. 等于 90°　　　　　D. 等于 180°

167. BB017　电动机采用变频器运转,与直接使用工频交流相比,由于电压、电流含高次谐波的影响,导致电动机的效率、功率因数下降,使电动机电流增大约( )。
　　A. 5%　　　　　　B. 10%　　　　　　C. 15%　　　　　　D. 20%

168. BB017　将普通三相异步电动机运行于变频器输出的非正弦电源条件下,其温升一般要增加( ),所以要加强电动机的温度监视。
　　A. 5% ~ 10%　　　　B. 10% ~ 20%　　　　C. 20% ~ 25%　　　　D. 25% ~ 30%

169. BB018 判断通电直导体或通电线圈产生磁场的方向是用( )。

A. 左手定则　　　　　　B. 右手螺旋定则　　　　C. 右手定则　　　　　　D. 楞次定律

170. BB018 感生电流产生的磁场总是( )原磁场的变化。

A. 增加　　　　　　　　B. 伴随　　　　　　　　C. 阻止　　　　　　　　D. 服从

171. BC001 大型轴流泵广泛采用( )调节。

A. 变速　　　　　　　　B. 可动叶片　　　　　　C. 进口挡板　　　　　　D. 出口挡板。

172. BC001 为提高后弯式离心泵的效率,水泵的出口安装角一般在( )内。

A. 10°~20°　　　　　　B. 20°~30°　　　　　　C. 30°~40°　　　　　　D. 40°~50°

173. BC002 离心泵填料压盖过紧会造成( )。

A. 填料滴水严重　　　　　　　　　　　B. 轴承损坏
C. 水泵出水减少　　　　　　　　　　　D. 填料压盖和泵轴发热

174. BC002 水封环偏离水封管会造成( )。

A. 填料滴水严重　　　　　　　　　　　B. 轴承损坏
C. 水泵出水减少　　　　　　　　　　　D. 填料压盖和泵轴发热

175. BC003 离心泵出现开泵后泵不出水,但压力表读数正常的情况,原因分析不正确的是( )。

A. 出口管线堵塞　　　　　　　　　　　B. 电动机旋转方向不对
C. 出口阀门闸板脱落　　　　　　　　　D. 单流阀卡死

176. BC003 离心泵启动后流量不够,达不到额定排量,原因分析不正确的是( )。

A. 开泵太多,来水不足　　　　　　　　B. 管线直径太小和阻力过大
C. 压力表失灵　　　　　　　　　　　　D. 泄压套间隙过大,平衡压力过高

177. BC004 离心泵流量超过额定流量过多,压力过低,会造成( )。

A. 填料压盖发热　　　　　　　　　　　B. 水泵内部摩擦严重
C. 水泵轴功率过大　　　　　　　　　　D. 平衡盘严重破裂

178. BC004 泵内口环等配合间隙过小或定子部分不同心,会造成( )。

A. 填料压盖发热　　　　　　　　　　　B. 水泵流量过高
C. 水泵轴功率过大　　　　　　　　　　D. 平衡盘严重破裂

179. BC005 离心泵运行中出水突然减少,原因分析正确的是( )。

A. 出口管线堵死　　　　　　　　　　　B. 电动机旋转方向不对
C. 出口阀门闸板脱落　　　　　　　　　D. 填料压盖发热

180. BC005 离心泵叶轮有堵塞现象或叶轮导叶损坏会造成( )。

A. 压力表失灵　　　　　　　　　　　　B. 水泵轴功率增大
C. 水泵出水减少　　　　　　　　　　　D. 填料压盖发热

181. BC006 泵内过流部件粗糙,水头损失过大会造成( )。

A. 泵压达不到要求　　　　　　　　　　B. 水泵轴功率增大
C. 水泵出水增加　　　　　　　　　　　D. 填料压盖发热

182. BC006 几台泵并联运行互相干扰,上水不好,会造成( )。

A. 填料压盖发热　　　　　　　　　　　B. 水泵轴功率增大
C. 水泵出水增加　　　　　　　　　　　D. 泵压达不到要求

183. BC007 在平原地带,一个大气压下的水,当温度上升到 100℃ 时开始产生(　　)现象。

A. 气穴   B. 汽蚀   C. 汽化   D. 闪蒸

184. BC007 液体汽化、凝结、形成高压、(　　)高温、高频冲击负荷,造成金属材料的机械剥裂与电化学腐蚀破坏的综合现象称为气穴。

A. 剥蚀   B. 冲击   C. 气阻   D. 腐蚀

185. BC007 叶轮流道设计的不完善,也是导致水泵产生(　　)的主要原因。

A. 腐蚀   B. 汽蚀   C. 水击   D. 剥蚀

186. BC008 汽蚀产生的主要原因是由于(　　)中液体某部分压力降低的结果。

A. 叶轮   B. 密封环   C. 水泵   D. 压力

187. BC009 水泵产生汽蚀,首先会对叶轮的(　　)前后盖板产生蜂窝状的点蚀或沟槽状的金属剥蚀。

A. 叶片   B. 口环   C. 轴套   D. 填料

188. BC009 水泵汽蚀也会使泵的效率(　　)。

A. 升高   B. 下降 50%   C. 降低   D. 达到 100%

189. BC010 改善(　　)条件,如改进和合理设计流量也可以防止汽蚀。

A. 进口   B. 出口   C. 高度   D. 改变

190. BC010 合理设计叶轮流道和提高铸造(　　)达到防止汽蚀。

A. 标准   B. 精确   C. 精度   D. 精准

191. BD001 泵和电动机不对中,会引起泵(　　)。

A. 抽空   B. 振动   C. 转子不动   D. 泵转速太高

192. BD001 水泵轴承(　　)严重也会使水泵振动。

A. 磨损   B. 摩擦   C. 偏磨   D. 叶轮损坏

193. BD002 新型泵站自动化系统涉及多门学科,其中(　　)是新型自动化系统的核心。

A. 计算机技术   B. 软件技术   C. 管理科学   D. 视频技术

194. BD002 仪器仪表和过程检测装置是水泵站自动化系统重要组成部分,目前各种仪器仪表与过程检测系统已由模拟时代跨入(　　)。

A. 数字时代   B. 自动化时代   C. 计算机时代   D. 微电子时代

195. BD003 潜水泵的下入深度在动水位以下(　　)为宜。

A. 5m   B. 10m   C. 20m   D. 70m

196. BD003 在水泵的选择上要选择略低于(　　)的潜水泵,以防止抽空而浪费电能。

A. 涌水量   B. 动水位   C. 静水位   D. 水深

197. BD004 在计算全年的电费 $E = \dfrac{QH\rho t}{102\eta_p\eta}\alpha$ 时,公式中的 α 代表(　　)。

A. 流量   B. 流速

C. 供水量   D. 每度(kW/h)电单价

198. BD004 泵站的单位(　　)高低决定着泵站技术经济指标的好坏。

A. 运行费用   B. 输水成本   C. 基建投资   D. 电耗

199. BD005　泵站的供水成本等于(　　)之比。

A. 输水量与耗电量　　　　　　　　　　B. 年运行费用与耗电量

C. 年运行费用与年输水量　　　　　　　D. 年耗电量与输水量

200. BD005　泵站的供水成本计算公式为 $A = \dfrac{E}{\sum Q}$，其中 E 代表(　　)。

A. 供水成本　　　　B. 总输水量　　　　C. 运行费用　　　　D. 全年电费

201. BD006　衡量泵站投资是否合理的计算公式为 $e = \dfrac{C}{\sum Q}$，其中 C 代表(　　)。

A. 运行费用　　　　B. 采水量　　　　C. 泵站基建总投资　　D. 电费

202. BD006　衡量水泵站投资是否合理的运算公式为(　　)。

A. $e = \dfrac{C}{Q}$　　　B. $e = \dfrac{ZC}{\sum Q}$　　　C. $e = \dfrac{E}{\sum Q}$　　　D. $e = \dfrac{C}{\sum Q}$

203. BD007　管型避雷器遮断电流的上限应(　　)。

A. 小于安装处短路电流的最小值

B. 不小于安装处短路电流的最大值

C. 大于安装处短路电流的最小值,小于最大值

D. 不小于安装处短路电流的最小值

204. BD007　避雷器的用途为(　　)。

A. 防过电压,迅速截断工频电弧　　　　B. 防过电流,迅速截断工频电弧

C. 防过电压,不截断工频电弧　　　　　D. 防过电流,不截断工频电弧

205. BD008　下列不属于避雷器基本要求的是(　　)。

A. 安装位置　　　　　　　　　　　　　B. 具有一定流通容量

C. 具有平直的伏秒特性曲线　　　　　　D. 具有较强的绝缘自恢复能力

206. BD008　一定波形的雷电流流过阀形避雷器阀片的(　　)。

A. 压降越小越好,即阀片电阻值越大越好

B. 压降越小越好,即阀片电阻值越小越好

C. 压降越大越好,即阀片电阻值越大越好

D. 压降越大越好,即阀片电阻值越小越好

207. BD009　为了便于检修和施工,阀门井的井底到水管承口或法兰盘底的距离至少为(　　)。

A. 0.04m　　　　B. 0.06m　　　　C. 0.08m　　　　D. 0.1m

208. BD009　管道安装前,管沟沟底应夯实,沟内无障碍物,且应有(　　)措施。

A. 防潮　　　　　B. 防水　　　　　C. 防渗　　　　　D. 防塌方

209. BD010　聚氨基甲酸酯树脂主要成膜物的涂料,具有良好的耐腐蚀性、耐油性、耐磨性和涂膜韧性,附着力强,最高耐热温度可达(　　)。

A. 125℃　　　　B. 135℃　　　　C. 145℃　　　　D. 155℃

210. BD010　氯磺化聚乙烯涂料性能优异,使用寿命长达(　　)。

A. 5 年　　　　　B. 8 年　　　　　C. 10 年　　　　D. 15 年

211. BD011 错误接收消息的码元数在传输消息的总码元数中所占的比例为(　　)。
  A. 误比特率　 B. 误码率　 C. 误字符率　 D. 误报率

212. BD011 远动信息包括遥测信息、遥信信息、(　　)和遥调信息。
  A. 遥感信息　 B. 通信信息　 C. 遥控信息　 D. 通信信息

213. BD012 主站系统能正确接收远动信息,必须使主站与终端的通道速率和(　　)一致。
  A. 系统软件　 B. 电缆芯数　 C. 通信规约　 D. 设备型号

214. BD012 架空线和电缆属远控通道中的(　　)。
  A. 无线通道　 B. 有线通道　 C. 遥测　 D. 遥控

215. BD013 低压配电系统中的低压配电装置内应设有与实际电气设备元件相符合的(　　)。
  A. 示意图　 B. 流程图　 C. 操作系统接线图　 D. 布线图

216. BD013 在低压配电装置的检查中应检查低压配电装置电气设备的所有操作手柄、按钮、控制开关等部位所指示的(　　)等字样,应与设备的实际运行状态相对应。

  A. 合上　 B. 断开　 C. 合上、断开　 D. 分、断

217. BD014 造成同步电动机失磁故障的原因是(　　)。
  A. 负载转矩太大　 B. 发电动机励磁回路断线
  C. 转子励磁绕组有匝间短路　 D. 负载转矩太小

218. BD014 电压相位不同的两台同步发电动机投入并联运行后,能自动调整相位而进入正常运行,这一过程称为(　　)。

  A. 相差自整步过程　 B. 相差整步过程　 C. 整步过程　 D. 自整步过程

219. BD014 变压器投入运行后,每隔(　　)需要大修一次。

  A. 1~2 年　 B. 3~4 年　 C. 5~10 年　 D. 11~12 年

220. BD015 变压器吊芯检修时,当空气相对湿度不超过 65% 时,芯子暴露在空气中的时间不许超过(　　)。

  A. 16h　 B. 24h　 C. 48h　 D. 18h

221. BD016 Y 接法的三相异步电动机,缺相运行烧毁时,定子绕组的现象是(　　)。
  A. 一相完好两相烧黑　 B. 两相完好一相烧黑　 C. 三相烧黑　 D. 三相完好

222. BD016 Y 接法的三相异步电动机,空载运行时,若定子一相绕组突然断路,那么电动机将(　　)。

  A. 不能继续转动　 B. 有可能继续转动
  C. 速度增高　 D. 能继续转动但转速变慢

223. BD017 变频器要单独接地,尽量不与电动机共接一点,以防(　　)。
  A. 接地　 B. 接零　 C. 干扰　 D. 带电

224. BD017 笼型异步电动机由工频电源传动改造成通用变频器传动时应注意(　　)。
  A. 散热、温升　 B. 温升、噪声
  C. 噪声、电压　 D. 散热、温升、噪声

225. BD018 异步电动机大修的检修期限为(　　)。
  A. 1~2 年 1 次　 B. 每年 2 次　 C. 每年 3 次　 D. 每年 4 次

226. BD018　直流电动机若一次更换半数以上的电刷,启用后最好以轻载运行12h,使电刷接合面达到(　　)以上方可满载运行。
　　A. 80%　　　　　B. 70%　　　　　C. 60%　　　　　D. 50%

227. BD019　向三相异步电动机轴承加润滑脂时,润滑脂应填满其内部空隙的(　　)。
　　A. 1/2　　　　　B. 2/3　　　　　C. 全部　　　　　D. 2/5

228. BD019　测定三相异步电动机空载电流不平衡程度超过(　　)时,则要检查电动机绕组的单元中有否短路、头尾接反等故障。
　　A. 5%　　　　　B. 10%　　　　　C. 15%　　　　　D. 20%

229. BD020　接触器触点的额定电流应(　　)负载的额定电流。
　　A. 大于　　　　　B. 等于　　　　　C. 小于　　　　　D. 无要求

230. BD020　接触器触点重新更换后应调整(　　)。
　　A. 压力、开距、超程　　B. 压力、超程　　C. 压力、开距　　D. 开距、超程

231. BD021　按短路时的动热稳定值选择交流接触器时,线路的(　　)不应超过接触器允许的动、热稳定值。
　　A. 电压　　　　　　　　　　　　　　B. 电流
　　C. 电阻　　　　　　　　　　　　　　D. 三次短路电流

232. BD021　在选择交流接触器时,要根据控制电源的要求选择吸引线圈的(　　)等级。
　　A. 电流　　　　　B. 电压　　　　　C. 电阻　　　　　D. 绝缘

233. BD022　在调速系统中,当电流负反馈参与系统调节作用时,说明调速系统主电路电流(　　)。
　　A. 过大　　　　　B. 正常　　　　　C. 过小　　　　　D. 为零

234. BD022　无静差自动调速系统能保持无差稳定运行,主要是由于采用了(　　)。
　　A. 高放大倍数的比例调节器　　　　　B. 比例积分调节器
　　C. 比例微分调节器　　　　　　　　　D. 无放大倍数的比例调节器

235. BD023　在电动机启动过程中,由于电压太低,有可能使电动机启动(　　)不够,造成启动困难,启动时间过长会烧毁电动机。
　　A. 电流　　　　　B. 转矩　　　　　C. 转速　　　　　D. 电抗

236. BD023　对于原来处于重负载状态下的电动机,当电压升高不超过额定电压的10%时,电动机的运转电流将(　　)。
　　A. 增加　　　　　B. 减小　　　　　C. 不变　　　　　D. 为零

237. BD024　用手触摸变压器的外壳时,如有麻电感觉,可能是变压器(　　)。
　　A. 内部发生故障　　　　　　　　　　B. 过负荷引起的
　　C. 外壳接地不良　　　　　　　　　　D. 空气潮湿所致

238. BD024　用2500V兆欧表测量变压器线圈之间和绕组对地的绝缘电阻,若其值为零,则线圈之间和绕组对地可能有(　　)现象。
　　A. 击穿　　　　　　　　　　　　　　B. 运行中有异常声响
　　C. 变压器油温突然升高　　　　　　　D. 变压器着火

239. BD025 造成电动机轴承温度过高的原因有( )。

 A. 定子或转子绕组短路   B. 带动的水泵被卡住

 C. 电动机轴承因长期缺油运行   D. 三角形接线误接成星形

240. BD025 电动机与传动机构的连接偏心引起轴承发热时应( )。

 A. 将端盖或轴承盖打入止口并用螺钉紧固到位

 B. 可将转轴的轴承位置加工到合适的配合尺寸

 C. 调整电动机与传动机构的安装位置,对准其中心线

 D. 更换油封重新垫入轴承盖内

241. BD026 电动机接线错误可造成电动机不能启动,这时应( )。

 A. 检查熔断器并更换熔丝

 B. 用试电笔检查电源控制设备

 C. 检查开关控制设备

 D. 检查电动机绕组接线方式是否正确

242. BD026 功率较小的电动机,若轴承被卡死或( )时,可造成电动机不能启动。

 A. 轴承长期缺油   B. 轴承加油过多过稠

 C. 轴承润滑脂硬结   D. 轴承润滑脂有杂质

243. BD027 电动机三相电流中任一相电流与三相电流之平均值应小于( )。

 A. 10%   B. 20%   C. 30%   D. 40%

244. BD027 绝缘等级为 A 级的电动机,当允许的温升值超过( )时应立即停机检查(环境温度为40℃)。

 A. 25℃   B. 35℃   C. 55℃   D. 60℃

245. BD028 当电动机定子绕组匝间短路严重、电动机转子卡住、转子断线时会发出( )声音。

 A. 嗡嗡声(电动机不转)   B. 咚咚声

 C. 沙沙声(均匀)   D. 咝咝声

246. BD028 电动机运行时定子、转子铁芯相擦发出不正常的嚓嚓碰擦响声,此时应( )。

 A. 消除擦痕,必要时车小转子   B. 更换轴承或清洗轴承

 C. 校正转子动平衡   D. 校直转轴

247. BD029 对烧坏的绕组应重新绕制,绕制好的电动机线圈应测试其各项参数,符合要求后方可进行嵌线,主要的参数是( )。

 A. 尺寸、焊点、导线   B. 材料、尺寸、直流电阻

 C. 尺寸、匝数、直流电阻   D. 匝数、焊点、导线

248. BD029 发现三相异步电动机温度超标或冒烟时应按采取的正确措施是( )。

 A. 停机→切断电源→用灭火机灭火→向有关部门汇报

 B. 停机→用灭火机灭火→关闭泵进出口阀门→开启报警器→向有关部门汇报

 C. 切断电源→向有关部门汇报

 D. 停机→切断电源→用灭火机灭火→关闭泵进出口阀门→向有关部门汇报

249. BE001 离心式水泵转子小装(试装)时,当各部件套装后,必须测量各部件的(　　),检查及防止装配误差的积累。

    A. 垂直度　　　　　　　　B. 平行度　　　　　　　　C. 径向跳动值　　　　D. 瓢偏值

250. BE001 滚动轴承与轴装配时,轴承内圈与轴肩应接触紧密,检测时可用(　　)的塞尺,以塞不进为宜。

    A. 0.02mm　　　　　　　B. 0.03mm　　　　　　　C. 0.04mm　　　　　　D. 0.05mm

251. BE002 拆卸 SH 型离心泵的泵盖前,应先松开泵体两边的(　　)。

    A. 轴承体压盖　　　　　　　　　　　　B. 轴承体

    C. 轴套螺母　　　　　　　　　　　　　D. 填料压盖螺栓

252. BE002 SH 型离心泵的拆卸程序是(　　)。

    A. 泵盖→叶轮→联轴器

    B. 泵盖→联轴器→转子部件→叶轮

    C. 联轴器→泵盖→轴承体压盖→转子部件→叶轮

    D. 泵盖→转子→叶轮→联轴器

253. BE003 多级泵转子预组装从(　　)开始。

    A. 低压侧　　　　　　　　　　　　　　B. 中间

    C. 高压侧　　　　　　　　　　　　　　D. 任何位置均可

254. BE003 多级离心给水泵安装时,每装一级叶轮应测量一次叶轮相对于外壳的轴向移动值,第一级叶轮出口与导叶轮间隙大于第二季的,依次下去是考虑到运行时的(　　)。

    A. 转子和静止部件相对热膨胀　　　　　B. 轴向推力

    C. 减少高压水侧的倒流损失　　　　　　D. 流动损失

255. BE004 IS 型离心泵在取下叶轮和键之前需要拆下(　　)。

    A. 轴承　　　　　　　B. 泵轴　　　　　　　C. 叶轮螺母、止逆垫片　D. 挡水圈

256. BE004 IS 型离心泵在取下挡水圈之前需要拆下(　　)。

    A. 轴承　　　　　　　B. 泵轴　　　　　　　C. 填料压盖　　　　　D. 口环

257. BE005 检修中装配好的水泵在(　　)时,转子转动应灵活、不得有偏重、卡涩、摩擦等现象。

    A. 加装密封填料　　　　　　　　　　　B. 未装密封填料

    C. 已通水　　　　　　　　　　　　　　D. 与电动机联轴器已连接。

258. BE005 使用较大的滚动轴承及轴的强度要求较高条件下,当轴头磨损、与轴承内圈配合松动时,可采用轴头(　　)方法进行解决。

    A. 冲子打点　　　　　B. 喷涂、镀硬铬　　　C. 镶套　　　　　　　D. 临时车制

259. BE006 拆卸 DA 型离心泵前先拧下两个轴承体下方的螺栓,放出轴承体内(　　)。

    A. 存水　　　　　　　B. 润滑油　　　　　　C. 破损轴承　　　　　D. 填料

260. BE006 拆卸 DA 型离心泵第一步为(　　)。

    A. 拆下联轴器、回水管及水封管

    B. 拆下进水段和尾盖上轴承部件、挡水圈、填料压盖、填料和填料环

C. 拆下出水段上尾盖,拧下轴套螺母,拆下轴套、平衡盘,拆下拉紧螺栓,卸下出水段

D. 逐级退出叶轮键、中段和叶轮挡套,一直拆到进水段

261. BE007 深井泵组装后叶轮轴伸出值允许误差为( )。

    A. ±2mm   B. ±4mm   C. ±6mm   D. ±8mm

262. BE007 深井泵叶轮轴向窜量要求为( )。

    A. 2~4mm   B. 4~6mm   C. 6~8mm   D. 6~12mm

263. BE008 潜水泵电动机灌水后用500型兆欧表测量其绝缘电阻不小于( )为合格。

    A. 2MΩ   B. 1MΩ   C. 4MΩ   D. 5MΩ

264. BE008 潜水泵最大潜入深度(静水位以下)不能超过( )。

    A. 70m   B. 75m   C. 80m   D. 85m

265. BE009 打开水泵叶轮锁紧螺帽时,用( )来判定螺帽的旋向。

    A. 泵壳   B. 叶轮旋向   C. 正反方向都试一试   D. 叶片形式

266. BE009 叶轮静平衡操作中可用试加重量周移法消除叶轮的( )不平衡。

    A. 显著   B. 剩余   C. 隐形   D. 原始

267. BE010 在测量台上测量泵轴的跳动量,其中间部位不得超过( )为合格。

    A. 0.1mm   B. 0.2mm   C. 0.01mm   D. 0.05mm

268. BE010 泵轴的弯曲度是用( )进行测量的。

    A. 水平仪   B. 游标尺   C. 百分表   D. 外径千分尺

269. BE011 测定叶轮的晃度时,一般叶轮装在主轴上相对密封环的径向跳动量不超过( )。

    A. 0.08mm   B. 0.10mm   C. 0.12mm   D. 0.13mm

270. BE011 水泵叶轮的瓢偏值用百分表测量时,指示出( )。

    A. 叶轮的径向晃动值   B. 轴向移动值

    C. 轴向晃动值   D. 径向跳动值

271. BE012 在检测滚动轴承时,轴承的游隙分为径向游隙和轴向游隙,装配时配合紧力使游隙( )。

    A. 增大   B. 减小   C. 接近零   D. 不变

272. BE012 轴瓦顶部间隙的测量方法是用( )。

    A. 游标卡尺法   B. 塞尺法   C. 压铅丝法   D. 千分表法

273. BE013 轴承代号为303,其轴承内径为( )。

    A. 10mm   B. 15mm   C. 17mm   D. 20mm

274. BE013 某泵轴径为60mm,该轴瓦的顶部间隙一般为( )。

    A. 0.20mm   B. 0.30mm

    C. 0.40mm   D. 0.09~0.12mm

275. BE014 叶轮与密封环之间的径向间隙一般为( )。

    A. 0.1~0.2mm   B. 0.1~0.3mm   C. 0.1~0.5mm   D. 0.2~0.5mm

276. BE014 离心泵的机械密封与填料密封相比,机械密封具有泄漏量小,消耗功率相当于填料密封的( )。

    A. 50%   B. 120%~150%   C. 10%~15%   D. 几乎相等

277. BE015 处理叶轮不平衡时,钻或铁屑的金属厚度不大于叶轮壁厚的( )。
    A. 1/4　　　　　　B. 1/5　　　　　　C. 1/2　　　　　　D. 1/3

278. BE015 处理叶轮不平衡时,使叶轮在平衡架上任意一个( )都可以停止。
    A. 位置　　　　　　B. 方向　　　　　　C. 平衡　　　　　　D. 停止

279. BE016 离心泵密封环和叶轮配合处的每侧径向间隙一般应为叶轮密封环处直径的( )。
    A. 0.10%~0.15%　　　　　　　　　B. 0.15%~0.20%
    C. 0.05%~0.10%　　　　　　　　　D. 0.10%~1.0%

280. BE016 在装机械密封时,须在动静环密封面上涂上( ),以防止动静环干磨。
    A. 黄牛油　　　　　B. 汽轮机油　　　　C. 凡士林　　　　　D. 机油

281. BF001 离心泵的联轴器常用( )经机械加工而成。
    A. 铸铁　　　　　　B. 铸铜　　　　　　C. 尼龙　　　　　　D. 铝合金

282. BF001 机泵联轴器的作用是( )。
    A. 旋转　　　　　　　　　　　　　　B. 支撑
    C. 将电动机产生的力矩传递给水泵　　D. 将水泵产生的力矩传递给电动机

283. BF002 离心泵的吸水性能通常用允许吸上真空度( )来衡量,值越大,说明吸水泵的吸水性能越好,抗汽蚀性能越好。
    A. H_{ss}　　　　　　B. H_{sv}　　　　　　C. H_s　　　　　　D. H

284. BF002 水泵的最大安装高度计算公式为 $H_{ss}=H_s-v^2/2g-\sum h_s$,其中"$H_s$"表示的是( )。
    A. 吸水管的流速　　　　　　　　　　B. 重力的速度
    C. 修正后的水泵允许吸上真空高度　　D. 总汽蚀余量

285. BF003 水泵泵体与进水法兰安装时其中心线允许偏差为( )。
    A. 3mm　　　　　　B. 2mm　　　　　　C. 4.5mm　　　　　D. 5mm

286. BF003 联轴器安装时,轴向间隙要求为( )。
    A. 4mm　　　　　　B. 8mm　　　　　　C. 1~4mm　　　　　D. 4~6mm

287. BF004 尽可能地将进、出水( )分别布置在一条轴线上。
    A. 管线　　　　　　B. 阀门　　　　　　C. 弯通　　　　　　D. 大小头

288. BF004 每台水泵能输至任何一条( )。
    A. 输水管线　　　　B. 管路闸阀　　　　C. 开启状态　　　　D. 轴线

289. BF005 在机组的布置形式中,横向排列适宜( )机组。
    A. IS 型　　　　　　B. SH 型　　　　　C. SA 型　　　　　D. QJ 型

290. BF005 泵房内机组较多,两排水泵的进、出口位置彼此相反为( )布置形式。
    A. 纵向排列　　　　B. 横向排列　　　　C. 横向双行排列　　D. 任意排列

291. BF006 验收钢管为法兰接口,法兰接口埋入土中时应采取( )措施。
    A. 防潮　　　　　　B. 隔热　　　　　　C. 支护　　　　　　D. 防腐

292. BF006 钢直管管段两相邻环向焊缝的间距不应小于( )。
    A. 150mm　　　　　B. 200mm　　　　　C. 250mm　　　　　D. 300mm

293. BF007 管线水压试验时排水阀应设置在管线的( )位置排尽管内的废水。
    A. 任意　　　　　　B. 中间　　　　　　C. 最低　　　　　　D. 最高

294. BF007　供水钢管强度试验压力为设计压力的(　　)倍。

    A. 1. 5　　　　　　　　B. 2　　　　　　　　C. 2. 5　　　　　　　　D. 3

295. BF008　管路效率大致与管道直径的(　　)成正比。

    A. 2 次方　　　　　　　B. 3 次方　　　　　　C. 4 次方　　　　　　　D. 5 次方

296. BF008　为了提高管路效率,在设计时应根据(　　)选定管径。

    A. 流量　　　　　　　　B. 流速　　　　　　　C. 经济流速　　　　　　D. 压力

297. BG001　超声流量计通常具有 100% 的信号质量,在(　　)的情况下,有可能低于 100%。

    A. 接近该超声流量计最大压力　　　　　　　B. 接近该超声流量计最高温度

    C. 接近该超声流量计最大量程　　　　　　　D. 接近该超声流量计最大声速

298. BG001　涡轮流量计由表体、导向体导流器、(　　)、轴、轴承及信号检测器组成。

    A. 叶轮　　　　　　　　B. 转子　　　　　　　C. 换能器　　　　　　　D. 探头

299. BG002　安装于工业管道中的流量监测元件,依靠产生的差压一级已知流体条件、几何尺寸来计量的是(　　)流量计。

    A. 差压式　　　　　　　B. 容积式　　　　　　C. 电磁　　　　　　　　D. 超声波

300. BG002　根据声波反射原理制成的一般测量导电流体的流量仪表是(　　)流量计。

    A. 差压式　　　　　　　B. 容积式　　　　　　C. 电磁　　　　　　　　D. 超声波

301. BG003　百分表的最小读数值为(　　)。

    A. 0. 01mm　　　　　　B. 0. 001mm　　　　　C. 0. 1mm　　　　　　　D. 1mm

302. BG003　百分表主要零部件有测量杆、指针、表盘、表圈、套筒、(　　)等。

    A. 量杆　　　　　　　　B. 测量头　　　　　　C. 量块　　　　　　　　D. 砝码

303. BG004　百分表常装在(　　)上使用。

    A. 工件　　　　　　　　B. 机床　　　　　　　C. 测量箱　　　　　　　D. 表架

304. BG004　测量平面时,百分表的测量杆要与平面(　　)。

    A. 斜交　　　　　　　　B. 垂直　　　　　　　C. 平行　　　　　　　　D. 隔离

305. BG005　百分表和千分表按其制造精度,可分为 0、1 和 2 级三种,(　　)精度较高。

    A. 1 级　　　　　　　　B. 2 级　　　　　　　C. 3 级　　　　　　　　D. 0 级

306. BG005　千分表不用时,应使测量杆处于自由状态,以免使表内(　　)失效。

    A. 指针　　　　　　　　B. 测量杆　　　　　　C. 测量头　　　　　　　D. 弹簧

307. BG006　使用千分表测量和校正工件前应检查(　　)活动的灵活度,调整零位。

    A. 表盘　　　　　　　　B. 测量杆　　　　　　C. 零刻度　　　　　　　D. 测量头

308. BG006　用千分表校正或测量零件时,应当使(　　)有一定的初始测力。

    A. 表盘　　　　　　　　B. 测量杆　　　　　　C. 零刻度　　　　　　　D. 测量头

309. BH001　机组找正时,垫片与电动机底座的接触面积要在(　　)以上,数量不超过三片。

    A. 100%　　　　　　　B. 75%　　　　　　　C. 95%　　　　　　　　D. 85%

310. BH001　机组找正时,在(　　)无法调整的情况下,可以调整水泵。

    A. 水泵　　　　　　　　B. 调整　　　　　　　C. 电动机　　　　　　　D. 机组

311. BH002 测量联轴器端面,用塞尺测量出两联轴器的上开口,下开口尺寸,上开口尺寸减下开口尺寸为两联轴器(　　)。

A. 左右端面偏差　　　　　　　　　　B. 上下端面偏差

C. 上下径向偏差　　　　　　　　　　D. 左右径向偏差

312. BH002 测量联轴器端面,用塞尺测量出两联轴器的左开口,右开口尺寸,左开口尺寸减右开口尺寸为两联轴器(　　)。

A. 左右端面偏差　　　　　　　　　　B. 上下端面偏差

C. 上下径向偏差　　　　　　　　　　D. 左右径向偏差

313. BH003 由于框式水平仪主体每相邻的两个框互相都呈(　　),所以它虽然小但能检查设备的水平度。

A. 0　　　　　　B. 90°　　　　　　C. 180°　　　　　　D. 270°

314. BH003 水平仪在目前市场上,主要有(　　)种类型。

A. 1　　　　　　B. 2　　　　　　C. 3　　　　　　D. 4

315. BH004 水平仪使用时,每次读数前都要消除镜中的视差,同时查看长水准泡是否(　　)。

A. 偏左　　　　　B. 偏右　　　　　C. 偏上　　　　　D. 居中

316. BH004 水平仪支好调平后,不能乱碰,在(　　)也不要将三脚架碰动。

A. 检测时　　　　B. 读数时　　　　C. 清洁时　　　　D. 测量时

317. BH005 两表法测量三相负载的有功功率时,其三相负载的总功率为(　　)。

A. 两表读数之和　　　　　　　　　　B. 两表读数之差

C. 两表读数之积　　　　　　　　　　D. 两表读数之商

318. BH005 用一表法测量三相对称负载的有功功率时,当星形连接负载的中点不能引出或三角形负载的一相不能拆开接线时,可采用(　　)将功率表接入电路。

A. 人工中点法　　　　　　　　　　B. 两点法

C. 三点法　　　　　　　　　　　　D. 外接附加电阻

319. BH006 低压电动机绝缘电阻最低不可以低于(　　)。

A. 0.1MΩ　　　　B. 0.2MΩ　　　　C. 0.3MΩ　　　　D. 0.5MΩ

320. BH006 使用兆欧表测任意两相绕组相间的绝缘电阻,若读书极小或为零,说明该二相绕组相间(　　)。

A. 短路　　　　　B. 断路　　　　　C. 通路　　　　　D. 开路

二、多项选择题(每题有4个选项,至少有2个是正确的,将正确的选项填入括号内)

1. AA001 触电急救的错误方法是(　　)。

A. 迅速切断电源　　　　　　　　　　B. 打强心针

C. 进行人工呼吸　　　　　　　　　　D. 等待急救车

2. AA002 安全组织措施作为保证安全的制度措施之一,包括(　　)。

A. 工作票　　　　　　　　　　　　B. 工作的许可

C. 监护　　　　　　　　　　　　　D. 间断、转移和终结

3. AA003 悬挂标示牌和装设遮拦,在一经合闸即可送电到工作地点的隔离开关的操作把

手上,应悬挂( )的标示牌。

  A."禁止合闸,有人工作!"   B."禁止合闸,线路有人工作!"

  C.工作许可   D.转移和终结

4. AA004　干粉灭火器主要用于扑救( )火灾。

  A.油类   B.可燃性气体   C.电气设备   D.活泼金属钾

5. AA005　《企业职工伤亡事故分类》(GB 6441—1986)中事故类别包括( )。

  A.物体打击   B.触电   C.火灾   D.起重伤害

6. AA006　产生不安全行为的主要原因是由于( ),慌乱而产生误判断。

  A.技术不熟练   B.对现场不熟悉   C.情况紧急   D.时间紧迫

7. AA007　危险源辨识可以理解为从企业的施工生产活动中识别出可能造成( )的因素。

  A.人员伤害   B.财产损失   C.环境破坏   D.空气不良

8. AA008　对可能发生急性职业损伤的有毒、有害工作场所,用人单位应当配置( )、应急撤离通道和必要的泄险区。

  A.人员   B.报警装置   C.现场急救用品   D.冲洗设备

9. AA009　为了保护劳动者健康,加强对( )等主要职业危害因素所致职业病的预防和控制,需要对特殊职业危害工作场所实行有别于一般职业危害工作场所的管理。

  A.有毒物质   B.有害物质   C.放射线物质   D.氧气

10. AA010　产生职业病危害的用人单位,应当在醒目位置设置公告栏,公布有关职业病防治的( )职业病危害事故应急救援措施和工作场所职业病危害因素检测结果。

  A.规章制度   B.操作规程   C.合同要求   D.报警装置

11. AB001　会使计算机的数据或文件丢失,引发该故障的原因可能的是( )。

  A.软件被破坏   B.感染病毒

  C.操作系统有故障   D.系统资源严重不足

12. AB002　计算机显示器显色不正常,缺少一种颜色,引发该故障的原因可能是( )。

  A.主机内的显卡有故障   B.没有安装显卡

  C.显示器与主机的接口连接不良   D.显示器信号线接头有一根铜针歪斜

13. AB003　计算机运行中突然重新启动,可能出现的问题是( )。

  A.CPU   B.主板   C.软件   D.显示器

14. AB004　目前常用的杀毒软件有( )。

  A.瑞星杀毒软件

  B.冠群金辰公司的 KILL 杀毒软件

  C.美国 Symantec 公司的 Norton AntiVirus(NAV)杀毒软件

  D.卡巴斯基杀毒软件

15. AB005　计算机监控系统提示内存故障,可能的原因是( )。

  A.内存条温度过高,爆裂烧毁   B.内存条安插不到位,接口接触不良

  C.使用环境过度潮湿,内存条金属引脚锈蚀   D.静电损坏内存条

16. AB006　下列有关计算机保护系统电脑硬盘故障的论述,正确的是(　　)。

　　A. 硬盘故障不可能影响计算机大型应用软件的使用

　　B. 硬盘故障会使计算机无法正常启动

　　C. 硬盘故障会使计算机找不到引导盘

　　D. 硬盘故障会导致系统瘫痪

17. AC001　水力学中常用的总流能量的应用条件是(　　)。

　　A. 水流为不可压缩液体的恒定流　　　　　B. 作用在液体上的质量力只有重力

　　C. 建立方程的断面符合渐变流条件　　　　D. 两断面间没有流量的流入或流出

18. AC002　水力学中描述液体运动的常用方法有(　　)。

　　A. 欧拉法　　　　　　B. 摩尔法　　　　　　C. 拉格朗日法　　　　D. 文丘里法

19. AC003　水流在(　　)流过时,会由于过流断面变化而产生流速大小和方向变化。

　　A. 弯管　　　　　　　B. 变径管道　　　　　C. 等径管道　　　　　D. 所有管道

20. AC004　流体经过(　　)时会产生较大局部水头损失。

　　A. 阀门　　　　　　　B. 直管　　　　　　　C. 三通　　　　　　　D. 渐缩管

21. AC005　可压缩的水流经过粗糙管道时,阻力系数与(　　)相关。

　　A. 管壁的相对粗糙度　B. 管道长度　　　　　C. 马赫数　　　　　　D. 雷诺数

22. AC006　下列关于局部水头损失计算公式 $h_s = \zeta \dfrac{v^2}{2g}$,表述正确的有(　　)。

　　A. ζ 是局部损失(阻力)系数,是一个无量纲的系数

　　B. 局部阻力系数与局部障碍物的结构形式有关

　　C. v 指最大速度

　　D. v 指平均速度

23. AC007　减少弯管的局部水头损失的方法有(　　)。

　　A. 避免采用弯转角过大的死弯

　　B. 对于直径较小的热力设备管道可适当加大管道曲率半径

　　C. 在弯管内安装导流叶片

　　D. 没有可行方法

24. AC008　下列关于非均匀流的表述正确的有(　　)。

　　A. 水力要素沿空间坐标发生变化的水流,流线不再是相互平行的直线

　　B. 根据水力要素沿程变化急缓程度,非均匀流又可分为渐变流和急变流

　　C. 渐变流的流线近似于平行直线,流线的曲率较小,流线间的夹角也很小

　　D. 孔口处水流急,流线的曲率较大,流线间的夹角较大,流线不再是近似平行的直线

25. AD001　原水在长距离的输送过程中会发生复杂的(　　)以及微生物反应,造成原水水质不断变化。

　　A. 物理反应　　　　　B. 生物反应　　　　　C. 氧化反应　　　　　D. 化学反应

26. AD002　一些水质感官性状的异常虽然不像病毒理学指标异常那样对人们的(　　)带来那样大的危害,却往往更易引起用户的抱怨。

　　A. 生活　　　　　　　B. 生产　　　　　　　C. 生存　　　　　　　D. 健康

27. AD003　管道结垢后需要清洗,常用的清洗方法有(　　)。

　　A. 机械刮管　　　　　B. 涂衬　　　　　　　C. 手管器　　　　　　D. 化学清洗

28. AD004　新铺设的管道清洗不干净,并管网运行时,一旦(　　)时使沉泥冲起而导致管网水浊度升高。

　　A. 水流方向改变　　　B. 水流方向不变　　　C. 流速凸减　　　　　D. 流速突增

29. AD005　造成水体污染的因素有(　　)及城市地面的污染物,被雨水冲刷,随地面径流进入水体;随大气扩散的有毒物质通过重力沉降或降水过程进入水体等。

　　A. 向水体排放未经过妥善处理的城市污水　　　B. 工业废水

　　C. 施用的化肥　　　　　　　　　　　　　　　D. 施用的农药

30. AD006　管道(　　)时,停水作业造成管道渗漏未能及时发现,会使水的浊度增高。

　　A. 抢修　　　　　　　B. 维修　　　　　　　C. 更换　　　　　　　D. 检查

31. AD007　水在流经未经涂衬的金属(　　)的过程中,由于 pH 值、溶解氧等作用,会对管道内壁造成较严重的腐蚀,产生大量的金属锈蚀物。

　　A. 管道　　　　　　　B. 配件　　　　　　　C. 水箱　　　　　　　D. 水表

32. AD008　生活饮用水中含有一定浓度的金属离子,主要包括(　　)。

　　A. 钙离子　　　　　　B. 镁离子　　　　　　C. 铁离子　　　　　　D. 氧离子

33. AD009　饮用水深度处理解决方案对氨氮、有机物,特别是(　　)等有机污染物都有明显的去除效果,不产生二次污染,是国际饮用水给水行业的标准技术。

　　A. 二氧化碳　　　　　B. 敌敌畏　　　　　　C. 林丹　　　　　　　D. 滴滴涕

34. AD010　活性炭具有一种强烈的(　　)的作用,可将某些有机化合物吸附而达到去除效果。

　　A. 物理吸附　　　　　B. 化学吸附　　　　　C. 生物吸附　　　　　D. 活性吸附

35. AD011　臭氧具有很强的氧化能力,利用这一能力来进行(　　)。

　　A. 杀菌　　　　　　　B. 消毒　　　　　　　C. 除臭　　　　　　　D. 保鲜

36. AD012　臭氧活性炭工艺利用臭氧的氧化作用,初步氧化分解水中的一部分简单的(　　),以降低生物活性炭滤池的有机负荷。

　　A. 铁锰　　　　　　　B. 氟化物　　　　　　C. 有机物　　　　　　D. 还原性物质

37. AD013　在实际的水处理中,一般来说工业污水如果作为要求较高的循环水利用的话,则需要用(　　)进行预处理,再加上两种以上的膜处理才能达到回用水水质标准。

　　A. 氯化物　　　　　　B. 氟化物　　　　　　C. 石英砂　　　　　　D. 炭缸

38. AD014　微滤膜允许大分子和溶解性固体(无机盐)等通过,但会截留(　　)等物质。

　　A. 悬浮物　　　　　　　　　　　　　　　　　B. 细菌

　　C. 较大相对分子质量胶体　　　　　　　　　　D. 无机物

39. AD015　以压力差为推动力的膜过滤可区分为(　　)过滤三类。它们的区分是根据膜层所能截留的最小粒子尺寸或相对分子质量大小。

　　A. 超滤膜过滤　　　　　　　　　　　　　　　B. 微滤膜过滤

　　C. 反渗透膜　　　　　　　　　　　　　　　　D. 纳滤

40. AD016　纳滤膜是允许(　　)透过的一种功能性的半透膜。

　　A. 溶剂分子　　　　　　　　　　　　　B. 某些低相对分子质量溶质

　　C. 高价离子　　　　　　　　　　　　　D. 低价离子

41. AD017　反渗透膜是实现反渗透的核心元件,是一种模拟生物半透膜制成的具有一定特性的人工半透膜。一般用高分子材料制成,例如,(　　)。

　　A. 大分子有机物　　　　　　　　　　　B. 醋酸纤维素膜

　　C. 芳香族聚酰胺膜　　　　　　　　　　D. 芳香族聚酰胺膜

42. AD018　生活杂用水供水单位,应不断加强对杂用水的(　　)以及计量、检测等设施的管理,建立行之有效的放水、清洗、消毒和检修等制度及操作规程,以保证供水的水质。

　　A. 水处理　　　　　B. 集水　　　　　　C. 供水　　　　　　D. 管理

43. AD019　地表水环境质量标准基本项目适用于全国(　　)、水库等具有使用功能的地表水水域。

　　A. 江河　　　　　　B. 湖泊　　　　　　C. 运河　　　　　　D. 渠道

44. BA001　下列对水泵的性能曲线表述正确的是(　　)。

　　A. 一般情况下当压力升高时流量上升

　　B. 可以根据压力查到流量,也可从流量查到压力

　　C. 泵的特性曲线均在一定转速下测定,故特性曲线图上注出转速 n 值

　　D. 水泵的特性曲线上,每一个流量相对应有一个扬程、轴功率和效率

45. BA002　水泵性能曲线包括(　　)曲线。

　　A. 流量—扬程　　　　　　　　　　　　B. 流量—轴功率

　　C. 流量—效率　　　　　　　　　　　　D. 流量—允许吸上真空高度

46. BA003　在石油化工行业的泵系统设计中近似绘制离心泵特性曲线的方法有(　　)。

　　A. 直线法　　　　　　　　　　　　　　B. 曲线法

　　C. 抛物线法　　　　　　　　　　　　　D. 折线法

47. BA004　管路系统的水头损失包括(　　)。

　　A. 机械损失　　　　　　　　　　　　　B. 容积损失

　　C. 局部水头损失　　　　　　　　　　　D. 沿程水头损失

48. BA005　下列关于离心泵的 $Q\text{-}H$ 曲线总的变化趋势说法正确的是(　　)。

　　A. 比转数大,扬程下降得慢一些,曲线比较平坦

　　B. 比转数小,扬程下降得慢一些,曲线比较平坦

　　C. 随着流量的增加扬程下降

　　D. 随着流量的增加扬程上升

49. BA006　由离心泵的 $Q\text{-}N$ 曲线可知离心泵有(　　)的特点。

　　A. 比转数越小,轴功率增加得越快,曲线比较平坦

　　B. 比转数越大,轴功率增加得越慢一些,曲线比较平坦

　　C. 在 $Q=0$ 时离心泵的轴功率值最小

　　D. 在 $Q=0$ 时离心泵的轴功率值最大

50. BA007 下列为正确描述离心泵的 $Q-\eta$ 曲线特点的是(　　)。

　　A. 当流量等于零时,效率等于零

　　B. 在最高点的两侧变化较平缓,说明离心泵使用范围较大

　　C. 在最高点的两侧变化较平缓,说明离心泵使用范围较小

　　D. 水泵铭牌上所标定的 Q、H、N 等参数就是最高效率点所对应的一组数据

51. BA008 下列对水泵允许吸上真空高度值表述正确的是(　　)。

　　A. 允许吸上真空高度是指水泵不发生汽蚀的情况下,水泵进口所允许的最高压力

　　B. 允许吸上真空高度是指水泵不发生汽蚀的情况下,水泵进口所允许的最低压力

　　C. 水泵所允许的最大限度地吸上真空高度值,并不表示水泵在某点工作时的实际吸水真空值

　　D. 水泵所允许的最大限度地吸上真空高度值,表示水泵在某点工作时的实际吸水真空值

52. BA009 离心泵的试验分为(　　)。

　　A. 启动试验　　　　　　　　　　　　　B. 运转试验

　　C. 性能试验　　　　　　　　　　　　　D. 内部流场试验

53. BA010 下列关于确定水泵装置工作点的叙述正确的是(　　)。

　　A. 水泵装置工作点表示了水泵装置的工作能力

　　B. 将泵特性曲线、装置特性曲线绘制在同一张图上两条曲线的交点就是泵的工作点

　　C. 工作点确定后,其对应的轴功率效率等参数,可以从相应的性能曲线中查得

　　D. 泵的工作点就是指泵特性曲线上的一个特征点

54. BA011 水泵和管路系统的供需矛盾的统一要符合(　　)条件。

　　A. 水泵性能,管路损失和静扬程等因素不变

　　B. 水泵在高效区运行

　　C. 只要城市管网中用水量是变化的,管网压力就会随之变化,致使水泵装置的工作点也做相应的变动

　　D. 建立在水泵和管路系统能量供需关系的平衡上,任一因素发生变化,供需不会失去平衡

55. BA012 水泵工作点的调节是为了(　　)。

　　A. 满足实际工作中管网对流量的需要

　　B. 满足实际工作中管网对扬程的需要

　　C. 使水泵能够在高效区运行

　　D. 着重考虑水泵的效率

56. BA013 根据水泵比例定律,正确的公式是(　　)。

　　A. $Q_1/Q_2 = (n_1/n_2)^2$　　　　　　　　B. $H_1/H_2 = n_1/n_2$

　　C. $Q_1/Q_2 = n_1/n_2$　　　　　　　　　D. $H_1/H_2 = (n_1/n_2)^2$

57. BA014 水泵的变速调节要求有(　　)。

　　A. 提高转速一般不超过水泵额定转速的5%

　　B. 降低转速不应低于水泵额定转速的40%

  C. 提高转速过大,会引起动力机超载

  D. 降低转速过大,会引起水泵效率的大幅下降

58. BA015 下列对于水泵的变角调节说法正确的是( )。

  A. 采用变角调节使水泵以较高的效率抽取较多的水

  B. 改变叶片角度后,轴流泵性能曲线是按一定的规律向一个方向移动的

  C. 可以随着管网要求的变化调节叶片安装角度

  D. 采用变角调节使电动机长期保持或接近满载运行,提高电动机的效率和功率因数

59. BA016 节流调节实际上就是( )。

  A. 人为增加管路额外的水头损失

  B. 改变水泵的工况

  C. 减少出水量很不经济

  D. 阀门关闭得越小,局部水头损失越小,流量也就越小

60. BA017 下列关于填料环的叙述说法正确的是( )。

  A. 泵壳内的压力水由水封管经水封环中的小孔,流入轴与填料间的隙面

  B. 泵壳内的压力水由水封管经水封环中的小孔,流入轴套与填料间的隙面

  C. 起着减少容积损失的作用

  D. 起着引水、冷却与润滑的作用

61. BA018 密封环又称( ),为了减少内泄漏,保护泵壳,在与叶轮入口处相对应的壳体上装有可拆换的密封环。

  A. 减漏环   B. 承磨环   C. 水封环   D. 口环

62. BA019 填料压盖压紧程度要求有( )。

  A. 水泵装满填料后,将填料压盖均匀压紧

  B. 水泵装满填料后,将轴套均匀压紧

  C. 填料压盖压得太紧,泵轴与填料的机械磨损大,消耗功率也大

  D. 填料压盖压得太紧,泵轴与填料的容积损失大,消耗功率也大

63. BA020 电器的耗电量主要取决于( )。

  A. 电动机的绕线方式   B. 电动机的启动方式

  C. 配电柜控制电路的选用是否采取无功补偿 D. 变压器的选用

64. BA021 目前逐渐兴起的两种泵站节能控制方式是( )。

  A. 调压罐调节 B. 变速调节 C. 变角调节 D. 变径调节

65. BA022 在满足选泵原则的前提下,应尽量选大型水泵,这样做的好处是( )。

  A. 便于安装和检修   B. 机组效率高

  C. 占地面积小   D. 土建和维护费用小

66. BA023 选择水泵就是要确定水泵的( )。

  A. 流量   B. 扬程   C. 型号   D. 台数

67. BA024 在选定的泵型中,根据( )大小及变化从产品性能表中选择其最佳泵型和台数。

  A. 流量   B. 扬程   C. 转速   D. 功率

68.BB001 下列关于电气原理图的描述,( )是错误的。

A. 原理图中同一电器的各元件必须画在一起

B. 原理图中同一电器的各元件必须画在一起,并用符号标记

C. 原理图中同一电器的各元件不按实际位置画在一起,可按其作用,分画在不同的电路中,但须标以不同的符号

D. 原理图中同一电器的各元件不按实际位置画在一起,可按其作用,分画在不同的电路中,但须标以相同的符号

69.BB002 下列关于由线圈中磁通变化而产生的感应电动势的大小描述错误的是( )。

A. 正比于磁通的变化量　　　　　　　　B. 正比于磁场强度

C. 正比于磁通变化率　　　　　　　　　D. 正比于电磁感应强度

70.BB003 在选择热继电器时要求热继电器的安秒特性必须满足( )的要求。

A. 环境温度和海拔高度

B. 热继电器的安秒特性与电动机的过热特性重合

C. 热继电器动作时间内电动机过载不超允许值

D. 使电动机能直接启动

71.BB004 变电站一般由( )组成。

A. 高压配电室　　　　　　　　　　　　B. 变压器

C. 低压配电室　　　　　　　　　　　　D. 辅助建筑物

72.BB005 电动机试运行时应测量电动机的( )以检查是否超过其规定的额定值。

A. 电压　　　　　　　　　　　　　　　B. 温度

C. 振动　　　　　　　　　　　　　　　D. 空载(或负载)电流

73.BB006 软启动器不能用于( )电动机的启动。

A. 直流　　　　　B. 步进　　　　　C. 同步　　　　　D. 异动

74.BB007 改变转差率调速方法包括( )。

A. 转子串接调速变阻器　　　　　　　　B. 电磁转差调速

C. 晶闸管串级调速　　　　　　　　　　D. 定子调压

75.BB008 电动机启动时,关于 S(转差率)错误的说法是( )。

A. 启动瞬间 $S=0$　　　　　　　　　　B. 启动瞬间 $S=0.01\sim0.07$

C. 启动瞬间 $S=1$　　　　　　　　　　D. 启动瞬间 $S>1$

76.BB009 同步电动机有( )特点。

A. 功率因数可以调节　　　　　　　　　B. 绝对硬特性

C. 没有启动转矩　　　　　　　　　　　D. 调节励磁电流可改变其运行特性

77.BB010 提高电网功率因数是为了( )。

A. 增大视在功率　　　　　　　　　　　B. 减少有功功率

C. 提高电源设备容量的利用率　　　　　D. 减少无功电能消耗

78.BB011 低压带电作业不应在( )的条件下进行。

A. 雷雨天气　　　　　B. 潮湿天气　　　　　C. 雪雾天气　　　　　D. 良好天气

79. BB012　在停电的低压配电装置和低压导线上工作,不应(　　　)。

　　A. 填用第一种工作票　　　　　　　　　B. 填用第二种工作票

　　C. 电话命令　　　　　　　　　　　　　D. 可用口头联系

80. BB013　运行中的变压器应做(　　　)巡视检查。

　　A. 有无渗油、漏油及油色、油位是否正常

　　B. 电流和温度是否超过允许值

　　C. 声音是否正常

　　D. 套管是否清洁,有无破裂及放电痕迹

81. BB014　错误的送电操作顺序是(　　　)。

　　A. 先合刀闸,后合断路器　　　　　　　B. 先合断路器,后合刀闸

　　C. 同时进行刀闸和断路器操作　　　　　D. 无顺序要求

82. BB015　交—直—交变频器先把工频交流通过整流器变成直流,然后再把直流变换成
　　　　　　(　　　)可控制的交流,又称间接式变频器。

　　A. 电阻　　　　　　　B. 电流　　　　　　　C. 电压　　　　　　　D. 频率

83. BB016　在逆变电路中常用的换流方式有(　　　)。

　　A. 脉冲换流式逆变器　　　　　　　　　B. 负载谐振式逆变器

　　C. 电压型逆变器、电流型逆变器　　　　D. 直接式逆变器、间接式逆变器

84. BB017　变频器的运行对环境的要求较高,因此应对(　　　)进行监控。

　　A. 温度　　　　　　　B. 湿度　　　　　　　C. 空气　　　　　　　D. 土壤

85. BB018　当磁铁从线圈中抽出时,下列关于线圈中感应电流产生的磁通方向与磁铁方向
　　　　　　说法错误的是(　　　)。

　　A. 运动方向相反　　　　　　　　　　　B. 运动方向相同

　　C. 磁通方向相反　　　　　　　　　　　D. 磁通方向相同

86. BC001　叶轮材质的选择主要依据是介质的(　　　)温度、泵转速、制造难度(成本)等。

　　A. 液体黏稠度　　　　B. 抗汽蚀性　　　　　C. 腐蚀性　　　　　　D. 磨蚀性

87. BC002　可能造成填料压盖发热的原因包括(　　　)。

　　A. 泵轴弯曲　　　　　　　　　　　　　B. 出水减少

　　C. 叶轮不平衡　　　　　　　　　　　　D. 填料压盖过紧

88. BC003　离心泵启动后不出水或出水不足的原因是(　　　)。

　　A. 用户用水量减少　　　　　　　　　　B. 压力表失灵

　　C. 转速过低　　　　　　　　　　　　　D. 叶轮磨损严重影响了水泵性能

89. BC004　水泵不能启动或启动后轴功率过大的原因包括(　　　)。

　　A. 泵内转子和定子部件摩擦　　　　　　B. 平衡盘严重磨损或破裂

　　C. 电动机与泵严重不同心振动严重　　　D. 管线直径太小和阻力过大

90. BC005　离心泵运行中出水突然中断,原因分析正确的是(　　　)。

　　A. 用户用水减少　　　　　　　　　　　B. 电动机断电

　　C. 填料压盖发热　　　　　　　　　　　D. 吸入侧突然被异物堵住

91. BC006 泵压达不到运行要求主要是( )。

    A. 泵容积损失过大   B. 几台泵并联运行互相干扰

    C. 压力表损坏或指示不准   D. 水泵出水增加

92. BC007 离心泵汽蚀主要取决于( )。

    A. 泵体的结构设计   B. 输送介质的影响

    C. 启泵时操作不规范   D. 液体温度过低

93. BC008 传输泵的液体( )太高也是产生汽蚀的主要原因之一。

    A. 温度   B. 比热   C. 蒸汽压力   D. 密度

94. BC009 汽蚀发展到一定程度时,气泡占据一定的槽道面积,水泵的( )开始急剧下降,最后水泵停止出水。

    A. 扬程   B. 功率   C. 转速   D. 效率

95. BC010 水泵决不允许在( )的情况下长时间运转,是因为动能转换热能发生汽蚀而损坏设备。

    A. 没有流量   B. 低流量

    C. 出口压力高而损坏设备   D. 降低效率

96. BD001 水泵的振动始终都有,减小水泵振动的方法有( )。

    A. 调整机泵联轴器同心在规定范围内

    B. 底部加减振垫

    C. 管道水平找好避免引起共振

    D. 地脚螺栓不用紧死

97. BD002 新型泵站自动化系统涉及的高新技术有( )。

    A. 计算机和微电子技术技术   B. 软件和通信网络技术

    C. 管理和控制科学   D. 视频和音频技术

98. BD003 井筒要求正直( )井内径不小于相应的机座号。

    A. 光滑   B. 井管无错位现象   C. 粗糙   D. 不得有凸起

99. BD004 泵站的经济技术指标包括( )电耗。

    A. 单位水量基建投资   B. 水质   C. 水量   D. 输水成本

100. BD005 泵站的供水成本包括( )。

    A. 固定资产折旧   B. 大修费用   C. 年运行管理费   D. 水资源费

101. BD006 泵站投资是否合理的计算公式为 $e = \dfrac{C}{\sum Q}$,包含的要素有( )。

    A. 运行费用   B. 泵站基建总投资   C. 年总输水量   D. 电费

102. BD007 防雷的首要原则是将雷电流直接接闪引入地下泄放,因而对"接地"一定要重视起来。一般站内的接地主要有( )接地。

    A. 构筑物接地   B. 配电系统

    C. 强电设备接地   D. 计算机自控系统

103. BD008 避雷设备的接地体的连接不应采用( )。

    A. 搭接焊   B. 螺栓连接   C. 对接焊   D. 绑扎

104. BD009 给排水管道工程所用的原材料、半成品、成品等产品的品种、规格、性能必须符合国家有关( )。

    A. 合同要求   B. 鉴定要求   C. 标准的规定   D. 设计要求

105. BD010 环氧树脂具有极好的附着力,( )特性。

    A. 优异的耐腐蚀性能   B. 良好的力学性能

    C. 较低的稳定性   D. 良好的绝缘性

106. BD010 对环氧树脂进行改性,可获得高性能的防腐蚀涂料,如( )等。

    A. 环氧酚醛防腐蚀涂料   B. 环氧酚醛防腐蚀涂料系列

    C. 环氧呋喃改性防腐蚀涂料   D. 环氧煤沥青防腐蚀涂料

107. BD011 自控系统中属于上行信息的有( )。

    A. 返校信息   B. 遥控   C. 遥测   D. 遥信

108. BD012 远动终端设备的主要功能包括( )。

    A. 执行遥控/遥调命令   B. 实现对厂站的视频监视

    C. 与调度端进行数据通信   D. 信息采集和处理

109. BD013 在低压配电盘定期进行维护时,应( )。

    A. 戴绝缘手套   B. 穿绝缘靴

    C. 专人监护   D. 与带电体保持安全距离

110. BD014 同步电动机若要有效地削弱齿谐波的影响,则不能采用( )绕组。

    A. 短距   B. 分布   C. 分数槽   D. 整数槽

111. BD015 检修变压器的安全保护装置包括( )。

    A. 储油柜   B. 压力释放阀   C. 压力式温度计   D. 气体继电器

112. BD016 检测电动机定子绕组断线故障可以使用的方法有( )。

    A. 万用表法   B. 伏安法

    C. 试灯法   D. 三相电流平衡法

113. BD017 变频器维护保养的主要内容有( )。

    A. 保持良好的工作环境温度、湿度

    B. 检查变频器绝缘电阻是否在正常范围内

    C. 检查冷却风扇运行是否完好

    D. 检查变频器导线绝缘良好无过热

114. BD018 异步电动机修理后的试验项目有( )。

    A. 绕组绝缘电阻的测定   B. 绕组在冷态下的直流电阻测定

    C. 空载试验   D. 绕组绝缘强度测定

115. BD019 三相异步电动机一般的保养项目有( )。

    A. 清除电动机表面灰尘   B. 测量电动机的绝缘电阻

    C. 紧固固定螺栓及各类连接螺栓   D. 清理电动机通风罩

116. BD020 交流接触器在运行中容易发生过热的部位是( )。

    A. 线圈   B. 铁芯   C. 触头   D. 灭弧罩

117. BD021　选用交流接触器应全面考虑(　　)的要求。
　　A. 额定电流　　　　　　　　　　　　B. 额定电压
　　C. 辅助接点数量　　　　　　　　　　D. 吸引线圈电压

118. BD022　小容量调速系统为稳定输出转速,不应采用(　　)。
　　A. 转速负反馈　　　　　　　　　　　B. 电压截止负反馈
　　C. 转速正反馈　　　　　　　　　　　D. 电流截止负反馈

119. BD023　当电动机在超出额定电压的范围运行时,电动机的温升不会(　　)。
　　A. 增大　　　　　　B. 减小　　　　　　C. 不变　　　　　　D. 为零

120. BD024　变压器油温不正常的原因有(　　)。
　　A. 长期过负荷运行　　　　　　　　　B. 变压器匝、层、股间短路
　　C. 散热条件恶化及漏油　　　　　　　D. 漏磁或涡流引起油箱等发热

121. BD025　电动机轴承发热的处理方法有(　　)。
　　A. 更换质量合格的轴承
　　B. 检查润滑油是否过多或过少
　　C. 更换符合质量要求的润滑油
　　D. 检查皮带轮、联轴器等装配是否符合要求

122. BD026　电动机不能启动的故障原因有(　　)。
　　A. 缺相　　　　　　　　　　　　　　B. 启动按钮失灵
　　C. 电源开关未接通　　　　　　　　　D. 定子绕组有接地、断相或短路现象

123. BD027　电动机运行中温度过高时正确的处理方法是(　　)。
　　A. 负载过大时减小电动机负载
　　B. 两相运转时检查熔断器及开关接触点是否接触良好
　　C. 环境温度升高、室内温度高时可采取保温措施
　　D. 电源电压忽高或忽低,检查输入电压是否平稳

124. BD028　电动机运行时声音异常的故障原因有(　　)。
　　A. 电动机缺相运行　　　　　　　　　B. 电动机转子扫膛
　　C. 地脚螺栓松动　　　　　　　　　　D. 电源电压急剧下降或升高

125. BD029　三相异步电动机温度超标或冒烟时,应主要检查(　　)。
　　A. 电源电压是否过高或过低　　　　　B. 所带负载是否过重
　　C. 风扇及通风是否良好　　　　　　　D. 电动机绕组有无故障

126. BE001　IS 型离心泵组装中使用的工具有(　　)。
　　A. 紫铜棒　　　　　　B. 钻头　　　　　　C. 拉力器　　　　　　D. 游标卡尺

127. BE001　测量 IS 型离心泵口环间隙的量具有(　　)。
　　A. 内径百分表　　　　B. 游标卡尺　　　　C. 钢卷尺　　　　　　D. 直尺

128. BE002　SH 型离心泵装配前的准备工作包括(　　)。
　　A. 熟悉泵的组装质量标准
　　B. 检查泵的零件是否齐全,质量是否合格
　　C. 备齐所使用的工具、量具等

D. 准备好泵所需的消耗性物品,如润滑油、石棉填料等

129. BE003　离心泵在遇到下列情况下,应紧急停车处理(　　)。
    A. 泵突然发生剧烈振动　　　　　　　　B. 填料磨损
    C. 泵突然不出液　　　　　　　　　　　D. 泵内发生异常声音

130. BE004　IS 型单级单吸离心泵拆卸中应注意的问题有(　　)。
    A. 在开始拆卸以前,应将泵内介质排放彻底
    B. 在拆卸时,应将零件按顺序排好、编号,不能搞乱
    C. 清洗过的零件、油料不落地
    D. 不得松动电动机地脚螺栓

131. BE005　滚动轴承在安装检查时要(　　)。
    A. 转动灵活,用手转动后应平稳,不能有振动
    B. 游离间隙较大
    C. 隔离架与外圈应留有一定间隙
    D. 滚动体及管道表面有斑、孔、凹痕脱皮现象

132. BE006　确定水泵机组大修周期的原则是(　　)。
    A. 加强监测　　　　B. 综合考虑　　　　C. 该修必修　　　　D. 修必修好

133. BE007　JD 型清水深井泵泵体装配前应检查(　　)。
    A. 使用说明书　　　　　　　　　　　　B. 数量是否齐全
    C. 各部件清洗干净　　　　　　　　　　D. 泵体各部件质量是否合格

134. BE008　QG 井用潜水泵流量降低主要原因是(　　)。
    A. 滤水网被砂层堵塞　　　　　　　　　B. 扬水管的连接处漏气
    C. 出口阀门掉板　　　　　　　　　　　D. 壳体之间漏水

135. BE009　叶轮要做静平衡,检测不平衡使用的配件有(　　)。
    A. 叶轮　　　　　　　　　　　　　　　B. 键子
    C. 配合短轴　　　　　　　　　　　　　D. 叶轮静平衡支架

136. BE010　测量泵轴弯曲度的工作包括(　　)。
    A. 在轴沿轴向分成若干段　　　　　　　B. 每次转动的角度一致
    C. 在轴端画好等分线　　　　　　　　　D. 百分表下压量调到"0"

137. BE011　晃度即跳动,测量转子径向跳动的目的就是(　　)。
    A. 发现轴向不合格情况　　　　　　　　B. 及时发现转子中的错误
    C. 发现转子不合格情况　　　　　　　　D. 检查泵的振动

138. BE012　常用来检查轴承径向间隙的方法有(　　)。
    A. 压铅丝法　　　　　　　　　　　　　B. 游标卡尺法
    C. 塞尺检测法　　　　　　　　　　　　D. 内径百分表法

139. BE013　滚动轴承代号的构成有(　　)。
    A. 轴承前置代号　　　　　　　　　　　B. 轴承基本代号
    C. 轴承后置代号　　　　　　　　　　　D. 轴承内径尺寸

140. BE014 测量叶轮与密封环配合间隙可以用(   )。
    A. 游标卡尺   B. 塞尺   C. 直尺   D. 千分尺

141. BE015 在测量叶轮不平衡时,操作错误的是(   )。
    A. 叶轮在平衡架上任意一个位置停止
    B. 叶轮在平衡架上最上方停止
    C. 叶轮在平衡架最下方停止
    D. 平衡架不水平可以做静平衡

142. BE016 水泵密封环的间隙增大会使(   )。
    A. 泄漏增大,出水量减少   B. 泵的能耗增大
    C. 无变化   D. 提高效率

143. BF001 将联轴器安装在泵轴上,正确的操作是(   )。
    A. 用手锤直接敲打联轴器端面   B. 用专用套筒
    C. 用紫铜棒轻轻敲打   D. 用加热的方法

144. BF002 水泵安装高度不能超过计算值,否则水泵将会抽不上水来,另外影响计算值的大小是吸水管道的阻力损失扬程,因此宜采用(   )。
    A. 最短的管路   B. 尽量少装弯头的配件
    C. 选适当大一些口径的水管   D. 用较长的管道

145. BF003 水泵机组在安装时应(   )。
    A. 将底座放在表面平整的混凝土基础上
    B. 不垂直度允差为螺栓长度的 1/1000
    C. 地脚螺栓放在基础的预留孔中,与其孔壁距离需大于 15mm
    D. 加好垫圈戴上螺母,杆露出螺母 3~5 个螺距

146. BF004 离心泵进口安装阀门起(   )作用。
    A. 调节功率   B. 维护保养及检修   C. 调节负荷   D. 调节转速

147. BF005 水泵机组布置应以(   )水头损失最小为原则。
    A. 保证运行安全   B. 管道总长度最短
    C. 接头配件最小   D. 装卸、维修和管理方便

148. BF006 管材、管件使用前应进行外观检查,包括(   )。
    A. 无裂纹   B. 重皮等缺陷   C. 夹渣   D. 折叠

149. BF007 真空系统在压力试验合格后,还应按设计文件规定进行(   )。
    A. 8h 真空试验   B. 24h 真空试验
    C. 增压率不大于 5%   D. 增压率不大于 10%

150. BF008 如果在水泵的进口接弯头或闸阀,并在运行中部分开启,会使水泵进口处的(   )分布不均匀。
    A. 压力   B. 流速   C. 流量   D. 压强

151. BG001 浮子流量计是变面积式流量计的一种,主要优点包括(   )。
    A. 结构简单,使用方便   B. 适用于小管径和低流速
    C. 压力损失较低   D. 耐压力低,有玻璃管易碎

152. BG002　差压式流量计由一次检测件及三次仪表组成,主要优点是(　　)。

A. 结构牢固性能稳定　　　　　　　　B. 应用范围广泛

C. 测量精度普遍低　　　　　　　　　D. 现场安装条件要求高

153. BG003　百分表的构造由(　　)部分组成。

A. 绝缘装置　　　B. 表体部分　　　C. 传动系统　　　D. 读数装置

154. BG004　百分表测量时,不要使测量杆的行程超过它的测量范围,不要使表头突然撞到工件上,也不要用百分表测量(　　)的工作。

A. 表面粗糙度小　　　　　　　　　　B. 表面粗糙度大

C. 无显著凹凸不平　　　　　　　　　D. 有显著凹凸不平

155. BG005　杠杆千分表适用于(　　),并可用于对小尺寸工件用绝对法进行测量和对大尺寸工件用相对法进行测量。

A. 测量工件平面　　　　　　　　　　B. 测量工件几何形状

C. 相互位置正确性　　　　　　　　　D. 空间位置正确性

156. BG006　千分表读数方法是被测值的整数部分要在主刻度上读,小数部分在(　　)的下刻线上读。

A. 微分筒　　　B. 固定套管　　　C. 测头　　　D. 量杆

157. BH001　一般的泵与电动机之间联轴器同心度的调整有方法(　　)。

A. 塞尺测量　　　B. 百分表测量　　　C. 兆欧表　　　D. 万用表

158. BH002　直尺法测离心泵机组同心度的方法是用钢板尺配合调整联轴器(　　),用两条螺栓对称连接联轴器,对角坚固底角螺栓,做四等份、参照点标记。

A. 上偏差　　　B. 左偏差　　　C. 右偏差　　　D. 下偏差

159. BH003　水平仪按构造及外形可分为(　　)。

A. 长条水平仪　　　　　　　　　　　B. 框式水平仪

C. 光学合像水平仪　　　　　　　　　D. 方形水平仪

160. BH004　检查水平仪精度,可用(　　)组成的已知角度大小。

A. 直尺与塞尺　　　　　　　　　　　B. 正弦杆和量块

C. 电压表与电流表　　　　　　　　　D. 正弦杆与水平仪

161. BH005　下列关于三相对称负载各相有功功率之间关系叙述错误的有(　　)。

A. 相等　　　　　　　　　　　　　　B. 不等

C. 两相相等　　　　　　　　　　　　D. 三相互不相等

162. BH006　兆欧表测量绝缘项目可分为(　　)。

A. 外观检查　　　B. 开路试验　　　C. 测对地绝缘　　　D. 测相间绝缘

三、判断题(对的画"√",错的画"×")

(　　)1. AA001　断开导线时,应先断开火线,后断开地线;搭接导线时,顺序相同。

(　　)2. AA002　国有企业的主要负责人未按有关规定保证安全生产所需的资金投入,导致发生生产安全事故,尚不够刑事处罚的,对企业主要负责人应当给予罚款的处分。

（　）3. AA003　任何运行中的星形接线设备的中性点,不必视为带电设备。

（　）4. AA004　发生电气火灾时,应尽可能先切断电源,而后再采取相应的灭火器材进行灭火。

（　）5. AA005　《企业职工伤亡事故分类》(GB 6441—1986)规定,受伤部位指身体受损伤的部位。

（　）6. AA006　由于标准不完备,制度不健全,操作上的经验主义,认识和确认的失误,因情况复杂而判断错误会产生不安全行为。

（　）7. AA007　可能导致的事故类别和导致事故发生的间接原因的过程是危险源。

（　）8. AA008　劳动者在从事职业活动中接触职业病危害因素而引起的与特定职业有关的疾病就是职业病。

（　）9. AA009　职业病诊断机构进行的职业病诊断必须严格依法进行。

（　）10. AA010　职业病诊断应当依据职业病诊断标准,结合职业病危害接触史、工作场所职业病危害因素检测与评价、临床表现和医学检查结果等资料,进行综合分析做出。

（　）11. AB001　计算机病毒可以破坏计算机功能或者毁坏数据,但是不能自我复制。

（　）12. AB002　CRT 显示器若受到电磁影响,会出现显示画面扭曲或变色的现象。

（　）13. AB003　Office 是 Windows 系统的核心数据库,其中存放着各种参数。

（　）14. AB004　计算机病毒是指编制或者在计算机程序中插入的破坏计算机功能或者毁坏数据,影响计算机使用,并能自我复制的一组计算机指令或者程序代码。

（　）15. AB005　计算机监控系统的软件由系统软件和系统主程序组成。

（　）16. AB006　查看保护定值时,不需要停用整套计算机继电保护装置。

（　）17. AC001　水力学中常用的总能量应用注意事项有:基准面的选择可以任意选,但必须统一;断面选择应符合渐变流条件,注意水头损失 h_w 的取舍。

（　）18. AC002　渐变流过水断面上动水压强的分布规律可近似地看作与静水压强分布规律相同。

（　）19. AC003　新钢管的摩阻系数小于旧钢管的摩阻系数。

（　）20. AC004　45°钢管的局部阻力系数大于490°钢管的局部阻力系数。

（　）21. AC005　水力半径不是管道的半径,而是液流的过流断面面积与湿周之比。

（　）22. AC006　局部水头损失产生的外因是水流脱离管道边壁而形成的惯性。

（　）23. AC007　水在管道里流动的时候,管道内的压力是沿着水流方向逐渐增大的。

（　）24. AC008　长 400m 管道中水的压力差为 0.1MPa,所以每米的压差为 40mm。

（　）25. AD001　管道内生成的结垢层可以阻止管道腐蚀,保护水质。

（　）26. AD002　当管网中铁锈沉积严重时,一旦改变水的流速或方向时,易将这些沉积物冲起形成红水。

（　）27. AD003　管网中存在硫酸盐还原菌,可以消耗余氯,减轻管网腐蚀。

（　）28. AD004　新铺设的管道清洗不干净时,容易使管网中水的浊度增加。

（　）29. AD005　管网中微生物的存在与增减,受水中所含营养成分、水温、余氯以及水压等因素的影响。

（　　）30. AD006　管道破裂修复后，不必对管线进行冲洗。

（　　）31. AD007　当采用分质供水时，两套供水管网不得连通。

（　　）32. AD008　分质供水系统当必须用饮用水作为工业备用水源时，不用在两种管道连接处控制阀门之间设置隔断装置。

（　　）33. AD009　污染物的光氧化速率依赖于物理和生物的因素。

（　　）34. AD010　活性炭吸附可以明显改善自来水的色度，嗅味和各项无机物指标。

（　　）35. AD011　臭氧在水中的氧化性能较强，在氨中的氧化能力也较强。

（　　）36. AD012　臭氧可以将有机大分子氧化为小分子，为活性炭进一步氧化分解小分子有机物创造条件，臭氧—生物活性炭联用工艺有机物的去除率较常规工艺提高 15%~20%。

（　　）37. AD013　微滤的应用主要作为微滤、纳滤或超滤的预处理。

（　　）38. AD014　微滤对部分病毒和细菌不能有效去除。

（　　）39. AD015　超滤在将水中的胶体微粒、不溶性的铁和锰以及细菌、病毒、贾第虫等微生物去除的同时，保留了人体必需的微量元素，既确保水质安全又保证水质健康。

（　　）40. AD016　纳滤是一种压力驱动膜分离过程。

（　　）41. AD017　反渗透是在浓液一边加上比自然渗透压更高的压力，扭转自然渗透方向，把浓溶液中的水压到半透膜的另一边，这是和自然界正常渗透过程相反的，因而称为反渗透。

（　　）42. AD018　《城市污水再生利用城市杂用水水质》（GB/T 18920—2002）规定，臭味应无不快感觉。

（　　）43. AD019　地下水环境质量标准分为：地表水环境质量标准基本项目、集中式生活饮用水地表水源地补充项目和集中式生活饮用水地表水源地特定项目。

（　　）44. BA001　根据水泵的特性曲线可以知道水泵的各个性能的变化规律。

（　　）45. BA002　叶片泵性能曲线上，横坐标为扬程，纵坐标为流量、轴功率、效率和允许吸上真空高度或汽蚀余量。

（　　）46. BA003　对应于最高效率点的扬程、流量、功率称为额定扬程、额定流量、额定功率。

（　　）47. BA004　沿程水头损失的大小随管线长度的增加而减少。

（　　）48. BA005　水泵的 $Q-H$ 曲线都是上升曲线，即随着流量 Q 的增大，扬程 H 逐渐减小。

（　　）49. BA006　由离心泵的 $Q-N$ 曲线可知，在 $Q=0$ 时，相应的轴功率并不等于零，此功率主要消耗在水泵的机械损失上。

（　　）50. BA007　在水泵 $Q-\eta$ 曲线中对应于高效率点的流量、扬程、功率称为额定流量、额定扬程、额定功率，又称为设计流量、设计扬程、设计功率。

（　　）51. BA008　在 $Q-H_s$ 曲线中，水泵所允许的最大限度地吸上真空高度值，并不表示水泵在 Q、H 点工作时的实际吸上真空值。

（　　）52. BA009　离心泵的压头 H、轴功率 N 及功率 η 与流量 Q 之间的对应关系,若以曲线 $H\text{-}Q$、$N\text{-}Q$、$\eta\text{-}Q$ 表示,则称为离心泵的特性曲线,可由实验测定。

（　　）53. BA010　叶片泵的性能曲线与管路系统特性曲线的相交点,即为叶片装置的工作点。

（　　）54. BA011　要想提高工作点的效率,就必须人为地改变水泵装置的工作点,这种人为改变工作点的方法,称为工作点的调节。

（　　）55. BA012　人为调节工作点只可以用改变泵本身性能曲线这一种方法来达到。

（　　）56. BA013　如果叶轮切削量控制在一定限度内时,则水泵切削前后相应的效率可视为不变,此切削量与水泵的比转数有关。

（　　）57. BA014　应用水泵比例定律可进行变径调节计算。

（　　）58. BA015　离心泵一般不采用出口阀调节流量,常用改变叶轮转速或改变叶片安装角度的方法调节流量。

（　　）59. BA016　利用节流调节法调节工作点可降低叶片泵装置的效率,此方法浪费能源,很不经济。

（　　）60. BA017　对于离心泵填料环的安装没有特殊要求。

（　　）61. BA018　叶轮密封环之间的径向间隙一般在 0.5mm。

（　　）62. BA019　根据运行经验,调整填料压盖的松紧程度,一般以水封管内水能够通过填料缝隙呈滴状渗出,30~60 滴/min 为宜。

（　　）63. BA020　井组的能量消耗取决于水泵的流量大小、扬程、动水位及电动机的绕线方式。

（　　）64. BA021　水泵要近、远期结合,机组台数适当搭配,以便达到经济运行节能增效的目的。

（　　）65. BA022　用户用水量的变化越大选泵工作越复杂。

（　　）66. BA023　水泵的流量、扬程以及其变化规律是选泵的主要依据。

（　　）67. BA024　水泵型号、性能和台数选择的是否合理是泵站设计及运行管理的关键。

（　　）68. BB001　原理图中,各电器的触头位置应按电路通电或电器不受外力作用时的位置画出。

（　　）69. BB002　只有导体和磁场相互切割时,才能产生感应电动势,而垂直切割产生的感应电动势最小。

（　　）70. BB003　连续工作或短时工作,电动机保护用热继电器的选择应按电动机的工作环境要求、启动情况、负载性质考虑。

（　　）71. BB004　变压器室的最小尺寸应根据变压器外形尺寸和变压器外廓至四周的最大间距确定。

（　　）72. BB005　电动机试车过程中如发生异常情况应立即按下启动按钮。

（　　）73. BB006　电动机软启动器的输入端和输出端可任意调换,不影响工作。

（　　）74. BB007　转子电路串电阻调速、改变定子电压调速和串级调速,在调速过程中都不会产生大量的转差功率。

（　　）75. BB008　堵转转矩倍数越大,说明电动机带负载启动的性能越差。

( )76. BB009 在同步电动机的异步启动阶段,其励磁绕组应该断路。

( )77. BB010 电路的功率因数提高后,只能提高电源设备容量的利用率。

( )78. BB011 低压带电作业应在雷雨天气、潮湿天气、雪雾天气的条件下进行。

( )79. BB012 低压回路设备停电前必须验电。

( )80. BB013 变压器的引线接头接触应良好,无过热、变色、发红现象,接触处温度不得超过 90℃。

( )81. BB014 带电操作开关时应慢分、慢合。

( )82. BB015 由于逆变器的负载为异步电动机,属于电感性负载,无论电动机处于电动或发电制动状态,其功率因数一定为 1。

( )83. BB016 变频器的整流和逆变是通过晶体管实现的。

( )84. BB017 当通过变频器调节电动机减速过快时,会使电动机的旋转磁场转速低于转子转速而处于发电状态,从而使滤波电容器上的直流电压过高,导致"过电流"。

( )85. BB018 金属线圈中即使有电流通过也不会有磁场产生。

( )86. BC001 水泵转子组装时,叶轮流道的出口中心与导叶的进口中心应一致。

( )87. BC002 填料压盖主要用来压紧填料,以保证填料与轴套之间的密封性。

( )88. BC003 水泵出口阀门掉板会造成水泵出水量增加。

( )89. BC004 离心泵运行中轴功率过大,应该控制或关闭进口阀门。

( )90. BC005 离心泵运行中出水突然中断后,可检查是否因电压过低造成水泵转速不足。

( )91. BC006 离心泵机械损失过大会造成泵压达不到额定要求。

( )92. BC007 传输泵的液体温度过低也会产生汽蚀。

( )93. BC008 液体汽化、凝结形成的高频冲击负荷造成金属材料的机械剥落和电化学腐蚀的综合现象统称为汽蚀。

( )94. BC009 汽蚀会使机组产生振动与噪声,严重时可听到泵内有噼噼啪啪响声。

( )95. BC010 大幅度减小叶轮入口处的直径和叶片进口的过流面积可达到减小泵的必需汽蚀余量的目的。

( )96. BD001 电动机与泵严重不同心引起振动严重,应重新找正

( )97. BD002 老泵站自动化改造过程中应该一次性应用各种先进技术、设备、仪器仪表等,达到"无人值班、少人值守"的水平。

( )98. BD003 在众多井组连成的管路中,距集水泵站较远者使用扬程较低的水泵,较近者使用扬程较高的水泵。

( )99. BD004 人员薪资是泵站运行的较大一部分成本。

( )100. BD005 泵站的单位供水成本计算公式为 $A = E / \sum Q$。

( )101. BD006 在泵站初步设计时,通常以单位耗电量来衡量该泵站是否合理。

( )102. BD007 衡量阀形避雷器保护性能好坏的指标是冲击放电电压。

( )103. BD008 避雷器与被保护的设备距离越近越好。

( )104. BD009 当管线管径小于 300mm 或转弯角度小于 10°,且水压力不超过 980kPa

时,因接口本身足以承受拉力,管线可不设支墩。

( )105. BD010 氯磺化聚乙烯涂料性能优异,使用寿命长达 10 年。

( )106. BD011 采用具有遥控、遥测、遥调及遥信功能的远动装置,就能在调度所内通过传送信息的远动通道,及时掌握和控制系统的运行情况。

( )107. BD012 主站通过一共用链路与多个子站相连,此种配置允许多个子站同时传送数据到主站,主站也可向全部子站同时传送全局性报文。

( )108. BD013 低压配电装置的配电柜号,应前后一致,所有主控电器均应按操作编号原则统一编号。

( )109. BD014 同步发电机发生非同期并列故障的特征是:发电动机发出吼声,定子电压剧烈摆动。

( )110. BD015 检修过程中,应仔细检查绕组的绝缘状态,用 2500V 兆欧表测试绕组之间及对地的绝缘电阻和吸收比。

( )111. BD016 电动机在确定是电源缺相引起烧坏后,只要拆除旧绕组,更新绕组就行,

( )112. BD017 变频器操作前必须切断电源,还要注意主回路电容器充电部分,确认电容放电完后再进行操作。

( )113. BD018 电动机的工作电压过高或过低都会导致线圈过热而烧坏。

( )114. BD019 直流电动机换向器进行表面修理,一般应先将电枢升温到 60~70℃,保温 1~2h 后,拧紧换向器端面的压环螺栓,待电动机冷却后,换下换向器片间云母片,而后再车光外圈。

( )115. BD020 选择交流接触器时,标明额定电压应小于或等于线路额定电压。

( )116. BD021 带有灭弧罩的接触器允许不带灭弧罩使用,以防止短路事故。

( )117. BD022 调速系统中采用比例积分调节器,兼顾了实现无静差和快速性的要求,解决了静态和动态对放大倍率数要求的矛盾。

( )118. BD023 在电动机启动过程中,当电源电压偏低,会使电动机定子电流和转子电抗增加。

( )119. BD023 运行中的变压器若发出"噼啪"或"吱吱"声,则表明变压器过载。

( )120. BD025 电动机定转子中心未对正,运行时,转子受径向推力作用可使轴承发热。

( )121. BD026 电动机带动的水泵被卡住,这时盘车转动困难,可将泵机分开,如电动机启动正常,再检查水泵,排除故障。

( )122. BD027 因电动机风道阻塞使电机运行中温度过高时,应及时停机清除风道灰尘或油垢。

( )123. BD028 电动机定子绕组出现严重接触不良、定子绕组漏电等情况时会发出嘎吱、嘎吱声。

( )124. BD029 电动机温度超标或冒烟时应立即停机对电动机进行检查,排除故障并实验合格后方可恢复开机。

( )125. BE001 IS 型离心泵联轴器与轴的组装宜采用热装与紧压法。

（　　）126. BE002　在单吸式离心泵叶轮上作用有一个推向吸入口的轴向力。这种轴向力特别对于多级式的单级离心泵来讲,数值相当大,必须用专门的轴向固定装置解决。

（　　）127. BE003　水泵安装质量应满足如下基本要求:稳定性、整体性、位置与标高要准确、对中与整平。多级叶轮组装时首级叶轮与挡套轴肩不能脱离接触而出现间隙。

（　　）128. BE004　水泵平衡盘与平衡座间最易产生摩擦的工况是泵流量变化时。

（　　）129. BE005　给水泵大修时要实施解体、重点检查、测量与振、磨、漏有关的部套损坏情况,逐一检查全部零部件的使用可靠性。

（　　）130. BE006　DA 型水泵解体后可将零件用汽油清洗干净。

（　　）131. BE007　长轴深井泵传动轴与橡胶轴承接触的弯曲度不得大于 0.4~0.6mm。

（　　）132. BE008　潜水泵在下井前可在短时间内脱水运转。

（　　）133. BE009　更换的新叶轮无须做静平衡试验。

（　　）134. BE010　泵轴经多次校正处理后又弯曲,弯曲超过允许值,还可继续校正。

（　　）135. BE011　大型高速泵转子的联轴器装配后的径向晃度和端面瓢偏值都应小于 0.06mm。

（　　）136. BE012　滑动轴承合金有铅基和锡基两种,铅基轴承合金的可塑性差,锡基轴承的可塑性强。

（　　）137. BE013　油箱油位过低是轴承温度低的原因之一。

（　　）138. BE014　分别用游标卡尺测量密封环内径与叶轮口环外径,测量位置为 0° 和 90°两次测量的最大值为密封环与叶轮口环间的径向间隙。

（　　）139. BE015　在粘贴橡皮泥处相应的 120°的叶轮上用粉笔画上记号。

（　　）140. BE016　密封环与叶轮口环处每侧径向间隙一般约为密封环内径的 3‰~4.5‰;但最小不得小于轴瓦顶部间隙,且应四周均匀。

（　　）141. BF001　拆卸水泵联轴器时,应使用拉力器。

（　　）142. BF002　管路布置时尽可能减小管路水头损失 $\sum h_s$,使得水泵进口处设计汽蚀余量尽可能大一些。

（　　）143. BF003　平键及轴承装配时,需要用铁锤直接敲打。

（　　）144. BF004　离心泵进口管径应大于出口管径。

（　　）145. BF005　在水泵机组布置形式中,各机组轴线呈一直线单行顺列,即为纵向排列形式。

（　　）146. BF006　钢管焊缝的宽度应焊出坡口边缘 3~4mm。

（　　）147. BF007　水压试验压力表在最高点安装一块即可。

（　　）148. BF008　减少管路附件可以提高管路效率。

（　　）149. BG001　容积式流量计根据测量室逐次重复地充满和排放该体积部分流体的次数来测量流体体积总量。

（　　）150. BG002　管道安装条件对容积式流量计计量精度有影响。

（　　）151. BG003　百分表和千分表,都是用来校正零件或夹具的安装位置检验零件的形状精度或相互位置精度的。

(）152. BG004 百分表的最小读数值为 0.1mm。

(）153. BG005 百分表和千分表的结构原理相似,车间里经常使用的是百分表。

(）154. BG006 应用千分表测量圆柱形产品时,测杆轴线与产品直径方向垂直。

(）155. BH001 刚性联轴器用两个圆法兰盘连接,它对于泵轴与电动机轴的同心度应该一致,连接中无调节余地,因此,要求安装精度高,常用于小型水泵机组和立式泵机组的连接。

(）156. BH002 联轴器左右偏差靠增减垫片的方法找正,上下偏差靠移动电动机位置找正。

(）157. BH003 水平仪主要应用于检验各种机床及其他类型设备导轨的直线度和设备安装的垂直位置。

(）158. BH004 水平仪使用时高度适中,望远镜略低于操作者的眼睛。

(）159. BH005 只要是三相三线制,则不论负载对称与否,其三相有功功率都可用两表法来测量三相总有功功率。

(）160. BH006 兆欧表的短路试验是摇动摇把(开始要慢)120r/min 时,将两条测量线路短路,表针应稳定指在 ∝ ,为合格。

四、简答题

1. BA002　简述什么是水泵性能曲线。

2. BA002　简述水泵特性曲线的作用。

3. BA004　什么是水泵的管路系统?

4. BA004　什么是管路系统的水头损失?

5. BA005　什么是水泵的扬程曲线?

6. BA005　水泵的扬程曲线有何特点?

7. BA006　简述什么是水泵的功率曲线。

8. BA006　简述水泵 Q-N 曲线的特点。

9. BA007　简述什么是水泵的效率曲线。

10. BA007　简述什么是水泵的设计点。

11. BA010　什么是水泵运行工作点?

12. BA010　水泵运行工作点是由哪些因素决定的?

13. BA012　水泵调节的目的是什么?

14. BA012　简答叶轮切削的意义。

15. BA015　简述调节轴流泵叶片安装角与扬程的关系。

16. BA015　简述轴流泵变角调节的原理。

17. BA018　简述离心泵密封环所起的作用。

18. BA018　简述密封环的形式。

19. BF001　简述联轴器的检修要求。

20. BF001　为什么联轴器之间应留有适当的间隙?

五、计算题

1. AC005　某一输水管线长 1100m,管线流量为 720m³/h,求该管线的沿程水头损失(阻力系数 $A=6.84\times10^{-2}$,修正系数 $K=1.03$)。

2. AC005　某一输水管线长 1000m,内径为 500m,测得管内流速是 1.0m/s,求该输水管线沿程水头损失(已知阻力系数 $A=6.84\times10^{-2}$,修正系数 $K=1.03$)。

3. AC006　有一闸阀处于全开状态,测得闸阀处流速为 2m/s,求闸阀处的局部水头损失(已知闸阀阻力系数 $\xi=0.1,g=9.81\text{m/s}^2$)。

4. AC006　管道上某处需要安装一个阀门,要使阀门的局部水头损失控制在 0.01m 以内,阀门处流速不大于 1.5m/s,则该阀门的最大阻力系数可选多大($g=9.81\text{m/s}^2$)?

5. AC007　已知某一水泵站用 DN400 的管道向用户供水,管道所产生的总阻力为 17.6m,管道每米的阻力为 4.4mm,求该管道的长度。

6. AC007　某管道长 5000m,管道所产生的阻力为 7000mm,求该管道每米的阻力是多少?

7. AC008　已知 DN100 的管道的流速为 0.91m/s,流量为 25.2m³/h,阻力为 18.6mm/m,求阻力系数是多少?

8. AC008　已知 DN200 的管道的流速为 0.80m/s,流量为 90m³/h,阻力系数为 9.375,求该管道的每米阻力。

9. BA010　已知某台水泵在运行时测得流量 Q 为 150m³/h,扬程为 78m,轴功率为 40kW,求该泵的效率是多少?

10. BA010　已知某台水泵在运行时测得流量 Q 为 150m³/h,扬程 H 为 72m,运行电流 I 为 90A,功率因数 $\cos\phi$ 为 0.85,电压 U 为 380V,若电动机效率 η 电为 80%,电动机直接传动,计算该泵在此工况下的效率是多少?

11. BA010　已知一台水泵运行时的轴功率为 40kW,运转电流为 90A,电压 380V,$\cos\phi$ 为 0.85,电动机直接传动,求该泵的效率是多少?

12. BA013　已知一台离心泵的叶轮直径为 200mm 时,流量为 400m³/h,为使这台离心泵的流量降到 360m³/h,叶轮直径需切割多少才合适?

13. BA013　已知一台水泵的叶轮直径为 200mm 时,扬程是 20m,求当叶轮切割 20mm 后水泵的扬程是多少?

14. BA013　已知一台水泵的转速为 1000r/min 时,轴功率为 20kW,求当转速增加到 1100r/min 时轴功率增加多少?

15. BA014　已知一台水泵的转速为 1600r/min,流量为 1000m³/h,当转速为 1200r/min 时,求此时的流量为多少?

16. BA014　已知一台水泵转速降低到 1000r/min 时,扬程降到 20m,求原转速为 1200r/min 时的扬程是多少?

17. BD004　有一小型水厂,年供水量 250×10⁴m³,消耗电费 13×10⁴ 元,材料费 11×10⁴ 元,工资总额 8 万元,折旧费 12×10⁴ 元,其他费用 11×10⁴ 元,求该水厂年供水成本是多少?

18. BD004　某水泵站月供水为 320000m³,月耗电量为 208000kW·h,求该月的供水单位耗电量是多少?

19. BF002 一台水泵修正后的允许吸上真空高度为 5.56m,已知该泵的流量为 200L/s,泵的吸水口直径为 300mm,吸水管路的水头损失 $\sum h_s$ 为 1m,试计算其最大安装高度 H_{ss} 是多少?

20. BF002 某台离心泵从样本查得允许吸上真空高度 H_s 为 7m,现将泵安装在海拔 1000m 的地方,当水温为 30℃,问修正后的 H_s' 应为多少?该泵的流量 Q 为 220L/s,泵吸水口直径 d 为 300mm,吸水管路水头损失 $\sum h_s$ 为 1m,试计算其最大安装高度 $H_{ss}(H_{va}$ 为 0.43m,H_a 为 9.2m)。

答　案

一、单项选择题

1. D	2. B	3. C	4. B	5. D	6. A	7. D	8. A	9. A	10. D
11. B	12. C	13. A	14. B	15. B	16. D	17. A	18. C	19. A	20. D
21. C	22. D	23. D	24. B	25. A	26. B	27. A	28. A	29. B	30. D
31. B	32. D	33. A	34. B	35. D	36. A	37. B	38. B	39. D	40. B
41. D	42. C	43. B	44. C	45. A	46. A	47. C	48. A	49. C	50. D
51. A	52. C	53. A	54. C	55. D	56. C	57. D	58. C	59. D	60. A
61. D	62. D	63. A	64. A	65. B	66. C	67. B	68. C	69. C	70. A
71. B	72. B	73. A	74. C	75. B	76. D	77. B	78. D	79. C	80. B
81. C	82. D	83. C	84. A	85. A	86. A	87. A	88. A	89. C	90. A
91. D	92. D	93. A	94. A	95. D	96. B	97. A	98. B	99. D	100. A
101. B	102. D	103. B	104. D	105. A	106. D	107. D	108. C	109. D	110. D
111. D	112. A	113. D	114. D	115. D	116. D	117. D	118. B	119. A	120. C
121. D	122. B	123. C	124. D	125. D	126. D	127. C	128. C	129. B	130. B
131. C	132. D	133. A	134. B	135. A	136. A	137. A	138. B	139. C	140. B
141. C	142. D	143. B	144. A	145. B	146. C	147. A	148. B	149. B	150. C
151. B	152. D	153. D	154. D	155. B	156. C	157. B	158. C	159. A	160. B
161. B	162. A	163. A	164. D	165. C	166. B	167. B	168. B	169. B	170. C
171. B	172. B	173. D	174. D	175. D	176. C	177. C	178. C	179. C	180. C
181. A	182. D	183. C	184. B	185. B	186. A	187. A	188. C	189. A	190. C
191. B	192. A	193. A	194. A	195. B	196. A	197. D	198. A	199. C	200. C
201. C	202. D	203. B	204. A	205. A	206. B	207. D	208. C	209. D	210. C
211. B	212. B	213. C	214. B	215. C	216. C	217. B	218. A	219. C	220. A
221. A	222. D	223. C	224. D	225. C	226. A	227. B	228. B	229. A	230. A
231. D	232. B	233. A	234. B	235. B	236. B	237. C	238. A	239. C	240. C
241. D	242. C	243. A	244. D	245. A	246. A	247. C	248. D	249. C	250. B
251. D	252. C	253. A	254. A	255. C	256. C	257. B	258. B	259. B	260. A
261. A	262. D	263. D	264. A	265. B	266. C	267. B	268. C	269. A	270. C
271. B	272. C	273. C	274. D	275. D	276. C	277. D	278. A	279. A	280. C
281. A	282. C	283. C	284. C	285. D	286. D	287. B	288. A	289. B	290. C
291. A	292. B	293. C	294. A	295. D	296. C	297. C	298. A	299. A	300. D
301. A	302. B	303. D	304. B	305. D	306. D	307. B	308. B	309. B	310. C

311. B   312. A   313. B   314. B   315. D   316. D   317. A   318. A   319. D   320. A

二、多项选择题

1. BD	2. ABCD	3. AB	4. ABC	5. ABCD	6. ABCD	7. ABC

1. BD   2. ABCD   3. AB   4. ABC   5. ABCD   6. ABCD   7. ABC
8. BCD   9. ABC   10. AB   11. ABD   12. ACD   13. ABC   14. ABCD
15. BCD   16. BCD   17. ABCD   18. AC   19. AB   20. ACD   21. ACD
22. ABD   23. ABC   24. ABCD   25. AD   26. AB   27. ACD   28. AD
29. ABCD   30. AB   31. ABC   32. ABC   33. BCD   34. AB   35. ABCD
36. CD   37. CD   38. ABC   39. ABC   40. ABD   41. BCD   42. ABC
43. ABC   44. BCD   45. ABCD   46. AC   47. CD   48. BC   49. BC
50. ABD   51. BC   52. BCD   53. ABCD   54. AC   55. ABC   56. CD
57. ABCD   58. ABD   59. ABC   60. AD   61. ABD   62. AC   63. CD
64. AB   65. BCD   66. CD   67. AB   68. ABC   69. ABD   70. BCD
71. ABCD   72. ABCD   73. ABC   74. ABCD   75. ABD   76. ABCD   77. CD
78. ABC   79. ACD   80. ABCD   81. BCD   82. CD   83. AB   84. ABC
85. ABC   86. BCD   87. ACD   88. CD   89. ABC   90. BD   91. ABC
92. ABC   93. AC   94. ABD   95. AB   96. ABC   97. ABCD   98. ABD
99. AD   100. ABCD   101. BC   102. ABCD   103. BCD   104. CD   105. ABD
106. CD   107. ABD   108. ACD   109. ABCD   110. ABD   111. ABD   112. ABCD
113. ABCD   114. ABCD   115. ABCD   116. BC   117. ABCD   118. BCD   119. BCD
120. ABCD   121. ABCD   122. ABCD   123. ABD   124. ABCD   125. ABCD   126. ACD
127. AB   128. ABCD   129. ACD   130. ABC   131. AC   132. ABCD   133. BCD
134. ABD   135. ABCD   136. ABC   137. BC   138. AC   139. ABC   140. AB
141. BCD   142. AB   143. BCD   144. ABC   145. ACD   146. BC   147. ABCD
148. ABCD   149. AC   150. AB   151. ABC   152. ABC   153. BCD   154. BD
155. BC   156. AB   157. AB   158. BC   159. ABC   160. BD   161. BCD
162. ABCD

三、判断题

1. ×   正确答案:断开导线时,应先断开火线,后断开地线;搭接导线时,顺序相反。   2. ×
正确答案:国有企业的主要负责人未按有关规定保证安全生产所需的资金投入,导致发生生
产安全事故,尚不够刑事处罚的,对企业主要负责人应当给予撤职的处分。   3. ×   正确答
案:任何运行中的星形接线设备的中性点,都应视为带电设备。   4. √   5. √   6. √   7. ×
正确答案:可能导致的事故类别和导致事故发生的直接原因的过程是危险源。   8. √   9. √
10. √   11. ×   正确答案:计算机病毒可以破坏计算机功能或者毁坏数据,且能自我复制。
12. √   13. ×   正确答案:注册表是 Windows 系统的核心数据库,其中存放着各种参数。
14. √   15. ×   正确答案:计算机监控系统的软件由系统软件和运行主程序组成。   16. √
17. √   18. √   19. √   20. ×   正确答案:45°钢管的局部阻力系数小于 490°钢管的局部阻力

系数。　21.√　22.×　正确答案:局部水头损失产生的外因是水流脱离管道边壁而形成的旋涡区。　23.×　正确答案:水在管道里流动的时候,管道内的压力是沿着水流方向逐渐减小的。　24.×　正确答案:长 400m 管道中水的压力差为 0.1MPa,所以每米的压差为 25mm。　25.×　正确答案:管道内生成的结垢层是细菌滋生的场所,形成"生物膜"。

26.√　27.×　正确答案:管网中存在硫酸盐还原菌,能把硫酸盐还原呈硫化物,加快管网腐蚀速度。　28.√　29.√　30.×　正确答案:管道破裂修复后,必须对管线进行冲洗,排走倒灌的污水,才能避免管道污染。　31.×　正确答案:当采用分质供水时,两套供水管网可以连通,但须有空气隔离措施。　32.×　正确答案:分质供水系统当必须用饮用水作为工业备用水源时,应在两种管道连接处控制阀门之间设置隔断装置。　33.×　正确答案:污染物的光氧化速率依赖于多种化学和环境的因素。　34.×　正确答案:活性炭吸附可以明显改善自来水的色度,嗅味和各项有机物指标。　35.×　正确答案:臭氧在水中的氧化性能较强,而在氨中的氧化能力较弱。　36.√　37.×　正确答案:微滤的应用主要作为反渗透、纳滤或超滤的预处理。　38.√　39.√　40.√　41.√　42.√　43.×　正确答案:地面水环境质量标准分为:地表水环境质量标准基本项目、集中式生活饮用水地表水源地补充项目和集中式生活饮用水地表水源地特定项目。　44.√　45.×　正确答案:叶片泵性能曲线上,横坐标为流量,纵坐标为扬程、轴功率、效率和允许吸上真空高度或汽蚀余量。

46.√　47.×　正确答案:沿程水头损失的大小随管线长度的增加而增加。　48.×　正确答案:水泵的 $Q-H$ 曲线一般是下降曲线,即随着流量 Q 的增大,扬程 H 逐渐减小。　49.√　50.√　51.√　52.√　53.√　54.√　55.×　正确答案:人为调节工作点可以用改变泵本身性能曲线和改变管路系统特性曲线两种方法来达到。　56.√　57.×　正确答案:应用水泵比例定律可进行变速调节计算。　58.×　正确答案:轴流泵一般不采用出口阀调节流量,常用改变叶轮转速或改变叶片安装角度的方法调节流量。　59.√　60.×　正确答案:对于离心泵填料环的安装有一定的要求,安装时填料环必须对准水封管(槽)。　61.×　正确答案:叶轮密封环之间的径向间隙一般在 $0.2 \sim 0.5mm$。　62.√　63.√　64.√　65.√　66.√　67.√　68.√　69.×　正确答案:只有导体和磁场相互切割时,才能产生感应电动势,而垂直切割产生的感应电动势最大。　70.√　71.×　正确答案:变压器室的最小尺寸应根据变压器外形尺寸和变压器外廓至四周的最小间距确定。　72.×　正确答案:电动机试车过程中如发生异常情况应立即按下停止按钮。　73.√　74.×　正确答案:转子电路串电阻调速、改变定子电压调速和串级调速,在调速过程中会产生大量的转差功率。　75.×　正确答案:堵转转矩倍数越大,说明电动机带负载启动的性能越强。　76.×　正确答案:在同步电动机的异步启动阶段,其励磁绕组应该短路。　77.×　正确答案:电路的功率因数提高后,不仅可以提高电源设备容量的利用率,又能减少输电线路上的电压损失和功率损耗。　78.×　正确答案:低压带电作业不应在雷雨天气、潮湿天气、雪雾天气的条件下进行。　79.√　80.×　正确答案:变压器的引线接头接触应良好,无过热、变色、发红现象,接触处温度不得超过 70℃。

81.×　正确答案:带电操作开关时应快分、快合。　82.×　正确答案:由于逆变器的负载为异步电动机,属于电感性负载,无论电动机处于电动或发电制动状态,其功率因数不一定为 1。　83.×　正确答案:变频器的整流和逆变是通过晶闸管实现的。　84.×　正确答案:当通过变频器调节电动机减速过快时,会使电动机的旋转磁场转速低于转子转速而处于发电状态,从而使滤波电容器上的直流电压过高,导致"过电压"。　85.×　正确答案:金属线圈中有电流通过,就会有磁场产生,交变电流通过电动机绕组产生交变磁场。　86.√　87.√　88.×　正确答案:水泵出口阀门掉板会造成水泵出水量减少。　89.×　正确答案:离心泵运行中轴功率过大,应该控制出水阀门减少出水流量,降低功率。　90.√　91.×　正确答案:离心泵机械损失大造成能耗高,容积损失过大造成泵压达不到额定要求。　92.×　正确答案:传输泵的液体温度过高也会产生汽蚀。　93.√　94.√　95.×　正确答案:适当加大叶轮入口处的直径和叶片进口的过流面积可达到减小泵的必需汽蚀余量的目的。　96.√　97.×　正确答案:老泵站自动化改造过程中盲目追求技术的先进性会使泵站在自动化系统上的投资回报率下降,不成熟的新技术的应用造成维护、升级成本的大幅度增加。　98.×　正确答案:在众多井组连成的管路中,距集水泵站较远者使用扬程较高的水泵,较近者使用扬程较低的水泵。　99.√　100.√　101.×　正确答案:在泵站初步设计时,通常以单位水量基建投资来衡量该泵站是否合理。　102.×　正确答案:衡量阀形避雷器保护性能好坏的指标是冲击放电电压和残压。　103.×　正确答案:避雷器与被保护的设备距离不是越近越好。　104.√　105.√　106.√　107.×　正确答案:主站通过一共用链路与多个子站相连。此种配置同时刻只允许一个子站传送数据到主站,而主站可选择一个或多个子站传送数据。　108.√　109.×　正确答案:同步发电动机发生非同期并列故障的特征是:发电动机发出吼声,定子电流剧烈摆动。　110.√　111.×　正确答案:在确定是电源缺相引起烧坏后,不但要拆除旧绕组,更新绕组,而且必须检查电源设备,否则电动机修好后,会因电源缺相而再次烧毁电动机。　112.√　113.√　114.√　115.×　正确答案:选择交流接触器时,标明额定电压应大于或等于线路额定电压。　116.×　正确答案:带有灭弧罩的接触器禁止不带灭弧罩使用,以防止短路事故。　117.×　正确答案:调速系统中采用比例微分调节器,兼顾了实现无静差和快速性的要求,解决了静态和动态对放大倍率数要求的矛盾。　118.√　119.×　正确答案:运行中的变压器若发出"噼啪"或"吱吱"声,则表明变压器内部接触不良,或绝缘有击穿。　120.×　正确答案:电动机定转子中心未对正,运行时,转子受轴向推力作用可使轴承发热。　121.√　122.√　123.×　正确答案:电动机定子绕组出现严重接触不良、定子绕组漏电情况时电动机会发出噼啪放电声。　124.√　125.√　126.×　正确答案:在单吸式离心泵叶轮上作用有一个推向吸入口的轴向力,这种轴向力特别对于多级式的单级离心泵来讲,数值相当大,必须用专门的轴向力平衡装置解决。　127.√　128.×　正确答案:水泵平衡盘与平衡座间最易产生摩擦的工况是泵在启停时。　129.√　130.√　131.×　正确答案:长轴深井泵传动轴与橡胶轴承接触的弯曲度不得大于 0.1~0.2mm。　132.×　正确答案:由于电泵轴承采用水润滑材质,因此决不可脱水运行。　133.×　正确答案:新叶轮也应该做静平衡试验。　134.×　正确答案:轴弯曲超过允许值,并经多次校正处理而又弯曲,则应更换新轴。　135.√　136.√　137.×　正确答案:油箱油位过低是轴承温度高的原因之一。　138.×　正确答案:分别用游标卡尺测量密封环内径与叶轮口环外径,测量位置为 0°和 90°两次测量的平均差为密封环与叶轮口环间的径向间隙。　139.×　正确答案:在粘贴橡皮泥处相应的 180°的叶轮上用粉笔画上记号。　140.×　正确答案:密封环与叶轮口环处每侧径向间隙一般约为密封环内径的 1‰~1.5‰;但最小不得小于轴瓦顶部间隙,且应四周均匀。　141.√　142.√　143.×

正确答案:平键及轴承装配时,应该用木槌、铜棒等或专用装配工具进行装配。　144.√
145.×　正确答案:在水泵机组布置形式中,各机组轴线呈一直线单行顺列,即为横向排列
形式。　146.×　正确答案:钢管焊缝的宽度应焊出坡口边缘 1~2mm。　147.×　正确答
案:水压试验压力表应装在最低点和最高至少各一块,压力表指示盘应被操作人员和检查人
员看到。　148.√　149.√　150.×　正确答案:管道安装条件对容积式流量计计量精度没
有影响。　151.√　152.×　正确答案:百分表的最小读数值为 0.01mm。　153.√　154.×
正确答案:应用千分表测量圆柱形产品时,测杆轴线与产品直径方向一致。　155.√　156.×
正确答案:联轴器左右偏差靠移动电动机位置找正,上下偏差靠增减垫片的方法找正。
157.×　正确答案:水平仪主要应用于检验各种机床及其他类型设备导轨的直线度和设备
安装的水平位置。　158.√　159.√　160.×　正确答案:兆欧表的短路试验是摇动手柄
(开始要慢)到 120r/min 时,将两条测量线瞬间接触,表针应指在 0,为合格。

四、简答题

1. 答:①水泵的性能曲线是指叶片在恒定的转速下,扬程、功率、效率和允许吸上真空高
度或允许汽蚀余量等性能参数随流量而变化的关系。②这种关系绘制成曲线称为性能
曲线。

评分标准:答对①占 60%;答对②占 40%。

2. 答:①根据水泵的特性曲线可以知道水泵的各个性能的变化规律,根据实际用途可以
选择最合适的水泵。②根据水泵的特性曲线可以确定水泵的运转工作点,根据运转工作点,
可以检查流量或扬程大小,判断水泵效率的高低,经济性能的好坏,配套功率是否够用。③
根据功率曲线的变化规律,正确选择开车启动方式。

评分标准:答对①、③占 30%;答对②占 40%。

3. 答:水泵的管路系统是指水泵、①管路附件、②管路、③进水池④和出水池⑤的总称。

评分标准:答对①~⑤各得 20%。

4. 答:①管路系统的水头损失是指液体在管道内流动时受到大小不同的摩擦阻力。

评分标准:答对①得 100%。

5. 答:①表示扬程与水泵流量之间的关系曲线称为流量—扬程曲线,简称扬程曲线;②
扬程曲线用 Q-H 表示。

评分标准:答对①和②各占 50%。

6. 答:①随着 Q 的增加 H 下降,H 下降的快慢与水泵的 n_s 有关。②n_s 小,H 下降的慢
一些,曲线平转平坦;③n_s 大,H 下降快一些,曲线就显得陡一些;④但有的水泵(离心泵)在
曲线上会出现驼峰形,水泵在驼峰区运转不稳定,应尽量避免。

评分标准:答对①~④各占 25%。

7. 答:①表示水泵的轴功率与流量之间关系的曲线称为流量—轴功率曲线,简称功率曲
线,②功率曲线用 Q-N 表示。

评分标准:答对①和②各占 50%。

8. 答:①一般离心泵的轴功率都是随着流量的增加而逐渐增加的,但增加得快慢与比转
数有关;②n_s 越小,N 增加得越快,曲线较陡;n_s 越大,N 增加得越慢,曲线比较平坦。③当

比转数增加到轴流泵范围时,随着 Q 的增加,N 反而是下降的。④当 $Q=0$ 时(把流量为零时的返点称为关闭工况点),离心泵的轴功率最小,轴流泵的轴功率最大,所以离心泵关闭出口阀门启动,而轴流泵和混流泵则应打开出水阀门启动。

评分标准:答对①~④各占 25%。

9. 答:①表示水泵的效率与水泵流量之间关系的曲线称为流量—效率曲线,简称效率曲线,②效率曲线用 $Q-\eta$ 表示。

评分标准:答对①和②各占 50%。

10. 答:①在水泵 $Q-\eta$ 曲线中:当 $Q=0$ 时,$\eta=0$,随着 Q 的增加,η 也增加,但增加到一定数值后,η 下降了,这说明效率有一个最高值,称效率最高点为设计点。②水泵铭牌上所标额定的 Q、H、N 等参数就是最高效率点所对应的一组数据。

评分标准:答对①和②各占 50%。

11. 答:①把水泵的性能曲线和管路性能曲线用同一比例绘在一个图上,②两条曲线的交点即为水泵运行工作点。

评分标准:答对①和②各占 50%。

12. 答:①水泵运行工作点表示水泵装置的工作能力,②在泵站设计和管理中为了正确地选型配套和使用水泵,工作点的确定是很重要的。③水泵运行工作点不但与水泵本身的性能有关,④而且与水泵所在的管路系统有关,⑤若其中某一因素发生变化,则水泵运行工作点也相应发生变化。

评分标准:答对①~⑤各得 20%。

13. 答:①一是为了使水泵能在高效区运行;②二是为了满足实际工作中对流量或扬程的需要。

评分标准:答对①和②各占 50%。

14. 答:①当运行工作点长期大于需要工作点时,采用切削叶轮方法是一种简单而又经济的水泵节能措施。②叶轮切削后,水泵流量、扬程、功率都相应降低。③特别是功率的降低是相当可观的,是一种节能的好途径。

评分标准:答对①、③占 30%;答对②占 40%。

15. 答:①所谓安装角,是指轴流泵叶片工作面一侧,叶片首尾的连线与叶片的圆周方向之间的夹角,以设计安装角为 0°,安装角加大时为正,减小时为负。②当静扬程减小时,将安装角调大,在保持效率较高的情况下,增加出水量,使动力机满载运行;③当静扬程增大时,将安装角调小,适当地减少出水量,使动力机不致过载运行

评分标准:答对①、③占 30%;答对②占 40%。

16. 答:①水泵的叶轮外壳与叶轮的两相邻表面,均呈球形面。②这样保证了叶片在任何安装角度时,叶轮外圆与外壳之间有很小的间隙,以减少回流水量损失。③根据使用需要,该型水泵可按:"工作性能表"增速或降速使用或调节叶片的安装角度,变更流量及扬程,扩大使用范围。

评分标准:答对①、③占 30%;答对②占 40%。

17. 答:①密封环又称减漏环或承磨环,它安装在叶轮入口处的泵壳上;②其作用一是防止叶轮出口大量的高压水漏回叶轮的吸水口,以减少水泵的容积损失,③二是保护泵壳不被

磨损。

评分标准:答对①、③占 30%;答对②占 40%。

18. 答:①密封环一般在离心泵上存在,由骑缝螺钉固定。③密封环也称口环,分为前口环(叶轮吸入口的)和后口环(叶轮背面的),有些离心泵只有前口环,叶轮背面设计成副叶片。③密封环的形式有:L 形喷嘴式密封环、双 L 形双密封环、内啮合型单迷宫密封环、迷宫型双密封环等。

评分标准:答对①、②各占 25%,③占 50%。

19. 答:①测量两联轴器端面开口间隙,3~5mm 为宜,其端面上下左右间隙差不得大于 0.3mm;②测量两联轴器轴线不同心度,其偏差不得大于 0.1mm;③通过调整电动机底座的方法消除偏差,调整后的联轴器轴线不得倾斜;④拆卸联轴器只能用拉力器而不能用锤子敲击,安装时可用铜棒击打,以免损伤联轴器。

评分标准:答对①~④各占 25%。

20. 答:①因为水泵在运转过程中,会产生轴向力,这个力会使水泵轴沿轴向窜动,②若两联轴器之间没有间隙,两轴就会互相顶碰在一起,将泵的轴向力传给动力机,③造成轴功率增加,动力机轴承发热和寿命降低,④严重时会造成泵轴顶弯,烧坏电动机或难以启动等故障,所以,两联轴器之间必须留有适当间隙。

评分标准:答对①~④各占 25%。

五、计算题

1. 解:
$$Q = 720 \text{m}^3/\text{h} = 0.2 \text{m}^3/\text{s}$$
$$h_f = KALQ^2$$
$$= 1.03 \times 6.84 \times 10^{-2} \times 1100 \times 0.2^2$$
$$= 3.1 (\text{m})$$

答:该管线的沿程水头损失为 3.1m。

评分标准:公式对得 40% 的分,过程对得 40% 的分,结果对得 20% 的分。无公式、过程,只有结果不得分。

2. 解:
$$Q = \frac{\pi D^2}{4} v = \frac{3.14 \times 0.5^2}{4} \times 1.0$$
$$= 0.2 (\text{m}^3/\text{s})$$
$$h_f = KALQ^2$$
$$= 1.03 \times 6.84 \times 10^{-2} \times 1000 \times 0.2^2$$
$$= 2.8 (\text{m})$$

答:该输水管线沿程水头损失是 2.8m。

评分标准:公式对得 40% 的分,过程对得 40% 的分,结果对得 20% 的分。无公式、过程,只有结果不得分。

3. 解:
$$h_f = \frac{\xi v^2}{2g}$$

$$= \frac{0.1 \times 2^2}{2 \times 9.81}$$

$$= 0.02 (\text{m})$$

答:该闸阀处的局部水头损失为 0.02m。

评分标准:公式对得 40% 的分,过程对得 40% 的分,结果对得 20% 的分。无公式、过程,只有结果不得分。

4. 解:

$$h_\text{f} = \frac{\xi v^2}{2g}$$

$$= \frac{\xi \times 1.5^2}{2 \times 9.81}$$

$h_\text{t} \leqslant 0.01 (\text{mm})$, z 最大为 0.1。

答:该阀门的最大阻力系数可选 0.1。

评分标准:公式对得 40% 的分,过程对得 40% 的分,结果对得 20% 的分。无公式、过程,只有结果不得分。

5. 解:根据公式:管道阻力 = 管道长度 × 每米阻力

得:

$$管道长度 = \frac{管道阻力}{每米阻力}$$

$$= \frac{17600}{4.4}$$

$$= 4000 (\text{m})$$

答:该管道长 4000m。

评分标准:公式对得 40% 的分,过程对得 40% 的分,结果对得 20% 的分。无公式、过程,只有结果不得分。

6. 解:

$$管道每米阻力 = \frac{管道阻力}{管道长度}$$

$$= \frac{7000}{5000}$$

$$= 1.4 (\text{mm})$$

答:该管道每米阻力为 1.4mm 水头。

评分标准:公式对得 40% 的分,过程对得 40% 的分,结果对得 20% 的分。无公式、过程,只有结果不得分。

7. 解:根据公式:阻力系数 = $\dfrac{管道 1 米长阻力}{(流速)^2}$

得:

$$阻力系数(\lambda) = \frac{18.6}{(0.91)^2}$$

$$= 22.5$$

答:阻力系数是 22.5。

评分标准:公式对得 40% 的分,过程对得 40% 的分,结果对得 20% 的分。无公式、过程,只有结果不得分。

8. 解:根据公式:阻力系数 $= \dfrac{\text{管道 1 米长阻力}}{(\text{流速})^2}$

得: 每米阻力 $=$ 阻力系数 $\times (\text{流速})^2$

$$= 9.375 \times 0.8^2$$

$$= 6.0 (\text{mm})$$

答:管道每米阻力为 6.0mm。

评分标准:公式对得 40% 的分,过程对得 40% 的分,结果对得 20% 的分。无公式、过程,只有结果不得分。

9. 解: $Q_1 = 150 \text{m}^3/\text{h} = \dfrac{150}{3.6} \text{L/s}, N = 40 \text{kW} = 40000 \text{W}, \rho = 1 \text{kg/L}, g = 9.81 \text{m/s}^2$。

$$N_e = \rho g Q H$$

$$= 1 \times 9.81 \times \frac{150}{3.6} \times 78$$

$$= 31882.5 (\text{W})$$

$$\eta = \frac{N_e}{N} \times 100\%$$

$$= \frac{31882.5}{40000} \times 100\%$$

$$= 79.7\%$$

答:该泵的效率是 79.7%。

评分标准:公式对得 40% 的分,过程对得 40% 的分,结果对得 20% 的分。无公式、过程,只有结果不得分。

10. 解: $Q = 150 \text{m}^3/\text{h} = \dfrac{150}{3.6} \text{L/s}, \rho = 1 \text{kg/L}, g = 9.81 \text{m/s}^2, \eta_{传} = 1$。

$$N_e = \rho g Q H$$

$$= 1 \times 9.81 \times \frac{150}{3.6} \times 72$$

$$= 29430 (\text{W})$$

$$\approx 29 (\text{kW})$$

计算泵的轴功率 N:

$$N = 0.001 \times 1.732 U I \cos\phi \eta_{电} \eta_{传}$$

$$= 0.001 \times 1.732 \times 380 \times 90 \times 0.85 \times 80\% \times 1$$

$$= 40 (\text{kW})$$

$$\eta = \frac{N_e}{N} \times 100\%$$

$$= \frac{29}{40} \times 100\%$$

$$= 73\%$$

答:该泵在此工况下的效率是73%。

评分标准:公式对得40%的分,过程对得40%的分,结果对得20%的分。无公式、过程,只有结果不得分。

11. 解:$N = 40\text{kW}, I = 90\text{A}, U = 380\text{V}, \cos\varphi = 0.85, \eta_{传} = 1$。

根据 $N = 0.001 \times 1.732 UI\cos\varphi\eta_{电}\,\eta_{传}$

得

$$\eta_{电} = \frac{N}{0.001 \times 1.732 UI\cos\phi\eta} \times 100\%$$

$$= \frac{40}{0.001 \times 1.732 \times 380 \times 90 \times 0.85 \times 1} \times 100\%$$

$$= \frac{40}{50} \times 100\%$$

$$= 80\%$$

答:该泵的效率是80%。

评分标准:公式对得40%的分,过程对得40%的分,结果对得20%的分。无公式、过程,只有结果不得分。

12. 解:$D_1 = 200\text{mm}, Q_1 = 400\text{m}^3/\text{h}, Q_2 = 360\text{m}^3/\text{h}$。

由

$$\frac{Q_1}{Q_2} = \frac{D_1}{D_2}$$

得

$$D_2 = \frac{Q_2 D_1}{Q_1}$$

$$D_2 = \frac{360 \times 200}{400}$$

$$= 180(\text{mm})$$

$$D_1 - D_2 = 200 - 180 = 20(\text{mm})$$

答:叶轮直径需切割20mm,即切割后叶轮直径为180mm。

评分标准:公式对得40%的分,过程对得40%的分,结果对得20%的分。无公式、过程,只有结果不得分。

13. 解:

$$D_1 = 200\text{mm}, H_1 = 20\text{m}_\circ$$

$$D_2 = D_1 - 20$$

$$= 200 - 20$$

$$= 180\text{mm}$$

由

$$\frac{H_1}{H_2} = \left(\frac{D_1}{D_2}\right)^2$$

得

$$H_2 = \frac{H_1 D_2^2}{D_1^2}$$

$$= \frac{20 \times 180^2}{200^2}$$

$$= 16.2(\text{m})$$

答:当叶轮切割 20mm 后水泵的扬程是 16.2m。

评分标准:公式对得 40% 的分,过程对得 40% 的分,结果对得 20% 的分。无公式、过程,只有结果不得分。

14. 解: $n_1 = 1000 \text{r/min}$, $H_1 = 20\text{m}$, $n_2 = 1100 \text{r/min}$。

根据

$$\frac{H_1}{H_2} = \left(\frac{n_1}{n_2}\right)^2$$

得

$$H_2 = \frac{H_1 n_2^2}{n_1^2}$$

$$= \frac{20 \times 1100^2}{1000^2}$$

$$= 26.62(\text{kW})$$

$$N_1 - N_2 = 26.62 - 20$$

$$= 6.62(\text{kW})$$

答:当该水泵转速为 1100r/min 时,轴功率增加 6.62kW。

评分标准:公式对得 40% 的分,过程对得 40% 的分,结果对得 20% 的分。无公式、过程,只有结果不得分。

15. 解: $n_1 = 1600 \text{r/min}$, $n_2 = 1200 \text{r/min}$, $Q_1 = 1000 \text{m}^3/\text{h}$。

由

$$\frac{Q_1}{Q_2} = \frac{n_1}{n_2}$$

得

$$Q_2 = \frac{Q_1 n_2}{n_1}$$

$$= \frac{1000 \times 1200}{1600}$$

$$= 750(\text{m}^3/\text{h})$$

答:当水泵转速为 1200r/min 时,流量为 750m³/h。

评分标准:公式对得 40% 的分,过程对得 40% 的分,结果对得 20% 的分。无公式、过程,只有结果不得分。

16. 解: $n_1 = 1200 \text{r/min}$, $n_2 = 1000 \text{r/min}$, $H_2 = 20\text{m}$

根据

$$\frac{H_1}{H_2} = \left(\frac{n_1}{n_2}\right)^2$$

得

$$H_1 = \frac{H_2 n_1^2}{n_2^2}$$

$$= \frac{20 \times 1200^2}{1000^2}$$

$$= 28.8(\text{m})$$

$$H_2 - H_1 = 28.8 - 20$$

$$= 8.8(\text{m})$$

答:当转速变为 1200r/min,扬程是 28.8m。

评分标准:公式对得 40%的分,过程对得 40%的分,结果对得 20%的分。无公式、过程,只有结果不得分。

17. 解:
$$全年总费用 = 13+11+8+12+11 = 55(万元)$$
$$= 55 \times 10^4(元)$$
$$全年供水量 \sum Q = 250 \times 10^4(m^3)$$
$$S = \frac{E}{Q}$$
$$= \frac{55}{250}$$
$$= 0.22(元/m^3)$$

答:该水厂全年供水成本为 0.22 元/m³。

评分标准:公式对得 40%的分,过程对得 40%的分,结果对得 20%的分。无公式、过程,只有结果不得分。

18. 解:
$$e_C = \frac{E_C}{Q}$$
$$= \frac{208000}{320000}$$
$$= 0.65(kW \cdot h/m^3)$$

答:供水单位耗电量为 0.65kW·h/m³。

评分标准:公式对得 40%的分,过程对得 40%的分,结果对得 20%的分。无公式、过程,只有结果不得分。

19. 解:
$$v = \frac{4Q}{\pi D^2} = \frac{4 \times 0.2}{3.14 \times 0.3^2} = 2.83(m/s)$$
$$\frac{v^2}{2g} = \frac{2.83^2}{2 \times 9.81} = 0.4(m)$$
$$H_{ss} = H'_s - \frac{v^2}{2g} - \sum h_s = 5.56 - 0.4 - 1 = 4.16(m)$$

答:该水泵最大安装高度是 4.16m。

评分标准:公式对得 40%的分,过程对得 40%的分,结果对得 20%的分。无公式、过程,只有结果不得分。

20. 解:
$$Q = 220L/s = 0.22m^3/s$$
$$d_s = 300mm = 0.3m$$
$$H'_s = H_s - (10.33 - H_a) - (H_{va} - 0.24)$$
$$= 7 - (10.33 - 9.2) - (0.43 - 0.24)$$
$$= 5.68(m)$$
$$v_1 = \frac{4Q}{\pi d_s^2}$$

$$= \frac{4 \times 0.22}{3.14 \times 0.3^2}$$

$$= 3.11(\text{m/s})$$

$$\frac{v_1^2}{2g} = \frac{3.11^2}{2 \times 9.81}$$

$$= 0.49(\text{m})$$

$$H_{ss} = H_s' - \frac{v_1^2}{2g} - \sum h_s$$

$$= 5.68 - 0.49 - 1$$

$$= 4.19(\text{m})$$

答:该离心泵最大安装高度是 4.19m。

评分标准:公式对得 40% 的分,过程对得 40% 的分,结果对得 20% 的分。无公式、过程,只有结果不得分。

附 录

附录 1 职业技能等级标准

1. 工种概况

1.1 工种名称

供水工。

1.2 工种定义

操作、维护泵站设备,向用户合理提供工业及民用水的人员。

1.3 工种等级

本工种共设三个等级,分别为:初级(国家职业资格五级)、中级(国家职业资格四级)、高级(国家职业资格三级)。

1.4 工种环境

室内作业。部分岗位为室外作业,有噪声。

1.5 工种能力特征

身体健康,具有一定的理解、表达、分析、判断能力和形体知觉、色觉能力,动作协调灵活。

1.6 基本文化程度

高中毕业(或同等学力)。

1.7 培训要求

1.7.1 培训期限

全日制职业学校教育,根据其培养目标和教学计划确定期限。晋级培训:初级不少于280标准学时;中级不少于210标准学时;高级不少于200标准学时。

1.7.2 培训教师

培训初、中、高级的教师应具有本工种高级及以上职业资格证书或中级以上专业技术职务任职资格。

1.7.3 培训场地设备

理论培训应具有可容纳30名以上学员的教室,技能操作培训应有相应的设备、工具、安全设施等较为完善的场地。

1.8 鉴定要求

1.8.1 适用对象

(1)新入职的操作技能人员；

(2)在操作技能岗位工作的人员；

(3)其他需要鉴定的人员。

1.8.2 申报条件

具备以下条件之一者可申报初级工：

(1)新入职完成本职业(工种)培训内容,经考核合格人员。

(2)从事本工种工作1年及以上的人员。

具备以下条件之一者可申报中级工：

(1)从事本工种工作5年以上,并取得本职业(工种)初级工职业技能等级证书。

(2)各类职业、高等院校大专及以上毕业生从事本工种工作3年及以上,并取得本职业(工种)初级工职业技能等级证书。

具备以下条件之一者可申报高级工：

(1)从事本工种工作14年以上,并取得本职业(工种)中级工职业技能等级证书的人员。

(2)各类职业、高等院校大专及以上毕业生从事本工种工作5年及以上,并取得本职业(工种)中级工职业技能等级证书的人员。

技师需取得本职业(工种)高级工职业技能等级证书3年以上,工作业绩经企业考核合格的人员。

高级技师需取得本职业(工种)技师职业技能等级证书3年以上,工作业绩经企业考核合格的人员。

2. 基本要求

2.1 职业道德

(1)爱岗敬业,自觉履行职责；

(2)忠于职守,严于律己；

(3)吃苦耐劳,工作认真负责；

(4)勤奋好学,刻苦钻研业务技术；

(5)谦虚谨慎,团结协作；

(6)安全生产,严格执行生产操作规程；

(7)文明作业,质量环保意识强；

(8)文明守纪,遵纪守法。

2.2 基础知识

2.2.1 计量基础知识

(1)法定计量单位。

(2)误差理论与计量基准。

(3)量值传递及溯源。

2.2.2 安全生产基础知识

(1)安全生产基本知识。

(2)安全用电基本知识。

(3)消防基本知识。

(2)职业病防护基本知识。

2.2.3 计算机基础知识

(1)计算机组成。

(2)计算机的性能。

(3)常用办公软件基本知识。

(4)网络基本知识。

(5)网络基本知识。

2.2.4 流体力学基础知识

(1)流量基本知识。

(2)水力学基本知识。

2.2.5 给水系统基础知识

(1)给水系统分类基本知识。

(2)给水系统水处理知识。

(3)给水系统水质基本知识。

3. 工作要求

本标准对初级、中级、高级的技能要求依次递进,高级别包含低级别的要求。

3.1 初级

职业功能	工作内容	技能要求	相关知识
一、操作水泵站设备	(一)操作水泵	1. 能进行离心泵启动前的检查 2. 能进行离心泵运行中的检查 3. 能进行 QJ 型潜水电泵运行中的检查 4. 能启动、停运离心泵	1. 叶片泵定义与分类 2. 叶片泵的主要参数 3. 离心泵工作原理 4. 离心泵性能参数 5. 真空泵的性能及特点 6. 离心泵的分类 7. 启停离心泵的注意事项 8. 潜水泵运行中的检查内容 9. 潜水泵的分类结构原理 10. 深井泵的分类结构原理 11. 启停深井泵的注意事项 12. 轴流泵的分类结构原理 13. 混流泵的分类结构原理 14. 设备操作的常识
	(二)操作水泵站其他设备	1. 能根据泵站流程图识读图例 2. 能检查运行中的三相异步电动机 3. 能录取生产运行数据	1. 给水工程图样规定 2. 工程图样尺寸标注 3. 给水工程识图要求

职业功能	工作内容	技能要求	相关知识
一、操作水泵站设备	(二)操作水泵站其他设备	1. 能根据泵站流程图识读图例 2. 能检查运行中的三相异步电动机 3. 能录取生产运行数据	4. 生产数据的录取要求 5. 变压器的构造与用途 6. 一次线路图的内容 7. 电动机分类与性能 8. 电动机型号与构造 9. 电流、电压、电阻、功率等参数关系及用电常识 10. 变配电装置分类 11. 磁力启动器的特点 12. 泵站的自动控制系统 13. 识读水表的方法
二、维护水泵站设备	(一)维护水泵	1. 能识别离心泵主要零部件 2. 能判断水泵的旋转方向 3. 能进行离心泵一保	1. 水泵站设备保养方法 2. 离心泵的修保周期规定 3. 离心泵的主要修保内容 4. 离心泵的能量损失概念 5. 离心泵的轴向力平衡方法 6. 潜水泵的安装方法 7. 润滑脂使用规定
	(二)维护水泵站其他设备	1. 能检查润滑脂的好坏 2. 能更换压力表	1. 润滑油、脂的技术要求 2. 压力表的分类 3. 更换压力表要求 4. 变压器维护保养内容 5. 电气设备的监视要求 6. 水表分类与主要参数
三、检修水泵站设备	(一)检修水泵	1. 能清洗离心泵零部件 2. 能更换水泵填料	1. 离心泵的零部件结构 2. 离心泵各零部件特点 3. 单级单吸和单级双吸离心泵特点 4. 填料种类及规格
	(二)检修水泵站其他设备	1. 能制作管路法兰垫片 2. 能更换闸阀密封填料	1. 给水金属管的种类与规格 2. 给水非金属管的种类与规格 3. 管路法兰垫片的制作 4. 阀门的种类、作用、选择、填料更换等 5. 更换管路闸阀填料的操作方法 6. 管道腐蚀的概念、因素、预防措施 7. 给排水泵站工艺流程的附属构筑物分类 8. 水泵站工艺管材分类、性能要求
四、使用仪表、工用具	(一)使用仪表	1. 能正确选用压力表 2. 能使用兆欧表测电动机对地绝缘	1. 水泵站压力计量仪表类型 2. 兆欧表的使用方法 3. 真空表的使用方法 4. 转速表的使用方法 5. 电气测量仪表的使用方法 6. 电流表、电压表和电能表的使用 7. 绝缘电阻摇表的使用方法
	(二)使用工用具	1. 能识别水站常用工具 2. 能使用游标卡尺测量工件	1. 水站常用工具 2. 游标卡尺的结构及使用 3. 常用钳子的分类及使用要求 4. 常用刀具的分类及使用要求 5. 常用量具的分类及使用要求 6. 常用紧固工具的使用方法 7. 验电笔的使用方法

3.2　中级

职业功能	工作内容	技能要求	相关知识
一、操作水泵站设备	(一)操作水泵	1. 能启动和调节并联水泵 2. 能进行离心泵充水操作	1. 离心泵的进水方式及特点 2. 容积泵的工作原理、分类、作用 3. 分段式多级离心泵的分类 4. 水泵并联运行条件和特点 5. 水泵串联运行条件和特点 6. 切换离心泵的注意事项 7. 单级单吸离心泵的使用范围 8. 单级双吸离心泵的使用范围 9. 离心泵泵壳的特点 10. 常用绘图工具的使用方法 11. 绘制泵站流程图的方法 12. 机械制图的基础知识 13. 识读机械零件图的方法 14. 识读离心泵装配图的方法 15. 离心泵效率的计算方法
	(二)操作水泵站其他设备	1. 能绘制泵站流程图 2. 能根据水站流程图操作泵站流程 3. 能识别配电装置及控制电气名称	1. 管道图纸类别及其特点 2. 给水工程图纸投影的方法 3. 泵站吸水管路和压水管路的特点和技术要求 4. 高低压配电装置分类和使用注意事项 5. 电动机的工作原理 6. 组合开关的特点 7. 磁力启动器的技术要求 8. 电缆分类及选型方法 9. 绝缘防护用具的使用要求 10. 电磁感应的概念 11. 深井电动机的结构特点 12. 异步电动机的制动技术要求 13. 异步电动机的运行技术要求 14. 供水系统远动控制技术要求 15. 压力变送器的技术要求 16. 三相负载的连接方式
二、维护水泵站设备	(一)维护水泵	1. 能排除离心泵停泵后自动反转的故障 2. 能排除 SH 型离心泵轴承发热的故障	1. 单级单吸和单级双吸离心泵的使用范围 2. 分段式多级离心泵的使用范围 3. 联轴器的特性 4. 叶轮、泵轴、轴套的作用和保养方法 5. 离心泵轴封装置的形式和特点 6. 单级单吸离心泵填料函特点 7. 轴承类型、特点及表示方法 8. 轴承发热原因及更换轴承方法 9. 潜水泵的适用条件 10. 深井泵吸水管及传动轴
	(二)维护水泵站其他设备	1. 能根据仪表读数判断离心泵机组的运转情况 2. 能处理阀门关不严的故障 3. 能排除离心泵机组运行时发生振动和噪声的故障	1. 阀门的制作材料类型与保养方法 2. 阀门开不动的处理方法 3. 阀门关不严的处理方法 4. 止回阀的类别、材质及作用 5. 管道压力与水击的关系 6. 水击危害和预防措施 7. 熔断器、接触器、热继电器的类型和维护保养方法

职业功能	工作内容	技能要求	相关知识
二、维护水泵站设备	(二)维护水泵站其他设备	1.能根据仪表读数判断离心泵机组的运转情况 2.能处理阀门关不严的故障 3.能排除离心泵机组运行时发生振动和噪声的故障	8.电动机温升要求和温升过高的原因分析 9.电动机声音异常的原因分析 10.影响电动机性能因素 11.电动机绕组断线的检查方法 12.离心泵机组的振动范围规定、原因分析、处理方法 13.根据仪表读数判断离心泵机组运转情况的方法 14.泵站噪声的危害与防治 15.水泵站引水设备使用注意事项 16.泵房内通风、起重、排水设备的使用要求
三、检修水泵站设备	(一)检修水泵	1.能加注水泵、电动机轴承润滑油(脂) 2.能拆卸 IS 型离心泵 3.能拆卸 SH 型离心泵	1.水泵机组润滑油脂加注要求 2.机械密封的概念 3.SH 型离心泵的特点及拆卸步骤 4.潜水泵和深井泵的检修要求 5.SH 离心泵的检修工艺要求 6.离心泵的切削与变径技术要求 7.离心泵叶轮的检修要求 8.离心泵小修和大修内容 9.填料压盖与泵轴的间隙 10.单级单吸离心泵的轴向力 11.分段式多级离心泵的轴向
	(二)检修水泵站其他设备	1.能更换水泵站工艺管路上的阀门 2.能装配电动机端盖	1.给水金属管的特点 2.给水非金属管的特点 3.管道腐蚀的原因 4.管道冲洗和消毒技术要求 5.管道安装的技术要求 6.法兰的规格及安装注意事项 7.阀门的选择及安装注意事项 8.阀门的检修内容 9.止回阀的特性
四、使用仪表、工用具	(一)使用仪表	1.能使用万用表测量直流电流、电压 2.能使用测温仪测量机泵温升 3.能使用测振仪测量机泵振动	1.压力表的选用方法 2.水泵各部位温升的要求 3.测温仪测量机泵温升的方法 4.测振仪测量机泵振动的方法
	(二)使用工用具	1.能使用手锤检查泵壳有无裂纹 2.能使用外径千分尺测量工件	1.万用表的构造 2.万用表测量电流、电压的方法 3.外径千分尺的分类与使用方法

3.3 高级

职业功能	工作内容	技能要求	相关知识
一、操作水泵站设备	(一)操作水泵	1.能绘制离心泵特性曲线 2.能检测低压离心泵性能	1.离心泵的性能曲线的类型、作用、特点 2.离心泵的性能检测方法 3.离心泵特性曲线的绘制 4.离心泵串并联的特点 5.离心泵工作点的确定方法 6.水泵调节的目的与方法 7.密封环、填料环、填料压盖的作用 8.泵站能量消耗因素与节能途径 9.选泵原则和步骤 10.确定水泵台数的因素

职业功能	工作内容	技能要求	相关知识
一、操作水泵站设备	(二)操作水泵站其他设备	1. 能检查运行前离心泵机组及试运行 2. 能进行电动机试运行操作	1. 离心泵机组及流程安装要求 2. 电动机制动方法 3. 电动机试运行操作方法 4. 电动机软启动要求 5. 提高功率因数的意义 6. 电动机的调速方法 7. 热继电器选择要求 8. 变频器的种类及工作原理 9. 变频器的运行与维护保养方法 10. 水泵站变电室的组成与设计要求
二、维护水泵站设备	(一)维护水泵	1. 能判断处理离心泵启动后不出水或出水量不足的故障 2. 能排除离心泵不能启动或启动后轴功率过大的故障 3. 能排除离心泵运行中出水突然中断或减少的故障	1. 叶轮的维护保养要求 2. 填料压盖部位故障的排除方法 3. 离心泵不能启动或启动后轴功率过大的原因及处理方法 4. 离心泵运行中出水突然中断或减少的原因及处理方法 5. 处理潜水泵不出水或水量不足的方法 6. 离心泵启动后不出水或出水不足的处理方法及注意事项 7. 离心泵汽蚀的原因、危害及处理方法
	(二)维护水泵站其他设备	1. 能排除三相异步电动机轴承发热的故障 2. 能排除三相异步电动机不能启动的故障 3. 能排除三相异步电动机声响不正常的故障	1. 水泵机组的振动原因及减振措施 2. 水泵站自动化以及远传控制的概念、措施、维护要求 3. 井组节能的途径 4. 泵站运行费用组成与计算 5. 水泵站防雷措施 8. 电动机的检查保养方法 9. 低压配电装置的维护要求 10. 变压器的维护保养内容 11. 水泵站投资合理性分析方法 12. 交流接触器、变频器的维护保养方法 13. 电动机轴承发热的原因及处理方法 14. 电动机不能启动的原因及处理方法 15. 电动机运行中温度过高的原因及处理方法 16. 电动机声响不正常的原因和处理方法
三、检修水泵站设备	(一)检修水泵	1. 能更换低压离心泵轴承 2. 能装配 IS 型离心泵 3. 能装配 SH 型离心泵 4. 能进行 DA 型离心泵大修	1. IS 型离心泵装配要求 2. SH 型离心泵装配要求 3. IS 型离心泵大修要求 4. SH 型离心泵大修要求 5. DA 型离心泵大修要求 6. 深井泵的检修要求 7. 潜水泵的检修要求 8. 叶轮静平衡的测量方法 9. 泵轴弯曲的测量方法 10. 轴承间隙的含义及测量方法 11. 水泵转子晃度的测量方法 12. 叶轮不平衡的处理方法 13. 密封环的检修要求

续表

职业功能	工作内容	技能要求	相关知识
三、检修水泵站设备	(二)检修水泵站其他设备	1. 能测量与调整滑动轴承间隙 2. 能检查与验收管道安装的质量	1. 轴承间隙的测量 2. 叶轮与密封环间隙的测量 3. 离心泵机组的安装要求 4. 联轴器的安装要求 5. 水泵安装高度的确定 6. 离心泵进出口流程的安装要求 7. 水泵站工艺流程管道附属构筑物分类、验收要求 8. 管道保温方法 9. 管道冲水和耐压试验技术要求 10. 管道质量检查与验收要求 11. 管道效率的提高方法
四、使用仪表、工用具	(一)使用仪表	1. 能使用百分表测量泵轴的径向跳动 2. 能使用万用表测电阻	1. 百分表使用方法和注意事项 2. 万用表测量电阻
	(二)使用工用具	1. 能计算离心泵机组地脚垫片尺寸(直尺法) 2. 能使用框式水平仪测量水泵安装水平度	1. 直尺法测离心泵机组同心度 2. 水平仪的分类与使用 3. 线锤的分类与使用

4. 比重表

4.1 理论知识

项　　目		初级 (%)	中级 (%)	高级 (%)
基本要求	基础知识	34	29	27
相关知识　操作水泵站设备	操作水泵	14	8	15
	操作水泵站其他设备	20	19	11
维护水泵站设备	维护水泵	5	13	6
	维护水泵站其他设备	4	13	18
检修水泵站设备	检修水泵	4	7	10
	检修水泵站其他设备	10	6	5
使用仪表、工用具	使用仪表	6	3	4
	使用工用具	3	2	4
合　　计		100	100	100

4.2 操作技能

项　　目			初级 （%）	中级 （%）	高级 （%）
技能 要求	操作水泵站设备	操作水泵	20	10	10
		操作水泵站其他设备	15	15	10
	维护水泵站设备	维护水泵	15	15	15
		维护水泵站其他设备	10	10	15
	检修水泵站设备	检修水泵	10	15	20
		检修水泵站其他设备	10	10	10
	使用仪表、工用具	使用仪表	10	15	10
		使用工用具	10	10	10
合　　计			100	100	100

附录 2 初级工理论知识鉴定要素细目表

行业：石油天然气　　　　工种：供水工　　　　等级：初级工　　　　鉴定方式：理论知识

行为领域	代码	鉴定范围（重要程度比例）	鉴定比重	代码	鉴定点	重要程度	备注
基础知识 A 34%	A	计量基础（10：03：01）	7%	001	法定计量单位的定义	Y	
				002	基本单位的分类	Y	
				003	基本单位的定义	Y	
				004	辅助单位的定义	Z	
				005	常用国际单位制中量和单位的内容	X	上岗要求
				006	长度单位的换算	X	上岗要求
				007	面积单位的换算	X	上岗要求
				008	体积单位的换算	X	上岗要求
				009	质量单位的换算	X	上岗要求
				010	压强的表示方法	X	上岗要求
				011	温度的表示方法	X	上岗要求
				012	功率的表示方法	X	上岗要求
				013	电流电压电阻的单位及表示方法	X	上岗要求
				014	误差的概念	X	上岗要求
	B	安全生产基础知识（05：02：01）	4%	001	安全生产法的概念	Z	
				002	电气设备事故原因	X	上岗要求
				003	水泵站设备的标识	X	上岗要求
				004	灭火器的分类	X	
				005	常用灭火器的使用要求	X	
				006	欧姆定律	X	上岗要求
				007	安全标志及其使用	X	上岗要求
				008	电气安全用具的使用要求	X	上岗要求
	C	计算机基础知识（06：03：01）	5%	001	计算机的系统结构	X	上岗要求
				002	计算机的主要组成部分	X	上岗要求
				003	计算机系统的主要性能指标	X	上岗要求
				004	计算机操作系统的常用软件	X	
				005	计算机输入法的特点	X	
				006	Word 文档的编辑方法	X	
				007	Word 文档的版式设计	X	
				008	Excel 工作表的应用环境	X	上岗要求

行为领域	代码	鉴定范围 (重要程度比例)	鉴定比重	代码	鉴定点	重要程度	备注
基础知识 A 34%	C	计算机基础知识 (06∶03∶01)	5%	009	Excel 工作表的编辑	X	上岗要求
				010	Excel 图表的制作方法	X	上岗要求
	D	流体力学 (07∶02∶01)	5%	001	液体的流动类型分类	X	上岗要求
				002	流体的主要物理性质	X	上岗要求
				003	静水压强的概念	X	
				004	静水压强的表示方法	Y	
				005	静水压强的测量	Y	
				006	管道过流断面的概念	Z	
				007	管道过流断面水力半径的计算方法	X	上岗要求
				008	水泵进出水管路直径的设计原则	X	上岗要求
				009	流量、流速、过流断面的关系	X	上岗要求
				010	水头损失的概念	X	上岗要求
	E	给水系统 (19∶05∶02)	13%	001	给水系统的组成	X	上岗要求
				002	给水系统的分类	X	上岗要求
				003	给水系统的布置形式	X	上岗要求
				004	水源的种类	X	上岗要求
				005	给水系统的选择	X	上岗要求
				006	地表水取水构筑物的形式	X	上岗要求
				007	地下水取水构筑物的形式	Y	
				008	地表水厂主要构筑物	Y	
				009	地下水资源的利用原则	Z	
				010	给水泵站的分类	X	上岗要求
				011	一级泵站的概念	X	上岗要求
				012	二级泵站的概念	X	上岗要求
				013	加压泵站的概念	X	上岗要求
				014	给水管网的范围	X	上岗要求
				015	给水管网的布置形式	X	上岗要求
				016	输水管渠的布置形式	X	上岗要求
				017	配水管网的布置形式	X	上岗要求
				018	管网调节构筑物的范围	X	上岗要求
				019	水塔的作用	X	上岗要求
				020	水塔构造的特点	X	上岗要求
				021	水塔管道的布置	X	上岗要求
				022	清水池的构造特点	X	上岗要求
				023	地表水的常规净化工艺	Y	

行为领域	代码	鉴定范围 （重要程度比例）	鉴定比重	代码	鉴定点	重要程度	备注
基础知识 A 34%	E	给水系统 （19∶05∶02）	13%	024	地下水的常规净化工艺	Y	
				025	生活饮用水的卫生标准	Y	
				026	生活饮用水水源的水质标准	Z	
专业知识 B 66%	A	操作水泵 （24∶02∶02）	14%	001	设备操作人员的四懂、三会	X	上岗要求
				002	设备操作的常识	X	上岗要求
				003	水泵的定义	X	上岗要求
				004	水泵的分类	X	上岗要求
				005	离心泵的工作原理	X	上岗要求
				006	水泵站常用的其他类型泵	X	上岗要求
				007	叶片泵的分类方法	X	上岗要求
				008	叶片泵的型号意义	X	上岗要求
				009	叶片泵的基本性能参数	X	上岗要求
				010	叶片泵的允许吸上真空高度	X	上岗要求
				011	叶片泵的汽蚀余量的概念	X	上岗要求
				012	叶片泵的比转数意义	X	上岗要求
				013	离心泵的引水方式	X	上岗要求
				014	离心泵的启动过程	X	上岗要求
				015	离心泵停泵过程	X	上岗要求
				016	离心泵运行时检查内容	X	上岗要求
				017	轴流泵的分类	X	上岗要求
				018	轴流泵的构造	X	上岗要求
				019	轴流泵的工作原理	X	上岗要求
				020	轴流泵的叶轮调节方式	X	上岗要求
				021	混流泵的工作原理及特点	X	上岗要求
				022	深井泵的型号表示方法	Z	
				023	深井泵的构造	Z	
				024	深井泵的运行注意事项	Y	
				025	潜水泵的分类	X	上岗要求
				026	潜水泵的构造	X	上岗要求
				027	潜水泵的型号	X	上岗要求
				028	潜水泵的运行主要事项	Y	
	B	操作水泵站 其他设备 （28∶09∶03）	20%	001	图纸幅面的规格	Y	
				002	图纸比例的规定	Y	
				003	投影的基本常识	X	上岗要求
				004	总平面图的使用要求	X	上岗要求

行为领域	代码	鉴定范围 （重要程度比例）	鉴定比重	代码	鉴定点	重要程度	备注
专业知识 B 66%	B	操作水泵站 其他设备 （28：09：03）	20%	005	给排水管件的图例	X	上岗要求
				006	设备仪表的图例	X	上岗要求
				007	工程图样的尺寸标注要求	Z	
				008	给水工程的图样规定	X	上岗要求
				009	泵站流程图的识读方法	X	上岗要求
				010	三视图的概念	Y	
				011	三视图的读法	Y	
				012	水泵配套电动机的特性	X	上岗要求
				013	电动机的种类	X	上岗要求
				014	电动机的用途	X	上岗要求
				015	三相异步电动机的型号表示方法	X	上岗要求
				016	三相异步电动机的铭牌参数	X	上岗要求
				017	三相异步电动机的启动方式	X	上岗要求
				018	三相异步电动机运行中的监控与维护	Y	
				019	三相电源的连接方式	X	上岗要求
				020	电压等级的分类	X	上岗要求
				021	触电事故的预防	X	上岗要求
				022	电能的基本概念	X	上岗要求
				023	功率因数的概念	X	上岗要求
				024	交流电的基本概念	X	上岗要求
				025	直流电的基本概念	X	上岗要求
				026	电气设备的选择要求	X	上岗要求
				027	变压器的分类	X	上岗要求
				028	变压器的用途	X	上岗要求
				029	变压器的工作原理	X	上岗要求
				030	变压器的构造	Y	
				031	低压配电装置的组成	X	上岗要求
				032	高压配电装置的组成	X	上岗要求
				033	电气原理图识读方法	Y	
				034	刀开关的分类	X	上岗要求
				035	空气开关的分类	X	上岗要求
				036	接触器的概念	X	上岗要求
				037	磁力启动器的用途	Y	
				038	熔断器的使用要求	Y	
				039	泵站自动控制的特点	Z	
				040	泵站自动控制的程度	Z	

续表

行为领域	代码	鉴定范围 （重要程度比例）	鉴定比重	代码	鉴定点	重要程度	备注
专业知识 B 66%	C	维护水泵 （05：03：02）	5%	001	设备维护保养的常识	X	上岗要求
				002	水泵能量损失的分类	Y	
				003	离心泵的修保周期规定	Y	上岗要求
				004	离心泵机组检修场地布置	Y	
				005	离心泵的一保内容	X	上岗要求
				006	潜水泵的安装要求	X	上岗要求
				007	润滑脂的分类	X	上岗要求
				008	钙基润滑脂的特点	X	上岗要求
				009	润滑脂的应用	Z	
				010	润滑脂老化的危害	Z	
	D	维护水泵站 其他设备 （05：02：01）	4%	001	水泵工艺流程的附属设备	X	上岗要求
				002	变压器油的使用要求	Z	
				003	变压器的接地方式	Y	
				004	变压器的监视要求	Y	
				005	水表的分类	X	上岗要求
				006	水表的类型	X	上岗要求
				007	水表的技术参数	X	上岗要求
				008	更换压力表的要求	X	上岗要求
	E	检修泵站设备 （05：02：01）	4%	001	填料的种类及特点	Y	
				002	填料的规格	Y	
				003	离心泵的基本结构	X	上岗要求
				004	离心泵泵体部分的组成	X	上岗要求
				005	离心泵转动部分的组成	X	上岗要求
				006	离心泵密封部分的组成	X	上岗要求
				007	单级单吸离心泵的结构	X	上岗要求
				008	单级双吸离心泵的结构	Z	
	F	检修泵站设备 （16：02：02）	10%	001	给水金属管的种类	X	上岗要求
				002	给水金属管的特点	X	上岗要求
				003	给水金属管的配件	X	上岗要求
				004	给水非金属管的种类	X	上岗要求
				005	给水非金属管的特点	X	上岗要求
				006	给水金属管腐蚀的概念	X	上岗要求
				007	给水金属管的腐蚀因素	X	上岗要求
				008	金属管道的防腐方法	X	上岗要求
				009	法兰的规格	X	上岗要求

续表

行为领域	代码	鉴定范围 （重要程度比例）	鉴定比重	代码	鉴定点	重要程度	备注
专业知识 B 66%	F	检修泵站设备 （16∶02∶02）	10%	010	管路法兰垫片的手工制作方法	X	上岗要求
				011	闸阀的作用	X	上岗要求
				012	阀门的种类	X	上岗要求
				013	阀门型号的表示方法	Y	
				014	阀门型号的意义	Y	
				015	阀门的选择	X	上岗要求
				016	阀门填料的更换	X	上岗要求
				017	工艺流程的附属构筑物	X	上岗要求
				018	工艺管材的分类	X	上岗要求
				019	工艺管材的性能要求	Z	
				020	工艺管材的附件规格	Z	
	G	使用仪表 （08∶03∶01）	6%	001	真空表的使用方法	X	上岗要求
				002	转速表的使用方法	X	上岗要求
				003	电气测量仪表的分类	Y	
				004	常用开关板电气测量仪表符号含义	Y	
				005	常用电气测量仪表标度盘的符号意义	Y	
				006	常用电气仪表的特性	X	上岗要求
				007	电能表的分类	X	上岗要求
				008	电能表的型号	X	上岗要求
				009	兆欧表的选用原则	X	上岗要求
				010	兆欧表的使用方法	X	上岗要求
				011	压力表的分类	X	上岗要求
				012	水泵站常用液位计类型	Z	上岗要求
	H	使用工用具 （04∶01∶01）	3%	001	常用的钳子	X	上岗要求
				002	常用的刀具	X	上岗要求
				003	常用的量具	X	上岗要求
				004	常用紧固工具的使用方法	X	上岗要求
				005	验电笔的使用方法	Z	
				006	游标卡尺的使用方法	Y	

注：X—核心要素；Y——一般要素；Z—辅助要素。

附录3 初级工操作技能鉴定要素细目表

行业：石油天然气　　　工种：供水工　　　等级：初级工　　　鉴定方式：操作技能

行为领域	代码	鉴定范围	鉴定比重	代码	鉴定点	重要程度	备注
操作技能100%	A	操作水泵站设备	35%	001	进行离心泵启动前的检查	X	
				002	检查运行中的离心泵	Y	
				003	检查运行中的QJ型潜水泵机组	Y	
				004	启动、停运离心泵	X	
				005	根据水泵站流程图识读图例	Y	
				006	检查运行中的三相异步电动机	X	
				007	录取生产运行数据	X	
	B	维护水泵站设备	25%	001	识别离心泵主要部件	X	
				002	判断水泵的旋转方向	X	
				003	进行离心泵一保	X	
				004	检查润滑脂	X	
				005	更换压力表	X	
	C	检修水泵站设备	20%	001	清洗离心泵零部件	X	
				002	更换水泵填料	X	
				003	制作管路橡胶法兰垫片	X	
				004	更换闸阀密封填料	Y	
	D	使用仪表工用具	20%	001	正确选用水泵站压力表	Y	
				002	使用兆欧表测电动机对地绝缘	Y	
				003	识别水泵站常用工具	Y	
				004	使用游标卡尺测量工件	X	

注：X—核心要素；Y——般要素；Z—辅助要素。

附录 4　中级工理论知识鉴定要素细目表

行业：石油天然气　　　　工种：供水工　　　　等级：中级工　　　　鉴定方式：理论知识

行为领域	代码	鉴定范围 （重要程度比例）	鉴定 比重	代码	鉴定点	重要 程度	备注
基础知识 A 29%	A	计量基础 （07：02：01）	5%	001	误差的基本性质	X	
				002	误差处理的方法	X	
				003	计量器具的概念	X	
				004	计量基准的概念	X	
				005	计量标准器的概念	X	
				006	仪表用具的计量检定要求	Y	
				007	仪表用具的强制检定规定	Y	
				008	测量、计量、测试的关系	Z	
				009	量值传递的概念	X	
				010	量值传递的方式	X	
	B	安全生产基础知识 （09：02：01）	6%	001	燃烧的要素	X	
				002	安全教育的形式	X	
				003	安全生产责任制的内涵	X	
				004	现场安全生产管理要求	Y	
				005	企业职工伤亡事故分类的标准	Y	
				006	人体与设备带电部位的安全距离	X	
				007	电流对人体的危害	X	
				008	触电的种类	X	
				009	电路的组成部分	X	
				010	接地装置的使用要求	Z	
				011	电气火灾的主要原因	X	
				012	接地接零保护的方式	X	
	C	计算机基础知识 （06：01：01）	4%	001	演示文稿的制作	X	
				002	演示文稿的美化	Y	
				003	Word 文档的插图	X	
				004	Word 文档的表格制作	X	
				005	Excel 工作表中公式的应用	Z	
				006	计算机网络的概念	X	
				007	收发电子邮件的方法	X	
				008	计算机网络安全的概念	X	

续表

行为领域	代码	鉴定范围 （重要程度比例）	鉴定 比重	代码	鉴定点	重要 程度	备注
基础知识 A 29%	D	流体力学 （06：01：01）	4%	001	水动力学的几个基本概念	X	
				002	管道流量的计算方法	X	
				003	不同管径的流量计算	X	
				004	管道的流速	Z	
				005	用水量的计算原则	X	
				006	管道水头损失的计算	Y	
				007	沿程水头损失的概念	X	
				008	局部水头损失的概念	X	
	E	给水系统 （14：03：03）	10%	001	管网附属构筑物的布置原则	X	
				002	用水量的标准	X	
				003	用水量变化系数的概念	X	
				004	供水能力的概念	X	
				005	二级泵站、水塔、管网供水量的关系	X	
				006	清水池调节容积的设计原则	X	
				007	给水系统的水压要求	X	
				008	水源的类型	X	
				009	水源的布置	X	
				010	地下水除铁的原理	X	
				011	地下水除锰的要求	X	
				012	地下水除氟的方法	X	
				013	微污染水源水处理的常识	Z	
				014	水的软化	Z	
				015	水的絮凝	Y	
				016	水的混凝	Y	
				017	水的澄清	Y	
				018	水的过滤	X	
				019	水的消毒	X	
				020	地下水质量的评价标准	Z	
专业知识 B 71%	A	操作水泵 （13：02：01）	8%	001	容积泵的工作原理	X	
				002	容积泵的分类	X	
				003	容积泵的作用	X	
				004	其他类型水泵的工作原理	X	
				005	分段式多级离心泵的分类	Z	
				006	离心泵的正压进水	X	
				007	离心泵的负压进水	X	

续表

行为领域	代码	鉴定范围 （重要程度比例）	鉴定 比重	代码	鉴定点	重要 程度	备注
专业知识 B 71%	A	操作水泵 （13：02：01）	8%	008	水泵并联的条件	X	
				009	水泵并联运行的特性	X	
				010	水泵串联的条件	X	
				011	水泵串联运行的特性	X	
				012	离心泵泵壳的构造	X	
				013	离心泵泵壳的作用	X	
				014	单级单吸离心泵泵壳的特点	X	
				015	单级双吸离心泵泵壳的特点	Y	
				016	分段式多级离心泵泵壳的特点	Y	
	B	操作水泵站 其他设备 （27：07：04）	19%	001	常用绘图工具的使用方法	X	
				002	绘制泵站流程图的方法	X	
				003	机械制图的尺寸标注要求	X	
				004	识读机械零件图的方法	X	
				005	识读离心泵装配图的方法	X	
				006	管道图纸类别	X	
				007	地形图的概念	Y	
				008	投影的概念及分类	Y	
				009	管道设计图的比例选择原则	Y	
				010	管道施工图的表示方法	Y	
				011	管网在给水系统中的作用	X	
				012	管网附属设备的作用	X	
				013	泵站吸水管路的布置原则	X	
				014	泵站压水管路的布置原则	X	
				015	泵房内设备的布置原则	X	
				016	泵房尺寸确定的影响因素	X	
				017	组合开关的特点	Y	
				018	自动断路器的特点	Y	
				019	电缆型号中常用各种字母代表的含义	X	
				020	电缆的使用范围	X	
				021	绝缘防护用具的使用要求	X	
				022	低压配电装置的使用要求	X	
				023	高压配电装置的使用要求	X	
				024	低压电气元件的选择方法	X	
				025	导线材料的选择原则	Z	
				026	电磁感应的概念	X	

行为领域	代码	鉴定范围 （重要程度比例）	鉴定 比重	代码	鉴定点	重要 程度	备注
专业知识 B 71%	B	操作水泵站 其他设备 （27：07：04）	19%	027	磁场的特点	X	
				028	电能的计算	X	
				029	功率因数的计算	X	
				030	深井泵配套机组的结构特点	X	
				031	三相异步电动机制动方式的分类	X	
				032	三相异步电动机的工作原理	X	
				033	三相异步电动机的构造	X	
				034	变压器的巡视内容	X	
				035	变压器的并列运行条件	Y	
				036	压力变送器的使用条件	Z	
				037	三相负载的连接方式	Z	
				038	三相负载不平衡的影响	Z	
	C	维护水泵 （20：04：02）	13%	001	单级单吸离心泵的使用范围	X	
				002	单级双吸离心泵的结构	X	
				003	分段式多级离心泵的使用范围	X	
				004	单级单吸离心泵的组成	X	
				005	单级单吸离心泵各部件的作用	X	
				006	分段多级离心泵的结构	Z	
				007	联轴器的作用及保养要求	X	
				008	单级单吸离心泵填料函的特点	X	
				009	叶轮的作用	Y	
				010	泵轴的作用	Y	
				011	泵轴的维护保养	X	
				012	轴套的作用	X	
				013	轴套的维护保养	X	
				014	离心泵轴封装置的形式	X	
				015	离心泵填料磨损原因	X	
				016	离心泵泵耗功率大的原因及处理方法	X	
				017	离心泵轴封装置的作用	X	
				018	滚动轴承的特性	X	
				019	滚动轴承的种类	X	
				020	轴承发热的原因	X	
				021	潜水泵的适用条件	X	
				022	潜水泵机组的保养要求	X	
				023	处理潜水泵不出水或水量不足故障的 方法	X	

续表

行为领域	代码	鉴定范围 (重要程度比例)	鉴定 比重	代码	鉴定点	重要 程度	备注
专业知识 B 71%	C	维护水泵 (20:04:02)	13%	024	深井泵吸水管的结构	Y	
				025	深井泵电动机的制动方法	Y	
				026	深井泵的保养要求	Z	
	D	维护水泵站 其他设备 (16:06:04)	13%	001	闸阀的维护要求	X	
				002	闸阀掉板的判断方法	X	
				003	闸阀开不动的处理方法	X	
				004	闸阀关不严的处理方法	X	
				005	熔断器的选择要求	X	
				006	接触器的维护保养方法	X	
				007	磁力启动器的维护保养方法	X	
				008	热继电器的选用原则	X	
				009	绝缘防护用具的维护要求	X	
				010	电动机各部位温升的要求	X	
				011	电动机温升过高的原因	Y	
				012	电动机声音异常的原因	Y	
				013	离心泵机组的振动范围	X	
				014	离心泵产生振动的原因	X	
				015	离心泵产生振动的处理方法	X	
				016	泵站噪声的危害	X	
				017	泵站内噪声的防治措施	X	
				018	根据水泵仪表读数判断离心泵机组运转情况的方法	X	
				019	水击产生的原因	X	
				020	停泵水击产生的过程	X	
				021	停泵水击的危害	X	
				022	停泵水击的预防措施	X	
				023	泵站引水泵的使用注意事项	X	
				024	泵站内天吊的使用注意事项	X	
				025	泵房内通风设备使用要求	X	
				026	泵房内排水设备使用要求	X	
	E	检修水泵 (10:03:01)	7%	001	离心泵二保的内容	X	
				002	离心泵大修的内容	X	
				003	深井泵的检修要求	X	
				004	单级单吸离心泵的轴向力	X	
				005	分段式多级离心泵的轴向力	Y	

行为领域	代码	鉴定范围 （重要程度比例）	鉴定比重	代码	鉴定点	重要程度	备注
专业知识 B 71%	E	检修水泵 （10：03：01）	7%	006	机械密封的概念	Y	
				007	机械密封的特点	Y	
				008	填料压盖与泵轴的间隙	X	
				009	SH 离心泵的检修工艺	X	
				010	水泵切削定律的内容	X	
				011	水泵的变径调节	X	
				012	离心泵叶轮检修的要求	X	
				013	离心泵检修的注意事项	X	
				014	潜水泵机组的检修要求	Z	
	F	检修水泵站 其他设备 （07：03：02）	6%	001	管道压力试验的要求	X	
				002	处理管道腐蚀的方法	X	
				003	管道的冲洗和消毒	X	
				004	给水管线的埋深	X	
				005	给水金属管管道的安装要求	X	
				006	给水非金属管管道的安装要求	Z	
				007	给水管道与其他管线距离的要求	Z	
				008	安装法兰的注意事项	Y	
				009	安装阀门的注意事项	Y	
				010	止回阀的特性	X	
				011	闸阀的检修内容	X	
				012	逆止阀的维修内容	Y	
	G	使用仪表 （06：01：01）	3%	001	压力表的选用方法	X	
				002	测温仪表的分类	X	
				003	测温仪表的使用要求	X	
				004	水泵各部位温升的要求	X	
				005	测振仪表的使用方法	Y	
				006	流量计的分类	Z	
	H	使用工用具 （02：01：01）	2%	001	万用表的构造	X	
				002	万用表的使用方法	X	
				003	外径千分尺的使用方法	Y	
				004	外径千分尺的分类	Z	

注：X—核心要素；Y——一般要素；Z—辅助要素。

附录5　中级工操作技能鉴定要素细目表

行业：石油天然气　　　　工种：供水工　　　　等级：中级工　　　　鉴定方式：操作技能

行为领域	代码	鉴定范围	鉴定比重	代码	鉴定点	重要程度	备注
操作技能100%	A	操作水泵站设备	25%	001	启动和调节并联水泵	X	
				002	进行离心泵充水操作	Y	
				003	绘制泵站流程图	Y	
				004	根据水泵站流程图操作泵站流程	X	
				005	识别配电装置及控制电气设备名称	Y	
	B	维护水泵站设备	25%	001	排除离心泵停泵后自动反转的故障	X	
				002	排除SH型离心泵轴承发热的故障	X	
				003	潜水泵机组不出水或出水量不足的处理方法	X	
				004	处理闸阀关不严的故障	X	
				005	排除离心泵运行时发生振动和噪声的故障	X	
	C	检修水泵站设备	25%	001	加注水泵、电动机轴承润滑油（脂）	X	
				002	拆卸IS型离心泵	X	
				003	拆卸SH型离心泵	X	
				004	更换水泵站工艺管线上的阀门	X	
				005	装配电动机端盖	X	
	D	使用仪表工用具	25%	001	使用万用表测量直流电流、电压	Y	
				002	使用红外测温仪测量机泵温升	Y	
				003	使用测振仪测量机泵振动	Y	
				004	使用手锤检查泵壳有无裂纹	Y	
				005	使用外径千分尺测量工件	X	

注：X—核心要素；Y——般要素；Z—辅助要素。

附录6　高级工理论知识鉴定要素细目表

行业：石油天然气　　　　工种：供水工　　　　等级：高级工　　　　鉴定方式：理论知识

行为领域	代码	鉴定范围 （重要程度比例）	鉴定比重	代码	鉴定点	重要程度	备注
基础知识 A 27%	A	安全生产 基础知识 （08：01：01）	6%	001	触电的紧急救法	X	
				002	保证安全的组织措施	X	
				003	保护安全的技术措施	X	
				004	扑救电气火灾方法	Y	
				005	企业职工伤害程度的分类	Z	
				006	企业职工的不安全行为分类	X	
				007	职业活动中危险源的辨识	X	
				008	职业病的预防	X	
				009	劳动过程中的防护管理	X	
				010	企业关于职业病的相关管理办法	X	
	B	计算机基础知识 （04：01：01）	4%	001	网络安全威胁的来源	X	
				002	网络的安全故障分析方法	X	
				003	微机系统的维护方法	Y	
				004	常用杀毒软件的特点	X	
				005	微机监控系统的构成原理	X	
				006	微机保护硬件系统的组成	Z	
	C	流体力学 （06：01：01）	5%	001	恒定流能量方程的应用	X	
				002	一元流体动力学的常用表征参数	Z	
				003	管道的沿程摩阻影响因素	X	
				004	管道附件局部阻力系数	X	
				005	沿程水头损失的计算	X	JS
				006	局部水头损失的计算	Y	JS
				007	流动阻力影响因素	X	JS
				008	流动阻力计算方法	X	JS
	D	给水系统 （12：05：02）	12%	001	管网中的水质变化原因	X	
				002	产生红水、黑水的原因	X	
				003	管网腐蚀结垢后对水质的影响	X	
				004	管网水浊度增高的原因	X	
				005	微生物、有机物及藻类对水质的影响	X	
				006	管道及附属设备受到的污染分析	X	

续表

行为领域	代码	鉴定范围（重要程度比例）	鉴定比重	代码	鉴定点	重要程度	备注
基础知识 A 27%	D	给水系统（12：05：02）	12%	007	管道分质供水的概念	X	
				008	分质供水系统相互连通出现的二次污染	X	
				009	饮用水深度处理技术的分类	X	
				010	活性炭的吸附原理	X	
				011	臭氧的特性	X	
				012	臭氧生物活性炭工艺的特点	X	
				013	膜分离技术的特点	Y	
				014	微滤技术的特点	Y	
				015	超滤技术的特点	Y	
				016	纳滤技术的特点	Y	
				017	反渗透技术的特点	Y	
				018	生活杂用水的相关规定	Z	
				019	地表水资源量评价的内容	Z	
专业知识 B 73%	A	操作水泵（18：04：02）	15%	001	离心泵性能曲线的概念	X	
				002	离心泵性能曲线的作用	X	JD
				003	离心泵性能曲线的绘制方法	Y	
				004	管路系统的性能曲线和管路水头损失	Z	JD
				005	流量与扬程曲线（Q-H）的特点	Y	JD
				006	流量与轴功率曲线（Q-N）的特点	X	JD
				007	流量与效率曲线（Q-η）的特点	X	JD
				008	流量与允许吸上真空高度或允许汽蚀余量曲线（Q-H_s）、（Q-Δh）的特点	X	
				009	低压离心泵的性能检测要求	X	
				010	离心泵装置工作点的决定因素	Z	JD、JS
				011	离心泵工作点的概念	Y	
				012	水泵调节的目的、方法	Y	JD
				013	水泵比例定律的概念	X	JS
				014	水泵变速调节的方法	X	JS
				015	水泵变角调节的方法	X	JD
				016	水泵节流调节的方法	X	
				017	填料环的作用	X	
				018	密封环的作用	X	JD
				019	填料压盖的作用	X	
				020	供水系统能量消耗的影响因素	X	
				021	泵站节能的途径	X	

行为领域	代码	鉴定范围 (重要程度比例)	鉴定比重	代码	鉴定点	重要程度	备注
专业知识 B 73%	A	操作水泵 (18：04：02)	15%	022	确定水泵台数的因素	X	
				023	选泵的原则	X	
				024	选泵的注意事项	X	
	B	操作水泵站 其他设备 (13：03：02)	11%	001	电气控制原理图的组成	X	
				002	感应电动势的特点	X	
				003	热继电器的选择要求	Y	
				004	水厂变电站的组成	X	
				005	电动机试运行操作的方法	X	
				006	电动机软启动的注意事项	Y	
				007	异步电动机的调速方法	X	
				008	电动机的负载启动时的注意事项	Y	
				009	同步电动机的特点	X	
				010	提高功率因数的意义	X	
				011	低压带电作业的安全规定	X	
				012	在停电的低压配电装置上的工作规定	X	
				013	变压器的运行监视常识	X	
				014	停送电操作的方法	X	
				015	变频器的分类	X	
				016	变频器的工作原理	X	
				017	变频器的运行监控要求	Z	
				018	电与磁场的关系	Z	
	C	维护水泵 (08：01：01)	6%	001	叶轮的维护保养方法	Z	
				002	填料压盖部位的故障排除方法	X	
				003	离心泵启动后不出水或出水不足的处理方法	X	
				004	离心泵不能启动或启动后轴功率过大的处理方法	X	
				005	离心泵运行中出水突然中断或减少的处理方法	X	
				006	泵压达不到运行要求的处理方法	X	
				007	水泵汽蚀的原因	X	
				008	水泵汽蚀的类型	X	
				009	水泵汽蚀的危害	X	
				010	水泵汽蚀的预防	Y	

续表

行为领域	代码	鉴定范围 (重要程度比例)	鉴定比重	代码	鉴定点	重要程度	备注
专业知识 B 73%	D	维护水泵站 其他设备 (19：07：03)	18%	001	水泵基础的减振措施	X	
				002	水泵站自控系统的组成和维护	X	
				003	井组节能的途径	Y	
				004	泵站运行费用的计算	X	JS
				005	泵站成本的组成	X	
				006	水泵站投资合理的计算	X	
				007	水泵站的防雷措施	X	
				008	避雷器应用的注意事项	Y	
				009	管道附属构筑物的验收要求	Y	
				010	管道常用防腐蚀涂料	X	
				011	供水系统的远动控制通道	Z	
				012	供水系统的远动控制内容	Z	
				013	低压配电装置的维护要求	X	
				014	同步电动机故障的处理方法	X	
				015	变压器的维护保养内容	X	
				016	电动机绕组断线的检查方法	X	
				017	变频器的维护保养方法	Y	
				018	三相异步电动机的保养	X	
				019	电动机的检查保养	X	
				020	排除交流接触器故障的方法	X	
				021	交流接触器的选择要求	Y	
				022	自控系统的维护内容	Z	
				023	电压异常对三相异步电动机动的影响	X	
				024	变压器常见故障的分析	X	
				025	电动机轴承发热的原因及处理方法	X	
				026	三相异步电动机不能启动的原因与处理方法	Y	
				027	三相异步电动机运行中温度过高的处理方法	Y	
				028	三相异步电动机声响不正常的判断与处理方法	X	
				029	三相异步电动机温度超标或冒烟的处理方法	X	
	E	检修水泵 (14：01：01)	10%	001	IS 型离心泵的装配	X	
				002	SH 型离心泵的检修	X	

行为领域	代码	鉴定范围 （重要程度比例）	鉴定比重	代码	鉴定点	重要程度	备注
专业知识 B 73%	E	检修水泵 （14∶01∶01）	10%	003	多级离心泵的检修	X	
				004	IS 型离心泵的大修	X	
				005	SH 型离心泵的大修要求	X	
				006	DA 型离心泵的大修要求	X	
				007	深井泵的检修要求	X	
				008	潜水泵的检修要求	X	
				009	叶轮静平衡的测量方法	X	
				010	泵轴弯曲的测量方法	X	
				011	水泵转子晃度的测量方法	X	
				012	轴承间隙的测量方法	X	
				013	滚动轴承内、外径的表示方法	Y	
				014	水泵叶轮与密封环间隙的技术要求	X	
				015	叶轮不平衡的处理方法	X	
				016	密封环的检修要求	Z	
	F	检修水泵站 其他设备 （05∶02∶01）	5%	001	联轴器的检修要求	X	JD
				002	水泵安装高度的确定	X	JS
				003	离心泵机组的安装要求	Y	
				004	离心泵吸水管路和压水管路流程安装的要求	X	
				005	离心泵机组的布置形式	X	
				006	管道的验收要求	X	
				007	管道耐压试验的技术要求	Y	
				008	管路效率的提高方法	Z	
	G	使用仪表 （04∶01∶01）	4%	001	流量计的特点	X	
				002	流量计的原理	Z	
				003	百分表的结构	X	
				004	百分表的使用方法	X	
				005	千分表的结构	X	
				006	千分表的使用方法	Y	
	H	使用工用具 （04∶01∶01）	4%	001	离心泵机组同心度的调整方法	X	
				002	直尺法测离心泵机组同心度的方法	X	
				003	水平仪的分类	Z	
				004	水平仪的使用注意事项	X	
				005	三相负载电能的测量方法	Y	
				006	电动机绕组绝缘的测量要求	X	

注：X—核心要素；Y—一般要素；Z—辅助要素。

附录7　高级工操作技能鉴定要素细目表

行业：石油天然气　　　　工种：供水工　　　　等级：高级工　　　　鉴定方式：操作技能

行为领域	代码	鉴定范围	鉴定比重	代码	鉴定点	重要程度	备注
操作技能100%	A	操作水泵站设备	20%	001	绘制离心泵特性曲线	X	
				002	检测低压离心泵性能	Y	
				003	检查运行前离心泵机组及试运行	Y	
				004	进行电动机试运行	X	
	B	维护水泵站设备	30%	001	判断处理离心泵启动后不出水或出水量不足的故障	Y	
				002	能排除离心泵不能启动或启动后轴功率过大的故障	X	
				003	排除离心泵运行中出水突然中断或减少的故障	X	
				004	排除三相异步电动机轴承发热的故障	X	
				005	排除三相异步电动机不能启动的故障	X	
				006	排除三相异步电动机声响不正常的故障	X	
	C	检修水泵站设备	30%	001	更换低压离心泵轴承	X	
				002	装配 IS 型离心泵	X	
				003	装配 SH 型离心泵	X	
				004	进行 DA 型离心泵大修	X	
				005	测量与调整滑动轴承间隙	X	
				006	检查与验收管道安装的质量	Y	
	D	使用仪表工用具	20%	001	使用百分表测量泵轴的径向跳动	Y	
				002	使用万用表测电阻	Y	
				003	计算离心泵机组底脚垫片尺寸(直尺法)	Y	
				004	使用框式水平仪测量水泵安装水平度	X	

注：X—核心要素；Y—一般要素；Z—辅助要素。

附录8 操作技能考核内容层次结构表

内容 \ 项目 \ 级别	操作技能				合计,min
	操作水泵站设备	维护水泵站设备	检修水泵站设备	使用仪表工用具	
初级	35分 10~15min	25分 20~30min	20分 20~40min	20分 10~15min	100分 60~95min
中级	25分 20~30min	25分 20~40min	25分 20~40min	25分 20~30min	100分 80~140min
高级	20分 20~30min	30分 30~40min	30分 30~40min	20分 20~30min	100分 100~140min

参 考 文 献

［1］ 中国石油天然气集团有限公司人事服务中心.职业技能培训教程与鉴定试题集：供水工.北京：石油工业出版社，2005.

［2］ 中华人民共和国国家质量监督检验检疫总局.地下水质量标准.北京：中国标准出版社，2017.

［3］ 余金凤，张永伟.水泵与水泵站.北京：黄河水利出版社，2009.

［4］ 潘咸昂.泵站辅机与自动化.2 版.北京：水利电力出版社，1992.

［5］ 上海市政工程设计研究总院有限公司.给水排水设计手册（第 3 册）城镇给水.3 版.北京：中国建筑工业出版社，2016.

［6］ 中国市政工程西南设计研究院.给水排水设计手册（第 1 册）城镇给水.2 版.北京：中国建筑工业出版社，2000.

［7］ 中国市政工程西北设计研究院有限公司.给水排水设计手册（第 11 册）常用设备.3 版.北京：中国建筑工业出版社，2013.

［8］ 中国市政工程华北设计研究总院.给水排水设计手册（第 12 册）器材与装置.3 版.北京：中国建筑工业出版社，2012.

［9］ 吴一蘩，高乃云，乐林生.饮用水消毒技术.北京：化学工业出版社，2006.

［10］ 周正立.反渗透水处理应用技术及膜水处理剂.北京：化学工业出版社，2005.

［11］ 何文杰.安全饮用水保障技术.北京：中国建筑工业出版社，2006.

［12］ 四川大学水力学与山区河流开发保护国家重点实验室.水力学.北京：高等教育出版社，2016.